高职高专"十二五"建筑及工程管理类专业系列规划教材

建筑工程计量与计价（第2版）

主　编　刘良军　檀丽丽

副主编　李志通　冯　婧

Construction Project

西安交通大学出版社

XI'AN JIAOTONG UNIVERSITY PRESS

内 容 提 要

本书根据2013年最新的工程计量与计价标准和规范，以具体的工程项目为载体，基于工作过程，按照由具体到抽象的学习方法安排教材内容；根据土建类专业的人才培养目标，参照造价员（土建工程）考试大纲，并根据国家和地方颁布的相关新规范、新标准编写而成。

本书包括项目背景和六个项目，主要内容包括：一套完整的二层框架结构土建施工图的识读、建筑工程预算定额的应用、建筑面积的计算、定额计价模式下建设工程施工图预算的编制、建设工程招标工程量清单的编制、建设工程工程量清单计价的编制、建设工程合同价款管理。本书以项目串联知识，以知识拓展项目，注重实用性和系统性的结合。

本书可作为高职高专建筑工程技术、工程造价、工程监理及相关专业的教材，也可作为建筑工程技术人员和经济管理人员的参考用书。

第2版前 言

建筑工程计量与计价是建筑工程技术、工程造价、工程监理等专业的一门专业核心课程,本书以真实的工程项目为载体,基于工作过程组织和安排学习内容,注重锻炼学生的动手能力,从做施工图预算的准备工作入手,学习工程计价工作的全过程,从而培养学生工程计价方面分析和解决实际问题的能力。

建筑工程计量与计价是政策性很强的课程,教材内容应体现我国当前建设工程造价全过程工程计价技术与管理的最新精神,反映我国工程计量与计价的最新动态。2011 年 9 月 1 日实施新的《混凝土结构施工图平面整体表示方法制图规则和构造详图》(11G101—1、2、3),2012 年 7 月 1 日起河北省新编制的 2012 年《全国统一建筑工程基础定额河北省消耗量定额》、《全国统一建筑装饰装修工程消耗量定额河北省消耗量定额》正式实施,同时 2013 年 7 月 1 日起 2013 版《建设工程工程量清单计价规范》(GB50500—2013)也开始实施。原教材依据的《混凝土结构施工图平面整体表示方法制图规则和构造详图》(03G101—1、2、3),河北省 2008 年《全国统一建筑工程基础定额河北省消耗量定额》、《全国统一建筑装饰装修工程消耗量定额河北省消耗量定额》以及《建设工程工程量清单计价规范》(GB50500—2008)已经废止,要跟上行业发展,实现知识零接轨,必须对教材进行修订。

本教材主要内容为"一条主线,两种方法",即以施工图预算的编制为主线,重点学习定额计价和清单计价两种施工图预算的编制方法。内容包括:项目背景了解与工程造价相关的一些基本知识,并提供一套完整的二层框架结构土建施工图,掌握施具体工图预算中读识图纸的要求;项目一建筑工程预算定额的应用;项目二建筑面积的计算;项目三定额计价模式下建设工程施工图预算的编制;项目四建设工程工程量清单的编制;项目五建设工程招标工程量清单计价的编制;项目六建设工程合同价款管理。每个项目包含学习目标、项目分析、任务分析、项目所需的必备知识项目习题、项目小结以及相关的知识拓展等几部分,其中项目四、五中表格使用部分的数据前后呼应,便于学生自主、探究性的学习。本教材在第一版的基础上具体修订包含以下内容:

1. 根据 11G101 系列《混凝土结构施工图平面整体表示方法制图规则和构造详图》修改附录 1 项目图纸。

2. 根据 2012 年《全国统一建筑工程基础定额河北省消耗量定额》、《全国统一建筑装饰装修工程消耗量定额河北省消耗量定额》和对应的取费标准修订"项目一建筑工程预算定额的应用"中的相关内容。

3. 根据 11G101 系列《混凝土结构施工图平面整体表示方法制图规则和构造详图》和 2012 年《全国统一建筑工程基础定额河北省消耗量定额》、《全国统一建筑装饰装修工程消耗量定额河北省消耗量定额》和对应的取费标准修订"项目三 定额计价模式下建设工程施工图预算的编制"中的相关内容。

4.根据《建设工程工程量清单计价规范》(GB50500—2013)修订"项目四建设工程工程量清单的编制"、"项目五建设工程工程量清单计价的编制"、"项目六清单计价模式下合同价款管理"中的相关内容。

5.根据《混凝土结构施工图平面整体表示方法制图规则和构造详图》(11G101—1、2、3)、2012年《全国统一建筑工程基础定额河北省消耗量定额》、2012年《全国统一建筑装饰装修工程消耗量定额河北省消耗量定额》、《建设工程工程量清单计价规范》(GB50500—2013)、《房屋建筑与装饰工程量计算规范》(GB500854—2013)全面修订附录2—附录7的相关内容。

本书由石家庄铁路职业技术学院刘良军、檀丽丽主编,石家庄铁路职业技术学院李志通、冯婧担任副主编,石家庄铁路职业技术学院胡宇庭、方纳新、河北工业职业技术学院王春梅、河北劳动关系职业学院张涛、沧州职业技术学院袁金艳等参与编写。编写分工如下:项目背景由李志通、檀丽丽、方纳新编写;项目一由刘良军、胡宇庭、袁金艳编写;项目二由檀丽丽、胡宇庭、王春梅编写;项目三由檀丽丽、李志通、袁金艳编写;项目四由刘良军、张涛编写;项目五由刘良军、檀丽丽、李志通编写;项目六由北京铁路局石家庄房产建筑总段副段长全国注册造价工程师李华安、胡宇庭、方纳新编写;附录一由李志通、檀丽丽编写;附录二由檀丽丽、李志通、方纳新编写;附录三由李志通、檀丽丽、刘良军编写;附录四由刘良军、檀丽丽编写;附录五由檀丽丽、方纳新编写;附录六由檀丽丽、李华安编写;附录七由檀丽丽、张涛编写。

本书在编写过程中参考了大量的规范、图集、计价标准等相关专业资料和高职高专兄弟院校的同类教材,同时,得到了石家庄中铁建筑工程公司总经理袁吉鸿、石家庄安联房地产公司工程部长李守国、北京易筋创新科技有限公司总经理刘晓东等校企合作企业专家的指导和帮助,在此,对他们表示深深的谢意!并对为本书的出版付出辛勤劳动的编辑同志表示衷心的感谢!

本次改版虽经多次推敲研讨,但由于编者专业水平有限,时间紧张,难免有疏漏和不妥之处,恳请广大读者批评指正,提出宝贵意见,以便改正和完善。

主编的联系方式:E-mail:l—lj67@163.com,793282482@qq.com。

编　者

2013年7月

目录

项目背景

学习目标

知识目标

1. 了解基本建设的概念。
2. 熟悉基本建设的程序及各阶段的工程计量与计价活动。
3. 了解施工图预算的编制方法。

能力目标

1. 能够认识建筑工程计量与计价在基本建设中的作用。
2. 能够利用前导知识,识读施工图。
3. 初步了解施工图预算的编制方法。

项目分析

项目概述

计算一栋二层框架结构建筑的施工图预算(施工图见附录1)。

情景案例设计

通过项目背景展示给学生当接到预算任务后,学习预算编制的两种方法。

任务一　建筑工程计量与计价的认知

学习引导

通过学习本任务,了解基本建设的相关概念和程序,了解施工图预算有哪几种编制方法。熟悉基本建设各阶段的计量与计价活动,熟悉投标人投标报价的程序。

知识链接

一、基本建设相关知识

(一)基本建设的相关概念

1.基本建设

基本建设是国民经济各个部门为了扩大再生产而进行的增加固定资产的建设工作,也就是指建造、购置和安装固定资产的活动以及与此有关的其他工作。它的基本内容很广,包括建筑和安装工程、设备购置,同时它还与征用土地、勘察设计、筹建机构、培训生产职工等工作有关。另外,自然条件如水文地质、矿产资源、气象变化等对建设工程都有直接的影响。

基本建设项目一般是指经批准包括在一个总体设计范围内进行建设,经济上实行统一核算,行政上有独立组织形式,实行统一管理的基本建设单位。通常情况下基本建设项目是由若干个有内在联系的单项工程或是一个独立的工程所构成。按现行规定,基本建设的大中小型项目是按项目的建设总规模或总投资来确定的。按国家现行规定,非工业项目大中型项目的限额为3000万元,3000万元以上的为大中型项目,3000万元以内的为小型项目。新建项目按一个项目的全部设计能力或所需的全部投资(总概算)计算;扩建项目按扩建新增的设计能力或扩建所需投资(扩建总概算)计算,不包括扩建前原有的能力。

2.固定资产

固定资产是指在社会生产和生活中长时间使用并在使用中基本保持原有实物形态的劳动资料和其他物质资料。固定资产在使用过程中不断被消耗,又不断得到补偿、更新和扩大。在实际工作中,只要具备以下条件之一的物质资料,都应列为固定资产。

(1)使用期限在一年以上的企业生产经营的主要设备、物品(如房屋、建筑物、施工机械、运输设备、生产设备、仪器及实验设备等);

(2)单位价值在2000元以上,且使用期限超过两年的企业非生产经营的主要设备、物品(包括生产经营用非主要设备和非生产经营用设备等)。

凡是不符合上述条件的劳动资料一般被称为低值易耗品,低值易耗品与劳动对象统称为流动资产。

(二)建设工程的组成

建设工程是一项复杂的系统工程,其工作内容主要由建筑安装工程、设备及工器具购置、其他建设工作三部分组成。建设工程中60%左右的投资属于建筑安装工程投资。

1.建筑安装工程

(1)建筑工程。从广义上来讲,它主要包括一般土建工程、构筑物、给排水、采暖、电气照明、通风、煤气等;从狭义上讲,就是指一般土建工程。

(2)安装工程。从广义上来讲,它包括了安装专业的全部内容;从狭义上讲,主要指生产设备的安装工程,主要包括机械设备安装工程和电气设备安装工程。

2.设备及工器具购置

设备及工器具购置包括车间、实验室、医院、学校、车站等生产、使用所必需配备的各种设备、工具、器具、生产家具及实验仪器的购置。

3.其他建设工作

其他建设工作是指上述各项工作之外,但与它们相连带的工作,如征购土地、拆迁补偿、建设管理、委托勘察设计、研究试验、生产准备、技术引进、职工培训、联合试运转等工作。

(三)建设工程项目层次的划分

建设工程项目按照工程建设管理和合理确定建筑安装工程造价的需要,从大到小、从粗到细,划分为建设项目、单项工程、单位工程、分部工程、分项工程五个层次。

1.建设项目

建设项目又称工程建设项目。它是指具有一个计划任务书,在一个或几个场地上,按照一个总体设计,由一个或若干个单项工程组成,在行政上实行统一管理,经济上实行独立核算的建设单位。一般以一个企业(或联合企业)、事业单位或独立的工程作为一个建设项目。例如一个工厂、一个电站、一所大学等,都是一个建设项目。

2.单项工程

单项工程是建设项目的组成部分。它是指具有独立的设计文件独立组织施工,竣工后可以独立发挥生产能力或使用效益的工程。如工厂项目中的各个生产车间、辅助车间、仓库等,大学项目中的教学楼、图书馆、办公楼和学生公寓等,都是单项工程。

3.单位工程

单位工程是单项工程的组成部分。它是指具有独立的设计文件,可以独立组织施工,但竣工后不能独立发挥生产能力或使用效益的工程。如生产车间的土建工程、机械设备安装工程等;教学楼中的土建工程、设备安装工程等都是该单项工程中包括的单位工程。

4.分部工程

分部工程是单位工程的组成部分。如建筑工程中的地基与基础、主体结构、建筑装饰装修、建筑屋面等。

5. 分项工程

分项工程是分部工程的组成部分，是建筑安装工程的基本构成要素，它是按照分部工程划分的原则，根据选用的施工方法、所用材料或制品规格等因素，将分部工程再进一步划分为若干较细的部分。如土石方工程中的人工挖沟槽、挖基坑、回填土、平整场地、土方运输等。

综上所述，以上五个层次的关系可用图 0-1 来表示。

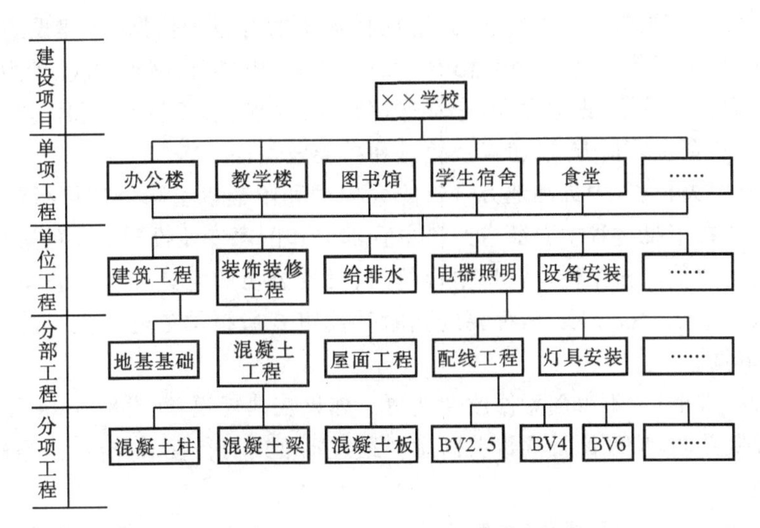

图 0-1　建设工程项目划分及其关系示意图

二、基本建设的程序及各阶段的计量与计价活动

(一)基本建设的程序

基本建设程序，是指基本建设全过程中各项工作必须遵循的先后顺序。这个顺序不是任意安排的，而是由基本建设进程即固定资产和生产能力的建造和形成过程的规律所决定的。我国的基本建设程序概括地讲，主要的阶段是：项目建议书阶段、可行性研究阶段、项目设计阶段、建设准备阶段、建设实施阶段、竣工验收和后评价阶段。

1. 项目建议书阶段

项目建议书是由投资者(目前一般是项目主管部门或企事业单位)对准备建设项目提出的初步设想和建议。它主要是为确定拟建项目是否有必要建设，是否具备建设的条件，是否需再作进一步的研究论证工作提供依据。国家规定，项目建议书经批准后，可以进行详细的可行性研究工作，但仍不表明项目非上不可，项目建议书还不是项目的最终决策。

项目建议书的内容，根据项目的不同情况而有繁有简。一般应包括以下几个方面：

(1)建设项目提出的必要性和依据；

(2)产品方案、拟建规模和建设地点的初步设想；

(3)资源情况、建设条件、协作关系等的初步分析；

(4)投资估算和资金筹措设想；

(5)经济效益和社会效益的估计。

项目建议书按要求编制完成后，按照建设总规模和限额的划分审批权限报批项目建议书。现行规定，凡属大中型项目，首先要报送归口主管部门，同时抄送国家计委。归口主管部门先进行初审，通过后报国家计委，由国家计委再从建设总规模、生产力总布局、资源优化配置及资金供应可能、外部协作条件等方面进行综合平衡，还要委托有资格的工程咨询单位评估后再进行审批。其中总投资超过 2 亿元的、国家计委审查后由国务院审批凡归口主管部门初审未通过的项目，国家计委不予审批。凡属小型和限额以下项目(3000 万元)的项目建议书，按项目隶属关系由部门或地方计委审批。

2.可行性研究阶段

项目建议书经批准，即可着手进行可行性研究。承担可行性研究工作的单位一般应是经过资格审定的规划、设计和工程咨询单位。可行性研究报告的基本内容和研究深度，可根据不同行业的建设项目，有不同的侧重点。其内容可概括为市场研究、技术研究和效益研究三部分。国家规定，凡是经可行性研究未通过的项目，不得进行下一步工作。

国家规定的可行性研究报告的基本内容为：①项目提出的背景和依据；②建设规模、产品方案、市场预测和确定的依据；③技术工艺、主要设备、建设标准；④资源、原材料、燃料供应、动力、运输、供水等协作条件；⑤建设地点、平面布置方案、占地面积；⑥环保、防震等要求；⑦劳动定员和人员培训；⑧建设工期和实施进度；⑨投资估算和资金筹措方式；⑩经济效益和社会效益。

相关规定要求，属中央投资、中央和地方合资的大中型和限额以上项目的可行性研究报告要报送国家计委审批。国家计委在审批过程中要征求归口主管部门和国家专业投资公司的意见，同时要委托有资格的工程咨询公司进行评估。根据行业归口主管部门、投资公司的意见和咨询公司的评估意见，国家计委再行审批。总投资在2亿元以上项目，都要经国家计委审查后报国务院审批。总投资在3000万元以内项目，由主管部门审批。

可行性研究报告经批准后，不得随意修改和变更。如果在建规模、建设地区、主要协作关系等方面有变动以及突破投资控制数时，应经原批准机关同意。经过批准的可行性研究报告，是初步设计的依据。

3.项目设计阶段

项目设计是基本建设计划的具体化，是整个工程的决定性环节。可行性研究报告经批准的建设项目应通过招标、投标择优选择设计单位，按照批准的可行性研究报告内容和要求进行设计、编制设计文件。根据建设项目的不同情况，设计过程一般划分为两个阶段，即初步设计和施工图设计。

(1)初步设计阶段。初步设计是设计的第一阶段。它根据批准的可行性研究报告和必要的设计基础资料，对设计对象进行通盘研究，阐明在指定的地点、时间和投资控制数内，拟建工程在技术上的可能性和经济上的合理性；通过对设计对象作出的基本技术规定，编制项目总概算。根据国家规定，如果初步设计提出的总概算超过可行性研究报告确定的总投资估算10%以上或其他主要指标需要变更时，要重新报批可行性研究报告。初步设计文件经批准后，总平面布置、主要工艺过程、主要设备、建筑面积、建筑结构、总概算等不得随意修改、变更。

扩初(扩大初步设计)是指在初步设计基础上的进一步设计，但此时的设计深度还未达到施工图的要求，小型工程可不必经过这个阶段直接进入施工图设计阶段。

(2)施工图设计阶段。施工图设计阶段的主要任务是满足施工要求，即在初步设计的基础上，综合建筑、结构、设备各工种，相互交底、核实核对，深入了解材料供应、施工技术、设备等条件，把满足工程施工的各项具体要求反映在图纸中，做到整套图纸齐全统一，明确无误。

4.建设准备阶段

工程建设项目初步设计完成后，项目主管部门和建设单位即可进行建设准备工作。

建设准备工作的主要内容包括：①征地、拆迁和场地平整；②完成施工用水、电、通讯、道路等接通工作；③组织招标选择工程监理单位、承包单位及设备、材料供应商；④准备必要的施工图纸；⑤办理工程质量监督和施工许可手续。

建设单位在办理施工许可证之前应当到规定的工程质量监督机构办理工程质量监督注册手续。必须申请领取施工许可证的建筑工程未取得施工许可证的，一律不得开工。工程投资额在30万元以下或者建筑面积在300m^{2}以下的建筑工程，可以不申请办理施工许可证。

5.建设实施阶段

工程项目经批准后开工建设，项目即进入施工安装阶段。这是基本建设程序中的关键阶段。项目新开工时间，是指工程项目设计文件中规定的任何一项永久性工程第一次正式破土开槽开始施工的日期。不需开槽的工程，正式开始打桩的日期就是开工日期。在这个阶段中建设单位起着至关重要的作用，它对工程进度、质量、费用的管理和控制责任重大。

6. 竣工验收阶段

竣工验收是指建设工程项目竣工后由开发建设单位会同设计、施工、设备供应单位及工程质量监督部门，对该项目是否符合规划设计要求以及建筑施工和设备安装质量进行全面检验，取得竣工合格资料、数据和凭证。

7. 后评价阶段

这一阶段主要是为了总结项目建设成功或失误的经验教训，供以后的项目决策借鉴；同时，也可为决策和建设中的各种失误找出原因，明确责任；还可对项目投入生产或使用后还存在的问题，提出解决办法，弥补项目决策和建设中的缺陷。

（二）基本建设各阶段的计量与计价活动

基本建设各阶段的计量与计价活动是一个动态的过程。基本建设的程序的不同阶段对计量与计价的精度、编制单位、编制依据等的要求不同。其对应关系见图 0-2。

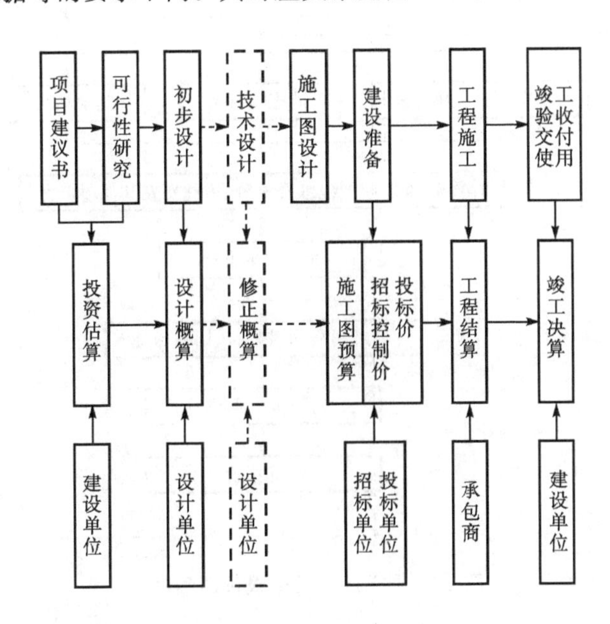

图 0-2　基本建设各阶段的计量与计价对应关系

三、施工图预算的编制方法

根据《建筑工程施工发包与承包计价管理办法》（建设部 107 号令）的规定发包与承包价的计算方法分为工料单价法（定额计价）和综合单价法（清单计价）。

（1）工料单价法（定额计价）。分部分项工程量的单价为直接费。直接费以人工、材料、机械的消耗量及其相应价格确定。间接费、利润、税金按照有关规定另行计算。

（2）综合单价法（清单计价）。分部分项工程量的单价为全费用单价。全费用单价综合计算完成分部分项工程所发生的直接费、间接费、利润、税金。

四、投标人投标报价的程序（针对清单计价）

招投标是工程建设项目的发包与承包所采取的一种交易方式。建设工程实施招投标对提高工程质量、降低工程造价和提高投资效益具有重要意义。实施公开招标的工程，投标人投标报价程序如图 0-3 所示。

任务二　熟读某活动中心施工蓝图

学习引导

通过学习本任务，使学生在建筑制图、钢筋混凝土框架结构施工等已修过的课程基础上，熟读某活动

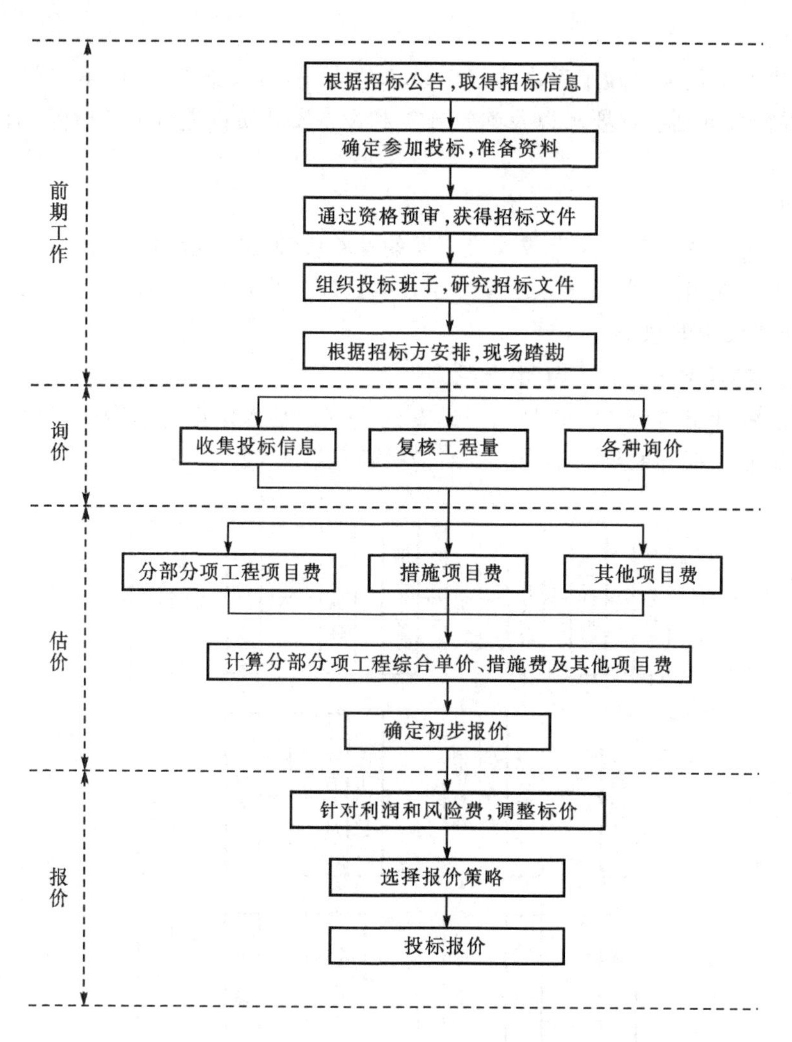

图 0-3　投标人投标报价的程序

中心二层框架结构施工蓝图。本任务的重点、难点是混凝土结构平法标注的识读。见附录1某活动中心施工图。

项目习题

一、单选题

1. 圆柱螺旋箍开始与结束的位置应有水平段，长度不小于________。（图集11G101-1，第56页）

   A. 两圈　　B. 一圈半　　C. 一圈　　D. 半圈

2. 主次梁结构中主梁附加吊筋的平直段长度为________。（图集11G101-1，第87页）

   A. $5d$　　B. $10d$　　C. $15d$　　D. $20d$

3. 框架梁拉筋间距与箍筋间距的关系，下列描述正确的是________。（图集11G101-1，第87页）

   A. 拉筋间距为箍筋间距的两倍　　B. 拉筋间距为加密区箍筋间距的两倍

   C. 拉筋间距为非加密区箍筋间距的两倍　　D. 拉筋间距同箍筋间距

4. 四级抗震、砼C30、HPB300级钢筋直径$\phi10$受拉钢筋抗震基本锚固长度L_{abE}取值为________d。（图集11G101-1，第53页）

   A. 24　　B. 27　　C. 30　　D. 34

5. 当楼层框架梁的纵向钢筋直锚长度________时，可以直接锚固。（图集11G101-1，第79页）

   A. $\geqslant 15d$　　B. $\geqslant l_{aE}$且$\geqslant 0.5h_c+5d$

   C. $\geqslant l_{aE}$且$\geqslant 0.5h_c$　　D. $\geqslant l_{aE}$且$\geqslant 15d$

6. 图 0-4 的复合箍筋的组合为________。(图集 11G101-1,第 67 页)

A. 2×1　　B. 2×2　　C. 3×2　　D. 4×3

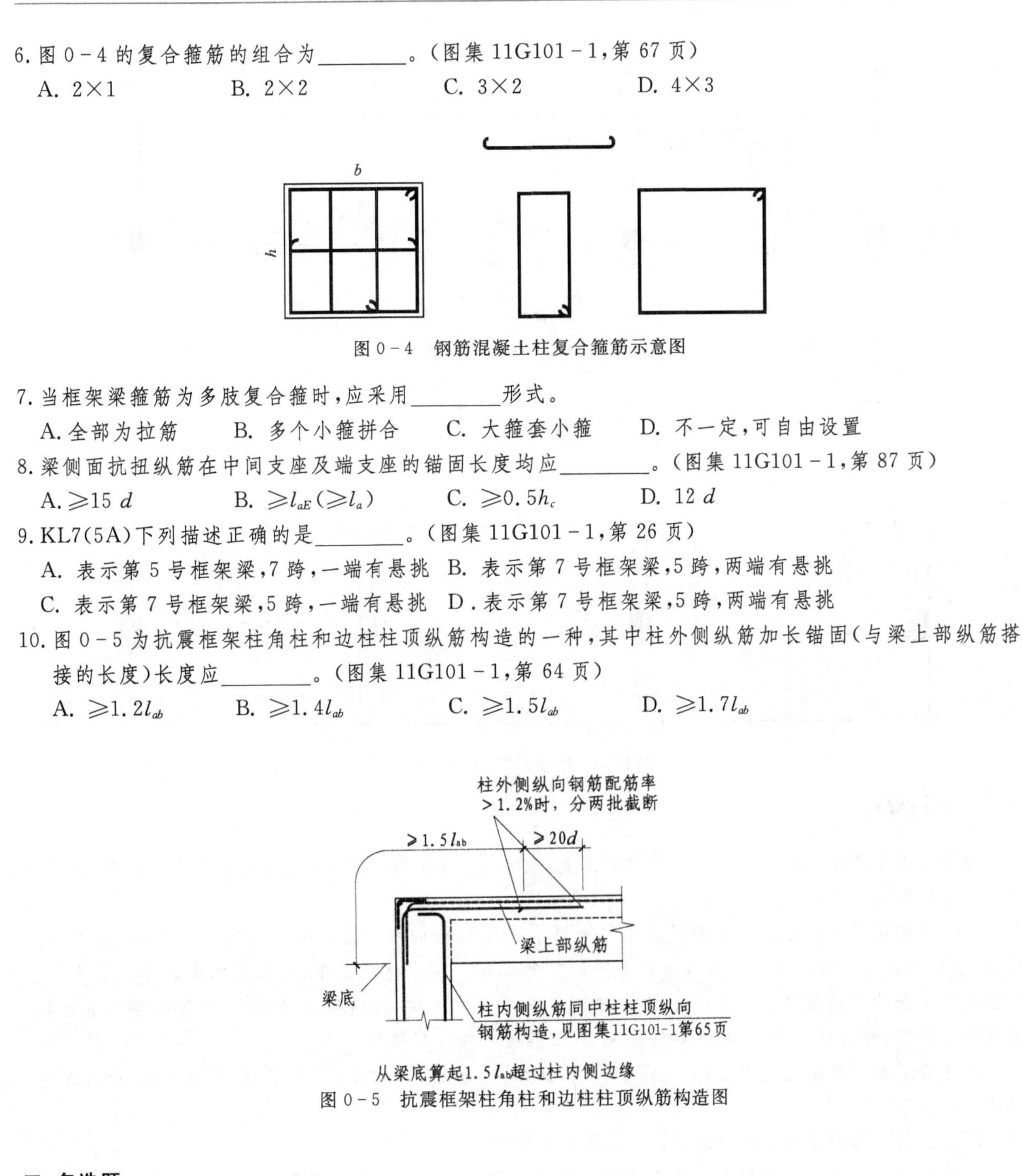

图 0-4　钢筋混凝土柱复合箍筋示意图

7. 当框架梁箍筋为多肢复合箍时,应采用________形式。

A. 全部为拉筋　　B. 多个小箍拼合　　C. 大箍套小箍　　D. 不一定,可自由设置

8. 梁侧面抗扭纵筋在中间支座及端支座的锚固长度均应________。(图集 11G101-1,第 87 页)

A. ≥15 d　　B. ≥l_{aE}(≥l_a)　　C. ≥0.5h_c　　D. 12 d

9. KL7(5A)下列描述正确的是________。(图集 11G101-1,第 26 页)

A. 表示第 5 号框架梁,7 跨,一端有悬挑　B. 表示第 7 号框架梁,5 跨,两端有悬挑

C. 表示第 7 号框架梁,5 跨,一端有悬挑　D. 表示第 7 号框架梁,5 跨,两端有悬挑

10. 图 0-5 为抗震框架柱角柱和边柱柱顶纵筋构造的一种,其中柱外侧纵筋加长锚固(与梁上部纵筋搭接的长度)长度应________。(图集 11G101-1,第 64 页)

A. ≥1.2l_{ab}　　B. ≥1.4l_{ab}　　C. ≥1.5l_{ab}　　D. ≥1.7l_{ab}

图 0-5　抗震框架柱角柱和边柱柱顶纵筋构造图

二、多选题

1. 根据我国现行的规定,施工图预算的计算方法有________。

A. 工料单价法　　B. 全费用单价法　　C. 定额单价法　　D. 实物量单价法　　E. 综合单价法

2. 基本建设项目按基建管理和合理确定建安工程造价的需要,划分为________。

A. 建设项目　　B. 单项工程　　C. 分部工程　　D. 分项工程　　E. 单位工程

三、分析计算题

1. 简述基本建设项目各阶段工程计价的编制主体和计价种类。
2. 简述投标人投标报价程序。
3. 文字说明图 0-6 中框架梁的集中标注和原位标注的各项内容。
4. 画出图 0-7 框架梁中的 1-1 剖面、2-2 剖面、3-3 剖面、4-4 剖面。

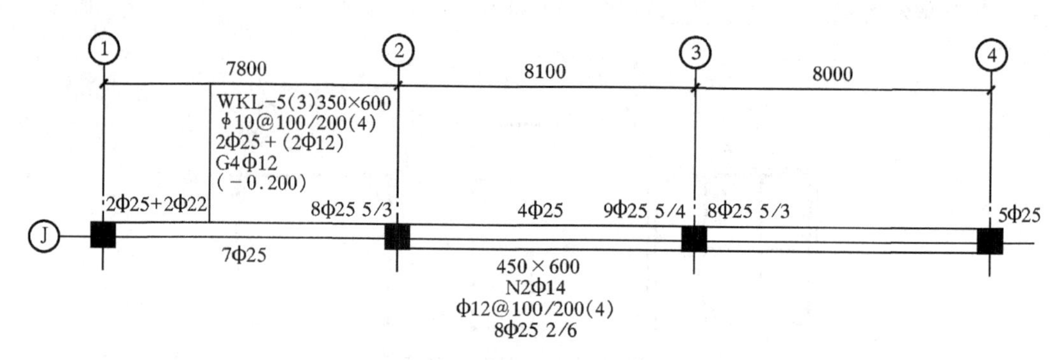

图 0-6 框架梁平法标注(一)

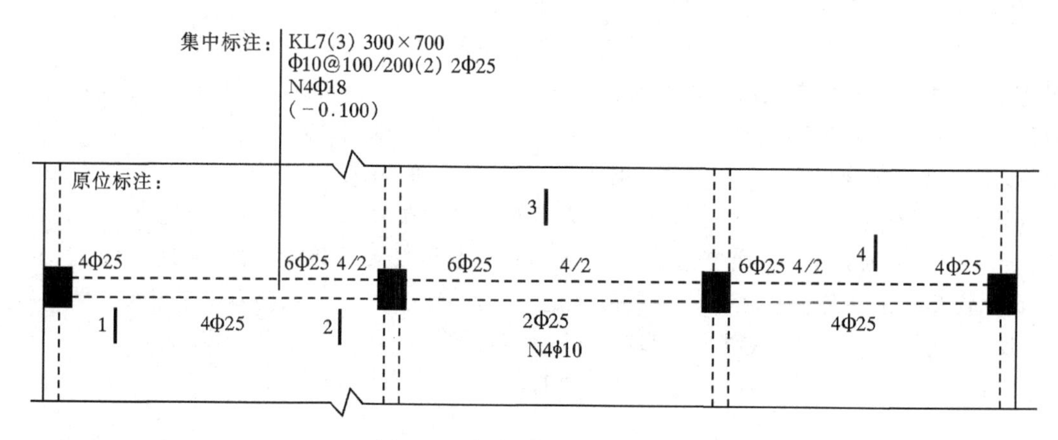

图 0-7 框架梁平法标注(二)

项目小结

项目背景主要是提供预算所需要的施工图纸,使学生在导入课程的基础上,能够识读施工图,同时了解基本建设的相关知识。

1.基本建设是国民经济各个部门为了扩大再生产而进行的增加固定资产的建设工作,也就是指建造、购置和安装固定资产的活动以及与此有关的其他工作。基本建设程序,是指基本建设全过程中各项工作必须遵循的先后顺序。概括地讲,基本建设程序主要的阶段有:项目建议书阶段、可行性研究阶段、项目设计阶段、建设准备阶段、建设实施阶段、竣工验收和后评价阶段。

2.建设工程项目层次的划分,从大到小、从粗到细,划分为建设项目、单项工程、单位工程、分部工程、分项工程五个层次。

3.施工图预算的编制方法有定额计价法和清单计价法。

4.基本建设各阶段的计量与计价活动是一个动态的过程。基本建设的程序的不同阶段对计量与计价的精度、编制单位、编制依据等的要求不同。

5.投标人投标报价程序包括前期工作、询价、估价、报价。

拓展内容

造价员与造价工程师

一、造价员

1.概念

造价员是指通过考试,取得《建设工程造价员资格证书》,从事工程造价业务的人员。为加强对建设工程造价员的管理,规范建设工程造价员的从业行为和提高其业务水平,中国建设工程造价管理协会制定并发布了《建设工程造价员管理暂行办法》(中价协[2006]013 号)。

2. 考试科目

职业考试科目《工程造价基础知识》、《工程计量与计价实务》两个科目,《建设工程计量与计价》分建筑工程、安装工程、市政工程等三个专业。报名时可选报其一(各地报考科目和专业略有差异)。

3. 报考条件

凡符合下列条件之一者均可报名:

(1) 工程造价专业:中专及以上学历;

(2) 其他专业:中专及以上学历,工作满一年。

4. 职业范围

造价员可以从事与本人取得的《全国建设工程造价员资格证书》专业相符合的建设工程造价工作。包括建设(开发)、勘察设计、施工、造价咨询、工程监理、招标代理、工程咨询、项目管理、工程造价管理等单位。

5. 河北省 2010 年度造价员考试有关规定

(1)考试科目。造价员资格考试分为《工程造价基础知识》和《工程计量与计价实务》两个科目。《工程造价基础知识》为闭卷考试,机读卡答卷,需用 2B 铅笔涂写,只允许携带笔、橡皮和计算器应考。《工程计量与计价实务》为开卷考试,允许携带与所考专业相关的消耗量定额等资料。

(2)专业、级别设置。考试分土建(含装饰装修)、安装电气、安装管道、市政道桥、市政管道工程五个专业,每个专业均分一、二、三级。

(3)具备下列条件之一者可报考三级造价员:①工程造价专业,中专学历;②工程或工程经济类专业,大专及以上学历(含 2011 年毕业生,具体要求见冀建价[2009]33 号《关于普通高等学校在校生参加河北省建设工程造价员资格考试的通知》);③其他专业,中专及以上学历,从事造价工作满一年。

(4)具备下列条件之一者可报考二级造价员:①取得相应专业三级造价员资格证书满两年,无不良信用记录。②工程造价专业。大专学历,从事造价工作满两年;本科学历,从事造价工作满一年。③其他专业。大专学历,从事造价工作满三年;本科学历,从事造价工作满两年。

(5)具备下列条件可报考一级造价员:取得相应专业二级造价员资格证书满三年,近三年至少完成 10 项造价编审、管理等工程造价方面工作成果且无不良信用纪录。

二、造价工程师

1. 概念

造价工程师是指经过全国统一考试合格,取得造价工程师执业资格证书,并经注册从事建设工程造价业务活动的专业技术人员,造价工程师的执业资格是指履行工程造价管理岗位职责与业务的准入资格。造价工程师执业资格制度是工程造价管理的一项基本制度,本制度规定,凡是从事工程建设活动的建设、设计、施工、工程咨询等单位和部门,必须在相关岗位配备有造价工程师执业资格的专业人员。

2. 考试科目

1996 年,依据《人事部、建设部关于印发〈造价工程师执业资格制度暂行规定〉的通知》(人发[1996]77 号),国家开始实施造价工程师执业资格制度。1998 年 1 月,人事部、建设部下发了《人事部、建设部关于实施造价工程师执业资格考试有关问题的通知》(人发[1998]8 号),并于当年在全国首次实施了造价工程师执业资格考试。考试工作由人事部、建设部共同负责,日常工作由建设部标准定额司承担,具体考务工作委托人事部人事考试中心组织实施。造价工程师执业考试主要包括建设工程造价管理、建设工程计价、建设工程技术与计量和建设工程造价案例分析等四门课程。

3. 报考条件

报考条件(各地报考条件有所不同,请以当地报名通知为准):

凡中华人民共和国公民,遵纪守法并具备以下条件之一者,均可申请造价工程师执业资格考试:

(1)工程造价专业大专毕业,从事工程造价业务工作满 5 年;工程或工程经济类大专毕业,从事工程造价业务工作满 6 年。

(2)工程造价专业本科毕业,从事工程造价业务工作满 4 年;工程或工程经济类本科毕业,从事工程造价业务工作满5年。

(3)获上述专业第二学士学位或研究生班毕业和获硕士学位,从事工程造价业务工作满3年。

(4)获上述专业博士学位,从事工程造价业务工作满2年。

4.执业范围

造价工程师的执业范围包括以下几方面:

(1)建设项目投资估算、概算、预算、结算、决算及工程招标标底价、投标报价的编制或审核;

(2)建设项目经济评价和后评价、设计方案技术经济论证和优化、施工方案优选和技术经济评价;

(3)工程造价的监控;

(4)工程经济纠纷的鉴定;

(5)工程变更及合同价的调整和索赔费用的计算;

(6)工程造价依据的编制和审查;

(7)国务院建设行政主管部门规定的其他业务。

项目一 建筑工程预算定额的应用

学习目标

知识目标

1. 熟悉预算定额的概念、种类、作用，以及编制原则与依据。
2. 掌握预算定额消耗量指标的确定，以及人工、材料、机械单价的确定。
3. 掌握定额的使用方法。

能力目标

1. 能够正确套用定额。
2. 能够进行定额换算。
3. 能够进行工料分析。

项目分析

项目概述

建筑工程预算定额的使用。

情景案例设计

根据工程应用的建筑工程预算定额，分析定额组成及各部分的作用；在已知工程量的情况下，套用定额进行基价计算及工料分析。

任务一　建筑工程预算定额的认知

学习引导

通过学习本任务，了解定额的相关知识，熟悉定额的构造，掌握定额中人工、材料、机械消耗量的指标及其单价的确定方法，掌握分项工程项目表中各项数据指标间的相互关系，为正确使用定额打好基础。

知识链接

一、定额相关知识

1. 定额的分类

(1)按生产要素分类。按定额所含的生产要素定额可分为三类，即劳动定额、材料消耗定额和机械台班使用定额。

(2)按用途分类。按定额的用途定额可分为施工定额、预算定额、概算定额和估算指标。①施工定额在工程建设定额体系中处于最基础的地位，它反映了施工企业实际的施工水平、装备水平和管理水平，可作为考核建筑施工企业劳动生产率水平、管理水平的标尺和确定工程成本、投标报价的依据。②预算定额是由国家建设主管部门组织编制并颁发执行的，它是确定建筑产品计划价格的重要依据，是一种具有广泛用途的计价定额。预算定额是以施工定额为基础而编制的，但预算定额反映的是社会平均水平，而施工定额反映的是平均先进水平。③概算定额是在预算定额的基础上，按工程部位，以主体结构分部为主，将一些近似的分项工程预算定额加以合并，进行综合扩大编制的。它是进行设计方案优选的重要依据，也是编制投资估算指标的基础。④投资估算指标，也称为工程建设技术经济指标，它是编制建设项目建议书、可行性研究报告等前期工作阶段投资估算的依据。其内容因行业不同而各异，一般可分为建设项目综合指标、单项工程指标和单位工程指标三个层次。

(3)按执行范围分类。按定额的编制单位及执行范围定额分为五类，即全国统一定额、地区统一定额、部门统一定额、企业定额和临时定额。①全国统一定额是国家建设行政主管部门根据全国各专业工程的生产技术和组织管理水平而制定的，在全国范围内执行的定额。如《全国统一建筑工程基础定额》、《全国统一安装工程预算定额》等。②地区统一定额是各省、市、自治区建设行政主管部门结合本地区经济发展水平和特点，参照全国统一定额并作适当调整补充而编制，在本地区使用的定额。③部门统一定额是中央各主管部门根据本部门专业工程特点，参照全国统一定额编制，在本部门所用范围内使用的定额。如原核工业部的《核岛建筑工程预算定额》、交通部的《公路工程预算定额》等。④企业定额是指建筑安装施工企业根据企业生产率水平和管理水平参照国家、部门或地区统一定额编制的内部使用的定额。⑤临时定额是补充现行定额的缺项，根据实际情况编制，并经有关部门审批使用的定额。

(4)按费用性质分类。按定额的费用性质分为四类，即建筑工程定额、安装工程定额、间接费定额和其他费用定额。

2.建筑工程预算定额的概念及其作用

(1)建筑工程预算定额的概念。建筑工程预算定额，就是指在正常的施工条件下，为完成一定计量单位的合格产品所需消耗的劳动、材料和机械的数量标准。这些消耗是随着一定时期施工管理和技术条件的变化而变化的。因此，建筑安装工程定额是反映在一定社会生产力条件下建筑行业的劳动生产率水平。

(2)建筑工程预算定额的作用，具体为：①定额中的消耗量(不含可竞争措施项目消耗量)是编制施工图预算、最高限价和标底的依据；②定额是工程量清单计价、投标报价、进行工程拨款、竣工结算、衡量投标报价合理性、编制企业定额和工程造价管理的基础或依据；③定额是编制概算定额、概算指标和投资估算指标的主要资料。

3.建筑工程预算定额编制的依据

全国统一建筑工程基础定额河北省消耗量定额编制的主要依据如下：

(1)国家有关法律法规及政策规定；

(2)现行的全国统一基础定额；

(3)现行的标准、规范及标准图集；

(4)《建设工程劳动定额》；

(5)当地原有的定额及基础资料；

(6)编制期的人工、材料、机械单价；

(7)典型工程技术经济资料。

注释 1-1

编制2012年《全国统一建筑工程基础定额河北省消耗量定额》依据的部分文件：

(1)住房和城乡建设部《关于转发财政部、安全监管总局〈企业安全生产费用提取和使用管理规定〉的通知》(建质[2012]32号)

(2)河北省住房和城乡建设厅《关于印发＜关于加强建设工程安全生产文明施工费计取和管理的指导意见＞的通知》(冀建市[2012]386号)

(3)河北省住房和城乡建设厅《关于建设工程实施“优质优价”的通知》(冀建质[2011]756号)

二、建筑工程预算定额的组成

2012年《全国统一建筑工程基础定额河北省消耗量定额》及《全国统一建筑装饰装修工程消耗量定额河北省消耗量定额》由总说明、分部工程说明以及工程量计算的规则、分项工程项目表和附录四个部分组成。

1. 总说明

总说明是主要说明编制定额的原则、依据、适用范围、工资标准，以及编制时有关共性问题的处理意见和定额的使用方法。

2. 分部工程说明以及工程量计算的规则

分部工程说明主要阐述分部分项工程中的有关规定和要求；工程量计算的规则主要说明各分部分项工程的计算规则，以便统一计算口径。

注释 1-2

对于刚接触定额的初学者或初次使用者，必须仔细阅读总说明、分部工程说明以及工程量计算规则。以便正确理解定额的使用。下面结合《全国统一建筑工程基础定额河北省消耗量定额》举几个简单的应用实例。

(1)总说明第二十二条规定："现场使用建设单位水电时，水电费按如下方式计算：单独设置水、电表，按计数结算；未单独设置水、电表，使用预拌混凝土的工程按定额直接费（不包括安全生产、文明施工费）的2.00%结算（其中水费0.1%，电费1.90%），使用现场搅拌混凝土的工程按定额直接费（不包括安全生产、文明施工费）的2.30%结算（其中水费0.30%，电费2.00%），该系数为参考，实际不同时，可按实结算。"

(2)总说明第二十三条规定："本定额中以'×××以内'或'×××以下'表示者，均包括×××'本身；'×××以外'或'×××以上'表示者，则不包括其本身。"

(3)土、石方工程的分部工程说明第十一条规定："房心回填土时，套用B.1楼地面工程"相应项目。

3. 分项工程项目表

在分项工程项目表中主要说明各分项工程的工作内容、计量单位、施工方法及施工过程等。通常列于表的上方。同时在表中列出完成该分项工程所需消耗的数量，编制时所消耗的人工、材料和施工机械台班的单价，完成该分项工程所需编制期时的人工、材料、机械费的合价即基价。

分项工程项目表包括实体项目和措施项目。其中措施项目分为可竞争措施项目和不可竞争措施项目。实体项目及不可竞争措施项目消耗量不得调整；可竞争措施项目消耗量在投标报价时投标人可以合理调整。

可竞争措施项目包括：脚手架工程、模板工程、垂直运输工程、建筑物超高费及其他可竞争措施项目，其中其他可竞争措施项目由支挡土板、打拔钢板桩、降水工程、冬季施工增加费、雨季施工增加费、夜间施工增加费、生产工具用具使用费、检验试验配合费、工程定位复测场地清理费、成品保护费、二次搬运费、临时停电停水费、土建工程施工与生产同时进行增加费、在有害身体健康环境中施工降效增加费组成（后11项称为其他可竞争措施项目中的"其他"）。不可竞争措施项目包括安全防护、文明施工费。

案例 1-1

预算定额实体项目和措施项目各分项工程项目表的构造格式见表1-1～表1-4。

(1)实体项目分项工程项目表(一)，如表1-1所示。

表1-1　现浇钢筋混凝土带形基础工程项目表

A.4.1　现浇钢筋混凝土

A.4.1.1 基础

工作内容：混凝土搅拌、场内水平运输、浇捣、养护等。　　单位：$10m^3$

定额编号	A4-1	A4-2	A4-3
项目名称	带形基础		
	毛石混凝土	无筋混凝土	钢筋混凝土
基　价(元)	2523.58	2799.12	2782.62

续表 1-1

定额编号				A4-1	A4-2	A4-3
其中	人工费(元) 材料费(元) 机械费(元)			459.00 1896.03 168.55	563.40 2036.68 199.04	561.60 2026.78 194.24
	名称	单位	单价(元)	数量		
人工	综合用工二类	工日	60.00	7.650	9.390	9.360
材料	现浇混凝土(中砂碎石)C20—40	m^3	—	(8.630)	(10.150)	(10.100)
	水泥 32.5	t	360.00	2.805	3.299	3.283
	中砂	t	30.00	5.773	6.790	6.757
	碎石	t	42.00	11.789	13.865	13.797
	毛石 100～500mm	m^3	60.00	2.720	—	—
	塑料薄膜	m^2	0.80	9.560	10.080	10.080
	水	m^3	5.00	9.410	10.990	10.930
机械	滚筒式混凝土搅拌机 500L 以内	台班	151.10	0.330	0.390	0.380
	混凝土振捣器(插入式)	台班	15.47	0.660	0.770	0.770
	机动翻斗车 1t	台班	164.36	0.660	0.780	0.760

(2)实体项目分项工程项目表(二),如表 1-2 所示。

表 1-2 现浇钢筋混凝土带型基础(预拌混凝土)工程项目表

A.4.4 预拌钢筋混凝土(现浇)

A.4.4.1 基础

工作内容:混凝土捣固、养护等。 单位:$10m^3$

定额编号				A4-161	A4-162	A4-163
项目名称				带形基础		
				毛石混凝土	无筋混凝土	钢筋混凝土
基价(元)				2536.48	2822.55	2814.15
其中	人工费(元) 材料费(元) 机械费(元)			241.80 2284.47 10.21	318.00 2492.64 11.91	316.80 2485.44 11.91
	名称	单位	单价(元)	数量		
人工	综合用工二类	工日	60.00	4.03	5.30	5.28
材料	商品混凝土 C20	m^3	240.00	8.590	10.100	10.070
	毛石 100～500mm	m^3	60.00	2.720	—	—
	塑料薄膜	m^2	0.80	9.560	10.080	10.080
	水	m^3	5.00	0.900	0.980	0.980
机械	混凝土振捣器(插入式)	台班	15.47	0.660	0.770	0.770

(3)措施项目分项工程项目表(一),如表 1-3 所示。

表 1-3　建筑工程措施项目建筑物垂直运输项目表

A.13.1　建筑物垂直运输

A.13.1.2　±0.00 m以上，20 m(6层)以内

工作内容：包括单位工程合理工期内完成本定额项目所需要的塔吊、卷扬机台班费用。　单位：100m²

定额编号				A13-5	A13-6	A13-7
项目名称				混合结构		现浇框架
				卷扬机	塔式起重机	
基价(元)				1262.65	1958.16	2489.33
其中	人工费(元)			—	—	—
	材料费(元)			—	—	—
	机械费(元)			1262.65	1958.16	2489.33
名称		单位	单价(元)	数量		
机械	塔式起重机(起重力矩600Kn.m)	台班	488.38	—	2.022	2.563
	慢速卷扬机(带塔 综合)	台班	229.74	5.496	4.225	5.387

(4)措施项目分项工程项目表(二)，如表1-4所示。

表 1-4　建筑工程其他可竞争措施项目及不可竞争措施项目表

A.15.4　其他

A.15.4.1　一般土建

定额编号		A15-59	A15-61
项目名称		冬季施工增加费	夜间施工增加费
基价(%)		0.64	0.75
其中	人工费(%)	0.13	0.45
	材料费(%)	0.38	0.15
	机械费(%)	0.13	0.15

A.16.1　不可竞争措施项目

A.16.1.1　一般土建

定额编号		A16—3	A16—4
项目名称		安全防护、文明施工费	
		基本费	增加费
基价(%)		3.55	0～0.70
其中	人工费(%)	—	—
	材料费(%)	—	—
	机械费(%)	—	—

注释 1-3

关于冬季施工增加费和雨季施工增加费的问题有如下要求：冬(雨)季施工增加费，施工期不足冬(雨)季规定天数50%的按50%计取；施工期超过冬(雨)季规定天数50%的按全部计取。河北省除秦皇岛、张家口外，冬季施工起止日期为11月15日至次年3月15日，共121天，其余244天为雨季施工；秦皇岛、张家口冬季施工起止日期分别为11月15日至次年4月5日，11月1日至次年3月31日，均为151天，其余214天为雨季施工。

注释 1-4

关于安全生产、文明施工费的问题有如下要求：根据财政部安全监管总局《企业安全生产费用提取和使用管理办法》(财企[2012]16号)文件精神，将安全生产、文明施工费的取费基数调整为税前造价。安全生产、文明施工费不在措施项目计取，而是计入在了计价程序中。根据《关于加强建设工程安全生产文明施工费计取和管理的指导意见》(冀建市〔2012〕386号)文件，规定安全生产、文明施工费由造价站与安检站配合管理，安检站会对施工现场安全生产、文明施工措施进行评价、打分。安检站评分在70分为及格分，只能拿到基本费，分数高于70分，按插入法计算增加费给予施工企业奖励。

4. 附录

在附录中，列出了砂浆、混凝土的配合比表，材料、成品、半成品的损耗率表和材料、成品、半成品的价格取定表及施工机械价格取定表。

案例 1-2

定额附录一中配合比的节选，如表1-5所示。

表1-5　普遍混凝土配合比附表

一、普通混凝土配合比

1. 现浇部分

(1)中砂碎石

单位：m^3

配合比编码			ZF1-0028	ZF1-0029	ZF1-0030	ZF1-0031	ZF1-0032
项目名称			粗骨料最大粒径40mm				
			混凝土强度等级				
			C15	C20	C25	C30	C35
预算价值(元)			173.69	195.34	194.21	209.69	224.42
名称	单位	单价(元)	数量				
水泥32.5	t	360.00	0.260	0.325	—	—	—
水泥42.5	t	390.00	—	—	0.294	0.336	0.378
中砂	t	30.00	0.754	0.669	0.680	0.605	0.592
碎石	t	42.00	1.347	1.366	1.387	1.419	1.389
水	m^3	5.00	0.180	0.180	0.180	0.180	0.180

说明：

1. 本定额的各种配合比，是确定定额项目中配合比材料的含量和预算价的依据。施工时应按有关规定及试验部门的配合比配制，不得按本定额配合比表的材料用量直接使用。
2. 配合比表中列出的材料消耗量及其损耗量，配制所需人工、机械台班在相应项目内。
3. 配合比用砂是按照天然砂(含水率2.5%)而编制的，实际不同时不作调整。砌筑砂浆及抹灰砂浆包括了筛砂损耗，筛砂用工已包括在各相应项目内。

三、建筑工程预算定额消耗量指标的确定

(一)人工消耗量指标

1.劳动定额概念

劳动定额是指在一定的施工技术和生产组织条件下，施工完成单位合格产品所需消耗的劳动力的数量。劳动定额从其表现形式上有两种表达方式：

(1)用完成单位合格产品所需消耗的工作时间来表示，即时间定额。这里的工作时间包括施工准备与结束时间、基本工作时间、辅助工作时间、不可避免的中断时间和工人必需的休息时间。通常以“工日”为单位，按现行的制度，每一工作日时间为8小时，其计算表达式为：

$$\text{时间定额} = \frac{\text{工作人数} \times \text{工作时间}}{\text{工作时间内完成的产品数量}} \tag{1-1}$$

(2)用劳动者在单位时间里完成合格产品的数量来表示，即产量定额。其计算表达式为：

$$\text{产量定额} = \frac{\text{工作时间内完成的产品数量}}{\text{工作人数} \times \text{工作时间}} \tag{1-2}$$

时间定额与产量定额互为倒数关系，在现行的预算定额中是采用时间定额的形式来作为人工消耗量的指标。

2.预算定额中人工消耗量指标的确定

定额中人工消耗量指标，是指一定计量单位的分项工程所必需消耗的各种用工。它包括基本用工、超运距用工、辅助用工和人工幅度差。

(1)基本用工。基本用工是指完成某个分项工程所需的主要用工。例如，砌砖墙工程中的砌砖、调制砂浆、运砖、运砂浆等用工。

(2)超运距用工。超运距用工是指材料、半成品在场内的平均运距超过劳动定额规定的平均运距所需的用工。这种用工是由于预算定额考虑的场内运距远于劳动定额而发生的。

(3)辅助用工。辅助用工是指施工现场加工材料等所需的用工。如筛沙子、淋石灰膏等的用工。

(4)人工幅度差。人工幅度差，即预算定额与劳动定额的差额，主要是指在正常施工条件下不可避免的，但在劳动定额中没有包括的零星用工。其主要包括：①在正常施工组织的情况下，施工过程中各工种间的工序搭接以及土建工程与水电工程之间交叉配合所需的停歇时间；②场内施工机械在单位工程之间变换位置以及临时水电管线移动所引起工人的停歇时间；③工程质量检查及隐蔽工程验收对工人操作的时间影响；④场内单位工程之间操作地点的转移对工人操作的时间影响；⑤施工中不可避免的少量零星时间。

由于人工幅度差难以计量，目前预算定额采用人工幅度差系数(10%)取定，按下式计算：

$$\text{人工幅度差(工日)} = (\text{基本用工} + \text{超运距用工} + \text{辅助用工}) \times 10\% \tag{1-3}$$

(二)材料消耗量指标

1.材料消耗定额的概念

材料消耗定额是指在正常的施工技术组织和合理使用材料的条件下，生产质量合格的单位产品所必需消耗的建筑材料、成品、半成品或配件等的数量标准。定额中的材料消耗量包括主要材料、次要材料和周转材料等的消耗量。

材料消耗定额是编制材料需用量计划、运输计划、计算库房面积与贮存场地，签发限额领料单、考核成本和经济核算等生产管理的依据，也是编制施工定额和预算定额的依据。

2.预算定额中主要材料消耗量指标的确定

材料是建筑安装生产中的重要因素。在一般建筑产品成本中，材料费用约占70%。用科学的方法正确地规定材料消耗量标准，对节约与合理使用材料，正确计算工程造价具有极为重要的意义。

材料消耗量由材料消耗净用量和材料损耗量两部分组成。直接消耗在建筑安装工程上构成建筑产品的材料用量称为材料消耗净用量。不可避免的施工废料及材料场内运输、加工制作与施工操作中的合理损耗量称为材料损耗量。它们的相互关系是：

$$材料消耗量 = 材料消耗净用量 + 材料损耗量 \tag{1-4}$$

材料损耗量与材料消耗量之比，称为材料损耗率，即：

$$材料损耗率 = \frac{材料损耗量}{材料消耗量} \times 100\% \tag{1-5}$$

$$材料损耗量 = 材料消耗量 \times 材料损耗率 \tag{1-6}$$

将公式(1－5)带入公式(1－6)，经整理后得

$$材料消耗量 = \frac{材料净用量}{1 - 材料损耗率} \tag{1-7}$$

当已知材料损耗量与净用量的比值时，也可采用下式计算材料总消耗量：

$$材料消耗量 = 材料净用量 \times (1 + 材料损耗比) \tag{1-8}$$

其中：

$$材料损耗比 = \frac{材料损耗量}{材料净用量} \tag{1-9}$$

即

$$材料损耗量 = 材料净用量 \times 材料损耗比 \tag{1-10}$$

以上公式中的 $\frac{1}{1 - 材料损耗率}$ 和(1＋材料损耗比)称为损耗率系数。

在实际工作中，为了简化计算过程，常常直接采用下式计算材料消耗量：

$$材料消耗量 = 材料净用量 \times (1 + 材料损耗率) \tag{1-11}$$

3.预算定额中周转性材料消耗量指标的确定

周转性材料是指建筑安装工程施工中多次周转重复使用的工具性材料。如模板、挡土板、脚手架等，不是一次性消耗，而是随着使用次数的增加不断进行整理、修补逐渐消耗的。因此，这类材料具有施工工具的性质。

为适应市场的发展，2012 年《全国统一建筑工程基础定额河北省消耗量定额》中的组合钢模板及卡具、大钢模板、脚手架钢管及扣件、底座、支撑钢管及扣件、工具式活动脚手架、爬升装置及架体周转材料是由摊销编制方法改为租赁方法编制，其数量是按照合理的施工方法、合理的施工工期计算的；其他周转材料的数量为摊销量，已考虑了正常的周转次数和残值回收折价。租赁的周转材料进出场运费装卸费包括在相应项目内。摊销的周转材料在同一城市内工地间转移、场外运输所需的人工和机械台班已包括在相应项目内。

4.预算定额中次要材料消耗量指标的确定

次要材料是指材料用量小、价值不大、不便于计算的零星材料，一般用估算的方法计算，以“其他材料费”来表示。

(三)施工机械台班消耗指标

1.施工机械台班定额的概念

施工机械台班定额，是指施工机械在正常的施工条件和合理的劳动组织条件下，完成单位合格产品所必需的工作时间(台班)；或在单位台班内，应完成合格产品的数量标准。施工机械台班定额有两种表达形式，即机械台班定额和机械产量定额。

(1)机械台班定额。机械台班定额是指在合理的劳动组织和合理使用机械的条件下，某种施工机械完成单位合格产品所必需消耗的工作时间，包括有效工作时间、不可避免的中断时间和不可避免的空转等。计算单位为“台班”，以 8 小时为 1 个台班。计算公式如下：

$$机械台班定额(台班) = \frac{机械台数 \times 机械工作时间}{工作时间内完成的产品数量} \tag{1-14}$$

(2)机械产量定额。机械产量定额是指在合理的劳动组织和合理使用机械的条件下，某种施工机械在每个台班时间内，应完成合格产品的数量标准。按下式计算：

$$机械产量定额 = \frac{工作时间内完成的产品数量}{机械台数 \times 机械工作时间} \tag{1-15}$$

机械台班定额和机械产量定额互为倒数关系。

2.预算定额中施工机械消耗量指标的确定

定额的施工机械台班消耗指标以“台班”计量，每台班为8小时。预算定额机械台班消耗量是按正常合理的机械配备、机械施工工效测算确定的。

四、建筑工程预算定额项目单价的确定

定额项目基础单价（基价）由人工费、材料费和施工机械使用费构成。

（一）人工费

定额项目人工费按下式计算：

人工费 = 定额单位分项工程人工工日消耗量 × 综合平均等级工日单价　　（1-16）

公式（1-16）中，综合平均等级工日单价的确定方法为：根据国家规定，目前直接从事建筑安装施工的生产工人一个工作日的工资标准（工日单价）由计时工资或计价工资、奖金、津贴补贴以及特殊情况下支付的工资组成。

河北省消耗量定额不分工种和技术等级以综合用工表示，综合用工按技术含量不同分为综合用工一类、综合用工二类、综合用工三类共三种，单价分别为：综合用工一类70元/工日，综合用工二类60元/工日，综合用工三类47元/工日。

（二）材料费

定额项目材料费包括完成该项目（子目）所需各种材料的费用。计算公式为：

材料费 = $\sum$（定额单位分项工程材料消耗量 × 相应的材料预算价格）　　（1-17）

公式（1-17）中，材料预算价格包括材料原价（或供应价格）、材料运杂费、运输损耗费、采购及保管费等费用，可按下式计算：

材料预算价格＝（材料供应价＋运杂费）×（1＋运输损耗率）×（1＋采购及保管费率）　　（1-18）

注释1-5

材料采购保管费率的确定，如合同有规定，按合同规定执行。如合同无规定则按以下标准考虑：有色金属及25类设备为1.3%；其他建设工程材料为2%～5%（一般取2%）。

由建设单位采购的材料其采购保管费分别按下列规定计算。

（1）建设工程材料：建设、施工单位各提50%采保费，则

双方分别提取的采保费＝材料预算价格×0.98%

（2）25类设备、有色金属：

建设单位提取费＝设备（材料）预算价格×1.02%

施工单位提取费＝设备（材料）预算价格×0.26%

（三）施工机械使用费

（1）施工机械使用费简称机械费。定额项目机械费包括完成该项目（子目）所需各种施工机械的台班使用费。计算公式为：

机械使用费 = $\sum$（定额单位分项工程机械台班消耗量 × 相应的机械台班单价）　　（1-19）

公式（1-19）中，机械台班耗用量按前面所述确定；机械台班单价是指某种机械在一个工作台班中，为使机械正常运转所分摊和支出的各项费用。

机械台班单价由七项费用组成，这些费用按其性质可划分为第一类费用和第二类费用两大类。

施工机械台班单价通常由折旧费、大修理费、经常修理费、安拆费及场外运输费、人工费、燃料动力费和税费组成。

（2）仪器仪表使用费，是指工程施工所需使用的仪器仪表的推销及维修费用。

任务二　建筑工程预算定额的使用

学习引导

通过学习本任务，能够在已知分部分项工程量的条件下，合理选择定额号，进行自然单位和定额单位的转换，正确使用单位工程预算表。并且对于实际工程的混凝土（砌筑砂浆）的强度等级与定额所列不一致时，能够对基价进行正确换算。

知识链接

一、建筑工程预算定额的套用

当施工图的设计要求与定额的项目内容完全相符时，可直接套用基价。如：采用现场搅拌的钢筋混凝土（C20－40）带形基础，在定额中查得该项目的定额编号为 A4－3，每 $10m^3$ 基价 2782.62 元。

在套用预算单价时，该分项工程名称、内容、材料配比和计算单位，需与预算定额（或单位估价表）、企业定额所列一致。否则，需按定额规定进行换算。在编制单位工程施工图造价过程中，大多数项目可以直接套用基价。单位工程预算表的格式参见表 1－6 所示。

定额套用时应注意以下几点：①根据施工图纸、设计说明和工程做法说明选择定额项目；②要从工作内容、技术特征和施工方法上仔细核对，准确确定相对应的定额项目；③分项工程项目名称和计量单位必须和定额项目的相一致；④套用基价时要遵守消耗量定额总说明和分部说明的规定。

表 1－6　单位工程预算表

工程编号＿＿＿＿＿＿＿＿　　　　工程名称＿＿＿＿＿＿＿＿

序号	定额编号	项目名称	单位	工程量	单价	合价	人工费		机械费	
							单价	合价	单价	合价

审核：＿＿＿＿＿＿　　　　　　　　　　制表：＿＿＿＿＿

二、建筑工程预算定额中的有关换算

当施工图的设计要求与消耗量定额项目的条件不完全相符时，则不能够直接套用基价，而应该根据消耗量定额有关说明的规定进行换算。在河北省 2008 年消耗量定额中规定，实际工程使用材料的品种、规格与消耗量定额不同时，可以调整。这里主要介绍砌筑砂浆强度等级、混凝土强度等级的换算。

当设计的砌筑砂浆强度等级或混凝土强度等级与基价项目的强度等级不同时，应对基价进行换算，进而调整基价。在调整时基价中砂浆或混凝土的含量不变，其中材料性质不变，人工和机械的含量不变，只调整砂浆或混凝土中水泥、砂、水、碎石的含量。可按下式调整：

$$调整后材料含量＝原基价表材料含量＋(换入材料量－换出材料量) \tag{1-20}$$

其中：换入材料量＝换入强度等级砂浆（或混凝土）材料配比量×砂浆（或混凝土）消耗量

换出材料量＝换出强度等级砂浆(或混凝土)材料配比量×砂浆(或混凝土)消耗量

$$\text{调整后基价}=\text{原基价(换算前的)}+\begin{matrix}\text{砂浆}\\\text{或}\\\text{混凝土}\end{matrix}\text{消耗量}\times\left\{\text{换入}\begin{matrix}\text{砂浆}\\\text{或}\\\text{混凝土}\end{matrix}\text{单价}-\text{换出}\begin{matrix}\text{砂浆}\\\text{或}\\\text{混凝土}\end{matrix}\text{单价}\right\}\tag{1-21}$$

砂浆或混凝土的配比量可由基价表中的附录查得，砂浆或混凝土消耗量为基价表中确定的消耗量。

案例 1-3

计算×××住宅楼，施工 60 m³ 无筋混凝土条形基础的预算价格。混凝土为 C30－40 现场搅拌。

解：查定额 A4－2 可知，混凝土的强度等级为 C20－40，与实际采用的混凝土强度等级 C30－40 不同，需要对混凝土进行换算。

查定额附录一中的第一分部现浇混凝土配合比 ZF1－0029 和 ZF1－0031 可知：1m³ C20－40 混凝土的预算价值为 195.34 元；1m³ C30－40 混凝土的预算价值为 209.69 元。

查定额 A4－2(见表 1－7)得到 10 m³ 无筋混凝土条形基础的混凝土消耗量为 10.150 m³。

定额基价调整为：2799.12＋10.150×(209.69－195.34)＝2944.77(元)。

表 1－7 无筋混凝土预算表

工程编号________　　工程名称 ×××住宅楼

序号	定额编号	工程项目名称	单位	工程量	单价	合价	人工费		机械费	
							单价	合价	单价	合价
1	A4－2 换	无筋混凝土	10 m³	6	2944.77	17668.62	563.40	3380.4	199.04	1194.24

三、建筑工程预算定额中的关于建设工程“优质优价”的补偿奖励

根据河北省住房和城乡建设厅《关于建设工程实施“优质优价”的通知》(冀建质[2011]756 号)的精神，采用优质工程等次与建筑工程造价、监理费用挂钩的办法，对施工企业成本予以适当补偿奖励。

1.补偿标准

(1)获得国家级优质工程奖，建设单位按工程造价的 3～3.5％给予施工企业补偿奖励，按监理总费用的 4～4.5％给予监理企业补偿奖励；

(2)获得省级优质工程奖，建设单位按工程造价的 2～2.5％给予施工企业补偿奖励，按监理总费用的 3～3.5％给予监理企业补偿奖励；

(3)获得结构优质工程奖，建设单位按工程造价的 1.5～2％给予施工企业补偿奖励，按监理总费用的 2～2.5％给予监理企业补偿奖励；

(4)获得市级优质工程奖，建设单位按工程造价的 1～1.5％给予施工企业补偿奖励，按监理总费用的 1～1.5％给予监理企业补偿奖励。

2.补偿奖励费用的来源

建设项目支出的补偿奖励资金，其费用列入工程总概算。建设单位对工程项目提出创优要求的，招标人应在招标文件中明确，在合同中载明；工程实施过程中，工程建设各方也可根据工程实际，依据本通知签订补充协议约定。

3.相关说明

(1)建设单位与施工企业签订的施工合同中，应明确创建优质工程各方主体的责任、执行的标准、计算及支付办法等内容，在获奖后兑现。

(2)建设单位与监理单位签订的监理合同中，应明确创建优质工程监理责任、补偿奖励办法等内容，在获奖后兑现。

(3)补偿奖励按最高奖项实行一次性补偿奖励，不得重复计奖。

任务三　工料分析

学习引导

通过学习本任务，能够在合理选择分部分项定额的基础上，对每项分部分项工程进行人工、材料、机械消耗量的计算和汇总，正确使用工料分析表。

知识链接

施工图预算以货币的形式表现了单位工程中分部分项工程的预算价值，但完成单位工程及分部分项工程所需的人工、材料和机械的消耗量没能在施工图预算中直观地表现出来。为了掌握这些人工、材料的消耗量，就需要对单位工程预算进行工料分析，编制工料分析表。

一、工料分析的作用

(1)工料分析是建筑施工企业编制劳动力计划和材料需要量计划的依据。

(2)工料分析是项目经理部向工人班组签发工程任务书、限额领料单，考核工人节约材料情况以及工人班组进行经济核算的基础。

(3)工料分析是施工单位与建设单位材料结算和调整材料价差的主要依据。

二、工料分析的方法

工料分析一般是按单位工程(土建、水暖、电气等)分别编制。根据工程预算中分部分项工程的数量、定额编号逐一计算各分项工程所含人工和各种材料的用量，并按照不同工种、材料品种和规格，分别汇总合计，形成人、材、机汇总表。汇总表反映出单位工程全部分项工程的人工和材料的预算用量，以满足各项生产与管理工作的需要。工料分析表的格式见表1-8。

表1-8　工料分析表

工程编号＿＿＿＿＿＿＿＿　　工程名称＿＿＿＿＿＿＿＿

定额编号	分部分项工程名称	单位	工程量	人工工日		水泥32.5		圆钢		……	
				定额用量	合计	定额用量	合计	定额用量	合计		

案例1-4

下面是某工程的人、材、机汇总表，如表1-9所示。

表1-9　人工、材料、机械台班(用量、单价)汇总表

工程名称：

编码	名称及型号规格	单位	数量	预算价(元)	市场价(元)	市场价合计(元)	价差合计(元)
人　工							
10000002	综合用工二类	工日	0.6305	60.00	60.00	37.83	

续表 1-9

编码	名称及型号规格	单位	数量	预算价（元）	市场价（元）	市场价合计（元）	价差合计（元）
材　料							
BA2C1016	木模版	m^3	0.0007	1539.15	1539.15	1.08	
BB1-0101	水泥 32.5	t	0.0001	360.0	360.0	0.04	
ZA1-0002	水	m^3		5.00	5.00		
机　械							
00003017	汽车式起重机 5t	台班	0.0040	519.40	519.40	3.48	
00014011	载货汽车(综合)	台班	0.0067	512.76	512.76	3.44	

案例 1-5

已知×××住宅楼，施工 60 m^3 无筋混凝土条形基础的预算价格。混凝土为 C20-40 现场搅拌。计算所用人工消耗量、混凝土消耗量、水泥消耗量和混凝土搅拌机的台班消耗量。

解：该工程的人工消耗量、混凝土消耗量、水泥消耗量和混凝土搅拌机的台班消耗量如表 1-10 所示。

表 1-10　×××住宅楼工料分析表

工程编号＿＿＿＿＿＿　　工程名称＿×××住宅楼＿

定额编号	分部分项工程名称	单位	工程量	人工工日（工日）		现浇混凝土（m^3）		水泥 32.5（t）		搅拌机的台班（台班）	
				定额消耗量	合计	定额消耗量	合计	定额消耗量	合计	定额消耗量	合计
A4-2	无筋混凝土	10m^3	6	9.390	56.34	10.15	60.90	3.299	19.794	0.39	2.34

任务四　建筑工程费用定额的使用

学习引导

通过学习本任务，能够根据工程实际情况，合理选择工程类别和相应的费用标准，准确计算企业管理费、利润、规费和税金。

知识链接

费用定额（也称费用标准）是省级工程建设造价管理部门，根据《关于印发〈建筑安装工程费用项目组成〉的通知》（建标[2013]44 号），并结合本省的实际情况编制的。

费用定额与预算定额配套使用。根据预算定额计算工程的直接费，根据费用定额计算工程的间接费、规费和税金。费用定额包括费用项目组成、工程计价程序、规费组成及计费基数、工程费用标准等内容。

一、建筑工程费用标准

1. 建筑工程费用标准的适用范围及标准要求

(1)一般建筑工程费用标准适用于工业与民用的新建、改建、扩建的各类建筑物、构筑物等建筑工程。如表 1-11 所示。

(2)建筑工程土石方、建筑物超高、垂直运输、特大型机械场外运输及一次安拆费用标准适用于工业与民用建筑工程的土石方、建筑物超高、垂直运输、特大型机械场外运输及一次安拆等工程项目。如表

1-12所示。

(3)桩基础工程费用标准适用于工业与民用建筑工程的现场灌注桩和预制桩的工程项目。桩基础工程类别划分标准为:现场灌注桩为桩基础一类工程,预制桩为桩基础二类工程。如表1-13所示。

表1-11 一般建筑工程费用

序号	费用项目	计费基数	费用标准(%)		
			一类工程	二类工程	三类工程
1	直接费	—	—	—	—
2	企业管理费	直接费中人工费+机械费	25	20	17
3	利润		14	12	10
4	规费		25(投标报价、结算时按核准费率计取)		
5	税金	3.48%、3.41%、3.28%			

表1-12 建筑工程土石方、建筑物超高、垂直运输、特大型机械场外运输机以及安拆费用

序号	费用项目	计费基数	费用标准(%)
1	直接费	—	—
2	企业管理费	直接费中人工费+机械费	4
3	利润		4
4	规费		7(投标报价、结算时按核准费率计取)
5	税金	3.48%、3.41%、3.28%	

表1-13 桩基础工程费用

序号	费用项目	计费基数	费用标准(%)	
1	直接费	—	一类工程	二类工程
2	企业管理费	直接费中人工费+机械费	9	8
3	利润		8	7
4	规费		17(投标报价、结算时按核准费率计取)	
6	税金	3.48%、3.41%、3.28%		

2.建筑工程类别划分

(1)一般建筑工程类别划分如表1-14所示。

表1-14 一般建筑工程类别划分表

项目				一类	二类	三类
工业建筑	钢结构		跨度	≥30m	≥15m	<15m
			建筑面积	≥12000m²	≥8000m²	<8000m²
	其他结构	单层	檐高	≥20m	≥15m	<15m
			跨度	≥24m	≥15m	<15m
		多层	檐高	≥24m	≥15m	<15m
			建筑面积	≥8000m²	≥4000m²	<4000m²

续表 1-14

项目			一类	二类	三类
民用建筑	公共建筑	檐　高	≥36m	≥20m	<20m
		建筑面积	≥7000m^2	≥4000m^2	<4000m^2
		跨　度	≥30m	≥15m	<15m
	居住建筑	檐　高	≥56m	≥20m	<20m
		层　数	≥20 层	≥7 层	<7 层
		建筑面积	≥12000 m^2	≥7000 m^2	<7000 m^2
构筑物	水塔（水箱）	高　度	≥75m	≥35m	<35m
		吨　位	≥150m^3	≥75m^3	<75m^3
	烟囱	高　度	≥100m	≥50m	<50m
	贮仓	高　度	≥30m	≥15m	<15m
		容　积	≥600m^3	≥300m^3	<300m^3
	贮水(油)池	容　积	≥3000m^3	≥1500m^3	<1500m^3
	沉井、沉箱		执行一类	—	—
	围墙、砖地沟、室外建筑工程		—	—	执行三类

(2)桩基工程。现浇灌注桩为桩基础一类工程；预制桩为桩基础二类工程。

二、装饰装修工程费用标准

装饰装修费用标准如表 1-15 所示。

表 1-15　装饰装修工程费用标准

序号	费用项目	计费基数	费用标准(%)
1	直接费	—	—
2	企业管理费	直接费中人工费+机械费	18
3	利润		13
4	规费		20(投标报价、结算时按核准费率计取)
5	税金	3.48%、3.41%、3.28%	

注释 1-6

为了加强建设工程造价管理，合理确定工程造价，促进扩大建筑业社会保险等覆盖面。2012 河北建筑工程费用标准中的规费的费率为“核准机制”。规费标准实行核准机制后，费用定额中颁布的规费费率只用于编制最高限价、标底。而投标报价、工程价款结算时，应按照核定的施工企业规费计取标准计取规费。

所谓“核准机制”即对于一个施工企业进行核准，结合施工企业规费的实际支出、完成产值、工资总额、职工人数等情况，按国家和省有关规定核准施工企业规费费率计取标准。该费率用于该施工企业的投标报价及结算，实行动态管理，有效期一年。

项目习题

一、单选题

1. 劳动定额的主要表现形式是时间定额，但同时也表现为产量定额，二者的关系是＿＿＿＿＿＿。

A. 互为倒数　　B. 独立关系　　C. 正比关系　　D. 相关关系

2. 不应该计入人工工资单价的费用是＿＿＿＿＿＿。

A. 计时工资或计件工资　　B. 奖金

C. 劳动保护费　　D. 津贴补贴

3. 按定额反映的生产要素消耗内容分类，可以把工程建设定额分为 ________。

A. 劳动消耗定额、施工定额、投资估算指标　　B. 机械消耗定额、施工定额、建筑工程定额

C. 材料消耗定额、机械消耗定额、施工定额　　D. 劳动消耗定额、机械消耗定额、材料消耗定额

4. 既是设计单位编制设计概算或建设单位编制年度投资计划的依据，也可作为编制估算指标的基础是 ________。

A. 概算指标　　B. 概算定额　　C. 预算定额　　D. 施工定额

5. 如下直接工程费的各项费用中计算公式不正确的是 ________。

A. 人工费 $=\sum$（工日消耗量×日工资单价）

B. 材料费 $=\sum$（材料消耗量×材料基价）

C. 施工机械使用费 $=\sum$（施工机械台班消耗量×机械台班单价）

D. 日基本工资 = 生产工人平均年工资/年平均法定工作日

6. 以下不是按照定额反映的生产要素消耗内容进行分类的是________。

A. 劳动定额　　B. 材料消耗定额　　C. 机械台班消耗定额　　D. 企业定额

7. 规定了在正常施工条件下某工种某等级的工人，生产单位合格产品所需消耗的时间或是在单位时间内生产合格产品的数量。这种定额是 ________。

A. 劳动定额　　B. 材料消耗定额　　C. 机械台班消耗定额　　D. 企业定额

8. ________是指某种专业、某种技术等级的工人班组或个人，在合理的劳动组织、合理的使用材料和合理的施工机械配合条件下，完成某单位合格产品所必需的工作时间。

A. 产量定额　　B. 时间定额　　C. 劳动定额　　D. 消耗定额

9. 按现行规定，施工机械每个工作台班的工作时间计算为________小时。

A. 6　　B. 7　　C. 8　　D. 10

10. 在编制预算定额人工消耗时，一直其必需消耗的技术工种用工为 30 工日，超运距用工 2 工日，辅助用工 3 工日，人工幅度差率为 10%，则预算定额的人工消耗量为 ________。

A. 30　　B. 23.5　　C. 38.5　　D. 27.3

11. 定额时间不包括 ________。

A. 休息时间　　B. 施工本身造成的停工时间

C. 不可避免的中断时间　　D. 辅助工作时间

12. 已知材料原价为 100 元，运杂费为 10 元，运输损耗费为 10 元，采购及保管费率为 30%，材料采购及保管费为 ________元。

A. 30　　B. 36　　C. 6　　D. 3

13. 某施工机械预计使用 8 年，一次大修理费为 4500 元，寿命周期大修理次数为 2 次，耐用总台班为 2000 台班，则台班大修理费为 ________元。

A. 6.75　　B. 4.50　　C. 0.84　　D. 0.56

二、多选题

1. 材料预算价格包括________。

A. 材料原价　　B. 材料包装费　　C. 材料运费

D. 材料施工现场的损耗费　　E. 材料采购及保管费

2. 下列时间中应该计入定额时间的是 ________。

A. 休息时间　　B. 多余工作时间　　C. 施工本身造成的停工时间

D. 与施工过程工艺特点有关的工作中断时间

E. 与施工过程工艺特点无关的工作中断时间

3. 由建设行政主管部门根据合理的施工组织设计，按照正常施工条件下制定的，生产一个规定计量单位工程合格产品所需________的社会平均消耗量，称为消耗量定额。

A. 人工　B. 材料　C. 机械台班　D. 管理费　E. 利润

4. 工程建设定额包括多种类定额，可以按照不同的原则和方法对它进行科学的分类。其按适用目的可分为________等。

A. 建筑工程定额　B. 建筑安装工程费用定额

C. 设备安装工程定额　D. 工程建设其他费用定额　E. 施工定额

5. 材料消耗定额是在节约和合理使用材料的条件下，生产单位合格产品所必需消耗的一定品种规格________的消耗量。

A. 原材料　B. 半成品　C. 成品　D. 结构构件　E. 分项工程

6. 机械台班消耗定额是在正常施工条件下，利用某种机械，________。

A. 生产单位合格产品所必需消耗的机械工作时间

B. 在单位时间内机械完成合格产品的数量

C. 生产单位产品所必需消耗的机械工作时间

D. 在单位时间内机械完成产品的数量

E. 生产合格产品所必需消耗的机械工作时间

7. 预算定额中的人工消耗量是指完成某一计量单位的分项工程或结构构件所需的各种用工量总和。其内容包括________等。

A. 基本用工　B. 超运距用工　C. 返工用工　D. 人工幅度差　E. 辅助用工

8. 编制材料消耗定额的基本方法有________。

A. 现场技术测定法　B. 试验法　C. 统计计算法　D. 理论计算法　E. 分析法

9. 以下属于周转性材料的是________。

A. 脚手架　B. 模板　C. 挡土板　D. 预埋铁件　E. 临时设施

三、分析计算题

1. 分析预算定额分项工程项目表中各数据的相互关系。
2. 查阅预算定额，确定 $50m^3$ C30 现浇钢筋混凝土柱(600×600)混凝土的直接工程费。
3. 分析计算浇注 30 m^3 C20 现浇钢筋混凝土平板所需要的水泥用量。
4. 某桩基工程，旋挖钻机成孔工程量为 $520m^3$，浇筑混凝土量为 $500m^3$，钢筋 ϕ10 以内 30t，ϕ 20 以内 80t。根据本教材提供的费用定额计算该桩基工程的规费。

项目小结

1. 建筑工程预算定额，就是指在正常的施工条件下，为完成一定计量单位的合格产品所需消耗的人力、物力和资金的数量标准。

2. 编制施工图预算使用的定额一般是当地的建筑工程预算定额和与其配套的费率定额。

3. 建筑工程预算定额一般由总说明、分部工程说明以及工程量计算的规则、分项工程项目表和附录四个部分组成。其中分项工程项目表是主要组成部分。分项工程项目表包括实体项目和措施项目。其中措施项目分为可竞争措施项目和不可竞争措施项目。实体项目及不可竞争措施项目消耗量不得调整；可竞争措施项目消耗量在投标报价时投标人可以合理调整。

可竞争措施项目包括：脚手架工程、模板工程、垂直运输工程、建筑物超高费及其他可竞争措施项目，其中其他可竞争措施项目由支挡土板、打拔钢板桩、降水工程、冬季施工增加费、雨季施工增加费、夜间施工增加费、生产工具用具使用费、检验试验配合费、工程定位复测场地清理费、成品保护费、二次搬运费、临时停电停水费、土建工程施工与生产同时进行增加费、在有害身体健康环境中施工降效增加费组成(后11项成为其他可竞争措施项目中的其他)；不可竞争措施项目包括安全防护、文明施工费。

4.建筑工程预算定额分项工程项目表中的基价＝人工费＋材料费＋机械费。其中：

人工费＝定额单位分项工程人工消耗量×综合平均等级工日单价

材料费＝$\sum$（定额单位分项工程材料消耗量×相应的材料基价）

机械使用费＝$\sum$（定额单位分项工程机械台班消耗量×相应的机械台班单价）

5.砂浆或混凝土配合比换算公式：

$$\text{调整后基价}=\text{原基价}+\begin{matrix}\text{砂浆}\\\text{或}\\\text{混凝土}\end{matrix}\ \text{消耗量}\times\left(\text{换入}\ \begin{matrix}\text{砂浆}\\\text{或}\\\text{混凝土}\end{matrix}\ \text{单价}-\text{换出}\ \begin{matrix}\text{砂浆}\\\text{或}\\\text{混凝土}\end{matrix}\ \text{单价}\right)$$

6.工料分析的方法一般是按单位工程进行编制。根据工程预算中分部分项工程的数量、定额编号逐一计算各分项工程所含人工、各种材料和机械台班的用量，并按照不同人工、不同材料、机械的品种和规格，分别汇总合计，形成人、材、机汇总表。

7.费用定额（也称费用标准）是省级工程建设造价管理部门，根据《关于印发〈建筑安装工程费用项目组成〉的通知》（建标[2013]44号），并结合本省的实际情况编制的。费用定额与预算定额配套使用。依据费用定额计算工程的间接费、规费和税金。

拓展内容

建筑安装工程费用参考计算方法

本部分内容为住房城乡建设部财政部《关于印发＜建筑安装工程费用项目组成＞的通知》（建标[2013]44号）中的附录3（自2013年7月1日起施行）。

建筑安装工程费用参考计算方法如下：

一、各费用构成要素参考计算方法

（一）人工费

人工费的计算公式如下：

（1）公式1：

$$\text{人工费}=\sum(\text{工日消耗量}\times\text{日工资单价})$$

$$\text{日工资单价}=\frac{\text{生产工人平均月工资（计时、计件）}+\text{平均月（奖金}+\text{津贴补贴}+\text{特殊情况下支付的工资）}}{\text{年平均每月法定工作日}}$$

注：公式1主要适用于施工企业投标报价时自主确定人工费，也是工程造价管理机构编制计价定额确定定额人工单价或发布人工成本信息的参考依据。

（2）公式2：

$$\text{人工费}=\sum(\text{工程工日消耗量}\times\text{日工资单价})$$

日工资单价是指施工企业平均技术熟练程度的生产工人在每工作日（国家法定工作时间内）按规定从事施工作业应得的日工资总额。

工程造价管理机构确定日工资单价应通过市场调查、根据工程项目的技术要求，参考实物工程量人工单价综合分析确定，最低日工资单价不得低于工程所在地人力资源和社会保障部门所发布的最低工资标准的：普工1.3倍、一般技工2倍、高级技工3倍。

工程计价定额不可只列一个综合工日单价，应根据工程项目技术要求和工种差别适当划分多种日人工单价，确保各分部工程人工费的合理构成。

注：公式2适用于工程造价管理机构编制计价定额时确定定额人工费，是施工企业投标报价的参考依据。

(二)材料费

1.材料费

$$材料费=\sum(材料消耗量\times材料单价)$$

$$材料单价=[(材料原价+运杂费)\times〔1+运输损耗率(\%)〕]\times[1+采购保管费率(\%)]$$

2.工程设备费

$$工程设备费=\sum(工程设备量\times工程设备单价)$$

$$工程设备单价=(设备原价+运杂费)\times[1+采购保管费率(\%)]$$

(三)施工机具使用费

1.施工机械使用费

$$施工机械使用费=\sum(施工机械台班消耗量\times机械台班单价)$$

$$\begin{aligned}机械台班单价=&台班折旧费+台班大修费+台班经常修理费+台班安拆费及场外运费\\&+台班人工费+台班燃料动力费+台班车船税费\end{aligned}$$

注:工程造价管理机构在确定计价定额中的施工机械使用费时,应根据《建筑施工机械台班费用计算规则》结合市场调查编制施工机械台班单价。施工企业可以参考工程造价管理机构发布的台班单价,自主确定施工机械使用费的报价,如租赁施工机械,公式为:

$$施工机械使用费=\sum(施工机械台班消耗量\times机械台班租赁单价)$$

2.仪器仪表使用费

$$仪器仪表使用费=工程使用的仪器仪表摊销费+维修费$$

(四) 企业管理费费率

1.以分部分项工程费为计算基础

$$企业管理费费率(\%)=\frac{生产工人年平均管理费}{年有效施工天数\times人工单价}\times人工费占分部分项工程费比例(\%)$$

2.以人工费和机械费合计为计算基础

$$企业管理费费率(\%)=\frac{生产工人年平均管理费}{年有效施工天数\times(人工单价+每一工日机械使用费)}\times100\%$$

3.以人工费为计算基础

$$企业管理费费率(\%)=\frac{生产工人年平均管理费}{年有效施工天数\times人工单价}\times100\%$$

注:上述公式适用于施工企业投标报价时自主确定管理费,是工程造价管理机构编制计价定额确定企业管理费的参考依据。

工程造价管理机构在确定计价定额中企业管理费时,应以定额人工费或(定额人工费+定额机械费)作为计算基数,其费率根据历年工程造价积累的资料,辅以调查数据确定,列入分部分项工程和措施项目中。

(五)利润

(1)施工企业根据企业自身需求并结合建筑市场实际自主确定,列入报价中。

(2)工程造价管理机构在确定计价定额中利润时,应以定额人工费或(定额人工费+定额机械费)作为计算基数,其费率根据历年工程造价积累的资料,并结合建筑市场实际确定,以单位(单项)工程测算,利润在税前建筑安装工程费的比重可按不低于5%且不高于7%的费率计算。利润应列入分部分项工程和措施项目中。

(六) 规费

1.社会保险费和住房公积金

社会保险费和住房公积金应以定额人工费为计算基础,根据工程所在地省、自治区、直辖市或行业建设主管部门规定费率计算。

$$社会保险费和住房公积金=\sum(工程定额人工费\times社会保险费和住房公积金费率)$$

式中:社会保险费和住房公积金费率可以每万元发承包价的生产工人人工费和管理人员工资含量与工程所在地规定的缴纳标准综合分析取定。

2.工程排污费

工程排污费等其他应列而未列入的规费应按工程所在地环境保护等部门规定的标准缴纳,按实计取列入。

(七)税金

税金计算公式如下:

$$税金=税前造价\times综合税率(\%)$$

综合税率计算如下:

(1)纳税地点在市区的企业。

$$综合税率(\%)=\frac{1}{1-3\%-(3\%\times7\%)-(3\%\times3\%)-(3\%\times2\%)}-1$$

(2)纳税地点在县城、镇的企业。

$$综合税率(\%)=\frac{1}{1-3\%-(3\%\times5\%)-(3\%\times3\%)-(3\%\times2\%)}-1$$

(3)纳税地点不在市区、县城、镇的企业。

$$综合税率(\%)=\frac{1}{1-3\%-(3\%\times7\%)-(3\%\times3\%)-(3\%\times2\%)}-1$$

4.实行营业税改增值税的,按纳税地点现行税率计算。

二、建筑安装工程计价参考公式

(一)分部分项工程费

$$分部分项工程费=\sum(分部分项工程量\times综合单价)$$

式中:综合单价包括人工费、材料费、施工机具使用费、企业管理费和利润以及一定范围的风险费用(下同)。

(二)措施项目费

(1)国家计量规范规定应予计量的措施项目,其计算公式为:

$$措施项目费=\sum(措施项目工程量\times综合单价)$$

(2)国家计量规范规定不宜计量的措施项目计算方法如下:

①安全文明施工费。

$$安全文明施工费=计算基数\times安全文明施工费费率(\%)$$

计算基数应为定额基价(定额分部分项工程费+定额中可以计量的措施项目费)、定额人工费或(定额人工费+定额机械费),其费率由工程造价管理机构根据各专业工程的特点综合确定。

②夜间施工增加费。

$$夜间施工增加费=计算基数\times夜间施工增加费费率(\%)$$

③二次搬运费。

$$二次搬运费=计算基数\times二次搬运费费率(\%)$$

④冬雨季施工增加费。

$$冬雨季施工增加费=计算基数\times冬雨季施工增加费费率(\%)$$

⑤已完工程及设备保护费。

$$已完工程及设备保护费=计算基数\times已完工程及设备保护费费率(\%)$$

上述②~⑤项措施项目的计费基数应为定额人工费或(定额人工费+定额机械费),其费率由工程造价管理机构根据各专业工程特点和调查资料综合分析后确定。

(三)其他项目费

(1)暂列金额由建设单位根据工程特点,按有关计价规定估算,施工过程中由建设单位掌握使用、扣除合同价款调整后如有余额，归建设单位。

(2)计日工由建设单位和施工企业按施工过程中的签证计价。

(3)总承包服务费由建设单位在招标控制价中根据总包服务范围和有关计价规定编制，施工企业投标时自主报价，施工过程中按签约合同价执行。

(四)规费和税金

建设单位和施工企业均应按照省、自治区、直辖市或行业建设主管部门发布标准计算规费和税金，不得作为竞争性费用。

三、相关问题的说明

(1)各专业工程计价定额的编制及其计价程序，均按本通知实施。

(2)各专业工程计价定额的使用周期原则上为5年。

(3)工程造价管理机构在定额使用周期内，应及时发布人工、材料、机械台班价格信息，实行工程造价动态管理，如遇国家法律、法规、规章或相关政策变化以及建筑市场物价波动较大时，应适时调整定额人工费、定额机械费以及定额基价或规费费率，使建筑安装工程费能反映建筑市场实际。

(4)建设单位在编制招标控制价时，应按照各专业工程的计量规范和计价定额以及工程造价信息编制。

(5)施工企业在使用计价定额时除不可竞争费用外，其余仅作参考，由施工企业投标时自主报价。

项目二 建筑面积的计算

学习目标

知识目标

1. 了解建筑面积的概念。
2. 熟悉建筑面积的计算规则涉及相关术语。
3. 掌握建筑面积的计算规则。

能力目标

能够计算建筑物的建筑面积。

项目分析

项目概述

根据《建筑工程建筑面积计算规范》(GB/T50353—2013),计算建筑物的建筑面积。

情景案例设计

使用《建筑工程建筑面积计算规范》(GB/T50353—2013),对案例建筑物进行建筑面积计算。

任务　计算建筑物的建筑面积

学习引导

通过学习本任务,熟悉《建筑工程建筑面积计算规范》(GB/T50353—2015),能够计算附录1某活动中心项目的建筑面积。规范涉及的面很广,注意查看本项目的小结。

计算结果

首层建筑面积:26.1×15.45+(26.1+15.45)×2×0.05=407.4 (m^2)(加保温面积)

二层建筑面积:同首层

总建筑面积(JS):407.4×2=814.8 (m^2)

知识链接

一、建筑面积概述

(一)建筑面积的概念

建筑面积是指建筑物的水平平面面积,即外墙勒脚以上各层水平投影面积的总和。建筑面积包括使用面积、辅助面积和结构面积。

(1)使用面积:建筑物各层平面布置中可直接为生产或生活使用的净面积之和。如居住生活间、工作间和生产间等的净面积。

(2)辅助面积:建筑物各层平面布置中为辅助生产或生活服务所占的净面积之和。如楼梯间、走道间、电梯井等所占的面积。

(3)结构面积:建筑物各层平面布置中的墙体、柱、垃圾道、通风道所占用的净面积之和。

(二)建筑面积的作用

1.重要的管理指标

建筑面积是建设投资、建设项目可行性研究、建设项目勘察设计、建设项目评估、建设项目招标投标、建筑工程施工与竣工验收、建设工程造价管理、建筑工程造价控制等一系列工作的重要计算指标。

2.重要技术指标

建筑面积是计算开工面积、竣工面积、优良工程率、建筑装饰规模等重要的技术指标。

3.重要经济指标

建筑面积是计算建筑装饰等单位工程或单项工程的单位面积工程造价、人工消耗指标、机械台班消耗指标的重要经济依据。

每平方米工程造价=建筑工程总造价/建筑面积

每平方米人工消耗=单位工程用工量/建筑面积

每平方米材料消耗=单位工程某材料用量/建筑面积

每平方米机械台班消耗=单位工程某机械台班用量/建筑面积

二、建筑面积的计算规则

(一)计算建筑面积的范围

(1)建筑物的建筑面积应按自然层外墙结构外围水平面积之和计算。结构层高在2.20m及以上的,应计算全面积;结构层高在2.20m以下的,应计算1/2面积。不再区分单层多层,其建筑面积按此统一规定。

注释 2-1

在主体结构内形成的建筑空间,满足计算面积结构层高要求的均应按上述条款规定计算建筑面积。主体结构外的室外阳台、雨篷、檐廊、室外走廊、室外楼梯等按相应条款计算建筑面积。当外墙结构本身在一个层高范围内不等厚时,以楼地面结构标高处的外围水平面积计算。

案例 2-1

某多层建筑物平面图与立面图如图2-1所示,请计算其建筑面积(结构层高均在2.2m以上)。

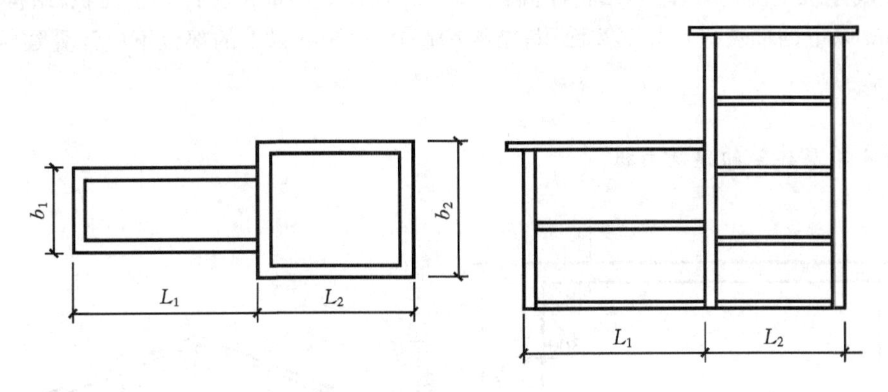

图2-1　多层建筑物层高示意图

解:$S=L_1\times b_1\times 2+L_1\times b_1\times 4$

(2)建筑物内设有局部楼层时,对于局部楼层的二层及以上楼层,有围护结构的应按其围护结构外围水平面积计算,无围护结构的应按其结构底板水平面积计算,且结构层高在2.20m及以上的,应计算全面积,结构层高在2.20m以下的,应计算1/2面积。建筑物内的局部楼层见图2-2。

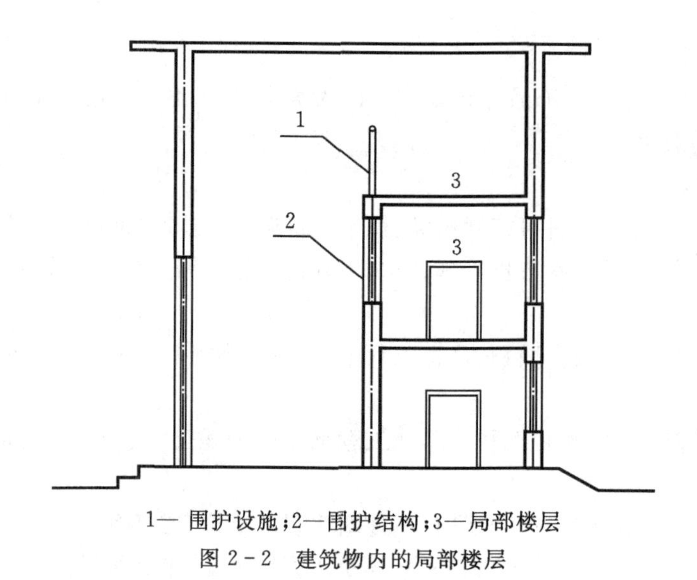

1— 围护设施；2—围护结构；3—局部楼层

图 2-2　建筑物内的局部楼层

案例 2-2

试求图 2-3 单层建筑的建筑面积。

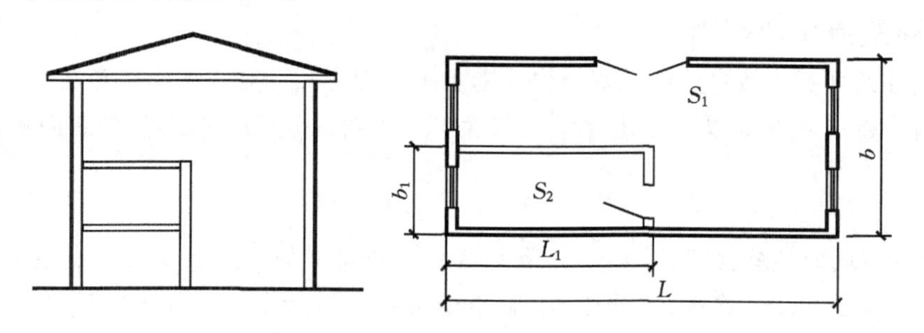

图 2-3　单层建筑屋内设部分楼层

解：$S=S_1+S_2=L\times b+L_1\times b_1$

(3)对于形成建筑空间的坡屋顶，结构净高在 2.10m 及以上的部位应计算全面积；结构净高在1.20m 及以上至 2.10m 以下的部位应计算 1/2 面积；结构净高在 1.20m 以下的部位不应计算建筑面积。

案例 2-3

试求图 2-4 单层建筑的建筑面积。

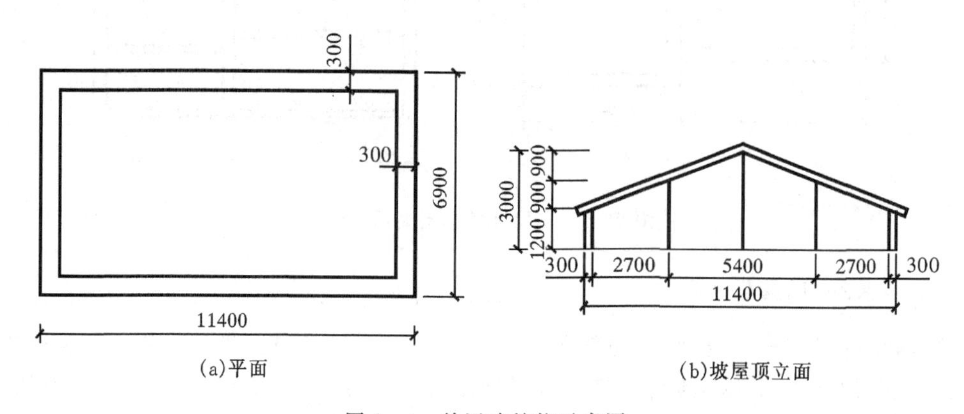

图 2-4　单层建筑物示意图

解：$S=5.4\times6.9+(2.7+0.3)\times6.9\times2\times0.5=57.96\ (m^2)$

(4)对于场馆看台下的建筑空间，结构净高在2.10m及以上的部位应计算全面积；结构净高在1.20m及以上至2.10m以下的部位应计算1/2面积；结构净高在1.20m以下的部位不应计算建筑面积。室内单独设置的有围护设施的悬挑看台，应按看台结构底板水平投影面积计算建筑面积。有顶盖无围护结构的场馆看台应按其顶盖水平投影面积的1/2计算面积（见图2-5）。

图2-5　场馆看台示意图

注释2-2

场馆看台下的建筑空间因其上部结构多为斜板，所以采用净高的尺寸划定建筑面积的计算范围和对应规则。室内单独设置的有围护设施的悬挑看台，因其看台上部设有顶盖且可供人使用，所以按看台板的结构底板水平投影计算建筑面积。“有顶盖无围护结构的场馆看台”所称的“场馆”为专业术语，指各种“场”类建筑，如：体育场、足球场、网球场、带看台的风雨操场等。

案例2-4

求建筑物场馆看台下的建筑面积（见图2-6）。

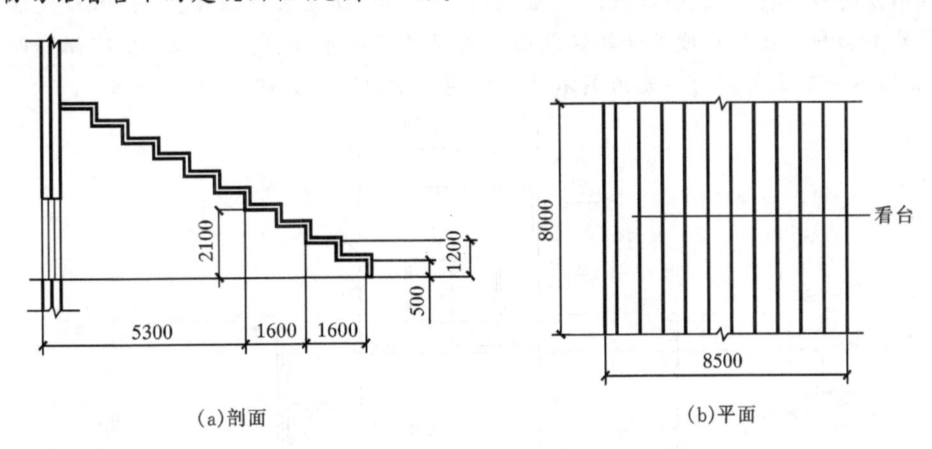

图2-6　建筑物场馆看台下的建筑面积示意图

解：$S=8\times(5.3+1.6\times0.5)=48.8(m^2)$

(5)地下室、半地下室应按其结构外围水平面积计算。结构层高在2.20m及以上的，应计算全面积；结构层高在2.20m以下的，应计算1/2面积。

注释 2-3

当外墙为变截面时，按地下室、半地下室楼地面结构标高处的外围水平面积计算。地下室的外墙结构不包括防水防潮层、找平层、保护墙等。地下室作为设备、管道层按《建筑工程建筑面积计算规范》(GB/T 50353—2013)（以下简称《规范》）第26条执行；地下室的各种竖向井道按《规范》第19条执行；地下室的围护结构不垂直于水平面的按《规范》第18条规定执行。

案例 2-5

求地下室（见图2-7）的建筑面积，采光井净高为1.8m。

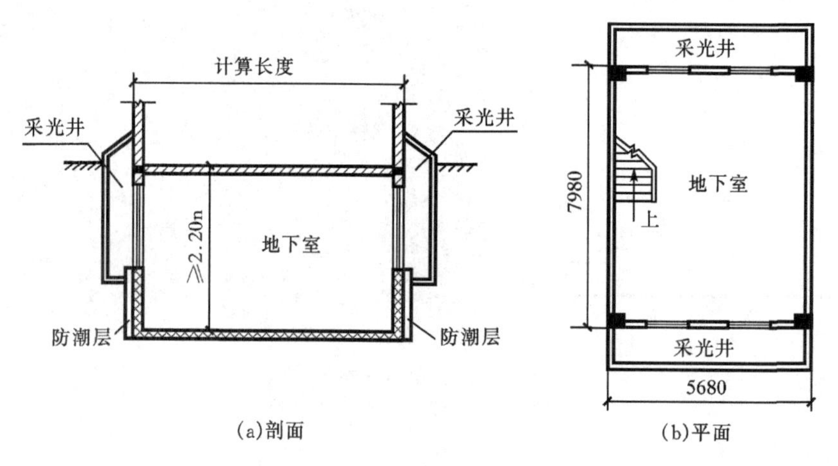

图2-7　地下室建筑面积示意图

解：$S=7.98\times5.68=45.33(m^2)$

(6)出入口外墙外侧坡道有顶盖的部位，应按其外墙结构外围水平面积的1/2计算面积。

注释 2-4

出入口坡道分有顶盖出入口坡道和无顶盖出入口坡道，出入口坡道顶盖的挑出长度，为顶盖结构外边线至外墙结构外边线的长度；顶盖以设计图纸为准，对后增加及建设单位自行增加的顶盖等，不计算建筑面积。顶盖不分材料种类（如钢筋混凝土顶盖、彩钢板顶盖、阳光板顶盖等）。出入口坡道无论结构层高多高都只计算半面积。出入口坡道计算建筑面积要满足两个条件：①有顶盖，②有侧墙即规范中说的外墙结构，但侧墙不一定是封闭的。无顶盖不计算。地下室出入口见图2-8。

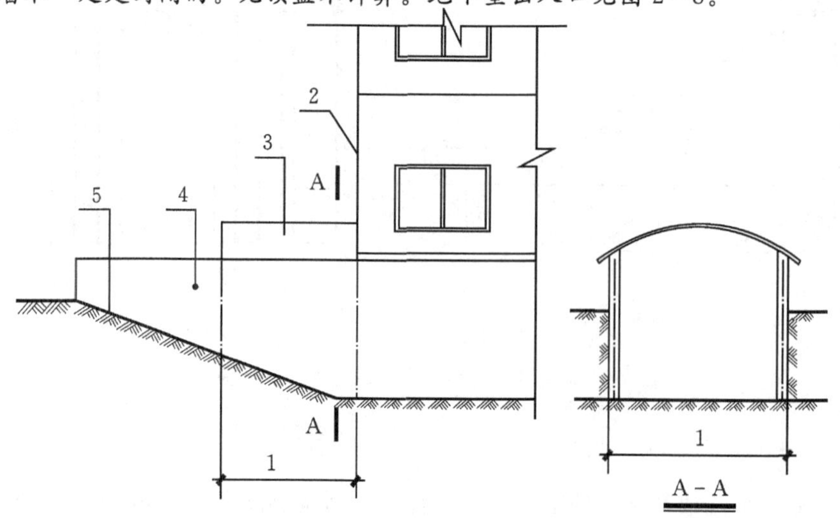

1—计算1/2投影面积部位；2—主体建筑；3—出入口顶盖；4—封闭出入口侧墙；5—出入口坡道

图2-8　地下室出入口

(7)建筑物架空层及坡地建筑物吊脚架空层，应按其顶板水平投影计算建筑面积。结构层高在 2.20m 及以上的，应计算全面积；结构层高在 2.20m 以下的，应计算 1/2 面积。

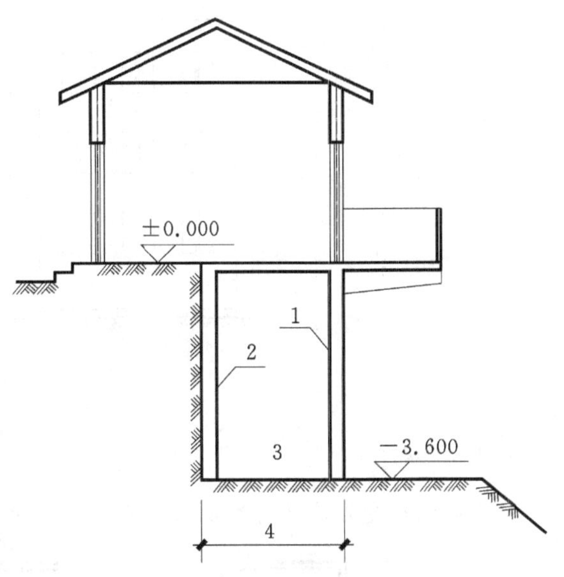

1—柱；2—墙；3—吊脚架空层；4—计算建筑面积部位

图 2-9 建筑物吊脚架空层

注释 2-5

本条既适用于建筑物吊脚架空层、深基础架空层建筑面积的计算，也适用于目前部分住宅、学校教学楼等工程在底层架空或在二楼或以上某个甚至多个楼层架空，作为公共活动、停车、绿化等空间的建筑面积的计算。架空层中有围护结构的建筑空间按相关规定计算。建筑物吊脚架空层见图 2-9。

(8)建筑物的门厅、大厅应按一层计算建筑面积，门厅、大厅内设置的走廊应按走廊结构底板水平投影面积计算建筑面积。结构层高在 2.20m 及以上的，应计算全面积；结构层高在 2.20m 以下的，应计算 1/2 面积。

案例 2-6

求建筑物大厅内的回廊的建筑面积(见图 2-10)。

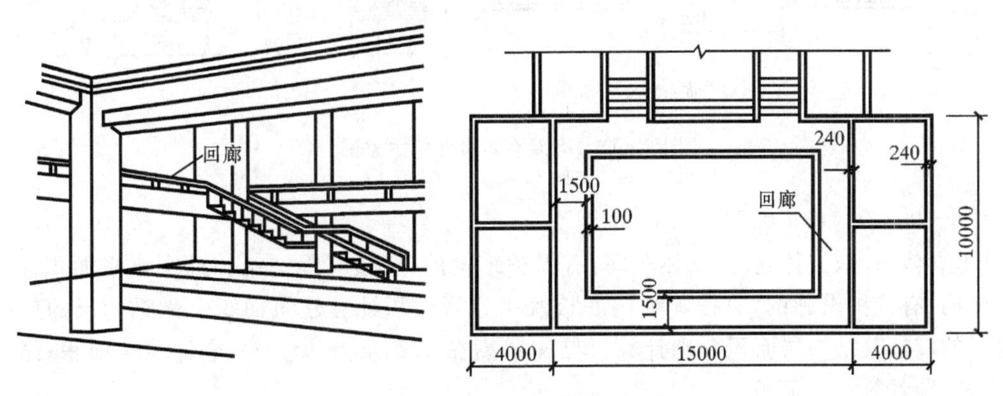

图 2-10 回廊的门厅示意图

解：若层高不小于 2.2m，则回廊面积为：

$S=(15-0.24)\times(1.5+0.1)\times2+(10-0.24-1.6\times2)\times1.6\times2=68.22(m^2)$

若层高小于 2.2m，则回廊面积为：

$S=[(15-0.24)\times1.6\times2+(10-0.24-1.6\times2)\times1.6\times2]\times0.5=34.11(m^2)$

(9)对于建筑物间的架空走廊，有顶盖和围护设施的，应按其围护结构外围水平面积计算全面积；无围护结构、有围护设施的，应按其结构底板水平投影面积计算 1/2 面积。无围护结构的架空走廊见图 2-11。有围护结构的架空走廊见图 2-12。

1—栏杆；2—架空走廊

图 2-11 无围护结构的架空走廊

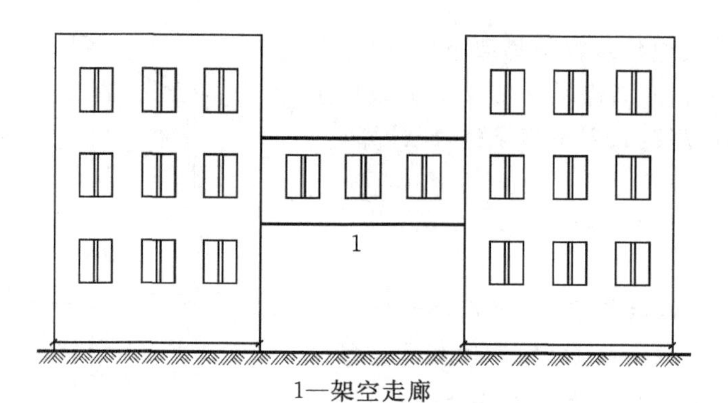

图 2－12　有围护结构的架空走廊

案例 2－7

已知架空走廊的层高为 3m，求架空走廊的建筑面积（见图 2－13）。

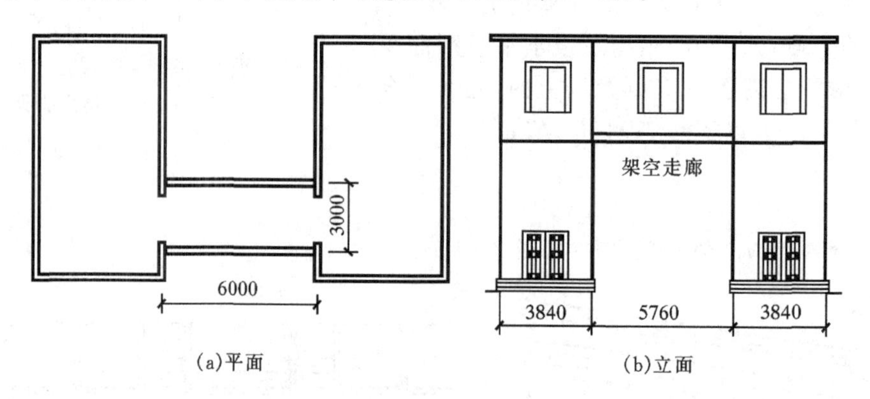

图 2－13　有架空走廊建筑示意图

解：$S=(6-0.24)\times(3+0.24)=18.66(m^2)$

(10)对于立体书库、立体仓库、立体车库，有围护结构的，应按其围护结构外围水平面积计算建筑面积；无围护结构、有围护设施的，应按其结构底板水平投影面积计算建筑面积。无结构层的应按一层计算，有结构层的应按其结构层面积分别计算。结构层高在 2.20m 及以上的，应计算全面积；结构层高在 2.20m 以下的，应计算 1/2 面积。

注释 2－6

本条主要规定了图书馆中的立体书库、仓储中心的立体仓库、大型停车场的立体车库等建筑的建筑面积计算规定。起局部分隔、存储等作用的书架层、货架层或可升降的立体钢结构停车层均不属于结构层，故该部分分层不计算建筑面积（如图 2－14 所示）。

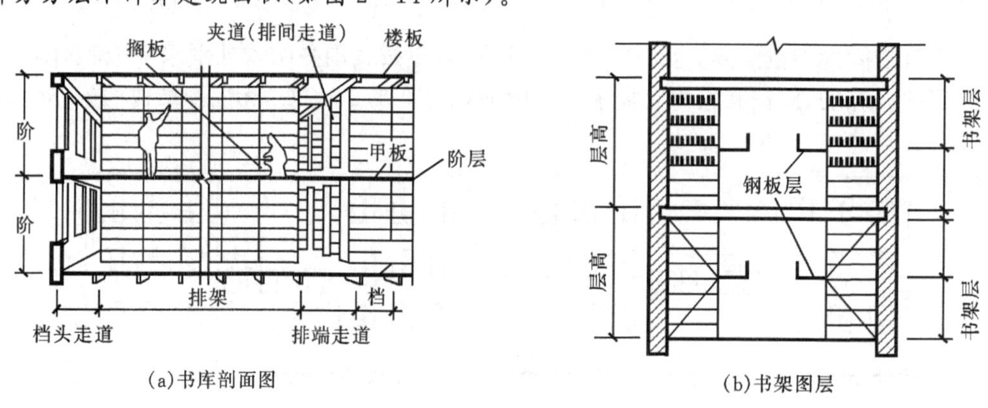

图 2－14　书库书架层示意图

(11)有围护结构的舞台灯光控制室,应按其围护结构外围水平面积计算。结构层高在2.20m及以上的,应计算全面积;结构层高在2.20m以下的,应计算1/2面积(如图2-15所示)。

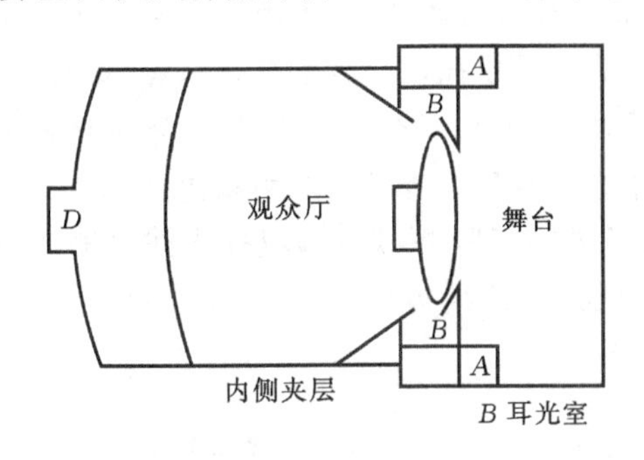

图2-15　舞台灯光控制室示意图

(12)附属在建筑物外墙的落地橱窗,应按其围护结构外围水平面积计算。结构层高在2.20m及以上的,应计算全面积;结构层高在2.20m以下的,应计算1/2面积。

(13)窗台与室内楼地面高差在0.45m以下且结构净高在2.10m及以上的凸(飘)窗,应按其围护结构外围水平面积计算1/2面积。

(14)有围护设施的室外走廊(挑廊),应按其结构底板水平投影面积计算1/2面积;有围护设施(或柱)的檐廊,应按其围护设施(或柱)外围水平面积计算1/2面积(如图2-16所示)。

(15)门斗应按其围护结构外围水平面积计算建筑面积,且结构层高在2.20m及以上的,应计算全面积;结构层高在2.20m以下的,应计算1/2面积。门斗见图2-17。

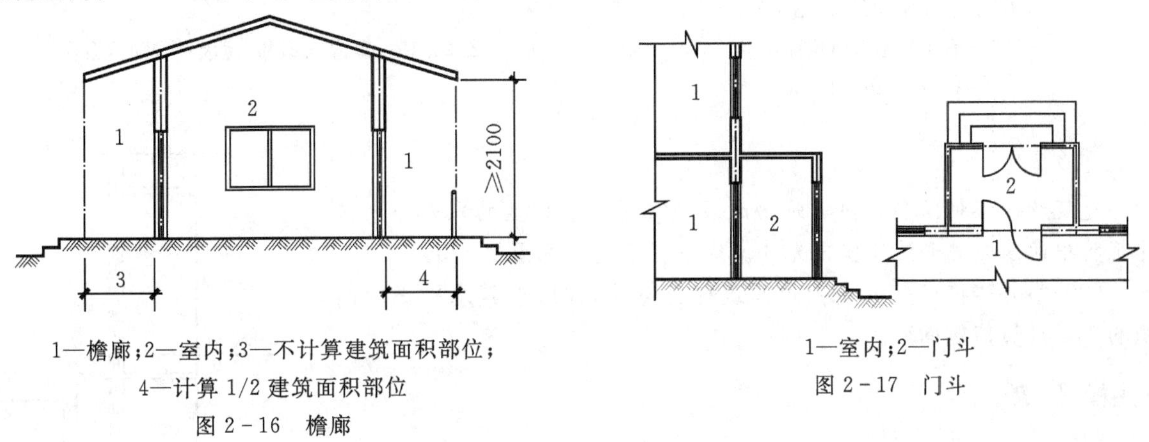

1—檐廊;2—室内;3—不计算建筑面积部位;
4—计算1/2建筑面积部位

图2-16　檐廊

1—室内;2—门斗

图2-17　门斗

(16)门廊应按其顶板的水平投影面积的1/2计算建筑面积;有柱雨篷应按其结构板水平投影面积的1/2计算建筑面积;无柱雨篷的结构外边线至外墙结构外边线的宽度在2.10m及以上的,应按雨篷结构板的水平投影面积的1/2计算建筑面积。

注释2-7

雨篷分为有柱雨篷和无柱雨篷。有柱雨篷,没有出挑宽度的限制,也不受跨越层数的限制,均计算建筑面积。无柱雨篷,其结构板不能跨层,并受出挑宽度的限制,设计出挑宽度大于或等于2.10m时才计算建筑面积。出挑宽度,系指雨篷结构外边线至外墙结构外边线的宽度,弧形或异形时,取最大宽度。

(17)设在建筑物顶部的、有围护结构的楼梯间、水箱间、电梯机房等,结构层高在2.20m及以上的应计算全面积;结构层高在2.20m以下的,应计算1/2面积。

(18)围护结构不垂直于水平面的楼层,应按其底板面的外墙外围水平面积计算。结构净高在2.10m及以上的部位,应计算全面积;结构净高在1.20m及以上至2.10m以下的部位,应计算1/2面积;结构净高在1.20m以下的部位,不应计算建筑面积。

注释 2-8

本条文对于向内、向外倾斜均适用。在划分高度上，本条使用的是“结构净高”，与其他正常平楼层按层高划分不同，但与斜屋面的划分原则相一致。由于目前很多建筑设计追求新、奇、特，造型越来越复杂，很多时候根本无法明确区分什么是围护结构、什么是屋顶，因此对于斜围护结构与斜屋顶采用相同的计算规则，即只要外壳倾斜，就按结构净高划段，分别计算建筑面积。斜围护结构见图 2-18。

(19)建筑物的室内楼梯、电梯井、提物井、管道井、通风排气竖井、烟道，应并入建筑物的自然层计算建筑面积(见图 2-19)。有顶盖的采光井应按一层计算面积，且结构净高在 2.10m 及以上的，应计算全面积；结构净高在 2.10m 以下的，应计算 1/2 面积。

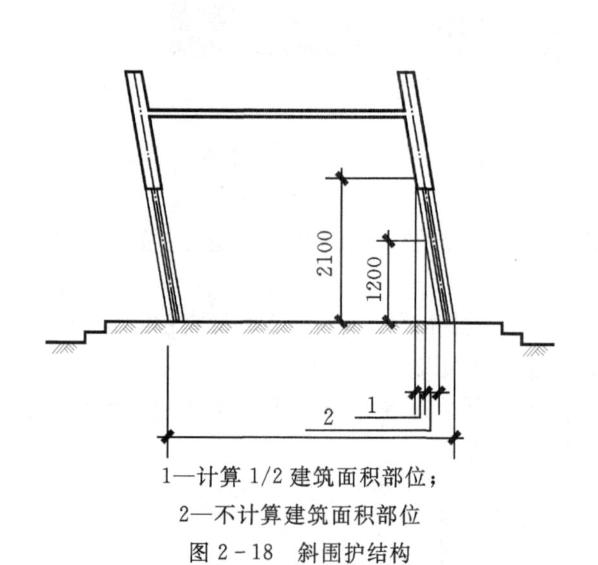

1—计算 1/2 建筑面积部位；
2—不计算建筑面积部位
图 2-18 斜围护结构

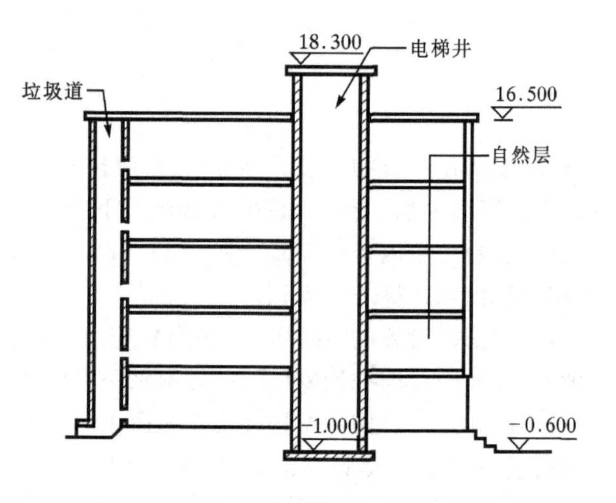

图 2-19 室内电梯井、垃圾道剖面示意图

注释 2-9

建筑物的楼梯间层数按建筑物的层数计算。有顶盖的采光井包括建筑物中的采光井和地下室采光井。地下室采光井见图 2-20。

(20)室外楼梯应并入所依附建筑物自然层，并应按其水平投影面积的 1/2 计算建筑面积。

注释 2-10

室外楼梯作为连接该建筑物层与层之间交通不可缺少的基本部件，无论从其功能、还是工程计价的要求来说，均需计算建筑面积。层数为室外楼梯所依附的楼层数，即梯段部分投影到建筑物范围的层数。利用室外楼梯下部的建筑空间不得重复计算建筑面积；利用地势砌筑的为室外踏步，不计算建筑面积。

(21)在主体结构内的阳台，应按其结构外围水平面积计算全面积；在主体结构外的阳台，应按其结构底板水平投影面积计算 1/2 面积。

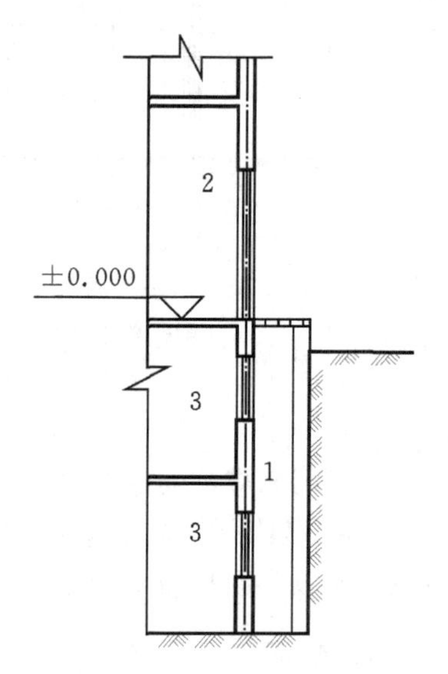

1—采光井；2—室内；3—地下室
图 2-20 地下室采光井

注释 2-11

建筑物的阳台，不论其形式如何，均以建筑物主体结构为界分别计算建筑面积。

(22)有顶盖无围护结构的车棚、货棚、站台、加油站、收费站等，应按其顶盖水平投影面积的 1/2 计算建筑面积。

案例 2-8

求货棚的建筑面积(见图 2-21)。

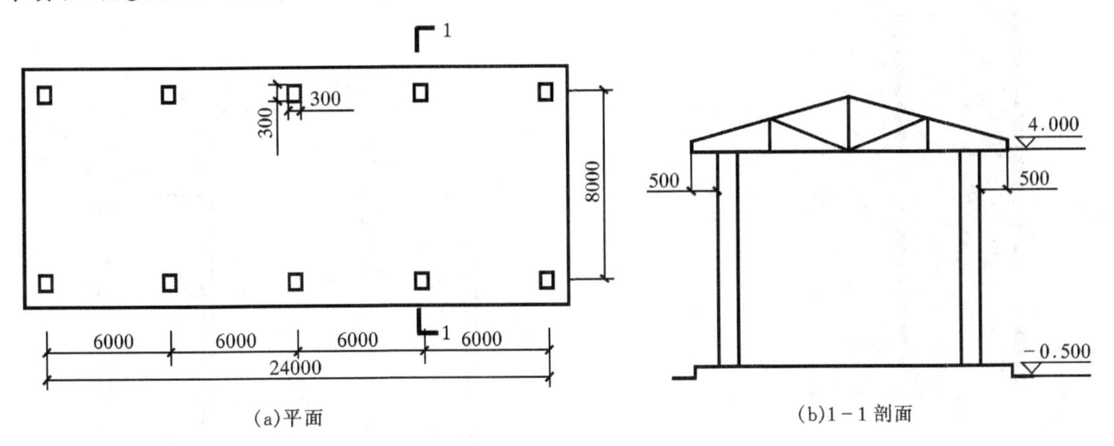

图 2-21 货棚建筑示意图

解:$S=(8+0.3+0.5\times2)\times(24+0.3+0.5\times2)\times0.5=117.65(m^2)$

(23)以幕墙作为围护结构的建筑物,应按幕墙外边线计算建筑面积。

注释 2-12

幕墙以其在建筑物中所起的作用和功能来区分,直接作为外墙起围护作用的幕墙,按其外边线计算建筑面积;设置在建筑物墙体外起装饰作用的幕墙,不计算建筑面积。

(24)建筑物的外墙外保温层,应按其保温材料的水平截面积计算,并计入自然层建筑面积。

注释 2-13

为贯彻国家节能要求,鼓励建筑外墙采取保温措施,本规范将保温材料的厚度计入建筑面积。建筑物外墙外侧有保温隔热层的,保温隔热层以保温材料的净厚度乘以外墙结构外边线长度按建筑物的自然层计算建筑面积,其外墙外边线长度不扣除门窗和建筑物外已计算建筑面积构件(如阳台、室外走廊、门斗、落地橱窗等部件)所占长度。当建筑物外已计算建筑面积的构件(如阳台、室外走廊、门斗、落地橱窗等部件)有保温隔热层时,其保温隔热层也不再计算建筑面积。外墙是斜面者按楼面楼板处的外墙外边线长度乘以保温材料的净厚度计算。外墙外保温以沿高度方向满铺为准,某层外墙外保温铺设高度未达到全部高度时(不包括阳台、室外走廊、门斗、落地橱窗、雨篷、飘窗等),不计算建筑面积。保温隔热层的建筑面积是以保温隔热材料的厚度来计算的,不包含抹灰层、防潮层、保护层(墙)的厚度。建筑外墙外保温见图 2-22。

(25)与室内相通的变形缝,应按其自然层合并在建筑物建筑面积内计算。对于高低联跨的建筑物,当高低跨内部连通时,其变形缝应计算在低跨面积内。

注释 2-14

《规范》所指的与室内相通的变形缝,是指暴露在建筑物内,在建筑物内可以看得见的变形缝。

案例 2-9

求 20mm 长高低连跨厂房高跨部分建筑面积(见图 2-23)。

解:高跨建筑面积 $S=(6+0.4)\times8=51.2(m^2)$

(26)对于建筑物内的设备层、管道层、避难层等有结构层的楼层,结构层高在 2.20m 及以上的,应计算全面积;结构层高在 2.20m 以下的,应计算 1/2 面积。

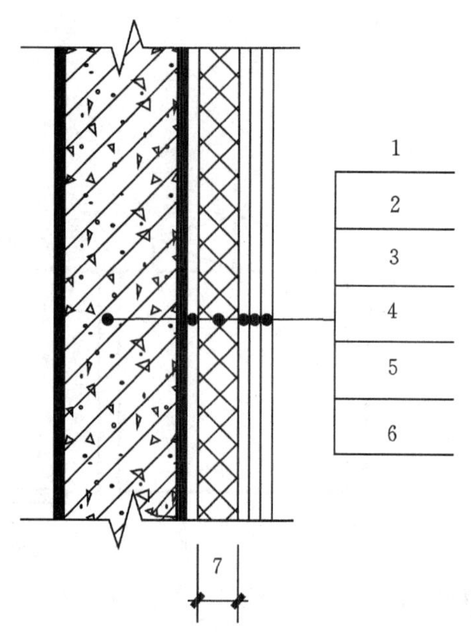

1—墙体；2—粘结胶浆；3—保温材料；4—标准网；
5—加强网；6—抹面胶浆；7—计算建筑面积部位
图 2-22 建筑外墙外保温

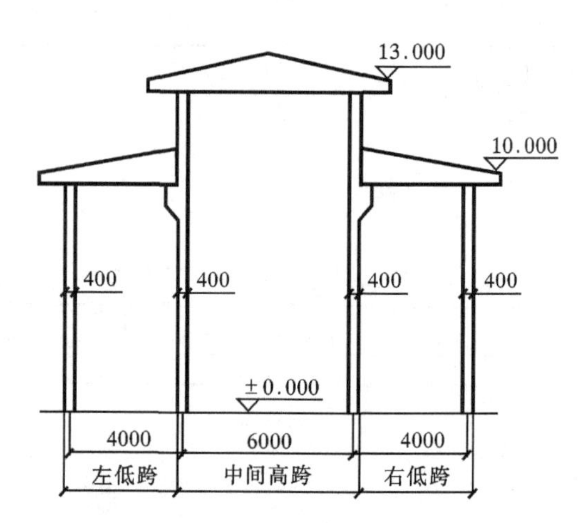

图 2-23 高低联跨建筑物剖面示意图

注释 2-15

设备层、管道层虽然其具体功能与普通楼层不同，但在结构上及施工消耗上并无本质区别，且本规范定义自然层为“按楼地面结构分层的楼层”，因此设备、管道楼层归为自然层，其计算规则与普通楼层相同。在吊顶空间内设置管道的，则吊顶空间部分不能被视为设备层、管道层。

（二）不应计算建筑面积的规定

（1）与建筑物内不相连通的建筑部件。

注释 2-16

这里指的是依附于建筑物外墙外不与户室开门连通，起装饰作用的敞开式挑台（廊）、平台，以及不与阳台相通的空调室外机搁板（箱）等设备平台部件。

（2）骑楼、过街楼底层的开放公共空间和建筑物通道。骑楼见图 2-24，过街楼见图 2-25。

（3）舞台及后台悬挂幕布和布景的天桥、挑台等。这指的是影剧院的舞台及为舞台服务的可供上人维修、悬挂幕布、布置灯光及布景等搭设的天桥和挑台等构件设施。

（4）露台、露天游泳池、花架、屋顶的水箱及装饰性结构构件。

（5）建筑物内的操作平台（见图 2-26）、上料平台、安装箱和罐体的平台。

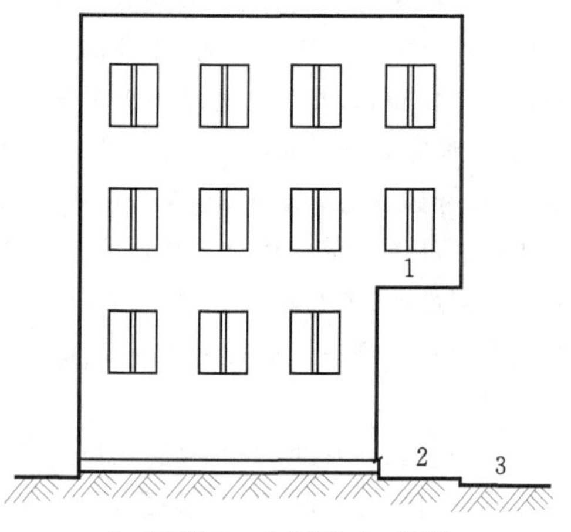

1—骑楼；2—人行道；3—街道
图 2-24 骑楼

注释 2-17

建筑物内不构成结构层的操作平台、上料平台（包括：工业厂房、搅拌站和料仓等建筑中的设备操作控制平台、上料平台等），其主要作用为室内构筑物或设备服务的独立上人设施，因此不计算建筑面积。

（6）勒脚、附墙柱、垛、台阶、墙面抹灰、装饰面、镶贴块料面层、装饰性幕墙，主体结构外的空调室外机搁板（箱）、构件、配件（见图 2-27），挑出宽度在 2.10m 以下的无柱雨篷和顶盖高度达到或超过两个楼层的无柱雨篷。

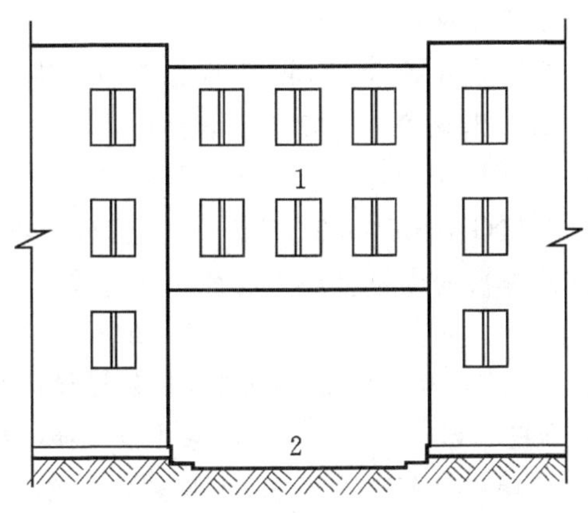

1—过街楼；2—建筑物通道

图 2-25 过街楼

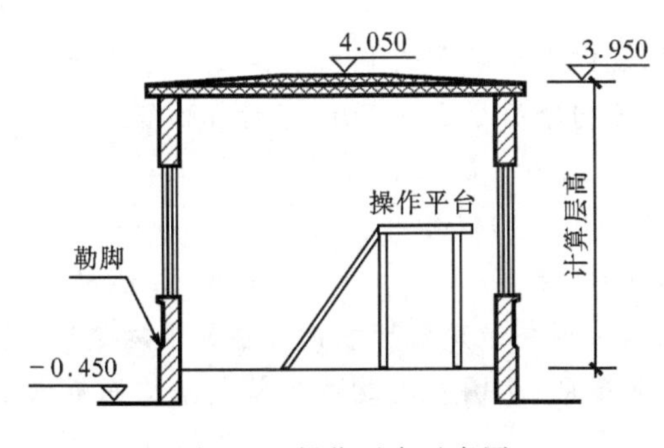

图 2-26 操作平台示意图

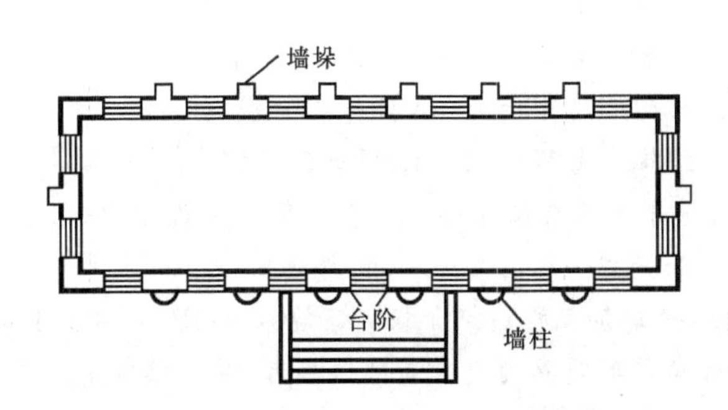

图 2-27 突出墙面的构配件示意图

注释 2-18

附墙柱是指非结构性装饰柱。

(7)窗台与室内地面高差在 0.45m 以下且结构净高在 2.10m 以下的凸(飘)窗，窗台与室内地面高差在 0.45m 及以上的凸(飘)窗。

(8)室外爬梯、室外专用消防钢楼梯；室外钢楼梯需要区分具体用途，如专用于消防楼梯，则不计算建筑面积，如果是建筑物唯一通道，兼用于消防，则需要按《规范》的第 3.0.20 条计算建筑面积。

(9)无围护结构的观光电梯。

(10)建筑物以外的地下人防通道，独立的烟囱、烟道、地沟、油(水)罐、气柜、水塔、贮油(水)池、贮仓、栈桥等构筑物。

项目习题

一、单选题

1. 根据《建筑工程建筑面积计算规范》(GB/T 50353—2013)，下列叙述错误的是(　　)。

A. 室内有围护设施的悬挑看台不计算面积

B. 室内有围护设施的悬挑看台按结构底板水平投影面积计算

C. 有顶盖无围护结构的场馆看台应按其顶盖水平投影面积的 1/2 计算

D. 无顶盖无围护结构的场馆看台不计算面积

2. 根据《建筑工程建筑面积计算规范》(GB/T 50353—2013)，建筑面积计算正确的是(　　)。

A. 单层建筑物应按其外墙勒脚以上结构外围水平面积计算

B. 单层建筑高度 2.10m 以上者计算全面积，2.10m 及以下计算 1/2 面积

C. 坡屋顶，净高不足 2.10m 不计算面积

D. 坡屋顶内净高在1.20～2.20m部位应计算全面积

3. 某建筑外有一有永久性顶盖无围护结构的檐廊，挑出墙外1.5m，层高2.2m，檐廊顶盖投影面积为28m²，其结构底板水平面积为24m²，则该檐廊的建筑面积为（　　）m²。

A. 14　　B. 12　　C. 24　　D. 0

4. 根据《建筑工程建筑面积计算规范》(GB/T 50353—2013)，无柱雨篷结构的外边线至外墙结构外边线的宽度超过（　　）者，应按雨篷结构板的水平投影面积的1/2计算。

A. 2.0m　　B. 2.1m　　C. 2.2m　　D. 2.3m

5. 根据《建筑工程建筑面积计算规范》(GB/T 50353—2013)，室外楼梯的建筑面积计算正确的是（　　）。

A. 按建筑物自然层的水平投影面积计算　　B. 最上层楼梯不计算面积，下层楼梯应计算面积

C. 最上层楼梯不计算面积，下层楼梯应计算1/2面积　D. 按建筑物自然层的水平投影面积的1/2计算

二、多选题

1. 根据《建筑工程建筑面积计算规范》(GB/T 50353—2013)，对于场馆看台下的建筑空间叙述错误的是（　　）。

A. 结构净高大于2.10m计算全面积　　B. 结构净高等于2.10m计算1/2全面积

C. 结构净高等于2.0m计算全面积　　D. 结构净高小于1.20m不计算面积

E. 结构净高等于1.20m不计算面积

2. 某地下仓库层高为3.0m，在计算其建筑面积时，应包括下列（　　）部分。

A. 采光井　　B. 外墙防潮层　　C. 保护墙　　D. 外墙 E. 烟道

3. 根据《建筑工程建筑面积计算规范》(GB/T 50353—2013)，下列关于建筑面积的叙述错误的是（　　）。

A. 单层建筑物内设有局部楼层者，局部楼层的二层及以上楼层，无围护结构的应按其结构底板水平面积的1/2计算

B. 建筑物间有永久性顶盖无围护结构的架空走廊，不计算面积

C. 附属在建筑物外墙的落地橱窗，应按其结构底板水平面积的1/2计算

D. 建筑物间有永久性顶盖无围护结构的挑廊，应按其结构底板水平面积的1/2计算

E. 有围护设施（或柱）的檐廊，应按其围护设施（或柱）外围水平面积计算1/2面积

4. 根据《建筑工程建筑面积计算规范》(GB/T 50353—2013)，下列只能计算一半建筑面积的有（　　）。

A. 建筑内阳台　　B. 外挑1.5m的有盖无维护设施无柱檐廊

C. 挑出墙外宽度2.0m以上的无柱雨篷　　D. 单排柱的车棚、货棚

E. 独立柱的雨篷

5. 根据《建筑工程建筑面积计算规范》(GB/T 50353—2013)，下列建筑中不应计算建筑面积的有（　　）。

A. 坡屋顶净高不足2.10m部分 B. 单层建筑物内局部楼层的二层部分

C. 坡屋顶内净高不足1.20m部分

D. 外挑宽度大于1.2m但不足2.10m的无柱雨篷 E. 建筑物室外台阶所占面积

三、分析计算题

已知：某公共建筑一至六层层高均为3.6m，顶层电梯间层高为2.1m，见图2-28。试计算该建筑物的建筑面积。

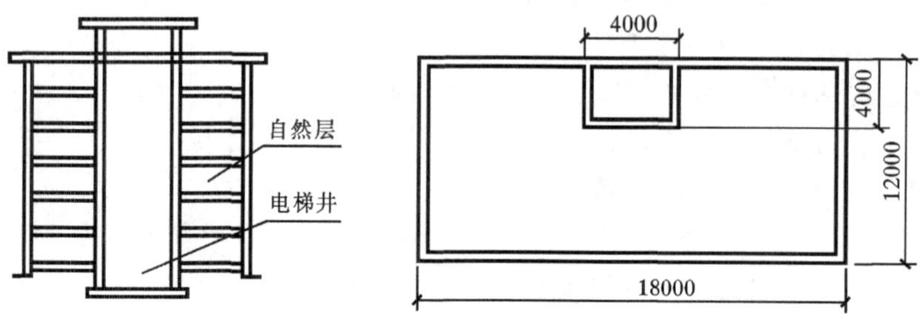

图2-28　某公共建筑示意图

项目小结

根据《建筑工程建筑面积计算规范》(GB/T50353—2013)，计算不同建筑物的建筑面积总结如下：

1.“2.2m总则”，具体如下：

(1)整体面积：建筑物结构层高≥2.20m时，应计算全面积；结构层高<2.20m，应计算1/2面积。

(2)建筑物架空层及坡地建筑物吊脚架空层，应按其顶板水平投影计算建筑面积。结构层高在2.20m及以上的，应计算全面积；结构层高在2.20m以下的，应计算1/2面积。

(3)符合2.2m总则的特殊部位：

①门厅、大厅内设置的走廊应按走廊结构底板水平投影面积计算建筑面积。结构层高在2.20m及以上的，应计算全面积；结构层高在2.20m以下的，应计算1/2面积。

②门斗、附属在建筑物外墙的落地橱窗，应按其围护结构外围水平面积计算。结构层高在2.20m及以上的，应计算全面积；结构层高在2.20m以下的，应计算1/2面积。

③设在建筑物顶部的、有围护结构的楼梯间、水箱间、电梯机房等，结构层高在2.20m及以上的应计算全面积；结构层高在2.20m以下的，应计算1/2面积。

2.“2.1m规则”，具体如下：

(1)坡屋顶内、场馆看台下的建筑空间，结构净高<1.20m，不计算面积；1.20m≤净高<2.10m，应计算1/2面积；净高≥2.10m，应计算全面积。

(2)窗台与室内楼地面高差在0.45m以下且结构净高在2.10m及以上的凸(飘)窗，应按其围护结构外围水平面积计算1/2面积。

(3)有柱雨篷应按其结构板水平投影面积的1/2计算建筑面积；无柱雨篷的结构外边线至外墙结构外边线的宽度在2.10m及以上的，应按雨篷结构板的水平投影面积的1/2计算建筑面积。

(4)围护结构不垂直于水平面的楼层，应按其底板面的外墙外围水平面积计算。结构净高在2.10m及以上的部位，应计算全面积；结构净高在1.20m及以上至2.10m以下的部位，应计算1/2面积；结构净高在1.20m以下的部位，不应计算建筑面积。

(5)有顶盖的采光井应按一层计算面积，且结构净高在2.10m及以上的，应计算全面积；结构净高在2.10m以下的，应计算1/2面积。

3.按自然层计的：建筑物的室内楼梯、电梯井、提物井、管道井、通风排气竖井、烟道，变形缝应并入建筑物的自然层计算建筑面积。

4.按投影面积1/2计算的特殊部位：

①出入口外墙外侧坡道有顶盖的部位，应按其外墙结构外围水平面积的1/2计算面积。

②有围护设施的室外走廊(挑廊)，应按其结构底板水平投影面积计算1/2面积；有围护设施(或柱)的檐廊，应按其围护设施(或柱)外围水平面积计算1/2面积。

③室外楼梯应并入所依附建筑物自然层，并应按其水平投影面积的1/2计算建筑面积。

④有顶盖无围护结构的车棚、货棚、站台、加油站、收费站等，应按其顶盖水平投影面积的1/2计算建筑面积。

拓展内容

计算建筑面积的相关术语

1.建筑面积

建筑面积是指建筑物(包括墙体)所形成的楼地面面积。建筑面积包括附属于建筑物的室外阳台、雨篷、檐廊、室外走廊、室外楼梯等。

2.自然层

自然层是指按楼地面结构分层的楼层。

3.结构层高

结构层高是指楼面或地面结构层上表面至上部结构层上表面之间的垂直距离。

4.围护结构

围护结构是指围合建筑空间的墙体、门、窗。

5.建筑空间

建筑空间是指以建筑界面限定的、供人们生活和活动的场所。具备可出入、可利用条件(设计中可能标明了使用用途,也可能没有标明使用用途或使用用途不明确)的围合空间,均属于建筑空间。

6.结构净高

结构净高是指楼面或地面结构层上表面至上部结构层下表面之间的垂直距离。

7.围护设施

围护设施是指为保障安全而设置的栏杆、栏板等围挡。

8.地下室

地下室是指室内地平面低于室外地平面的高度超过室内净高的1/2的房间。

9.半地下室

半地下室是指室内地平面低于室外地平面的高度超过室内净高的1/3,且不超过1/2的房间。

10 架空层

架空层是指仅有结构支撑而无外围护结构的开敞空间层。

11.走廊

走廊是指建筑物中的水平交通空间。

12.架空走廊

架空走廊是指专门设置在建筑物的二层或二层以上,作为不同建筑物之间水平交通的空间。见图2-29。

图2-29 架空走廊

13.结构层

结构层是指整体结构体系中承重的楼板层。特指整体结构体系中承重的楼层,包括板、梁等构件。结构层承受整个楼层的全部荷载,并对楼层的隔声、防火等起主要作用。

14.落地橱窗

落地橱窗是指突出外墙面且根基落地的橱窗。落地橱窗是指在商业建筑临街面设置的下槛落地、可落在室外地坪也可落在室内首层地板,用来展览各种样品的玻璃窗。见图2-30。

图2-30 落地橱窗

15. 凸窗(飘窗)

凸窗(飘窗)是指凸出建筑物外墙面的窗户。凸窗(飘窗)既作为窗,就有别于楼(地)板的延伸,也就是不能把楼(地)板延伸出去的窗称为凸窗(飘窗)。凸窗(飘窗)的窗台应只是墙面的一部分且距(楼)地面应有一定的高度。见图2-31。

图2-31 飘窗

16. 檐廊

檐廊是指建筑物挑檐下的水平交通空间。檐廊是附属于建筑物底层外墙有屋檐作为顶盖,其下部一般有柱或栏杆、栏板等的水平交通空间。见图2-32。

17. 挑廊

挑廊是指挑出建筑物外墙的水平交通空间。见图2-33。

图2-32 檐廊

图2-33 挑廊

18. 门斗

门斗是指建筑物入口处两道门之间的空间。

项目三

定额计价模式下建设工程施工图预算的编制

学习目标

知识目标

1. 掌握《全国统一建筑工程基础定额河北省消耗量定额》工程量计算规则及说明。
2. 掌握《全国统一装饰装修工程基础定额河北省消耗量定额》工程量计算规则及说明。
3. 掌握定额计价方法。

能力目标

1. 能够熟练应用定额中的计算规则准确计算工程量。
2. 能够将工程量准确地套入到预算定额相应的子目中。
3. 能够进行工程造价的各项费用计算。

项目分析

项目概述

根据图纸进行工程量计算，按定额计价法进行施工图预算的编制。根据定额工程量计算规则，进行工程量计算，套用定额，通过工程取费计算工程总造价。

任务一　土石方工程量计算

学习引导

通过学习本任务，熟悉建筑工程预算定额土石方工程计算规则，能够计算附录1某活动中心项目的土石方工程的工程量。重点内容为土方开挖和运输工程量的计算；难点为条形基础内墙净长线的计算。注意同后面内墙基础垫层、基础、墙身净长线的比较。

计算结果

见附录2　A.建筑工程工程量计算书　第一部分　建筑工程实体项目　一、A.1土方工程

知识链接

在建筑工程中，常见的土石方工程主要有：人工挖土方、挖地坑、挖地槽(沟)、人工回填土、平整场地、运土方、钎探和机械挖土石方等。应熟悉分部说明内容，如土壤类别的确定、干湿土的处理、挖土项目的区分、定额已考虑和未考虑的因素、增减换算系数的大小、挖运土石方的定额范围等。

一、主要说明

(1)土方体积的计算，均以挖掘前的天然密实体积计算。如需以天然密实体积与夯实后体积、松填体积之间进行折算，可按表3-1计算。

表 3-1　体积折算表

天然密实体积	夯实后体积	松填体积	虚方体积
1.00	0.87	1.08	1.30
1.15	1.00	1.25	1.50
0.92	0.80	1.00	1.20
0.77	0.67	0.83	1.00

(2)土方项目是按干土编制的，干湿的划分以地质勘测资料为准，含水率≥25%时为湿土。人工挖湿土时，乘以系数1.18；机械挖湿土时，人工，机械乘以系数1.15。

(3)土方工程有关项目的划分：①平整场地：平整场地是指厚度在±30cm以内的就地挖、填、找平。②土方：挖土厚度在30cm以上，坑底宽度在3m以上及坑底面积在20m²以上的为挖土方。③沟槽：槽底宽度在3m以内，且槽长大于槽宽3倍的为挖沟槽。④地坑：底面积在20m²以内的挖土为挖地坑。

(4)土壤分类分为四类，其中一、二类土和三类土为普硬土，四类为坚硬土。

人工挖桩间土方时，按实际挖土方体积(扣除桩所在体积)人工乘以系数1.50。

(5)回填土按夯填或松填分别以"m³"计算。回填土体积等于挖土体积减去设计室外地坪以下埋设的砌筑物(包括基础、垫层等)的外形体积。房心回填土，按主墙间面积乘以回填土厚度以"m³"计算，套用"B.1楼地面工程"相应项目。

(6)回填灰土适用于地下室墙身外侧的回填、夯实。

(7)人工挖土方、沟槽、地坑项目深度最深为6m，超过6m时，超过部分土方量套用6m以内项目乘以系数1.25。

(8)建筑物、构筑物及管道沟挖土按设计室外地坪以下以"m³"计算。设计室外地坪以上的挖土按山坡切土计算。

(9)挖掘机挖松散土时，套用挖土方一、二类土相应项目乘以系数0.70。

(10)机械挖土中需人工辅助开挖(包括切边、修整底边)，人工挖土按批准的施工组织设计确定的厚度计算，无施工组织设计的人工挖土厚度按30 cm计算，套用人工挖土相应项目乘以系数1.50。

(11)机械挖桩间土时，按实际挖土体积(扣除桩所占体积)，相应乘以系数1.50。

(12)自卸汽车运土，使用反铲挖掘机装车，自卸汽车运土台班数量乘以系数1.10。

(13)机械挖土方在坑下挖土，机械上下行驶坡道的土方量，按批准的施工组织设计计算，没有施工组织设计的可按土方量的5%计算，并入土方工程量。

二、计算规则要点和计算方法

(一)平整场地

平整场地工程量按建筑物(或构筑物)的底面积(包括外干墙保温板)计算，包括有基础的底层阳台面积。围墙按中心线每边各增加1m计算。道路及室外管道沟不计算平整场地。

注释 3-1

场地竖向布置挖填、找平土方时，不再计算平整场地工程量。

(二)挖土方工程

1.挖土方工程计算要点

在计算中应根据土壤类别、开挖深度、基础类型、基础尺寸和施工组织设计要求综合考虑，并要注意以下几点：

(1)放坡的情况。挖沟槽、地坑、土方需放坡者，可按规定(如表3-2所示)放坡起点及放坡系数计算

工程量。表中放坡系数是指放坡宽度 b 与挖土深度 H 的比值,用 K 表示,即:

$$K = \tan\alpha = \frac{b}{H}$$

表 3-2 土方工程放坡系数表

土壤类别	放坡起点(m)	人工挖土(1:K)	机械挖土	
			在坑内作业	在坑上作业
一、二类土	1.20	1:0.50	1:0.33	1:0.75
三类土	1.50	1:0.33	1:0.25	1:0.67
四类土	2.00	1:0.25	1:0.10	1:0.33

注释 3-2

放坡起点为:混凝土垫层由垫层底面开始放坡,灰土垫层由垫层上表面开始放坡,无垫层的由底面开始放坡。计算放坡时,在交接处的重复工程量不予扣除。因土质不好,地基处理采用挖土、换土时,其放坡点应从实际挖深开始。

(2)工作面的预留情况。基础工程施工中需要增加的工作面,按表 3-3 规定计算。人工挖地槽、地坑深超过 3m 时应分层开挖,底分层按深 2m,层间每侧留工作台 0.8 m 计算。

表 3-3 基础施工所需工作面宽度计算表

基础材料	每边各增加工作面宽度(mm)
砖基础	200
浆砌毛石、条石基础	300
混凝土基础垫层支模板	300
混凝土基础支模板	300
基础垂直面做防水层	800(防水面层)
搭设脚手架	1200

(3)开挖支挡情况。挖沟槽、地坑需支挡土板时,其宽度按图示沟槽、地坑底宽,单面加 10cm,双面加 20cm 计算。支挡土板后不得再计算放坡。

2. **挖沟槽计算**

挖沟槽计算如图 3-1、3-2 所示。

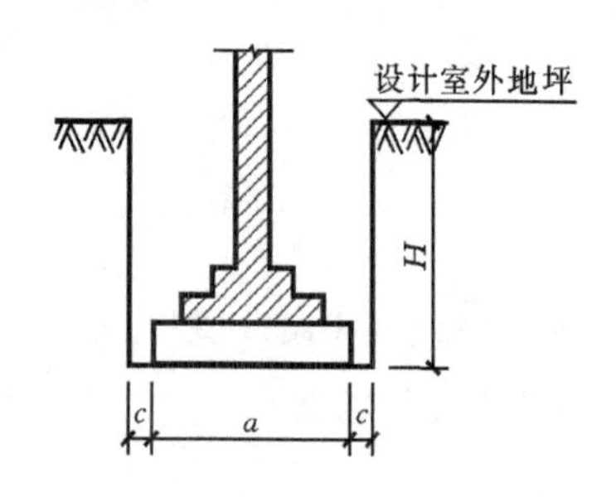

图 3-1 不放坡土方计算示意图

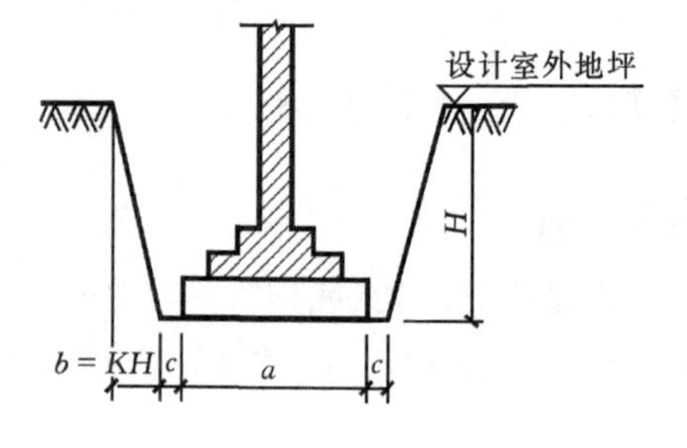

图 3-2 放坡土方计算示意图

计算公式为:

不放坡: $V=L(a+2c)H$ (3-1)

放坡: $V=L(a+2c+kH)H$ (3-2)

式中:V——挖土体积(m^3);

L——槽底长(m);

a——基础垫层长度;

c——工作面宽度，见表 3－3；

H——槽深(m)；

k——放坡系数，见表 3－2。

外墙地槽长度按图示尺寸的中心线计算；内墙地槽长度按图示尺寸的地槽净长线计算。

注释 3-3

地下室墙基沟槽深度，是从地下室的挖土底面计算至槽底。管道沟的深度，按分段间的地面平均自然标高减去管道底皮的平均标高计算。

3. 挖地坑计算

挖地坑计算如图 3－3 所示。

计算公式为：

不放坡：

$$V = ABH = (a + 2c)(b + 2c)H \quad (3-3)$$

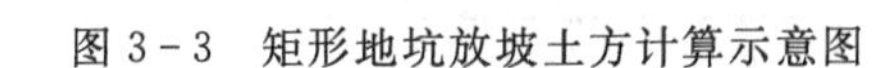

图 3－3　矩形地坑放坡土方计算示意图

放坡：

$$V = ABH + kH^2\left(A + B + \frac{4}{3}kH\right) = (a + 2c + kH)(b + 2c + kH)H + \frac{1}{3}k^2H^3 \quad (3-4)$$

式中：A—— 坑底长，$A = a + 2c$；

B—— 坑底宽；$B = b + 2c$；

k—— 放坡系数；

H—— 坑深。

注释 3-4

清单挖基础土方(010101003)计算规则中，“按设计图示尺寸以基础垫层底面积乘以挖土深度计算”与定额计算规则有较大差异。见图 3－4。

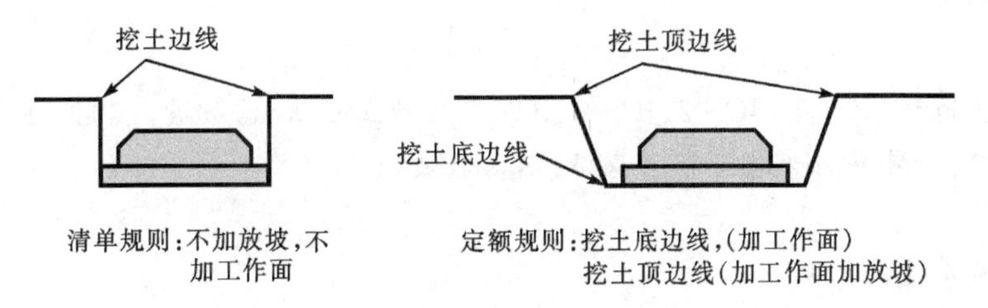

图 3－4　计算挖土时清单与定额计算规则不同对比图

注释 3-5

挖土方沟槽地坑时，如遇土壤类别不同，放坡系数可根据各类土壤类别的深度加权取定。

(三)回填土

建筑回填土通常指的是基础回填土和房心回填土，其工程量可按下列方法计算。

1. 基础回填土

沟槽、地坑回填土体积＝挖土体积－设计室外地坪以下埋设的砌筑物体积

式中埋设的砌筑量包括：混凝土垫层、墙基、柱基、管径在 500mm 以上(含管径在 500mm)的管道以及地下建筑物、构筑物等体积，管道每米按表 3－4 的规定计算。

2. 房心回填土

室内回填土体积＝ 主墙间净面积 × 回填土厚度

$$=(\text{底层建筑面积}-\text{主墙所占面积})\times\text{回填土厚度}$$

$$=(S_1-L_{中}\times\text{外墙厚度}-L_{内}\times\text{内墙厚度})\times\text{回填土厚度} \quad (3-5)$$

式中：回填土厚度＝ 室外与室内设计地坪高差－地面的面层和垫层厚度；

S_1——底层建筑面积；

$L_{中}$——外墙中心线；

$L_{外}$——内墙净长线。

表 3－4 每米管道扣除土方体积表 计量单位：m^3

管道名称	管道直径(mm)					
	$500\leqslant D\leqslant 600$	$601<D\leqslant 800$	$800<D\leqslant 1000$	$1000<D\leqslant 1200$	$1200<D\leqslant 1400$	$1400<D\leqslant 1600$
钢管	0.21	0.44	0.71	—	—	—
铸铁管	0.24	0.49	0.77	—	—	—
塑料管	0.22	0.46	0.74	1.15	1.25	1.45
混凝土管	0.33	0.60	0.92	1.15	1.35	1.55

（四）土方运输

1. 余土、取土的工程量计算

$$\text{余土运输体积}=\text{挖土体积}-\text{回填土体积} \quad (3-6)$$

$$\text{取土运输体积}=\text{回填土体积}-\text{挖土体积（系指挖土少于回填土）} \quad (3-7)$$

2. 土石方运输计算

因场地狭小，无堆土地点，挖出的土方运输，应根据现场签证确定的数量和运距计算。

土、石方运输工程量，按整个单位工程中外运和内运的土方量一并考虑。

大孔性土壤应根据实验室的资料，确定余土和取土工程量。

案例 3-1

计算附录 1 某活动中心施工中涉及的平整场地和挖土方的工程量。

分析计算项目如下：

(1)平整场地。

(2)挖土方：①挖地坑：JC－1 、JC－2、JC－3、JC－4 为独立柱基，需放坡。②挖地坑：TZ 为独立柱基，不需放坡。③挖沟槽：外墙基础为墙下带型基础，不需放坡。

解：

1. 平整场地＝首层建筑面积

$S_1=(26.1+15.45)\times 2\times 0.05=4.155\ (m^2)$ $S_2=26.1\times 15.45=403.245\ (m^2)$

$S=S_1+S_2=4.155+403.245=407.4\ (m^2)$

注：建筑面积包括外墙保温层，0.05 为 50mm 的聚苯板。

2. 挖土方

案例中涉及的地坑与地槽两种情况。

(1)JC－1 (共 4 个)挖土方为挖地坑，土为三类土，考虑放坡与工作面，机械挖土(坑上作业)放坡起点 1.50m，K＝0.67，机械挖土中需人工辅助开挖，厚度按 30cm 计算。

$V_{机械}=ABH+kH^2(A+B+4/3KH)$

$=\{(3.1+0.1\times 2+0.3\times 2)^2\times 1.3+0.67\times 1.3^2\times(3.9+3.9+4/3\times 0.67\times 1.3)\}\times 4$

$=119.68\ m^3$

其中：$A=a+2c$；$B=b+2c$；K 为放坡系数，取 0.67；c 为工作面，取 0.3m。

$H=1.95+0.1-0.45-0.3=1.3(m)$

$V_{人}=ABH=3.9^2\times 0.3\times 4=18.252(m^3)$

(2)TZ为独立柱基,机械挖地坑,人工辅助开挖,厚度按30cm计算,不需放坡。

$V=ABH$

其中:$A=a+2c$;$B=b+2c$。

$V_{机械}=[(1.3+0.1\times2+0.3\times2)^2\times(1.55+0.1-0.45-0.3)]\times2=7.938(m^3)$

$V_{人}=ABH=2.1^2\times0.3\times2=2.646\ (m^3)$

(3) 外墙基础为墙下带型基础,人工挖沟槽三类土(2米以内),不需放坡。

$$V=L(a+2c)H\quad(仅③轴)$$

$V_{墙基土方}=(0.6+0.3\times2)\times(1.55-0.45)\times[24.3-(1.55+0.1+0.3)\times2-(1.75+0.1+0.3)\times4]$
$=21.82\ (m^3)$

案例 3-2

计算附录1某活动中心施工中JC－1(共四个)地坑的回填土。

解:基础回填计算公式如下:

$$V_{基础回填}=V_{挖土}-V_{设计室外地坪以下埋设物}$$

$V_{挖土}=119.68+18.252=137.93\ m^3$

$V_{设计室外地坪以下埋设物}=V_{独立基础}+V_{独立柱基垫层}+V_{矩形柱}$
$=16.44+(1.55\times2+0.1\times2)^2\times0.1\times4+0.55^2\times0.9\times4=21.89\ (m^3)$

$V_{基础回填}=V_{挖土}-V_{设计室外地坪以下埋设物}$
$=137.93-21.89=116.04\ (m^3)$

案例 3-3

计算附录1某活动中心施工中房心回填土的工程量。

解:房心回填计算公式如下:

$V_{房心回填土}=主墙间净面积\times回填土厚度$
$=(S_{平整场地}-S_{内外墙体面积之和})\times(h_{室内外高差}-h_{地面面层和垫层厚度})$

$V_{房心回填土}=S_{车库地面净面积}\times h_{填土高度}+S_{活动室净面积}\times h_{填土高度}$
$=86.656\times(0.45-0.3-0.122)+290.61\times(0.45-0.13)=95.34\ (m^3)$

注:①05J1地8总厚度为122mm,地10总厚度为130mm。②一层的车库与活动室回填土高度不同。

拓展任务　桩基础工程量计算

学习引导

通过学习本任务,熟悉建筑工程预算定额桩基础工程计算规则,能够计算桩基础工程的工程量。重点是机械成孔、现场灌注桩的计算;难点现场灌注桩的计算,由于项目较多容易漏项,另外螺旋箍筋的计算也是难点。

知识链接

在建筑工程中桩基础工程一般包括:打预制钢筋混凝土桩,现场灌注混凝土桩、砂桩、振冲碎石桩等项目。

一、主要说明

(1)本分部适用于工业与民用建筑工程的桩基及基坑支护、地基处理工程,不适用于水工建筑、公路桥梁工程。

(2)钻孔土质分为四种:

①砂土：粒径≤2mm 的砂类土，包括淤泥、轻亚黏土。

②黏土：亚黏土、黏土、黄土，包括土状风化。

③砾硕：粒径 2～20mm 的角硕砾、圆砾含量≤50%，包括礓石粒土及粒状风化。

④砾石：粒径 2～20mm 的角硕砾、圆砾含量>50%，有时还包括粒径为 20～200mm 的碎石、卵石，其含量在 40%以内，包括块状风化。

(4)打、压预制管桩项目均未包括接桩，接桩按设计要求另套相应项目。

(5)泥浆制作是按普通泥浆考虑的，若需采用鹏润土制作泥浆时，可按施工组织设计据实结算。

(6)注浆管理埋设定额按桩底注浆考虑，如设计采用侧向注浆时，则人工、机械乘以系数 1.20。

(7)人工成孔是按孔深 10m 以内考虑的，孔深超过 10m 时，人工、机械乘以系数 1.50。

(8)人工成孔如遇地下水时，其处理费用按实计取。

(9)人工成孔，桩经小于 1200mm(包括 1200mm)时，人工、机械乘以系数 1.20。

(10)灌注桩预拌混凝土需要泵送时其泵送费用按 A.4 混凝土及钢筋混凝土工程相应项目计算。

二、计算规则要点和计算方法

1. 打预制钢筋混凝土桩

打预制钢筋混凝土桩按设计桩长(包括桩尖)以延长米计算。如管桩的空心部分按设计要求灌注混凝土或其他填充材料时，应另行计算。

2. 接桩

电焊接桩按设计接头以个计算。焊接桩接头钢材用量设计与项目不同时，可按设计用量换算。

3. 送桩

按送桩长度以延长米计算(即打桩架底至桩顶面高度或自桩顶面至自然地坪面另加 0.5m 计算)。送桩后孔洞如需回填时，按“A.1 土石方工程”相应项目计算。

4. 钻孔灌注混凝土桩

钻孔灌注混凝土桩按下列规定计算：

(1)钻孔按实钻孔深以“m”计算，灌注混凝土按设计桩长(包括桩尖，不扣除桩尖虚体积)与超灌长度之和乘以设计桩断面面积以立方米计算。超灌长度设计有规定的，按设计规定；设计无规定的，按 0.25m 计算。

(2)泥浆制作及运输按成孔体积以立方米计算。

(3)注浆管按打桩前的自然地坪高至设计桩底标高的长度另加 0.25m 计算。

(4)注浆按设计注入水泥用量计算。

5. 人工挖孔混凝土桩

人工挖孔混凝土桩按下列规定计算：

(1)挖土按实挖深度乘以截面面积以“m^3”计算。如设计无混凝土护壁者，挖土尺寸按设计桩身直径加 200mm 计算，项目中包括垂直运输及 100m 以内水平运输。

(2)护臂混凝土按设计图示尺寸以“m^3”计算。

(3)扩大头如需锚杆支护时，另行计算。

(4)人工挖孔混凝土桩从桩承台以下，按设计图示尺寸以立方米计算，混凝土护壁已另列项目，不得重复计算。

6. 打孔(沉管)灌注桩

打孔(沉管)灌注桩按下列规定计算：

(1)混凝土桩、砂桩、砂石桩、碎石桩的体积，按设计桩长(包括桩尖，不扣除桩尖虚体积)乘以设计规定桩断面面积以“m^3”计算；如设计无规定时，桩径按钢管管箍外径截面面积计算。

(2)打孔后先埋入预制混凝土桩尖，再灌注混凝土者，桩尖按“A.4 混凝土及钢筋混凝土工程”相应项目计算。灌注桩按设计长度(自桩尖顶面至桩顶面高度)乘以钢管管箍外径截面面积以“m^3”计算。

7.深层搅拌桩、喷粉桩、振冲碎石柱夯扩灌注桩

深层搅拌桩、喷粉桩、振冲碎石桩、夯扩灌注桩按设计桩长乘以设计断面面积以立方米计算。振冲碎石桩填料调整量项目,按下列公式计算:

$$填料调整量 = 实际桩口填料量体积 - 1.35 \times 设计振冲桩体积 \quad (3-8)$$

碎石容重取定为 $1.48t/m^3$。

8.钢护筒

钢护筒的工程量按护筒的设计重量计算。其设计重量为加工后的成品重量。设计重量不明时,可参考表 3-5 的重量进行计算。

表 3-5 不同桩径每米护筒重量

桩　　径(cm)	60	80	100	120	150
每米护筒重量(kg/m)	112.29	136.94	167.00	231.39	280.10

9.钢筋笼

钢筋笼制作按图示尺寸及施工规范以"t"计算,接头数量按设计规定计算,设计图纸未作规定的,直径 10mm 以内按每 12m 一个接头;直径 10mm 以上至 25mm 以内按每 10m 一个接头;直径 25mm 以上按每 9m 一个接头计算,搭接长度按规范及设计规定计算。钢筋笼安装区别不同长度按相应项目计算。钢筋笼的钢筋有主钢筋、箍筋和加强箍组成,如图 3-5、3-6 所示。

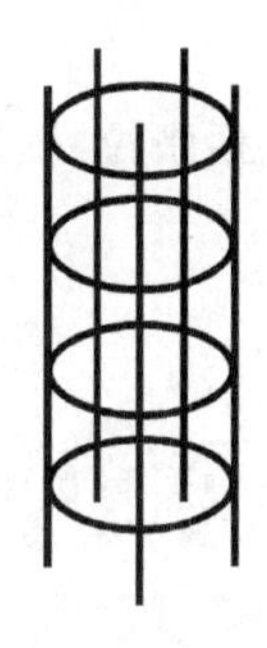

图 3-5 加强箍筋

图 3-6 螺旋箍钢筋笼

钢筋笼重量=主筋重量+箍筋重量+加强箍重量

(1)主筋重量=直立钢筋长(加弯钩)×根数×单位重量　　(3-9)

(2)加强箍筋(圆形)重量=圆箍中心周长×根数×单位重量

$$=[\pi \times (D-2C-2d_2-2d_1-d)] \times 根数 \times 单位重量 \quad (3-10)$$

式中:D——桩直径;

d_1——主筋直径;

d_2——箍筋直径;

d——加强箍筋直径;

C——桩混凝土保护层厚度。

说明:一般在主筋内侧每隔 2.5m 加设一道直径 25～30mm 的加强箍。

(3)螺旋箍筋重量=螺旋箍筋长×单位重量

$$=\left\{(H-3b) \times \sqrt{1+\left[\frac{\pi(D-2C-d)}{b}\right]^2} + 2 \times 1.5\pi \times (D-2C-d) + \underbrace{2 \times 6.9d}_{两个135°弯钩}\right\} \times 单位重量 \quad (3-11)$$

式中:D——桩直径;

d——箍筋直径;

b——螺距;

H——钢筋笼高度。

$2\times1.5\pi\times(D-2C-d)$是指螺旋箍筋开始与结束的位置应有的水平段，长度不小于一圈半（见图集11G101－1第56页）。

说明：①如果在钢筋笼四侧主筋上每隔5m设置一个ϕ20mm耳环作定位垫块之用时，应计算耳环的钢筋重量。②螺旋箍筋如有搭接，应考虑搭接头的增加量。

10. 凿桩头

锯桩头按个计算，凿桩头按剔除截断长度乘以桩截面面积以“m^3”计算。

说明：凿桩头是指凿桩长度在500mm以内，预制桩截桩长度在500～1000mm时，按截桩头计算。长度超过1000mm时，按截桩计算。

11. 高压旋喷桩

高压旋喷桩按设计桩长（包括桩尖）以“m”计算。

12. 喷射混凝土支护

喷射混凝土支护按施工组织设计计算实喷面积，初喷50mm厚为基本层，每增（减）10mm按增（减）项目计算，不足10mm按10mm计算。

13. 土层锚杆

(1)机械钻锚孔、锚孔注浆工程量按设计锚孔长度计算。

(2)锚杆制作安装工程量按设计锚杆重量（包括锚杆搭接、定位器钢筋用量）以吨计算。

(3)型钢围檩安拆工程量按包括托架在内的重量以吨计算。

(4)锚头制作（包括承压台座、锚头螺杆制作、焊接）、安装（包括张拉、锁定）工程量以套计算。

14. 螺旋钻孔护坡桩

螺旋钻孔护坡桩按设计图、施工组织设计以“m^3”计算。

15. 褥垫层

褥垫层按设计图示尺寸以立方米计算；设计无规定时按基础垫层每边增加300mm，乘以褥垫层相应厚度以立方米计算。

案例 3-4

已知：某工程采用桩基础，土壤级别为黏土。桩基和承台的混凝土均为C30，桩基纵向钢筋为HRB400，螺旋箍筋和加强箍筋均为HPB300，纵向钢筋锚入承台为$31d$，螺旋箍筋搭接长度$25d$，135°弯钩钩住主筋（弯钩直线段$5d$），加强箍筋搭接焊$5d$。工程施工时，自室外地坪（标高为－0.45）钻孔，采用泥浆护壁，回旋钻机成孔。泥浆运距为8km。护筒采用6mm厚A3钢板制成，护筒直径大于设计桩径100mm，埋置深度1500mm。桩基大样图如图3－7所示。（不考虑泥浆池工程量）计算图示灌注桩（共10根桩）相关项目工程量。

解：

(1)回旋钻机成孔工程量：

$L_{成孔}$＝实钻孔长度

$=(0.2+0.4+4.5)\times10=51(m)$

(2) 泥浆运输工程量：

$$V_{泥浆}=V_{成孔}=(0.2+0.4+4.5)\times(3.14\times0.15^2)\times10=3.60\ (m^3)$$

(3)钢护筒埋设工程量：

$$G=3.14\times(0.3+0.1)\times1.5\times0.006\times7.85\times10=0.887\ (t)$$

说明：钢板的密度7.85 t/ m^3。

(4) 混凝土灌注工程量：

$V_{混凝土}$＝［设计桩长（包括桩尖，不扣除桩尖虚体积）＋超灌长度］×设计桩断面面积

$=(4.5+0.05+0.25)\times(3.14\times0.15^2)\times10=3.39\ (m^3)$

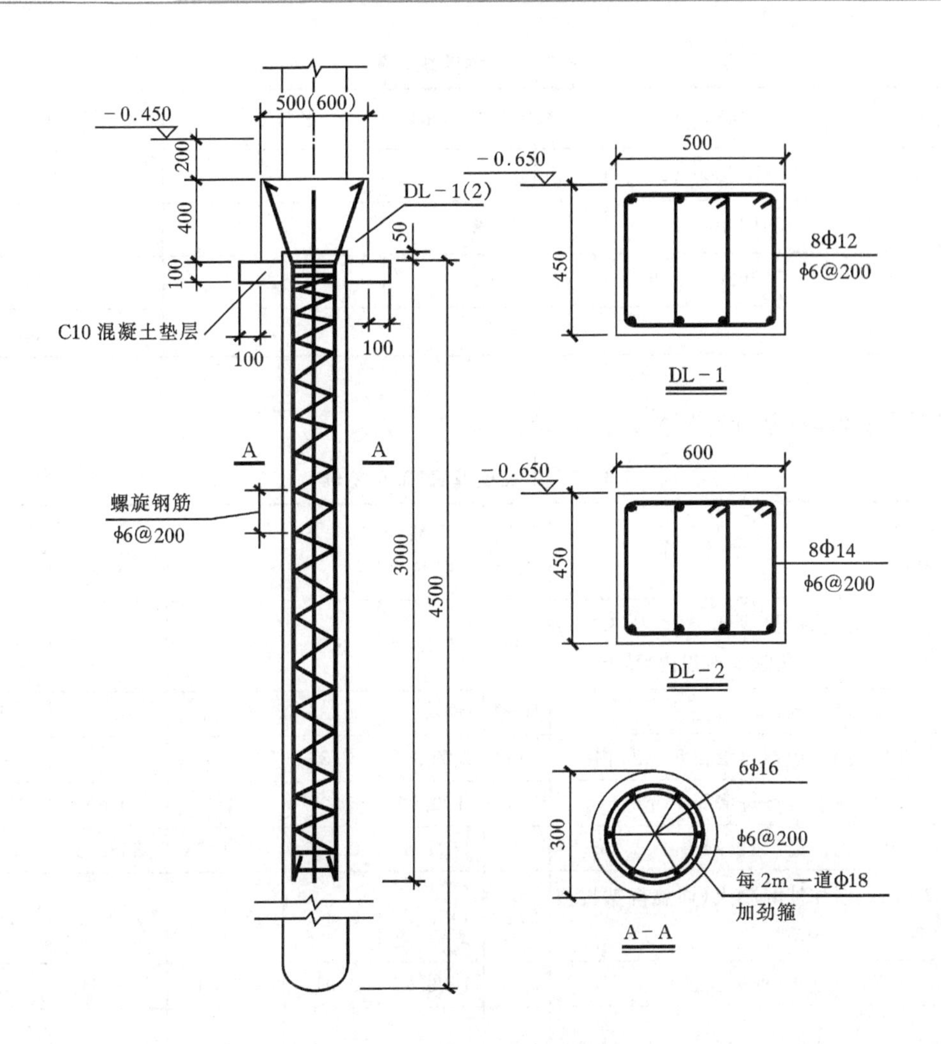

图 3-7 桩基大样图

说明：超灌长度设计有规定的，按设计规定；设计无规定的，按 0.25m 计算。

(5)凿桩头工程量：

$$V_{凿桩头}=剔除截断长度\times桩截面面积$$
$$=0.25\times(3.14\times0.15^2)\times10=0.18\ (m^3)$$

(6) 钢筋笼工程量：

①竖向 $\phi16$ 钢筋长度 $L_{竖}=(31d+3)\times6\times10=(31\times0.016+3)\times6\times10=209.76\ (m)$

②加强箍筋 ϕ 18 钢筋长度 $L_{强}=[\pi\times(D-2C-2d_2-2d_1-d)]\times$根数

$=[3.14\times(0.3-2\times0.05-2\times0.006-2\times0.016-0.018)+5d]\times(\frac{3}{2}+1)\times10$

$=0.523\times3\times10=15.69\ (m)$

③螺旋箍筋 $\phi6$ 钢筋长度 $L_{旋}=(H-3b)\times\sqrt{1+[\frac{\pi(D-2C-d)}{b}]^2}+2\times1.5\pi(D-2C-d)+2\times6.9d$

$=(3-3\times0.2)\times\sqrt{1+[\frac{\pi(0.3-2\times0.05-0.006)}{0.2}]^2}+2\times1.5\times\pi(0.3-2\times0.05-0.006)+2\times6.9\times0.006$

$=9.6\ (m)$

$L_{旋总}=9.6\times10=96\ (m)$

④钢筋统计，如表 3-6 所示。

表 3-6　钢筋统计表

序号	钢筋规格	每米重量(kg/m)	长度(m)	重量(kg)
1	HPB300,ϕ6	0.222	96	21
2	HRB400,ϕ16	1.58	210	332
3	HPB300,ϕ 18	2.00	15.69	31.38
4	合计			384.38

(7)工程预算表(工料单价),如表 3-7 所示。

表 3-7　工程预算表(工料单价)

序号	定额编号	项目名称	定额单位	定额基价	工程量	合价	其中	
							人工	机械
1	A2-39	回旋钻机成孔,桩直径 800mm 以内(孔深 20m 以内)黏土	10m	1271.48	5.1	6484.5	1778.17	4623.46
2	A2-106	泥浆制作	$10m^3$	182.17	0.36	65.58	36.72	12.66
3	A2-107	泥浆运输运距在 5km 以内	$10m^3$	2079.79	0.36	748.72	157.90	590.83
4	A2-108	泥浆运输每增加 1km	$10m^3$	140.09	1.08	151.30	0.00	151.30
5	A2-105	钢护筒(埋设)	t	1537.41	0.887	1363.68	856.84	69.55
6	A2-94(换)	灌注桩混凝土(回旋机钻机成孔) C30	$10m^3$	4485.87	0.339	1351.16	290.66	120.43
7	A2-147	凿桩头(混凝土桩)	$10m^3$	1029.77	0.018	18.54	18.54	0.00
8	A2-111	灌注桩辅助项目,钢筋笼制作	t	5221.99	0.384	2005.24	158.75	44.69
9	A2-114	钢筋笼安装(钢筋笼长 15m 以内)	t	345.59	0.384	132.71	56.68	61.40
10	合　计					12321.43	3354.26	5674.32

任务二　砌筑工程量计算

学习引导

通过学习本任务,熟悉建筑工程预算定额砌筑工程计算规则,能够计算附录 1 某活动中心项目的砖基础、框架间砌墙、女儿墙、墙体加固筋等工程的工程量。重点是普通砖墙和框架间墙工程量的计算;难点墙体加固筋的工程量计算。

计算结果

见附录 2　A.建筑工程工程量计算书　第一部分　建筑工程实体项目　二、A.3 砌筑工程

知识链接

砌筑工程主要包括:砌体基础、墙身、构筑物和其他一些零星砌体等。在计算砌体工程量时首先要了解所计算砌体类别(如基础、墙身、构筑物等)、砌体材料、标号、砌体尺寸(如砌体长度、高度、厚度)等,同时要掌握砌体计算的规则方法。在计算砌体工程量前,一般要先统计和计算出有关的门、窗洞口、构配件

(如梁、柱等)所占的体积。

一、主要说明

(一)砌体计算时应扣除的项目

计算墙体时,应扣除门窗洞口、过人洞、空圈、嵌入墙身的钢筋混凝土柱、梁、过梁、圈梁、板头、砖过梁和暖气包壁龛的体积,不扣除每个面积在0.3m²以内的孔洞、梁头、梁垫、檩头、垫木、木楞头、沿椽木、木砖、门窗走头、墙内的加固钢筋、木筋、铁件、钢管等所占的体积,凸出砖墙面的窗台虎头砖、压顶线、山墙泛水、烟囱根、门窗套、三皮砖以下挑檐和腰线等体积也不增加,如图3-8、3-9、3-10所示。三皮砖以上挑檐及腰线等体积并入相应墙体内计算。

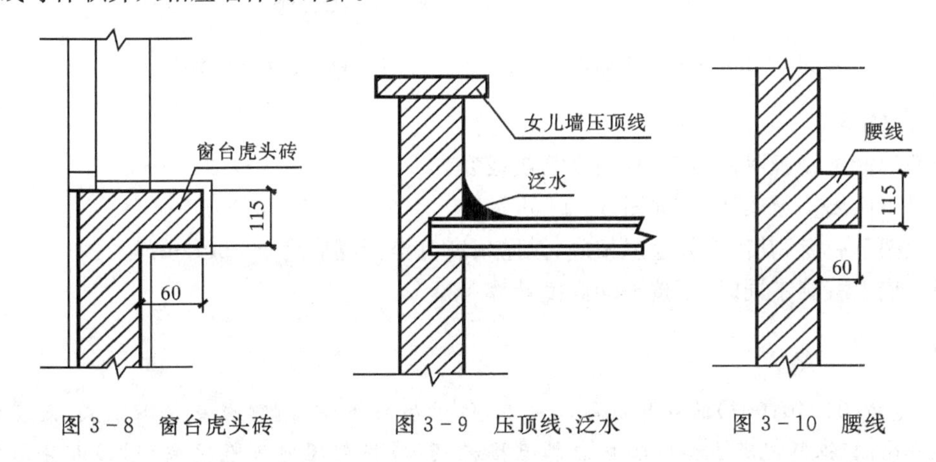

图3-8 窗台虎头砖　　图3-9 压顶线、泛水　　图3-10 腰线

注释3-6

清单实心砖墙(010302001)的计算规则,"凸出墙面的腰线、挑檐、压顶、窗台线、虎头砖、门窗套的体积亦不增加。"说明清单计算规则三皮砖以上挑檐及腰线等体积也不再计算。

(二)基础与墙身的划分

基础与墙身的划分以设计室内地坪为界,设计室内地坪以下为基础,以上为墙身。基础与墙身使用不同材料时,位于设计室内地坪±300mm以内时,以不同材料为分界线,超过±300mm时,以设计室内地坪为分界线。砖、石围墙,以设计室外地坪为界线,以下为基础,以上为墙身。砖柱不分柱身和柱基,其工程量合并后,按砖柱项目计算。

不区分标准砖内、外墙和清水、混水墙,只用厚度区别按相应的项目计算。

(三)外墙高度

(1)平屋面有挑檐板者应算至板底。

(2)平屋面不带挑檐者应算至板顶,如图3-11所示。

(3)斜(坡)屋面无檐口天棚者算至屋面板底,如图3-12所示。

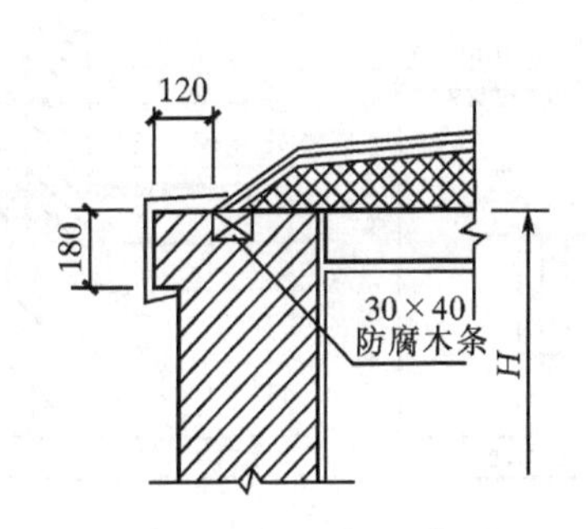

图3-11 平屋面外墙身

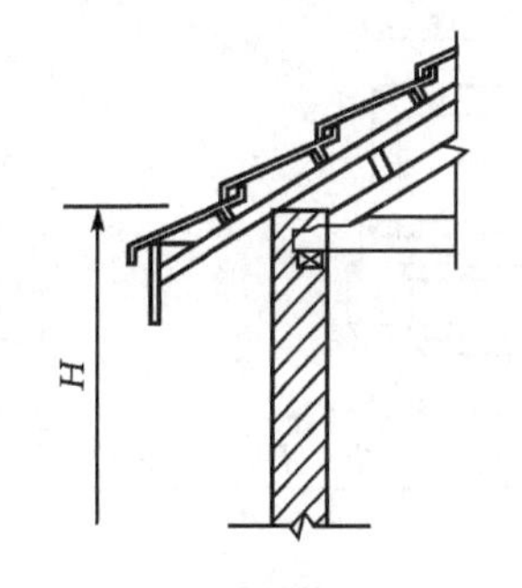

图3-12 无檐口天棚墙身

(4)有屋架、檐口天棚者,算至屋架下弦面另加200mm,如图3-13所示。

(5)无天棚者算至屋架下弦底加 300mm。

(6)出檐宽度超过 600mm 时,应按实砌高度计算。

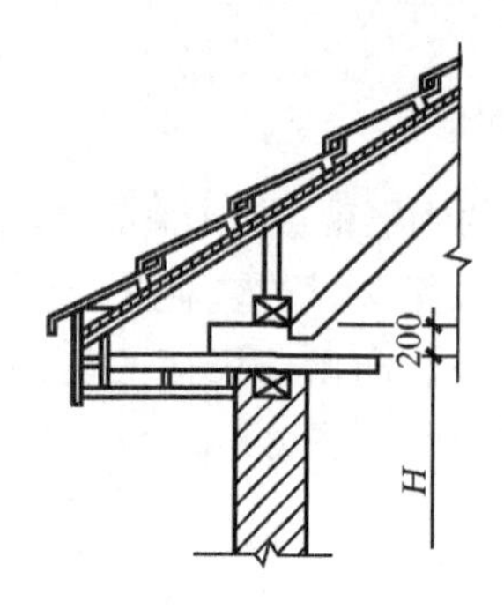

图 3-13 有檐口天棚墙身

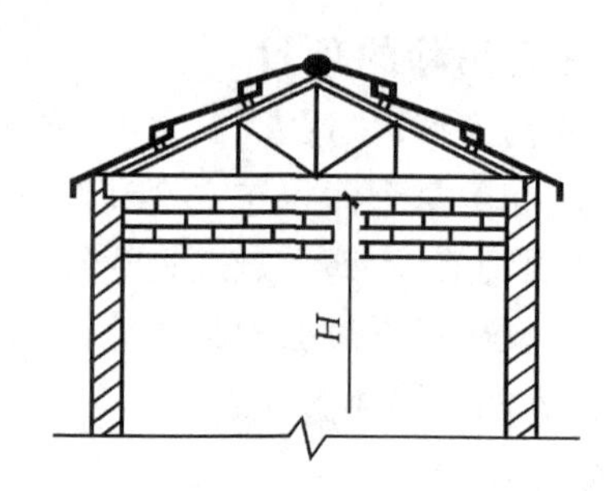

图 3-14 屋架下内墙身

(四)内墙高度

(1)有钢筋混凝土楼板隔层者,墙身高度算至板底。

(2)框架梁下内墙算至梁底面,如图 3-14 所示。

(3)位于屋架下弦者,其高度算至屋架底;无屋架者算至天棚底另加 100mm。

(4)如同一墙上板高不同时,可按平均高度计算。

注释 3-7

清单实心砖墙(010401003)的计算规则,"内墙:位于屋架下弦者,算至屋架下弦底;无屋架者算至天棚底另加 100mm;有钢筋混凝土楼板隔层者算至楼板顶;有框架梁时算至梁底"划线部分与定额计算规则"有钢筋混凝土楼板隔层者,墙身高度算至板底"不同。

女儿墙高度,应自顶板面算至图示高度,分别不同墙厚按相应项目计算。

砌筑弧形墙、基础按相应项目人工乘以系数 1.1。

明沟、散水、台阶等项目均为综合项目,包括挖土、填土、垫层、基层、沟壁及面层等全部工序。除砖砌台阶未包括面层抹面,其面层按设计规定套用楼地面工程有关项目外,其余项目不予换算。散水、台阶垫层为 3∶7 灰土,如设计垫层与项目不同时,可以换算。

二、基础工程量计算规则及方法

砖石基础以图示尺寸按立方米计算。外墙墙基长度按中心线长度计算,内墙墙基按内墙净长线计算。基础大放角 T 形接头处的重叠部分(见图 3-15)以及嵌入基础的钢筋、铁件、管道、基础防潮层及单个面积在 0.3m^{2}以内孔洞、砖平碹所占体积不予扣除,但靠墙暖气的挑檐亦不增加。附墙垛基础宽出部分体积应并入基础工程量内。

砖基础一般采用大放脚形式,通常有等高式和不等高式两种。如图 3-16、3-17 所示。

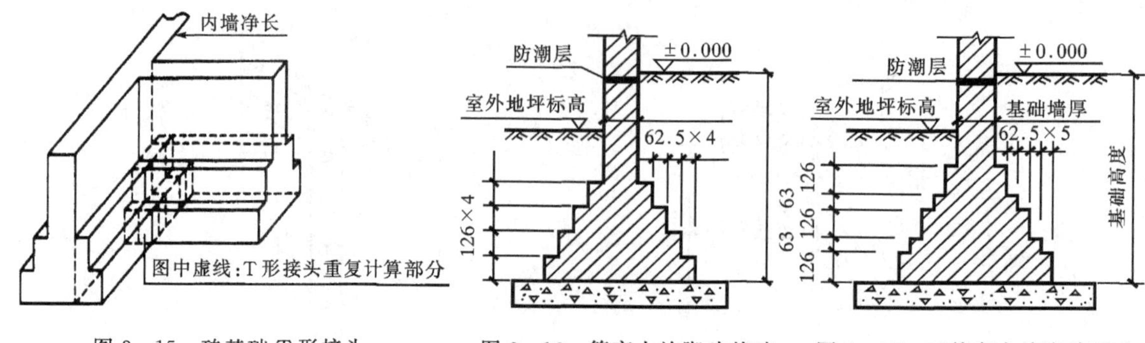

图 3-15 砖基础 T 形接头　图 3-16 等高大放脚砖基础　图 3-17 不等高大放脚砖基础

外墙基础体积 ＝ 外墙中心线长度 × 基础断面积－应扣除项目的体积　　(3－12)

内墙基础体积 ＝ 内墙基础净长 × 基础断面积－应扣除项目的体积　　(3－13)

基础体积 ＝ 外墙基础体积 ＋ 内墙基础体积

式中:基础断面积＝基础墙宽度×设计高度＋增加断面面积＝基础墙宽度×(设计高度＋折加高度)　　(3－14)

由于等高式和不等高式大放脚的砌筑是有规律的,因而不同形式、不同层次的大放脚面积必然是固定的。据此,可以先将不同形式和层次的大放脚部分面积计算出来,并换算成折加高度,供砖基础工程量计算时查用。折加高度和增加断面面积见表3－8。

砖柱基础一般为四边放脚,为简便计算,可查表3－9和表3－10求得大放脚部分增加的体积。

表3－8　砖墙基础大放脚增加表

放脚层	折加高度(m)												增加断面面积(m^2)	
	$\frac{1}{2}$砖		1砖		$1\frac{1}{2}$砖		2砖		$2\frac{1}{2}$砖		3砖			
	等高	不等高	等高	不等高	等高	不等高	等高	不等高	等高	不等高	等高	不等高	等高	不等高
一	0.137	0.137	0.066	0.066	0.043	0.043	0.032	0.032	0.026	0.026	0.021	0.021	0.01575	0.01575
二	0.411	0.342	0.197	0.164	0.129	0.108	0.096	0.08	0.077	0.064	0.064	0.053	0.04725	0.03938
三			0.394	0.328	0.259	0.216	0.193	0.161	0.154	0.128	0.128	0.106	0.0945	0.07875
四			0.656	0.525	0.432	0.345	0.321	0.253	0.256	0.205	0.213	0.17	0.1575	0.126
五			0.984	0.788	0.647	0.518	0.482	0.38	0.384	0.307	0.319	0.255	0.2363	0.189
六			1.378	1.083	0.906	0.712	0.672	0.58	0.538	0.419	0.447	0.351	0.3308	0.2599
七			1.838	1.444	1.208	0.949	0.90	0.707	0.717	0.563	0.596	0.468	0.441	0.3465
八			2.363	1.838	1.553	1.208	1.157	0.90	0.922	0.717	0.766	0.596	0.567	0.4411
九			2.953	2.297	1.942	1.51	1.447	1.125	1.153	0.896	0.956	0.745	0.7088	0.5513
十			3.61	2.789	2.372	1.834	1.768	1.366	1.409	1.088	1.71	0.905	0.8663	0.6694

案例3-5

计算图3－18所示的砖基础工程量(基础剖面图如图3－19、3－20所示,地圈梁混凝土工程量为5.88m^3)。

解: 砖基础高度 $H=2.0-0.2=1.80$ (m)

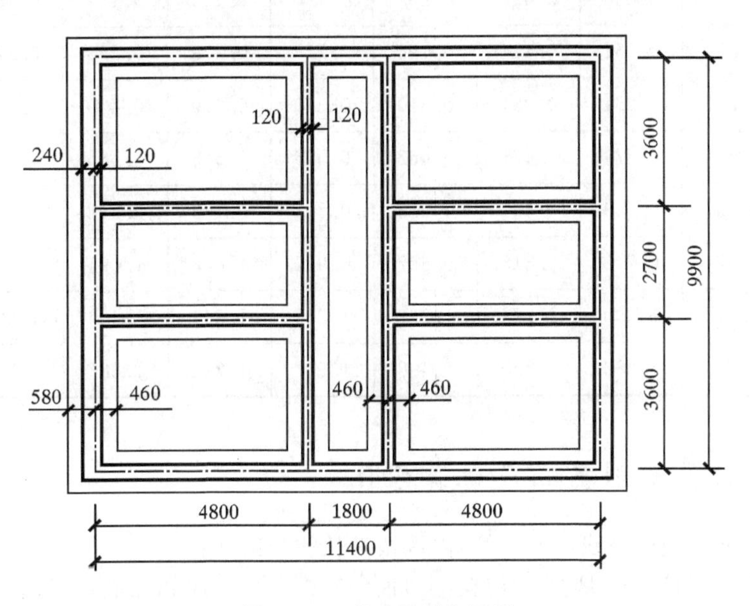

图3－18　基础平面布置图

外墙厚＝0.365m，外墙中心线长度＝43.08 m。

砖基础采用的是三层等高式放脚砌筑，查表折算高度为 0.259 m。

外墙基础体积＝43.08×0.365×(1.80＋0.259)＝32.38 (m^3)

内墙厚＝0.24m，内墙净长线长度＝37.56 (m)。

砖基础采用的是三层等高式放脚砌筑，查表折算高度为 0.394 m。

内墙基础体积＝37.56×0.24×(1.80＋0.394)＝19.78 (m^3)

基础体积＝32.38＋19.78 － 5.88＝46.28 (m^3)

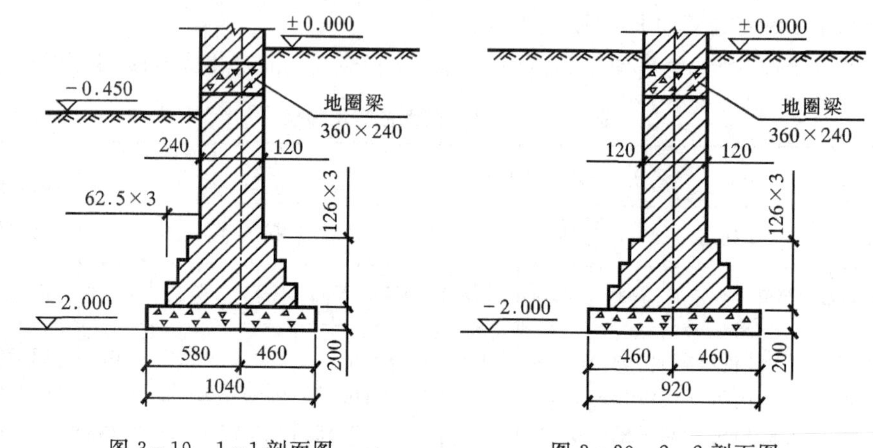

图 3－19　1－1 剖面图　　图 3－20　2－2 剖面图

表 3－9　砖柱基础大放脚体积增加表(等高式)

$a+b$	0.48	0.605	0.73	0.855	0.98	1.105	1.23	1.355	1.48
$a \times b$ / ΔV / n	0.24×0.24	0.24×0.365	0.365×0.365 0.24×0.49	0.365×0.49 0.24×0.615	0.49×0.49 0.365×0.615	0.49×0.615 0.365×0.74	0.365×0.865 0.615×0.615 0.49×0.74	0.615×0.74 0.49×0.865	0.74×0.74 0.615×0.865
一	0.010	0.011	0.013	0.015	0.017	0.019	0.021	0.024	0.025
二	0.033	0.038	0.045	0.050	0.056	0.062	0.068	0.074	0.080
三	0.073	0.085	0.097	0.108	0.120	0.132	0.144	0.156	0.167
四	0.135	0.154	0.174	0.194	0.213	0.233	0.253	0.272	0.292
五	0.221	0.251	0.281	0.310	0.340	0.369	0.400	0.428	0.458
六	0.337	0.379	0.421	0.462	0.503	0.545	0.586	0.627	0.669
七	0.487	0.543	0.597	0.653	0.708	0.763	0.818	0.873	0.928
八	0.074	0.745	0.816	0.887	0.957	1.028	1.095	1.170	1.241
九	0.919	0.990	1.078	1.167	1.256	1.344	1.433	1.521	1.610
十	1.173	1.282	1.390	1.498	1.607	1.715	1.823	1.931	2.040

三、砖墙工程量计算规则要点及计算方法

(1)砖墙的长度：外墙按中心线长度计算，内墙按净长线长度计算。

砖墙体积 ＝(墙长×墙高－门窗洞口面积)×墙厚－应扣除嵌入墙内构件体积　(3－15)

表 3-10 砖柱基础大放脚体积增加表(间隔式)

$a+b$	0.48	0.605	0.73	0.855	0.98	1.105	1.23	1.355	1.48
$a\times b$ / ΔV / n	0.24× 0.24	0.24× 0.365	0.365× 0.365 0.24× 0.49	0.365× 0.49 0.24× 0.615	0.49× 0.49 0.365× 0.615	0.49× 0.615 0.365× 0.74	0.365× 0.865 0.615× 0.615 0.49× 0.74	0.615× 0.74 0.49× 0.865	0.74× 0.74 0.615× 0.865
一	0.010	0.011	0.013	0.015	0.017	0.019	0.021	0.023	0.025
二	0.028	0.033	0.038	0.043	0.047	0.052	0.057	0.062	0.067
三	0.061	0.071	0.081	0.091	0.101	0.106	0.112	0.130	0.140
四	0.110	0.125	0.141	0.157	0.173	0.188	0.204	0.220	0.236
五	0.179	0.203	0.227	0.250	0.274	0.297	0.321	0.345	0.368
六	0.269	0.302	0.334	0.367	0.399	0.432	0.464	0.497	0.529
七	0.387	0.430	0.473	0.517	0.560	0.599	0.647	0.690	0.733
八	0.531	0.586	0.641	0.696	0.751	0.806	0.861	0.916	0.972
九	0.708	0.776	0.845	0.914	0.983	1.052	1.121	1.190	1.259
十	0.917	1.001	1.084	1.168	1.252	1.335	1.419	1.503	1.586

(2)框架间砌体:分别按内、外墙及不同厚度,以框架间的净空面积乘以墙厚计算,框架外表面镶贴砖部分亦并入框架间墙的工程量一并计算。

砖砌体计算厚度表如表 3-11 所示。

表 3-11 砖砌体计算厚度表

墙体厚度(砖数)	1/4	1/2	3/4	1	1.5	2	2.5	3
计算厚度(mm)	53	115	180	240	365	490	615	740

四、其他工程量计算规则要点及计算方法

(1)暖气沟及其他砖砌沟道不分基础和沟身,其工程量合并计算,按砖砌沟道计算。

(2)砖砌地下室内、外墙身及基础,应扣除门窗洞口 0.3m^2 以上的孔洞、嵌入墙身的钢筋混凝土柱、梁、过梁、圈梁和板头等体积,但不扣除梁头、梁垫以及砖墙内加固的钢筋、铁件等所占体积。内、外墙与基础的工程量合并计算。墙身外面防潮的贴砖应另列项目计算。

(3)砖砌地垄墙以立方米按砖砌沟道项目计算。支撑地楞的砖墩按方柱项目计算。大门柱墩按相应砖柱项目计算。

(4)多孔砖、空心砖墙按外形体积以“m^3”计算。扣除门窗洞口、钢筋混凝土过梁、圈梁所占的体积。

(5)填充墙按外形体积以立方米计算。扣除门窗洞口、钢筋混凝土过梁、圈梁所占的体积。其实砌部分已包括在项目内,不再另行计算。

(6)加气混凝土砌块墙、硅酸盐砌块墙、轻骨料混凝土小型空心砌块墙(粉煤灰砌块墙、陶粒空心砌块墙、炉渣砌块墙等均按轻骨料混凝土小型空心砌块执行)按图示尺寸以“m^3”计算。按设计规定需要镶嵌砖砌体部分,已包括在相应项目内,不另计算。

(7)零星砌体按实砌体积以立方米计算。

(8)散水按设计图示尺寸以平方米计算,应扣除穿过散水的踏步、花台面积。

(9)台阶基层(包括踏步及最上一层踏步沿 300mm)按水平投影面积计算。

(10)墙体加固筋是指砖砌体内的加固钢筋,是砖混结构抗震加固措施之一,常用于墙与墙或墙与柱

之间的拉结加固。其工程量按设计图示尺寸以吨计算。一般情况下，定额中已包括施工过程中的操作损耗和图纸未注明的搭接按损耗 3%，在计算工程量时不再重复计算。

案例 3-6

计算附录 1 某活动中心施工中有关砌筑工程的工程量。

分析计算工程量的项目：①砖基础：普通实心砖；②砌块墙（外墙）：250 厚加气混凝土砌块墙；③砌块墙（内墙）：200 厚加气混凝土砌块墙；④砌块墙（女儿墙）：250 厚加气混凝土砌块墙。

解：仅计算一层①轴砖基础、砌块墙及女儿墙。

(1)①轴砖基础体积

①轴砖基础长度 $L = L_{中} -$ KZ 所占长度 $-$ GZ 所占长度 $-$ ① 轴无基础部分

$= [8.1+4.8+0.8-0.55\times2-(0.25+0.06)\times3-(0.15+0.03)-0.31/2]+(0.8-0.275-0.18)=11.68\ (\mathrm{m})$

①轴砖基础体积 $V = L\times S_{基础断面面积}$

$=11.68\times[0.066+(1.55-0.3)]\times0.24=3.69\ (\mathrm{m}^3)$

(2)一层①轴砌块墙（250 厚加气混凝土砌块墙）

$V = [L_{墙中心线长扣除相应构造柱}\times h_{墙体高度} - S_{门窗洞口}]\times b_{墙体厚度} - V_{墙过梁的体积}$

$= [(8.1+4.8-0.275-0.55-0.31\times3-0.155_{C轴上GZ断面的一半})\times(3.87-0.7)-(1.8\times1.8\times4+1.5\times2.8)+(0.8-0.275-0.15-0.03)\times(3.87-0.45)\times2]\times0.25-(0.086\times4+0.075)_{四樘C1818和一樘M1518过梁体积}$

$= (10.99\times3.17-17.16+0.345\times3.42\times2)\times0.25-0.419=4.59\ (\mathrm{m}^3)$

说明：Ⓒ轴与①轴交角处 GZ，根据施工要求门洞墙垛部分墙体现浇素混凝土。

(3)砌块墙（女儿墙）：250 厚加气混凝土砌块墙

$V =$ 墙厚 $\times$ 墙高 $\times$ 墙长 $- V_{屋面构造柱}$

$= 0.25\times(0.6-0.07)\times82.1-V_{屋面构造柱}$

$= 10.878-1.73 = 9.15\ (\mathrm{m}^3)$

$V_{屋面构造柱} = (0.25+0.06)\times0.25\times(0.6-0.07)\times42 = 1.73\ (\mathrm{m}^3)$

任务三　混凝土及钢筋混凝土工程量计算

学习引导

通过学习本任务，熟悉建筑工程预算定额混凝土及钢筋混凝土工程计算规则，能够计算活动中心项目的独立基础、梁、板、柱、楼梯及其他混凝土工程的工程量，能够计算活动中心项目的钢筋工程量。本任务是该项目中的重点，其中的难点是现浇混凝土钢筋工程量的计算。

计算结果

见附录 2　A. 建筑工程工程量计算书　第一部分　建筑工程实体项目　三、A. 4 混凝土及钢筋混凝土工程和附录 3

知识链接

一、混凝土计算规则要点和计算方法

（一）主要说明

(1)混凝土按现场搅拌混凝土，预拌混凝土分别列项。

(2)商品混凝土的价格是运送到施工现场的价格。

(3)预拌混凝土,现场搅拌混凝土的泵送按建筑物檐商套用相应泵送项目。

(4)混凝土强度等级及粗骨料最大粒径是按通常情况编制的,如设计要求不同时,可以换算。

(5)混凝土及钢筋混凝土项目除另有规定者外,均按图示尺寸以构件的实体积计算,不扣除钢筋混凝土中的钢筋、预埋铁件、螺栓所占的体积。用型钢代替钢筋骨架时,按设计图纸用量每吨减 0.1m^3 混凝土体积。

(6)现浇钢筋混凝土柱、墙项目,均按规范规定综合了底部灌注 1∶2 水泥砂浆用量。

(7)现浇混凝土及钢筋混凝土墙、板等构件,均不扣除孔洞面积在 0.3m^2 以内的混凝土体积,其预留孔工料亦不增加。面积超过 0.3m^2 的孔洞,应扣除孔洞所占的混凝土体积。

(8)斜梁(板)是按坡度 30°以内综合取定的。坡度在 45°以内的人工乘以系数 1.05,坡度在 60°以内人工乘以系数 1.10。

(9)明沟、散水、台阶、坡道等项目均为综合项目,包括挖土、填土、垫层、基层、沟壁及面层等全部工序。除砖砌台阶和混凝土台阶未包括面层抹面,其面层可按设计规定套用相应章节有关项目外,其余项目不予换算。散水、台阶垫层为 3∶7灰土,如设计垫层与项目不同时,可以换算。

散水 3∶7灰土垫层厚度是按 150mm 编制的,如果设计厚度超过 150mm 超过部分套用《全国统一建筑装饰装修消耗量定额河北消耗量定额》灰土垫层项目。

(10)现浇框架、框剪、剪力墙结构中混凝土条带厚度在 100mm 以内按压顶相应项目套用,厚度在 100mm 以上时按圈梁相应项目套用。

(11)砌体墙根部素混凝土带套用圈梁相应项目。

(二)现浇混凝土构件工程量计算规则要点及计算方法

1. 基础

(1)带形基础:不分有梁式与无梁式,分别按毛石混凝土、混凝土、钢筋混凝土基础计算。凡有梁式带形基础,其梁高(指基础扩大顶面至梁顶面的高 H)超过 1.2m 时,其基础底板按带形基础计算,扩大顶面以上部分按混凝土墙项目计算(见图 3-21)。在计算时可根据内外墙基础并按不同基础断面形式分别计算。

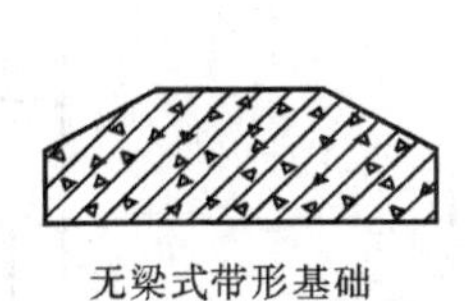

无梁式带形基础

有梁式带形基础

图 3-21 混凝土带形基础断面图

计算公式:

$$外墙带形基础体积 = 外墙带形基础中心线长 \times 基础断面面积 \tag{3-16}$$

$$内墙带形基础体积 = 内墙带形基础内净长 \times 基础断面面积 + T形接头增加体积 \tag{3-17}$$

式中:T 形接头增加体积可分解为两个三棱锥和一个三棱柱进行计算,如图 3-22 所示。

$$T形接头增加体积 = \frac{1}{6}lh(B_2 + 2B_1) \tag{3-18}$$

其中:B_1、B_2、h 分别为垂直段条形基础断面上、下宽度和斜段高度;

l 为通长段条形基础断面斜面水平投影长度。

案例 3-7

计算附录 1 某活动中心施工①轴外墙素混凝土带形基础的混凝土工程量。

解: $V = L_{外墙带形基础中心线长} \times S_{基础断面面积}$

$= (26.1 - 0.125 \times 2 - 0.55 \times 4 - 7.55 - 2.80) \times 0.6 \times 0.3$

$= 13.3 \times 0.6 \times 0.3 = 2.39\ (m^3)$

(2)独立基础:应分别按毛石混凝土和混凝土独立基础以设计图示尺寸的实体体积计算,其高度从垫

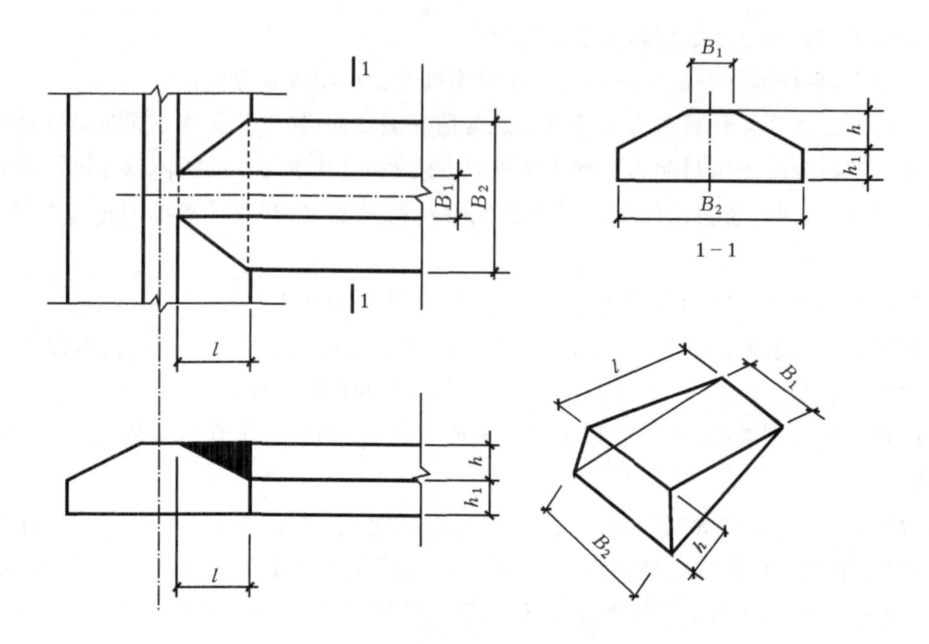

图 3-22　T 形接头增加体积

层上表面算至柱基上表面。现浇独立柱基与柱的划分:(H)高度为相邻下一个高度(H_1)2 倍以内者为柱基,2 倍以上者为柱身,套用相应柱的项目(如图 3-23 所示)。

独立柱基计算公式如下式,计算图如图 3-24 所示:

$$V = a \times b \times h + \frac{h_1}{6}[a \times b + (a + a_1) \times (b + b_1) + a_1 \times b_1] \tag{3-19}$$

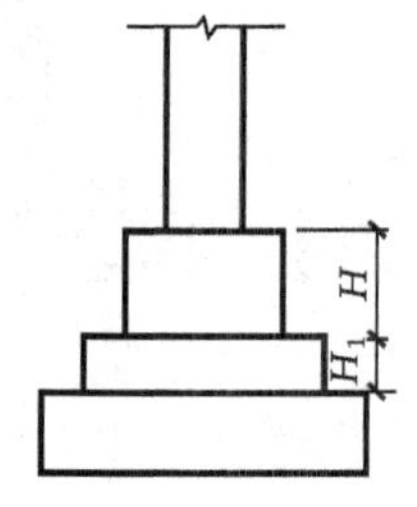

图 3-23　柱基与柱划分图

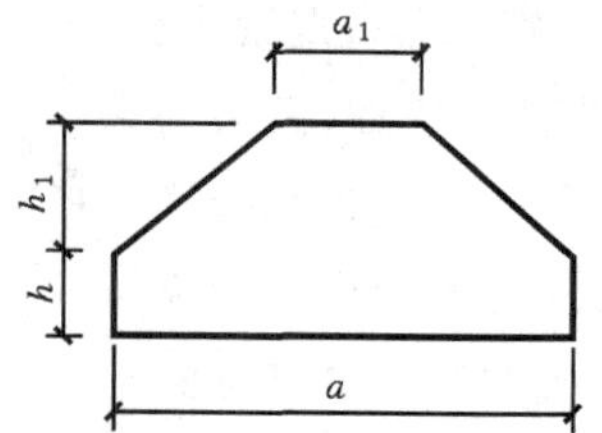

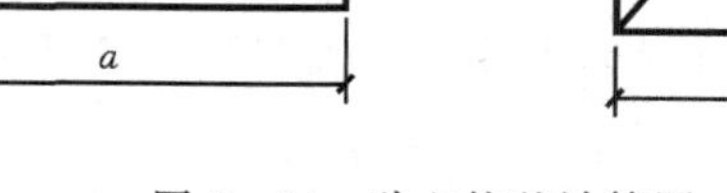

图 3-24　独立柱基计算图

案例 3-8

计算附录 1 某活动中心施工中独立柱基础 JC-1 的混凝土工程量。

解:JC-1(N=4)

$V_{JC-1} = \{(3.1^2 \times 0.3) + 0.3/6 \times [3.1^2 + (3.1 + 0.55 + 0.15)^2 + (0.55 + 0.15)^2]\} \times 4 = 16.44\ (m^3)$

(3)杯形基础:杯形基础连接预制柱的杯口底面至基础扩大顶面(H)高度在 0.50m 以内的按杯形基础项目计算,在 0.50m 以上 H 部分按现浇柱项目计算;其余部分套用杯形基础项目。计算示意图 3-25。

计算公式如下:

$$V = ABH_3 + \frac{H_2}{6}[AB + (A + a) \times (B + b) + ab] + abH_1 - 杯口体积 \tag{3-20}$$

式中:杯口体积 $= h \times \left[(a_1 + c) \times (b_1 + c) + \frac{c^2}{3}\right]$

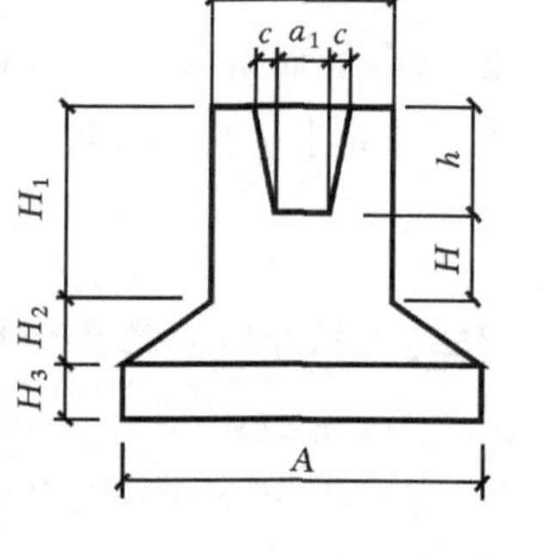

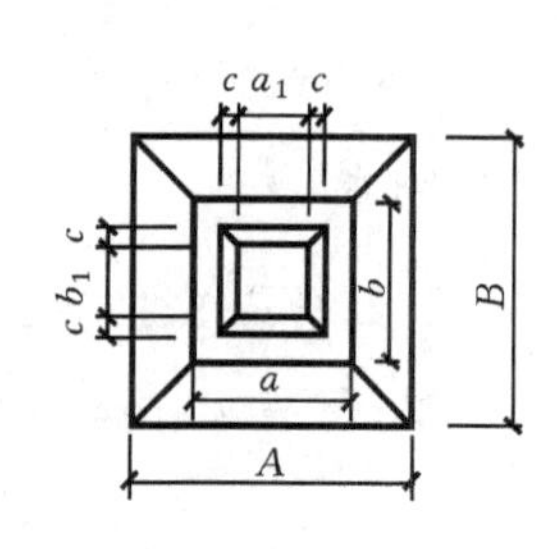

图 3-25　杯形柱基计算图

(4)满堂基础:不分有梁式与无梁式,均按满堂基础项目计算。满堂基础有扩大或角锥形柱墩时,应并入满堂基础内计算。满堂基础梁高超过1.2m时,底板按满堂基础项目计算,梁按混凝土墙项目计算。箱式满堂基础应分别按满堂基础、柱、墙、梁、板的有关规定计算。

无梁式满堂基础计算公式如下:

$$满堂基础体积V = 基础底板长板长 \times 基础底板宽 \times 基础底板板厚 + 柱墩体积 \tag{3-21}$$

注:有梁式满堂基础体积按无梁式满堂基础体积加基础梁的体积。

(5)桩承台:应分别按带形和独立桩承台计算。满堂式桩承台按满堂基础相应项目计算。

计算公式:

$$带形V = 承台长度 \times 承台纵断面面积 \tag{3-22}$$

$$独立V = 承台长度 \times 宽度 \times 厚度 \tag{3-23}$$

2. 柱

(1)柱按图示尺寸以实体体积计算工程量。柱高按柱基上表面或楼板上表面至柱顶上表面的高度计算见图3-26(a)。但无梁楼板的柱高,应自柱基上表面或楼板上表面至柱头(帽)的下表面的高度计算见图3-26(b)。依附于柱上的牛腿应并入柱身体积内计算。

$$柱体积 = 柱截面积 \times 柱高 \tag{3-24}$$

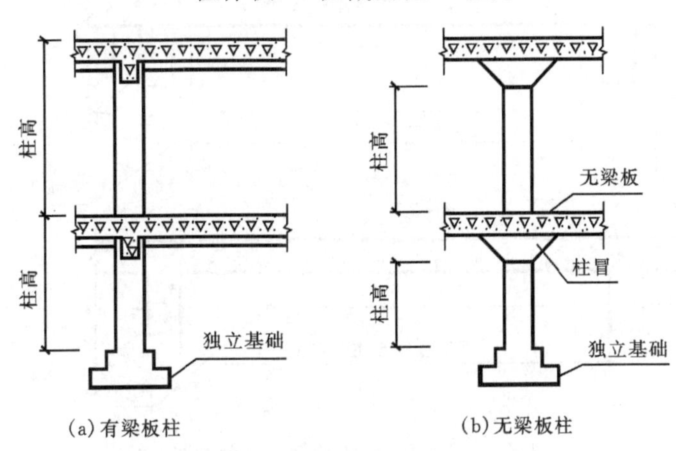

(a)有梁板柱　　(b)无梁板柱

图3-26　柱计算示意图

(2)构造柱按图3-27尺寸计算体积时,包括与砖墙咬接部分的体积,其高度应自柱基上表面至柱顶面的高度。现浇女儿墙柱,套用构造柱项目。

$$构造柱体积 = 构造柱截面积 \times 柱高 + 马牙槎体积 \tag{3-25}$$

其中:马牙槎体积 $V_{马牙槎} = 0.03 \times (n_1 a + n_2 b) \times 柱高$;　(3-26)

a、b—— 构造柱两个方向的尺寸;

n_1、n_2—— 构造柱上下、左右的咬接边数。

构造柱的咬边数可以按构造柱形式列出表来。

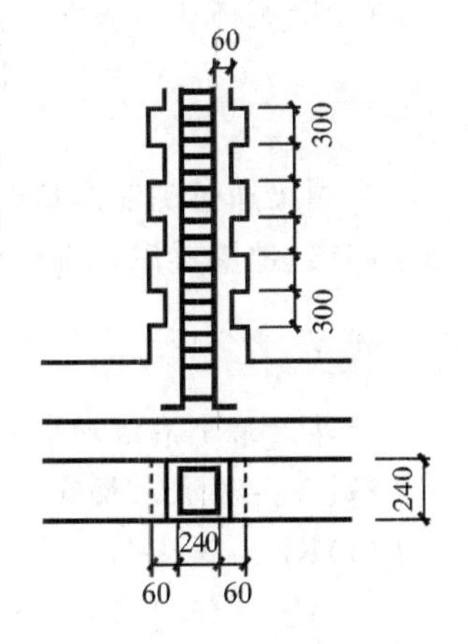

图3-27　构造柱计算示意图

案例3-9

计算附录1某活动中心施工中框架柱混凝土量。

解: $V = 断面面积 \times 柱高 \times 根数$

KZ-1: $V_1 = 0.55 \times 0.55 \times (7.8 + 1.95 - 0.6) \times 4 = 11.07\ (m^3)$

案例3-10

计算附录1某活动中心一层GZ1构造柱混凝土工程量。

解: $V = 断面面积 \times 柱高 \times 根数$

一层GZ1共20个(见附录1中的基础平面图)。

(1) ①与③轴、Ⓐ轴与Ⓔ轴之外上 GZ1(二面有墙)共 17 个:

V_1 =0.25×(0.25+0.06)×(3.87+1.25−0.7)$_{GZ高度}$×6+0.25×(0.25+0.06)×(3.87+1.25−0.45)$_{GZ高度}$×11=2.055+3.981=6.04 (m^3)

(2) Ⓐ轴与Ⓔ轴之外上 GZ1 (三面有墙)共 2 个:

V_2 = [0.25×(0.25+0.06)+0.2×0.03] ×(3.87+1.25−0.45) ×2
=0.0835×4.67×2=0.78 (m^3)

(3) ①轴上与Ⓒ轴相交处 GZ1:(该构造柱在门洞口处的门垛为混凝土浇筑)

V_3= [(0.225+0.125+0.03)×0.25+0.03×0.2]×(3.87+1.25−0.7)=0.45 (m^3)

(4)一层 GZ1 构造柱混凝土工程量:V=6.04+0.78+0.45=7.27 (m^3)

3.梁

(1)梁按图示断面尺寸乘以梁长以立方米计算。各种梁的长度按下列规定计算:梁与柱交接时,梁长算至柱侧面。次梁与主梁交接时,次梁长度算至主梁侧面,伸入墙内的梁头或梁垫体积应并入梁的体积内计算。如图 3-28 所示。

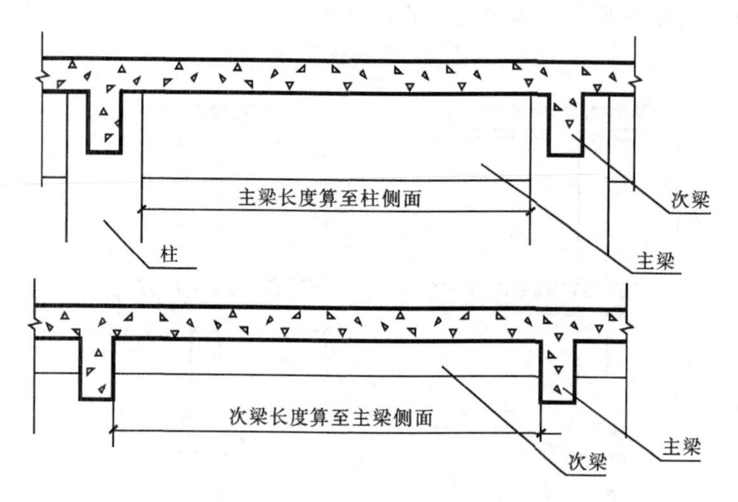

图 3-28 主梁、次梁长度计算示意图

(2)圈梁体积计算时一般按内外墙和不同断面分别计算,即:

外墙圈梁体积 = 外墙圈梁中心线长 × 外墙圈梁断面 (3-27)

内墙圈梁体积 = 内墙圈梁净长 × 内墙圈梁断面 (3-28)

当圈梁通过门窗洞口时,可按门窗洞口宽度两端共加 50cm 并按过梁项目计算,其他按圈梁计算。圆形圈梁、地圈梁以及砌块墙中的混凝土水平带均套用圈梁项目。同时,圈梁长度应扣除构造柱部分。

案例 3-11

计算附录 1 某活动中心框架梁 KL-1 与梁 L-1 的混凝土工程量。

解: V=梁长×梁宽×梁高

(1)KL-1(N=2):

V =[(8.1×3−0.55×3)×0.3×0.7+(0.9−0.275)×0.3×0.45×2]×2=9.85 (m^3)

(2)L−1(N=1):

V =(8.1−0.3)×3×0.25×0.55+(0.9−0.15)×0.25×0.45×2=3.39 (m^3)

4.墙

墙按图示墙长度乘以墙高及厚度以立方米计算。计算各种墙体积时,应扣除门窗洞口及 0.3m^2 以上的孔洞体积。突出混凝土墙面的柱按柱套用相应定额。

5. **板**

凡带有梁(包括主、次梁)的楼板,梁和板的工程量分别计算,板算至梁的侧面,梁、板分别套用相应项目。无梁板是指不带梁直接由柱支撑的板,无梁板体积按照板与柱头(帽)的和计算。钢筋混凝土板伸入墙砌体内的板头应并入板体积内计算。钢筋混凝土板与钢筋混凝土墙交接时,板的工程量算至墙内侧,板中的预留孔洞在 $0.3m^2$ 以内者不扣除。

叠合板是指在预制板上二次浇灌混凝土结构层面层,按平板项目计算。

现浇空心楼板执行现浇混凝土平板项目,扣除空心体积,人工乘以系数 1.1。管芯分不同直径按长度计算。

案例 3-12

计算附录 1 某活动中心 7.800m 板(①～②)轴间板的混凝土工程量。

解: $V_{板}$ = 板面积×板厚

$= (7.450+0.275-0.3-0.25-0.15)\times(26.1-0.3\times4-0.25\times5)\times0.12$

$=166.14\times0.12=19.94\ (m^3)$

6. **其他**

(1)整体楼梯。整体楼梯(包括板式、单梁式或双梁式楼梯)、整体螺旋楼梯、柱式螺旋楼梯以设计图示尺寸的实体积计算。楼梯与楼板的划分以楼梯梁的外边缘为界,该楼梯梁包括在楼梯体积内。伸入墙内部分的体积并入楼梯体积中。楼梯基础、室外楼梯的柱以及与地坪相连接的混凝土踏步等,项目内均未包括,应另行计算套用相应项目。

螺旋楼梯栏板、栏杆、扶手套用相应项目,其人工乘以系数 1.30,材料、机械乘以系数 1.10。柱式螺旋楼梯扣除中心混凝土柱所占的体积。中间柱的工程量另按相应柱的项目计算,其人工及机械乘以系数 1.50。

案例 3-13

计算案例中楼梯的混凝土工程量(一个直形楼梯)。

解: 按设计图示尺寸的实体积计算:

$$V_{平台}=1.65\times(1.46+0.15+1.56-0.025)\times0.2=1.04(m^3)$$

$$V_{踏步}=0.15\times0.3\times0.5\times(1.46+1.56-0.025)\times12=0.81(m^3)$$

$$V_{梯段板}=3.6/\cos\alpha(1.46+1.56-0.025)\times0.2=2.41(m^3),\cos\alpha=2/\sqrt{5}$$

$$V_{梯梁}=0.25\times0.4\times(3.295-0.35/2-0.275)=0.28(m^3)$$

$$V_{总}=1.04+0.81+2.41+0.28=4.54(m^3)$$

(2)悬挑板。悬挑板(直形阳台、雨篷及弧形阳台、雨篷)按图示尺寸以实体体积计算。伸入墙内部分的梁及通过门窗口的过梁应合并按过梁项目另行计算。阳台、雨篷如伸出墙外超过 1.50m 时,梁、板应分别计算,套用相应项目。阳台、雨篷四周外边沿的弯起,如其高度(指板上表面至弯起顶面)超过 6cm 时,按全高计算套用栏板项目。凹进墙内的阳台按现浇平板计算。

案例 3-14

某工程现浇阳台结构如图 3-29 所示,试计算阳台工程量。

解:

(1)阳台工程量:

$$V_{阳台}= 1.5\times4.8\times0.10=0.72\ (m^3)$$

(2)现浇阳台拦板工程量:

$$V_{拦板}=[(1.5\times2+4.8)-0.1\times2]\times(1.1-0.1)\times0.1=0.76\ (m^3)$$

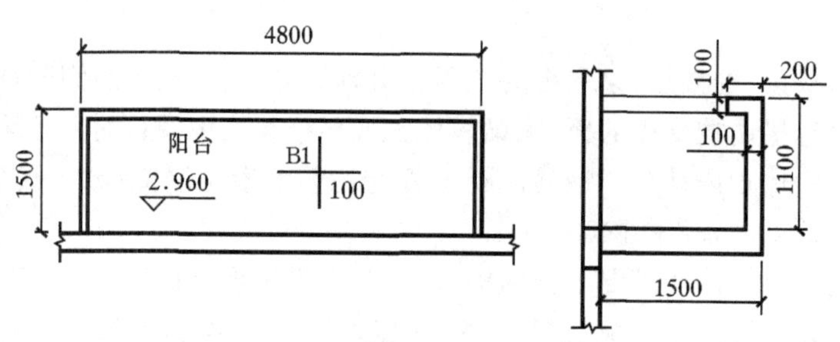

图 3-29　现浇阳台结构示意图

(3)现浇阳台扶手工程量:

$$V_{扶手}=[(1.5\times2+4.8)-0.2\times2]\times0.2\times0.1=0.15\ (m^3)$$

案例 3-15

计算附录 1 某活动中心车库雨篷的混凝土工程量。

解: $V=\dfrac{0.12+0.1}{2}\times1.2\times11.2=1.48\ (m^3)$

(3)挑檐天沟。挑檐天沟按实体体积计算。当与板(包括屋面板、楼板)连接时,以外墙身外边缘为分界线;当与圈梁(包括其他梁)连接时,以梁外边线为分界线。外墙外边缘以外或梁外边线以外为挑檐天沟。挑檐天沟壁高度在 40cm 以内时,套用挑檐项目;挑檐天沟壁高度超过 40cm 时,按全高计算套用栏板项目。

(4)混凝土飘窗板、空调板。混凝土飘窗板、空调板执行挑檐项目,如单体小于 $0.05m^3$ 执行零星构件项目。

案例 3-16

某工程挑檐天沟如图 3-30 所示,计算该挑檐天沟工程量。

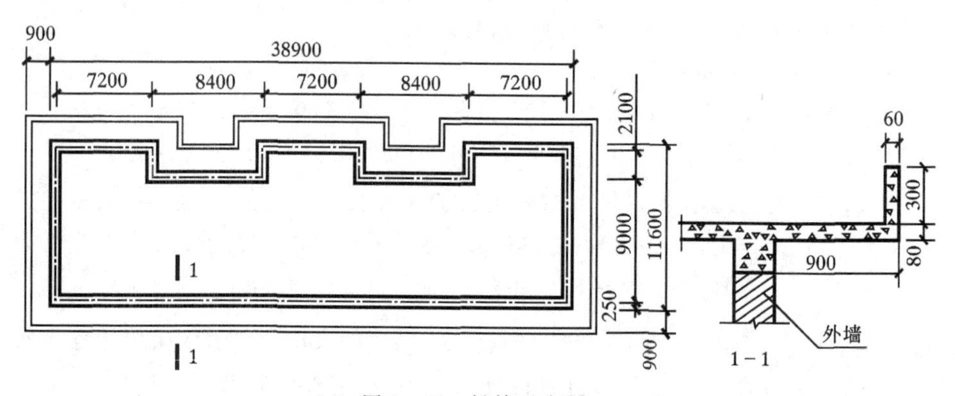

图 3-30　挑檐示意图

解: $V_{挑檐板}=[(38.9+11.6)\times2\times0.9+0.9^2\times4+2.1\times4\times0.9]\times0.08=8.14\ (m^3)$

$V_{天沟壁}=长\times厚\times高$

$=[(38.9+11.6)\times2+2.1\times4+0.9\times2\times4-0.03\times2\times4]\times0.06\times0.3$

$=2.00\ (m^3)$

挑檐天沟工程量: $V_{挑檐}=10.41\ m^3$

(5)栏板。栏板按实体积计算,适用于阳台、楼梯等栏板。

(6)散水。散水按设计图示尺寸以平方米计算,应扣除穿过散水的踏步、花台面积。

案例 3-17

计算附录 1 某活动中心散水的工程量。

解： $S_{散水}=(L_{外}\times 散水宽+散水宽^2\times 4)-(L_{坡道}+L_{台阶}+L_{花池})\times 散水宽$

$=(83.1\times 1+1^2\times 4)-[3.7\times 2+(8.1+3.3+0.275)+(5.2+0.3\times 2\times 2)]\times 1$

$=62.03\ (m^2)$

(7)防滑坡道。防滑坡道按斜面积计算，坡道与台阶相连处，以台阶外围面积为界。与建筑物外门厅地面相连的混凝土斜坡道及块料面层按相应项目人工乘以系数1.1计算。

案例 3-18

计算附录1某活动中心坡道的工程量。

解： $S_{坡道}=坡道宽\times 坡道斜长$

$=[(8.1+3.3+0.8)-\frac{1}{2}\times 1-\frac{1}{2}\times 0.225]\times\sqrt{1^2+0.15^2}$

$=11.717\ (m^2)$

(8)台阶。台阶基层(包括踏步及最上一层踏步沿300mm)按水平投影面积计算。

案例 3-19

计算图3-31中台阶的工程量。

解： $S_{台阶}=按水平投影面积计算$

$=[(1.5+0.3\times 2)\times(5.2+0.6\times 2)]-[(5.2-0.3\times 2)\times(1.5-0.3)]=7.92\ (m^2)$

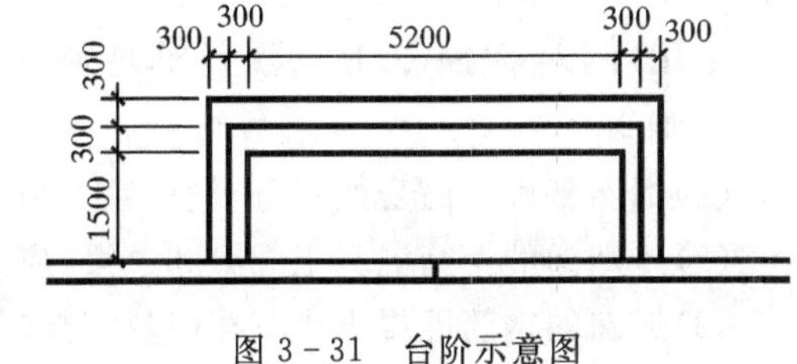

图3-31 台阶示意图

(9)明沟。明沟按设计图示尺寸以延长米计算。净空断面面积在0.2m² 以上的沟道，应分别按相应项目计算。

(10)池槽。池槽项目中未包括砖砌槽腿及抹灰，其砌体及抹灰应按相应项目另行计算。

(11)零星构件。零星构件，适用于现浇混凝土扶手、柱式栏杆及其他未列项目且单件体积在0.05m³以内的小型构件，其工程量按实体积计算。

(12)预制钢筋混凝土框架柱的现浇接头。预制钢筋混凝土框架柱的现浇接头(包括梁接头)按设计规定断面和长度以立方米计算，套用框架柱接头项目。

(13)现浇板缝。预制钢筋混凝土板之间，按设计规定需现浇板缝时，若板缝宽度(指下口宽度)在2cm以上20cm以内者，按预制板间补现浇板缝项目计算，板缝宽度超过20cm者，按平板项目计算。

(14)混凝土后浇带。混凝土后浇带按图示尺寸以实体积计算。

案例 3-20

请计算附录1某活动中心女儿墙压顶的工程量。

解： $V_{压顶}=压顶断面积\times 压顶中心线长$

$$V=\frac{0.07+0.05}{2}\times(0.25+0.06)\times(82.1-0.03\times 8)=1.52\ (m^3)$$

(三)预制混凝土构件工程量计算规则要点及计算方法

(1) 预制构件的制作工程量，应按图示尺寸计算的实体积(即安装工程量)另加相应安装项目中规定的损耗量，不扣除构件内钢筋、铁件所占体积。

(2) 基础梁按相应断面形式梁的项目计算。

(3) 预制大门框可分别按柱及过梁相应项目计算。

(4) 零星构件适用于每个体积在0.05m³以内未列项目的构件。

案例 3-21

计算附录1某活动中心一层预制过梁的混凝土工程量。

解:见结构设计说明11.6门窗过梁选用02G05图集,过梁同墙厚,荷载级别采用2级。

查02G05第20页05与第52页得到混凝土体积:

选用净跨为1.2米的TGLA25122混凝土体积:0.043m^3;

选用净跨为1.5米的TGLA25152混凝土体积:0.075m^3;

选用净跨为1.8米的TGLA25182混凝土体积:0.086m^3;

选用净跨为2.1米的TGLA25212混凝土体积:0.098m^3。

一层:$V_{过梁安装}=0.043+0.075\times6+0.086\times5+0.098\times2=1.119\ (m^3)$

查预制过梁安装定额A9-95,过梁安装的损耗率为1.5%。

$$V_{过梁制作}=1.119\times(1+1.5\%)=1.14\ (m^3)$$

(四)预应力钢筋混凝土构件计算规则要点及计算方法

(1)预应力钢筋混凝土构件的计算方法与非预应力钢筋混凝土预制构件相同。

(2)预应力钢筋和普通钢筋(预应力构件中的非预应力钢筋),应分别套用相应项目。预应力钢筋的钢种可按设计规定换算。

(五)构筑物混凝土工程计算规则要点及计算方法

1. 烟囱

(1)烟囱基础与筒身的划分:设计室外地坪以下为基础,以上为筒身。

(2)砖烟囱的钢筋混凝土圈梁和过梁,应按实体积计算,分别套用本分部相应项目。

(3)烟囱的钢筋混凝土集灰斗(包括分隔墙、水平隔墙、梁、柱等),应按相应项目计算。

(4)烟道与炉体的划分,以第一道闸门为准。在炉体内的烟道,应列入炉体工程量内。烟道中的钢筋混凝土构件,应按相应项目计算。钢筋混凝土烟道,按混凝土地沟项目计算。但架空烟道不能套用。

2. 水塔

(1)基础。水塔基础,按烟囱基础相应项目计算。钢筋混凝土基础以实体积计算。钢筋混凝土筒式塔身以钢筋混凝土基础扩大顶面为分界线,以上为塔身,以下为基础;柱式塔身以柱脚与基础底板或梁交接处为分界线,以上为塔身,以下为基础。与基础底板相连的梁,并入基础内计算。

(2)筒身。筒身与槽底的分界,以与槽底相连的圈梁底为界。圈梁底以上为槽底,以下为筒身。钢筋混凝土筒式塔身以实体积计算,扣除门窗洞口所占体积,依附于筒身的过梁、雨篷、挑檐等,工程量并入筒身体积内计算;柱式塔身,不分柱、梁和直柱、斜柱,均以实体积合并计算。

(3)水箱。钢筋混凝土水塔水箱的工程量按塔顶及槽底、水箱内外壁分别计算。塔顶包括顶板和圈梁,槽底包括底板挑出的斜壁板和圈梁等。

3. 钢筋混凝土沉井

(1)沉井混凝土工程量以实体积计算。

(2)封底混凝土工程量按井壁中心线范围以内的面积乘以厚度计算。

4. 检查井及化粪池

(1)钢筋混凝土井(池)壁均不分厚度以实体积计算。凡与井(池)壁连接的管道和井(池)壁上的孔洞,其面积在0.05m^2以内者不予扣除,超过0.05m^2时,应予扣除。

(2)预制钢筋混凝土井圈、井盖、盖板制作,按相应项目计算。

二、钢筋、铁件工程量计算规则要点和计算方法

1. 主要说明及计算规则要点

(1)钢筋工程应区别现浇构件、预制构件、预应力先张法、预应力后张法按不同规格分别按图纸计算。铁件制作安装工程量按图纸计算。

在计算钢筋工程量时，其最终原理就是计算钢筋的长度。如图 3－32 所示。

钢筋工程量＝钢筋长度×钢筋每米长重量

钢筋每米长的重量见表 3－12。

(2)钢筋铁件定额子目已包含施工损耗(现浇：直径 10 以内为 2%，直径 10 以外为 4%；预制：直径 10 以内为 1.5%，直径 10 以外为 3%)。

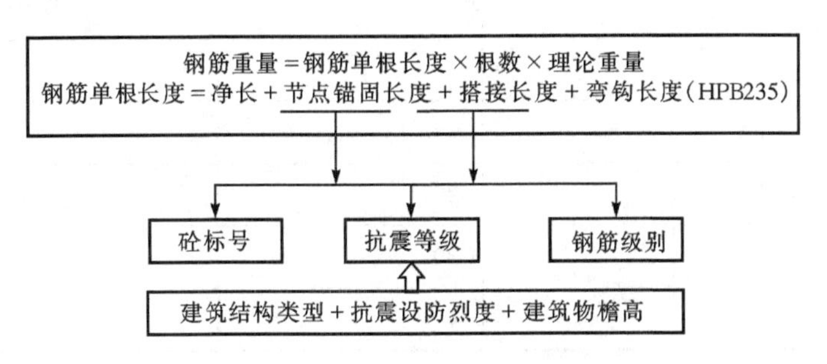

图 3－32 钢筋工程量计算原理

表 3－12 每米钢筋重量表

直径(mm)	断面(cm^2)	每米重(kg)	直径(mm)	断面(cm^2)	每米重(kg)	直径(mm)	断面(cm^2)	每米重(kg)
4	0.126	0.099	10	0.785	0.617	20	3.142	2.47
5	0.196	0.154	12	1.131	0.888	22	3.801	2.98
6	0.283	0.222	14	1.539	1.208	25	4.999	3.85
6.5	0.332	0.260	16	2.011	1.578	28	3.158	4.83
8	0.503	0.395	18	2.545	2.000	32	8.042	6.31

固定钢筋的施工措施用筋，设计图纸有规定的按设计规定计算；设计图纸未规定的可参考表 3－13。结算时按经批准的施工组织设计计算，并入钢筋工程量计算。构件措施筋含量见表 3－13。

表 3－13 构件措施筋含量表(kg/m^3)

序号	构件名称	含量
1	满堂基础	4.0
2	板、楼梯	2.0
3	阳台、雨篷、挑檐	3.0

钢筋、铁件用量按下式计算：

现浇构件钢筋、铁件用量＝钢筋、铁件净用量＋措施筋用量＋预留量 (3－29)

预制构件钢筋＝钢筋、铁件净用量×(1＋构件损耗率)＋措施筋用量＋预留量 (3－30)

冷拔钢丝按 ϕ10 内钢筋制安项目套用。

(3)关于钢筋接头的规定：设计图纸已规定的按设计图纸计算；设计图纸未作规定的，焊接或绑扎的混凝土水平通长钢筋搭接，直径 10mm 以内按每 12m 一个接头；直径 10mm 以上至 25mm 以内按每 10m 一个接头；直径 25mm 以上按每 9m 一个接头计算，搭接长度按规范及设计规定计算。焊接或绑扎的混凝土竖向通长钢筋(指墙、柱的竖向钢筋)亦按以上规定计算，但层高小于规定接头间距的竖向钢筋接头，按每自然层一个计算。

钢筋是按绑扎和焊接综合考虑编制的，实际施工不同时，仍按项目规定计算；若设计规定钢筋采用气压力焊、电渣压力焊、冷挤压钢筋、锥螺纹钢筋接头、直螺纹钢筋接头者按设计规定套用相应项目，同时不再计算钢筋的搭接量。直径 16 以内接头每个接头扣除电焊条 0.11 元，扣除人工费和机械费 0.60 元；直径 22 以内接头每个接头扣除电焊条 0.50 元，扣除人工费和机械费 1.40 元；直径 22 以外接头每个接头扣除电焊条 0.70 元，扣除人工费和机械费 1.95 元。

(4)纵向受力钢筋的混凝土保护层最小厚度要求，见表 3－14。

表 3－14　纵向受力钢筋的混凝土保护层最小厚度(mm)

环境类别		板、墙	梁、柱
一		15	20
二	a	20	25
	b	25	35
三	a	30	40
	b	40	50

注：1. 表中混凝土保护层厚度是指最外层钢筋外边缘至混凝土表面的距离，适用于设计使用年限为 50 年的混凝土结构。

2. 构件中受力钢筋的保护层厚度不应小于钢筋的公称直径。

3. 设计使用年限为 100 的混凝土结构，一类环境中，最外层钢筋的保护层厚度不应小于表中数值的 1.4 倍；二、三类环境中，应采取专门的有效措施。

4. 混凝土强度等级不大于 C25 时，表中保护层厚度数值应增加 5。

5. 基础底面钢筋的保护层厚度，有混凝土垫层时应从垫层顶面算起，且不应小于 40mm。

6. 混凝土结构的环境类别见表 3－15。

表 3－15　混凝土结构的环境类别

环境类别		条　件
一		室内干燥环境；无侵蚀性静水浸没环境
二	a	室内潮湿环境；非严寒和非寒冷地区的露天环境、与无侵蚀性的水或土壤直接接触的环境；严寒和寒冷地区的冰冻线以下与无侵蚀性的水或土壤直接接触的环境
	b	干湿交替环境；水位频繁变动环境；严寒和寒冷地区的露天环境；严寒和寒冷地区冰冻线以上与无侵蚀性的水或土壤直接接触的环境
三	a	严寒和寒冷地区冬季水位变动区环境；受除冰盐影响环境；海风环境
	b	盐渍土环境；受除冰盐作用环境；海岸环境
四		海水环境
五		受人为或自然的侵蚀性物质影响的环境

注：1. 室内潮湿环境是指构件表面经常处于结露或湿润状态的环境。

2. 严寒和寒冷地区的划分应符合现行国家标准《民用建筑热工设计规范》GB 50176 的有关规定。

3. 海岸环境和海风环境宜根据当地情况，考虑主导风向及结构所处迎风、背风部位等因素的影响，由调查研究和工程经验确定。

4. 受除冰盐影响环境是指受到除冰盐盐雾影响的环境；受除冰盐作用环境是指被除冰盐溶液溅射的环境以及使用除冰盐地区的洗车房、停车楼等建筑。

5. 暴露的环境是指混凝土结构表面所处的环境。

(5)受拉钢筋锚固长度见表 3－16、表 3－17、表 3－18。

表 3-16　受拉钢筋基本锚固长度 l_{ab}、l_{abE}

钢筋种类	抗震等级	混凝土强度等级								
		C20	C25	C30	C35	C40	C45	C50	C55	≥C60
HPB300	一、二级(L_{abE})	45d	39d	35d	32d	29d	28d	26d	25d	24d
	三级(L_{abE})	41d	36d	32d	29d	26d	25d	24d	23d	22d
	四级(L_{abE}) 非抗震(L_{ab})	39d	34d	30d	28d	25d	24d	23d	22d	21d
HRB335 HRBF335	一、二级(L_{abE})	44d	38d	33d	31d	29d	26d	25d	24d	24d
	三级(L_{abE})	40d	35d	31d	28d	26d	24d	23d	22d	22d
	四级(L_{abE}) 非抗震(L_{ab})	38d	33d	29d	27d	25d	23d	22d	21d	21d
HRB400 HRBF400 RRB400	一、二级(L_{abE})	—	46d	40d	37d	33d	32d	31d	30d	29d
	三级(L_{abE})	—	42d	37d	34d	30d	29d	28d	27d	26d
	四级(L_{abE}) 非抗震(L_{ab})	—	40d	35d	32d	29d	28d	27d	26d	25d
HRB500 HRBF500	一、二级(L_{abE})	—	55d	49d	45d	41d	39d	37d	36d	35d
	三级(L_{abE})	—	50d	45d	41d	38d	36d	34d	33d	32d
	四级(L_{abE}) 非抗震(L_{ab})	—	48d	43d	39d	36d	34d	32d	31d	30d

表 3-17　受拉钢筋锚固长度 l_a、抗震锚固长度 l_{aE}

非抗震	抗震	
$l_a=\zeta_a l_{ab}$	$l_{aE}=\zeta_{aE} l_a$	注：1. l_a 不应小于 200。 2. 锚固长度修正系数 ζ_a 按表 3-6 取用，当多于一项时，可按连乘计算，但不应小于 0.6。 3. ζ_{aE} 为抗震锚固长度修正系数，对一、二级抗震等级取 1.15，对三级抗震等级取 1.05，对四级抗震等级取 1.00。

表 3-18　受拉钢筋锚固长度修正系数 ζ_a

锚固条件	ζ_a		
带肋钢筋的公称直径大于 25	1.10		
环氧树脂涂层带肋钢筋	1.25		
施工过程中宜受扰动的钢筋	1.10		
锚固区保护层厚度	3d	0.80	中间时按内插值。 d 为锚固钢筋直径
	5d	0.70	

(6)纵向受拉钢筋绑扎搭接长度。

$$抗震搭接长度\ l_{lE}=\xi_l l_{aE}$$

$$非抗震搭接长度\ l_l=\xi_l l_a$$

式中 ξ_l 为搭接长度修正系数，与纵向钢筋搭接接头面积百分率有关，按表 3-19 取值。当纵向钢筋搭接接头百分率为表 3-19 的中间值时，可按内插取值。

表 3-19　纵向钢筋搭接接头面积百分率

纵向钢筋搭接接头面积百分率(%)	≤25	50	100
ξ_T	1.2	1.4	1.6

当直径不同的钢筋搭接时，搭接长度按直径较小的钢筋计算。

对于梁类、板类及墙类构件，纵向钢筋搭接接头面积百分率不宜大于 25%，对于柱类构件，纵向钢筋搭接接头面积百分率不宜大于 50%。

在任何情况下，纵向受拉钢筋绑扎搭接接头的搭接长度均不应小于 300mm。对于纵向受压钢筋，绑扎搭接接头的搭接长度一般取受拉钢筋的 0.7 倍，且任何情况下不应小于 200mm。

(7)钢筋长度的计算。

①钢筋弯钩增加长度如图 3-33 所示：半圆弯钩(180°)为 $6.25d$；直弯钩(90°)为 $3.5d$；斜弯钩(135°)为 $4.9d$。

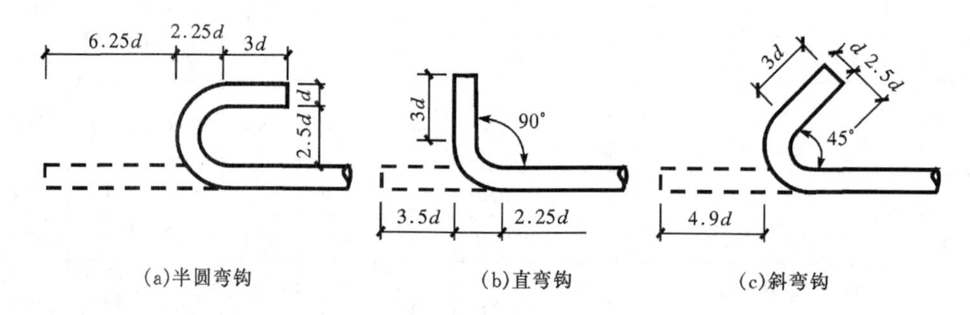

图 3-33　钢筋弯钩计算简图

②弯起钢筋斜长如图 3-34 所示，弯起钢筋斜长系数见表 3-20。

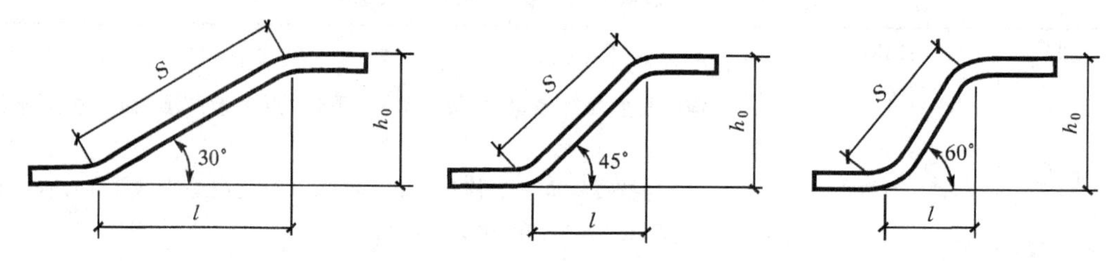

图 3-34　弯起钢筋长度计算示意图

表 3-20　弯起钢筋斜长系数表

弯起角度	$\alpha=30°$	$\alpha=45°$	$\alpha=60°$
斜边长度 s	$2h_0$	$1.41h_0$	$1.15h_0$
底边长度 l	$1.732h_0$	h_0	$0.575h_0$
增加长度 $s-l$	$0.268h_0$	$0.41h_0$	$0.575h_0$

注：h_0 为弯起高度。

③箍筋长度计算。一般情况下箍筋多采用封闭式弯成矩形，封闭端采用 135°的弯钩，弯钩平直段的长度，对于有抗震要求构件为 $10d$，非抗震要求构件为 $5d$，如图 3-35 所示。

$$箍筋长度=单根箍筋长度\times箍筋根数 \tag{3-31}$$

对于矩形构件箍筋单根长度根据抗震和非抗震情况，可按下式计算：

大箍筋的计算简图如图 3-36 所示，计算公式如下：

当直径大于等于 8 时：

$$(2h+2b)-8c+\underline{2\times 11.9d} \tag{3-32}$$

当直径小于 8 时：

$$(2h+2b)-8c+\underline{2\times 1.9d+150\ \text{mm}} \tag{3-33}$$

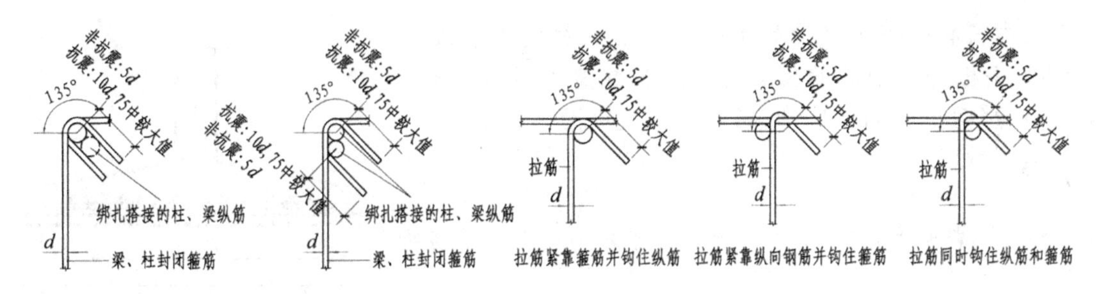

图 3-35　箍筋和拉筋弯钩构造

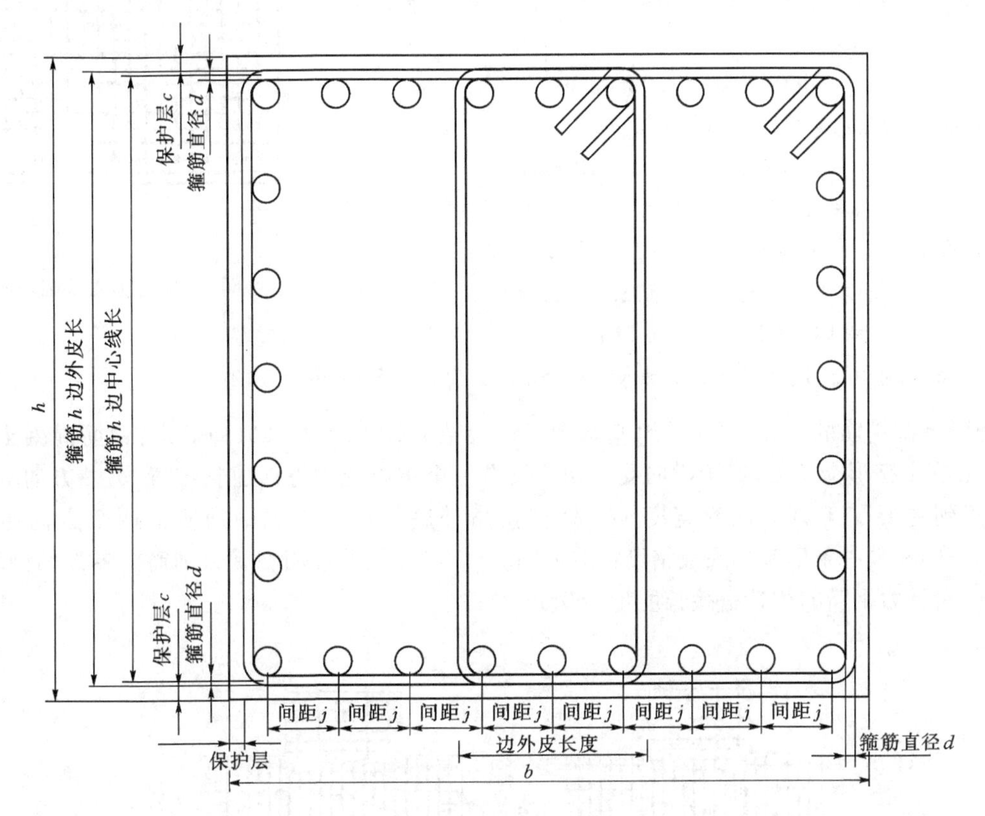

图 3-36　多支箍筋的计算简图

小箍筋的计算简图如图 3-36 所示，计算公式如下：

当直径大于等于 8 时：

$$[(b-2c-2d-D)/3+D+2d]\times 2+(h-2c)\times 2+\underline{2\times 11.9d} \tag{3-34}$$

当直径小于 8 时：

$$[(b-2c-2d-D)/3+D+2d]\times 2+(h-2c)\times 2+\underline{2\times 1.9d+150\ \mathrm{mm}} \tag{3-35}$$

式中：d——箍筋直径；

D——主筋直径；

c——构件受力钢筋保护层厚度。

$$\text{箍筋根数}=\frac{\text{箍筋配置段长度}}{\text{箍筋间距}}+1 \tag{3-36}$$

对于有些构件存在部分区段箍筋加密时，在计算箍筋根数时应按加密和非加密区段的长度分别计算。

对于具有等截面带变截面的构件，箍筋根数也应分段计算。

2.基础钢筋计算

(1)独立基础钢筋计算。《建筑地基基础设计规范》(GB50007—2011)规定：当柱下钢筋混凝土独立基础的边长和墙下钢筋混凝土条形基础的宽度大于或等于2.5m时，底板受力钢筋的长度可取边长或宽度的0.9倍，并宜交错布置(图集11G101－3，第70页)。见图3-37。

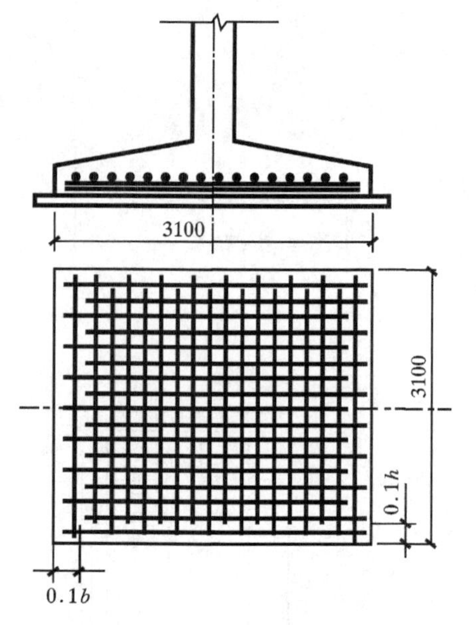

图3-37 独立基础配筋图

案例3-22

计算附录1某活动中心施工中一个独立基础JC-1的钢筋的工程量。

解：

①周围四根：$L_{单根主筋}=3.1-0.04\times2=3.02$ (m)；根数 $N_1=4$

$L_{1总}=3.02\times4=12.08$ (m)

②中间部分：$L_{单根主筋}=3.1\times0.9=2.79$

$N_2=3.02/0.15-1=19.13$ 取19

$L_{2总}=2.79\times19\times2=106.02$ (m)

③钢筋合计：$L_{总}=L_{1总}+L_{2总}=12.08+106.02=118.1$ (m)

$G=L_{总}\times g_{单位重量}=118.1\times1.208$

$=142.66$ (kg) $=0.143$ (t)

一个独立基础JC—1的钢筋的工程量：直径20以内，直径14为0.142t

(2)条形基础钢筋的计算。《建筑地基基础设计规范》(GB50007—2011)规定：钢筋混凝土条形基础底板在T形及十字形交接处，底板横向受力钢筋仅沿一个主要受力方向通长布置，另一方向的横向受力钢筋可布置到主要受力方向底板宽度1/4处在拐角处底板横向受力钢筋应沿两个方向布置。图集11G101－3第69页中条形基础底板钢筋构造如图3-38所示，并注明在受力钢筋交界处的网状部位，分布钢筋与同向受力钢筋的构造搭接长度为150mm。

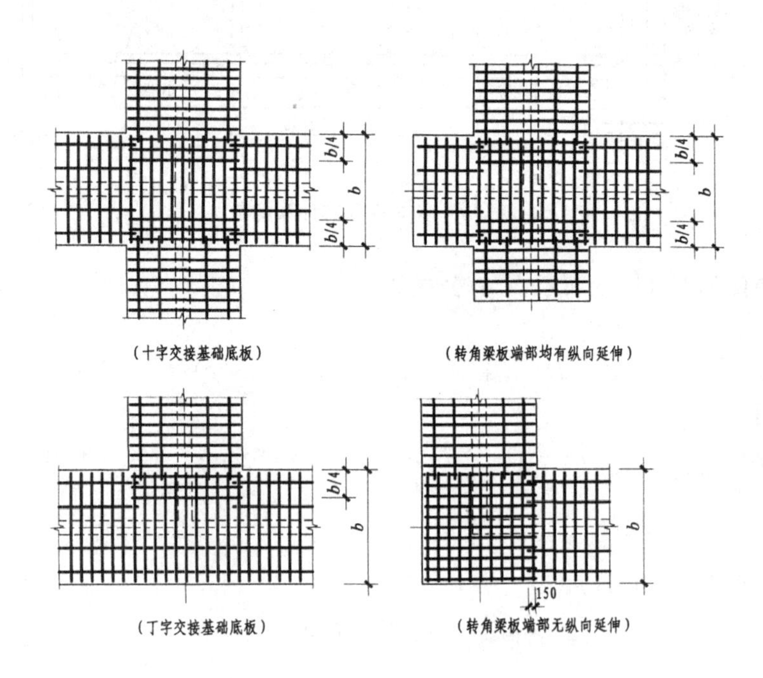

图3-38 条形基础底板钢筋构造

案例3-23

某工程相关信息如图3-39～图3-42所示，试计算钢筋混凝土条形基础底板钢筋工程量。

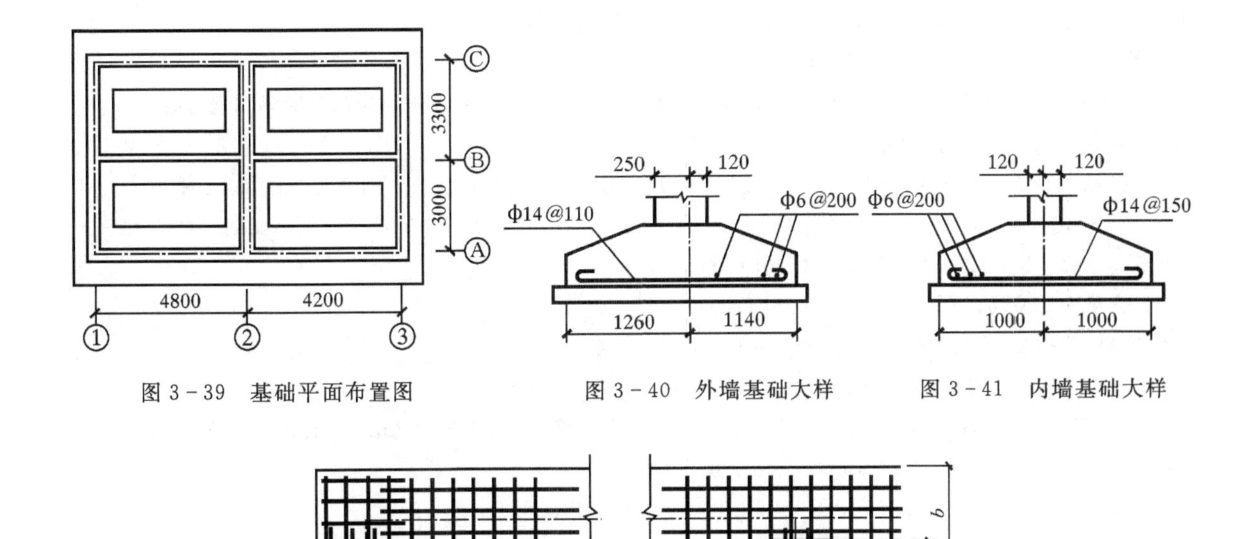

图 3-39 基础平面布置图

图 3-40 外墙基础大样

图 3-41 内墙基础大样

注:主筋和分布筋搭接长度为 260mm

图 3-42 钢筋混凝土条形基础钢筋布置图

解:钢筋保护层厚度为 40mm,分布筋纵向按 12m 一个搭接头。

(1) Ⓐ轴钢筋:

①主筋 ϕ14 根数 n = (基础长度 $-2\times c$)/主筋间距+1

$=(4.8+4.2+1.26\times2-0.04\times2)/0.11+1=105$ (根)

单根长度 l=基础宽度 $-2\times c$+两端弯钩长度 $=2.40-0.04\times2+12.5d=2.495$ (m)

ϕ14 长度=单长×根数 $=2.495\times105=261.98$ (m)

②分布筋 ϕ6 根数 n = (基础宽 $-2\times c$)/分布筋间距+1

$=(2.40-0.04\times2)/0.2+1=12.6$ (根) 取 13 根

单根长度 l=基础内净长 $+2\times c$+两端与主筋搭接长度+两端弯钩长度+纵向超过 12m 时搭接头长度

$=(4.8+4.2-1.14\times2)+0.04\times2+0.26\times2+2\times6.25d=7.395$ (m)

ϕ6 长度=单根长度×根数 $=7.395\times13=96.14$ (m)

(2)Ⓒ轴与Ⓐ轴对称,Ⓒ轴钢筋:ϕ14 长度=261.98 (m),ϕ6 长度=96.14(m)

(3)由于拐角处主筋重叠布置,同理,①、③轴钢筋长度分别为:

①ϕ14 根数 $n=(3+3.3+1.26\times2-0.04\times2)/0.11+1=80.45$(根) 取 80 根

单根长度 $l=2.40-0.04\times2+2\times6.25d=2.495$ (m)

ϕ14 长度 $=2.495\times80=199.60$ (m)

②ϕ6 根数 $n=(2.4-0.04\times2)/0.2+1=12.6$(根),取 13 根

单根长度 $l=3.3+3-1.14\times2+0.04\times2+6.25d\times2+0.26\times2=4.695$(m)

ϕ6 长度 $4.695\times13=61.035$(m)

(4)Ⓑ轴钢筋:

①主筋 ϕ14 根数 $n=[4.8+4.2-1.14\times2+2\times\frac{1}{4}\times(1.26+1.14)]\div0.15+1=53.8$(根),取 54 根

单根长度 $l=1+1-2\times0.04+12.5d=2-0.08+12.5\times0.014=2.095$(m)

ϕ14 长度 $54\times2.095=113.13$(m)

②分布筋 ϕ6 根数 $n=(1+1-0.04\times2)\div0.2+1=10.6$(根),取 11 根

单根长度 l=内墙基础净长+与主筋搭接长度+两端弯钩长度+纵向超过 12m 时搭接头长度=

(4.8+4.2−1.14×2)−1.00×2+0.26×4+4c+4×6.25d=6.07 (m)

ϕ6 长度=6.07×11=66.77 (m)

(5)②轴钢筋计算时，可分成两段计算，即Ⓐ轴～Ⓑ轴和Ⓑ轴～Ⓒ轴两段，其钢筋布置为：ϕ14 @150+φ6 @200。同理，

ϕ14 根数：Ⓐ轴～Ⓑ轴间：$n1$=[(3−1.14−1)+(0.6+0.5)]÷0.15+1=14.1 取 14 根

Ⓑ轴～Ⓒ轴间：$n2$=[(3.3−1.14−1) + (0.6+0.5)]÷0.15+1=16.1 取 16 根

单长 l =2−0.04×2+12.5d=2.095(m)

ϕ14 长度=2.095×(14+16)=62.85(m)

ϕ6 根数 n=(2−0.04×2)÷0.2+1=10.6 取 11 根

单长 L：Ⓐ轴～Ⓑ轴：$L1$=[(3−1.14−1)+0.26×2+2c+2×6.25d]=1.535(m)

Ⓑ轴～Ⓒ轴：$L2$=[(3.3−1.14−1)+0.26×2+2c+2×6.25d]=1.835(m)

ϕ6 长度=(1.535+1.835)×11=37.07m

ϕ10 以内钢筋：G=0.222×418.19=92.84Kg=0.093t

ϕ20 以内钢筋：G=1.208×1099.14=1327.76 Kg=1.328t

3.框架柱钢筋的计算

框架柱钢筋的计算包括柱纵筋和箍筋的计算。

(1)箍筋按前面的方法计算，箍筋布置见图 3-43，图 3-44。

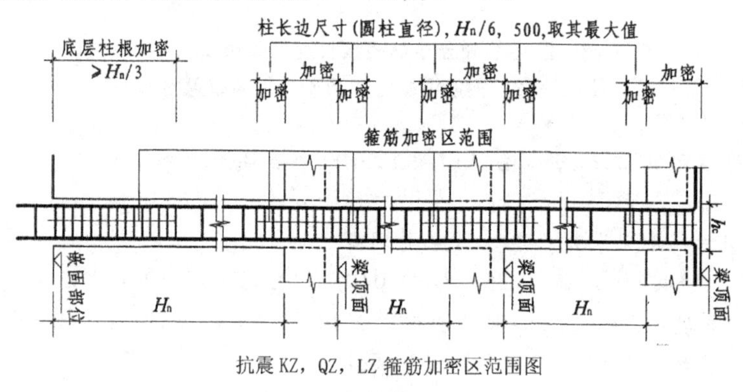

抗震 KZ，QZ，LZ 箍筋加密区范围图

图 3-43 柱箍筋布置图

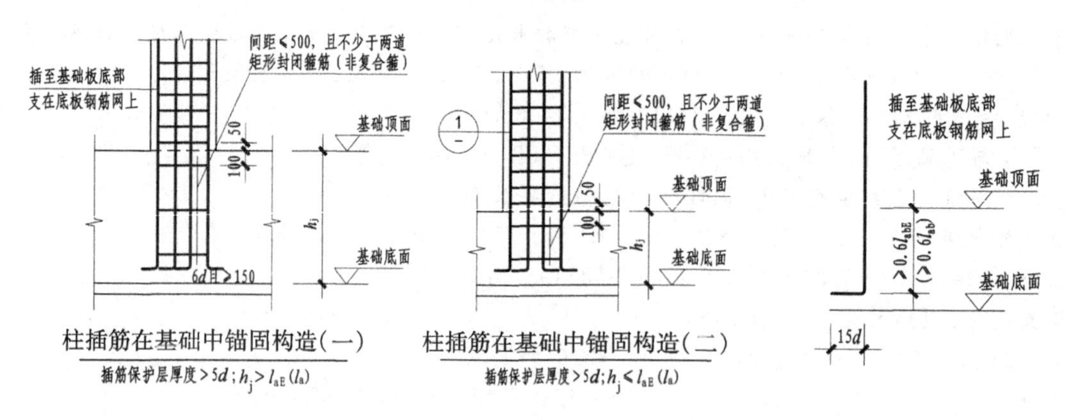

图 3-44 柱插筋构造图

(2)纵筋可以分为三段计算，即柱基锚固段+中间段+顶部锚固段。柱基锚固段见图 3-44；中间段视钢筋的连接形式而定；顶部锚固段见图 3-45、图 3-46。

案例 3-24

计算附录 1 某活动中心中框架柱 KZ1(仅计算一根)的钢筋工程量。

解：

(1)框架柱纵筋计算(直径 25mm)

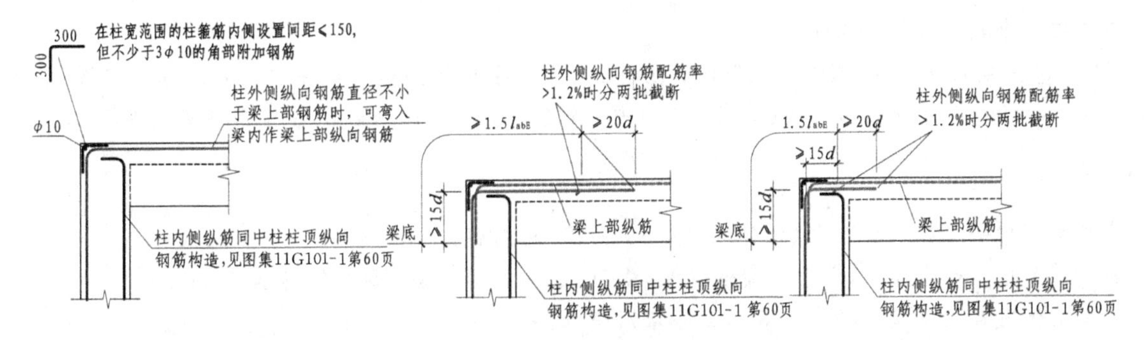

图 3-45 边柱和角柱柱顶纵向钢筋构造

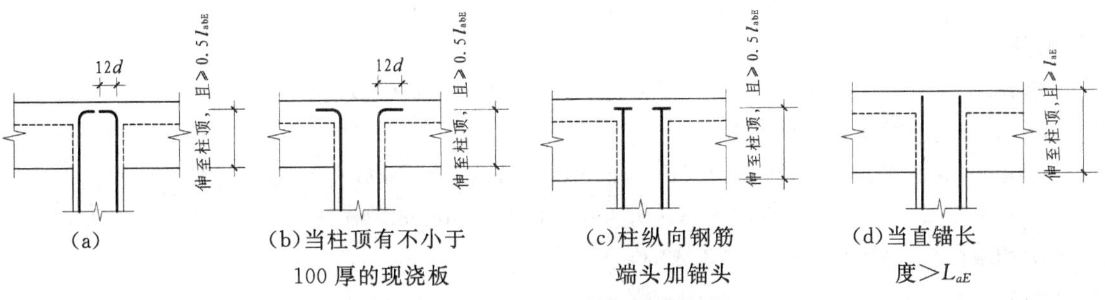

图 3-46 中柱柱顶纵向钢筋构造

钢筋 HRB400 由表 3-16 可知纵向受拉钢筋：三级抗震锚固长度 $l_{abE}=37d$。

保护层厚度：$c_{基础}=40\text{mm}$，$c_{柱顶}=30\text{mm}$。

KZ1 属于角柱，其纵筋长度分为两种：角柱外侧钢筋、角柱内侧钢筋。

Φ25：角柱纵筋：$n=12$ $l_{abE}=37d=37\times0.025=0.925(\text{m})$

锚固到梁中长度 $1.5\ l_{abE}=1.5\times0.925=1.3875\ (\text{m})$

L=顶层层高−梁高+锚固到梁中长度+基础底高度−保护层+基础内弯折长度+搭接长度(焊接为 0)

角柱外侧钢筋 $L_{单根1}=(1.95-0.04+0.25)+(7.8-0.65)+1.3875=10.70\ (\text{m})$

角柱内侧钢筋 $L_{单根2}=(1.95-0.04+0.25)+(7.8-0.03+12d)=10.23\ (\text{m})$

$L_{总}=L_{单根}\times n=L_{单根1}\times7+L_{单根2}\times5=10.70\times7+10.23\times5=126.05(\text{m})$

(2)框架柱箍筋的计算（直径 10mm）

箍筋：间距均为 100mm，不存在加密。

$N=(7.8+1.95-0.6-0.05)/0.10+1=92$(根)

$L_{大箍单根}=(2h+2b)-8c+2\times11.9d=(2h+2b)-8c+23.8d$

$=0.55\times4-8\times0.03+23.8\times0.01=2.198(\text{m})$

(规范要求基础内至少配置两道矩形封闭箍，不包括复合箍，因此大箍多取 3 根)

$N=92+3=95$ $L_1=2.198\times95=208.81(\text{m})$

$L_{小箍单根}=[(b-2c-2d-D)/3+D+2d]\times2+(h-2c)\times2+2\times11.9d$

$=[(0.55-2\times0.03-2\times0.010-0.025)/3+0.025+2\times0.010]\times2+(0.55-2\times0.03)\times2+2\times11.9\times0.01$

$=1.605(\text{m})$

$N=92$ 根 $L_2=1.605\times2\times92=295.32(\text{m})$

(3)角部附加筋 3φ10。$0.3+0.3=0.6$ $L_3=0.6\times3=1.8$

$L=L_1+L_2+L_3=211.01+295.32+1.8=508.13(\text{m})$

(4)钢筋焊接接头个数：2 个/根×12 根=24 个

1 根 KZ 的钢筋工程量：直径 20 以外：直径 25：$126.05\times3.85/1000=0.485(\text{t})$

直径 10 以内：直径 10：$508.13\times0.617/1000=0.314(\text{t})$

焊接接头个数：2×12=24(个)

说明：②直锚长度＜l_{aE}，选图 3-46(b)；②角柱外侧钢筋根数：b 边外侧钢筋 4，h 边外侧钢筋 1，1 根角筋两边共用，故 $n=7$；④角柱内侧钢筋根数：b 边内侧钢筋 3，h 边内侧钢筋 3，1 根角筋两边共用，故 $n=5$。

案例 3-25

计算案例中一层构造柱 GZ1(仅伸入 KL-1 一根)的钢筋。

解：GZ1 起于外墙基础，止于一层框架梁，截面 250×250，配筋 4Φ12，箍筋 ϕ6@200。

施工主体时在梁下预留插筋 0.6m，先砌墙后浇注。

GZ1 外墙：预留插筋 0.6m，一个搭接长度，锚固长度 0.45m。(12G614-1，第 15 页)

(1)纵筋：

$L_1=(3.87+1.55-0.04+0.25-0.7+0.45+0.6\times2)\times4=26.32$ (m)

(2)箍筋：

根数 $n_1=(3.87+1.55-0.3-0.7)/0.2+1=23.1$　　n_2(基础内)=2

$n=n_1+n_2=23+2=25$(根)

$L_{单根}=(2h+2b)-8bhc+2\times1.9d+0.150=(2h+2b)-8bhc+3.8d+0.150$

$=0.25\times4-8\times0.03+3.8\times0.006+0.150=0.933$ (m)

$L=L_{单根}\times n=0.933\times25=23.33$ (m)

所求钢筋工程量：

ϕ20 以内(直径 12)：26.32×0.888/1000=0.023 (t)

ϕ10 以内(直径 6)：23.33×0.222/1000=0.0052(t)

4. 框架梁钢筋的计算

框架梁钢筋计算主要包括上部通长筋、端支座负筋、中间支座负筋、架立筋、下部通长筋、梁附加钢筋(包括侧面纵向构造钢筋、侧面纵向抗扭钢筋、拉筋、吊筋、次梁加筋等)。

(1)上部通长筋的计算，见表 3-21，见图 3-47。

表 3-21　梁上部通长筋计算

钢筋部位及名称	计算公式	说明
上部通长筋	长度$=l_{n1}+l_{n2}+l_{n3}-2a_2+2a_3+$左、右锚固+搭接长度	图集 11G101-1 第 79 页(见图 3-48)抗震楼层框架梁 KL 纵向钢筋构造。 注：如果存在搭接情况还需要把搭接长度加进去

注：左、右支座锚固长度的取值判断：

(1)当 h_c－保护层(直锚长度)＞l_{aE}时，按 11G101－1 第 79 页(见图 3－49)中取 Max(l_{aE}，$0.5h_c+5d$)；

(2)当 h_c－保护层(直锚长度) ≤ l_{aE}时，必须弯锚，这时常有以下两种算法：①算法 1：h_c－保护层－柱筋直径；②算法 2：取$0.4l_{abE}+15d$(本教材采用的是算法 2)。

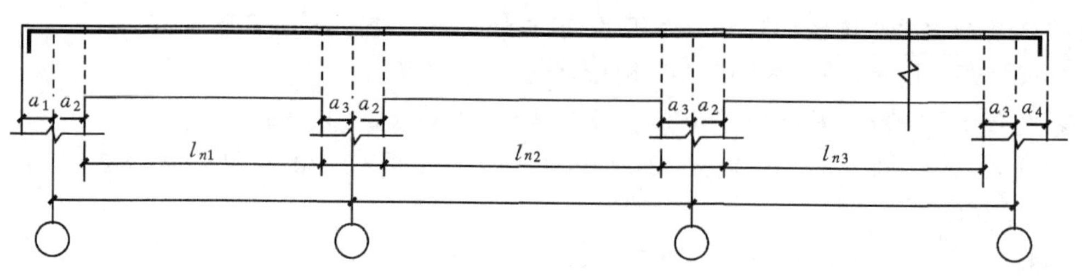

图 3-47　梁上部通长筋

(2)支座负筋的计算，见表 3-22。

表 3-22 梁支座负筋计算

钢筋部位及名称	计算公式	说明
端支座负筋	第一排钢筋长度=本跨净跨长/3+锚固	图集 11G101—1 第 79 页(见图 3-48)抗震楼层框架梁 KL 纵向钢筋构造
	第二排钢筋长度=本跨净跨长/4+锚固	
中间支座负筋	第一排钢筋长度=2×l_n/3+支座宽度	图集 11G101—1 第 79 页(见图 3-48)抗震楼层框架梁 KL 纵向钢筋构造
	第二排钢筋长度=2×l_n/4+支座宽度	

注:1.锚固同梁上部通长筋端锚固;

2.当梁的支座负筋有三排时,第三排钢筋的长度计算同第二排;

3.l_n 为相邻梁净跨长度大者。

(3)架立筋的计算,见表 3-23,见图 3-48。

表 3-23 架立筋的计算

钢筋部位及名称	计算公式	说明
架立筋	长度=∑(净跨长-左侧负筋伸入长度-右侧负筋伸入长度+2×搭接)	当梁上部既有贯通筋又有架立筋时,搭接长度为 150mm。

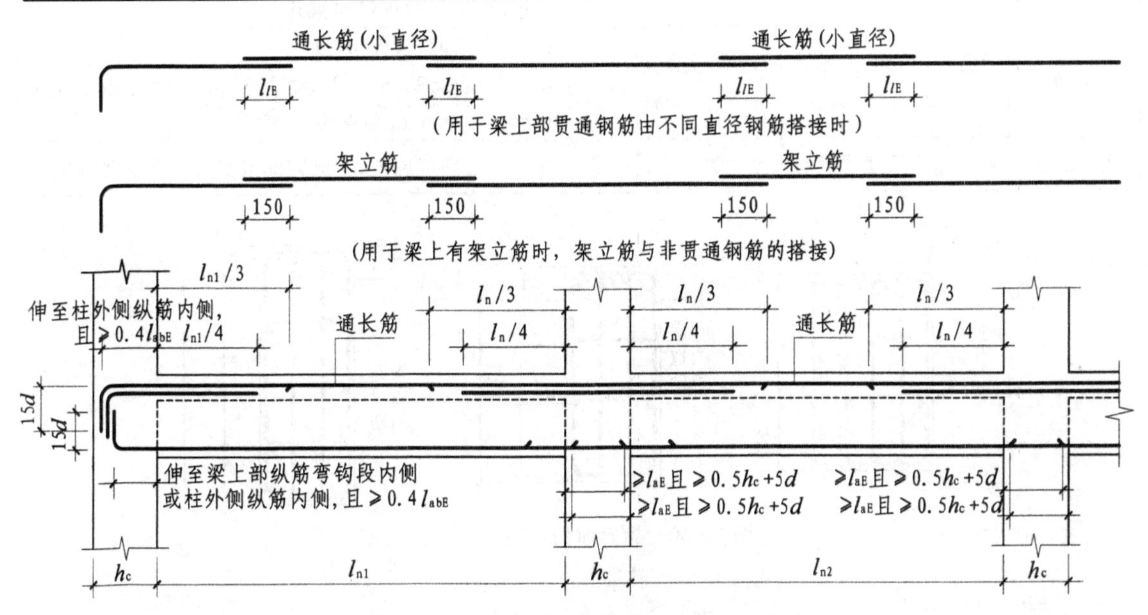

图 3-48 抗震楼层框架梁 KL 纵向钢筋构造

(4)梁下部钢筋的计算,见表 3-24,图 3-48。

表 3-24 梁下部筋计算

钢筋部位及名称	计算公式	说明
下部钢筋	长度=∑(净跨长+左端锚固长度+右端锚固长度)	图集 11G101—1 第 79 页(见图 3-48)抗震楼层框架梁 KL 纵向钢筋构造。端部锚固取值同框架梁上部钢筋取值(见图 3-49);中间支座锚固长度为:Max {l_{aE},0.5h_c+5d }。

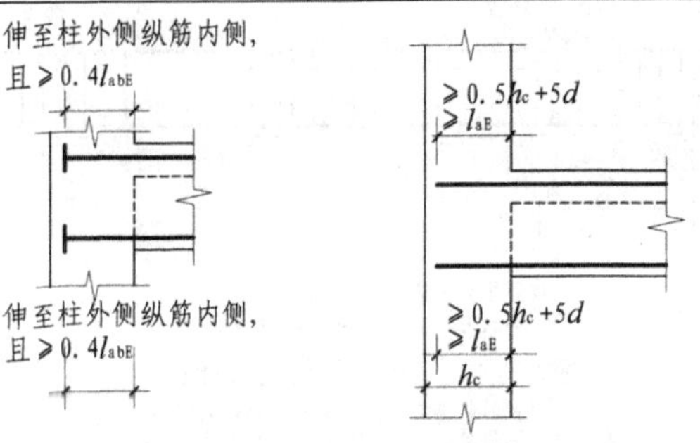

图 3-49 端支座加锚头(锚板)锚固、直锚

(5)梁附加钢筋的计算,见表 3-25,见图 3-50～图 3-52。

表 3-25　梁附加钢筋计算

钢筋部位及名称	计算公式	说明
侧面纵向构造筋	当 $h_w \geqslant 450$mm 时,需要在梁的两个侧面沿高度配置纵向构造钢筋,间距 $a \leqslant 200$; 长度=净跨长度+2×15d	图集 11G101-1,第 24、62 页梁侧面纵向构造筋和拉筋 1. h_w 指梁的腹板高度; 2. 梁侧面构造纵筋和受扭纵筋的搭接与锚固长度取值可参见图集 11G101-1 第 28 页第4.2.3条第五款的注 1 与注 2,即:梁侧面构造钢筋其搭接与锚固长度可取为 15d,梁侧面受扭纵向钢筋其搭接长度为 l_l 或 l_{lE},其锚固长度与方式同框架梁下部纵筋。
侧面纵向抗扭筋	长度=净跨长度+2×锚固长度	
拉筋	长度 = 梁宽 - 2×保护层 + 2×[1.9d + Max(10d,75)]	当梁宽 ≤ 350mm 时,拉筋直径为 6mm,梁宽>350mm时,拉筋直径为 8mm。
	根数计算	拉筋间距为非加密区箍筋间距的两倍,当设有多排拉筋时,上下两排竖向错开设置。
吊筋	长度=2×20d+2×斜段长度+次梁宽度+2×50	图集 11G101-1 第 87 页 斜段长度取值:当主梁高>800mm,角度为 60 度;当主梁高≤800mm 角度为 45 度。
次梁加筋	附加箍筋长度同箍筋长度计算	在附加箍筋范围内,主梁箍筋或加密箍筋也要设置。

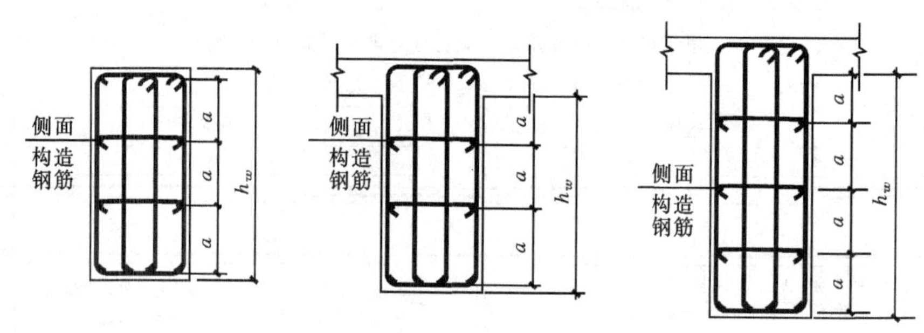

图 3-50　梁侧面构造钢筋及拉筋

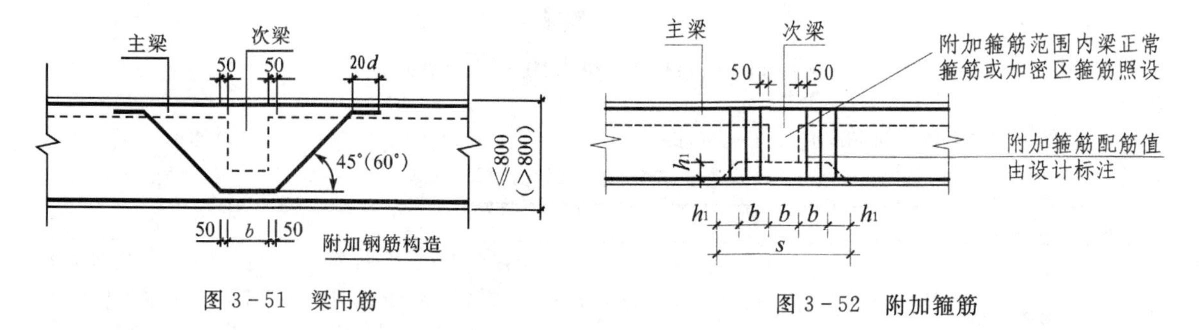

图 3-51　梁吊筋

图 3-52　附加箍筋

(6)梁箍筋的计算:梁箍筋计算同柱箍筋计算,见图 3-53。

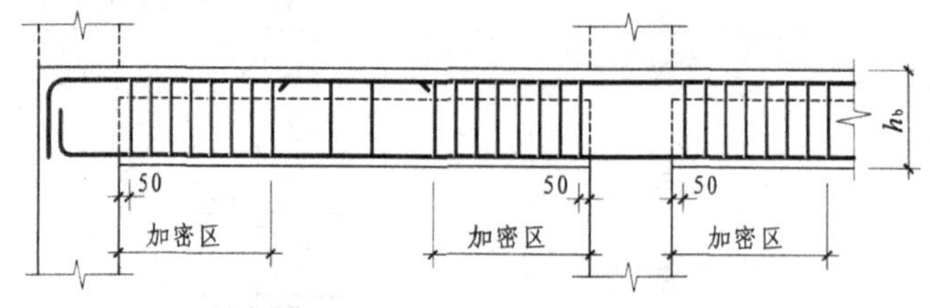

加密区:抗震等级为一级:≥2.0h_b且≥500
抗震等级为二~四级:≥1.5h_b且≥500

抗震框架梁KL、WKL箍筋加密区范围

(弧形梁沿梁中心线展开,箍筋间距沿凸面线量度。h_b为梁截面高度)

图 3-53　梁箍筋

案例 3-26

计算案例中框架梁 KL－4(仅一根)的钢筋。

解：KL－4(2)300×650：该框架梁为二跨，无悬挑。

ϕ8@100/150(2)：表示箍筋为一级钢筋，直径 ϕ8，加密区间距 100，非加密区间距 150，均为双肢箍。

2ф25：表示表示梁上部配置 2ф25 的通长筋。

G4ф12：梁的两个侧面共配制 G4ф12 的纵向构造钢筋，每侧各配置 2ф12。

5ф25　3/2：梁上部钢筋第一排为 3ф25，第二排为 2ф25。

6ф25　2/4：梁下部钢筋第一排为 2ф25，第二排为 4ф25，全部伸入支座。

注意：原位标注优先原则。

1. 上部通长筋：2ф25

上部通长筋长度＝总净跨长 L_N＋左支座锚固＋右支座锚固 ＋搭接长度×搭接个数

$=7.45\times2-0.275\times2+(0.4l_{abE}+15d)\times2+0$

$=14.35+(0.37+15\times0.025)\times2=15.84$(m)

$L=15.84\times2=31.68$ (m)　(两根)

焊接头：1×2＝2

2. 端支座负筋

第一排钢筋长度＝本跨净跨长/3＋锚固长度＝ $l_n/3+0.4l_{abE}+15d$

$=2.292+0.37+15\times0.025=3.04$ (m)

$L=3.04\times1\times2=6.08$ (m)　(一根、二端)

第二排钢筋长度＝本跨净跨长/4＋锚固长度＝ $l_n/4+0.4l_{abE}+15d$

$=1.719+0.37+15\times0.025=2.46$ (m)

$L=2.46\times2\times2=9.86$ (m)　(二根、二端)

说明：(1)$l_n=7.45-0.3-0.275=6.875$　$l_n/3=2.292$　$l_n/4=1.719$

(2)$l_{abE}=37d=37\times0.025=0.925$　$0.4l_{abE}=0.4\times0.925=0.37$

(3)②、Ⓑ轴交界处 KZ3 断面为 600×600，①、Ⓑ轴交界处 KZ2 断面为 550×550

3. 中间支座负筋

第一排钢筋长度＝(2×l_n/3＋支座宽度) ×2＝(2.292×2＋0.6)×2＝10.36 (m)

第二排钢筋长度＝(2×l_n/4＋支座宽度) ×2＝(1.719×2＋0.6)×2＝8.08 (m)

4. 下部筋：ф25

下部筋长度＝净跨长＋左支座锚固＋右支座锚固 ＝$l_{n1}+(0.4l_{abE}+15d)+l_{aE}$

$=6.875+(0.37+15\times0.025)+0.919=6.875+0.745+0.919=8.539$ (m)

$L=8.539\times(5+6)=93.93$ (m)

钢筋接头个数：5＋6 ＝11(个)

说明：(1) $l_n=7.45-0.3-0.275=6.875$

(2)右支座锚固取＝Max(l_{aE}，$0.5h_c+5d$)

$l_{aE}=0.919>0.5h_c+5d=0.5\times0.6+5\times0.025=0.425$，因此取 $l_{aE}=0.919$；其中 $l_{aE}=\xi l_{aE}l_a=\xi_{aE}\xi_a l_{ab}=1.05\times1.0\times35\times0.025=0.919$(m)

5. 侧面纵向构造钢筋：G4ф12

侧面纵向构造钢筋长度＝净跨长度＋2×15d＝$l_n+15d\times2=6.875+15\times0.012\times2=7.235$

$L=7.235\times4\times2=57.88$ (m)

说明：

(1)当 $h_w\geqslant450$mm 时，需要在梁的两个侧面沿高度配置纵向构造钢筋，间距 $a\leqslant200$；h_w 指梁的腹板高度；

(2)梁侧面构造纵筋和受扭纵筋的搭接与锚固长度取值可参见图集 11G101－1 第 28 页第 4.2.3 条第五款的注 1 与注 2，即梁侧面构造钢筋其搭接与锚固长度可取为 15d。

6.箍筋

加密区根数=(1.5×梁高-0.05)/加密间距+1 =(0.975-0.05)/0.1+1=10(根)

非加密区根数=(净跨长-左、右加密区)/非加密间距-1=(6.875-0.975×2)/0.15-1=32(根)

总根数=(加密×2+非加密)×2 =(10×2+32)×2=104(根)

单根长度=$(2h+2b)-8c+2\times(1.9d+10d)$

$=(0.3+0.65)\times2-8\times0.025+2\times11.9\times0.008=1.89$

ϕ8 总长度:$L=1.89\times104=196.56$(m)

说明:$h_b=0.65$(m),1.5 $h_b=1.5\times0.65=0.975>0.5$,因此加密长度取0.975。

7.拉筋

长度=梁宽-保护层×2+1.9d×2+Max(75,10d)×2

说明:d—拉筋直径。

单个长度=0.3-0.025×2+3.8×0.006+0.075×2=0.423(m)

根数=[净跨长度/(0.15×2)+1] ×2×2= [l_n/(0.15×2)+1] ×4

=[6.875/(0.15×2)+1] ×4 =96

总长度=0.423×96=40.61(m)

说明:

(1)拉筋直径见图集11G101-1第87页的注4,水平间距为非加密区箍筋间距的两倍;梁宽≤350mm时,拉筋直径为6mm,梁宽>350mm时,拉筋直径为8mm;本案例中梁宽=300mm,拉筋直径为6mm。

(2)拉筋间距为非加密区箍筋间距的两倍,当设有多排拉筋时,上下两排竖向错开设置。

8.吊筋ф16

长度=2×20d+2×斜段长度+次梁宽度+2×50

$=2\times20\times0.016+2\times\sqrt{2}\times(0.65-2\times0.025)+0.25+2\times0.05=2.687$(m)

总长度 $L=2.687\times2\times2=10.748$ (m)

说明:

图集11G101-1第87页斜段长度的取值说明:当主梁高>800mm,角度为60°;当主梁高≤800mm,角度为45°。

9.次梁加筋

单根长度=1.89 m

总长度 $L=1.89\times6\times2=22.68$ (m)

说明:(1)次梁加筋箍筋长度同箍筋长度计算;

(2)在次梁宽度范围内,主梁箍筋或加密区箍筋照设。

所求钢筋工程量:

ф20以外:ф25:(31.68+6.08+9.86+10.36+8.08+93.93)×3.85/1000=0.616(t)

ф20以内:ф16:10.748×1.578/1000=0.017(t)

ф12:57.88×0.888/1000=0.051(t)

ϕ10以内:ϕ8:(196.56+22.68)×0.395/1000=0.087(t)

ϕ6:40.61×0.222/1000=0.0096(t)

焊接头:2(个)

5.非框架梁钢筋的计算

非框架梁钢筋钢筋的计算,与框架梁钢筋钢筋的计算基本相同,只是一些节点不同而已。见表3-26、图3-54。

表 3－26 非框架梁钢筋计算

钢筋部位及名称	计算公式	说明
非框架梁	端支座上部钢筋锚固长度：见图 3－54	图集 11G101－1 第 86 页
	端支座负筋延伸长度：见图 3－54	图 3－54 中“设计按交接时”，“充分利用钢筋的抗拉强度时”由设计指定
	下部钢筋长度＝净跨长＋$12d\times2$	梁下部肋形钢筋锚固长为 $12d$，当为光面钢筋时为 $15d$；受扭时，梁下部纵筋锚入支座 l_a

在图集 11G101－1 中，对于非框架梁的配筋与框架梁钢筋不同之处在于：①非框架梁箍筋设置时不再区分加密区与非加密区的问题。②下部纵筋锚入支座只需 $12d$。③上部纵筋锚入支座，不再考虑 $0.5h_c+5d$ 的判断值。

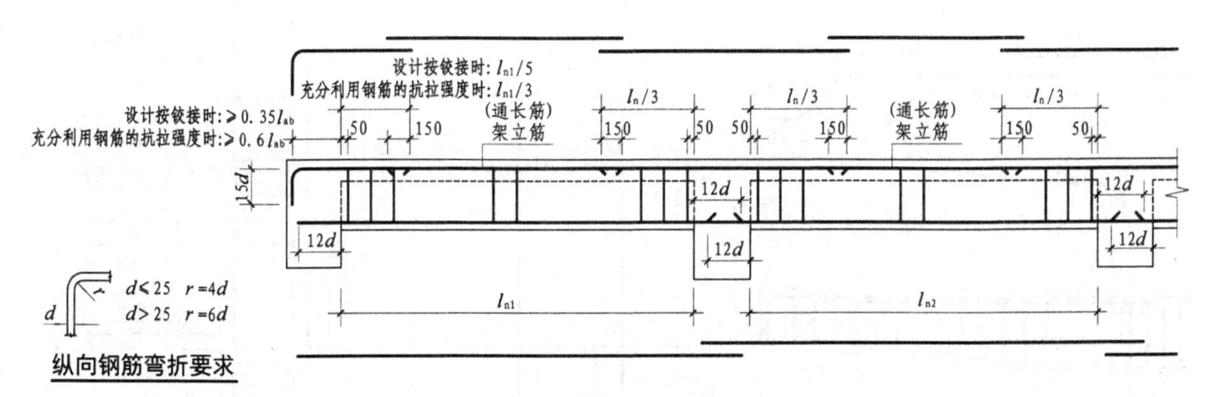

图 3－54 非框架梁钢筋构造

6. 悬臂梁钢筋的计算

悬臂梁钢筋分独立悬臂梁和悬臂梁两种。见图 3－55 和表 3－27。

表 3－27 悬臂梁钢筋的计算

钢筋部位及名称	计算公式	说明
悬臂梁	上部第一排钢筋长度 ＝ $l_{n1}/3$＋支座宽＋L－保护层＋Max{梁高－2×保护层，$12d$}	图集 11G101－1 第 89 页 1. 当 $L\geqslant4h_b$ 时，第一排钢筋需要设置为弯起筋，长度＝L－保护层＋0.414×(梁高－2×保护层)＋锚固。 2. 当悬挑梁的纵向钢筋直锚长度≥l_a 且≥$0.5h_c+5d$ 时，可以不必往下弯锚；当直锚伸至对边仍不足 l_a 时，则应按图示弯锚；当直锚伸至对边仍不足 $0.4l_a$ 时，则应采用较小直径的钢筋。
	下部钢筋长度 ＝ L－保护层＋$12d$	
独立悬臂梁	上部第一排钢筋长度 ＝L－保护层＋Max{梁高－2×保护层，$12d$}＋锚固	
	上部第二排钢筋长度 ＝ $0.75L$＋锚固	
	下部钢筋长度 ＝ L－保护层＋$12d$	

7. 构造柱、圈梁钢筋的计算

纵向钢筋和箍筋的计算可参见图 3－56、图 3－57。

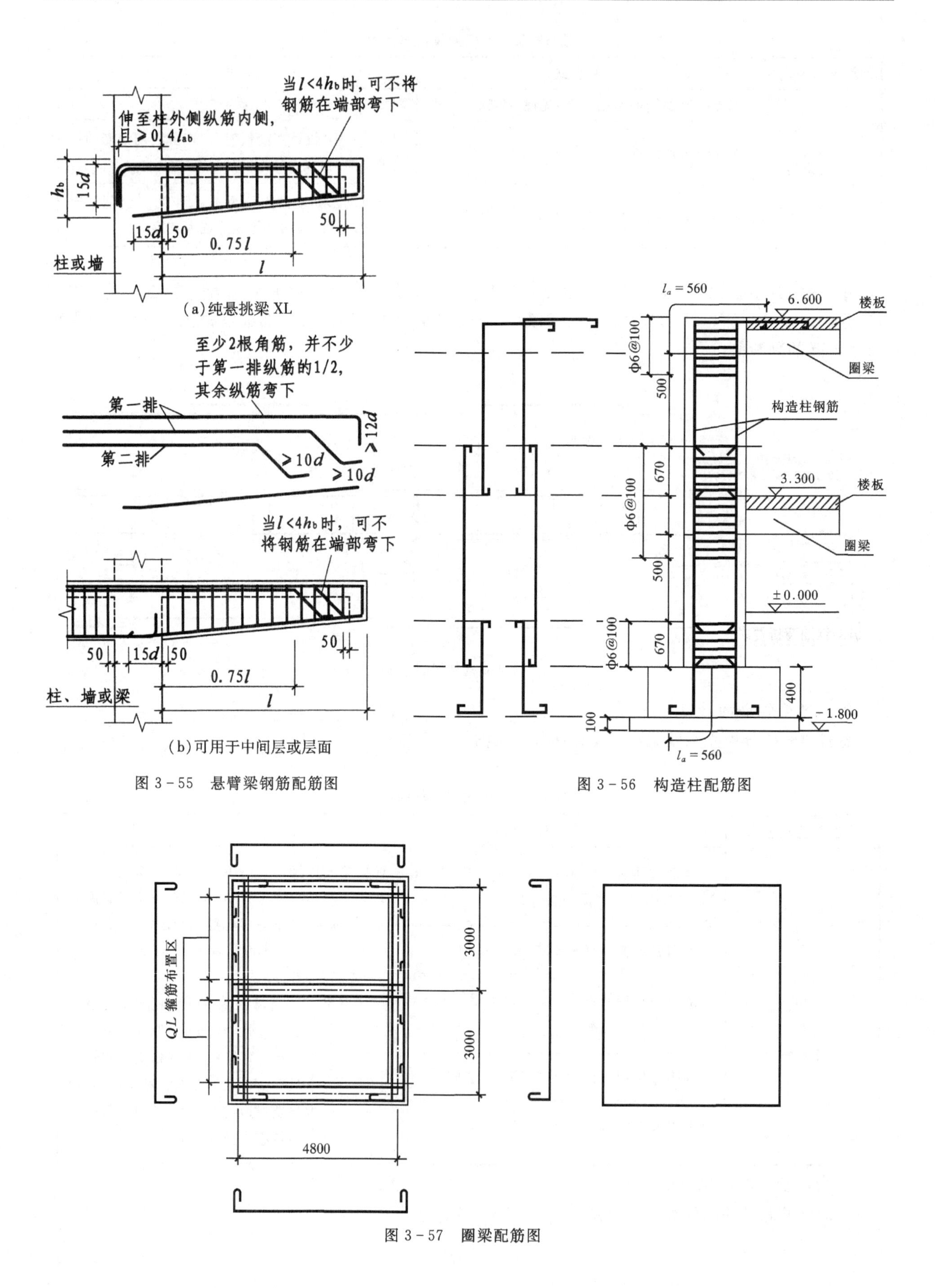

图3-55　悬臂梁钢筋配筋图

图3-56　构造柱配筋图

图3-57　圈梁配筋图

8. 板钢筋的计算

板钢筋的计算包括的钢筋主要有：板底受力筋（单向或双向，单层或双层）、支座负筋、分布筋、附加钢筋（角部附加放射筋、洞口附加钢筋）、温度筋、撑脚钢筋（马蹬筋）。可参见图 3-58、图 3-59 和表 3-28。

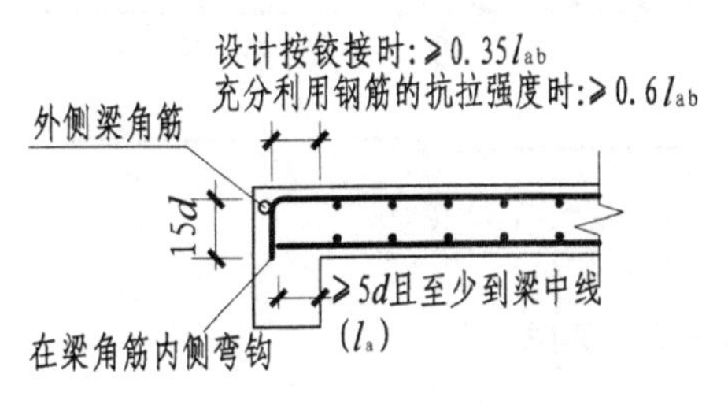

图 3-58　端部支座为梁钢筋构造图

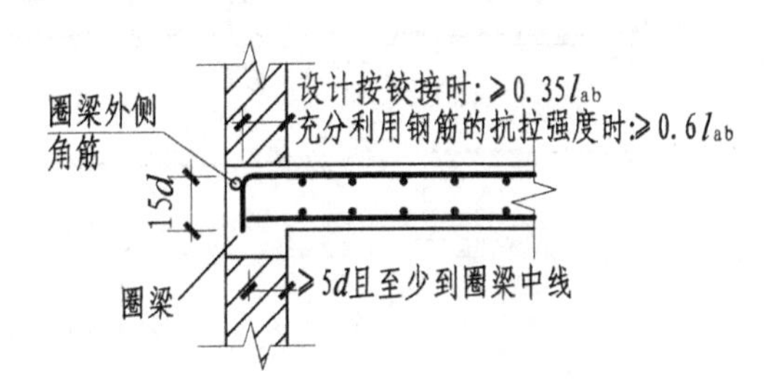

图 3-59　端部支座为砌体墙的圈梁

表 3-28　板钢筋的计算

<table>
<tr><th>板筋名称</th><th colspan="3">计算公式</th><th>说明</th></tr>
<tr><td>板底受力筋</td><td colspan="3">单长＝净跨＋锚固长度×2＋弯勾(2×6.25d)(仅Ⅰ级筋)
根数(图 3-60)＝[净跨－2×(1/2 板筋间距)]/布筋间距＋1
长度＝单根受力筋长度×根数</td><td>1. 锚固长度(图 3－58，图 3－59)＝ max(梁宽/2,5d)
2. 图集 11G101－1 第 92 页中规定，起步距离为“第一根钢筋距梁边为 1/2 板筋间距”。</td></tr>
<tr><td rowspan="4">支座负筋</td><td rowspan="2">单长</td><td>中间支座负筋
(图 3-61)</td><td>＝水平长度＋弯折长度×2</td><td rowspan="4">1. 弯折长度＝板厚－2×保护层
2. 端支座锚固长度＝梁宽－梁保护层
(支座宽－保护层≥La)
3. 端支座锚固长度＝梁宽－梁保护层＋15d
(支座宽－保护层<La)</td></tr>
<tr><td>端支座负筋
(图 3-61)</td><td>＝锚入长度＋板内净尺寸＋弯折长度</td></tr>
<tr><td colspan="3">根数(图 3-60)＝[净跨－2×(1/2 板筋间距)]/布筋间距＋1</td></tr>
<tr><td colspan="3">长度＝单根受力筋长度×根数</td></tr>
<tr><td rowspan="3">负筋分布筋</td><td colspan="3">单长(图 3-62)＝板内净长－负筋板内净长×2＋150×2</td><td rowspan="3">图集 11G101－1 第 94 页页注 4：负筋分布自身与受力主筋按搭接长度为 0.15m。</td></tr>
<tr><td colspan="3">根数(图 3-63、图 3-64)
＝(负筋板内净长－1/2 板筋间距)/布筋间距＋1(支座两边分别计算)</td></tr>
<tr><td colspan="3">长度＝单根受力筋长度×根数</td></tr>
<tr><td rowspan="4">附加钢筋、支撑钢筋</td><td colspan="3">Ⅱ型马凳筋长度(图 3-65)＝$L_1+L_2\times2+L_3\times2$</td><td rowspan="4">Ⅱ型马凳筋根数计算分两种情况：
1. 双层双向板，马凳筋的根数计算同墙水平筋根数计算。
2. 负筋受力筋，为了支撑分布筋也需要马凳筋，根数计算时是按排进行计算的。负筋长度较短，可设置 1 排；较长时可设置 2 排或 2 排以上。</td></tr>
<tr><td rowspan="2">根数</td><td colspan="2">双层双向板马凳筋根数＝板净面积/(间距×间距)＋1</td></tr>
<tr><td colspan="2">负筋马凳筋根数＝排数×负筋布筋长度/间距＋1</td></tr>
<tr><td colspan="3">长度＝单根受力筋长度×根数</td></tr>
</table>

注：纵筋在端支座应伸至支座(梁、圈梁、剪力墙)外侧纵筋后弯折，当直段长度≥L_a 时可不弯折。

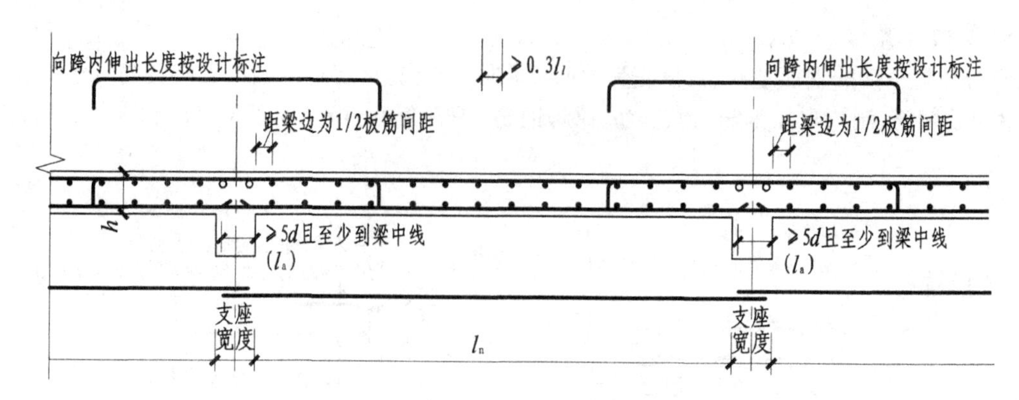

图 3-60 板底受力筋根数计算图

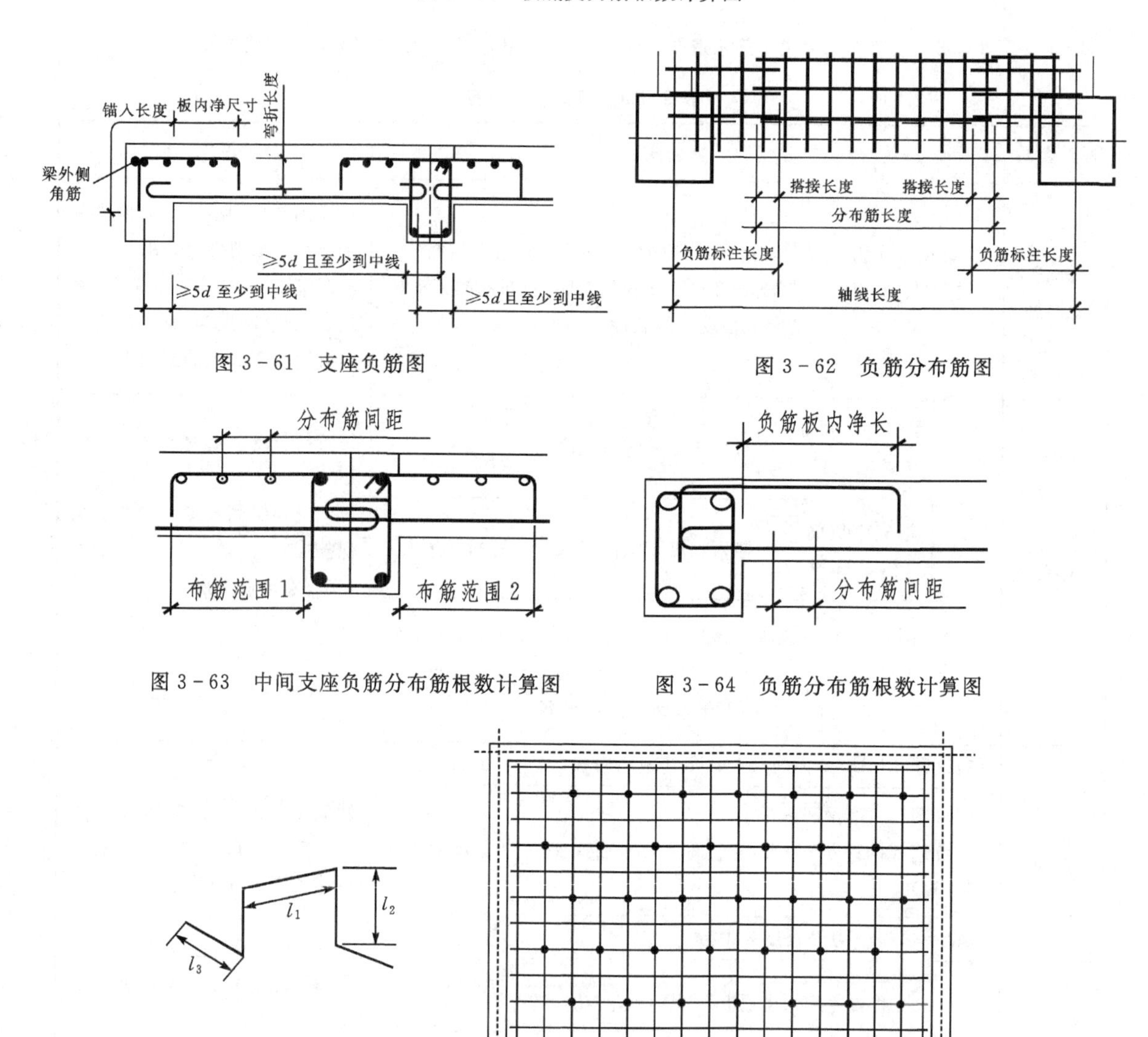

图 3-61 支座负筋图

图 3-62 负筋分布筋图

图 3-63 中间支座负筋分布筋根数计算图

图 3-64 负筋分布筋根数计算图

图 3-65 Ⅱ型马凳筋示意及马凳筋分布图

案例 3-27

计算附录 1 某活动中心工程中以由 KL-1、KL-4、L-1、L-4 包围成的一小块板钢筋量，如图 3-61、图 3-62。

解：LB1 h=110(mm)　X & Y ф 8@200

1.板底筋长度

$X_{净跨}$=3.725−0.025−0.125=3.575　　$Y_{净跨}$=4.05−0.15−0.125=3.775

(1)单根钢筋长度。

X方向底板钢筋长度=$X_{净跨}$+伸进长度×2= 3.575+0.15+0.125=3.85 (m)

Y方向底板钢筋长度=$Y_{净跨}$+伸进长度×2= 3.775+0.15+0.125=4.05 (m)

说明：

《平法图集—现浇混凝土楼板与屋面板》(11G101−1)第92页关于板在端部支座的锚固构造的说明为：“≥5d且至少到墙中线”。其中5d=5×0.008=0.04;支座宽度的一半两端分别为0.3/2=0.15，0.25/2=0.125。故取支座宽度的一半。

(2)钢筋根数。

X方向布筋范围=Y方向净跨−100×2 =3.775−0.1×2=3.575

Y方向布筋范围=X方向净跨−100×2=3.575−0.1×2=3.375

X方向底板钢筋根数=X方向布筋范围/板筋间距+1=3.575/0.2+1=18.875，取19根

Y方向底板钢筋根数=Y方向布筋范围/板筋间距+1=3.375/0.2+1=17.875,取18根

X方向底板钢筋总长度=X方向钢筋长度×X方向底板钢筋根数=3.85×19=73.15(m)

Y方向底板钢筋总长度=Y方向钢筋长度×Y方向底板钢筋根数=4.05×18=72.90(m)

板底筋ф8总长度:L =73.15+72.9=146.05(m)

2.板负筋长度。

(1)单根负筋长度。

KL−1上的负筋长度=锚入长度+板内净尺寸+弯折长度

= 0.395+0.95+0.08=1.425(m)

说明：

①$l_a=\zeta_a l_{ab}=1\times l_{ab}=35d$=35×0.008=0.28(m);直段长度=支座宽−保护层=0.3−0.025=0.275(m)

直段长度<l_a锚入长度,需要弯锚。

端支座锚固长度=梁宽−梁保护层+15d锚固长度=0.3−0.025+15×0.008=0.395(m)

②弯折长度=板厚−保护层×2 =0.11−0.015×2=0.08

L−1、L−4上的负筋长度=左、右板内净尺寸+梁宽+弯折长度×2

=0.95+0.95+0.25+0.08×2=2.31(m)

KL−4上的负筋长度=左、右板内净尺寸+梁宽+弯折长度×2

=0.95+0.95+0.30+0.08×2=2.36(m)

(2)负筋根数。

KL−1负筋根数=X方向布筋范围/板筋间距+1 =3.575/0.2+1=18.875　取19

L−1上的负筋根数=X方向布筋范围/板筋间距+1=3.575/0.15+1=24.8　取25

L−4与KL−4负筋根数=Y方向布筋范围/板筋间距+1 =3.375/0.15+1=23.5　取24

板负筋ф8总长度:L=1.425×19+2.31×25+(2.31+2.36)×24=196.905(m)

3.负筋分布筋:ϕ6@200

负筋分布筋长度1 =Y方向轴线(净跨)长度−负筋板内净长×2+搭接长度×2

=3.775−0.95×2+0.15×2=2.175 (m)

负筋分布筋长度2 =X方向轴线(净跨)长度−负筋板内净长×2+搭接长度×2

=3.575−0.95×2+0.15×2=1.975(m)

每边负筋分布筋根数=负筋板内净长÷分布筋间距+1

=(0.95−0.1)÷0.2+1=5.25　取6

板负筋分布筋ϕ6总长度:L=2.175×6×2+1.975×6×2=49.8(m)

说明：

(1)根据图纸结构总说明10.8条规定:板中分布筋除特别注明外,当主筋直径为6、8、10时,均为ϕ6@200;当主筋直径为12、14时,均为ϕ8@200。

(2)11G101—1第94页注4中表明负筋分布自身与受力主筋按搭接长度为0.15m。

任务四　金属结构工程量计算

学习引导

通过学习本任务,熟悉建筑工程预算定额金属结构工程计算规则,能够计算附录1某活动中心项目的爬梯工程量。

计算结果

见附录2　A.建筑工程工程量计算书　第一部分　建筑工程实体项目　四、A6金属结构工程

知识链接

一、主要说明

(1)本分部适用于现场加工制作。

(2)金属结构构件制作均是按焊接考虑的。

(3)金属构件制作包括分段制作和整体预装配等全部操作过程所使用的人工、材料及机械台班用量。整体预装配用的螺栓及锚固杆件用的螺栓已包括在项目内。

(4)金属结构构件制作项目内包括钢材损耗,并包括刷一遍防锈漆的工料。

(5)定额项目未包括加工点至安装点的物件运输,实际发生时应按定额“A.9物件运输及安装工程”相应项目计算。

(6)设计要求无损伤的构件其制作人工乘以系数1.05。

二、计算规则要点和计算方法

(1)金属结构构件制作按设计图示钢材尺寸以吨计算,不扣除孔眼、切边的重量,焊条、铆钉、螺栓等重量已包括在该项目内不需另外计算。在计算不规则或多边形钢板重量时按其最小外接矩形面积计算。其各类重量表如表3-29～表3-31所示。

$$钢板重量 = 钢板的面积 \times 每平方米钢板重量 \tag{3-38}$$

$$型钢(包括角钢、工字钢、槽钢、H型钢等)重量 = 型钢的长度 \times 每米型钢重量 \tag{3-39}$$

表3-29　中厚钢板理论重量表

厚度(mm)	理论重量(kg/m²)	厚度(mm)	理论重量(kg/m²)	厚度(mm)	理论重量(kg/m²)
4.5	35.33	16	125.60	38	298.30
5	39.25	18	141.30	40	314.00
5.5	43.18	20	157.00	42	329.70
6	47.16	22	172.70	44	345.40
7	54.95	24	188.40	45	353.25
8	62.80	25	196.25	46	361.10
9	70.65	26	204.10	48	376.80
10	78.60	28	219.80	50	392.50
11	86.35	30	235.50	52	408.20
12	94.20	32	251.20	54	423.90
13	102.10	34	266.90	55	431.75
14	109.90	35	274.75	56	439.60
15	117.75	36	282.60	58	455.30

表 3－30　热轧等边角钢理论重量表

型号	尺寸(mm)		理论重量 (kg/m)
	边宽	边厚	
4	40	3	1.852
		4	2.422
		5	2.976
4.5	45	3	2.088
		4	2.736
		5	3.369
		6	3.985
5	50	3	2.332
		4	3.059
		5	3.770
		6	4.465
6.3	63	4	3.907
		5	4.822
		6	5.721
		8	7.469
		10	9.151
7	70	4	4.372
		5	5.397
		6	6.406
		7	7.398
		8	8.373
7.5	75	5	5.818
		6	6.905
		7	7.976
		8	9.030
		10	11.089
8	80	5	6.211
		6	7.376
		7	8.525
		8	9.658
		10	11.874
9	90	6	8.350
		7	9.656
		8	10.946
		10	13.476
		12	15.940
10	100	6	9.366
		7	10.830
		8	12.276
		10	15.120
		12	17.898
		14	20.611
		16	23.257
12.5	125	10	19.133
		12	22.696
		14	26.193
16	160	10	24.729
		12	29.391
		14	33.987
		16	38.518
20	200	14	42.894
		16	48.680
		18	54.401
		20	60.056
		24	71.168

表 3－31　槽钢理论重量表

规格	型号	理论重量 (kg/m)	规格	型号	理论重量 (kg/m)	规格	型号	理论重量 (kg/m)
50×37×4.5	$5^{\#}$	5.44	180×68×7	$18^{\#}$A	20.17	270×84×9.5	$27^{\#}$B	35.077
63×40×4.8	$6.3^{\#}$	6.635	180×70×9	$18^{\#}$B	23	280×82×7.5	$28^{\#}$A	31.427
65×40×4.8	$6.5^{\#}$	6.7	200×73×7	$20^{\#}$A	22.637	280×84×9.5	$28^{\#}$B	35.823
80×43×5	$8^{\#}$	8.045	200×75×9	$20^{\#}$B	25.777	300×85×7.5	$30^{\#}$A	34.463
100×48×5.3	$10^{\#}$	10.007	220×77×7	$22^{\#}$A	24.999	300×87×9.5	$30^{\#}$B	39.173
120×53×5.5	$12^{\#}$	12.06	220×79×9	$22^{\#}$B	28.453	320×88×8	$32^{\#}$A	38.083

续表 3-31

规格	型号	理论重量(kg/m)	规格	型号	理论重量(kg/m)	规格	型号	理论重量(kg/m)
126×53×5.5	12.6#	12.37	240×78×7	24# A	26.86	320×90×10	32# B	43.107
140×60×8	14# A	14.53	240×80×9	24# B	30.628	360×96×9	36# A	47.814
140×60×8	14# B	16.73	250×78×7	25# A	27.41	360×98×11	36# B	53.466
160×63×6.5	16# A	17.23	250×80×9	25# B	31.335	400×100×10.5	40# A	58.928
160×65×8.5	16# B	19.755	270×82×7.5	27# A	30.838	400×102×12.5	40# B	65.208

(2)垃圾斗、垃圾门的钢材含量，项目规定与设计不同时，可按设计规定调整，其他不变。

(3)计算钢平台制作工程量时，平台柱、平台梁、平台板(花纹钢板或算式)、平台斜掌、钢铁梯及平台栏杆等的重量，应并入钢平台重量内。

案例 3-28

计算图 3-66 中钢屋架水平支撑的制作工程量。

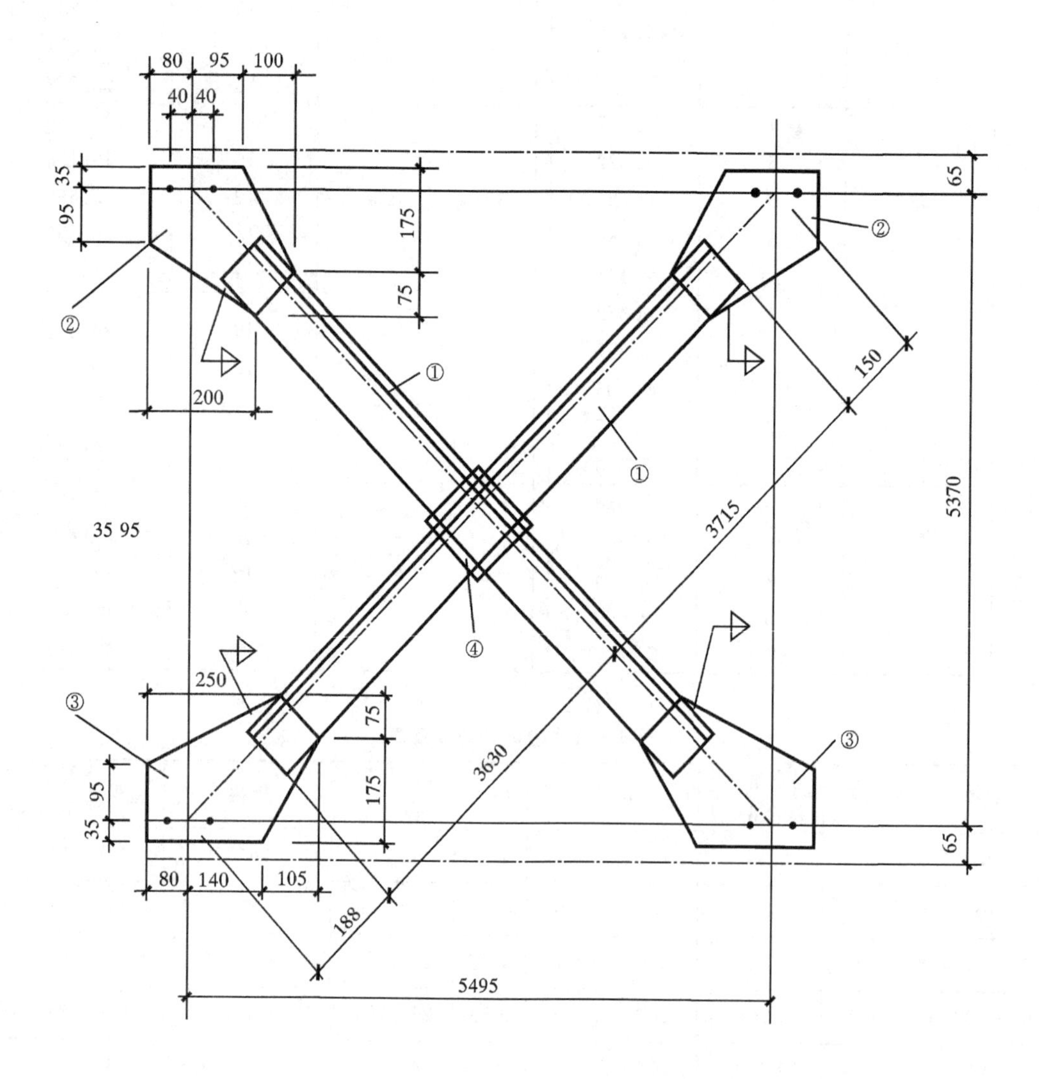

图 3-66　钢屋架水平支撑示意图

解：

①角钢∠75×5 重量：(3.715＋3.630)×5.818×2＝85.5 (kg)

②钢板-8 重量：0.25×0.275×62.8×2＝8.64 (kg)

③钢板-8 重量：0.25×0.325×62.8×2＝10.21 (kg)

④钢板-8 重量：0.1×0.1×62.8＝0.63 (kg)

合计：角钢∠75×5 重量为85.50 kg；钢板—8 重量为19.48 kg

任务五 屋面及防水工程量计算

学习引导

通过学习本任务，熟悉建筑工程预算定额屋面及防水工程计算规则，能够计算活动中心项目屋面及防水工程的工程量。重点、难点是防水工程量计算。

计算结果

见附录2 A.建筑工程工程量计算书 第一部分 建筑工程实体项目 五、A.7屋面及防水工程

知识链接

一、主要说明

(1)卷材及防水涂料屋面，均已包括基层表面刷冷底子油或处理剂一遍。油毡收头的材料包括在其他材料费内。

(2)卷材屋面坡度在15°以下者为平屋面，超过15°按卷材屋面人工增加表增加人工。

(3)卷材防水、防潮项目不包括附加层的消耗量。

(4)屋面水泥砂浆找平层按建筑装饰装修工程楼地面工程相应项目计算。

(5)屋面保温按建筑工程中防腐、隔热、保温工程的相应项目计算。

(6)墙、地面防水、防潮项目适用于楼地面、墙基、墙身、构筑物、水池、水塔、室内厕所、浴室以及±0.000以下的防水、防潮工程。

(7)地下室防水按墙、地面防水相应项目基价乘以系数1.10计算。

(8)预埋止水带项目中连接件，固定件，可按钢铁件相应项目计算。

(9)水泥基渗透结晶型防水涂料用在桩头防水时，执行涂膜相应项目，人工乘以系数2.00。

二、计算规则要点和计算方法

1.瓦屋面

按图示尺寸的水平投影面积乘以屋面延尺系数以“m^2”计算。屋面坡度系数见表3-32所示。不扣除房上烟囱、风帽底座、风道、屋面小气窗和斜沟等所占面积。而屋面小气窗出檐与屋面重叠部分的面积亦不增加。但天窗出檐部分重叠的面积应并入相应屋面工程量内计算。琉璃瓦檐口线及瓦脊以延长米计算。

2.卷材及防水涂料屋面

按图示尺寸的水平投影面积乘以屋面坡度系数，以“m^2”计算。屋面坡度系数见表3-32所示。不扣除房上烟囱、风帽底座、风道、斜沟等所占面积。平屋面的女儿墙、天沟和天窗等处弯起部分和天窗出檐部分重叠的面积应按图示尺寸，并入屋面工程量内计算。如图纸无规定时，伸缩缝、女儿墙的弯起部分可按25cm计算，天窗弯起部分可按50cm计算，但各部分的附加层已包括在项目内，不再另计。

表 3-32 屋面坡度系数

坡度 $B(A=1)$	坡度 $B/2A$	坡度角度（a）	延尺系数 C（$A=1$）	隅延尺系数 D（$A=1$）
1	1/2	45°	1.4142	1.7321
0.75		36°52′	1.2500	1.6008
0.70		35°	1.2207	1.5779
0.666	1/3	33°40′	1.2015	1.5620
0.65		33°01′	1.1926	1.5564
0.60		30°58′	1.1662	1.5362
0.577		30°	1.1547	1.5270
0.55		28°49′	1.1413	1.5170
0.50	1/4	26°34′	1.1180	1.5000
0.45		24°14′	1.0966	1.4839
0.40	1/5	21°48′	1.0770	1.4697
0.35		19°17′	1.0594	1.4569
0.30		16°42′	1.0440	1.4457
0.25		14°02′	1.0308	1.4362
0.20	1/10	11°19′	1.0198	1.4283
0.15		8°32′	1.0112	1.4221
0.125		7°08′	1.0078	1.4191
0.100	1/20	5°42′	1.0050	1.4177
0.083		4°45′	1.0035	1.4166
0.066	1/30	3°49′	1.0022	1.4157

房屋坡度图如图 3-67 所示。

案例 3-29

计算附录 1 某活动中心项目中的屋面卷材防水为 SBS 改性沥青防水卷材(热熔)的工程量。

解：S＝屋面净面积＋女儿墙弯起部分

$=(26.1-0.25\times2)\times(15.45-0.25\times2)+(83.1-0.25\times8)\times0.25=403.00\ (m^2)$

S(附加层)$=(26.1-0.25\times2+15.45-0.25\times2)\times2\times0.25\times2=40.55(m^2)$

$S_{总}=S+S_{附加层}=403.00+40.55=443.55(m^2)$

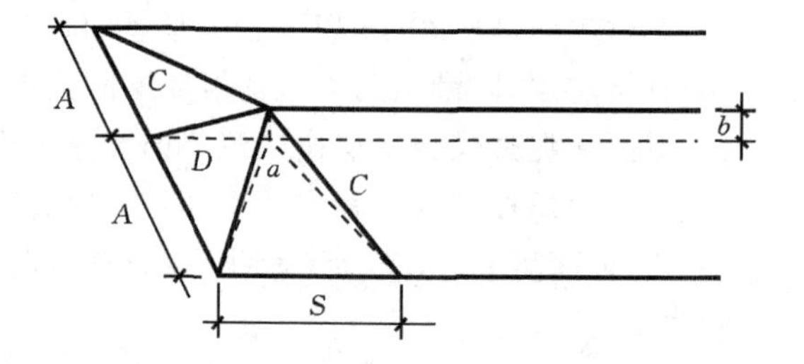

注：1. 两坡排水屋面面积为屋面水平投影面积乘以延尺系数 C；
2. 四坡排水屋面斜脊长度＝A×D(当 S＝A 时)；
3. 沿山墙泛长度＝A×C。

图 3-67 屋面坡度图

3. **型材屋面**

按图示尺寸的水平投影面积乘以屋面坡度系数以平方米计算，不扣除房上烟囱、风帽底座、风道斜沟等所占面积。

(1)平、瓦垄铁皮屋面檐口处用的丁字铁未包括在项目内，如设计需要时，可按实际工程量计算，但人工、机械不另增加。

(2)镀锌薄钢板压型屋面板、墙板，其所需的零配件、连接件和密封件均已包括在项目内，不再另计。

(3)玻璃钢采光罩按个计量，如单个水平投影面积超过 $1.5m^2$ 者，仍按该项目计算。

4. **滴水线**

滴水线按设计规定计算。设计无规定时，瓦屋面可加 5cm 计算；铁皮屋面有滴水线时，应另加 7cm 计算。

5. **塑料雨水管、玻璃钢排水管、雨水口、水斗、短管、弯头**

塑料雨水管、玻璃钢排水管、区别不同直径按图示尺寸以延长米计算，雨水口、水斗、短管、弯头以

"个"或"套"计算。

案例 3-30

计算附录1某活动中心项目中的排水设施工程量。

解：

塑料排水，塑料水落管 ϕ110：(7.8＋0.45－0.15)×6＝48.6 (m)

塑料排水，塑料水斗 ϕ110：6个

塑料排水，塑料弯头落水口(含篦子板)：6套

6.铁皮排水以展开面积计算

如表3-33所示，项目内已综合刷油漆的工料，不再重复计算。

表3-33　铁皮排水单体零件工程量折算表

名　　称	单　位	折算 m^2
不　带　铁　件　部　分		
斜沟、天窗窗台泛水	m	0.11
天窗侧面泛水	m	0.50
烟囱泛水	m	0.70
通风管泛水	m	0.80
檐头泛水	m	0.22
滴水	m	0.24
天沟	m	1.30

7. 彩钢板墙板的计算

彩钢板墙板按设计图示尺寸实际铺设的面积以平方米计算，扣除门窗洞口的面积，不扣除单个面积在0.3m^2以内的孔洞所占面积，包角、包边、窗台泛水等不另增加。

8. 墙、地面防水、防潮层的计算

(1)建筑物地面防潮层，按主墙间净空面积计算，扣除凸出地面的构筑物、设备基础等所占的面积，不扣除柱、垛、间壁墙、烟囱及0.3 m^2以内孔洞所占面积。与墙面连接处高度在500mm以内者按展开面积计算，并入平面工程量内；超过500mm时，按立面防水层计算。

(2)建筑物墙基防水、防潮层，外墙按中心线长度，内墙按净长线乘以墙基的宽度以平方米计算。

(3)构筑物及建筑物地下室防水层，按设计防水面积计算，但不扣除0.3 m^2以内的孔洞面积。平面与立面交接处的防水层，其上卷高度超过500mm时，按立面防水层计算。

(4)卷材防潮项目不包括附加层，附加层按设计或施工规范规定计算。

9. 变形缝

变形缝按缝的长度计算。

任务六　防腐、保温、隔热工程量计算

学习引导

通过学习本任务，熟悉建筑工程预算定额防腐、隔热、保温工程计算规则，能够计算附录1某活动中心项目中屋面保温及墙面保温工程的工程量。重点、难点是墙面保温工程量的计算。

计算结果

见附录2　A.建筑工程工程量计算书　第一部分　建筑工程实体项目　六、A.8防腐、隔热、保温工程

知识链接

一、主要说明

1.耐酸防腐

(1)整体面层、隔离层适用于平面、立面的防腐耐酸工程,包括沟、坑、槽。

(2)块料面层以平面砌为准,砌立面者按平面砌相应项目,人工乘以系数1.38,踢脚板人工乘以系数1.56系数,其他不变。

(3)各种胶泥、砂浆、混凝土的配合比以及各种整体面层的厚度,块料面层的结合层(砂浆或胶泥)及厚度,如项目与设计不同时,可以换算。

(4)防腐卷材接缝、附加层、收头等人工材料已计入定额中,不再另行计算。

2.保温、隔热

(1)适用于中温、低温及恒温的工业厂(库)房隔热工程及一般保温工程,保温层的各种配比强度可按设计规定换算。

(2)本分部的隔热保温材料的铺贴,不包括隔气防潮、保护层或衬墙等。

(3)本分部外墙粘贴聚苯板、挤塑板保温适用于混凝土墙面及各种砌体墙面。

(4)各部位聚苯板、挤塑板保温板材厚度不同时,按以下方法调整;

①厚度在150mm以内时,材料单价调整,其他不变;

②厚度在150mm以上时,材料单价调整,人工、机械乘以系数1.20。

(5)玻璃棉、矿渣棉包装材料和人工均已包括在项目中。

(6)墙体铺贴块体材料以石油沥青作胶结材料时,包括基层涂沥青一遍。

(7)耐碱玻纤网格布,镀锌钢丝网铺设均包括接缝、附加层、翻包的人工及材料,不再另行计算。

(8)首层外墙阳角需加设金属护角的,可按设计要求用量增加相应费用。

(9)出墙体聚苯板现浇混凝土保温、现浇腹丝穿透型单面钢丝网架夹芯板、机械固定腹丝船头型单面钢丝网架夹芯板及硬泡聚氨酯保温材料界面处理已包含在相应项目内;聚苯板、挤塑板等其他保温材料需界面处理时,套本章界面处理项目。

(10)保温板带凹槽时,对应的抗裂砂浆或现浇混凝土量相应调整:

①抗裂砂浆除每增减1mm子目外,人工。材料、机械乘以系数1.50。

②聚合物抗裂砂浆每增加1mm子目外,人工、材料、机械乘以系数2.00。

③现浇混凝土项目,人工、材料、机械乘以系数1.025。

(11)在腰线上做保温(包括空调板、阳台板等材料),其对应的保温项目、界面砂浆项目、抗裂砂浆项目,执行墙体强硬的保温项目,其中人工乘以系数1.50,材料、机械乘以系数1.10。

(12)防火墙隔离带执行墙体相应的保温项目、界面砂浆项目、抗裂砂浆项目,执行墙体相应的保温项目,其中人工乘以系数1.20,材料、机械乘以系数1.05。

(13)墙体、天棚自调温相变材料保温、MPC高效复合保温砂浆保温、改性粉煤灰保温砂浆保温项目包含钢丝网铺贴工料。

(14)屋面坡度15°以内的执行本定额项目,15°以上时按相应项目人工乘以系数1.27。

二、计算规则要点和计算方法

1.耐酸防腐

(1)本分部除注明者外,均以平方米计算。工程量按图示尺寸长乘宽(或高)计算,扣除0.3m^{2}以上的孔洞及突出地面的设备基础等所占的面积。混凝土工程量,按图示尺寸以立方米计算,并扣除0.3m^{2}以上的孔洞及突出地面的设备基础等所占的体积。砖垛等突出墙面部分按展开面积计算,并入墙面工程量内。

(2)踢脚板按实长乘以高以平方米计算,并扣除门洞口所占的长度,侧壁的长度相应增加。

(3)平面砌双层耐酸块料,按相应项目加倍计算。

(4)金属面刷过氯乙烯防腐漆计算规则按建筑装饰装修工程中油漆、涂料、裱糊工程的相应规则计算。

2.保温、隔热

(1) 屋面保温。

①屋面保温隔热层应区别不同保温隔热材料,均按设计厚度以"m^3"计算,另有规定者除外。

②聚苯板、挤塑板、硬泡聚氨酯、自调温相变保温材料保温按设计面积以"m^2"为单位计算,另有规定者除外。

③水泥砂浆找平层掺聚丙烯、锦纶—6纤维设计面积以"m^2"为单位计算。

④架空隔热层混凝土板保温按设计面积以"m^2"为计量单位计算。

⑤聚合物抗裂砂浆区分不同厚度案涉及面积以"m^2"为计量单位计算。

(2)墙体保温。

①聚苯板、挤塑板、单面钢丝网架夹心聚苯板、硬泡聚氨酯、自调温相变材料、胶粉聚苯颗粒墙体保温均按设计保温面积以"m^2"计算,应扣除门窗洞口、防火隔离带和0.3m^2以上的洞孔面积,门窗洞口和0.3m^2以上的洞口所占侧壁面积展开计算。

②其他保温隔热层,均按墙中心线长乘以图示尺寸高度及厚度以"m^3"为计量单位计算。应扣除门窗洞口和0.3m^2以上洞口所占体积,门窗洞口和0.3m^2以上的洞口侧壁体积展开计算。

③内墙保温砂浆抹灰面积按主墙间的图示净长尺寸乘以墙抹灰高度计算,其高度:子室内地坪或楼地面算至天棚底或板底面。应扣除门窗洞口、空圈所占面积,不扣除踢脚线、挂镜线、0.3m^2以内的孔洞、墙与构件交接处的面积,洞口侧壁和顶面面积亦不增加,不扣除间壁墙所占面积。垛的侧面抹灰工程量,应并入墙面抹灰工程量内计算。

④玻纤网格布与钢丝网铺贴、界面处理、抗裂砂浆按实铺面积以"m^2"为计量单位计算,应扣除门窗孔洞和0.3以上的孔洞所占的面积。

⑤玻纤网格布、钢丝网铺设已包含门窗洞口增强部分和侧壁部分,不另计算。

(3) 天棚保温。

①天棚保温、吸音层按设计保温面积以"m^2"为计量单位计算。天棚保温砂浆、聚合物抗裂砂浆抹灰面积,按主墙间的净空面积计算,有坡度拱形的天棚,按展开面积计算,带有钢筋混凝土的梁的天棚,梁的侧面抹灰面积,并入天棚抹灰工程量内计算。计算天棚抹灰面积时,不扣除间壁墙、垛、柱、附墙烟囱通风道、检查孔、管道及灰线等所占面积;带密肋的小梁及井字梁的天棚抹灰,以展开面积计算,按混凝土天棚保温砂浆抹灰项目计算,每100 m^2增加4.14工日。

②软木泡沫塑料板沥青铺贴在混凝土板下,按图示长、宽、厚的乘积,以"m^3"为计量单位计算。

(4) 柱子保温。

软木、泡沫塑料板、沥青稻壳板包柱子,其工程量按隔热材料展开长度的中心线乘以图示高度及厚度,以"m^3"计算。

(5)楼地面保温。

①楼地面干铺聚苯板、挤塑板保温按实铺面积以"m^2"为计量单位计算。

②楼地面沥青贴软木、沥青贴聚苯乙烯泡沫塑料板、沥青铺加气混凝土块按照设计面积乘以厚度以"m^3"为计量单位计算。

案例3-31

附录1某活动中心的屋面保温隔热屋面包括水泥石灰炉渣(兼找坡层作用2%,最薄处20厚)和60mm厚挤塑聚苯乙烯泡沫塑料板,计算其工程量。

解：

(1) 隔热屋面(水泥石灰炉渣)兼找坡层作用2%，最薄处20厚。

$S=(26.1-0.25\times2)\times(15.45-0.5)=382.72\ (m^2)$

$V=382.72\times(0.02+14.95/2\times0.02/2)=36.263\ (m^3)$

(2) 60mm厚挤塑聚苯乙烯泡沫塑料板。

$S=(26.1-0.25\times2)\times(15.45-0.25\times2)=382.72\ (m^2)$

案例3-32

计算附录1某活动中心项目中，外墙粘贴50mm挤塑聚苯板工程量。

解：

(1) 50mm挤塑聚苯板。

①墙立面：

$S=[(83.1+0.05\times4)\times(8.4+0.45)]-\underline{(5.8+3.1\times2)\times0.45}_{台阶}-\underline{(11.2+2.525+2.5+5.2)\times0.12}_{雨篷}-\underline{(8.1+3.3-0.275-0.225)\times0.15}_{车库门坡道}-\underline{112.5}_{门窗}-\underline{35.71}_{车库门}=526.729\ (m^2)$

②门窗洞口侧面：

$S=[(1.2+1.8)\times2\times2+(1.5+1.8)\times2\times13+1.8\times4\times14+(1.5+2.8\times2)\times2+(2.1+2.8\times2)\times2+(2.1+1.8)\times2\times2]\times(0.25-0.06)+[(2.8+3.45\times2)+(7.55+3.45\times2)]\times0.25=52.36\ (m^2)$

合计：$S=526.729+52.36=615.089\ (m^2)$

(2)玻纤网格布。 $S=579.39\ m^2$

任务七 构件运输及安装工程量计算

学习引导

通过学习本任务，熟悉建筑工程预算定额构件运输及安装工程的计算规则，能够计算附录1某活动中心项目加气混凝土砌块运输、预制过梁的运输及安装工程的工程量。注意区别构件制作、运输、安装三个工程量的差异，比较预制混凝土构件与钢结构构件的不同。

计算结果

分散在附录2 A.建筑工程工程量计算书 第一部分 建筑工程实体项目 二、A.3砌筑工程 三、A.4混凝土及钢筋混凝土工程中

知识链接

一、主要说明

1.构件运输

(1)本分部适用于由构件堆放场地或构件加工厂至施工现场25km以内的运输。运距超过25km时，由承发包双方协商确定全部运输费用。

(2)构件运输分类如表3-34所示，构件的运输费，则需按其所属类别确定。

表 3-34 构件分类表

类别		项目
预制混凝土构件	1	4m 以内实心板
	2	6m 以内的桩、屋面板、进深梁、基础梁、吊车梁、楼梯休息板、楼梯段、阳台板
	3	6m 以上至 14m 的梁、板、柱、桩，各类屋架、桁架、托架(14m 以上另行处理)
	4	天窗架、挡风架、侧板、端壁板、天窗上下档、门框及单件体积在 0.1m³ 以内小型构件
	5	装配式内外墙板、大楼板、厕所板
	6	隔墙板(高层用)
金属结构构件	1	钢柱、屋架、托架梁、防风桁架
	2	吊车梁、制动梁、型钢檩条、钢支撑、上下档、钢拉杆、栏杆、盖板、垃圾出灰门、倒灰门、篦子、爬梯、零星构件、平台、操作台、走道休息台、扶梯、钢吊车梯台、烟囱紧固箍
	3	墙架、挡风架、天窗架、组合檩条、轻型屋架、滚动支架、悬挂支架、管道支架

2. 构件安装

(1)构件安装是按机械起吊点中心回转半径在 15m 以内的距离计算的，如超过回转半径应另按构件 1km 运输项目计算场内运输费用。建筑物地面以上各层构件安装，不论距离远近，已包括在项目的构件安装内容中，不受 15m 的限制。

(2)单层装配式建筑的构件安装，应按履带式起重机项目计算，如在跨外吊装时，按相应项目(履带式)人工、机械乘以系数 1.18。

(3)混凝土构件及金属结构构件安装是按檐口高度 20m 以内及构件重量 25t 以内考虑的，如构件安装高度在 20m 以上或构件单个重超过 25t 时，项目中的人工、机械乘以下列系数：单机吊装乘以系数1.3，必须使用双机抬吊乘以系数 1.5(使用塔吊者不乘系数)。

(4)金属构件拼装和安装未包括连接螺栓，其费用另计。

(5)预制混凝土小型构件安装是指单体小于 0.1m³ 的构件安装。

二、计算规则要点和计算方法

(一)构件运输

1. 混凝土构件

混凝土构件运输工程量＝预制混凝土构件的制作工程量

＝施工图计算净用量×(1＋安装损耗率) (3-40)

2. 加气混凝土板（块）硅酸盐块运输

加工厂制作的加气混凝土板(块)、硅酸盐块的运输，按每立方米折合钢筋混凝土体积 0.4m³，按一类构件运输计算。

3. 木门窗

木门窗运输工程量按框外围面积以平方米计算。

4. 金属结构

金属结构运输工程量＝金属构件安装工程量

＝金属构件制作工程量＋焊条重量×1.5% (3-41)

(二)构件安装

1. 混凝土构件

混凝土构件安装工程量＝施工图计算净用量 (3-42)

(1)钢筋混凝土柱不分形状,均按柱安装项目计算;管道支架,按柱安装项目计算;多节预制柱安装,其首层柱按柱安装项目,首层以上柱按柱接柱项目计算。

(2)混凝土柱接柱,如设计规定采用钢筋焊接现浇柱结点时,其混凝土按 A.4 混凝土及钢筋混凝土工程相应项目计算。

(3)排风道区分不同型号以延长米计算。通风道混凝土风帽安装以个计算。

(4)混凝土花格安装按小型构件计算,其体积按设计外形面积乘以厚度,以立方米计算,不扣除镂空体积。

(5)组合钢屋架是指上弦为钢筋混凝土,下弦为型钢,计算其安装工程量时,以混凝土实体积计算,钢杆件部分不另计。

(6)平台安装工程量包括平台柱、平台梁、平台板、平台斜撑等。但依附于平台上的扶梯及栏杆应另列项目计算。

(7)墙架安装工程量包括墙架柱、墙梁、连系拉杆和拉筋,墙架上的防风桁架应另列项目计算。

2. 金属结构

$$金属结构安装工程量=金属构件制作工程量+焊条重量\times 1.5\% \tag{3-43}$$

(1)栏杆安装适用于平台栏杆等,依附于扶梯上的扶手栏杆应并入扶梯工程量计算。

(2)梯子安装适用于板式踏步、篦式踏步扶梯及直式爬梯。U 形爬梯的安装人工已包括在各相应项目内,不另计算。

案例 3-33

计算附录 1 某活动中心中预制混凝土门窗过梁的运输与安装工程量。

解: 预制混凝土过梁运输工程量=预制混凝土构件的制作工程量

=施工图计算净用量×(1+安装损耗率)

=2.807×(1+1.5%)=2.85 (m^3)

说明:①安装损耗率=(10.15−10)/10×100%=1.5%

②预制混凝土过梁安装工程量=施工图计算净用量=2.807 m^3

任务八 建筑工程脚手架工程量计算

学习引导

通过学习本任务,熟悉建筑工程预算定额脚手架工程计算规则,能够计算附录 1 某活动中心项目脚手架工程的工程量。注意区分建筑物外墙高度和脚手架类别。同时注意当层高超过 3.6m 时,脚手架的计算。

计算结果

见附录 2 A.建筑工程工程量计算书 第二部分 建筑工程措施项目 二、脚手架

知识链接

一、主要说明

(1)本分部脚手架仅适用于主体结构工程,不含装饰装修工程施工脚手架。

(2)建筑物脚手架是按建筑物外墙高度和脚手架类别分别编制的。建筑物外墙高度以设计室外地坪作为计算起点,高度按以下规定计算:

①平屋顶带挑檐的,算至挑檐栏板结构顶标高。

②平屋顶带女儿墙的，算至女儿墙顶。

③坡屋面或其他曲面屋顶算至墙中心线与屋面板交点的高度，山墙按山墙平均高度计算。

屋顶装饰架与外墙同立面(含水平距外墙2m以内范围)，并与外墙同时施工，算至装饰架顶标高。

上述多种情况同时存在时，按最大值计取。

(3)本分部脚手架管、扣件、底座、爬升装置及架体是按租赁及合理的施工方法、合理的工期编制的。租赁材料往返运输所需要的人工和机械台班已包括在相应项目内。

(4)墙体高度超过1.2m时应计算脚手架费用。

(5)外脚手架项目中已包括卸料平台。

(6)附着式升降脚手架吊点数量可据实调整。

(7)钢结构工程彩钢板墙板安装脚手架按相应的高度双排外脚手架乘以系数0.25。

(8)球形网架在地面拼装、就位安装用的脚手架，按批准的搭设方案计算；在顶部拼装、就位安装时按满堂脚手架计算。

(9)建筑物需要搭多排脚手架时，按“高度50m以内每增加一排”子目计算，其中高度在15m以内乘以系数0.70，高度在24m以内乘以系数0.75。

(10)烟囱脚手架是按混凝土烟囱编制的，按“座”计算。

(11)水塔脚手架套用相应高度的烟囱脚手架项目人工乘以系数1.11。

(12)滑升模板施工的钢筋混凝土烟囱、水塔、贮仓筒壁、造粒塔筒壁等，不另计算筒壁脚手架。

(13)建筑物最高檐高在20m以内计算依附斜道，依附斜道的搭设高度按建筑物最高檐高计算。独立斜道套用依附斜道定额项目乘以1.80。

(14)地下建筑物的脚手架及依附斜道套用相应高度外双排脚手架及依附斜道项目。高度系指垫层底标高至设计外地坪的高度。

二、计算规则要点和计算方法

1.建筑物脚手架

(1)多层(跨)建筑物高度不同或同一建筑物各面墙高度不同，应分别计算工程量。

(2)单排、双排外墙脚手架的工程量按外墙外围长度(含外墙保温)乘以外墙高度以“m^2”计算。突出墙外在24cm以内的墙垛、附墙烟囱等，其脚手架已包括在外墙脚手架内，不再另计；突出墙外超过24cm时按图示尺寸展开计算，并入外墙脚手架工程量内。型钢悬挑脚手架、附着式升降脚手架按其搭设范围墙体外围面积计算。

(3)外墙脚手架。

①砖混结构外墙高度在15米以内时，按单排脚手架计算；但符合下列条件之一者按双排脚手架计算：外墙门窗洞口面积超过整个建筑外墙面积40%以上者；毛石外墙、空心砖外墙、填充外墙；外墙裙以上的外墙面抹灰面积占整个建筑物外墙面积(包括门窗洞口面积在内)25%以上者。

②砖混结构外墙高度在15米以上及其他结构的建筑物按双排脚手架或型钢悬挑脚手架或附着式升降脚手架计算。

(4)计算脚手架时，不扣除门、窗洞口及穿过建筑物的通道的空洞面积。

(5)砌筑高度超过1.2m的砖基础脚手架，按砖基础的长度乘以砖基础的砌筑高度以“m^2”计算；内墙、地下室内外墙砌体砌筑脚手架，外墙按砌体中心线、内墙按砌体长度乘以高度以“m^2”计算，高度从室内地面或楼面算至板下或梁(不包括圈梁)下。高度(同一面墙高度变化时，按平均高度)在3.6m以内时，按3.6m以内里脚手架计算；高度超过3.6m时，按相应高度的单排外脚手架项目乘以系数0.60计算。

(6)砌筑高度超过1.2m的室内管沟墙脚手架按墙的长度乘以高度“m^2”计算。高度在3.6m以内时，按3.6m以内里脚手架计算，高度超过3.6m时，按相应高度的单排外脚手架项目乘以系数0.60计算。

(7)独立砖、石柱脚手架，按柱的周长加3.6m乘以柱高以“m^2”计算。独立砖柱高度在3.6m以内时，按3.6m以内里脚手架计算；高度超过3.6m时，按相应高度的单排外脚手架项目乘以系数0.60计算；独立石柱套用相应高度的双排脚手架项目乘以系数0.40。

(8)现浇混凝土满堂基础、独立基础、设备基础、构筑物基础底面积在$4m^2$以上或施工高度在1.5m以上、现浇带形基础宽度在2m以上时，按基础底面积套用《全国统一建筑装饰装修工程消耗量定额河北省消耗量定额》中满堂脚手架基本层项目乘以系数0.50。

(9)砖石围墙、挡土墙砌筑脚手架，按墙中心线长度乘以高度(不含基础埋深)以“m^2”计算。砖砌围墙、挡土墙高度在3.6m以内时，按3.6m以内里脚手架计算，高度超过3.6m时，按相应高度单排外脚手架项目乘以系数0.60计算。石砌围墙、挡土墙高度在3.6m以内时，按3.6m以内里脚手架计算，高度超过3.6m时，按相应高度的双排外脚手架项目乘以系数0.60计算。

(10)地下室、卫生间等墙面防水处理所需要的脚手架按以下方法计算：

①内墙面按《全国统一建筑装饰装修工程消耗量定额河北省消耗量定额》中的相应项目计算，防水高度在3.6m以内时，按墙面简易脚手架计算；防水高度超过3.6m时，套用相应高度的内墙装饰脚手架乘以系数0.40。

②地下室外墙面防水套用相应高度的外墙双排脚手架项目乘以系数0.20。

(11)砖垛铁栏杆围墙，当砖垛砌筑高度超过1.20m时，可按独立砖柱脚手架的计算方法计算。

(12)钢梯、木梯的脚手架按水平投影的外边线展开长度乘以高度，套用相应的双排外脚手架项目乘以系数0.40。

(13)电梯井脚手架，区别不同高度，按单孔以“座”计算。

(14)依附斜道按建筑物外围长度每150m为一座计算，余数每超过60m增加一座，60m以内不计。

(15)吊车梁安装、混凝土和钢屋架安装，按柱外围长度加3.6m计算，高度在3.6m以内时，按3.6m以内里脚手架计算，高度超过3.6m时，按相应高度的双排外脚手架项目乘以系数0.60计算。

2.构筑物脚手架

(1)贮仓、贮水(油)池脚手架按其外结构围周长乘以高度以“m^2”计算。中间隔墙脚手架工程量按其垂直投影面积计算，套用相应高度(从基础垫层上表面算至仓顶或池顶)双排外脚手架项目乘以系数0.60。

(2)烟囱及烟囱内衬脚手架区别不同搭设高度以“座”计算。

(3)工业通廊工程脚手架按其顶面和设计室外地坪(无设计室外地坪按自然地坪)以及两端垂直线索包围的单面面积计算。按其顶面平均高度套用相应高度双排外脚手架项目乘以系数1.60。

(4)砖砌检查井(化粪池)，按池壁外围长度乘以砌筑高度以“m^2”计算，套用3.6m内里脚手架。混凝土检查井(化粪池)按池壁外围长度乘以高度套用相应高度双排外脚手架项目乘以0.30。

(5)未说明的构筑物脚手架按批准的施工方案计算。

案例3-34

计算附录1某活动中心中脚手架工程量。

解： 外墙脚手架 $S=(15.45+0.05\times2+26.1+0.05\times2)\times2\times(8.4+0.45)=738.975(m^2)$

内墙脚手架：

(1)3.6m以内。

$S=(0.8+8.1+3.3-0.15+0.1)\times(3.87-0.7+0.3)+(7.45-0.3-0.275)\times(3.87-0.65+0.3)$
$=66.361(m^2)$

(2)3.6m以外。

$S=[(17.45+0.275-0.25-0.1)\times(3.87-0.55+0.3)]\times0.6=16.019(m^3)$

内外墙条形基础脚手架 $S=[(15.45+26.1)\times2-8.1-3.3]\times(1.55-0.3)+[(0.8+8.1+3.3-0.15+0.1)+(7.45+0.275-0.25-0.1)+(7.45-0.3-0.275)]\times(1.55-0.3)$
$=122.625(m^2)$

注：混凝土构件用脚手架已在模板工程中考虑。

任务九　建筑工程模板工程量计算

学习引导

通过学习本任务，熟悉建筑工程预算定额模板工程计算规则，能够计算附录1某活动中心项目模板工程的工程量。注意区分哪些项目不是按混凝土与模板的接触面的面积以平方米计算的。注意构造柱马牙槎处工程量的计算。

计算结果

见附录2　A.建筑工程工程量计算书　第二部分　建筑工程措施项目　一、混凝土、钢筋混凝土模板及支架

知识链接

一、主要说明

(1)本分部中模板是分别按施工中常用的组合钢模板、大钢模板、定型钢模板、复合木模板、木模板、混凝土胎模、砖地胎模编制的。组合钢模板及卡具、支撑钢管及扣件、大钢模板按租赁编制，租赁材料往返运输所需要的人工和机械台班已包括在相应的项目内；复合木地模板、木地模板、定型钢模板等按摊销考虑。

复合木模板适用于竹胶合模板、木胶合模板、复合纤维模板。

(2)现浇混凝土梁、板、柱、墙是按支模高度3.6m编制的，3.6m以上6m以下，每超过1m(不足1m者按1m计)，超过部分工程量另按超高项目计算，6m以上按批准的施工方案计算。

(3)拱形、弧形构件是按木模板考虑的，如实际使用钢模时，套用直行构件项目，人工乘以系数1.2。混凝土基础构件实际使用砖模，套用砖砌相应项目。

(4)构造柱模板套用矩形柱项目。

(5)斜梁(板)是按坡度30°以内综合取定的，坡度在45°以内，按相应项目人工乘以系数1.05。坡度在60°以内，按相应项目人工乘以系数1.10。

(6)现浇空心楼板执行平板项目。

(7)电梯井壁的混凝土支模高度超过3.6m时，超过部分工程量另按墙超高项目乘以系数0.50计算。

(8)两层以内且建筑面积2000m^{2}以内的建筑物，梁、柱施工使用复合木地板的，复合木地板消耗量乘以系数1.40。

(9)散水、坡道模板按垫层模板套用。

(10)明沟垫层按垫层模板套用，立壁套用直形墙模板乘以系数0.40。

(11)混凝土构件模板已综合考虑了模板支撑和脚手架操作系统，不另行计算，混凝土构筑物及复合“A.11脚手架工程”工程量计算规则第一条第8款条件的除外。

(12)现浇混凝土模板工程量除另有规定者外，均按混凝土与模板的接触面的面积以平方米计算，不扣除后浇带所占面积。二次浇捣的后浇带模板按后浇带体积以“m^3”计算。

二、现浇混凝土构件模板工程量计算规则要点和计算方法

1.基础模板

(1)带形基础。带形基础模板应分别按毛石混凝土、无筋混凝土、有梁式钢筋混凝土、无梁式钢筋混凝土带形基础计算。凡有梁式带形基础，梁的模板按梁长乘以梁净高以平方米计算，次梁与主梁交接时，

次梁模板算至主梁侧面。其梁高(指基础扩大顶面至梁顶面的高)超过 1.2m 时,则带形基础底板模板按无梁式带型基础计算,基础扩大顶面以上部分模板按混凝土墙项目计算。

在计算带形基础及其垫层模板时,一般按内外墙基础分别计算。计算时可根据基础断面情况按下式计算:

外墙基模板 = 外墙中心线长 × 基础立模高度 × 2 − 内外墙基础接触面积　　(3-44)

内墙基模板 = 内墙基净长线 × 基础立模高度 × 2 − 内墙基与内墙基接触面积　　(3-45)

案例 3-35

某工程基础为有梁式钢筋混凝土带形基础,基础平面布置如图 3-68 所示,基础断面如图 3-69 所示,计算该基础垫层和带形基础的模板工程量。

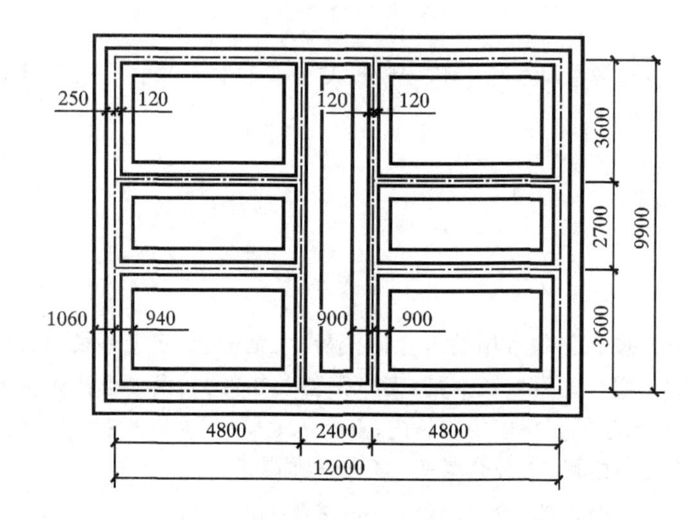

图 3-68　钢筋混凝土带形基础平面布置图

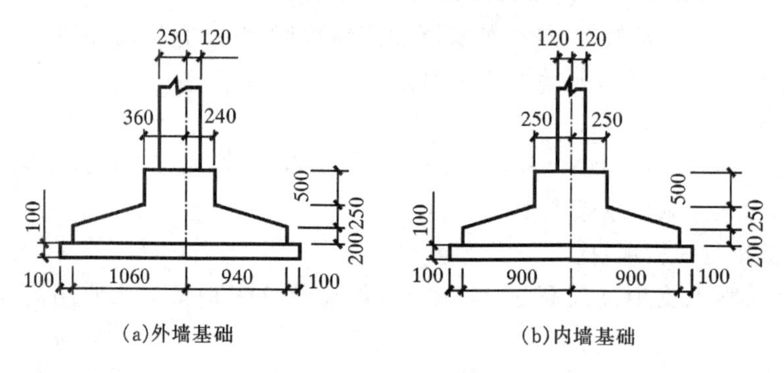

(a)外墙基础　　(b)内墙基础

图 3-69　基础剖面图

解:

1. 基础垫层模板

外墙基础垫层中心线长:(12+0.12+9.9+0.12)×2=44.28 (m)

内墙基础垫层内净长:(9.9−1.04×2)×2+(4.8−1.04−1)×4=26.68 (m)

外墙基础垫层模板=44.28×0.1×2−2×0.1×8=7.26 (m^2)

内墙基础垫层模板=26.68×0.1×2−2×0.1×4=4.54 (m^2)

基础垫层模板小计:11.80 m^2

2. 带形基础模板

外墙带形基础中心线长:(12+0.12+9.9+0.12)×2=44.28 (m)

内墙带形基础内净长:(9.9−0.94×2)×2+(4.8−0.94−0.9)×4=27.88 (m)

外墙基础梁中心线长:(12+0.12+9.9+0.12)×2=44.28 (m)

内墙基础梁内净长：(9.9－0.24×2)×2＋(4.8－0.24－0.25)×4＝36.08 (m)

外墙带形基础模板＝(44.28×0.2×2－1.8×0.2×8)＋(44.28×0.5×2－0.5×0.5×8)＝57.11 (m^2)

内墙带形基础模板＝(27.88×0.2×2－1.8×0.2×4) ＋(36.08×0.5×2－0.5×0.5×4)＝44.79 (m^2)

带形基础模板小计：101.90m^2

(2)独立基础。独立基础模板应分别按毛石混凝土和钢筋混凝土独立基础与模板接触面计算，其高度从垫层上表面算至柱基上表面。现浇独立柱基与柱的划分：(H)高度为相邻下一个高度(H_1)2 倍以内者为柱基套用柱基模板项目；2 倍以上者为柱身，套用相应柱的模板项目，见图 3－23。

案例 3－36

计算附录 1 某活动中心项目中独立基础 JC－1 混凝土模板的工程量。

解：独立基础模板：S＝基础周长×基础高(h_1)×个数

JC－1：S_1＝3.1×4×0.3×4＝14.88 (m^2)

垫层模板：S＝垫层周长×垫层厚度×个数

JC－1：S_2＝3.3×4×0.1×4＝5.28 (m^2)

(3)杯形基础。杯形基础连接预制柱的杯口底面至基础扩大顶面(H)高度在 0.50m 以内的按杯形基础模板项目计算，在 0.50m 以上 H 部分按现浇柱模板项目计算；其余部分套用杯形基础模板项目(见图 3－70)

(4)满堂基础。无梁式满堂基础有扩大或角锥形柱墩时，应并入无梁式满堂基础内计算。有梁式满堂基础梁高超过 1.2m 时，底板按无梁式满堂基础模板项目计算，梁按混凝土墙模板项目计算。箱式满堂基础应分别按无梁式满堂基础、柱、墙、梁、板的有关规定计算。

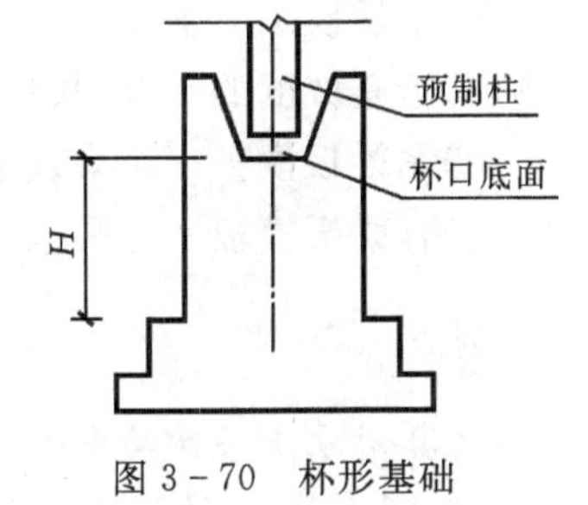

图 3－70　杯形基础

(5)桩承台。桩承台应分别按带形和独立桩承台计算。满堂式桩承台按满堂基础相应模板项目计算。

(6)设备基础。块体设备基础按不同体积，分别计算模板工程量。框架设备基础应分别按基础、柱、梁、板以及墙的相应项目计算；楼层地面上的设备基础并入梁、板项目计算，如在同一设备基础中部分为块体，部分为框架时，应分别计算。

框架设备基础的柱模板高度应由底板或柱基的上表面算至板的下表面；梁的长度按净长计算，梁的悬臂部分应并入梁内计算。

地脚螺栓套孔分别不同深度以个为单位，另列项目计算。

二次灌浆按实体体积以立方米计算，不扣除地脚螺栓套孔所占混凝土或水泥砂浆的体积。

(7)混凝土护壁按混凝土实体体积以立方米计算。

2. 现浇钢筋混凝土框架结构模板

现浇钢筋混凝土框架的模板工程量分别按柱、梁、板、墙计算，不突出墙面的柱并入墙的模板工程量内计算。突出墙面的套用柱的定额子目。混凝土墙大钢模板在消耗量中已综合考虑门窗洞口及侧壁处模板面积。

(1)框架柱模板。

$$框架柱模板＝框架柱断面周长×柱高－柱与梁、墙和板等连接的重叠部分面积 \quad (3-46)$$

案例 3－37

计算附录 1 某活动中心项目中①轴与Ⓑ轴相交处框架柱 KZ－2(仅一根)的模板的工程量。

解：

KZ－2 模板涉计超高，应分层计算。

一层：S_1 ＝0.55×4×(3.87＋1.95－0.6)－(0.3×0.7×2＋0.3×0.65) －(0.55－0.3)×3×0.11

$=10.79\ (m^2)$

S_1(超高)$=(10.79-0.55\times4\times3.6)\times2=5.74(m^2)$

二层:$S_2=0.55\times4\times(7.8-3.87)-(0.3\times0.7\times2+0.3\times0.65)-(0.55-0.3)\times3\times0.12$

$=7.94\ (m^2)$

S_2(超高)$=0.55\times4\times(3.93-3.6)=0.726(m^2)$

注:现浇混凝土梁、板、柱、墙是按支模高度3.6m编制的,3.6m以上6m以下,每超过1m(不足1m者按1m计),超过部分工程量另按超高项目计算。

(2)梁模板。

梁模板 = 梁支模断面长 × 梁长 − 梁与梁、板等连接的重叠部分面积 (3-47)

式中的梁长:梁与柱相交,梁长算至柱侧面;主梁与次梁相交,次梁长算至主梁侧面。

案例 3-38

计算附录1某活动中心项目中①轴KL-1的模板工程量。

解: $S=[26.1-0.55\times4-(0.9-0.275)\times2]\times(0.59+0.7+0.3)+(0.9-0.275)\times2\times(0.45+0.35+0.3)-(0.25\times0.35\times2+0.25\times0.44\times3)$

$=36.88\ (m^2)$

(3)板模板。

①平板模板=平板水平投影面积 (3-48)

对于有坡度的平板,其模板面积按水平投影面积乘以其坡度系数计算。

②无梁板模板=无梁板水平投影面积−与柱冒接触面积+柱冒侧面积 (3-49)

③有梁板模板=有梁板水平投影面积−主次梁的底面积之和 (3-50)

案例 3-39

计算附录1某活动中心项目中,现浇钢筋混凝土板LB−2(N=2块)的模板工程量。

解: $S=[(4.155-0.15-0.125)\times(5.5-0.15-0.125)-(0.275-0.15)^2]\times2=40.51\ (m^2)$

S(超高)$=40.51\times1=40.51\ (m^2)$

注:由于LB−2支模高度$H=3.87-0.14=3.73(m)>3.63(m)$,故存在模板超高费。

(4)现浇砼墙模板。

现浇砼墙模板=(墙长×墙高−洞口面积)×2−墙与墙、柱、梁、板等连接的重叠面积 (3-51)

在现浇钢筋混凝土墙、板模板工程量计算时,单孔面积在0.3 m²以内的孔洞不予扣除,同时,孔洞侧壁模板亦不增加;单孔面积在0.3m²以上时,应予扣除孔洞所占面积,孔洞侧壁模板面积并入墙、板模板工程量之内计算。

3.叠合板的模板

叠合板的模板按照板四周的长度乘以板厚按接触面计算,套用平板项目。叠合梁按叠合部分两侧模板接触面计算。

4.砖混结构模板

(1)构造柱模板。构造柱外露面应按图示外露部分计算模板面积,马牙槎的模板面积按马牙槎宽度乘以柱高计算。

①如图3-71(a)所示,两面有墙拐角柱模板为:

$S=(a+b+0.06\times4)\times$ 柱高 − 柱外露面与梁、板等连接的重叠部分面积 (3-52)

②如图3-71(b)所示,两面有墙的构造柱模板为:

$S=2\times(a+0.06\times2)\times$ 柱高 − 柱外露面与梁、板等连接的重叠部分面积 (3-53)

③如图3-71(c)所示,三面有墙的构造柱模板为:

$S=(a+0.06\times6)\times$ 柱高 − 柱外露面与梁、板等连接的重叠面积 (3-54)

④如图 3－71(d)所示，四面有墙构造柱模板为：

$$S = 0.06 \times 8 \times 柱高 \tag{3-55}$$

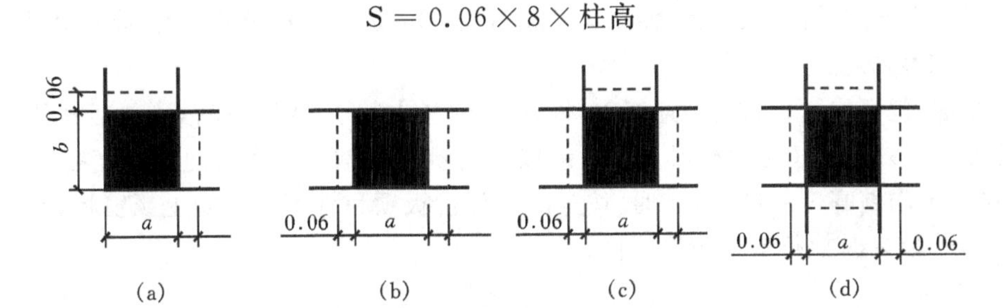

图 3－71　构造柱断面示意图

案例 3－40

计算附录 1 某活动中心项目中一层Ⓓ、Ⓔ轴间构造柱 GZ1(一根)的模板工程量。

解：$S=(0.25+0.06\times2)\times2\times(3.87+1.25-0.7)=3.27\ (m^2)$

$S(超高)=(0.25+0.06\times2)\times2\times(4.42-3.6)=0.61\ (m^2)$

(2)圈梁模板。圈梁模板计算时可按内外墙分别计算：

$$S_{外墙} = 外墙圈梁支模断面长 \times 外墙圈梁中心线长 - 与内墙圈梁接触面积 \tag{3-56}$$

$$S_{内墙} = 内墙圈梁支模断面长 \times 内墙圈梁净长 - 内墙圈梁之间连接的重叠面积 \tag{3-57}$$

说明：圈梁长度(外墙圈梁中心线长、内墙圈梁净长)应扣除构造柱。

(3)单梁模板。

$$单梁模板 = 单梁支模断面长 \times 单梁净长 \tag{3-58}$$

伸入墙内部分的梁头、板头按接触面积计算模板面积。

(4)现浇过梁模板。

$$现浇过梁模板 = 过梁侧面支模高度之和 \times 过梁长度 + 过梁底宽 \times 洞口宽度 \tag{3-59}$$

(5)预制板间补现浇板缝模板。

$$板缝模板 = 板缝宽度 \times 板缝净长 \tag{3-60}$$

预制钢筋混凝土板之间，按设计规定需现浇板缝时，若板缝宽度(指下口宽度)在 2cm 以上 20cm 以内者，按预制板间补现浇板缝项目计算，板缝宽度超过 20cm 者，按平板项目计算。伸入墙内或梁内部分的板缝不计算模板面积。

5. 现浇钢筋混凝土楼梯模板

现浇钢筋混凝土楼梯，楼梯与楼板的划分以楼梯梁的外边缘为界，该楼梯梁包括在楼梯内。

6. 整体螺旋楼梯、柱式螺旋楼梯

对于整体螺旋楼梯、柱式螺旋楼梯，楼梯与走道板分界以楼梯梁外边缘为界，该楼梯梁包括在楼梯内。

案例 3－41

计算案例中楼梯混凝土模板工程量。

解：踢面模板：$0.15\times1.46\times13+0.15\times(1.56-0.025)\times13=5.84\ (m^2)$

休息平台模板：$1.65\times(3.295-0.025-0.125)=5.148\ (m^2)$

TL 模板：$(0.4+0.25+0.2)\times(3.295-0.275-0.175)=2.42\ (m^2)$

TB 底模：$3.6/\cos\alpha(1.46+1.56-0.025)=12.05\quad \cos\alpha=2/\sqrt{5}$

梯段侧模：$(3.6/\cos\alpha\times0.2+0.3\times0.15\times0.5\times12)\times2=2.15$

$S_{总}=5.84+12.05+5.148+2.42+2.15=27.608\ (m^2)$

7. 雨篷、阳台模板

现浇钢筋混凝土悬挑的雨篷、阳台，伸出墙外超过1.50m时，梁、板分别计算，套用相应项目。

8. 挑檐、天沟模板

挑檐天沟与板(包括屋面板、楼梯)连接时，以外墙外边缘为分界线；与圈梁(包括其他梁)连接时，以梁外边线为分界线。外墙外边缘以外或梁外边线以外为挑檐天沟。挑檐天沟壁高度在40cm以内时，套用挑檐项目；挑檐天沟壁高度超过40cm时，按全高套用栏板项目计算。混凝土飘窗板、空调板执行挑檐项目，单体0.05m³以内时执行零星构件项目。

9. 台阶模板

混凝土台阶按图示台阶尺寸(包括踏步及最大一层踏步沿300mm)计算，台阶端头模板并入台阶工程量内，梯带另行计算。

案例3-42

计算案例中北门混凝土台阶模板工程量。

解：$0.06\times(5.2+1.2+2.1\times2)+0.15\times(5.2+5.8+6.4+1.5\times2+1.8\times2+2.1\times2)=4.866(m^2)$

10. 零星构件

零星构件适用于现浇混凝土扶手、柱式栏杆及其他未列项目且单体体积在0.05m³以内的小型构件。

11. 预制钢筋混凝土框架柱的现浇接头

预制钢筋混凝土框架柱的现浇接头(包括梁接头)，套用框架柱接头项目。

案例3-43

计算案例中现浇压顶模板工程量。

解：$S=(0.05+0.07+0.06)\times(82.1-0.03\times8)=14.74\ (m^2)$

三、预制钢筋混凝土构件模板工程量计算规则要点和计算方法

(1)预制钢筋混凝土构件模板工程量，均按图示尺寸混凝土与模板(含地模、胎模)的接触面积以“m²”计算。

(2)基础梁按相应断面形式梁的项目计算。

(3)预制大门框可分别按柱及过梁相应项目计算。

(4)零星构件适用于每个体积在0.05m³以内未列项目的构件。

案例3-44

计算案例中预制过梁模板工程量。

解：见结构设计说明11.5门窗过梁选用02G05图集，过梁同墙厚，荷载级别采用2级。

选用梁长1.7米的TGLA25122梁高：0.1m，$S=(0.1\times2+0.25)\times1.7=0.765\ (m^3)$

选用梁长2.0米的TGLA25152梁高：0.15m，$S=(0.15\times2+0.25)\times2=1.1\ (m^3)$

选用梁长2.3米的TGLA25182梁高：0.15m，$S=(0.15\times2+0.25)\times2.3=1.265\ (m^3)$

选用梁长2.6米的TGLA25212梁高：0.15m，$S=(0.15\times2+0.25)\times2.6=1.43\ (m^3)$

四、构筑物模板工程量计算规则要点和计算方法

(1)构筑物工程的模板工程量，除另有规定者外，区别现浇、预制和构件类别，分别按现浇混凝土、预制混凝土的有关规定计算。

(2)贮水(油)池及液压滑升钢模板施工的烟囱、筒仓、倒锥壳水塔筒身、圆形仓筒壁、造粒塔筒壁，均按混凝土体积以“m³”计算。

(3)水塔、贮仓等，按图示尺寸混凝土与模板接触面面积以“m²”计算。

(4)倒锥壳水塔的水箱制作按混凝土实体积以“m^3”计算,水箱提升按不同容积以座计算。

(5)钢筋混凝土通廊、沉井、化粪池、检查井、支架、地沟的模板,均按混凝土体积以“m^3”计算。

任务十 建筑工程垂直运输工程量计算

学习引导

通过学习本任务,熟悉建筑工程预算定额垂直运输工程计算规则,能够计算活动中心项目垂直运输工程的工程量。

计算结果

见附录2 A.建筑工程工程量计算书 第二部分 建筑工程措施项目 三、垂直运输机械

知识链接

一、主要说明

1.建筑物垂直运输

(1)项目工作内容包括单位工程在合理工期内完成定额项目所需的垂直运输机械台班,不包括机械的场外往返运输、一次安拆及路基铺垫和轨道铺拆等的费用。

(2)建筑物垂直运输划分是以建筑物的檐高及层数两个指标同时界定的,凡檐高达到上限而层数未达到时,以檐高为准;如层数达到上限而檐高未达到时以层数为准。

(3)同一建筑物上下结构不同时按结构分界面分别计算建筑面积套用相应项目,檐高均以该建筑物的最高檐高为准;同一建筑水平方向的结构和高度不同时,以垂直分界面分别计算建筑面积套用相应项目。

(4)建筑物檐高以设计室外地坪标高作为计算点,建筑物檐高按下列方法计算,突出屋面的电梯间、水箱间、亭台楼阁等均不计入檐高内。

①平屋顶带挑檐的,算至挑檐板结构下皮标高;

②平屋顶带女儿墙的,算至屋顶结构板上皮标高;

③坡屋面或其他曲面屋顶均算至外墙(非山墙)的中心线与屋面板交点的高度;

④上述多种情况同时存在的,按最大值取。

(5)建筑物的垂直运输执行以下规定:

①带地下室的建筑物以±0.00为界分别套用±0.00以下及以上的相应项目。

②无地下室的建筑物套用±0.00以上相应项目当基础深度(基础底标高至±0.00)超过3.6m时,基础的垂直运输费按±0.00处外围(含外围保温板)水平投影面积套用±0.00以下一层子目乘以系数0.7。

③设备管道夹层按其外围(含外墙保温板)水平投影面积乘以系数0.5并入建筑物垂直运输工程量内,设备管道夹层不计算层数。

④接层工程的垂直运输费按接层的建筑面积套用相应项目乘以系数1.50,高度按接层后的檐高计算。

(6)预制钢筋混凝土柱、钢屋架的单层厂房按预制排架项目计算。

(7)单层钢结构工程按预制排架项目计算。

(8)多层钢结构工程套用其他结构乘以系数0.50。

(9)项目是按Ⅰ类厂房为准编制的,Ⅱ类厂房项目乘以系数1.14。厂房分类见表3-35。

表 3-35　厂房分类

Ⅰ类	Ⅱ类
机加工、机修、五金缝纫、一般纺织(粗纺、制条、洗毛等)及无特殊要求的车间	厂房内设备基础及工艺要求较复杂、建筑设备或建筑标准较高的车间。如铸造、锻压、酸碱、电子、仪表、手表、电视、医药、食品等车间

注:建筑标准较高的车间是指:①有吊顶和油漆的顶棚。②内墙面贴墙纸(布)或油漆墙面。③水磨石、自流平或块料面层地面。以上三项其中一项占建筑面积达到全车间建筑面积50%及以上者,即为建筑标准较高的车间。

(10)檐高3.6米以内的单层建筑不计算垂直运输机械费。

(11)采用卷扬机、施工电梯、塔式起重机施工已包括构件安装,因建筑物造型所限,构件安装不能就位必须使用其他起重机械安装时,应另行计算,不扣除项目垂直运输台班量。

(12)结构类型适用范围,见表3-36:

表 3-36　结构类型适用范围

现浇框架结构适用范围	其他结构适用范围
现浇框架、框剪、剪力墙结构	除砖混结构现浇结构、框剪、剪力墙、滑模结构及预制排架结构以外的结构类型

2. 构筑物垂直运输

(1)烟筒、水塔、筒仓的高度以设计室外地坪至构筑物的顶面高度为准。

(2)贮池垂直运输是按全封闭、高度在3.6m至5m范围编制的;无盖贮池按相应定额乘以系数0.80;高度3.6m以内的不计算垂直运输费;高度超过5m的,每超过1m(含1m以内)按相应定额子目增加20%。

贮池高度是指池底结构上皮至池顶结构上皮的高度,架空贮池高度是指设计室外地坪至池顶结构上皮的高度。

(3)高度(自然地坪至墙顶,地下挡墙按自然地坪至挡墙基础下皮)超过3.6m围墙、挡墙的垂直运输费,每100m² 垂直投影面积按慢速卷扬机(带塔综合)3.5个台班计算。

(4)未列项目的构筑物垂直运输费根据合理的施工组织设计按实计算。

3. 泵送混凝土的垂直运输

按混凝土全部泵送编制的。不全部使用泵送混凝土的工程,其垂直运输机械费按以下方法增加:按非泵送混凝土数量占现浇混凝土总量的百分比乘以7%,再乘以按项目计算的整个工程的垂直运输费。

二、计算规则要点和计算方法

(1)建筑物垂直运输费区分不同建筑物的结构类型及檐高(层数)按建筑面积以"m²"计算,建筑物以±0.00为界分别计算建筑面积套用相应项目。

建筑面积按《建筑工程面积计算规则》规定计算,其中设备管道夹层垂直运输按有关规定计算。

(2)烟囱、水塔、筒仓垂直运输费以座计算;超过规定高度时按每增高1m(含1m以内)项目计算。

(3)贮池垂直运输费以池壁结构外围水平投影面积计算。

案例 3-45

计算案例中的垂运费。

解: 垂运费按建筑面积以m² 计算

$S=26.2\times15.55\times2=814.82(m^2)$

拓展任务 建筑工程建筑物超高费工程量计算

学习引导

通过学习本任务，熟悉建筑工程预算定额建筑物超高费工程计算规则，能够计算建筑物超高费工程的工程量。注意两种特殊情况的特殊处理：①建筑物高度虽超过20m，但不足一层的情况；②多层建筑物若20m以上部分的层高超过3.6m的情况。

知识链接

一、主要说明

(1)建筑物檐高20m以上的工程应计算建筑物超高费。

(2)建筑物檐高以设计室外地坪标高作为计算起点，建筑物檐高按下列方法计算，突出屋面的电梯间、水箱间、亭台楼阁等均不计入檐高内：

①平屋顶带挑檐的，算至挑檐板结构下皮标高；

②平屋顶带女儿墙的，算至屋顶结构板上皮标高；

③坡屋面或其他曲面屋顶算至外墙(非山墙)的中心线与屋面板交点的高度。

④上述多种情况同时存在时，按最大值计取。

(3)同一建筑物檐高不同时，按不同檐高分别计算超高费。同一屋面的前后檐高不同时，以高檐为准。

(4)超高建筑增加费综合了由于超高施工人工、其他机械(扣除垂直运输、吊装机械、各类构件的水平运输机械以外的机械)降效以及加压水泵等费用。垂直运输、吊装机械的超高降效已综合在相应章节中。

二、计算规则要点和计算方法

(1)建筑物自设计室外地坪至檐高超过20m的建筑面积(以下简称超高建筑面积)计算超高增加费，其增加费均按与建筑物相应的檐高标准计算。20m所对应楼层的建筑面积并入建筑物超高费工程量，20m所对应的楼层按下列规定套用定额：

①20m以上到本层顶板高度在本层层高50%以内时，按相应超高项目乘以系数0.50套用定额。

②20m以上到本层顶板高度在本层层高50%以上时，按相应超高项目套用定额。

(2)超高建筑面积按《建筑工程建筑面积计算规则》的规定计算。

(3)超过20m以上的设备管道夹层按其外围(含外墙保温板)水平投影面积乘以系数0.50并入建筑物超高费工程量内，并按第一条规定套用定额。

(4)建筑物高度虽超过20m，但不足一层的，高度每超过1m(包括1m以内)按相应超高项目的25%计算；超过20m以上的技术层(层高2.2m以下)按其结构外围水平投影面积计算，并套用相应超高费项目乘以系数0.7。

(5)多层建筑物若20m以上部分的层高超过3.6m时，每增高1m(包括1m以内)按相应超高项目提高25%计算。

(6)超高费不分工业、民用，单层、多层，层数、层高一律套用本分部项目。

案例3-46

某框架结构的办公楼建筑，室外地坪标高为－0.600m，共8层，1～7层高为3.60m，顶层层高为4.8m，每层建筑面积均为400m^2，如图3-67、图3-68所示。计算该建筑的建筑物超高费。

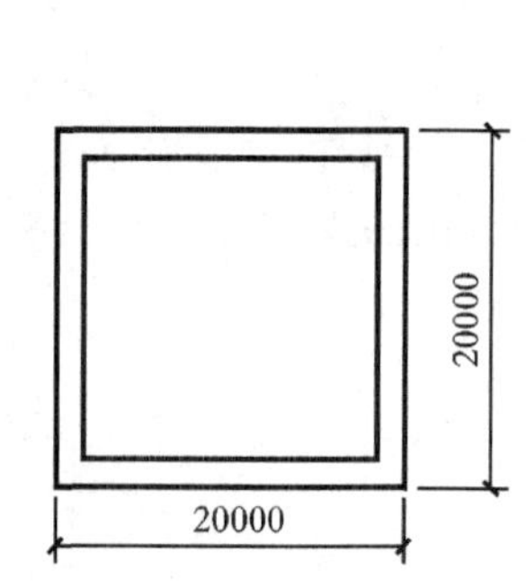

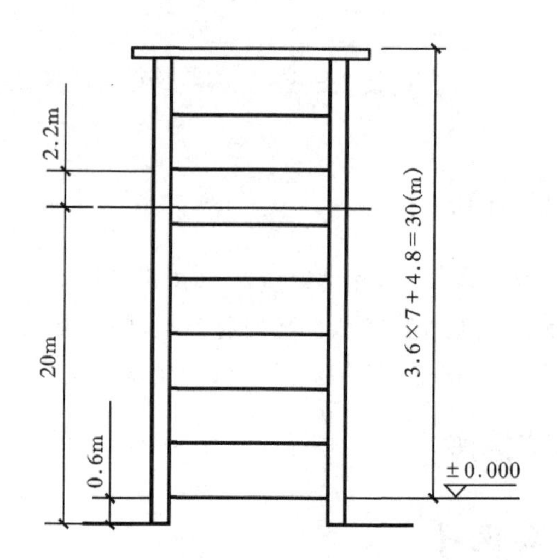

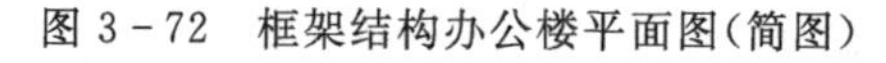
图 3－72　框架结构办公楼平面图(简图)

图 3－73　框架结构办公楼立面图(简图)

解：由图 3－72、3－73 可知，该建筑在第六层时建筑高度超过 20m，超过高度为 2.2m＞3.6×0.5＝1.8(m)，该层超高面积为：400m²

第七层超高面积为：400m²

第八层超高面积为：400＋400×25％×2＝600（m²）

该建筑物超高面积总计为：1400m²

建筑物建筑高度为 30.6m，套定额号为 A14－2，基价 2016.49 元/100 m²。

建筑物超高费：2016.49×14＝28230.86(元)

拓展任务　建筑工程大型机械一次安拆及场外运输费工程量计算

学习引导

通过学习本任务，熟悉建筑工程预算定额大型机械一次安拆及场外运输费工程计算规则。

知识链接

一、主要说明

1. 塔式起重机轨道基础及轨道铺拆应计算安拆费

2. 特、大型机械每安拆一次的费用

(1)安拆费中包括机械安装完毕后的试运转费用。

(2)自升塔安拆费是以塔高 70m 确定的，如塔高超过 70m 时，每增加 10m 安拆费增加 20％。

3. 特、大型机械场外运输费用

(1)特、大型机械场外运输费用已包括机械的回程费用。

(2)特、大型机械场外运输费用为运距 25km 以内的机械进出场费用；超过 25km 时，由承发包双方协商确定全部运输费用。

二、计算规则要点和计算方法

塔吊及轨道铺拆，特大型机械安拆次数及场外运输台次按施工组织设计确定。

任务十一　建筑工程其他可竞争措施项目工程量计算

学习引导

通过学习本任务，熟悉建筑工程预算定额其他可竞争措施项目工程计算规则。

知识链接

一、主要说明

1. 支挡土板

支挡土板项目分为密撑和疏撑，密撑是指满支挡土板，疏撑是指间隔支挡土板。

2. 打拔钢板桩

(1) 钢板桩若打入有侵蚀性地下水的土质超过一年或基底为基岩者，拔桩项目另行计算。

(2) 打槽钢或钢轨，按其机械乘以系数 0.77 计算。

(3) 项目未包括工程钢板桩的制作、矫正、除锈、刷油漆、咬口处防水及防渗。

(4) 打拔钢板桩项目不包括钢板桩的摊销费。

3. 降水工程

(1)井点排水按射流泵取定，如实际使用其他排水泵时，可以调整，附加的明排水泵，可按实计算。

(2)项目中单机组抽水包括一台水泵、一个水箱及胶管等设备，双机组抽水包括两台水泵，一个水箱及胶管等设备。

(3)抽水机降水系采用截、疏、抽的方法来进行排水，即在开挖基坑时，沿坑底周围或中央开挖排水沟，并设集水井，使基坑内的水经排水沟流向集水井，然后用水泵抽水。

(4)轻型井点降水使用是按 2 台射流井点泵、每台泵一天工作 24 小时编制的，如实际每台泵每天工作时间不足 24 小时时，工作时间按台班计算，其余时间按停滞费计取。

喷射井点降水使用是按 1 台电动多级离心清水泵、一天工作 24 小时编制的，如实际每台泵每天工作时间不足 24 小时时，工作时间按台班计算，其余时间按停滞费计取。

水平井点降水使用是按 1 台电动单机离心清水泵和一台真空泵、一天工作 24 小时编制的，如实际每台泵每天工作时间不足 24 小时时，工作时间按台班计算，其余时间按停滞费计取。

水泥管深井井点降水使用是按 1 台潜水泵、一天工作 24 小时编制的，如实际每台泵每天工作时间不足 24 小时时，工作时间按台班计算，其余时间按停滞费计取。

4. 其他

其他项目分为一般土建项目、桩基础工程，分别包括冬季施工增加费、雨季施工增加费、夜间施工增加费、生产工具用具使用费、检验试验配合费、工程定位复测、场地清理费、成品保护费、二次搬运费、临时停水停电费、土建工程施工与生产同时进行增加费、在有害身体健康的环境中施工降效增加费等，具体内容如下：

(1)冬季施工增加费，指当地规定的取暖期间施工所增加的工序、劳动功效降低、保温、加热的材料、人工和设施费用。不包括暖棚搭设、外加剂和冬季施工需要提高混凝土和砂浆强度所增加的费用，发生时另计。

(2)雨季施工增加费，指冬季以外的时间施工所增加的工序、劳动功效降低、防雨的材料、人工和设施费用。

(3) 夜间施工增加费，是指合理工期内因施工工序需要必须连续施工而进行的夜间施工发生的费用，包括照明设施的安拆、劳动工效降低、夜餐补助等费用。不包括建设单位要求赶工而采用夜班作业施工所发生的费用。

(4) 生产工具用具使用费，是指施工生产所需不属于固定资产的生产工具及检验用具等的购置、摊销和维修费，以及支付给工人的自备工具补贴费。

(5) 检验试验配合费，是指配合工程质量检测机构取样、检测所发生的费用。

(6) 工程定位复测、场地清理费，包括工程定位复测及将建筑物正常施工中造成的全部垃圾清理至建筑物内 50m 以外(不包括外运)的费用。

(7) 成品保护费，是指为保护工程成品完好所采取的措施费用。

(8) 二次搬运费，是指确因施工场地狭小，或由于现场施工情况复杂，工程所需材料、成品、半成品堆放点距建筑物(构筑物)近边在 150m 以外至 500m 范围内时，不能就位堆放时而发生的二次搬运费。不包括自建设单位仓库至工地仓库的搬运以及施工布置变化所发生的搬运费用。

(9) 临时停水停电费，是指施工现场临时停水停电每周累计 8 小时以内的人工、机械、停窝工损失补偿费用。

(10) 土建工程施工与生产同时进行增加费，是指改扩建工程在生产车间或装置内施工，因生产操作或生产条件限制(如不准动火)干扰了施工正常进行而降效的增加费用；不包括为保证安全生产和施工所采取措施的费用。

(11) 在有害身体健康的环境中施工降效增加费，是指在民法通则有关规定允许的前提下，改扩建工程，由于车间或装置范围内有害气体或高分贝的噪声超过国家标准以致影响身体健康而降效的增加费用；不包括劳保条例规定应享受的工种保健费。

其中，夜间施工增加费、生产工具用具使用费、检验试验配合费、工程定位复测、场地清理费、成品保护费、二次搬运费、临时停水停电费是全年摊销测算的。

冬(雨)季施工增加费，施工期不足冬(雨)季规定天数 50%的按 50%计取；施工期超过冬(雨)季规定天数 50%的按全部计取。

冬季或雨季施工期按照单位工程全部冬季或雨季施工天数计算；冬(雨)季规定天数是指工程所在地政府规定的一个年度冬(雨)季天数。

各地冬季、雨季规定天数根据当地政府规定的取暖期确定。未明确规定的可按表 3-37 确定：

表 3-37　各地冬季、雨季起止时间及天数参考表

<table>
<tr><th>序号</th><th>地区</th><th>冬季起止日期</th><th>冬季规定天数</th><th>雨季规定天数</th></tr>
<tr><td>1</td><td>石家庄</td><td rowspan="9">11 月 15 日
至次年 3 月 15 日</td><td rowspan="9">121 天</td><td rowspan="9">244 天</td></tr>
<tr><td>2</td><td>邢台</td></tr>
<tr><td>3</td><td>邯郸</td></tr>
<tr><td>4</td><td>衡水</td></tr>
<tr><td>5</td><td>沧州</td></tr>
<tr><td>6</td><td>保定</td></tr>
<tr><td>7</td><td>廊坊</td></tr>
<tr><td>8</td><td>唐山</td></tr>
<tr><td>9</td><td>承德</td></tr>
<tr><td>10</td><td>秦皇岛</td><td>11 月 5 日至
次年 4 月 5 日</td><td>151 天</td><td>214 天</td></tr>
<tr><td>11</td><td>张家口</td><td>11 月 1 日至
次年 3 月 31 日</td><td>151 天</td><td>214 天</td></tr>
</table>

注：本表冬(雨)季规定天数按平年计算，闰年未考虑。冬季之外施工期为雨季施工期。

案例 3-47

某一建筑工程建设地点在石家庄，开工时间：2012 年 11 月 14 日，竣工时间：2012 年 12 月 14 日，该工程不间断施工。

解:该工程冬季施工天数为31天,不足规定天数的50%,所以该工程的冬季施工增加费的费率为:0.64%×0.5。

雨季施工天数为1天,石家庄雨季规定天数为244天,不足50%,所以雨季施工增加费的费率为:1.48%×0.5。

案例3-48

某一建筑工程建设地点在石家庄,开工时间:2012年11月14日,竣工时间:2014年4月13日,该工程不间断施工。

解:石家庄采暖期:11月15日至次年3月15日。该工程冬季施工天数为(16+31+31+28+15)×2=242天,大于规定冬季天数121天,所以该工程的冬季施工增加费的费率为:0.64%。

雨季施工天数为1+16+30+31+30+31+31+30+31+14+16+13=274天,大于规定雨季天数244天,所以该工程的雨季施工增加费的费率为:1.48%。

二、计算规则要点和计算方法

(1)挡土板面积,按槽、坑垂直支撑面积计算。

(2)打拔钢板桩按钢板桩重量以吨计算,安拆导向夹具按设计图纸规定的水平延长米计算。

(3)井点降水区别轻型井点、喷射井点、大口径井点、水平井点、电渗井点,按不同井管深度的井管安装、拆除,以根为计算单位,使用按(套/天)计算。

井点套组成具体如下:

①轻型井点:50根为一套;喷射井点:30根为一套;大口径井点:45根为一套;

②电渗井点阳极:30根为一套;水平井点:10根为一套;水泥管深井井点:一根为一套。

井管间距应根据地质条件和施工降水要求,依据施工组织设计确定;若施工组织设计没有规定时,可按轻型井点管距0.8~1.6m、喷射井点管距2~3m确定。

使用天应以每昼夜24小时为一天,使用天数应按施工组织设计规定的使用天数计算。

(4)其他可竞争措施项目的其他费用按建设工程项目的实体和可竞争措施项目(11项费用除外)中人工费与机械费之和乘以相应系数计算。

任务十二 建筑工程不可竞争措施项目工程量计算

学习引导

通过学习本任务,熟悉建筑工程预算定额不可竞争措施项目工程计算规则。

知识链接

一、主要说明

(1)本分部包括一般土建工程安全防护、文明施工费、桩基础工程安全防护、文明施工费共两个子目,其消耗量不作调整。

(2)安全生产、文明施工费,是指为完成工程项目施工,发生于该工程前和施工过程中安全生产、环境保护、临时设施、文明施工的非工程实体的措施项目费用。安全防护、文明施工费包括安全网、建筑物垂直封闭、防护架以及临时防护栏杆等所发生的费用。

临时设施费,是指承包人为进行工程施工所必需的生活和生产用的临时建筑物、构筑物和其他临时设施的搭设、维修、拆除、摊销费用。临时设施包括：临时宿舍、文化福利及公用事业房屋与构筑物，仓库、办公室、加工厂以及规定范围内道路、水、电、管线等临时设施和小型临时设施。

(3)安全生产、文明施工费分基本费和增加费两部分。

基本费是按照工程所在地在市区、县城区域内，不临路编制的。如工程不在市区、县城区域内的，乘以系数 0.97；工程每一面临路的，增加 3%的费用。临路是指建筑物立面距道路最近便道(无便道时，以慢车道为准)外边线在 50m 范围内。

(4)安全生产、文明施工费的基本费、增加费均以直接费(含人工、材料、机械调整，不含安全生产、文明施工费)、企业管理费、利润、规费、价款调整之和作为计取基数。

(5)安全生产、文明施工费分不同阶段按下列规定计取：

①基本费在编制标底或最高限价、报价时按本章给定的费率及调整系数计算，竣工结算时按照造价管理机构测定的费率进行调整。

②增加费在编制标底或最高限价、报价时按最高费率计算，竣工结算时按照造价管理机构测定的费率进行调整。

(6)费率确定。安全生产、文明施工费按河北省建设工程计价依据规定计算，具体标准及费率确定按以下程序：

工程造价管理机构根据安全监督管理机构出具的评价结果并考虑影响安全生产、文明施工投入情况测定具体费率。

①基本费。造价管理机构测定基本费具体费率时，首先按照计价依据规定的影响安全生产、文明施工投入因素对基本费费率进行调整。调整后，根据安全监督管理机构出具的评价结果，分以下两种情况测算基本费费率：

评价结果为 70 分以下(不含 70 分)者，以调整后的基本费费率为最高费率(以 0 为最低费率)，原则按分值采用插入法计算基本费费率。

评价结果为 70 分以上(含 70 分)者，调整后的基本费费率即为该工程基本费费率。

②增加费。评价结果为 70 分以上(不含 70 分)者，计取增加费。

造价管理机构根据安全监督管理机构出具的评价结果，按照计价依据规定的增加费费率范围，原则上按分值采用插入法测定增加费费率。

③费率测定办理流程。建设工程安全监督管理机构根据现场评价情况出具《安全生产、文明施工评价表》，承包人持该表及《建设工程施工合同》、《建筑施工总平面图》等资料到工程造价管理机构进行费率测定。

现场评价结果在 85 分以上(含 85 分)的工程项目，办理费率测定时，承包人需向工程造价管理机构提交安全生产、文明施工费用投入资料。

A. 省建设工程安全监督管理机构进行现场评价的工程项目，其安全生产、文明施工费费率的测定工作由省工程造价管理机构负责。

B. 设区市及所辖县(区、市)建设工程安全监督管理机构进行现场评价的工程项目，其安全生产、文明施工费费率的测定工作由设区市工程造价管理机构负责，其中现场评价结果在 85 分以上(含 85 分)的工程项目，初步测定的费率和安全生产、文明施工费用投入资料报省工程造价管理机构备案后确定。

工程造价管理机构依据建设工程安全监督机构对安全文明措施评价结果及建设工程现场有关情况，测定安全生产、文明施工费费率。测定工作应在收到评价表及资料齐全后 5 个工作日内完成。

二、计算规则要点和计算方法

安全生产、文明施工费以直接费(含人工、材料、机械调整，不含安全生产、文明施工费)、企业管理费、利润、规费、价款调整之和作为计取基数。

任务十三　建筑装饰装修工程楼地面工程量计算

学习引导

通过学习本任务，熟悉建筑装饰装修工程预算定额楼地面工程计算规则，能够计算附录1某活动中心项目楼地面工程的工程量。重点是整体和块料面层的楼地面工程，难点是特殊部位的工程量计算，应注意楼梯和台阶等的工程量计算。

计算结果

见附录2　B.装饰装修工程工程量计算书　第一部分　装饰装修工程实体项目　一、B.1楼地面工程

知识链接

本分部包括垫层、找平层、整体面层、块料面层、橡塑面层、其他面层、踢脚线、楼梯装饰、栏杆、栏板、扶手装饰、台阶装饰及零星装饰等。

一、主要说明

(1)砂浆、石子浆的厚度、强度等级，以及混凝土的强度等级，设计与定额取定不同时，可以进行换算。

(2)垫层项目如用于基础垫层时，人工、机械乘以系数1.2(不含满堂基础)。

(3)地板采暖房间垫层，按不同材料套用相应定额，人工乘以系数1.37，材料乘以系数0.98。

(4)地面刷素水泥按“B.2墙柱面”相应项目计算。

(5)楼梯找平层按水平投影面积乘以系数1.37，台阶乘以系数1.48。

(6)楼地面块料面层水泥浆结合层厚度每增减1mm，每100m^{2}增减相应人工0.276工日，砂浆0.102m^3，灰浆搅拌机(200L)0.012台班。

(7)同一铺贴面上有不同种类、材质的材料，应分别按本分部相应项目使用。

(8)大理石、花岗岩楼地面拼花按成品考虑，镶拼面积小于0.015m^{2}的石材，执行点缀项目。

(9)块料面层、整体面层(现浇水磨石楼地面除外)均未包括找平层，如设计有要求时，另行计算。

(10)块料楼地面层不包括酸洗、打蜡，发生时可按相应项目计算。

(11)整体面层、块料面层中的楼地面项目和楼梯面层(除水泥砂浆和水磨石楼梯外)，均不包括踢脚线(板)工料。楼梯踢脚线按踢脚线相应项目乘以1.15系数。

(12)楼梯不包括板底及侧面抹灰。板底抹灰执行“B.3天棚工程”相应项目，侧面抹灰按“B.2墙柱面工程”相应项目计算。

(13)扶手、栏杆、栏板的主要材料用量，其设计与定额不同时，可以调整，但人工、机械不变。

(14)楼地面块料零星项目面层适用于楼梯侧面、台阶的侧面，小便池、蹲台、池槽以及每个平面面积在1m^{2}以内且未列项目的工程。

(15)金刚砂耐磨地面基层混凝土厚度调整执行混凝土场面每增减5mm项目。

(16)楼梯基层板按水平投影面积套用相应地面基层板乘以系数1.37。

(17)块料面层现场切割为弧形、异型、拼花及斜铺时，按相应项目人工乘系数1.50，块料损耗率按实际调整。

(18)石材楼地面干粉型黏结剂厚度取定4mm，陶瓷地砖楼地面干粉型黏结剂厚度取定2.5mm，干粉型黏结剂厚度与定额取定不同时，每增减1mm厚度，每100m^{2}增减干粉型黏结剂169kg，水增减0.042m^3，其他不变。

二、计算规则要点和计算方法

(1)楼地面整体面层、找平层按主墙间净面积以 m^2 计算。应扣除凸出地面的构筑物、设备基础及室内铁道等所占的面积(不需作面层的地沟盖板所占的面积亦应扣除)。不扣除柱、垛、间壁墙、附墙烟囱及 $0.3m^2$ 以内孔洞所占的面积,但门洞、空圈和暖气包槽、壁龛的开口部分亦不增加。

案例 3-49

计算附录1某活动中心项目中一楼活动室为细石混凝土地面的面层工程量。

解: $S=(26.1-0.5)\times(15.45-0.5)-(8.1+3.3+0.9-0.25+0.1)\times(7.45+0.1+0.025)$
$-(0.9-0.275-0.25)\times0.2$
$=290.61\ (m^2)$

(2)垫层按设计规定厚度乘以楼地面面积以立方米计算。

案例 3-50

计算附录1某活动中心项目中一楼活动室为细石混凝土地面的垫层工程量。

解: $V=290.61\times0.1=29.06\ (m^3)$

案例 3-51

计算附录1某活动中心项目中独立柱基础JC—1的混凝土垫层的工程量。

解: JC—1($N=4$):$V=(3.1+0.1\times2)\times(3.1+0.1\times2)\times0.1\times4=4.36\ (m^3)$

(3)块料面层、橡塑面层和其他材料面层按设计图示尺寸以净面积计算,不扣除 $0.1m^2$ 以内的孔洞所占的面积,门洞、空圈、暖气包槽和壁龛的开口部分的工程量并入相应的面层计算。块料面层拼花部分按实贴面积计算。

案例 3-52

计算附录1某活动中心项目二楼活动室陶瓷地砖楼面的工程量。

解: $S=(26.1-0.5)\times(15.45-0.5)-[0.6^2\times2+0.55^2\times2+(0.55-0.25)\times0.55\times8]-(5.5$
$-0.15+0.125)\times(3.295+0.025-0.125)\times2$
$=345.09\ (m^2)$

(4)竹、木地板龙骨及基层按面层的实铺面积计算。

(5)阶梯教室整体面层地面,按展开面积计算,套用相应的地面面层项目,人工乘以系数1.08。

(6)点缀按个计算,计算铺贴地面面积时,不扣除点缀所占面积。

(7)块料楼地面面层酸洗打蜡工程量,按实际酸洗打蜡面积计算。

(8)石材楼地面刷养护液按底面面积加4个侧面面积,以平方米计算。

(9)踢脚线按不同用料及做法以平方米计算。整体面层踢脚线不扣除门洞口及空圈处的长度,但侧壁部分亦不增加,垛、柱的踢脚线工程量合并计算。其他面层踢脚线按实贴面积计算。

案例 3-53

计算附录1某活动中心项目一层车库水泥砂浆踢脚线的工程量。

解: $S=[(7.45-0.1+0.025)\times4+(12.3-0.1-0.25-0.2)\times2+(0.55-0.25)+(0.55-$
$0.2)/2\times2]\times0.15$
$=8.05\ (m^2)$

(10)成品踢脚线按延长米计算。

(11)TG胶彩色楼地面及其踢脚线项目,不包括基层抹灰,其抹灰应另行计算。

(12)楼梯面层,按楼梯的水平投影面积计算(包括踏步和中间休息平台)。楼梯与楼面的分界以楼梯梁外边缘为界,无楼梯梁时,算至最上一层踏步边沿加300mm,不扣除宽度小于500mm的楼梯井所占的面积,梯井宽度超过500mm时应予扣除。

案例3-54

计算附录1某活动中心中楼梯块料(瓷砖)面层的工程量。

解:$S=(3.295-0.125+0.025)\times(5.5-0.125+0.125)\times2=35.15\ (m^2)$

(13)栏杆、栏板、扶手、成品栏杆(带扶手)均按其中心线长度以延长米计算。楼梯栏杆、栏板、扶手、成品栏杆(带扶手)如设计无规定时,其长度可按全部投影长度乘以系数1.15计算。

案例3-55

计算附录1某活动中心项目中楼梯(一部)栏杆的工程量。

解:$L=(3.6+0.15)\times1.118\times2+(1.5-0.15)\times2+(1.46\times2+0.15)+0.15+(0.15+3.6+0.1)\times1.118\times2+(1.56+0.15)$

$=24.62\ (m)$

(14)计算扶手时不扣除弯头所占的长度,弯头数量按个计算(一个拐弯计算两个弯头,顶层计算一个弯头)。

(15)硬木扶手项目已包括弯头制安,如采用成品弯头需另套成品弯头安装项目,同时扣除成品弯头所占长度。

(16)台阶面层工程量(包括踏步及最上一层踏步沿300mm)按水平投影面积计算。

案例3-56

计算附录1某活动中心项目中Ⓔ轴大台阶及平台镶贴花岗岩面层工程量。

解:

1.平台部分

(1)镶贴花岗岩面层工程量:$S=(5.2-0.6)\times(1.5-0.3)=5.52\ (m^2)$

说明:入口处台阶的平台部分,选标准图集做法计算(05J1地26)。

(2)厚C15混凝土垫层:$V=5.52\times0.1=0.552\ (m^3)$

2. 台阶镶贴花岗岩面层工程量:同砼台阶:18.90 m^2

$$S=(5.2+1.2)\times(1.5+0.6)-5.52=7.92\ (m^2)$$

(17)剁假石台阶面层以展开面积计算,套用墙柱面工程剁假石普通腰线项目。

(18)零星项目按实铺面积计算。

(19)楼梯防滑条按设计规定长度计算,如设计无规定者,可按踏步长度两端共减150 mm以延长米计算。

案例3-57

计算附录1某活动中心项目中楼梯踏步防滑条的其工程量。

解:$L=(1.46-0.15)\times13\times2\times2=68.12\ (m)$

任务十四　建筑装饰装修工程墙柱面工程量计算

学习引导

通过本任务,熟悉建筑装饰装修工程预算定额墙柱面工程计算规则,能够计算活动中心项目墙柱面工程的工程量。注意区别梁面、柱面抹灰项目，系指独立梁、独立柱；清楚腰线的概念和种类。

计算结果

见附录2 B.装饰装修工程工程量计算书 第一部分 装饰装修工程实体项目 二、B.2墙柱面工程

知识链接

一、主要说明

(1)项目中的抹灰砂浆种类、配合比、厚度是根据现行规范、标准设计图集及河北省常规采用的施工做法综合确定的，如设计的抹灰砂浆厚度与定额项目取定不同时，可按抹灰砂浆厚度调整表进行调整。

(2)本分部项目砂浆种类、饰面材料与设计不同时，可按设计规定调整，但人工、机械消耗量不变。

(3)定额已经综合考虑了内外墙抹灰用工，无论内外墙抹灰均执行相应抹灰定额子目。

(4)石灰砂浆、混合砂浆墙柱面抹灰项目内均已包括了水泥砂浆护角线的工料，工程计价不另增加。

(5)梁面、柱面抹灰项目，系指独立梁、独立柱。

(6)普通腰线系指突出墙面一至二道棱角线，复杂腰线系指突出墙面三至四道棱角线(每突出墙面一个阳角为一道棱角线)。

(7)天沟、泛水、楼梯或阳台栏板、飘窗板、空调板、内外窗台板、压顶、楼梯侧面和挡水沿、厕所蹲台、水槽腿、锅台、独立的窗间墙及窗下墙、讲台侧面、烟囱帽、烟囱根及烟囱眼、垃圾箱、通风口、上人孔、碗柜及吊柜隔板、小型设备基座等项的抹灰，按相应的普通腰线项目计算。

(8)楼梯或阳台栏杆、扶手、池槽、小便池、假梁头、柱帽及柱脚、方(圆)窨井圈、花饰等项的抹灰，按相应的复杂腰线项目计算。

(9)挑檐、砖出檐、门窗套、遮阳板、花台、花池、宣传栏、雨篷、阳台等的抹灰，凡突出墙面一至二道棱角线的，按普通腰线项目计算；突出墙面三至四道棱角线的，按复杂腰线相应项目计算。

(10)抹灰及镶贴块料面层项目中，均不包括基层面涂刷素水泥或界面处理剂。设计有要求时，应按设计另列项目计算。抹TG胶砂浆项目内已包括刷TG胶浆一道，不再另计。

(11)石材项目干粉型黏结剂取定厚度4mm，其他块料项目取定厚度2.5mm，干粉型黏结剂厚度如设计要求与定额取定不同时，每增减1mm厚度，每100m^{2}增减干粉型黏结剂169kg，水增减0.042m^3，其他不变。

(12)墙面贴块料、饰面高度在300mm以内者，按踢脚板项目计算。

(13)镶贴块料面层：

①块料面层设计规定的砂浆结合层配合比和厚度如与项目取定不同时，砂浆配合比和用量可调整，其他不变。外墙离缝镶贴面砖按缝宽分别套用相应项目，如灰缝与项目取定不同时，其块料与灰缝材料用量可以调整，其他不变。

②室内镶贴块料面层不论缝宽度如何，均按相应的块料面层项目计算。

③室内镶贴块料面层设计要求使用嵌缝剂勾缝，取消相应项目中白水泥用量，增加嵌缝剂30kg/100m^2。

④块料面层的零星项目适用于腰线、挑檐、天沟、窗台线、门窗套、压项、栏板、扶手、遮阳板、雨篷周边以及每个平面面积在1m^{2}以内的镶贴面。

(12)木构件。

①木龙骨基层是按双向计算的，如设计不同时，按设计用量与定额消耗量的比例调整人工、机械，材料按设计用量加损耗计算。

②面层、隔墙(间壁)、隔断(护壁)子目内，除注明者外均未包括压条、收边、装饰线(板)，如设计要求时，应按“B.6其他工程”相应项目使用。

③面层、木基层均未包括刷防火涂料，设计要求时，应按油漆、涂料、裱糊工程相应项目使用。

(13)幕墙。

①玻璃幕墙设计有平开、推拉窗者,仍使用幕墙项目,窗型材、窗五金相应增加,其他不变。

②玻璃幕墙中的玻璃按成品玻璃考虑,幕墙综合了避雷装置、防火隔离层,但幕墙的封边、封顶的费用另行计算。

(14)隔墙(间壁)、隔断(护壁)、幕墙等子目中的龙骨型号、间距、规格如与设计不同时,其用量允许调整。

二、计算规则要点和计算方法

1.外墙抹灰

(1)外墙面、墙裙(系指高度在1.5m以下)抹灰,按平方米计算,扣除门窗洞口、空圈、腰线、挑檐、门窗套、遮阳板所占的面积,不扣除0.3m^{2}以内的孔洞面积,附墙柱的侧壁应展开计算,并入相应的墙抹灰工程量内。门窗洞口及孔洞侧壁面积已综合考虑在项目内,不另计算。

(2)女儿墙顶及内侧、暖气沟、化粪池的抹灰,以展开面积按墙面抹灰相应项目计算,突出墙面的女儿墙压顶,其压顶部分应以展开面积,按普通腰线项目计算。

(3)腰线按展开宽度乘以长度以平方米计算(展开宽度按图示的结构尺寸为准)。

(4)内外窗台板抹灰工程量,如设计图纸无规定时,可按窗外围宽度共加20cm乘展开宽度计算,外窗台与腰线连接时并入相应腰线内计算。

(5)水泥黑板按框外围面积计算,黑板边框及粉笔槽抹灰已考虑在项目内,不另计算。

(6)拉毛、喷涂、弹涂、滚涂均按实抹(喷)面积以平方米计算,套用相应项目。

案例3-58

计算附录1某活动中心项目中压顶的抹灰的工程量。

解:$S=(0.25+0.06+0.05+0.06)\times(82.1-0.03\times8)=34.38\ (m^2)$

案例3-59

计算附录1某活动中心项目中Ⓔ轴雨篷周边的抹灰的工程量。

解:雨篷周边普通腰线一般抹灰(水泥砂浆,混凝土):

$$S=5.2\times0.1+1.2\times0.11\times2=0.78\ (m^2)$$

2.内墙面抹灰

(1)内墙面抹灰面积按主墙间的图示净长尺寸乘以内墙抹灰高度以平方米计算。应扣除门窗洞口、空圈所占的面积,不扣除踢脚线、挂镜线、墙与构件交接处及0.3m^{2}以内的孔洞所占面积,洞口侧壁和顶面面积亦不增加,不扣除间壁墙所占的面积。墙垛的侧面抹灰工程量应并入墙面抹灰工程量内计算。

内墙抹灰高度确定如下:

①有墙裙时,自墙裙顶算至天棚底或板底面;

②无墙裙时,其高度自室内地坪或楼地面算至天棚底面或板底面;

(2)内墙裙抹灰面积,以墙裙长度乘以墙裙高度计算,应扣除门窗洞口、空圈和0.3m^{2}以上孔洞所占面积,但不增加门窗洞口和空圈的侧壁面积,墙垛的侧壁面积应并入墙裙内计算。

(3)天棚有吊顶者,内墙抹灰高度算至吊顶下表面另加10cm计算。

3.独立柱及单梁

(1)独立柱和单梁的抹灰,应另列项目按展开面积计算,柱与梁或梁与梁的接头面积不予扣除。柱面抹灰按结构断面周长乘高计算。(定额中未注明)

(2)嵌入墙内的过梁、圈梁、构造柱抹灰不另列项目,并入相应墙面抹灰工程量内计算。

案例3-60

计算附录1某活动中心项目二层内墙面和独立柱的抹灰工程量。

解：

(1)二层内墙面：

$S=(L_{净长}+L_{柱侧面})\times h-S_{洞口面积}$

$L_{净长}=(15.45-0.25\times 2)\times 2+(26.1-0.25\times 2)\times 2=81.1$ (m)

$L_{柱侧面}=(0.55-0.25)\times 2\times 8=4.8$ (m)

$h=3.9-0.12=3.78$ (m)

统计得二层上的窗户有 9 个 C1518,9 个 C1818,1 个 C1218,2 个 C2118

$S_{洞口面积}=1.5\times 1.8\times 9+1.8\times 1.8\times 9+1.2\times 1.8\times 1+2.1\times 1.8\times 2=63.18$ (m^2)

$S=(81.1+4.8)\times 3.78-63.18=261.52$ (m^2)

(2)柱子的抹灰工程量：

$S_{KZ2}=0.55\times 4\times(3.9-0.12)\times 2=16.63$ (m^2)

$S_{KZ3}=0.6\times 4\times(3.9-0.12)\times 2=18.14$ (m^2)

所以 $S_{独立柱}=18.14+16.63=34.77$ (m^2)

4. 墙、柱面勾缝

(1)墙面勾缝按墙面垂直投影面积计算,应扣除墙裙和墙面抹灰所占的面积,不扣除门窗洞口及门窗套、腰线等所占的面积,但附墙柱和门窗洞口侧壁的勾缝面积亦不增加。

(2)独立柱、房上烟囱勾缝,按图示尺寸以“m^2”计算。

(3)烟囱筒身原浆勾缝已包括在项目内,如设计规定加浆勾缝时,应按相应项目展开计算,原浆勾缝的工料不予扣除。

5. 抹灰项目中的界面处理涂刷

抹灰项目中的界面处理涂刷,可利用相应的抹灰工程量计算。

6. 抹灰分格、嵌缝

抹灰分格、嵌缝按相应抹灰面面积计算。

7. 窗口塑料滴水线

窗口塑料滴水线按设计长度计算,如设计无规定者,按洞口宽度两边共减 7cm 计算。

8. 钉钢丝(板)网

钉钢丝(板)网,按实钉面积以“m^2”计算。

9. 墙面毛化处理

墙面毛化处理按毛化墙面面积计算,扣除洞口、空圈,不扣除 0.3m^2 以内的空洞面积。

10. 混凝土基面打磨

混凝土基面打磨按混凝土墙面面积计算,扣除洞口、空圈,不扣除 0.3m^2 以内的空洞面积。

11. 大模板墙面穿墙螺栓堵眼

大模板墙面穿墙螺栓堵眼按混凝土墙面单面面积计算,扣除洞口、空圈,不扣除 0.3m^2 以内的空洞面积。

12. 镶贴块料面层

(1)粘贴块料面层按图示尺寸以实贴面积计算。

(2)镶贴瓷砖、面砖块料,如需割角者,以实际切割长度,按延长米计算。

(3)挂贴大理石、花岗岩中其他零星项目的花岗岩、大理石是按成品考虑的,成品花岗岩、大理石柱墩、柱帽按最大外径周长计算。

案例 3-61

计算附录 1 某活动中心项目中勒脚的工程量。

解：勒脚为干粉性黏接剂粘贴外墙蘑菇石砖

$S=83.5\times 1-(2.8+7.55)\times 1-(2.1\times 2+1.5\times 2)\times 0.55-(5.8+3.1\times 2)\times 0.45=63.79$ (m^2)

13. 墙、柱(梁)饰面龙骨、基层、面层

墙、柱(梁)饰面龙骨、基层、面层均按设计图示尺寸以面层外围尺寸的展开面积计算。

14. 墙面铝塑包造型

墙面铝塑包造型按实际铺贴面积计算。

15. 柱帽、柱墩

除内容已列有柱帽、柱墩的项目外,其他项目的柱帽、柱墩工程量按设计图示尺寸以展开面积计算,并入相应柱面积内,每个柱帽或柱墩另增加人工抹灰 0.25 工日、块料 0.38 工日、饰面 0.5 工日。

16. 隔断、间断墙

隔断、间壁墙按图示尺寸净长乘净高以平方米计算,扣除门窗洞口及 $0.3m^2$ 以上的孔洞所占的面积。浴厕隔断中门的材质与隔断相同时,门的面积并入隔断面积内,不同时按相应门的制作项目计算。

17. 全玻隔断的不锈钢边框

全玻隔断的不锈钢边框工程量按边框展开面积计算。

18. 全玻隔断、全玻幕墙如有加强肋

全玻隔断、全玻幕墙如有加强肋者,工程量按其展开面积计算。

19. 玻璃幕墙、铝塑板、铝单板幕墙

玻璃幕墙、铝塑板、铝单板幕墙以框外围面积计算。

案例 3-62

如图 3-74 所示,储藏室的开间×进深尺寸为 2400×2400,M—3 尺寸为 800×2100,C—2 尺寸为 1200×1500,均安装在墙中心,其中门框宽 90mm,窗框宽 60mm,房间净高 2.4m,内墙面贴 200×300 釉面砖,要求阳角割角铺贴。试求贴釉面砖工程量。

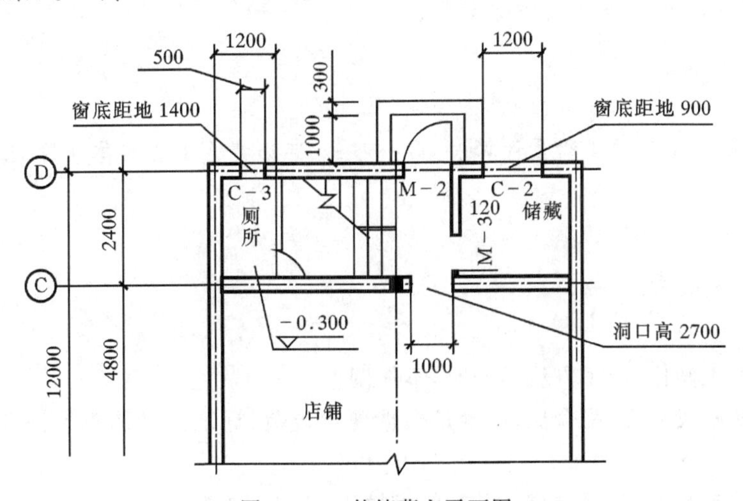

图 3-74 某储藏室平面图

解:

(1)储藏室釉面砖面积:$S_1=[(2.4-0.24)+(2.4-0.18)]\times2\times2.4-0.8\times2.1-1.2\times1.5$

$=17.54\ (m^2)$

C—2 侧面面积:$S_2=(0.24-0.060)/2\times(1.2+1.5)\times2=0.49\ (m^2)$

M—2 侧面面积:$S_3=(0.12-0.09)/2\times(2.1\times2+0.8)=0.08\ (m^2)$

$S=S_1+S_2+S_3=18.11\ (m^2)$

(2)瓷砖割角长度 $L=(1.2+1.5)\times2+(2.1\times2+0.8)=10.4\ (m)$

15. 柱饰面

柱饰面面积按外围饰面尺寸乘以高度计算。

案例 3-63

如图 3－75 所示，钢筋混凝土独立柱，柱断面尺寸 500×500mm，外挂贴花岗岩面层，20mm 厚面层板，50mm 宽缝隙用 1∶3 水泥砂浆分层灌缝，试求花岗岩面层工程量。

解：花岗岩面层工程量 $S=(0.5+0.07\times2)\times4\times3.6=9.22\ (m^2)$

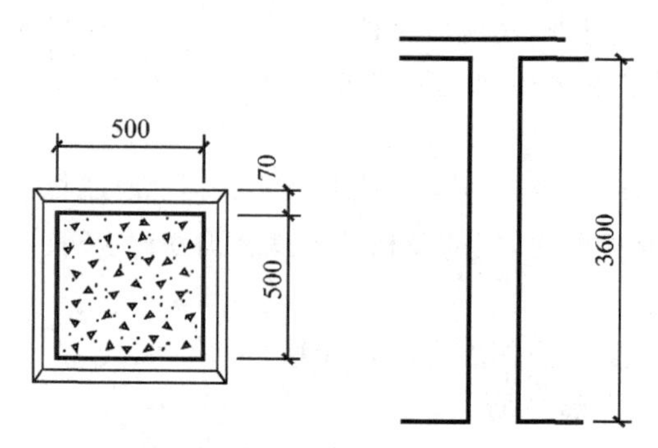

图 3－75　钢筋混凝土独立柱

任务十五　建筑装饰装修工程天棚工程量计算

学习引导

通过学习本任务，熟悉建筑装饰装修工程预算定额天棚工程计算规则，能够计算附录 1 某活动中心项目天棚工程的工程量。重点、难点是吊顶天棚。

计算结果

见附录 2　B. 装饰装修工程工程量计算书　第一部分　装饰装修工程实体项目　三、B. 3 天棚工程

知识链接

一、主要说明

(1)天棚抹灰按手工操作，施工方法不同时，不作调整。

(2)项目中的抹灰砂浆种类、配合比、厚度是根据现行规范、标准设计图集及河北省常规采用的施工做法综合取定的。

(3)设计的抹灰砂浆厚度与定额取定不同时，可按表 3－38 调整。

表 3－38　天棚抹灰砂浆厚度取定表(mm)

项目		每增减 1 mm厚度消耗量调整				
		人工(工日)	机械(台班)	砂浆(m^3)	干混砂浆(t)	水(m^3)
现场搅拌砂浆	石灰砂浆	0.35	0.014	0.11		0.01
	水泥砂浆	0.38	0.015	0.12		0.01
	混合砂浆	0.52	0.015	0.12		0.01
	石膏砂浆	0.43	0.014	0.11		0.01
预拌砂浆	干混砂浆	0.32	0.015		0.23	0.04

(4)天棚抹灰项目中已包括小圆角(天棚灰线)的工料,如有凹凸线者,另按突出的线条道路数以装饰线计算。

(5)装饰线是指突出抹灰面所起的线脚,每突出一个棱角为一道灰线,檐口滴水槽不作为突出抹灰面线脚。

(6)井字梁天棚是指每个井内面积在 $5m^2$ 以内者。

(7)阳台、雨篷、挑檐下抹灰按天棚抹灰计算规则计算。

(8)项目内已包括了天棚基层面浇水湿润工料,不包括基层面涂刷素水泥浆或界面处理剂。设计有要求时,按“B.2 墙柱面工程”相应项目套用。

(9)本分部除部分项目为龙骨、基层、面层合并列项外。其余均按龙骨、基层、面层分别列项编制。

(10)本分部龙骨的种类、间距、规格和基层、面层材料的型号、规格是按常用材料和常用做法考虑的,如设计要求不同时,材料可以调整,但人工、机械不变。

(11)天棚面层在同一标高时为平面天棚,天棚面层不在同一标高时为跌级天棚,跌级天棚其基层、面层工程量按相应项目人工乘系数 1.1 计算。

(12)轻钢龙骨、铝合金龙骨项目中均为双层结构(即中、小龙骨紧贴大龙骨底面吊挂),如为单层结构时(大、中龙骨底面在同一水平上),人工乘以系数 0.85 计算。

(13)平面天棚和跌级天棚指一般直线型天棚,不包括灯光槽的制作安装。灯光槽制作安装应按本节相应子目使用。艺术造型天棚项目中包括灯光槽的制作安装。

(14)天棚吊筋安装按混凝土板下钻眼挂筋编制,如在砖墙上打洞搁置骨架者,按相应项目每 $100m^2$ 减少人工 1.97 工日。

(15)龙骨、基层、面层的防火处理,应按“B.5 油漆、涂料、裱糊工程”相应项目套用。

(16)天棚检查孔的工料已包括在项目内,面层材料不同时,另增加材料,其他不变。

二、计算规则要点和计算方法

1. 天棚抹灰

(1)天棚抹灰面积,按主墙间的净空面积计算,有坡度及拱形的天棚,按展开面积计算,带有钢筋混凝土梁的天棚,梁的侧面抹灰面积,并入天棚抹灰工程量内计算。

(2)计算天棚抹灰面积时,不扣除间壁墙、垛、柱、附墙烟囱、附墙通风道、检查孔、管道及灰线等所占的面积。

案例 3-64

计算附录 1 某活动中心项目中一层大车库的天棚抹灰。

解: $S=(8.1+0.9-0.1-0.25)\times(7.45+0.025-0.1)+\underline{(0.65-0.11)\times2\times(7.45-0.55)}_{KL\text{-}3侧面}$

$=71.25\ (m^2)$

(3)楼梯底面抹灰,并入相应的天棚抹灰工程量内计算。楼梯(包括休息平台)底面积的工程量按其水平投影面积计算,平板式乘以系数 1.3 计算,踏步式乘以系数 1.8 计算。

案例 3-65

计算附录 1 某活动中心项目中楼梯的底面抹灰。

解: $S_{水平投影}=(3.295-0.125+0.025)\times(5.5-0.125+0.125)=17.57\ (m^2)$

$S=1.3\times S_{水平投影}\times2=1.3\times17.57\times2=45.68\ (m^2)$

(4)阳台、雨篷、挑檐下抹灰工程量,均按其水平投影面积计算。

案例 3-66

计算附录 1 某活动中心项目中雨篷下抹灰。

解:$S=(11.2+2.525+2.5+5.2)\times 1.2=25.71\ (m^2)$

(5)檐口天棚的抹灰面积,并入相应的天棚抹灰工程量内计算。

(6)带密肋的小梁及井字梁的天棚抹灰,按展开面积以 m^2 计算。按混凝土天棚抹灰项目计算,每 $100m^2$ 增加 4.14 工日。

(7)抹灰项目中的界面处理涂刷,可利用相应的抹灰工程量计算。

2.天棚吊顶

(1)各种吊顶天棚龙骨按主墙间净空面积计算,不扣除间壁墙、检查孔、附墙烟囱、柱、垛和管道所占面积。

(2)天棚基层按展开面积计算。

(3)天棚装饰面积,按主墙间实铺面积以平方米计算,不扣除间壁墙、检查孔、附墙烟囱、垛和管道所占面积,但应扣除 $0.3m^2$ 以上的孔洞、独立柱、灯槽及与天棚相连的窗帘盒所占的面积。

(4)本节项目中龙骨、基层、面层合并列项的项目,工程量计算规则同第 1 条。

(5)灯光槽按延长米计算。

(6)嵌缝按平方米计算。

(7)网架天棚、雨篷按水平投影面积计算。

案例 3-67

如图 3-76 至图 3-78 所示,房间进行吊顶,采用不上人轻钢龙骨纸面石膏板吊顶。窗帘盒不与天棚相连,面层贴壁纸,与墙面交接处四周压石膏线。试计算吊顶工程量。

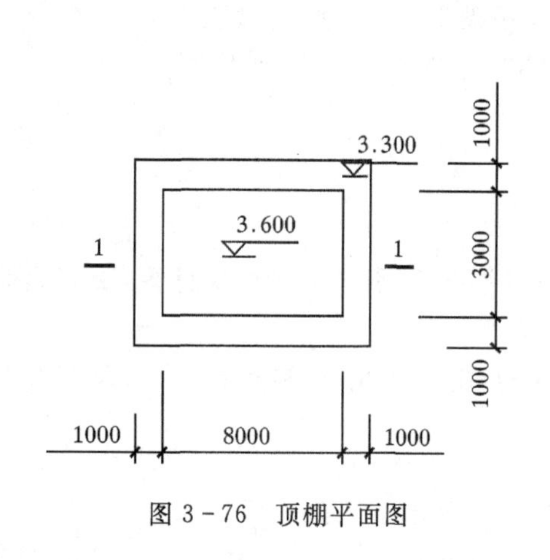

图 3-76 顶棚平面图

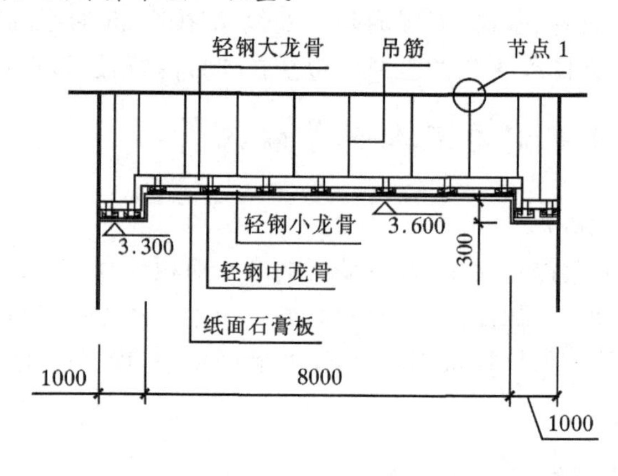

图 3-77 剖面图

解:

(1)吊顶天棚龙骨按主墙间净空面积计算

$$S=10\times 5=50\ (m^2)$$

(2)天棚装饰面积,按主墙间实铺面积以平方米计算

$S=10\times 5+(8+3)\times 2\times 0.3=56.6\ (m^2)$

(3)面层贴壁纸 $S=56.6\ m^2$

(4)石膏线长度 $L=(10+5)\times 2=30\ (m)$

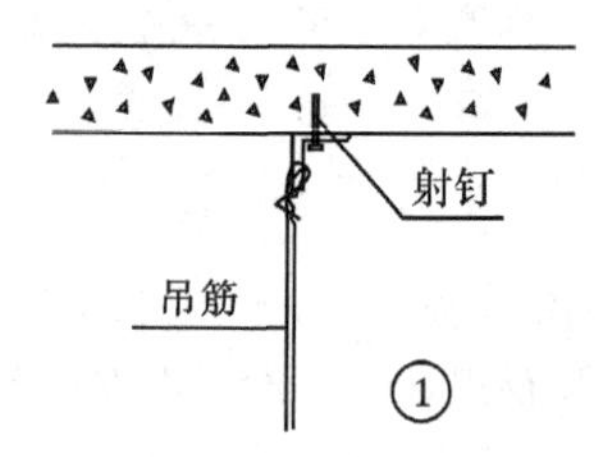

图 3-78 节点 1 详图

任务十六 建筑装饰装修工程门窗工程量计算

学习引导

通过本任务,熟悉建筑装饰装修工程预算定额门窗工程计算规则,能够计算附录 1 某活动中心项目门窗工程的工程量。

计算结果

见附录2 B.装饰装修工程工程量计算书 第一部分 装饰装修工程实体项目 四、B.4门窗工程

知识链接

一、主要说明

本分部是按机械和手工操作综合编制的，不论实际采取何种操作方法，均按规定执行。

1.普通门窗

(1)木材断面或厚度均以毛料为准。如设计注明断面或厚度为净料时，应增加刨光损耗：板方材一面刨光加3mm，二面刨光加5mm，圆木刨光按每立方米木材增加0.05m^3计算。

(2)凡注明门窗框、扇料断面允许换算者，应按设计规定断面换算，其他不变。

(3)门窗玻璃厚度和品种与设计规定不同时，应按设计规定换算，其他不变。

(4)木窗扇制作、安装，不分平开、中转、推拉或翻窗扇，均按普通木窗扇制作、安装项目计算。

(5)工业中悬窗扇制作、安装，也适用于下悬式、上悬式工业窗扇。

(6)普通成品木门窗需要安装时，按相应制安项目中安装子目计算，成品门窗价格按实际价格计算，其他不变。

(7)各种木门窗框、扇制作安装项目，不包括从加工厂的成品堆放场到现场堆放场的场外运输。如实际发生时，按构件运输及安装工程相应项目计算。

2.装饰门窗

(1)铝合金门窗制作、安装项目不分现场或施工企业附属加工厂制作，均使用本项目。

(2)成品门窗安装项目中，门窗附件(五金等)按已包含在成品门窗单价内考虑；铝合金门窗制作、安装项目中未含五金配件，五金配件按规定选用。

(3)铝合金实际采用的型材断面及厚度与项目取定规格不符者，可按图示尺寸乘以线密度加6%的施工损耗计算型材重量。

二、计算规则要点和计算方法

(1)普通木门窗框及工业窗框，分制作和安装项目，以设计框长每100m为计算单位，分别按单、双裁口项目计算。余长和伸入墙内部分及安装用木砖已包括在项目内，不另计算。若设计框料断面与附注规定不同时，项目中烘干木材含量，应按比例换算，其他不变。换算时以立边断面为准。例如：普通木窗为带亮三开扇，每樘框外围尺寸为宽1.48 m，高1.98 m(当中有中立槛及中横槛)，边框为双裁口，毛料断面为64cm^2，项目规定断面为45.6cm^2，烘干木材为0.553 m^3/100 m。则：

每樘框料总长为(1.48＋1.98)×3＝10.38 (m)

断面换算比例为64/45.6×100%＝140.35%

烘干木材换算为0.553/100×140.35%＝0.776/100 (m^2)

(2)普通木门窗扇、工业窗扇等有关项目分制作及安装，以100m^2扇面积为计算单位。如设计扇料边梃断面与附注规定不同时，项目中烘干木材含量，应按比例换算，其他不变。

(3)普通木门窗、工业木窗，如设计规定为部分框上安装玻璃者，扇的制作、安装与框上安玻璃的工程量应分别列项计算，框上安玻璃的工程量应以安装玻璃部分的框外围面积计算。

(4)工业窗扇制作、安装分中悬窗扇和平开窗扇。如设计为部分中悬窗扇、部分平开窗扇时，应分别列项计算。

案例 3-68

如图 3-79 所示，木窗 1PC-1515 为单玻外开带纱扇带上亮窗，计算该樘木窗工程量。

解：

双裁口木窗框制作、安装：1.48×3+1.48×3=8.88 (m)

木窗扇制作、安装：(0.461+0.451+0.466)×(0.388+0.99)=1.90 (m^2)

木纱扇制作、安装：(0.461+0.451+0.466)×(0.388+0.99)=1.90 (m^2)

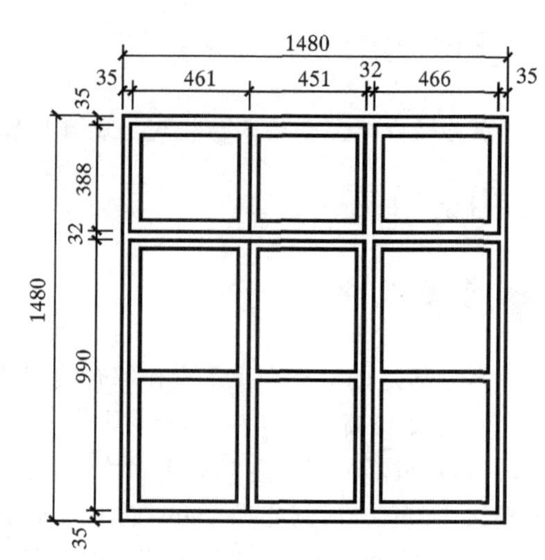

图 3-79 木窗示意图

(5)木天窗扇制作、安装，按工业窗扇相应项目执行。

(6)天窗木框架(包括横挡木及小立木)制作安装，以立方米竣工木料为单位计算。天窗上、下封口板按实钉面积计算。

(7)木百叶窗制作、安装按框外围面积计算，项目中已包括窗框的工、料。

(8)门连窗的窗扇和门扇制作、安装应分别列项计算，但门窗相连的框可并入木门框工程量内，按普通木门框制作、安装项目执行。

(9)普通钢门窗上安玻璃按框外围面积计算。当钢门仅有部分安装玻璃时，按部分安装玻璃的框外围面积计算。

(10)窗台板按实铺面积计算。如图纸未注明窗台板长度和宽度时，可按窗框的外围宽度两边共加 10cm 计算，凸出墙面的宽度按抹灰面外加 5cm 计算。

案例 3-69

计算附录 1 某活动中心项目中石材窗台板的工程量。

解：按窗居墙中，窗框为 60 系列，图集 05J7—1—2/66。

L=(1.2+0.1)×2+(1.5+0.1)×13+(1.8+0.1)×14+(2.1+0.1)×2=54.4 (m)

b=(0.25−0.06)/2+0.05=0.095+0.05=0.145 (m)

$S=L\times b$=54.4×0.145=7.89 (m^2)

(11)窗披水条分为框带披水条和另钉披水条两种，均以米为单位计算。

(12)钢门窗安装按框外围面积计算。

(13)装饰门窗。

①铝合金门窗制作、安装，成品铝合金门窗、彩板门窗、塑钢门窗安装均按洞口面积以平方米计算。纱扇制作、安装按纱扇外围面积计算。

案例 3-70

计算附录 1 某活动中心项目中塑钢门窗的工程量。

解：

(1)塑钢门安装，S=洞口面积×数量

S=1.5×2.8×2+2.1×2.8×2=20.16 (m^2)

(2)塑钢窗安装，S=洞口面积×数量

S=1.2×1.8×2+1.5×1.8×13+1.8×1.8×14+2.1×1.8×2=92.34 (m^2)

②卷闸门安装按其安装高度乘以门的实际宽度以平方米计算。安装高度按洞口高度增加 600mm 计算。带卷筒罩的按展开面积增加。电动装置安装以套计算，小门安装以个计算，若卷闸门带小门时，小门面积不扣除。不锈钢、镀锌板网卷帘门执行铝合金卷帘门子目，主材换算调整，其他不变。

案例 3-71

计算附录1某活动中心项目中大车库铝合金卷闸门的工程量。

解：卷闸门外平：洞高加600mm，洞宽加100mm，卷筒罩尺寸为400×400

铝合金卷闸门安装 $S=(7.55+0.1)\times(3.45+0.6)+\underline{0.4\times3\times(3.45+0.6)+0.4^2_{卷筒罩}}=36.00\ (m^2)$

③防盗门、防盗窗、百叶窗、对讲门、钛美合金推拉门、无框全玻门、带框全玻门、不锈钢格栅门按框外围面积以"m^2"计算。

④成品防火门防火窗以框外围面积计算，防火卷帘门从地（楼）面算至端板顶点乘设计宽度。

⑤实木门框制作、安装以延长米计算。实木门扇制作、安装及装饰门扇制作按扇外围面积计算。装饰门扇及成品门扇安装，按扇计算。

⑥木门扇皮制隔音面层和装饰板隔音面层，按单面面积计算。

⑦成品门窗套按洞口内净尺寸分别不同宽度以延长米计算。

⑧不锈钢板包门框、门窗套、花岗岩门套、门窗筒子板按展开面积计算。

⑨门窗贴脸按门窗框的外围长度以延长米计算。双面钉贴脸者应加倍计算。

⑩窗帘盒和窗帘轨道按图示尺寸以米计算。如设计无规定时，可按窗框的外围宽度两边共加30cm计算。

⑪电子感应自动门、全玻转门及不锈钢电动伸缩门以樘为单位计算。

⑫门扇铝合金踢脚板安装以踢脚板净面积计算。

⑬窗帘按设计图示尺寸以"m^2"计算。

任务十七　建筑装饰装修工程油漆、涂料、裱糊工程量计算

学习引导

通过学习本任务，熟悉建筑装饰装修工程预算定额油漆、涂料、裱糊工程计算规则，能够计算附录1某活动中心项目油漆、涂料工程的工程量。重点是墙面、顶棚的涂料粉刷，难点是分部分项工程工程量的系数的确定。

计算结果

见附录2　B.装饰装修工程工程量计算书　第一部分　装饰装修工程实体项目　五、B.5 油漆、涂料、裱糊工程

知识链接

一、主要说明

(1)本部分涂刷油漆、涂料均采用手工操作；喷塑、喷涂采用机械操作。操作方法不同时，不予调整。

(2)项目内规定的喷、涂、刷遍数与设计要求不同时，可按每增加一遍项目进行调整。

(3)门窗贴脸、披水条、盖口条的油漆已综合在相应项目中，不另行计算。

(4)项目中的单层木门刷油是按双面刷油考虑的，如采用单面刷油，其工程量按相应计算规则计算乘以系数0.49。

二、计算规则和计算方法

(1)木材面油漆：水材面油漆、工程量分别按下列表中相应的计算规则以平方米或延长米计算。

①按单层木窗项目计算工程量的系数(即多面涂刷按单面面积计算工程量)，如表3-39所示。

表3-39 按单层木窗油漆项目计算工程量的系数

序号	项目	系数	计算方法
1	单层木窗或部分带框上安玻璃	1.00	框外围面积
2	单层木窗带纱扇	1.40	
3	单层木窗部分带纱扇	1.28	
4	单层木窗部分带纱扇部分带框上安玻璃	1.14	
5	木百叶窗	1.46	
6	双层木窗或部分带框上安玻璃(双裁口)	1.60	
7	双层框扇(单裁口)木窗	2.00	
8	双层框三层(二玻一纱)木窗	2.60	
9	单层木组合窗	0.83	
10	双层木组合窗	1.13	

②按单层木门项目计算工程量的系数(即多面涂刷按单面面积计算工程量),如表3-40所示。

表3-40 按单层木门油漆项目计算工程量的系数

序号	项目	系数	计算方法
1	单层木板门或单层玻璃镶板门	1.00	框外围面积
2	单层全玻璃门、玻璃间壁、橱窗	0.83	
3	单层半截玻璃门	0.95	
4	纱门扇及纱亮子	0.83	
5	半截百叶门	1.53	
6	全百叶门	1.66	
7	厂库房大门	1.10	
8	特种门(包括冷藏门)	1.00	
9	双层(单裁口)木门	2.00	
10	双层(一玻一纱)木门	1.36	

注:无门框的门扇按相应种类的门计算。

③按木扶手(不带托板)项目计算工程量的系数(即多面涂刷按延长米计算工程量),如表3-41所示。

表3-41 按木扶手(不带托板)油漆项目计算工程量的系数

序号	项目	系数	计算方法
1	木扶手(不带托板)	1.00	延长米
2	木扶手(带托板)	2.50	
3	窗帘盒	2.00	
4	封檐板、搏风板	1.70	
5	挂衣板、黑板框、单独木线条100mm以外	0.50	
6	挂镜线、窗帘棍、单独木线条100mm以内	0.40	

④按其他木材面项目计算工程量系数(即单面涂刷按单面面积计算工程量),如表3-42所示。

表 3-42　按其他木材面油漆项目计算工程量的系数

序号	项目	系数	计算方法
1	木板、胶合板、纤维板天棚	1.00	长×宽
2	清水板条檐口天棚	1.10	
3	吸音板墙面或天棚面	0.87	
4	木方格吊顶天棚	1.20	
5	暖气罩	1.30	
6	木窗台板、筒子板、盖板、门窗套、踢脚板	0.83	
7	木护墙、木墙裙	0.90	
8	屋面板(带檩条)	1.10	斜长×宽
9	壁柜、衣柜	1.00	实刷展开面积
10	方木屋架	1.77	跨度×中高×0.5
11	木间壁、木隔断	1.90	单面外围面积
12	玻璃间壁露明墙筋	1.65	
13	木栅栏、木栏杆(带扶手)	1.82	
14	零星木装修	0.87	展开面积
15	梁柱饰面	1.00	

(2)金属面油漆:金属构件油漆工程量按下列表中相应的计算规则以平方米或吨计算。

①按单层钢门窗项目计算工程量的系数(即多面涂刷按单面面积计算工程量),如表 3-43 所示。

表 3-43　按单层钢门窗项目计算工程量的系数

序号	项目	系数	计算方法
1	普通单层钢门窗	1.00	框外围面积
2	普通单层钢门窗带纱扇或双层钢门窗	1.48	
3	普通单层钢窗部分带纱扇	1.30	
4	钢平开、推拉大门、钢折叠门、射线防护门	1.70	
5	钢半截百叶门	1.53	
6	钢百叶门窗	1.66	
7	钢板(丝)网大门	0.80	
8	间壁	1.60	长×宽

注:普通钢门窗包括空腹及实腹钢门窗。

②按其他金属面油漆项目计算工程量的系数,如表 3-44 所示。

表 3-44　按其他金属面油漆项目计算工程量的系数

序号	项目	系数	计算方法
1	钢屋架、天窗架、挡风架、托架梁、支撑、檩条	1.00	以重量计算
2	钢墙架	0.70	
3	钢柱、吊车架、花式梁、柱	0.60	
4	钢操作台、走台、制动梁、车挡	0.70	
5	钢栅栏门、栏杆、窗栅	1.70	
6	钢爬梯及踏步式钢扶梯	1.20	
7	轻型钢屋架	1.40	
8	零星铁件	1.30	

③按镀锌铁皮面油漆项目计算工程量的系数，如表 3－45 所示。

表 3－45　按镀锌铁皮面油漆项目计算工程量的系数

序号	项目	系数	计算方法
1	平铁皮屋面	1.00	斜长×宽
2	瓦垄铁皮屋面	1.20	
3	包镀锌铁皮门	2.20	框外围面积
4	吸气罩	2.20	水平投影面积
5	铁皮排水、伸缩缝铁皮盖板	1.05	展开面积

④金属结构防火涂料以不同涂料厚度按构件的展开面积以平方米计算。金属构件面积折算表如表 3－46 所示。

表 3－46　金属构件面积折算

序号	项目名称	单位	折算面积(m^2)
1	钢屋架、支撑、檩条	t	38
2	钢梁、钢柱、钢墙架	t	38
3	钢平台、操作台	t	27
4	钢栅栏门、栏杆	t	65
5	钢踏步梯、爬梯	t	45
6	零星铁件	t	50
7	钢球形网架	t	28

注：本表折算量金属表面面积如与实际不符时，可根据实际情况进行调整。

案例 3-72

某建筑计算木墙裙的面积为 100m²，刷润油粉，刮腻子，聚氨酯清漆两遍，求其表面油漆工程量。

解：查表得木墙裙按表 3－40 木护墙、木墙裙项目计算工程量，其系数为 0.90

$$工程量为\ L=100\times0.9=90\ (m^2)$$

(3)抹灰面油漆、涂料，喷(刷)可按相应的抹灰工程量计算。

(4)混凝土栏杆花饰刷浆按单面外围面积乘以系数 1.82 计算。

(5)项目中的隔墙、护壁、柱、天棚木龙骨及木地板中木龙骨带毛地板，刷防火涂料工程量计算规则如下：①隔墙、护壁木龙骨按其面层正立面投影面积计算；②柱木龙骨按其面层外围面积计算；③天棚木龙骨、金属龙骨按其面层水平投影面积计算；④木地板中木龙骨及木龙骨带毛地板按地板面积计算。

(6)隔壁、护壁、柱、天棚面层及木地板刷防火涂料，使用其他木材面刷防火涂料相应子目。

(7)木楼梯(不包括底面)油漆，按水平投影面积乘以系数 2.3 计算，套用木地板相应子目。

(8)贴墙纸按实贴面积以平方米计算。

(9)织物面喷阻燃剂按实际喷刷面积以“m²”计算。

拓展任务　建筑装饰装修工程脚手架工程量计算

学习引导

通过学习本任务，熟悉建筑装饰装修工程预算定额脚手架工程计算规则。注意建筑装饰装修工程预算定额脚手架只适用于单独承包的装饰装修工程，如果跟建筑工程一起总包，则本项目任务九中已讲解相关内容，不再单独计算。

知识链接

一、主要说明

(1)装饰装修脚手架包括外墙面装饰脚手架、满堂脚手架、简易脚手架、内墙面装饰脚手架、活动脚手架、电动吊篮,型钢悬挑脚手架。

(2)脚手架是以扣件式钢管脚手架、木脚手板为主编的,使用于装饰工程。

(3)脚手管、扣件、底座、工具式活动脚手架、电动吊篮,均按租赁及合理的施工方法、合理工期编制的,租赁材料往返运输所需要的人工和机械台班已包括在相应的项目内。

(4)外墙面装饰脚手架时按外墙装饰高度编制的。外墙装饰高度以设计室外地坪作为计算起点,装饰高度按以下规定计算:

①平屋顶带挑檐的,算至挑檐栏板结构顶标高。

②平面顶带女儿墙的,算至女儿墙顶。

③坡屋面或其他曲面屋顶至墙中心线与屋面板交点的高度,山墙按山墙平均高度计算。

④屋顶装饰架与外墙同立面(含水平距外墙 2m 以内范围),并与外墙同时施工,算至装饰架顶标高。上述多种情况同时存在时,按最大值计取。

⑤天棚装饰工程,高度超过 3.6 m 时,计算满堂脚手架。

(6)租赁时间按一般装修确定的,中级装修租赁材料、租赁机械消耗量乘以系数 1.10,高级装修租赁材料、租赁机械消耗量乘以系数 1.20。一般装修、中级装修、高级装修的划分标准见表 3-47:

表 3-47　一般装修、中级装修、高级装修的划分标准

项目	一般	中级	高级
墙面	勾缝、水刷石、干粘石、一般涂料、抹灰、刮腻子	贴面砖、高级涂料、贴壁纸、镶贴石材、木墙裙	干挂石材、铝合金条板、锦缎软包、镶板墙面、幕墙、金属装饰板、造型木墙群、木装饰板
天棚	一般涂料	高级涂料、吊顶、壁纸	造型吊顶、金属吊顶

(7)外墙面装饰利用主体工程脚手架时,按相应外墙面脚手架项目计算,其中人工乘以系数 0.20,取消机械台班,其余不变。

(8)外墙面脚手架、吊篮脚手架项目均是按包括外墙外保温板安装、保温抹灰、外墙装饰工作内容编制的,如果外墙外保温板安装不适用外墙面脚手架、吊篮脚手架,仅保温抹灰、外墙面装饰适用外墙面脚手架、吊篮脚手架,按相应外墙面脚手架、吊篮脚手架项目乘以系数 0.7 计算,其余不变。

(9)内墙(柱)面装饰装修高度超过 1.2m,按内墙装饰装修相应脚手架计算。

二、计算规则要点和计算方法

(1)装饰装修外脚手架,按外墙的外边线长乘墙高以平方米计算,不扣除门窗洞口的面积。同一建筑物各面墙的高度不同,应分别计算工程量。

(2)独立柱按柱周长增加 3.6 m 乘柱高套用装饰装修外脚手架相应高度的子目。

(3)室内地坪或楼面至装饰天棚高度在 3.6m 以内的抹灰天棚、钉板天棚、吊顶天棚的脚手架按天棚简易脚手架计算,室内地坪或楼面至装饰天棚高度超过 3.6m 的抹灰天棚、钉板天棚、吊顶天棚的脚手架按满堂脚手架计算,屋面板底勾缝、喷浆、屋架刷油的脚手架按活动脚手架计算,其工程量搭设水平投影面积以"m^2"计算。

(4)满堂脚手架按不同的高度套用。满堂脚手架的高度以室内地坪或楼面至天棚底面为准,无吊顶天棚的算至楼板底，有吊顶天棚的算至天棚的面层，斜天棚按平均高度计算。计算满堂脚手架后，室内墙柱面装饰工程不再计算脚手架。满堂脚手架的基本层高在 3.6～5.2m 之间者，计算满堂脚手架基本层，超过 5.2m 时，每超过 1.2m 计算一个满堂脚手架增加层。计算增加层脚手架时，超高部分在 0.6m 以内者舍去不计，超过 0.6m 者，计算一个增加层。

案例 3-73

某活动中心的顶棚距地面 9.0m，要求做铝合金板条吊顶，已知顶棚水平投影面积为 1200 m^2，试求装饰装修脚手架工程量。

解： 按满堂脚手架考虑，天棚高度已超过 5.2 m，套用 B7-17 满堂脚手架高度在 10m 以内。

满堂脚手架工程量：

$$S=1200\ m^2$$

(5)内墙、柱面装饰工程脚手架，内墙面按墙面垂直投影面积计算，不扣除门窗洞口的面积，柱面按柱的周长加 3.6m 乘以高度计算。高度在 3.6m 以内时，按墙面简易脚手架计算，高度超过3.6m未计算满堂脚手架时，按相应高度的内墙面装饰脚手架计算。

(6)电动吊篮脚手架按外墙装饰面积计算，不扣除门窗洞口面积。

(7)滑升模板施工的建筑物装饰应按内装饰脚手架和吊篮脚手架有关规定计算。

(8)围墙勾缝、抹灰按墙面垂直投影面积计算，套用墙面简易脚手架；挡土墙勾缝、抹灰如不能利用砌筑脚手架时按墙面垂直投影面积计算，套用墙面简易脚手架。

(9)高度 3.6m 以内的铁栏杆油漆计算一次简易墙面脚手架。

任务十八　建筑装饰装修工程垂直运输及超高增加费工程量计算

学习引导

通过学习本任务，熟悉建筑装饰装修工程预算定额垂直运输及超高增加费工程计算规则。注意建筑装饰装修工程预算定额垂直运输及超高增加费不管是单独承包的装饰装修工程，还是跟建筑工程一起总包，都要计算。工程量计算与建筑工程有很大的差异。

知识链接

一、主要说明

(1)建筑物装饰装修工程垂直运输费用和超高增加费是以建筑物的檐高及层数两个指标同时界定的，凡檐高达到上限而层数未达到的以檐高为准；如层高达到上限而檐高未达到时，以层数为准。

(2)建筑物檐高以设计室外地坪标高作为计算点，建筑物檐高按下列方法计算，突出屋面的电梯间、水箱间、亭台楼等均不计入檐高内。

①平屋顶带挑檐的，算至挑檐板结构下皮标高；

②平屋顶带女儿墙的，算至屋顶结构板上皮标高；

③坡屋面或其他曲面屋顶均算至墙(非山墙)得中心线与屋面板交点高度。

(3)项目工作内容包括单位工程在合理工期没完成本定额项目所需的垂直运输机械台班，不包括机械场外往返运输、一次安拆等费用。

(4)同一建筑物多种檐高时，建筑物檐高均应以该建筑物最高檐高为准。

(5)单独分层承包的室内装饰装修工程，以施工的最高楼层的层数为准。

(6)垂直运输费。

①带地下室的建筑物以±0.00m 为界分别套用±0.00m 以下及以上的项目。无地下室的建筑物套

用±0.00m以上相应项目。

②檐口高度在3.60m以内的单层建筑物,不计算垂直运输机械费。檐口高度在3.60m以上的单层建筑物,按±0.00m以上相应项目乘以0.5系数。

③单独的地下室建筑物套用±0.00m以下的相应项目。

④层高小于2.2m的技术层不计算层数,其装饰装修工程量并入总工程量计算。

⑤二次装饰装修工程利用电梯或通过楼梯人力进行垂直运输的按实计算。

(7)超高增加费。

①本项目适用于建筑物檐高20m以上或层数超过6层的装饰装修工程。

②超高增加费综合了由于超高施工人工、垂直运输、其他机械降效等费用。

③20m所对应楼层的工程量并入超高费工程量,20m所对应的楼层按下列规定套用定额:20m以上到本层顶板高度在本层层高50%以内时,按相应超高项目乘以系数0.50套用定额;20m以上到本层顶板高度在本层层高50%以上时,按相应超高项目套用定额。

二、计算规则要点和计算方法

1.垂直运输工程量

装饰装修工程垂直运输工程量,区分建筑物的檐高或层数、±0.00m以下及以上,按装饰装修实体项目和脚手架的人工工日计算。±0.00m对应楼层费地面工程量并入±0.00m以上部分的工程量计算。

2.超高增加费工程量

装饰装修工程超高增加费工程量,以建筑物的檐高超过20m或层数超过6层以上部分的装饰装修实体项目和脚手架的人工费与机械费之和为基数,按檐高口高度或层数套用相应项目。

$$\text{超高增加费}=\sum(\text{超高范围的人工费}+\text{机械费})\times\text{相应檐高的超高费率} \tag{3-61}$$

任务十九 建筑装饰装修工程其他可竞争措施项目工程量计算

学习引导

通过学习本任务,熟悉建筑装饰装修工程预算定额其他可竞争措施项目工程计算规则。注意成品保护是按受保护面层的实际面积计算。

知识链接

一、主要说明

(1)本节中未包括而工程施工现场发生的其他措施性费用,可按实际发生或批准的施工组织设计计算。

(2)本节项目以实体项目和脚手架工程、垂直运输及超高增加费项目中的人工费和机械之和为计算基数。

(3)生产工具用具使用费,指施工生产所需不属于固定资产的生产工具及检验用具等的购置、摊销和维修费,以及支付给工人的自备工具补贴费。

(4)检验试验配合费,指配合工程质量检测机构取样、检测所发生的费用。

(5)冬季施工增加费,指当地规定的取暖期间施工所增加的工序、劳动功效降低、保温、加热的材料、人工和设施费用。不包括暖棚搭设、外加剂和冬季施工需要提高混凝土和砂浆强度所增加的费用,发生时另计。

(6)雨季施工增加费,指冬季以外的时间施工所增加的工序、劳动功效降低、防雨的材料、人工和设施费用。

(7)夜间施工增加费，指合理工期内因施工工序需要必须连续施工而进行的夜间施工发生的费用，包括照明设施的安拆费、劳动降效、夜餐补助费用和夜间施工的照明费。不包括建设单位要求赶工而采用夜班作业施工所发生的费用。

(8)二次搬运费，指确因施工场地狭小，或由于现场施工情况复杂，工程所需材料、成品、半成品堆放点距建筑物(构筑物)近边在150m至500m范围内时，不能就位堆放时而发生的二次搬运费。不包括自建设单位仓库至工地仓库的搬运以及施工平面布置变化所发生的搬运费用。

(9)临时停水停电费，指施工现场临时停水停电每周累计8小时以内的人工、机械停窝工损失补偿费用。

(10)成品保护费，指为保护工程成品完好所采取的措施费用。

(11)场地清理费，指建筑物正常施工中造成的全部垃圾清理至建筑物外墙50m范围以内(不包括外运)的费用。

(12)冬(雨)季施工增加费，施工期不足冬(雨)季规定天数50%的按50%计取；施工期超过冬(雨)季规定天数50%的按全部计取。

二、计算规则要点和计算方法

其他可竞争措施项目(9项)费用按建设工程项目的实体和可竞争措施费项目(9项费用除外)中的人工费和机械费之和乘以相应系数计算。

任务二十　建筑装饰装修工程不可竞争措施项目工程量计算

学习引导

通过学习本任务，熟悉建筑装饰装修工程预算定额不可竞争措施项目工程计算规则。

知识链接

(1)安全防护、文明施工费是指为完成工程项目施工，发生于该工程前和施工过程中安全生产、环境保护、临时设施、文明施工的非工程实体的措施项目费用。已包括安全网、防护架、密目网等发生的费用。

(2)安全生产、文明施工费分基本费和增加费两部分。

基本费是按照工程所在地在市区、县城区域内，不临路编制的。如工程不在市区、县城区域内的，乘以系数0.97；工程每一面临路的，增加3%费用。临路是指建筑物立面距道路最近便道(无便道时，以慢车道为准)外边线在50米范围内。

(3)安全生产、文明施工费的基本费、增加费均以直接费(含人工、材料、机械调整，不含安全生产、文明施工费)、企业管理费、利润、规费、价款调整之和作为计取基数。

(4)安全生产、文明施工费分布同阶段按下列规定计取：

①基本费在编制标底或最高限价、报价时按本章给定的费率及调整系数计算，竣工结算时按照造价管理机构测定的费率进行调整。

②增加费在编制标底或最高限价、报价时按最高费率计算，竣工结算时按照造价管理机构测定的费率进行调整。

任务二十一　定额计价模式下建设工程施工图预算的编制

学习引导

通过学习本任务，将前面计算的工程量套定额，能够按定额计价模式计算工程造价。重点是对河北省建筑、装饰工程计价程序表的使用，难点是计价程序表中取费基数的计算。

计算结果

见附录 4

知识链接

一、定额计价的费用组成

根据建标[2013]44 号附件 1 的内容可知，建筑安装工程费由直接费、间接费（企业管理费和规费）、利润和税金组成。按照费用构成要素划分为：人工费、材料（包含工程设备，下同）费、施工机具使用费、企业管理费、利润、规费和税金组成。见图 3－80。

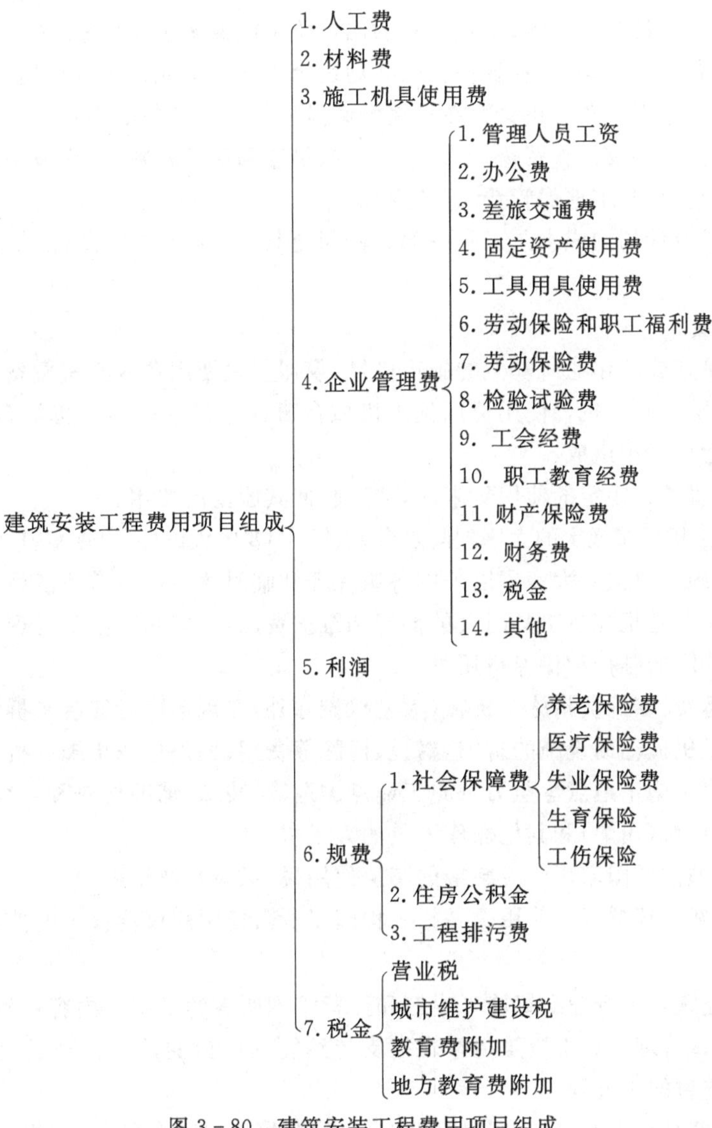

图 3－80 建筑安装工程费用项目组成

1. 人工费

人工费是指按工资总额构成规定，支付给从事建筑安装工程施工的生产工人和附属生产单位工人的各项费用。内容包括：

（1）计时工资或计件工资。计时工资或计件工资是指按计时工资标准和工作时间或对已做工作按计件单价支付给个人的劳动报酬。

（2）奖金。奖金是指对超额劳动和增收节支支付给个人的劳动报酬。如节约奖、劳动竞赛奖等。

(3)津贴补贴。津贴补贴是指为了补偿职工特殊或额外的劳动消耗和因其他特殊原因支付给个人的津贴，以及为了保证职工工资水平不受物价影响支付给个人的物价补贴。如流动施工津贴、特殊地区施工津贴、高温(寒)作业临时津贴、高空津贴等。

(4)加班加点工资。加班加点工资是指按规定支付的在法定节假日工作的加班工资和在法定日工作时间外延时工作的加点工资。

(5)特殊情况下支付的工资。特殊情况下支付的工资是指根据国家法律、法规和政策规定，因病、工伤、产假、计划生育假、婚丧假、事假、探亲假、定期休假、停工学习、执行国家或社会义务等原因按计时工资标准或计时工资标准的一定比例支付的工资。

2.材料费

材料费是指施工过程中耗费的原材料、辅助材料、构配件、零件、半成品或成品、工程设备的费用。内容包括：

(1)材料原价。材料原价是指材料、工程设备的出厂价格或商家供应价格。

(2)运杂费。运杂费是指材料、工程设备自来源地运至工地仓库或指定堆放地点所发生的全部费用。

(3)运输损耗费。运输损耗费是指材料在运输装卸过程中不可避免的损耗。

(4)采购及保管费。采购及保管费是指为组织采购、供应和保管材料、工程设备的过程中所需要的各项费用。包括采购费、仓储费、工地保管费、仓储损耗。

工程设备是指构成或计划构成永久工程一部分的机电设备、金属结构设备、仪器装置及其他类似的设备和装置。

3.施工机械使用费

施工机械使用费是指施工作业所发生的施工机械、仪器仪表使用费或其租赁费。

(1)施工机械使用费。施工机械使用费以施工机械台班耗用量乘以施工机械台班单价表示，施工机械台班单价应由下列七项费用组成：

①折旧费：指施工机械在规定的使用年限内，陆续收回其原值的费用。

②大修理费：指施工机械按规定的大修理间隔台班进行必要的大修理，以恢复其正常功能所需的费用。

③经常修理费：指施工机械除大修理以外的各级保养和临时故障排除所需的费用。包括为保障机械正常运转所需替换设备与随机配备工具附具的摊销和维护费用，机械运转中日常保养所需润滑与擦拭的材料费用及机械停滞期间的维护和保养费用等。

④安拆费及场外运费：安拆费指施工机械(大型机械除外)在现场进行安装与拆卸所需的人工、材料、机械和试运转费用以及机械辅助设施的折旧、搭设、拆除等费用；场外运费指施工机械整体或分体自停放地点运至施工现场或由一施工地点运至另一施工地点的运输、装卸、辅助材料及架线等费用。

⑤人工费：指机上司机(司炉)和其他操作人员的人工费。

⑥税费：指施工机械按照国家规定应缴纳的车船使用税、保险费及年检费等。

(2)仪器仪表使用费。仪器仪表使用费是指工程施工所需使用的仪器仪表的摊销及维修费用。

4.企业管理费

企业管理费是指建筑安装企业组织施工生产和经营管理所需的费用。内容包括：

(1)管理人员工资。管理人员工资是指按规定支付给管理人员的计时工资、奖金、津贴补贴、加班加点工资及特殊情况下支付的工资等。

(2)办公费。办公费是指企业管理办公用的文具、纸张、账表、印刷、邮电、书报、办公软件、现场监控、会议、水电、烧水和集体取暖降温(包括现场临时宿舍取暖降温)等费用。

(3)差旅交通费。差旅交通费是指职工因公出差、调动工作的差旅费、住勤补助费，市内交通费和误餐补助费，职工探亲路费，劳动力招募费，职工退休、退职一次性路费，工伤人员就医路费，工地转移费以及管理部门使用的交通工具的油料、燃料等费用。

(4)固定资产使用费。固定资产使用费是指管理和试验部门及附属生产单位使用的属于固定资产的房屋、设备、仪器等的折旧、大修、维修或租赁费。

(5)工具用具使用费。工具用具使用费是指企业施工生产和管理使用的不属于固定资产的工具、器具、家具、交通工具和检验、试验、测绘、消防用具等的购置、维修和摊销费。

(6)劳动保险和职工福利费。劳动保险和职工福利费是指由企业支付的职工退职金、按规定支付给离休干部的经费,集体福利费、夏季防暑降温、冬季取暖补贴、上下班交通补贴等。

(7)劳动保护费。劳动保护费是企业按规定发放的劳动保护用品的支出。如工作服、手套、防暑降温饮料以及在有碍身体健康的环境中施工的保健费用等。

(8)检验试验费。检验试验费是指施工企业按照有关标准规定,对建筑以及材料、构件和建筑安装物进行一般鉴定、检查所发生的费用,包括自设试验室进行试验所耗用的材料等费用。不包括新结构、新材料的试验费,对构件做破坏性试验及其他特殊要求检验试验的费用和建设单位委托检测机构进行检测的费用,对此类检测发生的费用,由建设单位在工程建设其他费用中列支。但对施工企业提供的具有合格证明的材料进行检测不合格的,该检测费用由施工企业支付。

(9)工会经费。工会经费是指企业按《工会法》规定的全部职工工资总额比例计提的工会经费。

(10)职工教育经费。职工教育经费是指按职工工资总额的规定比例计提,企业为职工进行专业技术和职业技能培训,专业技术人员继续教育、职工职业技能鉴定、职业资格认定以及根据需要对职工进行各类文化教育所发生的费用。

(11)财产保险费。财产保险费是指施工管理用财产、车辆等的保险费用。

(12)财务费。财务费是指企业为施工生产筹集资金或提供预付款担保、履约担保、职工工资支付担保等所发生的各种费用。

(13)税金。税金是指企业按规定缴纳的房产税、车船使用税、土地使用税、印花税等。

(14)其他。主要包括技术转让费、技术开发费、投标费、业务招待费、绿化费、广告费、公证费、法律顾问费、审计费、咨询费、保险费等。

5.利润

利润是指施工企业完成所承包工程获得的盈利。

6.规费

规费是指按国家法律、法规规定,由省级政府和省级有关权力部门规定必须缴纳或计取的费用。包括:

(1)社会保险费。

①养老保险费:是指企业按照规定标准为职工缴纳的基本养老保险费。

②医疗保险费:是指企业按照规定标准为职工缴纳的基本医疗保险费。

③生育保险费:是指企业按照规定标准为职工缴纳的生育保险费。

④工伤保险费:是指企业按照规定标准为职工缴纳的工伤保险费。

⑤住房公积金:是指企业按规定标准为职工缴纳的住房公积金。

⑥工程排污费:是指按规定缴纳的施工现场工程排污费。

其他应列而未列入的规费,按实际发生计取。

7.税金

税金是指国家税法规定的应计入建筑安装工程造价内的营业税、城市维护建设税、教育费附加以及地方教育附加。

二、定额计价的编制依据

定额计价的编制依据包括以下几方面:

(1)施工图纸及说明。施工图是编制施工图预算的重要资料,它包括附图文字说明、有关通用图集和标准图集,表明工程具体内容、结构尺寸、技术标准等。

(2)施工组织设计或施工方案。施工组织设计,是确定单位工程进度计划、施工方法或主要技术措施以及施工现场平面布置等内容的文件。这些都直接影响计算工程量和选套预算定额。

(3)现行预算定额(或单位估价表)、地区材料预算价格、人工工资标准、施工机械台班费用定额、有关费用定额和费用标准及施工企业管理水平。

(4)预算工作手册。预算工作手册是将常用数据(如各种构件工程量及材料重量等)、计算公式和系数等资料汇编成一个工具性资料,可供计算工程量和进行工料分析时使用。

(5)建筑工程施工合同。

三、定额计价的编制

(一)定额计价编制程序

当定额计价编制条件具备后,按照一定的编制程序,在规定的时间内以单位工程为对象进行编制。其编制程序如下:

1.熟悉施工图纸

施工图纸是编制定额计价的基本依据,因此,预算人员应首先熟悉图纸,对建筑物形状、平面布置、结构类型、应用材料以及图纸上所标注的尺寸、说明及其构配件的选用等方面的熟悉程度,将直接影响到能否准确、全面、快速地进行预算编制工作。

图纸熟悉要点为:

(1)熟悉施工平面图,了解设计意图。

(2)熟悉单位工程施工图纸及设计说明书。

土建工程施工图一般分为建筑图和结构图。建筑图包括平、立、剖面图及建筑详图等,是关于建筑物的形式、大小、构造、应用材料等方面的图纸;结构图一般包括基础平面图、楼层和屋面结构布置图、梁、板、柱、楼梯大样图等,是关于承重结构部分设计和用料尺寸等方面的图纸。熟悉施工图,了解施工图纸是否齐全清楚,结构、建筑、设备等施工图纸本身及相互之间是否有矛盾和错误,图纸与说明之间是否一致,平、立、剖面图是否相符,还要了解各部位构造要求和具体做法,进一步分析施工的可行性。

(3)熟悉详图及有关标准图集。

(4)熟悉设计变更。只有对施工图纸较全面详细了解之后,才能对施工图纸中的疑难问题、矛盾向设计单位提出质疑或合理建议,使设计更加合理化,同时也才能结合预算定额项目划分原则,正确而全面地分析确定该工程中各分部分项工程项目。

2.了解现场情况

为了预算能够更准确地反映实际情况,必须了解现场施工条件、施工方法、技术组织措施、施工设备、材料供应等情况。所需了解的现场情况主要有以下几个方面:①了解施工现场工程地质、自然地形和最高、最低地下水位情况;②了解材料及半成品的供应地点及运距;③了解工程施工方案及工程开、竣工时间及季节性施工情况。

如果预算人员了解了现场地址情况、周围环境、土壤类别、土方采用机械或人工挖土、余土或缺土的处理等,就能确定出建筑物的标高、挖、填、运的土方量和相应的施工方法,以便能正确地确定工程项目的单价,从而得到正确的施工图预算结果。

3.熟悉预算定额(或单位估价表)、企业定额和施工组织设计资料

预算定额(或单位估价表)、企业定额是编制工程预算的基础资料和主要依据,因为建筑工程中分部、分项工程项目的单位预算价值和人工、材料、机械台班使用消耗量,都需要依据预算定额(或单位估价表)、企业定额来确定。因此,在编制预算之前,必须熟悉预算定额、企业定额的内容、形式和使用方法。

预算定额、企业定额在使用中,除应了解它的分部说明、分项的工程内容和附注说明外,在具体应用时还应注意以下几点:

(1)项目的套用。其总的要求是根据施工图纸、设计及施工说明,正确地选定套用项目,做到不漏算和不多算。其基本原则是工程项目的内容要与套用的定额项目相符。

(2)计量单位。选定项目之后,要注意定额规定的工程项目的计量单位。一般工程量的计量单位为延长米、平方米、立方米、吨、个等;计算面积则分为建筑面积、投影面积和展开面积等。

4.列出工程项目

在熟悉图纸的基础上，可根据建筑工程预算定额(或单位估价表)、企业定额上所列的工程项目，列出需编制的预算工程项目，如果定额上没有列出图纸上表示的项目，则往往需要补充该项目。对于初学者，应首先按照定额分部工程项目的顺序进行排列，否则容易出现漏项。

5.工程计量

工程量计算是一项工作量大、繁重而细致的工作。作为编制预算的原始数据，它的计算精度直接影响到预算的质量，计算快慢直接影响到编制预算的速度。因此，在计算工程量时，不仅要求认真、细致、及时和准确，而且要按一定的计算规则和顺序进行，避免和防止产生漏算和重算等现象的发生，同时也便于校对和审核。

注意事项具体如下：

(1)合理安排工程量的计算顺序。为了准确、快速地计算工程量，应合理安排计算顺序。具体计算工程量的计算顺序一般有如下三种：

①按施工先后顺序计算。从平整场地、基础挖土算起，直至到装饰工程等全部施工内容结束为止。用这种方法计算工程量，要求具有一定的施工经验，能掌握组织施工的全部过程，并且要求对定额及图纸的内容十分熟悉，否则容易漏项。

②按预算定额的分部分项顺序计算。按预算定额的章节、子项目顺序，由前到后，逐项对照，只需核对定额项目内容与图纸设计内容一致即可。如河北省 2012 年《全国统一建筑工程基础定额河北省消耗量定额》按实体项目，如土石方、桩与地基基础、砌筑、混凝土及钢筋混凝土、金属结构、屋面及防水等；施工措施项目，如脚手架、模板、建筑物超高、大型机械一次安拆及场外运输等分部分项工程计算。这种方法，要求首先熟悉图纸，要有很好的建筑工程基础知识。使用这种方法时还要注意，工程图纸是按使用要求设计的，其平立面造型、内外装修、结构形式以及内容设施千变万化，有些设计采用了新工艺、新材料，或有些零星项目，可能有些项目套不上定额项目，在计算工程量时，应单列出来，待后面编补充定额或补充单位计价表。

③按轴线编号顺序计算工程量。这种方法适用于计算内外墙的挖地槽、基础、墙体装饰等工程。

④按图纸中的顺序计算。A.按顺时针方向计算。从图纸左上角开始，顺时针方向进行，如图 3－81 所示。这种方法适用于外墙挖地槽、外墙砖石基础、外墙基础垫层、楼地面、天棚、外墙粉刷等。B.按先横后竖计算。在图纸上先横后竖，从上而下、由左到右计算，如图 3－82 所示。这种方法适用于内墙挖地槽、内墙基础及垫层、内墙墙体、间壁墙、油漆等。C.按图纸上注明的编号顺序分类计算。按照图纸上所标注构件、配件编号顺序，依次进行计算，如图 3－83 所示。顺序按柱 Z_1、Z_2、Z_3…Z_n，板 B_l、B_2、B_3…B_n，主梁 L_1、L_2、L_3…L_n，图注编号分类计算。这种方法适用于打桩工程、钢筋混凝土柱、梁、板等构件，以及木门窗和金属构件等。

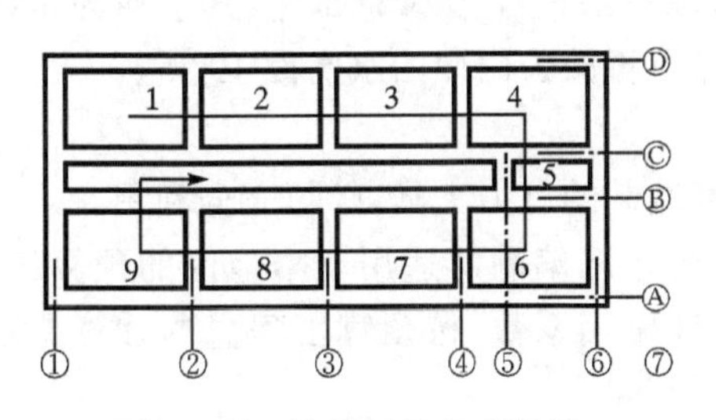

图 3－81　按顺时针方向计算

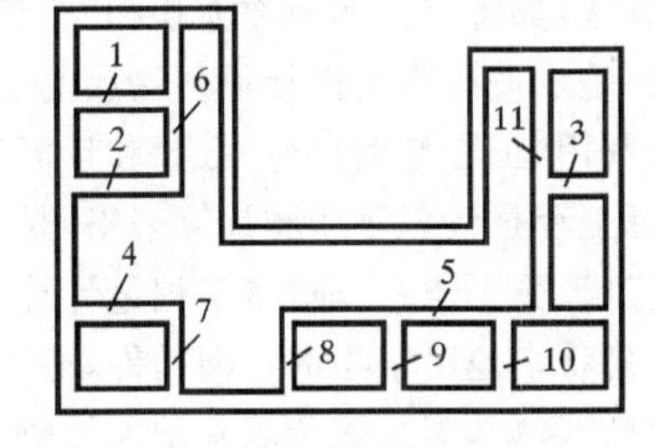

图 3－82　按先横后竖计算

(2)灵活运用统筹法计算原理。

统筹法为工程量的简化计算开辟了一条新路，虽然它还存在一些不足，但其基本原理是非常实用的。这一方法的计算步骤是：

①基数计算。基数是单位工程的工程量计算中反复多次运用的数据，提前把这些数据算出来，供各分项工程的工程量计算时查用。这些数据是“三线一面”，其计算方法如下：

外墙外边线长度　　$L_{外}$ = 建筑平面图的外上围周长

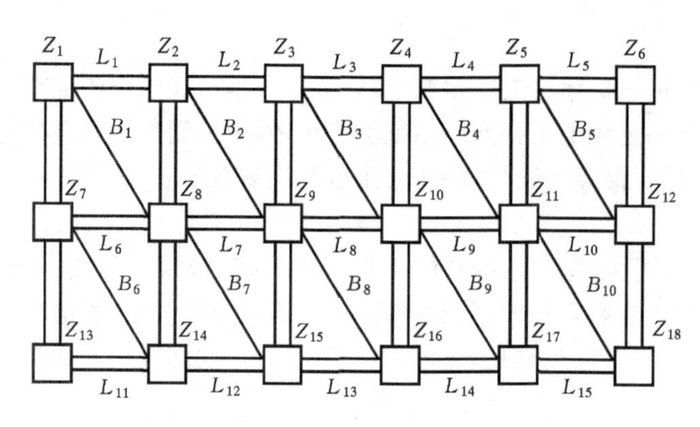

图 3-83　编号计算法

外墙中心线长度　　$L_{中} = L_{外} -$（外墙墙厚$\times 4$）

内墙净长线　　$L_{内} =$ 建筑平面图中相同厚度内墙净长度之和

一面是指建筑面积，常用 S 表示。

“三线一面”的主要用途如下：

外墙外边线总长 $L_{外}$，是用来计算外墙装饰工程、挑檐、散水、勒脚、平整场地等分项工程工程量的计算的基本尺寸。

外墙中心线总长 $L_{中}$，是用来计算外墙、女儿墙，外墙条形基础、垫层、挖地槽、地梁及外墙圈梁、模板等分项工程工程量计算的基本尺寸。还应注意由于不同厚度墙体的定额单价不同，所以 $L_{中}$ 应按不同墙厚分别计算。

内墙净长线总长 $L_{内}$，是用来计算内墙、内墙条形基础、垫层、挖地槽、地梁及内墙圈梁、模板等分项工程工程量计算的基础尺寸。应注意由于不同厚度墙体的单价不同。

$L_{内}$ 应按不同墙厚分层计算。

建筑面积 S 可用来作为计算综合脚手架、垂直运输费等项目的基本数据。

②按一定的计算顺序计算项目。这主要是做到尽可能使前面项目的计算结果能运用于后面的计算中，以减少重复计算。

③联系实际，灵活机动。由于工程设计很不一致，对于那些不能用“线”和“面”基数计算的不规则的、较复杂的项目工程量的计算问题，要结合实际，灵活运用下列方法加以解决：

分段计算法：如遇外墙的断面不同时，可采取分段法计算工程量。

分层计算法：如遇多层建筑物，各楼层的建筑面积不同时，可用分层计算法。

补加计算法：如带有墙柱的外墙，可先计算出外墙体积，然后加上砖柱体积。

补减计算法：如每层楼的地面面积相同，地面构造除一层门厅为水磨面外，其余均为水泥砂浆地面，可先按每层都是水泥砂浆地面计量各楼层的工程量，然后再减去门厅的水磨面工程量。

(3)充分利用《工程量的计算手册》和计算表格。

利用预算工程量计算手册和计算表格，是加快预算编制的有力工具，必须充分利用。

①《工程量计算手册》。通常《工程量计算手册》是各地区编制的适用于本地区的预算工程量计算手册，这种手册是将本地区常用的定型构件，通用构配件和常用系数，按预算工程量的计算要求，经计算或整理汇总而成。例如，等高式砖墙基础大放脚的折算高度表。

②工程量计算表格。常用表格来计算的项目有预制（现浇）混凝土构件统计计算表、金属结构工程量统计计算表、门窗（洞口）工程量统计计算表。

6. 编制预算书

在预算书中一般是采用建筑工程预算表编制施工图预算。在预算表上填上工程量计算书中各分部分项工程的工程量，再把查得的单位价值填在相应的分项工程上，相乘后得出合价，然后把合价汇总得出单位工程直接费用或综合费用。表格形式见本分部预算实例。然后，计算其他有关费用，计算得出单位工程预算总造价和单方造价，此外还应进行工料分析和汇总。

(二)预算书内容

1. 预算书封面

预算书封面主要标明工程名称、地点、建筑结构类型、建筑面积、总造价、单方造价、施工单位等项内容。

2. 编制说明

编制说明主要是让有关各方人员了解该预算的编制依据和编制中对某些问题的处理。其主要内容有:

(1)编制依据:①说明本预算所采用的施工图的名称、设计单位、施工单位。②所依据的预算定额(或单位估价表)、企业定额的名称、时期;费用定额或有关文件的名称、文号。

(2)执行定额的有关问题。如土方工程的挖、运机具及运距;预制构件的运输距离等。

(3)其他。如施工图中变更部位名称和处理情况;甲乙双方协商确定的其他有关事宜;其他遗留问题的说明等。

3. 工程预算表

(1)整理工程量,套定额计算工程直接费。把已经计算好的分部分项工程的工程量,按照分部分项顺序整理后,依次把定额编号、分项工程名称、计量单位、工程量及从定额中查出的单价都填入表格,单位工程预算表如表 3-48 所示。

表 3-48 单位工程预算表

工程编号________________工程名称________________

序号	定额编号	工程项目名称	单位	工程量	单价	合价	人工费		机械费	
							单价	合价	单价	合价

制表: 审核:

(2)计算间接费、利润和税金。组成工程造价的费用很多,一般各省市对工程造价的各项费用计算作了先后次序的安排,以减少口头纠纷,统一计算口径。计算程序根据拟定方式不同,各地区有所区别,应根据各地区的具体情况作出安排。如表 3-49、表 3-50、表 3-51 所示的河北省颁布的(与 2012 年颁布的费用定额相配套)建筑、装饰工程计价程序表。

表 3-49 河北省建筑、装饰工程计价程序表

序号	费用项目	计算方法
1	直接费	—
1.1	直接费中人工费+机械费	—
2	企业管理费	1.1×费率
3	规费	1.1×费率
4	利润	1.1×费率
5	价款调整	按合同约定的方式、方法计算
6	安全生产、文明施工费	(1+2+3+4+5)×费率
7	税金	(1+2+3+4+5+6)×费率
8	工程造价	1+2+3+4+5+6+7

表 3－50　河北省建筑工程直接费计算表

<table>
<tr><th>序号</th><th colspan="4">费用项目</th><th>计算方法</th></tr>
<tr><td rowspan="9">1</td><td rowspan="9">直接费</td><td colspan="2" rowspan="3">直接工程费</td><td>①人工费</td><td>Σ(直接工程费中人工消耗量×工日单价×工程量)</td></tr>
<tr><td>②材料费</td><td>Σ(直接工程费中材料消耗量×材料单价×工程量)</td></tr>
<tr><td>③机械费</td><td>Σ(直接工程费中机械消耗量×机械台班单价×工程量)</td></tr>
<tr><td rowspan="6">措施费</td><td rowspan="3">可竞争措施费(除其中其他可竞争措施项目中其他)</td><td>④人工费</td><td>Σ(消耗量×工日单价×工程量)</td></tr>
<tr><td>⑤材料费</td><td>Σ(消耗量×材料单价×工程量)</td></tr>
<tr><td>⑥机械费</td><td>Σ(消耗量×机械台班单价×工程量)</td></tr>
<tr><td rowspan="3">其他可竞争措施项目中其他</td><td>⑦人工费</td><td>(①+③+④+⑥)×定额措施人工消耗量比例</td></tr>
<tr><td>⑧材料费</td><td>(①+③+④+⑥)×定额措施材料消耗量比例</td></tr>
<tr><td>⑨机械费</td><td>(①+③+④+⑥)×定额措施机械消耗量比例</td></tr>
<tr><td>1.1</td><td colspan="4">直接费中的人工费＋机械费</td><td>①+③+④+⑥+⑦+⑨</td></tr>
</table>

表 3－51　河北省装饰工程直接费计算表

<table>
<tr><th>序号</th><th colspan="4">费用项目</th><th>计算方法</th></tr>
<tr><td rowspan="9">1</td><td rowspan="9">直接费</td><td colspan="2" rowspan="3">直接工程费</td><td>①人工费</td><td>Σ(直接工程费中人工消耗量×工日单价×工程量)</td></tr>
<tr><td>②材料费</td><td>Σ(直接工程费中材料消耗量×材料单价×工程量)</td></tr>
<tr><td>③机械费</td><td>Σ(直接工程费中机械消耗量×机械台班单价×工程量)</td></tr>
<tr><td rowspan="6">措施费</td><td rowspan="3">可竞争措施费(除其中其他可竞争措施项目)</td><td>④人工费</td><td>Σ(消耗量×工日单价×工程量)</td></tr>
<tr><td>⑤材料费</td><td>Σ(消耗量×材料单价×工程量)</td></tr>
<tr><td>⑥机械费</td><td>Σ(消耗量×机械台班单价×工程量)</td></tr>
<tr><td rowspan="3">其他可竞争措施项目</td><td>⑦人工费</td><td>(①+③+④+⑥)×定额措施人工消耗量比例</td></tr>
<tr><td>⑧材料费</td><td>(①+③+④+⑥)×定额措施材料消耗量比例</td></tr>
<tr><td>⑨机械费</td><td>(①+③+④+⑥)×定额措施机械消耗量比例</td></tr>
<tr><td>2</td><td colspan="4">直接费中的人工费＋机械费</td><td>①+③+④+⑥+⑦+⑨</td></tr>
</table>

建筑工程造价＝(建筑工程土石方、建筑物超高、垂直运输、特大型机械场外运输及一次安拆工程造价)＋(一般建筑工程造价)＋(桩基础工程造价)

单方造价＝单位工程预算总造价/建筑面积

4. 工料分析表

工料分析表主要用于计算单位工程中各分项工程的材料消耗数量及综合用工类别和数量。

案例 3－74

河北省石家庄市某单位一栋办公楼工程建筑面积 500m²，檐口高度 6.9m，施工工期 2012 年 4 月 15 日至 8 月 10 日。其部分工程量为：M5.0 水泥砂浆砖基础 10m³；M5.0 水泥石灰砂浆 370 砖墙 30m³；C20 现浇混凝土构造柱 5m³；直形圈梁组合钢模板 20m²。

试求：该部分工程的建筑工程费(其他可竞争措施项目只考虑雨季施工增加费和夜间施工增加费)。

解：该工程属于民用建筑三类工程。具体的各工程费的计算表如表 3－52～表 3－55 所示。

表 3-52 实体项目费用计算表

序号	定额编号	分项工程名称	单位	数量	单价	合价	人工费		机械费	
							单价	合价	单价	合价
1	A3-1	M5.0 砖基础	$10m^3$	1	2918.52	2918.52	584.40	584.40	40.35	40.35
2	A3-4	M5.0 370 砖墙	$10m^3$	3	3214.17	9642.51	775.20	2325.60	41.38	124.14
3	A4-18	C20 现浇构造柱	$10m^3$	0.5	3649.62	1824.81	1499.40	749.70	113.98	56.99
		小　计				14385.84		3659.70		221.48

实体项目人工费和机械费为:3881.18 元。

表 3-53 可竞争措施项目费用计算表

序号	定额编号	分项工程名称	单位	数量	单价	合价	人工费		机械费	
							单价	合价	单价	合价
1	A12-22	圈梁模板	$100m^2$	0.2	3469.33	693.87	1830.00	366	113.27	22.65
		小　计				693.87		366		22.65

实体成本和措施项目成本人工费和机械费为:4269.83 元。

表 3-54 其他可竞争措施项目中其他费用计算表

序号	定额编号	分项工程名称	基数	费率(%)	合价	人工费		机械费	
						费率	合价	费率	合价
1	A15-60	雨季施工增加费	4269.83	0.74	31.60	0.15	6.40	0.15	6.40
2	A15-61	夜间施工增加费		0.75	32.02	0.45	19.21	0.15	6.40
		小　计			63.62		25.61		12.80

注:由于雨季施工的天数不足 50%,故取费率的 50%计算,即 1.48×50%=0.74,人工、机械也取 50%。

其他可竞争措施项目中其他中人工费加机械费合计:38.41 元。

表 3-55 建筑工程费计算表

序号	费用项目	计算方法	费用
1	直接费	Σ(定额基价×工程量)	15143.33
1.1	直接费中的人工费+机械费	Σ(定额基价的人工费×工程量+定额基价的机械费×工程量)	4308.24
2	企业管理费	1.1×费率 17%	732.40
3	利润	1.1×费率 10%	430.82
4	规费	1.1×费率 25%	1077.06
5	价款调整	按合同确认的方式、方法计算	——
6	安全生产、文明施工费	(1+2+3+4+5)×费率(3.55%+0.7%)	738.80
7	税金	(1+2+3+4+5+6)×税率 3.48%	630.66
8	工程造价	1+2+3+4+5+6+7	18753.07

项目习题

一、单选题

1. 人工挖Ⅲ类土时,放坡系数 K 为________。

A. 0.67　　B. 0.5　　C. 0.33　　D. 0.25

2. 一砖半厚的墙体计算砌筑工程量时墙厚取值为________。

A. 370mm　B. 360mm　C. 365mm　D. 355mm

3. 计算钻孔灌注桩工程量时,如设计无规定桩长应按图示设计长度另加________ m。

A. 0.2　B. 0.25　C. 0.4　D. 0.5

4. 平整场地指建筑场场挖、填土方厚度在________ cm 以内及找平工作。

A. ±20　B. ±30　C. ±50　D. ±100

5. 某地槽土壤类别为二类土,槽长度 $L=50\text{m}$,基础底面宽度为 800mm ,沟槽深度 $H=3\text{m}$ 。放陂系数 $k=0.5$ 。工作面宽度 $C=300\text{mm}$,求开挖土方体积________。

A. 120　B. 345　C. 165　D. 435

6. 基础与墙身使用不同材料时,位于设计室内地面________以内时,以不同材料为分界线,超过时,以设计室内地面为分界线。

A. ± 100mm　B. ± 200mm　C. ± 300mm　D. ±400mm

7. 墙体拉结筋的计算是按________计算的。

A. 净量+施工损耗　B. 净量　C. 净量+3%施工损耗　D. 净量+1%施工损耗

8. 楼地面工程块料面层按________计算工程量

A. 实铺面积　B. 建筑面积　C. 墙内边线围成的面积　D. 主墙间的净面积

9. 垫层项目如用于基础垫层时,人工、机械乘以________系数(不含满堂基础)。

A. 1.1　B. 1.2　C. 1.3　D. 1.4

10. 卷材及防水涂料屋面,如图纸无规定时,伸缩缝、女儿墙的弯起部分可按________ cm 计算,天窗弯起部分可按________ cm 计算,但各部分的附加层已包括在项目内,不再另计。

A. 300　250　B. 250　250　C. 250　500　D. 500　500

11. 楼梯踢脚线按踢脚线相应项目乘以 ________ 系数。

A. 1.10　B. 1.13　C. 1.15　D. 1.20

12. 木材断面或厚度均以毛料为准。如设计注明断面或厚度为净料时,应增加刨光损耗:板方材一面刨光加 ________ mm,二面刨光加 ________ mm 计算。

A. 3　5　B. 3　3　C. 2　5　D. 2　3

13. 窗帘盒按木扶手(不带托板)项目计算工程量的系数是 ________ 。

A. 1.50　B. 2.00　C. 2.50　D. 3.00

14. 檐口高度 ________ m 以内的单层建筑物,不计算垂直运输机械费。

A. 3.00　B. 3.30　C. 3.60　D. 4.20

15. 临时停水停电费,指施工现场临时停水停电每周累计 ________ 小时以内所造成的工地停工、机械停滞等费用。

A. 4　B. 8　C. 24　D. 48

16. 金属结构构件制作项目内包括钢材损耗,并包括刷 ________ 的工料。

A 刷一遍底漆　B. 刷一遍面漆　C. 刷一遍防锈漆　D. 空缺

17. 组成直接费的是直接工程费和 ________。

A. 措施费　B. 人工费　C. 材料费　D. 施工机械使用费

18. 有一两砖厚墙体,长 8m,高 5m,开有门窗总面积为 6m^2,两个通风口各为 0.25m^2,门窗洞口上的钢筋混凝土过梁总体积为 0.5m^3。则该段墙体的砌砖工程量为 ________ m^3。

A. 16.5　B. 16.16　C. 15.92　D. 16.75

19. 有一建筑,外墙厚 370mm,中心线总长 80m,内墙厚 240mm,净长线总长为 35m。底层建筑面积为 600m^3,室内外高差 0.6m,地坪厚度 100mm,已知该建筑基础挖土量为 1000m^3,室外设计地坪以下埋设物体积 450m^3,则该工程的余土外运量为 ________ m^3。

A. 212.8　B. 269　C. 169　D. 112.8

20. 一建筑物，外墙轴线尺寸为 9.60mm×5.40mm，外墙均为 240mm 厚，内、外墙及门洞面积如下：外墙上有门二樘计 0.48m^2，120mm 内墙门一樘 0.29m^2，240mm 内墙横截面共计 2.48m^2，120mm 内墙横截面计 0.33m^2。则该建筑地面水泥砂浆抹面工程量为 ________ m^2。

A. 45.82　　B. 45.49　　C. 44.72　　D. 44.62

21. 有一 490mm×490mm，高 3.6m 的独立砖柱，镶贴人造石板材（厚 25mm）。结合层为 1:3 水泥砂浆，厚 15mm，则镶贴块料工程量为 ________ m^2。

A. 7.05　　B. 7.99　　C. 8.21　　D. 7.63

22. 以展开面积计算的门窗工程是 ________。

A. 金属门　　B. 门窗套　　C. 窗台板　　D. 窗帘盒

23. 工程量按面积 m^2 为计量单位的是 ________。

A. 现浇混凝土天沟　　B. 混凝土后浇板带　　C. 现浇混凝土雨篷　　D. 砖砌散水

24. 工程量按长度计算以 m 为计量单位的是 ________。

A. 窗台板装饰　　B. 空花墙　　C. 天篷灯带装饰　　D. 现浇水磨石台阶面

25. 外墙面抹灰按垂直投影面积计，但应扣除 ________。

A. 踢脚线　　B. 门窗洞口　　C. 构件与墙交接面　　D. 挂镜线

二、多选题

1. 计算内墙抹灰面积应扣除 ________。

A. 门窗洞口　　B. 踢脚线　　C. 挂镜线

D. 0.3m^2 以上的孔洞　　E. 缺省

2. 不扣除 0.3m^2 以内孔洞面积的分项工程有 ________。

A. 现浇砼墙　　B. 现浇砼板　　C. 预制砼柱　　D. 预制砼板　　E. 砌筑墙体

3. 有关柱的高度，下列说法正确的是 ________。

A. 柱基上表面至楼层面　　B. 柱基上表面至柱顶面

C. 楼层面至楼层面　　D. 楼层面至无梁楼板柱帽下表面

E. 楼层面至无梁楼板柱帽上表面

4. 下列项目的抹灰按相应的普通腰线项目计算的是 ________。

A. 阳台栏板　　B. 飘窗板　　C. 空调板

D. 厕所蹲台　　E. 突出墙面的女儿墙压顶

5. 内、外墙抹灰工程量计算时，________已综合考虑在项目内，不另计算。

A. 0.3m^2 以内的孔洞面积　　B. 门窗洞口及洞口侧壁面积

C. 水泥砂浆护角线的工料　　D. 附墙柱的侧壁　　E. 普通腰线

6. 计算天棚抹灰面积时，不扣除 ________等所占的面积。

A. 间壁墙、垛、柱　　B. 附墙烟囱　　C. 附墙通风道　　D. 管道及灰线　　E. 检查孔

7. 楼地面工程中零星项目面层适用于 ________。

A. 楼梯侧面　　B. 小便池和大便器蹲台　　C. 台阶的侧面　　D. 池槽

E. 每个平面面积在 1m^2 以内且未列项目的块料工程

8. 预制混凝土构件运输工程量等于 ________。

A. 预制构件的制作量　　B. 预制构件的安装量

C. 施工图计算净用量×(1+安装损耗率)　　D. 施工图计算净用量

E. 预制构件的安装量×(1+安装损耗率)

9. 金属构件安装工程量等于 ________。

A. 金属构件制作工程量　　B. 金属结构运输工程量

C. 金属构件制作工程量+1.5%焊条重量　　D. 设计图示计算量

E. 设计图示计算量+1.5%焊条重量

10. 工程量计算中的“三线一面”是指 ________。

A. 外墙外边线长度　　B. 外墙中心线长度
C. 内墙净长线　　D. 内墙中心线　　E. 建筑面积

11. 工程量计量单位中属于物理计量单位的是 ________。

A. 樘　　B. 面积　　C. 体积　　D. 重量　　E. 座

12. 计算砌块墙工程量时,不扣除的内容有________。

A. 埋入的钢筋铁件　　B. 木砖、垫木　　C. 0.3m^2 以下的孔洞所占面积
D. 构造柱　　E. 暖气槽

13. 现浇混凝土构件工程量以面积计算的有 ________。

A. 压顶　　B. 地沟　　C. 台阶　　D. 散水　　E. 垫块

14. 计算钢构件工程量时下列叙述正确的是 ________。

A. 按钢材体积 m^3 计　　B. 按钢材重量 t 计
C. 构件上的孔洞扣除,螺栓、铆钉重量增加
D. 构件上的孔洞不扣除,螺栓、铆钉重量不增加
E. 不规则多边形钢板,以其外接圆面积计

15. 天棚吊顶面层工程量以面积计,应扣除 ________ 。

A. 独立柱　　B. 间壁墙　　C. 检查洞　　D. 窗帘盒　　E. 附墙烟囱

三、分析计算题

1. 某高层建筑基础土方量为 22500m^3,基坑深度为 4m,土壤类别为二类土,全部采用挖掘机挖土,自卸汽车运土。运距为 5Km。试计算其工程造价。
2. 计算项目背景习题图 0-6 中 WKL-5 中的钢筋工程量。

项目小结

1. 定额计价模式下建设工程施工图预算费用由直接费、间接费、利润和税金组成。直接费中不包括不可竞争措施费。

2. 直接费通过预算定额计算,间接费、利润和税金则根据费率定额计算。直接工程费和可竞争措施费(除其他可竞争措施费外)需要根据预算定额中的工程量计算规则先计算工程量,然后再套用定额;其他可竞争措施项目(9 项)费用按建设工程项目的实体和可竞争措施费项目(9 项费用除外)中人工费与机械费之和乘以相应费率计算。安全生产、文明施工费的基本费、增加费均以直接费(含人工、材料、机械调整,不含安全生产、文明施工费)、企业管理费、利润、规费、价款调整之和作为计取基数。

3. 工程量计算要严格按照预算定额中规定的工程量计算规则进行计算。在可能的情况下,灵活运用统筹法计算原理进行计算。注意“三线一面”基数的应用。

4. 定额计价编制程序为:准备工作(包括熟悉图纸、图集、定额等)→工程算量→定额套用→计取费用。

拓展内容

定额难词解释

1. 放坡起点

放坡起点就是在基坑开挖过程中,坡面开始放坡的起始点。在挖基坑土方工程中,当挖到一定深度时,为了防止侧壁坍塌,确保安全施工及必要的工作面,需要进行放坡,这个“一定深度”就是放坡起点。不同类别的土壤其放坡起点也不同。计算挖土方工程量时,挖土深度大于或等于放坡起点按放坡计算。

2.工作面

工作面是指工人进行操作时提供的工作空间，工作面的大小的确定要掌握一个适度的原则，以最大限度地提高工人工作效率为前提来确定工作面的大小。工作面过小，工人工作效率降低；工作面过大，会增加挖土的工程量，工程成本也会相应增加。

3.房心回填

一般情况下，房心回填是指室外地坪以上至室内地面垫层之间的回填，也称室内回填。地下室内回填土虽然在室外地坪以下，仍按房心回填计算。

4.褥垫层

褥垫层是复合地基中解决地基不均匀的一种方法。通过在CFG桩上设置褥垫层解决桩间土不能充分发挥其承载能力，不能形成桩土复合地基的问题。其作用主要有以下几个方面：保证桩、土共同承担荷载；调整桩、土荷载分担比；减少基础底面的应力集中。褥垫层厚度可取200～300mm。其材料可选用中砂、粗砂、级配砂石等，最大粒径不宜大于20mm。

5.零星砌体

零星砌体是指体积较小的砌筑项目。零星砌体包括厕所蹲台、小便槽、污水池、水槽腿、煤箱、垃圾箱、阳台栏板、花台、花池、房上烟囱、毛石墙的门窗口立边、三皮砖以上的挑檐、腰线、锅台、炉灶等实砌体。

6.满堂基础

满堂基础即为筏板基础，用板、梁、墙、柱组合浇筑而成的基础，称为满堂基础。一般有板式（也叫无梁式）满堂基础、梁板式（也叫片筏式）满堂基础和箱式满堂基础三种形式。板式满堂基础的板，梁板式满堂基础的梁和板等，套用满堂基础定额，箱式满堂基础的底板套用满堂基础定额，柱、隔板和顶板则套用相应的柱、墙、板定额。

7.钢托架

钢托架是指支承两柱中间屋架的桁架，一般采用平行弦桁架，其腹杆采用带竖杆的人字形体系。钢托架与托架梁的区别是钢托架采用多种型钢组成桁架式结构，而托架梁采用一种或两种类型的型钢组成实腹式结构。

8.钢墙架

钢墙架是指有柱、梁和连系杆件组成的承重墙钢结构架。其工程量计算应包括墙架柱、梁和连系杆件的主材。

9.钢天窗挡风架

为阻止冷风直接进入天窗，以保证车间内热气迅速通过天窗散出，需在天窗前面设置一挡风板，而挡风板是安装在与天窗柱连接的支架上的，该支架称为天窗挡风架。

10.内浇外砌结构

内浇外砌结构是指大模板剪力墙与砖混结构的结合。即内墙采用大钢模板施工的现浇混凝土，外墙采用普通黏土砖、空心砖或其他砌体。

11.内浇外挂结构

内浇外挂结构，又称“一模三板”，是由大模板现浇混凝土内墙，预制外墙挂板（配以构造柱和圈梁）、预制内隔断板、预制楼板组成。

12.内板外砌结构

内板外砌结构，又称“一模两板”，内墙与“内浇外挂”相同；外墙用砖砌筑，加钢筋混凝土构造柱和圈梁，将存在严重问题的外墙板，改为砖墙，克服了空心外墙板存在的开裂、裂缝和拼缝渗漏、热功性能差等缺点。

13.主墙

主墙是指砖墙、砌块墙厚度在180mm以上（包括180mm）或超过100mm以上（包括100mm）的钢筋混凝土剪力墙；其他非承重的间壁墙都视为非主墙。

14.间壁墙

间壁墙是隔墙的一种,采用轻质材料做的,一般墙厚小于120mm。隔断不是间壁墙,因为隔断是不做到顶的,而间壁墙是从地面一直做到楼面的,是封顶的。间壁墙是在屋内地面施工完会做好后,再做的,所以没有基础。因此,涉及工程造价计算地面装饰面积时不需扣除间壁墙所占部分的面积。

间壁墙的两大特征:墙体较薄,非承重墙。

15.腰线

腰线是建筑装饰的一种做法,一般指建筑外墙面上的突出外墙面水平横线,通常是在窗口的上或下沿(也可以在其他部位)将砖挑出60×120mm或挑出混凝土带等方法,作成一条通长的横带,主要起装饰作用。根据阳角的多少分为普通腰线和复杂腰线。普通腰线系指突出墙面一至二道棱角线,复杂腰线系指突出墙面三至四道棱角线(每突出墙面一个阳角为一道棱角线)。

16.门窗套、贴脸、筒子板

门窗套是对门窗洞口侧壁进行装饰并起保护作用的装饰造型。它包括贴脸和筒子板。筒子板是门洞侧面的装饰板,贴脸是遮盖门框(或筒子板)与墙间缝隙的盖板。门窗套的材质根据其具体情况可以采用木质品、石材制品和金属制品等多种,一般内门和外门窗的内侧多采用木制门窗套(或贴脸),电梯门多采用石材制品和金属制品。

项目四 建设工程招标工程量清单的编制

学习目标

知识目标

1. 熟悉《建设工程工程量清单计价规范》(GB50500—2013)
2. 掌握工程量清单的计算规则。
3. 掌握工程量清单的编制方法。

能力目标

能够利用《建设工程工程量清单计价规范》编制工程量清单。

项目分析

项目概述

熟悉《建设工程工程量清单计价规范》,按照规范要求格式编制工程量清单。

情景案例设计

学习《建设工程工程量清单计价规范》,在理解工程量清单的基础上,编制附录案例中的工程量清单。

任务一 工程量清单的认知

学习引导

通过学习本任务,了解《建设工程工程量清单计价规范》,熟悉工程量清单的适用范围和编制依据,掌握工程量清单的组成。

知识链接

一、《建设工程工程量清单计价规范》的制订与修订

2003年2月17日,由国家原建设部、质量监督检验检疫总局联合发布《建设工程工程量清单计价规范》(GB50500－2003)(以下简称"03规范")作为国家标准,并于2003年7月1日起实施。"03规范"架构体系包括正文和5个附录,2005年2月17日作局部修订,附录增加了《矿山工程工程量清单项目及计算规则》。实施市场自主定价的工程量清单计价方式,体现了"政府制定政策,业主提供清单,企业自主投价,市场形成价格"的计价模式。

"03规范"的实施,不仅为整个行业与国际接轨铺平了道路,也为建立市场形成工程造价机制、规范工程造价计价行为发挥了一定的作用。然而由于各方面准备不足,实施五年来原《计价规范》遇到了许多困难,也暴露出了以下不少问题。比如,"03规范"主要侧重于规范工程招标中的计价行为,而对工程实施阶段全过程中如何实施工程量清单计价行为的指导性不强。对于清单计价时的风险划分不清,使承发包双方责任不明等。

针对GB50500－2003存在的问题,从2006年初开始,原建设部经过两年多的工作,通过调查研究、

总结经验，针对施行中存在的问题，经广泛征求意见，反复修改、审查，完成了“03 规范”的修订工作，2008 年 7 月 9 日由住房和城乡建设部、国家质量监督检验检疫总局联合发布《建设工程工程量清单计价规范》(GB50500－2008)(以下简称“08 规范”)，并于 2008 年 12 月 1 日起施行。“08 规范”沿用“03 规范”的架构体系，包括正文和 6 个附录。内容涵盖了工程施工阶段从招投标开始到施工竣工结算办理的全过程，并增加了条文说明。包括工程量清单的编制，投标控制价和投标报价的编制，工程合同签订时对合同价款的约定，施工过程中工程量的计量与价款支付，索赔与现场签证，工程价款的调整，工程竣工后结算的办理以及工程计价争议的处理等内容。

“08 规范”使工程施工过程中每个计价阶段都有“规”可依、有“章”可循，对全面规范过程造价行为具有重要的意义。但是在几年的实施过程中，还是出现很多的问题，同时，工程造价管理工作也存在亟待解决的问题：如工程造价管理工作法律法规不完备，工程价款确认、调整及支付规则不够完善、定额人工单价与市场人工工资不协调等等。2011 年 7 月 21 日住房和城乡建设部以建标造函[2011]87 号文件印发《关于征求＜建设工程工程量清单计价规范＞(GB50500－2008)修订(征求意见稿)意见的通知》，对“08 规范”的修订征求意见。根据《中华人民共和国建筑法》、《中华人民共和国合同法》、《中华人民共和国招标投标法》，2012 年 12 月 25 日由住房和城乡建设部、国家质量监督检验检疫总局联合发布《建设工程工程量清单计价规范》(GB50500－2013)(以下简称“13 规范”)，并于 2013 年 7 月 1 日起施行。“13 规范”的架构体系与“08 规范”的架构体系相比，发生了较大的变化，包括计价规范和计量规范两部分内容组成，共 10 本规范。其中一本《建设工程工程量清单计价规范》(GB50500－2013)，《房屋建筑与装饰工程工程量计算规范》(GB50854－2013)等九本工程量计算规范。内容仍涵盖工程施工阶段从招投标开始到施工竣工结算办理的全过程，但是与“08 规范”相比，专业划分更加细致，责任划分更加明确，可执行性更加强化。

二、《建设工程工程量清单计价规范》(GB50500－2013)的主要内容

《建设工程工程量清单计价规范》(GB50500－2013)包括以下几部分内容：

(1)总则；

(2)术语；

(3)一般规定；

(4)工程量清单编制；

(5)招标控制价；

(6)投标报价；

(7)合同价款约定；

(8)工程计量；

(9)合同价款调整；

(10)合同价款期中支付；

(11)竣工结算与支付；

(12)合同解除的价款结算与支付；

(13)合同价款争议的解决；

(14)工程造价鉴定；

(15)工程计价资料与档案；

(16)工程计价表格。

三、《建设工程工程量清单计价规范》(GB50500－2013)的适用范围

(1)使用国有资金投资的建设工程发承包。必须采用工程量清单计价。

注释 4-1

(1)以黑体字标志的条文为计价规范的强制性条文,必须严格执行。以下同。

(2)国有资金投资的工程建设项目范围。

①国有资金投资的工程建设项目包括:使用各级财政预算资金的项目;使用纳入财政管理的各种政府性专项建设资金的项目;使用国有企事业单位自有资金,并且国有资产投资者实际又有控制权的项目,

②国家融资资金投资的工程建设项目范围:使用国家发行债券所筹资金的项目;使用国家对外借款或者担保所筹资金的项目;使用国家政策性贷款的项目;国家授权投资主体融资的项目国家特许的融资项目。

(3)国有资金(含国家融资资金)为主的工程建设项目是指国有资金占投资总额50%以上,或虽不足50%但国有投资者实质上拥有控股权的工程建设项目。

(2)非国有资金投资的工程建设项目,宜采用工程量清单计价。

注释 4-2

(1)是否采用工程量清单计价由业主决定;

(2)当确定采用工程量清单计价,应执行计价规范;

(3)不采用工程量清单计价的建设工程,应执行本规范除工程量清单等专门性规定外的其他规定。

注释 4-3

工程量清单在工程量清单计价中起到基础性作用,是整个工程量清单计价活动的重要依据之一,贯穿于整个施工过程中。

四、招标工程量清单的概念、作用及组成

1. 工程量清单的概念

(1)工程量清单:是指载明建设工程分部分项工程项目、措施项目、其他项目的名称和相应数量以及规费、税金项目等内容的明细清单。

工程量清单按《建设工程工程量清单计价规范》的要求,以统一表格形式,按照相应专业《计量规范》的规定编制。

(2)招标工程量清单:是指招标人依据国家标准、招标文件、设计文件以及施工现场实际情况编制的,随招标文件发布供投标报价的工程量清单,包括其说明和表格。

招标工程量清单应由具有编制能力的招标人或受其委托,具有相应资质的工程造价咨询人或招标代理人编制。

(3)已标价工程量清单:是指构成合同文件组成部分的投标文件中已标明价格,经算术性错误修正(如有)且承包人已确认的工程量清单,包括其说明和表格。

2. 招标工程量清单的作用

招标工程量清单必须作为招标文件的组成部分,其准确性和完整性由招标人负责。招标工程量清单是工程量清单计价的基础,应作为编制招标控制价、投标报价、计算或调整工量、索赔等的依据之一。

3. 工程量清单的组成

工程量清单应由分部分项工程量清单、措施项目清单、其他项目清单、规费项目清单、税金项目清单组成。如图 4-1 所示。

五、工程量清单的编制依据

编制工程量清单的依据具体如下:

(1)《建设工程工程量清单计价规范》(GB50500—2013)和相关工程的国家计量规范;

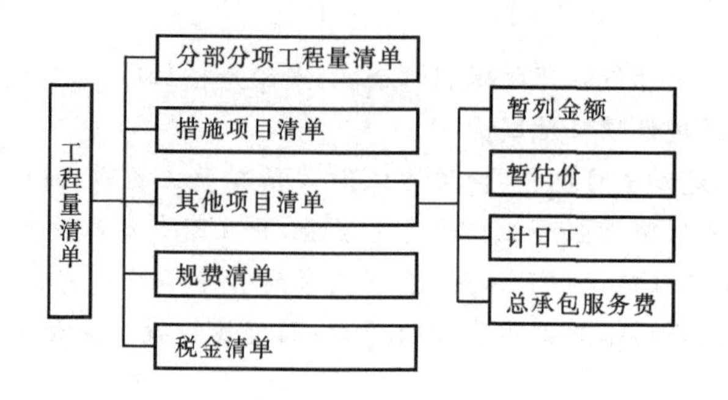

图 4-1　工程量清单的组成

(2)国家或省级、行业建设主管部门颁发的计价依据和办法；

(3)建设工程设计文件及相关资料；

(4)与建设工程有关的标准、规范、技术资料；

(5)拟定的招标文件；

(6)施工现场情况、工程特点及常规施工方案；

(7)其他相关资料。

任务二　分部分项工程量清单的编制

学习引导

通过学习本任务，掌握分部分项工程量清单的编制方法，能够编制附录1某活动中心项目的分部分项工程量清单。附录7摘录了清单计价规范中与活动中心项目的相关的部分项目，拓展项目中列出了清单计算规则与定额计算规则的差异对比，注意对比学习。

计算结果

见附录2和附录5中分部分项工程量清单与计价表

知识链接

一、分部分项工程量清单的编制要求

1. 分部分项工程量清单的要求

分部分项工程量清单必须载明项目编码、项目名称、项目特征、计量单位和工程量。

分部分项工程量清单必须根据相关工程现行国家计量规范规定的项目编码、项目名称、项目特征、计量单位和工程量计算规则进行编制。

注释 4-4

《房屋建筑与装饰工程工程量计算规范》(GB500854—2013)摘录：

附录E　混凝土及钢筋混凝土工程

E. 1 现浇混凝土基础。

工程量清单项目设置、项目特征描述、计量单位、工程量计算规则，应按表4-1(附录中为表E.1)的规定执行。

表 4-1　现浇混凝土基础(编码:010501)

项目编码	项目名称	项目特征	单位	工程量计算规则	工程内容
010501001	垫层	1. 混凝土类别 2. 混凝土强度等级	m^3	按设计图示尺寸以体积计算。不扣除构件内钢筋、预埋铁件和伸入承台基础的桩头所占体积	1. 模板及支撑制作、安装、拆除、堆放、运输及清理模内杂物、刷隔离剂等。 2. 混凝土制作、运输、浇注、振捣、养护
010501002	带形基础				
010501003	独立基础				
010501004	满堂基础				
010501005	桩承台基础				
010501006	设备基础	1. 混凝土类别 2. 混凝土强度等级 3. 灌浆材料、灌浆材料强度等级			
注:①有肋带形基础、无肋带形基础应按 E.1 中相关项目列项,并注明肋高。 ②箱式满堂基础的柱、梁、墙、板按 E.2、E.3、E.4、E.5 中相关项目分别编码列项,箱式满堂基础底板按 E.1 中满堂基础项目列项。					

2. **分部分项工程量清单的编码格式**

分部分项工程量清单的项目编码,是分部分项工程量清单项目名称的数字标识。

分部分项工程量清单的项目编码,应采用十二位阿拉伯数字表示。一至九位应按相关工程的国家计量规范附录的规定设置,十至十二位应根据拟建工程的工程量清单项目名称设置,同一招标工程的项目编码不得有重码。

分部分项工程量清单的编码格式,如图 4-2 所示。

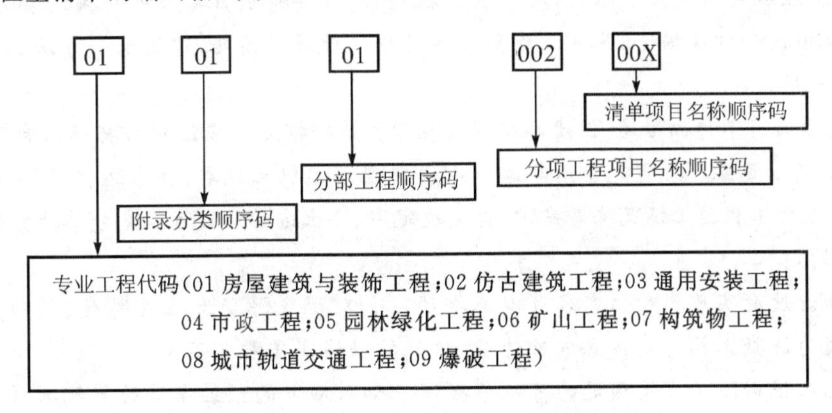

图 4-2　分部分项工程量清单的编码格式

注释 4-5

现浇混凝土带形基础的清单编码 010501002001,对应的关系如图 4-3 所示。

3. **分部分项工程量清单的项目名称**

分部分项工程量清单的项目名称应按计价规范附录中的项目名称并结合拟建工程的实际情况确定。

4. **分部分项工程量清单的项目特征**

分部分项工程量清单的项目特征是指构成该清单项目自身价值的本质特征。

按计价规范附录中的项目特征并结合拟建工程项目的实际予以描述。

项目特征描述应满足确定综合单价的需要为前提,尽可能全面准确地描述清楚,避免因描述不清,在施工合同履行产生分歧过程中,导致纠纷、索赔。

对采用标准图集或施工图纸能够全部或部分满足项目特征描述要求的，项目特征描述可直接采用“详见××图集”或“详见××图号”的方式。但对不能满足项目特征描述要求的部分，仍应用文字描述进行补充说明。

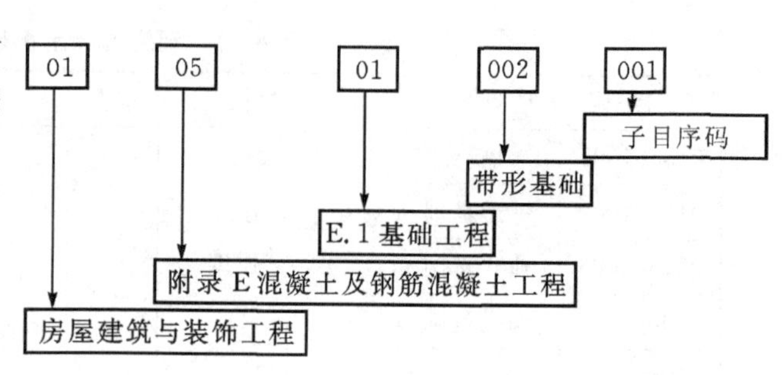

图4-3　现浇混凝土带形基础清单编码构成图

注释4-6

项目特征描述的注意事项如下：

1.必须描述的内容

(1)涉及正确计量的内容必须描述。如门窗洞口尺寸或框外围尺寸，因为1樘门或窗有多大，直接关系到门窗的价格，对门窗洞口或框外围尺寸进行描述就十分必要。

(2)涉及结构要求的内容必须描述。如混凝土构件的混凝土强度等级，是使用C20还是C30或C40等，因混凝土强度等级不同，其价格也不同，必须描述。

(3)涉及材质要求的内容必须描述。如油漆的品种是调和漆，还是硝基清漆等。

(4)涉及安装方式的内容必须描述。如铝合金门窗安装时是否有副框等就必须描述。

2.可不详细描述的内容

(1)无法准确描述的可不详细描述。如土壤类别，由于我国幅员辽阔，南北东西差异较大，特别是对于南方来说，在同一地点，由于表层土与表层土以下的土壤，其类别是不相同的，要求清单编制人准确判定某类土壤的所占比例是困难的，在这种情况下，可考虑将土壤类别描述为综合，注明由投标人根据地勘资料自行确定土壤类别，决定报价。

(2)施工图纸、标准图集标注明确，可不再详细描述。对这些项目可描述为“见××图集××页号及节点大样”等。由于施工图纸、标准图集是发、承包双方都应遵守的技术文件，这样描述可以有效减少在施工过程中对项目理解的不一致。同时，对不少工程项目，真要将项目特征一一描述清楚，也是一件费力的事情，如果能采用这一方法描述，就可以收到事半功倍的效果。因此，建议这一方法在项目特征描述中能采用的尽可能采用。

(3)还有一些项目可不详细描述，但清单编制人在项目特征描述中应注明由招标人自定，如土石方工程中的“取土运距”、“弃土运距”等.首先要清单编制人决定在多远取土或取、弃土运往多远时是有困难的；其次，由投标人根据在建工程施工情况统筹安排，自主决定取、弃土方的运距可以充分体现竞争的要求。

3.可不描述的内容

(1)对计量计价没有实质影响的内容可以不描述。如对现浇混凝土柱的高度、断面大小等的特征规定可以不描述，因为混凝土构件是按立方米计量，对此的描述实质意义不大。

(2)应由投标人根据施工方案确定的可以不描述。如对石方的预裂爆破的单孔深度及装药量的特征规定，如清单编制人来描述是困难的，由投标人根据施工要求，在施工方案中确定，自主报价比较恰当。

(3)应由投标人根据当地材料和施工要求确定的可以不描述。如对混凝土构件中的混凝土拌合料使用的石子种类及粒径、砂的种类及特征规定可以不描述。因为混凝土拌合料使用砾石还是碎石，使用粗砂还是中砂、细砂或特细砂，除构件本身特殊要求需要指定外，主要取决于工程所在地砂、石子材料的供应情况。至于石子的粒径大小主要取决于钢筋配筋的密度。

(4)应由施工措施解决的可以不描述。如对现浇混凝土板、梁的标高的特征规定可以不描述。因为同样的板或梁，都可以将其归并在同一个清单项目中，但由于标高的不同，将会导致因楼层的变化对同一项目提出多个清单项目，可能有的会讲，不同的楼层工效不一样，但这样的差异可以由投标人在报价中考虑，或在施工措施中去解决。

5.分部分项工程量清单的计量单位

分部分项工程量清单的计量单位按相应工程量计算规范附录中规定的计量单位确定。

当计量单位有两个或两个以上时，应根据所编工程量清单项目的特征要求，选择最适宜表现该项目特征并方便计量的单位。例如，计价规范中门窗工程的计量单位为"樘/m^2"两个计量单位，在实际应用时应选择最适宜、最方便的计量单位。

6. 分部分项工程量清单的工程量计算

(1)分部分项工程量清单中所列工程量应按工程量计算规范附录中规定的工程量计算规则计算。

计价规范采用与国际接轨的基本计量单位，其计算规则着重强调按工程设计图的实体净量计量。

(2)工程数量的有效位数应遵循下列规定：①以"t"为单位，应保留小数点后三位数字，第四位四舍五入；②以"m^3""m^2""m"为单位，应保留小数点后两位数字，第三位四舍五入；③以"个、件、根、组、樘、系统"等为单位的，应取整数。

注释 4-7

工程量计算规范中清单工程量计算规则与定额计算规则的联系与区别，具体如下：

1. 清单工程量计算规则与定额的工程量计算规则的联系主要表现在：清单工程量计算规则是在定额工程量计算规则的基础上发展起来的，它大部分保留了定额工程量计算规则的内容和特点，是定额工程量计算规则的继承和发展。

2. 两种计算规则的区别是：对定额工程量计算规则中不适用于清单工程量计算，以及不能满足工程量清单项目设置要求的部分进行了修改和调整。其主要表现在两个方面：计算口径及综合内容的变动和计量单位的变动。

(1)清单工程量计算规则与定额工程量计算规则的区别，主要反映在计算口径及综合内容的变动上。工程量清单对分部分项工程是按工程净量计量，定额分部分项工程则是按实际发生量计量。工程量清单的工程内容涵盖了主体工程项目及主体工程项目以外的其他工程项目的全部工程内容。并以主体工程的名称作为工程量清单项目的名称。定额工程量计算规则未对工程内容进行组合，仅是单一的工程内容，其组合的是单一工程内容的各个工序。由于清单项目与定额项目的工作内容不一致，导致一项清单可能包含多项定额。

(2)工程量清单项目的计量单位一般采用基本计量单位，如 m^3、m、kg、t 等。定额中的计量单位则有时出现不规范的复合单位，如 1000m^3、100m^2、10m、100kg 等。有时清单项目的计量单位与定额的计量单位不一致，如混凝土灌注桩清单项目的计量单位是 m/根，定额的计量单位是 m^3 等。

7. 分部分项工程量清单的补充项目

编制工程量清单出现工程量计算规范附录中未包括的项目，编制人应作补充说明，并报省级或行业工程造价管理机构备案，省级或行业工程造价管理机构应汇总报住房和城乡建设部标准定额研究所。

补充项目的编码由工程量计算规范序号与 B 和三位阿拉伯数字组成，并应从 0×B001 起顺序编制，同一招标工程的项目不得重码。工程量清单中需附有补充项目的名称、项目特征、计量单位、工程量计算规则、工程内容。

注释 4-8

关于补充项目还应强调以下三点：

(1)补充项目的编码必须按房屋建筑与装饰工程工程量计算规范的规定进行。补充项目的编码由房屋建筑与装饰工程工程量计算规范的顺序码(如 01)与 B 和三位阿拉伯数字组成，并应从 01B001 起顺序编制，如编制时不得重号。

(2)在工程量清单中应附补充项目的项目名称、项目特征、计量单位、工程量计算规则和工作内容。尤其是工程内容和工程量计算规则，以方便投标人报价和后期变更、结算。

(3)将编制的补充项目报省级或行业工程造价管理机构备案。

二、分部分项工程量清单工程量计算

分部分项工程量清单中工程量的计算是招标编制中工作量最大，也是工程量清单最重要的一部分，清单工程量的准确与否，直接影响到工程招投标的质量，因此必须高度重视。

分部分项工程量清单中工程量的计算应根据《房屋建筑与装饰工程工程量计量规范》附录中的工程量计算规则进行计算。

任务三　措施项目清单的编制

学习引导

通过学习本任务，掌握措施项目清单的编制方法。

计算结果

见附录5措施项目清单与计价表(一)、(二)

知识链接

措施项目清单是为完成工程项目施工，发生于该工程施工准备和施工过程中的技术、生活、安全、环境保护等方面的项目。

一、措施项目清单的编制要求

(1)措施项目清单必须根据相关工程现行国家计量规范的规定编制。

(2)措施项目清单应根据拟建工程的实际情况列项。

二、措施项目清单的编制

(1)措施项目应根据拟建工程的实际情况列项，若出现计量规范未列的项目，可根据实际情况补充。补充项目的编码规则按照分部分项工程量清单补充项目的规定。具体参见《房房屋建筑与装饰工程工程量计算规范》。

(2)由于在现浇混凝土工程项目的“工作内容”中包括了模板工程的内容，招标人在措施项目清单中可编列现浇混凝土模板工程项目，也可以不编列。

任务四　其他项目清单的编制

学习引导

通过学习本任务，掌握其他项目清单的编制方法。注意分清哪些数据是招标单位填写，哪些数据是投标单位填写。

计算结果

见附录5相关表格

知识链接

一、其他项目清单的内容

1.暂列金额

暂列金额,是指招标人在工程量清单中暂定并包括在合同价款中的一笔款项。暂列金额用于施工合同签订时尚未确定或者不可预见的所需材料、工程设备、服务的采购,施工中可能发生的工程变更、合同约定调整因素出现时的合同价款调整以及发生的索赔、现场签证确认等的费用。

暂列金额虽包括在合同价款中,但并不直接属承包人所有,而是由发包人暂定并掌握使用的一笔款项。

2.暂估价

暂估价,是指招标人在工程量清单中提供的用于支付必然发生但暂时不能确定的材料的单价以及专业工程的金额。暂估价包括材料暂估价、专业工程暂估价。

3.计日工

计日工,是指在施工过程中,承包人完成发包人提出的施工图纸以外的零星项目或工作,按合同约定的综合单价计价的一种方式。

4.总承包服务费

总承包服务费,是指总承包人为配合协调发包人进行的工程分包,自行采购的材料工程设备等进行管理、服务以及施工现场管理、竣工资料汇总整理等服务所需的费用。

工程建设标准的高低、工程的复杂程度、工程的工期长短、工程的组成内容、发包人对工程管理要求等都直接影响其他项目清单的具体内容,计价规范仅提供上述四项作为列项参考。如果工程出现上述未列的项目,可根据工程实际情况进行补充。

二、其他项目清单的编制规则

1.暂列金额

为保证工程施工建设的顺利实施,针对施工过程中可能出现的各种不确定因素对工程造价的影响,在招标控制价中估算一笔暂列金额。暂列金额由招标人根据工程的复杂程度、设计深度、工程环境条件(包括地质、水文、气候条件等)进行估算,一般可以分部分项工程费和措施项目费的10%～15%为参考。

2.暂估价

材料及工程设备暂估价是甲方列出暂估的材料单价及使用范围,乙方按照此价格来进行组价,并计入到相应清单的综合单价中;其他项目合计中不包含,只是列项。

专业工程暂估价是按项列支,如塑钢门窗、玻璃幕墙、防水等,价格包括除规费、税金外的所有费用;此费用计入其他项目合计中。

总承包招标时,专业工程设计深度往往是不够的,一般需要交由专业设计人设计,国际上,出于提高可建造性考虑,一般由专业承包人负责设计,以发挥其专业技能和专业施工经验的优势。这类专业工程交由专业分包人完成是国际工程的良好实践,目前在我国工程建设领域的应用也已经比较普遍。公开透明地合理确定这类暂估价的实际开支金额的最佳途径就是通过建设项目招标人与施工总承包人共同组织的招标。

3.计日工

"计日工"表中的人工工时、材料数量、施工机械台班由招标人暂估。

进行计量时,"计日工"的数量按完成发包人发出的计日工指令的数量确定。并按照计日工表中填报的适用项目的单价进行计价支付。

4. 总承包服务费

对于总承包服务费，一定要在招标文件中说明总包的范围、服务内容等，以减少后期不必要的纠纷。

任务五 规费、税金项目清单的编制

学习引导

通过学习本任务，掌握规费、税金项目清单的编制方法。

计算结果

见附录5规费、税金项目清单与计价表

知识链接

一、规费

规费，是指按国家法律、法规规定，由省级政府和省级有关权力部门规定必须缴纳或计取的费用。

根据住房城乡建设部财政部关于印发《建筑安装工程费用项目组成》的通知(建标[2013]44号)的规定，包括：社会保险费(养老保险费、失业保险费、医疗保险费、生育保险费、工伤保险费)、住房公积金、工程排污费。其他应列而未列入的规费，按实际发生计取。

2012年《河北省建筑、安装、市政、装饰装修工程费用标准》(HEBGFB-1—2012)规定规费包括：社会保障费(养老保险费、医疗保险费、失业保险费、生育保险费、工伤保险费)、住房公积金、职工教育经费。其中养老保险费、医疗保险费、失业保险费、生育保险费、工伤保险费、住房公积金称为“五险一金”。

二、税金

税金，是指国家税法规定的应计入建筑安装工程造价内的营业税、城市维护建设税、教育费附加和地方教育附加。2012《河北省建筑、安装、市政、装饰装修工程费用标准》(HEBGFB-1—2012)规定工程所在地在市区的执行3.48%，工程所在地在县城、镇的执行3.41%，工程所在地不在市区、县城、镇的执行3.28%。

拓展任务 招标工程量清单表格的使用

学习引导

通过学习本任务，掌握工程量清单表格的使用方法。表中数据与项目五是相关联的，注意后面学习时与之对应，便于理解。

知识链接

招标工程量清单表如下：

(1)工程量清单：包括封面、扉页，见表4-2、表4-3。

表4-2 封面

<table>
<tr><td>

某高校教学楼 工程

工 程 量 清 单

招 标 人：某高校
（单位盖章）

造价咨询人：某工程咨询公司
（单位盖章）

年 月 日

</td></tr>
</table>

表4-3 扉页

<table>
<tr><td colspan="2">

某高校教学楼 工程

招 标 工 程 量 清 单

</td></tr>
<tr><td>招 标 人：某高校
（单位盖章）</td><td>咨 询 人：某工程咨询公司
（单位资质专用章）</td></tr>
<tr><td>法定代表人
或其授权人：
（签字或盖章）</td><td>法定代表人
或其授权人：
（签字或盖章）</td></tr>
<tr><td>编 制 人：
（造价人员签字盖专用章）</td><td>复 核 人：
（造价工程师签字盖专用章）</td></tr>
<tr><td>编制时间： 年 月 日</td><td>复核时间： 年 月 日</td></tr>
</table>

(2)总说明:见表4-4。

表4-4 总说明

工程名称: 第 页共 页

1.工程概况:

本工程为某高校2#教学楼,位于石家庄市四水厂路,建筑面积×××平方米,建筑高度×××米,层高3.6米,层数×层,结构形式框架结构,基础类型独立基础。投标工期为×××天。

2.工程招标范围:本次招标范围为施工图范围内的建筑工程和安装工程。

3.工程量清单编制依据:

(1)2#教学楼施工蓝图。

(2)《建设工程工程量清单计价规范》(GB50500—2013)。

4.其他需要说明的问题:

(1)招标人供应现浇构件的所有钢筋和地面花岗岩,单价分别暂定为钢筋Φ10以内4300元/t,钢筋Φ20以内4500元/t,地面花岗岩170元/m^3,投标人对发包人供应的材料进行验收、保管及使用发放。

(2)总承包人应配合铝合金门窗和入户防盗门等专业工程承包人完成以下工作:

①按专业工程承包人的要求提供施工工作方面的帮助,并对施工现场进行统一管理,对竣工资料进行统一整理汇总。

②为专业工程承包人提供垂直运输机械和焊接电源接入点,并承担垂直运输费和电费。

③为门窗安装后进行补缝和找平,并承担相应的费用。

(3)分部分项工程量清单表:分部分项工程和单价措施项目清单与计价表,见表4-5。

表4-5 分部分项工程量清单与计价表

工程名称: 标段: 第 页共 页

序号	项目编码	项目名称	项目特征描述	计量单位	工程量	金额(元)		
						综合单价	合价	其中 暂估价
1	010101004001	挖基础土方	1.土壤类别:一、二类土 2.基础类型:条形 3.垫层底宽:920mm 4.挖土深度:1.8m 5.弃土运距:3km	m^3	2634.000			
2	010302001001	泥浆护壁成孔灌注桩	1.土壤级别:一级土 2.单桩长度、根数:8m,共217根 3.桩直径:800mm 4.成孔方法:旋挖钻机成孔 5.混凝土强度等级:C25	m^3	1016.000			
3	010515004001	钢筋笼	1.钢筋种类、规格:综合	t	24.190			
4	010502001001	矩形柱	1.柱高度:3.6M内 2.柱截面尺寸:550×550mm 3.混凝土强度等级:C30 4.混凝土拌合料要求:中砂碎石	m^3	210.000			
5	010515001001	现浇混凝土钢筋	1.钢筋种类、规格:二级钢筋,直径20内	t	220.356			

续表 4-5

序号	项目编码	项目名称	项目特征描述	计量单位	工程量	金额(元)		
						综合单价	合价	其中 暂估价
6	011102001001	石材楼地面	1. 垫层材料种类、厚度:100 厚 C15 商品混凝土 2. 结合层厚度、砂浆配合比:30 厚 1:4 干硬性水泥砂浆 3. 面层材料品种、规格、品牌、颜色:40 厚 600×600mm 花岗岩 4. 嵌缝材料种类:无 5. 酸洗、打蜡要求:酸洗、打蜡	m^2	320.000			
本页小计								
合　计								

注:为计取规费等的使用,可在表中增设其中:“定额人工费”。

(4)总价措施项目清单表。

①总价措施项目清单与计价表,见表 4-6。

表 4-6　总价措施项目清单与计价表

工程名称:　　　　　　　　　　　　标段:　　　　　　　　　　　　第　页共　页

序号	项目编码	项目名称	计算基础	费率(%)	金额(元)	调整费率(%)	调整后金额(元)	备注
1	011707001001	安全文明施工费						
2	011707002001	夜间施工费						
3	011707004001	二次搬运费						
4	011707005001	冬雨季施工						
5	011707007001	已完工程及设备保护						
合价								

编制人(造价员):　　　　　　　　　　　　　　　　　复核人(造价工程师):

注:1. “计算基础”中安全文明施工费可为“定额计价”、“定额人工费”或“定额人工费+定额机械费”,其他项目可为“定额人工费”或“定额人工费+定额机械费”。

2. 按施工方案计算的措施费,若无“计算基础”和“费率”的数值,也可只填“金额数值”,但在备注栏说明施工方案出处或施工方法。

②分部分项工程和单价措施项目清单与计价表,见表 4-7。

表 4-7　分部分项工程和单价措施项目清单与计价表

工程名称:　　　　　　　　　　　　标段:　　　　　　　　　　　　第　页共　页

序号	项目编码	项目名称	项目特征描述	计量单位	工程量	金额(元)		
						综合单价	合价	其中 暂估价
1	011702002001	矩形柱模板	1. 柱截面形状及尺寸:矩形柱,断面 550 * 550mm 2. 柱支撑高度:3.6m	m^2	560.00			
本页小计								
合　计								

(5)其他项目清单表:

①其他项目清单与计价汇总表,见表4-8。

表4-8 其他项目清单与计价汇总表

工程名称: 标段: 第 页共 页

序号	项目名称	金 额(元)	结算金额(元)	备注
1	暂列金额	30000.00		明细详见 表4—9
2	暂估价	120000.00		
2.1	材料(工程设备)暂估价	—		明细详见 表4—10
2.2	专业工程暂估价	120000.00		明细详见 表4—11
3	计日工			明细详见 表4—12
4	总承包服务费			明细详见 表4—13
合 计				

注:材料(工程设备)暂估单价进入清单项目综合单价,此处不汇总。

②暂列金额明细表,见表4-9。

表4-9 暂列金额明细表

工程名称: 标段: 第 页共 页

序号	项 目 名 称	计量单位	暂定金额(元)	备注
1	清单中工程量偏差和设计变更	项	10000.00	
2	政策性调整和材料价格风险	项	10000.00	
3	其他	项	10000.00	
合 计			30000.00	—

注:此表由招标人填写,如不能详列,也可只列暂定金额总额,投标人应将上述暂列金额计入投标总价中。

③材料(工程设备)暂估单价及调整表,见表4-10。

表4-10 材料(工程设备)暂估单价及调整表

工程名称: 标段: 第 页共 页

序号	材料(工程设备)名称、规格、型号	计量单位	数量		暂估(元)		确认(元)		差额±(元)		备注
			暂估	确认	单价	合价	单价	合价	单价	合价	
1	钢筋Φ10以内	t	2.690		4300						钢筋笼、现浇柱
2	钢筋Φ20以内	t	249.193		4500						
3	花岗岩板 800×800	m^2	326.40		170						楼地面
合 计											—

注:此表由招标人填写"暂估单价",并在备注栏说明暂估价的材料、工程设备拟用在那些清单项目上,投标人应将上述材料、工程设备暂估单价计入工程量清单综合单价报价中。

④专业工程暂估价及结算价表,见表4-11。

表4-11 专业工程暂估价表及结算价表

工程名称: 标段: 第 页共 页

序号	工 程 名 称	工程内容	暂估金额(元)	结算金额(元)	差额±(元)	备注
1	铝合金门窗	制作安装	100000.00			
2	入户防盗门	安装	20000.00			
合 计			120000.00			—

注:此表"暂估金额"由招标人填写,投标人应将"暂估金额"计入投标总价中。结算时按合同约定结算金额填写。

⑤计日工表，见表 4－12。

表 4－12 计日工表

工程名称： 标段： 第 页共 页

编号	项目名称	单位	暂定数量	实际数量	综合单价（元）	合价	
						暂定	实际
一	人工						
1	技工（综合）	工日	10				
	普工	工日	20				
人工小计							
二	材料						
1	墙面瓷砖 320×455mm	m^2	16				
2	白水泥	Kg	20				
3	页岩砖（240×115×53mm）	块	1000.00				
材料小计							
三	施工机械						
1	砂浆搅拌机（400L）	台班	1				
施工机械小计							
合计							

注：此表项目名称、暂定数量由招标人填写，编制招标控制价时，单价由招标人按有关计价规定确定；投标时，单价由投标人自主报价，按暂定数量计算合价计入投标总价中。结算时，按发承包双方确认的实际数量计算合价。

⑥总承包服务费计价表，见表 4－13。

表 4－13 总承包服务费计价表

工程名称： 标段： 第 页共 页

序号	工程名称	项目价值（元）	服务内容	计算基础	费率（%）	金额（元）
1	发包人发包专业工程	120000	1. 对分包工程进行施工现场统一管理，并对竣工资料进行统一整理汇总。 2. 为专业工程施工提供垂运机械和施工用电接入，并负总垂运费和电费。 3. 为门窗安装后进行补缝找平，并承担相应费用。			
	合计					

注：此表项目名称、服务内容由招标人填写，编制招标控制价时，费率及金额由招标人按有关计价规定确定；投标时，费率及金额由投标人主报价，计入投标总价中。

（6）规费、税金项目清单与计价表，见表 4－14。

表 4-14 规费、税金项目清单计价表

工程名称： 标段： 第 页共 页

序号	项目名称	计算基础	计算基数	费率(%)	金 额(元)
1	规费	(分部分项工程+措施项目)中的(人工费+机械费)			
1.1	工程排污费				
1.2	社会保障费				
(1)	养老保险费				
(2)	失业保险费				
(3)	医疗保险费				
1.3	住房公积金				
1.4	危险作业意外伤害保险				
1.5	工程定额测定费				
2	税金	分部分项工程费+措施项目费+其他项目费+规费			
合 计					

(7)主要材料、设备一览表：

①发包人提供材料和工程设备一览表，见表 4-15。

表 4-15 发包人提供材料和工程设备一览表

工程名称： 标段： 第 页共 页

序号	材料(工程设备)名称、规格、型号	单位	数量	单价(元)	交货方式	送达地点	备注
1	钢筋 Φ10 以内	t	0.1	4600.00	承包商组织验收并与供货商办理交接手续	工地仓库	
2	钢筋 Φ20 以内	t	1.9	4500.00	承包商组织验收并与供货商办理交接手续	工地仓库	

注：此表由招标人填写，供投标人在投标报价、确定总承包服务费时参考。

②承包人提供材料和工程设备一览表，见表 4-16。

表 4-16 承包人提供材料和工程设备一览表(适用造价信息差额调整法)

工程名称： 标段： 第 页共 页

序号	名称、规格、型号	单位	数量	风险系数(%)	基准单价(元)	投标单价(元)	发承包人确定单价(元)	备注
1	预拌混凝土 C20	m^3	1.00	≤5	240.00			
2	预拌混凝土 C25	m^3	9.04	≤5	245.00			
3	预拌混凝土 C30	m^3	5.45	≤5	260.00			
4	花岗岩板 800×800	m^2	10.00	≤5	150.00			

注：1. 此表由招标人填写除“投标单价”栏的内容，投标人在投标时自主确定投标单价。

2. 招标人应优先采用工程造价管理机构发布的单价作为基准单价，未发布的，通过市场调查确定其基准单价。

项目习题

一、单选题

1. 工程量清单的编制者是______。

A. 建设主管部门　　B. 招标人

C. 投标人　　D. 工程造价咨询机构

2. 从性质上说，工程量清单是____的组成部分。

A. 招标文件　　B. 施工设计图纸　　C. 投标文件　　D. 可行性研究报告

3. 按《计价规范》规定，各子项工程量乘以对应的综合单价经累计得到______费用。

A. 分部分项工程　　B. 单位工程　　C. 单项工程　　D. 工程项目

4. 混凝土灌注桩的工程量按________计算。

A. 设计图示桩尺寸体积以立方米

B. 设计图示尺寸桩体积＋扩大头部分体积以立方米

C. 设计图示桩长度尺寸以米

D. 设计图示桩尺寸体积＋充盈量以立方米

5. 关于土方工程量的计算下面说法不正确的是________。

A. 场地平整按设计图示尺寸以建筑物首层面积计算

B. 基础挖土方按基础垫层底面积乘以挖土深度计算

C. 管沟土方按设计图示中心线乘管沟宽度再乘平均深度以体积计算

D. 土方工程量计算时不考虑放坡、操作工作面、支挡土板等措施

6. 现浇楼梯工程量按图示水平投影面积计算，楼梯井面积是否扣除的界限值是______。

A. 300mm　　B. 400mm　　C. 500mm　　D. 600mm

二、多选题

1. 工程量清单应由下列________组成。

A. 分部分项工程量清单　　B. 措施项目清单

C. 规费、税金清单　　D. 其他项目清单

E. 单价分析表

2. 下列关于工程量清单的说法正确的是____________。

A. 询标、评标的基础　　B. 投标报价的依据

C. 由招标人提供　　D. 招标文件的组成部分

E. 清单中的工程量就是结算时的工程量

3. 分部分项工程量清单应根据统一的________进行编制。

A. 项目编码　　B. 项目特征　　C. 项目名称

D. 计量单位　　E. 工程量计算规则

4. 建筑物墙体按长度乘以厚度再乘以高度，以 m^3 计算，应扣除________等所占体积。

A. 混凝土柱、过梁、圈梁　　B. 外墙板头、梁头

C. 过人洞、空圈　　D. 面积在 $0.3m^3$ 内的孔洞的体积

E. 门窗洞口

5. 关于钢筋混凝土工程量的计算规则，下列说法中正确的是__________。

A. 无梁板体积包括板和柱帽的体积　　B. 现浇混凝土楼梯按水平投影面积计算

C. 外挑雨篷上的反挑檐并入雨篷计算　　D. 预制钢筋混凝土楼梯按设计图示尺寸以体积计算

E. 预制构件的吊钩应按预埋铁件以重量计算

6. 下面以面积计算工程量的有__________。

A. 木板大门　　B. 木楼梯　　C. 压型钢板墙板

D. 钢梯　　E. 屋面卷材防水

7. 其他项目清单的内容主要有__________。

A. 零星工作项目费　　B. 暂列金额　　C. 预留金

D. 暂估价　　E. 总承包服务费　　F. 计日工

三、分析计算题

1. 某工程共有独立柱基础 50 个。每个基础的底面尺寸为 600 mm×600mm，垫层四周比基础宽 100mm，垫层厚 100mm，基础底面标高为−1.80m，自然地面标高为−0.45m，土方运距为 3km，土壤类别为二类土。则该基础土方工程清单量是多少？并完成分部分项工程量清单表。

2. 某现浇混凝土条形基础长 30m，混凝土的强度等级为 C30，基础断面积为 1.2m^2，计算该条基清单工程量，并完成分部分项工程量清单表。

3. 表 4－17 为某工程设计平法标注框架柱表，试计算 KZ1、KZ2 清单工程量，并完成分部分项工程量清单表及模板和安全文明施工等措施项目清单。

表 4－17　KZ1、KZ2 柱表

柱号	标高(m)	断面(mm)	备　注
KZ1	−1.500～8.070	500×500	1. 一层层高 4.5m，二～五层层高 3.6m，六层～七层层高 3m；各层平面外围尺寸相同，檐高 25m。 2. KZ1 共 24 根，KZ2 共 10 根 3. 砼强度等级均为 C30。
	8.070～15.270	450×400	
KZ2	−1.500～4.470	500×500	
	4.470～8.070	500×500	
	8.070～15.270	450×400	

项目小结

1.《建设工程工程量清单计价规范》(GB50500—2013)作为工程量清单计价模式的国家规范，其一，它规范了计价过程中的“招标人(业主)行为”，即工程量清单编制；其二，它规范了计价过程中的投标人(承包商)行为，即工程量清单计价。

2. 工程量清单应由分部分项工程量清单、措施项目清单、其他项目清单、规费项目清单、税金项目清单组成。

3. 分部分项工程量清单应按照《房屋建筑与装饰工程工程量计算规范》的规定，要求项目编码、项目名称、项目特征、计量单位和工程量计算规则“五统一”。

4. 工程量清单应按《建设工程工程量清单计价规范》规定的表格形式编制。

5. 工程量清单应作为招标文件的组成部分，应由具有编制招标文件能力的招标人或受其委托具有相应资质的中介机构进行编制。

6. 工程量清单的计算规则与预算定额中的工程量计算规则是有差异的，注意两者的区别。

拓展内容

清单计算规则与定额计算规则的差异对比

根据《建设工程工程量清单计价规范》(GB50500—2013)和河北省建设工程计价标准(2012)总结建筑与装饰工程清单与定额计量规则不同点(只进行了相对常用项的比较)，如表 4－18 所示。

表 4－18　建筑工程清单计量与定额计算规则不同点

清单项目编码	清单项目名称	清单工程量计算规则	河北省定额工程量计算规则不同点
附录 A　土石方工程			
010101003	挖沟槽土方	按设计图示尺寸以基础垫层底面积乘以挖土深度计算。	沟槽根据实际情况，考虑放坡、工作面等情况。
010101004	挖基坑土方	按设计图示尺寸以基础垫层底面积乘以挖土深度计算。	地坑根据实际情况，考虑放坡、工作面等情况。
附录 C　桩基工程			
010301001	预制钢筋混凝土方桩	按设计图示尺寸以桩长（包括桩尖）、按设计图示截面积乘以桩长（包括桩尖）或根数计算；计量单位分别是 m、m^3、根。	按设计桩长（包括桩尖）以延长米计算。
010302001	混凝土灌注桩	按设计图示尺寸以桩长（包括桩尖）、按设计图示截面积乘以桩长（包括桩尖）或根数计算；计量单位分别是 m、m^3、根。	灌注桩芯混凝土工程量按设计桩长与加灌长度之和乘以设计图示断面面积以“m^3”计算，加灌长度设计有规定的，按设计规定；设计无规定的，按 0.25m 计算。
附录 D　砌筑工程			
010401003	实心砖墙	按设计图示尺寸以体积计算。扣除门窗洞口、过人洞、空圈、嵌入墙内的钢筋混凝土柱、梁、圈梁、挑梁、过梁及凹进墙内的壁龛、管槽、暖气槽、消火栓箱所占体积。不扣除梁头、板头、檩头、垫木、木楞头、沿缘木、木砖、门窗走头、砖墙内加固钢筋、木筋、铁件、钢管及单个面积 0.3m^2 以内的孔洞所占体积。凸出墙面的腰线、挑檐、压顶、窗台线、虎头砖、门窗套的体积亦不增加。凸出墙面的砖垛并入墙体体积内计算。 1. 墙长度：外墙按中心线，内墙按净长计算； 2. 墙高度： （1）外墙：斜（坡）屋面无檐口天棚者算至屋面板底；有屋架且室内外均有天棚者算至屋架下弦底另加 200mm；无天棚者算至屋架下弦底另加 300mm，出檐宽度超过 600mm 时按实砌高度计算；平屋面算至钢筋混凝土板底； （2）内墙：位于屋架下弦者，算至屋架下弦底；无屋架者算至天棚底另加 100mm；有钢筋混凝土楼板隔层者算至楼板顶；有框架梁时算至梁底； （3）女儿墙：从屋面板上表面算至女儿墙顶面（如有混凝土压顶时算至压顶下表面）； （4）内、外山墙：按其平均高度计算。	1. 定额规则明确计算墙时扣除砖过梁；清单规则中没有要求。 2. 凸出砖墙面的三皮砖以下腰线和挑檐等体积亦不增加； 清单中凸出砖墙面的腰线和挑檐没有界限几匹砖，都不增加。 3. 定额规则明确计算墙时扣除板头； 清单规则明确计算墙时不扣除板头。 4. 内墙高度计算： 定额“有钢筋混凝土楼板隔层者，墙身高度算至板底”； 清单“有钢筋混凝土楼板隔层者算至楼板顶”，当有圈梁时，两者计算相等。 5. 砌块砌体墙清单与定额区别基本同上。

续表 4-18

清单项目编码	清单项目名称	清单工程量计算规则	河北省定额工程量计算规则不同点
010401012	零星砌砖	1. 台阶、台阶挡墙、梯带、锅台、炉灶、蹲台、池槽、池槽腿、花台、花地、楼梯栏板、阳台栏板、地垄墙、屋面隔热板下的砖墩、≤0.3 m^2 孔洞填塞等，框架外表面的镶贴砖部分应按零星砌砖项目编码列项。 2. 可以根据工程实际情况，计量单位以 m、m^2、m^3、个等计量。	1. 零星砌体系指厕所蹲台、小便槽、污水池、水槽腿、煤箱、垃圾箱、阳台栏板、花台、花池、房上烟囱、毛石墙的门窗口立边、三皮砖以上的挑檐和腰线、锅台、炉灶等砌体。 清单：三皮砖以上的挑檐和腰线已包含在相应材料的墙体中。 2. 按实砌体积以立方米计算。
附录 E　混凝土及钢筋混凝土工程			
010501002	带形基础	按设计图示尺寸以体积计算。不扣除构件内钢筋、预埋铁件和伸入承台基础的桩头所占体积。	1. 清单：有肋带形基础、无肋带形基础应分别编码（第五级编码）列项，并注明肋高。 定额：有梁式带形基础，其梁高（指基础扩大顶面至梁顶面的高 H）超过 1.2m 时，其基础底板按带形基础计算，扩大顶面以上部分按混凝土墙项目计算。 2. 清单中"独立基础"定义包含定额中"独立基础"、"杯口基础"。
010501003	独立基础		
010505001	有梁板	按设计图示尺寸以体积计算。不扣除构件内钢筋、预埋铁件及单个面积 0.3 m^2 以内柱、垛以及孔洞所占体积。压型钢板混凝土楼板扣除构件内压型钢板所占体积。有梁板（包括主、次梁与板）按梁、板体积之和计算，板伸入墙内的板头并入板体积内计算。	清单：有梁板（包括主、次梁与板）按梁、板体积之和计算。 定额：凡带有梁（包括主、次梁）的楼板，梁和板的工程量分别计算，板算至梁的侧面，梁、板分别套用相应项目。
010416001 —010416008	钢筋	按设计图示钢筋（网）长度（面积）乘以单位理论质量计算。 现浇构件中伸出构件的锚固钢筋应并入钢筋工程量内。除设计（包括规范规定）标明的搭接外，其他施工搭接不计算工程量，在综合单价中综合考虑。 现浇构件中固定位置的支撑钢筋、双层钢筋用的"铁马"在编制工程量清单时，如果设计未明确，其工程量可为暂估量，结算时按现场签证数量计算。	钢筋工程量按设计图示尺寸并考虑搭接量、措施筋和预留量计算；铁件工程量按设计图示尺寸计算。

续表 4－18

清单项目编码	清单项目名称	清单工程量计算规则	河北省定额工程量计算规则不同点
附录 H　门窗工程			
010801001	木质门	1. 按设计图示数量以樘计量。 2. 设计图示洞口尺寸以面积计算。 注：单独制作安装木门框按木门框项目编码列项。木质门、木质窗项目均为框、扇一起安装完成。	1. 普通木门窗：一般分制作、安装项目，框制作、安装以延米计算，扇制作、安装以扇外围面积计算。如设计规定为部分框上安装玻璃者，扇的制作、安装与框上安玻璃的工程量应分别列项计算，框上安玻璃的工程量应以安装玻璃部分的框外围面积计算。 2. 装饰木门窗：实木门框制作、安装以延长米计算。实木门扇制作、安装及装饰门扇制作按扇外围面积计算。装饰门扇及成品门扇安装按扇计算。
010801005	木门框		
010806001	木质窗		
附录 J　屋面及防水工程			
010902004	屋面排水管	按设计图示尺寸以长度计算。如设计未标注尺寸，以檐口至设计室外散水上表面垂直距离计算。(包括雨水斗、雨水箅子安装)	定额：塑料雨水管、玻璃钢排水管、区别不同直径按图示尺寸以延长米计算，雨水口、水斗、短管、弯头以“个”或“套”计算。 注：一般为怕人为的破坏及碰撞损坏雨水管下部，一般设 2 米高钢管底节。套定额时根据实际确定。
附录 K　保温、隔热、防腐工程			
011001001	保温隔热屋面	按设计图示尺寸以面积计算。扣除>0.3m² 孔洞及占位面积。	屋面保温隔热层应区别不同保温隔热材料，均按设计实铺厚度以立方米计算，另有规定者除外。 聚苯板、挤塑板、硬泡聚氨酯、自调温相变保温材料保温按设计面积以“m²”为计量单位计算。
附录 L　楼地面装饰工程			
011101001—011101005	整体面层	按设计图示尺寸以面积计算。扣除凸出地面构筑物、设备基础、室内铁道、地沟等所占面积，不扣除间壁墙和 0.3m² 以内的柱、垛、附墙烟囱及孔洞所占面积。门洞、空圈、暖气包槽、壁龛的开口部分不增加面积。	楼地面整体面层、找平层按主墙间净面积计算。应扣除凸出地面的构筑物、设备基础及室内铁道等所占的面积(不需作面层的地沟盖板所占的面积亦应扣除)，不扣除柱、垛、间壁墙、附墙烟囱及0.3m² 以内孔洞所占的面积，但门洞、空圈和暖气包槽、壁龛的开口部分亦不增加。
011102001 011101003	块料面层	按设计图示尺寸以面积计算。门洞、空圈、暖气包槽、壁龛的开口部分并入相应的工程量内。	块料面层、橡塑面层和其他材料面层按设计图示尺寸以净面积计算，不扣除 0.1m² 以内的孔洞所占的面积，门洞、空圈、暖气包槽和壁龛的开口部分的工程量并入相应的面层计算。块料面层拼花部分按实贴面积计算。
011105001—011105007	踢脚线	1. 按设计图示长度乘高度以面积计算。 2. 按延长米计算。	踢脚线按不同用料及做法以 m² 计算。整体面层踢脚线不扣除门洞口及空圈处的长度，但侧壁部分亦不增加，垛、柱的踢脚线工程量合并计算。其他面层踢脚线按实贴面积计算。 成品踢脚线按实贴延长米计算。

续表 4－18

清单项目编码	清单项目名称	清单工程量计算规则	河北省定额工程量计算规则不同点
附录N　天棚工程			
011301001	天棚抹灰	按设计图示尺寸以水平投影面积计算。不扣除间壁墙、垛、柱、附墙烟囱、检查口和管道所占的面积，带梁天棚、梁两侧抹灰面积并入天棚面积内，板式楼梯底面抹灰按斜面积计算，锯齿形楼梯底板抹灰按展开面积计算。	1. 天棚抹灰面积，按主墙间的净空面积计算；有坡度及拱形的天棚，按展开面积计算；带有钢筋混凝土梁的天棚，梁的侧面抹灰面积，并入天棚抹灰工程量内计算。 2. 计算天棚抹灰面积时，不扣除间壁墙、垛、柱、附墙烟囱、附墙通风道、检查孔、管道及灰线等所占的面积。 3. 带密肋的小梁及井字梁的天棚抹灰，以展开面积计算。按混凝土天棚抹灰项目计算，每 $100m^2$ 增加 4.14 工日。 4. 檐口天棚的石灰砂浆抹灰，并入相应的天棚抹灰工程量内计算。 5. 楼梯底面抹灰，并入相应的天棚抹灰工程量内计算。楼梯（包括休息平台）底面积的工程量按其水平投影面积计算，平板式乘以系数 1.3，踏步式乘以系数 1.8。
011302001	天棚吊顶	按设计图示尺寸以水平投影面积计算。天棚面中的灯槽及跌级、锯齿形、吊挂式、藻井式天棚面积不展开计算。不扣除间壁墙、检查口、附墙烟囱、柱垛和管道所占面积，扣除单个 $0.3m^2$ 以外的孔洞、独立柱及与天棚相连的窗帘盒所占面积。	1. 各种吊顶天棚龙骨按主墙间净空面积计算，不扣除间壁墙、检查孔、附墙烟囱、柱、垛和管道所占面积。2. 天棚基层按展开面积计算。 3. 天棚装饰面层按主墙间实钉（胶）面积以平方米计算，不扣除间壁墙、检查孔、附墙烟囱、垛和管道所占面积，但应扣除 $0.3m^2$ 以上的孔洞、独立柱、灯槽及与天棚相连的窗帘盒所占的面积。 4. 本章项目中龙骨、基层、面层合并列项的项目，工程量计算规则同第 1 条。 5. 灯光槽按延长米计算。 6. 网架天棚、雨篷按水平投影面积计算。 7. 嵌缝按 m^2 计算。
附录P　油漆、涂料、裱糊工程			
011401001－2 011402001－2	门窗油漆	1. 按设计图示数量，以樘计量。 2. 按设计图示洞口尺寸以面积计算，以平方米计量。	一般以框外围面积×系数。
011403001— 011403005	木扶手及其他板条线条油漆	按设计图示尺寸以长度计算。	一般是延长米×系数。
011405001	金属面油漆	1. 按设计图示尺寸以质量计算，以吨计量。 2. 按设计展开面积计算，以平方米计量。	不同刷油部位，按定额工程量计算规则表中工程量系数以平方米或吨计算。

项目五

建设工程工程量清单计价的编制

学习目标

知识目标

1. 掌握综合单价的计算。
2. 掌握工程量清单计价的编制方法。

能力目标

能够利用《建设工程工程量清单》编制工程量清单计价。

项目分析

项目概述

利用《建设工程工程量清单》，计算综合单价，进行工程量清单报价。

情景案例设计

在已编制的《建设工程工程量清单》的基础上，编制附录中的工程量清单计价。

任务一　工程量清单计价的认知

学习引导

通过学习本任务，加深了解《建设工程工程量清单计价规范》，熟悉工程量清单计价与定额计价的区别，熟悉招标控制价和投标价的概念和编制依据，掌握清单计价模式下工程造价的组成。

知识链接

一、清单计价模式下工程造价的组成

工程量清单计价是指投标人完成由招标人提供的工程量清单所需的全部费用，采用工程量清单计价，建设工程造价由分部分项工程费、措施项目费、其他项目费、规费和税金组成，如图 5-1 所示。

1. 分部分项工程量清单计价

分部分项工程量清单应采用综合单价计价，招标文件中的工程量清单标明的工程量是投标人投标报价的共同基础。

$$分部分项工程的造价 = \sum 综合单价 \times 工程数量$$

2. 措施项目清单计价

措施项目清单计价应根据拟建工程的施工组织设计，可以计算工程量的措施项目，应按分部分项工程量清单的方式采用综合单价计价；其余的措施项目可以“项”为单位的方式计价，应包括除规费、税金外的全部费用。

措施项目清单中的安全文明施工费应按照国家或省级、行业建设主管部门的规定计价，不得作为竞争性费用。2012 年《全国统一建筑工程基础定额河北省消耗量定额》将安全防护、文明施工费作为不可竞争措施项目，包括为完成工程项目施工，发生于该工程施工前和施工过程中安全生产、环境保护、临时

设施、文明施工的非工程实体的措施项目费。安全生产、文明施工费的基本费、增加费均以直接费(含人工、材料、机械调整,不含安全生产、文明施工费)、企业管理费、利润、规费、价款调整之和作为计取基数。其他措施项目均可根据投标施工组织设计自主报价。

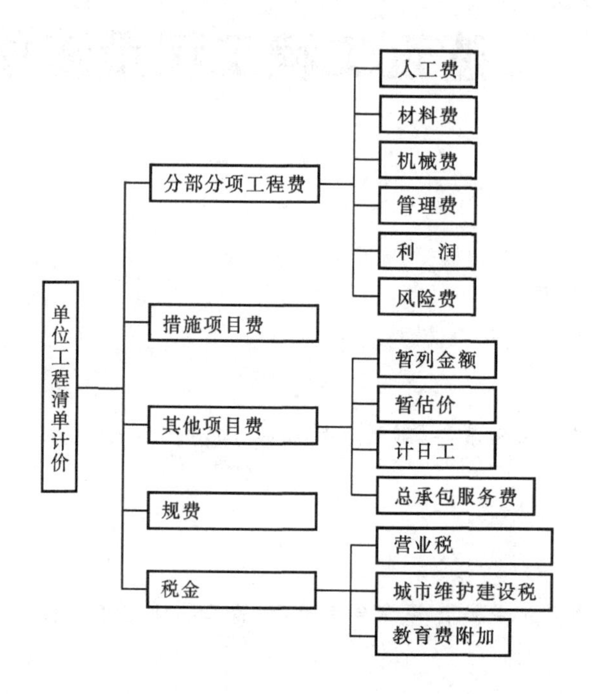

图 5-1　建筑安装工程费用(清单计价模式)

3. 其他项目清单计价

其他项目清单应根据工程特点和计价规范的规定计价。

(1)暂列金额应按照招标人在其他项目清单中列出的金额填写,不得变动。

(2)暂估价不得变动和更改,暂估价中的材料单价必须按照招标人在其他项目清单中提供的材料单价,用于相应综合单价材料费的计算;暂估价中的专业工程暂估价必须按照招标人在其他项目清单中列出的金额填写。

(3)计日工应按照招标人在其他项目清单中列出的项目和估算的数量,由投标人自主确定各项综合单价计价并计算费用。

(4)总承包服务费应根据招标人在招标文件列出的分包专业工程内容和供应材料、设备情况,按照招标人提出协调、配合与服务要求和施工现场管理需要自主确定。

计价规范中列出的参考计算标准如下:①招标人仅要求对分包的专业工程进行总承包管理和协调时,按分包的专业工程估算造价的 1.5%计算;②招标人要求对分包的专业工程进行总承包管理和协调并同时要求提供配合服务时,根据招标文件中列出的配合服务内容和提出的要求按分包的专业工程估算造价的 3%～5%计算;③招标人自行供应材料的,按招标人供应材料价值的 1%计算。

4. 规费和税金

规费和税金清单项目及费用计取标准由国家及省级建设主管部门依据国家税法及省级政府或省级有关权力部门的规定确定。**在工程造价计价时,规费和税金应按国家或省级、行业建设主管部门的规定计算,不得作为竞争性费用。**

二、工程量清单计价与定额计价的区别

1. 编制的依据不同

定额计价是定额加费用的指令性计价模式,是建设单位或施工企业依据政府建设行政主管部门颁布的预算定额及有关的各种计费资料(指导价格或市场价格、取费文件等)等进行编制。

工程量清单计价采用的是市场计价模式，由企业自主定价，实行市场调节的“量价分离”的计价模式。工程量清单计价是由承包人依据发包人在招标文件中提供的工程量清单，企业的施工组织设计，结合本企业定额或参照当地政府建设行政主管部门颁布的预算定额以及有关的各种计费资料（指导价格或市场价格、取费参考指标等）等视具体情况报价。实体性项目采用相同的工程量，由投标企业根据自身的特点及综合实力自主填报单价。而非实体项目则由施工企业自行确定。采用的价格完全由市场决定，能够结合施工企业的实际情况，与市场经济相适应。工程量清单计价的本质是要改变政府定价模式，建立起市场形成造价机制，只有计价依据个别化，这一目标才能实现。

2. 项目设置不同

定额计价的项目是按定额计价的工程项目划分的，即预算定额中的项目划分，一般土建定额有几千个项目，其划分原则是按工程的不同部位、不同材料、不同工艺、不同施工机械、不同施工方法和材料规格型号，划分得十分详细。工程量清单计价的工程项目划分较之定额项目的划分更具综合性，新规范中土建工程只有177个项目，它考虑工程部位、材料、工艺特征，但不考虑具体的施工方法或措施，如人工或机械、机械的不同型号等，同时对于同一项目不再按阶段或过程分为几项，而是综合到一起，如混凝土，可以将同一项目的搅拌（制作）、运输、安装、接头灌缝等综合为一项，门窗也可以将制作、运输、安装、刷油、五金等综合到一起，这样能够减少原来定额对于施工企业工艺方法选择的限制，报价时有更多的自主性。工程量清单中的量应该是综合的工程量，而不是按定额计算的“预算工程量”。综合的量有利于企业自主选择施工方法并以其为基础竞价，也能使企业摆脱对定额的依赖，建立起企业内部报价及管理的定额和价格体系。

工程量清单计价在计算清单项目工程量时，应按计价规范中规定的主项工程量计算规则进行计算，综合各内容的子项工程量，按相应的计算规则计算后折算成价格并入该清单项目的综合单价中。而定额计价中各定额项目的工程量分别是按照《消耗量定额》中每个子目的工程量计算规则单独计算、单独罗列并单独计价的。如上述的挖土方项目，在清单项目中只需罗列这一个项目，工程量清单中也只需填明挖土的工程量即可，而对于与其有关的各个项目（如围护、支撑和运土等子目）工程量不用在工程量清单中罗列出来，而只需将完成这些项目所需的全部费用累加在一起，然后并入挖土项目的综合单价中即可。而在定额计价中，这些项目及其相应的工程量均需单独计算、分别罗列出来。

3. 工程量计算规则的区别

工程量清单的工程量一般指净用量，它是按照国家统一颁布的计算规则，根据设计图纸计算得出的工程净用量。它不包含施工过程中的操作损耗量和采取技术措施的增加量，其目的在于将投标价格中的工程量部分固定不变，由投标单位自报单价，这样所有参与投标的单位均可在同一条起跑线和同一目标下开展工作，可减少工程量计算失误，节约投标时间。

定额计价的工程量不仅包含净用量，还包含施工操作的损耗量和采取技术措施的增加量，计算工程量时，要根据不同的损耗系数和各种施工措施分别计量，这样所得出的工程量都不一样，容易引起不必要的争议。而清单工作量计算就简单得多，只计算净用量，不必要考虑损耗量和措施增加用量，计算结果是一致的。

此外定额计价的工程量计算规则全国各地都不相同，差别较大。而工程量清单的计算规则是全国统一的，确定工程量时不存在地域上的差别，给招投标工作带来很大便利。

4. 单价构成不同

工程量清单计价所采用的综合单价包括了人工费、材料费、机械使用费、管理费和利润，并考虑风险因素（除了有关规费、税金以外的全部费用均已包括在清单单价中）。而定额计价中的单价采用工料单价，只是包括人工费、材料费、机械使用费，没有包括价差、管理费、利润和风险因素，属于不完全单价。因此，在进行工程总价计取的过程中，两种计价模式的费用计取内容和程序是不同的。

5. 价差调整方法不同

工程量清单计价时，由工程承发包双方按照在合同中约定的报价进行计算，一般不存在价差的调整（除非市场价格出现较大的变动或承发包双方在合同中另有约定）。而定额计价依然沿用原有的预算定额计价模式，按照工程承发包双方约定的价格(指导价格或市场价格)与定额预算价格进行对比，根据定额计价规定的价差调整办法进行价差的调整。

6. 计价风险分担不同

工程量清单计价时，工程量清单是由发包人编制的，其风险由发包人承担，投标人根据工程量清单进行投标报价，其风险由投标人承担；定额计价的工程量计算和报价都是由投标人实施，风险都由投标人承担。

目前，工程量清单计价是与定额计价方式共存于招标投标计价活动中的另一种计价方式。计价规范推广使用工程量清单计价。在市场经济环境下，工程量清单计价模式充分运用了合同的手段，实现对工程造价的有效控制。通过合同，解决了过去定额计价模式下很多无法解决的问题。

三、招标控制价

1. 招标控制价概述

招标控制价，是指招标人根据国家或省级、行业建设主管部门颁发的有关计价依据和办法，以及拟定的招标文件和招标工程量清单，结合工程具体情况编制的招标工程的最高投标限价。编制招标控制价成为编制招标文件的重要环节，对合同价的确定起引导作用。

国有资金投资的建设工程招标，招标人必须编制招标控制价。招标控制价超过批准的概算时，招标人应将其报原概算部门审核。投标人的投标报价高于招标控制价的，其投标应予以拒绝。国有资金投资的工程进行投标，根据《中华人民共和国招投标法》的规定，招标人可以设标底。当不设标底时，为有利于客观、合理地评审投标报价和避免哄抬标价，造成国有资产流失，招标人应编制招标控制价。

招标控制价应由具有编制能力的招标人，或受其委托具有相应资质的工程造价咨询人编制。

招标控制价的作用是招标人用于对招标工程发包的最高限价，有的地方亦称拦标价、预算控制价。

招标控制价应在招标时公布，不应上调或下浮，招标人应将招标控制价及有关资料报送工程所在地工程造价管理机构备查。

2. 招标控制价编制依据

招标控制价应根据下列依据编制与复核：①清单计价规范；②国家或省级、行业建设主管部门颁发的计价定额和计价办法；③建设工程设计文件及相关资料；④招标文件中的工程量清单及有关要求；⑤与建设项目相关的标准、规范、技术资料；⑥施工现场情况、工程特点及常规施工方案；⑦工程造价管理机构发布的工程造价信息、工程造价信息没有发布的参照市场价；⑧其他的相关资料。

注释 5-1

招标控制价的编制强化政府定额的重要性，具体如下：

(1)使用的计价标准、计价政策应是国家或省级、行业建设主管部门颁布的计价定额和相关政策规定；

(2)采用的材料价格应是工程造价管理机构通过工程造价信息发布的材料单价，工程造价信息未发布材料单价的材料，其材料价格应通过市场调查确定；

(3)国家或省级、行业建设主管部门对工程造价计价中费用或费用标准有规定的，应按规定执行；

(4)为了更好地开展工程招标工作，将清单项目分为以下部分：竞争性部分和非竞争性部分。

①竞争性部分是指由投标单位按清单计价规范、招标文件等要求，在勘察现场场地状况并结合自身的能力优势、施工组织、材料市场信息价并考虑风险后自行报价的部分。竞争性部分包括分部分项工程综合单价、措施项目综合单价、计日工单价、总承包服务费。

②非竞争性部分是指招标文件中根据省级政府或省级有关权力部门的规定列项或由招标单位自行统一规定的部分，投标人直接将其加入投标报价部分即可。非竞争性部分包括措施项目清单中的安全文明措施费、暂列金额、暂估价、规费、税金。

将工程量清单的工作内容划分为非竞争性、竞争性两个部分，主要是为了分清、理顺招标工作管理的轻重关系，抓住核心工作(竞争部分)、落实招标主要工作(编制完善非竞争性的部分)、控制好漏项或新增项目工作，以便发包方真正选择到一个有能力、施工组织安排合理、更具竞争优势的承包人。

四、投标价

1. 投标价概述

投标价，是指投标人投标时响应招标文件要求所报出的对以标价工程量清单汇总后标明的总价。投标人必须按招标工程量清单填报价格。填写的项目编码、项目名称、项目特征、计量单位、工程量必须与招标工程量清单一致。投标价由投标人自主确定，但不得低于成本。投标价应由投标人或受其委托具有相应资质的工程造价咨询人编制。

2. 投标价编制依据

投标报价应根据下列依据编制：①计价规范；②国家或省级、行业建设主管部门颁发的计价办法；③企业定额，国家或省级、行业建设主管部门颁发的计价定额和计价办法；④招标文件、工程量清单及其补充通知、答疑纪要；⑤建设工程设计文件及相关资料；⑥施工现场情况、工程特点及拟定的投标施工组织设计或施工方案；⑦与建设项目相关的标准、规范等技术资料；⑧市场价格信息或工程造价管理机构发布的工程造价信息；⑨其他的相关资料。

任务二 综合单价的确定

学习引导

通过学习本任务，掌握综合单价的确定方法，能够手算活动中心项目中的分部分项工程量清单和措施项目清单的综合单价。本任务的知识链接中提供了不同种类综合单价的组价方法，注意总结。

计算结果

由于篇幅过长，活动中心项目中综合单价的计算略去。计算结果见附录6。

知识链接

在清单计价模式下，投标人必须重视投标综合单价的分析，这无疑是投标活动的核心。

综合单价是指完成一个规定计量单位的分部分项工程量清单项目或措施清单项目所需的人工费、材料费、施工机械使用费和企业管理费与利润，以及一定范围内的风险费用。

综合单价＝人工费＋材料费＋机械费＋管理费＋利润＋由投标人承担的风险费用＋
　　　　　其他项目清单中的材料暂估价

采用工程量清单计价的工程，应在招标文件或合同中明确风险内容及其范围（幅度），不得采用无限风险、所有风险等类似语句规定风险内容及其范围（幅度）。由投标人承担的风险费用部分：根据我国工程建设特点，投标人应完全承担的风险是技术风险和管理风险，如管理费和利润；应有限度承担的是市场风险，如材料价格、施工机械使用费等的风险。材料价格的风险宜控制在5%以内，施工机械使用费的风险可控制在10%以内，超过者应予以调整；完全不用承担的是法律、法规、规章和政策变化的风险，所以综合单价中不包含规费和税金。

为方便合同管理，需要纳入分部分项工程量清单项目综合单价中的暂估价应只是材料费，以方便投标人组价。材料暂估价从其他项目清单中的材料暂估单价表中提取。

一、分部分项工程量清单项目综合单价的确定

分部分项工程量清单项目综合单价是通过工程量清单综合单价分析表计算确定的。

案例5-1

土方工程综合单价的确定。

背景：某多层砖混住宅土方工程，土壤类别为二类土；基础为砖大放脚带形基础；混凝土垫层宽度为

920mm；挖土深度为1.8m；弃土运距3km。基础总长度为：1590.60m。

(1)经业主根据基础施工图计算：

基础挖土截面积为：0.92m×1.8m＝1.656m²，基础总长度为：1590.60m。

土方挖方清单工程量为：2634m³

(2)经投标人根据地质资料和施工方案及2013《河北省建筑工程消耗量定额》计算：

① 基础挖土截面为：(1.52＋0.9)×1.8＝4.356(m²)（工作面宽度各边0.30m，放坡系数为1∶0.5）。基础总长度为：1590.60m；土方挖方总量为：6929m³。

② 人工挖土方量为6929m³，根据施工方案除沟边堆土外，现场堆土2800m³、运距60m，采用人工运输。装载机装、自卸汽车运，运距3km、土方量2210m³。

计算见表5-1。

表5-1　挖沟槽土方工程量清单综合单价分析表

工程名称：　　　　　　标段：　　　　　　　　　　　　　　　　　　第　页　共　页

项目编码	010101003001		项目名称	挖沟槽土方		计量单位	m³		工程量	2634	
清单综合单价组成明细											
定额编号	定额名称	定额单位	数量	单价				合价			
				人工费	材料费	机械费	管理费和利润	人工费	材料费	机械费	管理费和利润
A1—11	人工挖土方一、二类土(深度2m以内)	100m³	0.026	1529.38			122.35	39.76			3.18
A1—70	人工运土方运距20m以内	100m³	0.011	924.49			73.96	10.17			0.81
A1—71	人工运土方200m以内每增加20m	100m³	0.021	206.80			16.54	4.34			0.35
A1—150	装载机装松散土(斗容量1m³)	1000m³	0.001	271.19		2017.97	183.13	0.27		2.02	0.18
A1—163	自卸汽车运土(载重8t)运距1km以内	1000m³	0.001			7901.43	632.11			7.9	0.63
A1—164	自卸汽车运土(载重8t)运距20km以内每增加1km	1000m³	0.002			2103.76	168.30			4.21	0.34
人工单价			小计					54.54		14.13	5.49
综合用工三类47.00元/工日 综合用工二类60.00元/工日			未计价材料费								
清单项目综合单价								74.16			
材料费明细	主要材料名称、规格、型号				单位	数量		单价(元)	合价(元)	暂估单价(元)	暂估合价(元)
	—										
	其他材料费										
	材料费小计										

注：1.如不使用省级或行业建设主管部门发布的计价依据，可不填定额项目、编号等。

2.招标文件提供了暂估单价的材料，按暂估的单价填入表内“暂估单价”栏及“暂估合价”栏。

注释 5-2

(1)“工程量清单综合单价分析表”中的“定额单位”为所套用定额中规定的单位。

(2)“工程量清单综合单价分析表”中的“数量”可以理解为单位清单量内所含的定额数量。即数量=定额单位的定额工程量/清单工程量以 A1—11 项定额中的数量为例来说明:定额单位的定额工程量=69.29(100m³);清单工程量=2634m³;数量=69.29/2634=0.026。

(3)“工程量清单综合单价分析表”中的“单价”栏中的数据即对应定额的人、材、机的费用。

(4)“工程量清单综合单价分析表”中的“单价”栏中“管理费和利润”按照(人工费+机械费)×费率计算。

以 A1—11 项定额中的“管理费和利润”为例来说明:查《河北省建筑、安装、市政、装饰装修工程费用标准》(2013)中的建筑工程土石方、建筑物超高、垂直运输、特大型机械场外运输及一次安拆费用标准:企业管理费费用标准为 4%;利润费用标准为 4%。

管理费和利润=(人工费+机械费)×费率=(958.80+0)×(4%+4%)=76.70(元)

案例 5-2

现浇混凝土灌注桩综合单价的确定。

背景:

某工程灌注桩,土壤级别:二级土,单根桩设计长度:8m,桩顶标高比基坑底标高低 1m,总根数:127 根,桩截面:Φ800,灌注混凝土强度等级 C25。

(1)业主根据灌注桩基础施工图计算清单工程量为:

混凝土灌注桩总长:8m×127=1016m,钢筋笼重量 24.19t。钢筋 Φ10 以内暂估价为 4300 元/t,钢筋 Φ20 以内暂估价为 4500 元/t。

(2)经投标人根据地质资料和施工方案及 2012 年《全国统一建筑工程基础定额河北省消耗量定额》计算:

①旋挖钻机成孔工程量:$3.14\times(0.4m)^2\times9m\times127=574.24m^3$;

②混凝土桩体积:$3.14\times(0.4m)^2\times1016m=510.44m^3$;

桩超灌长度体积:$3.14\times(0.4m)^2\times0.25m\times127$ 根$=15.95m^3$;

混凝土桩总体积:$510.44m^3+15.95m^3=526.38m^3$。

③泥浆运输距离为 4km。不考虑泥浆池安拆工程量。

④钢护筒总重量为 34.783t。

计算结果见表 5-2、5-3。

表 5-2 泥浆护壁成孔灌注桩工程量清单综合单价分析表

工程名称: 标段: 第 页 共 页

项目编码		010302001001		项目名称	泥浆护壁成孔灌注桩	计量单位	m³	工程量		1016	
清单综合单价组成明细											
定额编号	定额名称	定额单位	数量	单价				合价			
				人工费	材料费	机械费	管理费和利润	人工费	材料费	机械费	管理费和利润
A2—72	旋挖钻机成孔(桩径 Φ≤1000mm)	10m	0.057	269.40	31.13	1035.35	195.71	15.23	1.76	58.52	11.06

续表 5-2

定额编号	定额名称	定额单位	数量	单价				合价			
				人工费	材料费	机械费	管理费和利润	人工费	材料费	机械费	管理费和利润
A2—101	灌注桩预拌混凝土，旋挖钻机成孔[预拌商品混凝土 C25]	10m³	0.052	162.00	3361.97		24.30	8.39	174.18		1.26
A2—106	灌注桩辅助项目，泥浆制作	10m³	0.057	102.00	45.00	35.17	20.57	5.77	2.54	1.99	1.16
A2—107	灌注桩辅助项目，泥浆运输运距在5km以内	10m3	0.057	438.60		1641.19	311.97	24.79		92.76	17.63
A2—105	灌注桩辅助项目，钢护筒埋设	t	0.034	966.00	493.00	78.41	156.66	33.07	16.88	2.68	5.36
人工单价			小计					87.25	195.36	155.95	36.48
综合用工三类 47.00 元/工日 综合用工二类 60.00 元/工日			未计价材料费								
清单项目综合单价								475.03			
材料费明细	主要材料名称、规格、型号					单位	数量	单价（元）	合价（元）	暂估单价（元）	暂估合价（元）
	黏土					m³	0.4456	0	0	0	0
	其他材料费							—	195.36	—	
	材料费小计							—	195.36	—	

表 5-3 钢筋笼工程量清单综合单价分析表

工程名称： 标段： 第 页 共 页

项目编码	010515004001		项目名称	钢筋笼			计量单位	t		工程量	24.19
清单综合单价组成明细											
定额编号	定额名称	定额单位	数量	单价				合价			
				人工费	材料费	机械费	管理费和利润	人工费	材料费	机械费	管理费和利润
A2—111	灌注桩辅助项目，钢筋笼制作	t	1.000	413.40	4693.31	116.39	79.47	413.40	4693.31	116.39	79.47
A2—114	灌注桩辅助项目，钢筋笼安装（钢筋笼长15m以内）	t	1.000	147.60	38.10	159.89	46.12	147.60	38.10	159.89	46.12
人工单价			小计					561	4731.41	276.28	125.59

续表 5-3

定额编号	定额名称	定额单位	数量	单价				合价			
				人工费	材料费	机械费	管理费和利润	人工费	材料费	机械费	管理费和利润
综合用工三类 47.00 元/工日 综合用工二类 60.00 元/工日			未计价材料费								
清单项目综合单价								5694.28			
材料费明细	主要材料名称、规格、型号				单位	数量		单价（元）	合价（元）	暂估单价（元）	暂估合价（元）
	钢筋 Φ10 以内				t	0.11				4300.00	477.30
	钢筋 Φ20 以内				t	0.92				4500.00	4135.50
	其他材料费							—	118.61	—	
	材料费小计							—	118.61	—	4612.80

注：1. 如不使用省级或行业建设主管部门发布的计价依据，可不填定额项目、编号等。

2. 招标文件提供了暂估单价的材料，按暂估的单价填入表内“暂估单价”栏及“暂估合价”栏。

3. 表中“管理费和利润”按照（人工费＋机械费）×费率计算。

4. 表中“数量”是单位清单量中的定额含量。

案例 5-3

现浇混凝土柱综合单价的确定。

背景：某框架结构，柱断面为 550×550mm，混凝土强度等级 C30，工程量为 210m³。施工采用泵送混凝土浇筑。

计算结果见表 5-4。

表 5-4　现浇混凝土矩形柱工程量清单综合单价分析表

工程名称：　　　　　　　　　　标段：　　　　　　　　　　第　页　共　页

项目编码	010502001001		项目名称	矩形柱			计量单位	m³		工程量	210
清单综合单价组成明细											
定额编号	定额名称	定额单位	数量	单价				合价			
				人工费	材料费	机械费	管理费和利润	人工费	材料费	机械费	管理费和利润
A4—16 换	现浇钢筋混凝土矩形柱[现浇混凝土(中砂碎石)C30—40，水泥砂浆 1:2(中砂)]	10m³	0.100	1272.60	2177.86	113.98	374.38	127.26	217.79	11.40	37.44
A4—314	混凝土输送泵，檐高（深度)40m 以内	10m³	0.100	12.60	45.84	95.80	29.27	1.26	4.58	9.58	2.93
人工单价			小　计					128.52	222.37	20.98	40.37
综合用工三类 47.00 元/工日 综合用工二类 60.00 元/工日			未计价材料费								
清单项目综合单价								412.23			
材料费明细	主要材料名称、规格、型号				单位	数量		单价（元）	合价（元）	暂估单价（元）	暂估合价（元）
	其他材料费							—	222.37		—
	材料费小计							—	222.37	—	

案例 5-4

钢筋工程综合单价的确定。

背景：某工程钢筋工程量根据图纸计算得到现浇构件钢筋为：Φ20 以内钢筋 220.356t。Φ20 以内钢筋的暂估价为 4500 元/t。

计算结果见表 5-5。

表 5-5 现浇混凝土钢筋工程量清单综合单价分析表

工程名称： 标段： 第 页 共 页

项目编码	010515001001	项目名称		现浇混凝土钢筋		计量单位		t		工程量	220.356
清单综合单价组成明细											
定额编号	定额名称	定额单位	数量	单价				合价			
				人工费	材料费	机械费	管理费和利润	人工费	材料费	机械费	管理费和利润
A4—331	钢筋制作、安装，现浇构件（钢筋直径20mm 以内）	t	1.000	483.60	4728.00	145.87	169.96	483.60	4728.00	145.87	169.96
人工单价			小计					483.6	4728.00	145.87	169.96
综合用工三类 47.00 元/工日 综合用工二类 60.00 元/工日			未计价材料费								
清单项目综合单价								5527.43			
材料费明细	主要材料名称、规格、型号					单位	数量	单价（元）	合价（元）	暂估单价（元）	暂估合价（元）
	钢筋 Φ20 以内					t	1.04			4500	4680.00
	其他材料费							—	48.00	—	
	材料费小计							—	48.00	—	4680.00

注释 5-3

(1)“工程量清单综合单价分析表”中的“材料费明细”中如果有材料单价调整，调整后的材料填在“其他材料费”栏内。如钢筋笼的钢筋。

(2)换算的材料单价直接在综合单价内调整为市场材料价格。

(3)“工程量清单综合单价分析表”中的“材料费明细”中如果有材料暂估价，则列出暂估单价和暂估合价。

案例 5-5

楼地面工程综合单价的确定。

背景：某办公楼地面为花岗岩地面，共 320m²。具体做法为：40 厚 800×800mm 花岗石板，花岗岩的暂估价为 170 元/m²。30 厚 1:4 干硬性水泥砂浆，素水泥浆结合层一遍，100 厚 C15 商品混凝土垫层。

计算结果见表 5-6。

表 5-6 石材楼地面工程量清单综合单价分析表

工程名称： 标段： 第 页 共 页

<table>
<tr><td>项目编码</td><td colspan="2">011102001001</td><td colspan="2">项目名称</td><td colspan="2">石材楼地面</td><td colspan="2">计量单位</td><td>m²</td><td>工程量</td><td>320</td></tr>
<tr><td colspan="12">清单综合单价组成明细</td></tr>
<tr><td rowspan="2">定额编号</td><td rowspan="2">定额名称</td><td rowspan="2">定额单位</td><td rowspan="2">数量</td><td colspan="4">单价</td><td colspan="4">合价</td></tr>
<tr><td>人工费</td><td>材料费</td><td>机械费</td><td>管理费和利润</td><td>人工费</td><td>材料费</td><td>机械费</td><td>管理费和利润</td></tr>
<tr><td>B1－83</td><td>花岗岩楼地面(水泥砂浆)周长 3200mm 以内单色[水泥砂浆 1：4(中砂),素水泥浆]</td><td>100m²</td><td>0.010</td><td>2248.40</td><td>17917.32</td><td>125.14</td><td>735.80</td><td>22.48</td><td>179.17</td><td>1.25</td><td>7.36</td></tr>
<tr><td>B1－25</td><td>预拌混凝土垫层[预拌商品混凝土 C15]</td><td>10m³</td><td>0.010</td><td>418.80</td><td>2379.76</td><td>13.80</td><td>134.11</td><td>4.19</td><td>23.80</td><td>0.14</td><td>1.34</td></tr>
<tr><td colspan="3">人工单价</td><td colspan="5">小　　计</td><td>26.67</td><td>202.97</td><td>1.39</td><td>8.70</td></tr>
<tr><td colspan="3">综合用工三类 47.00 元/工日
综合用工二类 60.00 元/工日</td><td colspan="5">未计价材料费</td><td colspan="4"></td></tr>
<tr><td colspan="8">清单项目综合单价</td><td colspan="4">239.73</td></tr>
<tr><td rowspan="4">材料费明细</td><td colspan="5">主要材料名称、规格、型号</td><td>单位</td><td>数量</td><td>单价(元)</td><td>合价(元)</td><td>暂估单价(元)</td><td>暂估合价(元)</td></tr>
<tr><td colspan="5">花岗岩板 800×800</td><td>m²</td><td>1.02</td><td></td><td></td><td>170.00</td><td>173.4</td></tr>
<tr><td colspan="7">其他材料费</td><td>—</td><td>29.58</td><td>—</td><td></td></tr>
<tr><td colspan="7">材料费小计</td><td>—</td><td>29.58</td><td>—</td><td>173.40</td></tr>
</table>

二、措施项目综合单价的确定

1.总价措施项目清单与计价表中费率的确定

可竞争措施项目的费率＝定额中相应可竞争措施项目的费率＋(该项可竞争措施项目的人工费＋机械费)×(项目对应工程类别的企业管理费率＋利润率)

不可竞争措施项目的费率＝定额中安全生产、文明施工费的基本费率＋增加费率

如果按三类工程一般土建考虑,不可竞争措施项目的费率＝3.85％＋1.0％＝4.85％

可竞争措施项目的费率(夜间施工费)＝0.75％＋(0.45％＋0.15％)×(17％＋10％)＝0.75％＋0.16％＝0.81％

2.总价措施项目清单与计价表中计算基础的确定

可竞争措施项目的计算基础等于建设工程项目的实体和可竞争措施项目(11 项费用除外)中人工费和机械费之和。

不可竞争措施项目的计算基础＝直接费(含人、材、机费,不含安全生产、文明施工费)＋管理费＋利润＋规费＋价款调整

案例 5-6

一般土建夜间施工费及安全文明施工费费率的计算,见表 5-7。

表 5－7　总价措施项目清单与计价表

工程名称：　　　　　　　　　　　　标段：　　　　　　　　　　　　第　页　共　页

序号	项目编码	项目名称	计算基础	费率(%)	金额(元)	调整费率(%)	调整后金额(元)	备注
1	011707001001	安全文明施工费	1225849.90	4.85%	59453.72			
2	011707002001	夜间施工费	206065.43	0.81%	1669.13			
合　计								

案例 5－7

已知，现浇钢筋混凝土柱截面形状及尺寸：矩形柱，断面 550×550，层高 3.6m。确定矩形柱模板及支架综合单价。

矩形柱模板及支架综合单价计算，见表 5－8。

表 5－8　矩形柱模板及支架综合单价分析表

工程名称：　　　　　　　　　　　　标段：　　　　　　　　　　　　第　页　共　页

项目编码	011702002001		项目名称	石材楼地面			计量单位		m²	工程量	560
清单综合单价组成明细											
定额编号	定额名称	定额单位	数量	单价				合价			
				人工费	材料费	机械费	管理费和利润	人工费	材料费	机械费	管理费和利润
A12－17	现浇矩形柱模板	100m²	0.010	2161.20	2012.11	228.65	646.26	21.61	20.12	2.29	6.45
人工单价			小　计					21.61	20.12	2.29	6.45
40.00 元/工日			未计价材料费								
清单项目综合单价								50.47			
材料费明细	主要材料名称、规格、型号					单位	数量	单价(元)	合价(元)	暂估单价(元)	暂估合价(元)
	—										
	其他材料费							—	20.12	—	
	材料费小计							—	20.12	—	

注：1. 如不使用省级或行业建设主管部门发布的计价依据，可不填定额项目、编号等。

2. 招标文件提供了暂估单价的材料，按暂估的单价填入表内“暂估单价”栏及“暂估合价”栏。

3. 表中“管理费和利润”按照(人工费＋机械费)×费率计算。

4. 表中“数量”是单位清单量中的定额含量。

注释 5－4

在计算 11 项其他可竞争措施项目的费率(%)时，其计算公式为：

其他可竞争措施项目的费率(%)＝定额基价＋(定额基价中的人工费＋机械费)×(管理费＋利润)

三、其他项目清单中计日工各项综合单价的确定

理论上讲，合理的计日工单价水平一般要高于工程量清单的价格水平，其原因在于计日工往往是用于一些突发性的额外工作，缺少计划性，承包人在调动施工生产资源方面难免会影响已经计划好的工作，生产资源的使用效率也有一定的降低，客观上造成超出常规的额外投入。

拓展任务 招标控制价的编制

学习引导

通过学习本任务掌握招标控制价的编制方法。本任务中招标控制价表格中的数据是与项目四中拓展任务工程量清单表格使用中的数据对应的，学习中注意对照学习，便于理解。

知识链接

一、招标控制价的编制

1. 分部分项工程费的编制

分部分项工程费应根据招标文件中的分部分项工程量清单项目的特征描述及有关要求，确定综合单价，综合单价与清单数量的乘积汇总后得到。

综合单价中应包括招标文件中要求投标人承担的风险费用。

招标文件提供了暂估单价的材料，按暂估的单价计入综合单价。

2. 措施项目费的编制

措施项目费应根据招标文件中的措施项目清单列项，按措施项目清单与计价表(一)、措施项目清单与计价表(二)的规定分别计价。

3. 其他项目费的编制

其他项目费应按下列规定计价：

(1)暂列金额应根据工程特点，按有关计价规定估算；

(2)暂估价中的材料单价应根据工程造价信息或参照市场价格估算；暂估价中的专业工程金额应分不同专业，按有关计价规定估算；

(3)计日工应根据工程特点和有关计价依据计算；

(4)总承包服务费应根据招标文件列出的内容和要求估算。

4. 规费和税金

应按当地的规定计算。参照项目四必备知识中规费、税金项目清单的编制的规定。

二、招标控制价的表格使用

招标控制价的表格包括以下几种：

1. 封面

封面包括封面和扉页，见表 5-9、表 5-10。

表 5－9　封面

<table>
<tr><td>

某高校教学楼　工程

招 标 控 制 价

招　标　人：某高校
（单位盖章）

造价咨询人：某工程咨询公司
（单位盖章）

年　　月　　日

</td></tr>
</table>

表 5－10　扉页

<table>
<tr><td colspan="2">

某高校教学楼　工程

招 标 控 制 价

招标控制价（小写）：2675858.08 元
（大写）：贰佰陆拾柒万伍仟捌佰伍拾捌元零捌分

</td></tr>
<tr><td>招　标　人：某高校
（单位盖章）</td><td>工程造价
咨　询　人：某工程咨询公司
（单位资质专用章）</td></tr>
<tr><td>法定代表人
或其授权人：
（签字或盖章）</td><td>法定代表人
或其授权人：
（签字或盖章）</td></tr>
<tr><td>编　制　人：
（造价人员签字盖专用章）</td><td>复　核　人：
（造价工程师签字盖专用章）</td></tr>
<tr><td>编制时间：　年　月　日</td><td>复核时间：　年　月　日</td></tr>
</table>

2. 总说明

总说明见表5-11。

表5-11　总说明

工程名称：　　　　　　　　　　　标段：　　　　　　　　　　　第　页共　页

1. 工程概况：本工程为某高校2#教学楼，位于石家庄市四水厂路，建筑面积×××平方米，建筑高度×××米，层高3.6米，层数×层，结构形式框架结构，基础类型独立基础。投标工期为×××天。

2. 招标控制价包括范围：本次招标范围为施工图范围内的建筑工程和安装工程。

3. 招标控制价编制依据：

(1)2#教学楼施工蓝图。

(2)招标文件提供的工程量清单。

(3)招标文件中有关计价的要求。

(4)河北省工程建设造价管理总站主编河北省建设工程计价标准(2012)及相关计价文件。

4. 材料价格采用石家庄市工程建设造价管理站发行的《造价信息》(2013年第三期)，对于《造价信息》没有的材料价格，其价格参照市场价。

5. 综合单价中未考虑风险因素。

3. 汇总表

(1)工程项目招标控制价汇总表，见表5-12。

表5-12　建设项目招标控制价汇总表

工程名称：　　　　　　　　　　　标段：　　　　　　　　　　　第　页共　页

序号	单项工程名称	金额(元)	其中		
			暂估价(元)	安全文明施工费(元)	规费(元)
1	教学楼	2675858.08	1198337.71	111990.19	105346.06
合计		2675858.08	1198337.71	111990.19	105346.06

注：本表适用于建设项目招标控制价的汇总。

(2)单项工程招标控制价/投标报价汇总表，见表5-13。

表5-13　单项工程招标控制价汇总表

工程名称：　　　　　　　　　　　标段：　　　　　　　　　　　第　页共　页

序号	单项工程名称	金额(元)	其中		
			暂估价(元)	安全文明施工费(元)	规费(元)
1	土建工程	2675858.08	1198337.71	111990.19	105346.06
2	安装工程(略)	—	—	—	—
合计		2675858.08	1198337.71	111990.19	105346.06

注：本表适用于单项工程招标控制价的汇总。暂估价包括分部分项工程中的暂估价和专业工程暂估价。

(3)单位工程招标控制价/投标报价汇总表,见表5-14。

表5-14 单位工程招标控制价汇总表

工程名称: 标段: 第 页共 页

序号	汇总内容	金额(元)	其中:暂估价(元)
1	分部分项工程	2148241.48	1198337.71
2	措施项目	172723.87	
2.1	安全文明施工费	111990.19	
3	其他项目清单	159558.40	
3.1	暂列金额	30000.00	
3.2	专业工程暂估价	120000.00	
3.3	计日工	3558.40	
3.4	总承包服务费	6000.00	
4	规费	105346.06	
5	税金	89988.27	
招标控制价合计=1+2+3+4+5		2675858.08	1198337.71

注:本表适用于单位工程招标控制价的汇总,如无单位工程划分,单项工程也使用本表汇总。

4.分部分项工程量清单表

(1)分部分项工程量清单与计价表,见表5-15。

表5-15 分部分项工程量清单与计价表

工程名称: 标段: 第 页共 页

序号	项目编码	项目名称	项目特征描述	计量单位	工程量	金额(元)		
						综合单价	合价	其中 暂估价
1	010101003001	挖基础土方	1.土壤类别:一、二类土 2.基础类型:条形 3.垫层底宽:920mm 4.挖土深度:1.8m 5.弃土运距:3km	m^3	2634.000	55.65	146582.10	
2	010302001001	混凝土灌注桩	1.土壤级别:一级土 2.单桩长度、根数:8m,共217根 3.桩直径:800mm 4.成孔方法:潜水钻机钻孔 5.混凝土强度等级:C20	m	1016.000	475.03	482630.48	
3	010416004001	钢筋笼	1.钢筋种类、规格:综合	t	24.190	5694.28	137744.63	111583.63
4	010402001001	矩形柱	1.柱高度:3.6M内 2.柱截面尺寸:550×550mm 3.混凝土强度等级:C30 4.混凝土拌合料要求:中砂碎石	m^3	210.000	412.23	86568.30	

续表 5-15

序号	项目编码	项目名称	项目特征描述	计量单位	工程量	金额(元)		
						综合单价	合价	其中 暂估价
5	010416001001	现浇砼钢筋	1.钢筋种类、规格:20 内	t	220.356	5527.43	1218002.37	1031266.08
6	020102001001	石材楼地面	1.垫层材料种类、厚度:100 厚 C15 商品混凝土 2.结合层厚度及配合比:30 厚 1:4 干硬性水泥砂浆 3.面层材料品种、规格、品牌、颜色:40 厚 600×600mm 花岗岩 4.酸洗、打蜡要求	m^2	320.000	239.73	76713.60	55488.00
			(略)					
本页小计							2148241.48	1198337.71
合　计							2148241.48	1198337.71

(2)工程量清单综合单价分析表,见表 5-16。

表 5-16 综合单价分析表

工程名称:　　　　　　　　　　标段:　　　　　　　　　　第　页共　页

<table>
<tr><td colspan="2">项目编码</td><td colspan="2"></td><td>项目名称</td><td></td><td colspan="2">计量单位</td><td></td><td colspan="2">工程量</td><td></td></tr>
<tr><td colspan="12">清单综合单价组成明细</td></tr>
<tr><td rowspan="2">定额编号</td><td rowspan="2">定额名称</td><td rowspan="2">定额单位</td><td rowspan="2">数量</td><td colspan="4">单　价</td><td colspan="4">合　价</td></tr>
<tr><td>人工费</td><td>材料费</td><td>机械费</td><td>管理费和利润</td><td>人工费</td><td>材料费</td><td>机械费</td><td>管理费和利润</td></tr>
<tr><td></td><td></td><td></td><td></td><td></td><td></td><td></td><td></td><td></td><td></td><td></td><td></td></tr>
<tr><td></td><td></td><td></td><td></td><td></td><td></td><td></td><td></td><td></td><td></td><td></td><td></td></tr>
<tr><td></td><td></td><td></td><td></td><td></td><td></td><td></td><td></td><td></td><td></td><td></td><td></td></tr>
<tr><td colspan="2">人工单价</td><td colspan="6">小　计</td><td></td><td></td><td></td><td></td></tr>
<tr><td colspan="2">元/工日</td><td colspan="6">未计价材料费</td><td colspan="4"></td></tr>
<tr><td colspan="8">清单项目综合单价</td><td colspan="4"></td></tr>
<tr><td rowspan="6">材料费明细</td><td colspan="5">主要材料名称、规格、型号</td><td>单位</td><td>数量</td><td>单价(元)</td><td>合价(元)</td><td>暂估单价(元)</td><td>暂估合价(元)</td></tr>
<tr><td colspan="5"></td><td></td><td></td><td></td><td></td><td></td><td></td></tr>
<tr><td colspan="5"></td><td></td><td></td><td></td><td></td><td></td><td></td></tr>
<tr><td colspan="5"></td><td></td><td></td><td></td><td></td><td></td><td></td></tr>
<tr><td colspan="7">其他材料费</td><td>—</td><td></td><td>—</td><td></td></tr>
<tr><td colspan="7">材料费小计</td><td>—</td><td></td><td>—</td><td></td></tr>
</table>

注:1.如不使用省级或行业建设主管部门发布的计价依据,可不填定额项目、编号等。

2.招标文件提供了暂估单价的材料,按暂估的单价填入表内"暂估单价"栏及"暂估合价"栏。

(3)总价措施项目清单与计价表,见表5-17。

表5-17 总价措施项目清单与计价表

工程名称: 标段: 第 页共 页

序号	项目名称	计算基础	费率(%)	金额(元)	调整费率(%)	调整后金额(元)	备注
1	安全文明施工	直接费(含人、材、机费,不含安全生产、文明施工费)+管理费+利润+规费+价款调整	一般建筑工程、三类工程:4.85 建筑工程土石方:4.85 桩基础工程、二类工程:3.8 装饰装修工程:3.96	111990.19			
2	冬雨季施工	定额人工费+定额机械费	一般建筑工程、三类工程:0.64 一般建筑工程、三类工程:1.48 建筑工程土石方:0.64 建筑工程土石方:1.48 桩基础工程、二类工程:0.5 桩基础工程、二类工程:1.15 装饰装修工程:0.28 装饰装修工程:0.64	12047.89			
3	夜间施工	定额人工费+定额机械费	一般建筑工程、三类工程:0.75 建筑工程土石方:0.75 桩基础工程、二类工程:0.6 装饰装修工程:0.6	4615.11			
4	二次搬运	定额人工费+定额机械费	一般建筑工程、三类工程:1.2 建筑工程土石方:1.2 桩基础工程、二类工程:0.94 装饰装修工程:1.51	7596.25			
5	已完工程及设备保护	定额人工费+定额机械费	一般建筑工程、三类工程:0.72 建筑工程土石方:0.72 桩基础工程、二类工程:0.55 装饰装修工程:0.67	4228.12			
合计				140477.56			

(4)分部分项工程和单价措施项目清单与计价表,见表5-18。

表5-18 分部分项工程和单价措施项目清单与计价表

工程名称: 标段: 第 页共 页

序号	项目编码	项目名称	项目特征描述	计量单位	工程量	金额(元)		
						综合单价	合价	其中 暂估价
1	011702002001	框架柱模板	1.柱截面形状及尺寸:矩形柱,断面550*550 2.柱支撑高度:3.6m	m^2	560.000	57.59	32246.31	
本页小计								
合　　计								

注:本表适用于以综合单价形式计价的措施项目。

5.其他项目清单表

(1)其他项目清单与计价汇总表,见表5-19。

表5-19 其他项目清单与计价汇总表

工程名称: 标段: 第 页共 页

序号	项目名称	计量单位	金 额(元)	备注
1	暂列金额	项	30000.00	明细详见 表5-20
2	暂估价		120000.00	
2.1	材料暂估价			明细详见 表5-21
2.2	专业工程暂估价	项	120000.00	明细详见 表5-22
3	计日工		3558.40	明细详见 表5-23
4	总承包服务费		6000.00	明细详见 表5-24
合　　计		159558.40		

注:材料暂估单价进入清单项目综合单价,此处不汇总。

(2)暂列金额明细表,见表5-20。

表5-20 暂列金额明细表

工程名称: 标段: 第 页共 页

序号	项 目 名 称	计量单位	暂定金额(元)	备注
1	清单中工程量偏差和设计变更	项	10000.00	
2	政策性调整和材料价格风险	项	10000.00	
3	其他	项	10000.00	
合　　计			30000.00	—

此表由招标人填写,也可只列暂定金额总额,投标人应将上述暂列金额计入投标总价中。

(3)材料暂估单价表,见表5-21。

表 5-21　材料暂估单价表

工程名称：　　　　　　　　　　　标段：　　　　　　　　　　　　　　　　第　页共　页

序号	材料（工程设备）名称、规格、型号	计量单位	数量		暂估（元）		确认（元）		差额（元）		备注
			暂估	确认	单价	合价	单价	合价	单价	合价	
1	钢筋 Φ10 以内	t	2.690		4300						钢筋笼、现浇柱
2	钢筋 Φ20 以内	t	249.193		4500						
3	花岗岩板 800×800	m^2	326.40		170						楼地面
合　计											—

注：此表由招标人填写，并在备注栏说明暂估价的材料拟用在哪些清单项目上，投标人应将上述材料暂估单价计入工程量清单综合单价报价中。

(4)专业工程暂估价表，见表 5-22。

表 5-22　专业工程暂估价表

工程名称：　　　　　　　　　　　标段：　　　　　　　　　　　　　　　　第　页共　页

序号	工 程 名 称	工程内容	暂估金额（元）	结算金额（元）	差额（元）	备注
1	铝合金门窗	制作安装	100000.00			
2	入户防盗门	安装	20000.00			
合　计			120000.00			

注：此表由招标人填写，投标人应将上述专业工程暂估价计入投标总价中。

(5)计日工表，见表 5-23。

表 5-23　计日工表

工程名称：　　　　　　　　　　　标段：　　　　　　　　　　　　　　　　第　页共　页

编号	项 目 名 称	单位	暂定数量	实际数量	综合单价（元）	合 价	
一	人　　工					暂定	实际
1	技工(综合)	工日	10		60.00	600.00	
	普工	工日	20		35.00	700.00	
人 工 小 计						1300.00	
二	材　　料						
1	墙面瓷砖 320×455mm	m^2	16		120.00	1920.00	
2	白水泥	Kg	20		0.42	8.40	
3	页岩砖 (240×115×53mm)	块	1000.00		0.24	240.00	
材　料　小　计						2168.40	
三	施工机械						
1	砂浆搅拌机(400L)	台班	1		90.00	90.00	
施工机械小计						90.00	
合　　计						3558.40	

注：此表项目名称、数量由招标人填写，编制招标控制价时。单价由招标人按有关计价规定确定；投标时，单价由投标人自助报价，计入投标总价中。

(6)总承包服务费计价表,见表 5-24。

表 5-24 总承包服务费计价表

工程名称: 标段: 第 页共 页

序号	工程名称	项目价值(元)	服务内容	计算基础	费率(%)	金额(元)
1	发包人发包专业工程	120000.00	1. 对分包工程进行施工现场统一管理,并对竣工资料进行统一整理汇总。 2. 为专业工程施工提供垂运机械和施工用电接入,并负总垂运费和电费。 3. 为门窗安装后进行补缝找平,并承担相应费用。	120000.00	5.000	6000.00
	合计					6000.00

注:此表由招标人填写,投标人应将上述专业工程暂估价计入投标总价中。

6. 规费、税金项目清单与计价表

规费、税金项目清单与计价表,见表 5-25。

表 5-25 规费、税金项目清单与计价表

工程名称: 标段: 第 页共 页

序号	项目名称	计算基础	费率(%)	金额(元)
1	规费	直接费(分部分项工程+措施项目)中的(人工费+机械费)	(1)一般土建:27 (2)土石方、建筑物超高、垂直运输、特大型机械场外运输及一次安拆:7 (3)桩基础工程:13 (4)装饰装修工程:20	105346.06
1.1	养老保险费			
1.2	医疗保险费			
1.3	失业保险费			
1.4	生育保险费			
1.5	住房公积金			
1.6	工伤保险费			
1.7	危险作业意外伤害保险			
1.8	工程排污费			
1.9	河道工程修建维护管理费			
1.10	职工教育经费			
2	税金	分部分项工程费+措施项目费+其他项目费+规费	3.480	89988.27
合计				195334.33

任务三　投标价的编制

学习引导

通过学习本任务，掌握投标价的编制方法，能够编制活动中心项目的投标报价。

计算结果

见附录 6

知识链接

一、投标价的编制

(1)分部分项工程费应依据本项目任务二中综合单价的计算方法，按招标文件中分部分项工程量清单项目的特征描述确定综合单价计算。

综合单价应考虑招标文件中要求投标人承担的风险内容及其范围产生的风险费用。

招标文件中提供了暂估单价的材料，按暂估的单价计入综合单价。

(2)投标人可根据工程实际情况结合施工组织设计，对招标人所列的措施项目进行增补。

措施项目费应根据招标文件中的措施项目清单及投标时拟定的施工组织设计或施工方案由投标人自主确定。

(3)其他项目费应按下列规定报价：①暂列金额应按招标人在其他项目清单中列出的金额填写；②材料暂估价应按招标人在其他项目清单中列出的单价计入综合单价；专业工程暂估价应按招标人在其他项目清单中列出的金额填写；③计日工按招标人在其他项目清单中列出的项目和数量，自主确定综合单价并计算计日工费用；④总承包服务费根据招标文件中所列出的内容和提出的要求由投标人自主确定。

(4)规费和税金应按项目四任务五的规定确定。

(5)投标总价应当与分部分项工程费、措施项目费、其他项目费和规费、税金的合计金额一致。禁止在工程总价基础上进行优惠(或降价、让利)，如图 5－2；投标人对投标总价的任何优惠(或降价、让利)，应反映在相应清单项目的综合单价中。

	序号	费用名称	取费基数	费用说明	费率(%)	费用金额
1	一、	分部分项工程量清单计价合计	ZJF	分部分项工程量清单合计		27,189.00
2	二、	措施项目清单计价合计	QTCSF	措施项目清单合计		0.00
*3	三、	其他项目清单计价合计	QTXMF	其它项目合计		0.00
4	四、	规费	F1:F3	[1~3]	2.4	652.54
5	五、	税金	F1:F4	[1~4]	3.41	949.40
6	六、	总价优惠	F1:F5	[1~5]	10	2,879.09
7		含税工程造价	F1:F5-F6	[1~5]-[6]		25,911.84

图 5－2　错误的单位工程投标报价汇总表

注释 5－5

(1)按照图 5－2 的形式进行优惠，如果后期清单工程量发生变更，则清单综合单价按照合同中的单价执行还是优惠后的单价呢？为了方便后期的变更和结算，所以计价规范才要求优惠必须包含在相应综合单价中。

(2)为了达到计价规范的要求，有些投标人会选择所有的清单或措施，整体调低子目的工程量、含量或价格，这样就很快达到优惠的要求了。但这种做法是不可取的。

(6)现在越来越多的招标单位在清单编制说明中补充了以下内容:"招标人提供的工程量清单中所列工程数量仅作为投标的共同基础和最终结算与支付的依据,除非招标人以补遗函或答疑补充的形式予以更正,所提供的分部分项工程量清单数量不允许自行调整。若投标人认为招标人提供的工程量清单数量存在差额与缺项,投标人应在投标报价过程中另行补充编制分部分项清单偏离表予以调整。如投标书中未补充编制偏离表或偏离表中未完整列出分部分项偏离内容,则投标人不能再以提供的工程量清单存在差额或缺项为由提出增加费用。"可见,对清单的审查也是投标单位不可忽视的工作。

(7)没有得到招标人的明示前,投标人一定要按照工程量的内容要求进行报价测算,不要擅自改动工程量清单内容。投标人若对分部分项工程量有疑问,可在招标文件中确定的澄清时间内,以书面形式要求招标人澄清,在收到书面澄清文件后,再进行改动。此外还应注意,制作投标书时,每一项目只允许有一个报价,任何有选择的报价都将不被招标人接受。投标人未填单价或合价的项目在实施后,招标人也不会支付,或者被视为已包括在其他有价款的单价或合价内。

二、投标价的表格使用

投标价的表格使用与招标控制价的表格使用基本一致。只是封面有差异(由封-2 改为封-3),表 5-11总说明的内容与招标控制价的也不同。其余表格均同招标控制价的表格,有"招标控制价"字样的表格改为"投标价"即可。投标报价的封面见表 5-26,扉页见表 5-27。

表 5-26 投标总价封面

某高校教学楼 工程

投 标 总 价

投 标 人: 某建筑工程有限公司

(单位盖章)

年 月 日

表 5-27 投标总价扉页

<table>
<tr><td>

投 标 总 价

招　标　人：________________

工 程 名 称：________________

投标总价(小写)：________________

　　　　(大写)：________________

投　标　人：________________

(单位盖章)

法定代表人
或其授权人：________________

(签字或盖章)

编　制　人：________________

(造价人员签字盖专用章)

编制时间：　　年　　月　　日

</td></tr>
</table>

项目习题

一、单选题

1. 在清单计价模式下，由投标人承担的材料费风险应是________以内。

A. 0%　　B. 3%　　C. 5%　　D. 10%

2. 在清单计价模式下，由投标人承担的施工机械使用费风险应是________以内。

A. 0%　　B. 3%　　C. 5%　　D. 10%

3. 在工程量清单计价中，材料暂估价包含在__________中。

A. 分部分项工程量清单　　B. 措施项目清单　　C. 其他项目清单　　D. 规费和税金清单

4. 总承包服务费应由________提出。

A. 招标人　　B. 投标人　　C. 专业工程负责人　　D. 总监理工程师

5. 招标控制价应由____________编制。

A. 招标人　　B. 投标人　　C. 工程造价咨询人　　D. 监理工程师

6. 投标人可根据工程实际情况结合施工组织设计，对招标人所列的____________进行增补。

A. 分部分项工程量清单　　B. 措施项目清单　　C. 其他项目清单　　D. 规费和税金清单

7. 在我国目前工程量清单计价过程中，分部分项工程单价由__________。

A. 人工费、材料费、机械费　　B. 人工费、材料费、机械费、管理费

C. 人工费、材料费、机械费、管理费、利润　　D. 人工费、材料费、机械费、管理费、利润、规费和税金

二、多选题

1. 综合单价应包括人工费、材料费、机械费、________，并考虑风险因素。

A. 材料购置费　　B. 利润　　C. 税金　　D. 管理费　　E. 其他项目费

2. 当分部分项工程量清单项目发生工程量变更时，其措施项目费用中相应的________工程量应调整。

A. 机械　　B. 模板　　C. 人工　　D. 脚手架　　E. 材料

3. 招标控制价编制依据是__________。

A. 清单计价规范　　B. 招标文件中的工程量清单　　C. 与建设项目相关的标准、规范、技术资料

D. 拟定的投标施工组织设计或施工方案　　E. 工程造价管理机构发布的工程造价信息

4. 在工程量清单计价中，采用综合单价的是__________。

A. 分部分项工程量清单　　B. 措施项目清单　　C. 计日工　　D. 规费　　E. 税金

5. 制作投标书时，投标人未填单价或合价的项目，在实施后________。

A. 投标人可申请索赔　　B. 招标人不予支付

C. 被视为已包括在其他有价款的单价或合价内　　D. 在暂列金额中列项

E. 双方协商解决

三、分析计算题

1. 计算块料墙面清单项目的综合单价，见表5-28。（注：管理费和利润之和按人工费加机械费的27%计取，风险费用暂不考虑。）

表5-28　分部分项工程量清单

序号	项目编码	项目名称	项目特征	计量单位	工程数量
1	011204003001	块料墙面	15mm厚1∶3水泥砂浆抹底灰，50×230外墙面砖1∶2水泥砂浆粘贴。	m^2	90.11

2. 某工程现浇混凝土钢筋的净用量为φ10钢筋2.250t，φ25钢筋4.800t。其中φ25钢筋的暂估价为3500元/t，计算钢筋的综合单价。（注：管理费和利润之和按人工费加机械费的25%计取，风险费用暂不考虑。）

3. 某工程由甲方提供钢筋和水泥共计价值45万元，无分包的专业工程。合同中对总承包服务费的规定如下：

①对分包的专业工程进行总承包管理和协调时，按分包的专业工程估算造价的1.5%计算；

②招标人自行供应材料的，按招标人供应材料价值的1%计算。

试完成表5-29。

表5-29　总承包服务费计价表

序号	工 程 名 称	项目价值(元)	服务内容	费率(%)	金额(元)
	发包人供应材料		对发包人供应的材料进行验收、保管及使用发放。		
合　　计					

项目小结

1. 工程量清单计价是指投标人完成由招标人提供的工程量清单所需的全部费用，采用工程量清单计价，建设工程造价由分部分项工程费、措施项目费、其他项目费、规费和税金组成。

2. 综合单价是指完成一个规定计量单位的分部分项工程量清单项目或措施清单项目所需的人工费、

材料费、施工机械使用费和企业管理费与利润，以及一定范围内的风险费用。

综合单价＝人工费＋材料费＋机械费＋管理费＋利润＋由投标人承担的风险费用＋其他项目清单中的材料暂估价。

3.招标控制价，是指招标人根据国家或省级、行业建设主管部门颁发的有关计价依据和办法，按设计施工图纸计算的，对招标工程限定的最高工程造价。编制招标控制价成为编制招标文件的重要环节，对合同价的确定起引导作用。

4.投标价，是指投标人投标时报出的工程造价。投标人必须按招标工程量清单填报价格。填写的项目编码、项目名称、项目特征、计量单位、工程量必须与招标工程量清单一致。投标价由投标人自主确定，但不得低于成本。投标价应由投标人或受其委托具有相应资质的工程造价咨询人编制。

5.招标控制价和投标价的表格使用基本一致，但是二者的内涵不同。前者的编制是根据国家或省级、行业建设主管部门颁发的计价定额和计价办法来计算综合单价；后者是依据企业自身情况以及针对具体工程编制的施工组织设计或施工方案以及市场材料价格的调整以及风险预测进行自主报价。

6.没有得到招标人的明示前，投标人一定要按照工程量的内容要求进行报价测算，不要擅自改动工程量清单内容。制作投标书时，每一项目只允许有一个报价。投标人未填单价或合价的项目在实施后，招标人也不会支付。

投标报价策略

一、常用的投标报价策略

施工招标作为业主选择项目施工队伍的手段，一般均要求投标人的标书要全面地响应招标文件的要求，预算报价也不例外。在阅读招标文件时，注意招标文件中对清单项目的组成规定、定额选择的要求，否则容易造成报价偏离业主及其他投标人的报价成为废标。

另外，在报价前要充分审查施工招标图纸，列出图纸中的所有项目，并将图纸中工程量重新计算与清单相比，以供不平衡报价参考，特别注意其中的地面标高、地质岩层分布等内容，这些直接影响土方的数量、土石比例、桩基础的入岩深度，对总体报价影响最大。

投标报价策略是指承包商在投标竞争中的系统工作部署及其参与竞标的方式和手段，投标策略作为投标取胜的方法、手段和艺术，贯穿于投标竞争的始终，内容十分丰富，常用的投标策略有：不平衡报价法，多方案报价法，先亏后盈法。

1.不平衡报价法

这是指一个工程项目的总投标报价基本确定后，如何调整内部各个项目的报价，以达到既不提高总价，也不影响中标，又能在结算时得到理想的经济效益。一般可以在以下几个方面考虑采用不平衡报价法，见表5-30。

表5-30　常用不平衡报价法

序号	信息类型	变动趋势	不平衡结果
1	资金收入的时间	早	单价高
		晚	单价低
2	清单工程量不准确	增加	单价高
		减少	单价低
3	报价图纸不明确	增加工程量	单价高
		减少工程量	单价低

续表 5-30

序号	信息类型	变动趋势	不平衡结果
4	暂定工程	自己承包的可能性高	单价高
		自己承包的可能性低	单价低
5	单价组成分析表	人工费和机械费	单价高
		材料费	单价低
6	议标时招标人要求压低单价	工程量大的项目	单价小幅度降低
		工程量小的项目	单价大幅度降低

不平衡报价一定要建立在对工程量表中工程量仔细核对风险的基础上，特别是对于报价中降价的项目，如工程量一旦增多将造成承包商的重大损失，同时一定要控制在合理幅度内，以免引起业主反对，甚至导致废标。调整的不平衡报价一般应控制在15%的幅度范围之内。如果不注意这一点，有时业主会选出报价过高的项目，要求投标者进行单价分析，而围绕单价分析中过高的内容压价，以致承包商得不偿失。

2.多方案报价法

有时招标文件中规定，可以提一个建议方案或对于一些招标文件，如果发现工程范围不很明确，条款不清楚或很不公正，或技术规范要求过于苛刻时，则要在充分估计风险的基础上，按多方案报价法处理。即按原招标文件报一个价，然后再提出如果基本条款做某些变动，报出报价可降低的额度。这样可以降低总价，吸引业主。这时投标者应组织一批有经验的设计和施工工程师，对原招标文件的设计和施工方案仔细研究，提出更理想的方案以吸引业主，促进自己的方案中标。这种新的建议可以降低总造价或提前竣工或使工程运用更合理。但要注意的是对原招标方案也要报价，以供业主比较。

增加建议方案时，不要将方案写得太具体，要保留方案的关键技术，防止业主将此方案交给其他承包商。同时要强调的是，建议方案一定要比较成熟，或过去有这方面的实践经验。因为投标时间往往较短，如果仅为中标而匆忙提出一些没有把握的建议方案，可能引起很多后患。

3.先亏后盈法

对大型分期建设工程，在第一期工程投标时，可以将部分间接费分摊到第二期中去，少计算利润以争取中标。这样在第二期工程投标时，凭借第一期工程的经验、临时设施以及创立的信誉，比较容易拿到第二期工程。

二、业主对不平衡报价的防范措施

工程实施过程中由于不确定因素的存在，难免会发生工程变更，投标报价往往不是结算价。如果招标人不能及时准确地识别和防范投标人的不平衡报价，必将导致低价中标，高价结算，或者高价索赔，经济损失不堪设想。因此，研究投标人不平衡报价的类型，探讨识别投标人不平衡报价的特征，制定有效的防范对策，这样既可保护招标人和其他正当投标人的利益，也有利于选出信誉好，实力强的施工单位，以实现真正意义上的合理低价中标。可通过以下方法防范不平衡报价，降低不平衡报价带来的风险。

1.重视招标前期准备工作

招标图纸是招标人编制工程量清单、投标人投标报价的重要依据。目前大部分工程在招投标时设计图纸还未满足施工需要，在施工过程中还会出现大量的补充设计和设计变更，导致了招标的工程量清单跟实际施工的工程量相差甚远，虽然使用工程量清单计价方法一般采用固定综合单价，工程量按实计量的计价模式，但这也给投标人实施不平衡报价带来了机会。对业主来说，需要重视招标的前期准备工作，包括以下几点：

(1) 认真审查图纸的设计深度和质量，避免出现“边设计，边招标”的情况，尽可能使用施工图招标，从源头减少工程变更的出现。

(2) 招标人要随时掌握工程涉及的主要材料的价格；对于特殊的大宗材料，可提供适中的暂定价格。

(3) 在招标文件中，明确对涉及暂定价格项目的调整方法。

(4) 在对投标人的资信状况进行考察时，应重点关注投标人的经济纠纷情况。

(5) 限制不平衡报价中标。在招标文件中，可以写明对各种不平衡报价的惩罚措施，譬如：某项不平衡报价幅度大于某临界值时，该标书为废标。

(6) 重视招标文件的工程量清单编制质量，要避免有招标文件的工程量清单只是参考，最终要按实际结算的观念，并安排有经验的造价工程师负责该工作，严格执行《建设工程工程量清单计价规范》，避免多算、少算和漏算。

2. 合理设置招标控制价

根据《计价规范》要求，招标控制价与招标文件一起发布。招标控制价的设置可分两个层次：第一是总报价的最高限制，第二是投标报价各组成部分的最高限制，包括综合单价、综合合价、管理费、利润、人工、材料、机械台班单价和消耗量等内容。要有效防范不平衡报价必须在以上两个层次设置招标控制价，招标控制价要体现社会生产力的中上等水平，价格设置过高就会失去招标控制价的意义，设置过低会影响招标工作的顺利进行。实践证明，合理设置招标控制价可有效防止投标人围标串标、哄抬标价和不平衡报价等行为的出现。通过测算报价范围控制报价。工程造价和招标投标管理部门必须在造价控制方面遵循“量、价分离”的原则，根据工程经验，测算各类招投标工程总价和综合单价的上下浮动幅度范围，使报价控制在相对合理的范围内，维护双方的经济权益。

3. 改进评标办法，限制不平衡报价中标

目前，我国评标定标方法主要有经评审的最低投标价法、综合评估法、综合评分法、合理基准价评分法等，各个评标方法适应不同特征的项目。如经评审的最低投标价法适用于无特殊性专业要求的一般招标项目的评标；合理基准价评分法(无标底)适用于投标人大于等于 7 个、无特殊专业要求的一般投标项目；综合评分法适用于施工技术难度大且施工方案的竞争性较强的招标项目。

招标人应根据项目特征制定相应的评标规则，这样对不平衡报价能够起到很好的预控作用。招标代理机构要注重评标前的回标分析，科学计算各报价组成因素的标准平衡值，为评标人判断不平衡报价提供依据，制定相应的评分方法，对严重偏离标准平衡值的项目要进行惩罚性扣分，限制使用不平衡报价的投标人中标。

通过询标排除不平衡报价隐患。评标时，招标人和评标委员会应及时做好对中标候选人商务标的询标，对商务标中含糊不清的问题，应以书面澄清或承诺，以消除隐患。

4. 完善施工合同条款

若施工过程出现了某些项目工程量变更过大，会给业主在资金使用计划和投资控制方面带来风险，则需要在施工合同条款中防范这方面的风险，通过合同条款回避可能出现的风险。

一方面可以规定清单分项工程变更过大时，应对该分项的综合单价重新组价，同时明确相应的组价方法，以消除双方可能由此产生的不公平额外支付；另一方面可以根据中标人报价不平衡的程度而加大其履约担保的额度。对涉及造价调整的变更，监理、业主、施工企业均应按统一的变更办理审核程序，层层把关，按合同规定及时核算。

项目六 建设工程合同价款管理

学习目标

知识目标

1. 熟悉合同价款的约定
2. 掌握工程计量与价款支付
3. 掌握索赔与现场签证
4. 掌握工程价款调整
5. 掌握竣工结算

能力目标

能够按照相关规范、文件、标准和建设工程施工合同的相关条款进行合同价款的管理。

项目分析

项目概述

以案例形式按照建设工程施工合同的相关条款进行合同价款的管理。

情景案例设计

针对不同的任务设置不同的案例,通过案例的分析,达到管理合同价款的能力。

任务一 索赔与现场签证

学习引导

通过学习本任务,掌握工程索赔的概念、依据、时效、程序等相关知识。能够根据提供的案例背景对问题进行合理的分析计算。

案例背景

某建设单位(甲方)与某施工单位(乙方)订立了某工程项目的施工合同。合同规定:采用单项合同,每一分项工程的工程量增减风险为10%,合同工期25天。乙方在开工前及时提交了施工网络计划,如图6-1,并得到甲方代表的批准。

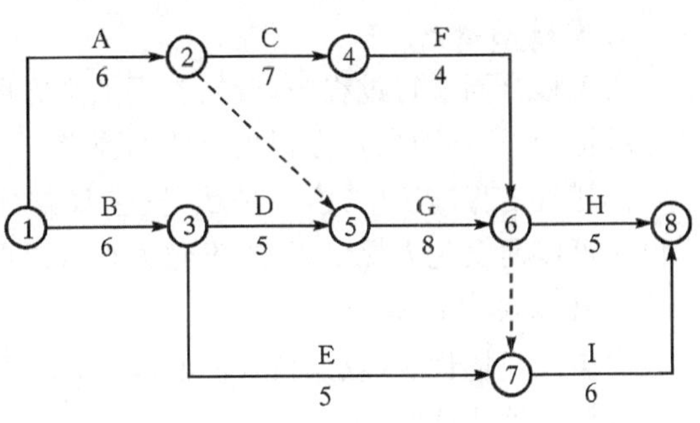

图6-1 施工网络计划图

工程施工中发生如下事件:

事件1:因甲方提供的电源出现故障造成施工现场停电,使工作A和工作B的工效降低,作业时间分别拖延了2天和1天;多用8个工日和10个工日,工作A租赁的施工机械租赁费为560元/天,工作B的自有机械每天折旧费为280元。

事件2:为保证施工质量,乙方在施工中将工作C原设计尺寸放大,增加工程量$16m^3$,该工作综合单价为87元/m^3,作业时间增加2天。

事件3：因设计变更，工作E工程量由300m^3增加到360m^3，该工作原综合单价为65元/ m^3，经协商调整单价为58元/ m^3。

其余各项工作实际作业时间和费用均与原计划相符。

【问题提出】

(1)上述哪些事件乙方可以提出工期和费用补偿要求？哪些不能？说明原因。

(2)每项事件的工期补偿是多少？总工期补偿多少？

(3)假设人工工日单价为25元/工日，应由甲方补偿的人工窝工和降效费用为12元/工日，管理费、利润等不予补偿，试计算甲方应给予乙方的追加工程款为多少？

案例分析

(1)答：

事件1：可以提出工期和费用补偿要求，因为提供可靠电源是甲方的责任。

事件2：不可以提出工期和费用补偿要求，因为保证工程质量是乙方的责任，措施费应由乙方自行承担。

事件3：可以提出工期和费用补偿要求，因为设计变更是甲方的责任，且工作E的工程量增加了60m^3，超过了工程风险系数10%的约定。

(2)答：

事件1：工期补偿为1天。因为工作B在关键线路上，作业时间拖延1天影响了工期，工作A不在关键线路上，作业时间拖延2天，没有超过总时差，不影响工期。

事件3：工期补偿为0天，因为工作E不是关键工作，增加工程量后，作业时间增加$(360-300)\div300\times5=1$天，不影响工期。

总计工期补偿为$1+0=1$(天)

(3)答：

事件1：人工费补偿为：$(8+10)\times12=216$(元)

机械费补偿为：$2\times560+1\times280=1400$(元)

事件3：按原单价结算的工程量为：$300\times(1+10\%)=330(m^3)$

按新单价结算的工程量为：$360-330=30(m^3)$

因设计变更产生新增工程量的费用补偿为：$30\times65+30\times58=3690$(元)

合计：费用索赔总额为：$216+1400+3690=5306$元。甲方应给予乙方的追加工程款为5306元。

知识链接

一、索赔与现场签证的概念

1. 索赔的概念

在工程合同履行过程中，合同当事人一方因非己方的原因而遭受损失，按合同约定或法规规定应由对方承担责任，从而向对方提出补偿的要求。

在建设工程施工中，索赔是承、发包双方行使正当权利的行为，它的性质属于补偿行为，而非惩罚。承包人可以向发包人提出索赔，发包人也可以向承包人提出索赔。

2. 现场签证的概念

发包人现场代表(或其授权的监理人、工程造价咨询人)与承包人现场代表就施工过程中涉及的责任事件所作的签认证明。

二、现场签证的实施

(1)承包人应发包人要求完成合同以外的零星项目、非承包人责任事件等工作的,发包人应及时以书面形式向承包人发出指令,并提供所需的相关资料;承包人在收到指令后,应及时向发包人提出现场签证要求。

(2)承包人应在收到发包人指令后的7天内,向发包人提交现场签证报告,发包人应在收到现场签证报告后的48小时内对报告内容进行核实,予以确认或提出修改意见。发包人在收到承包人现场签证报告后的48小时内未确认也未提出修改意见的,应视为承包人提交的现场签证报告已被发包人认可。

(3)现场签证的工作如已有相应的计日工单价,现场签证中应列明完成该类项目所需的人工、材料、工程设备和施工机械台班的数量;如现场签证的工作没有相应的计日工单价,应在现场签证报告中列明完成该签证工作所需的人工、材料设备和施工机械台班的数量及单价。

(4)合同工程发生现场签证事项,未经发包人签证确认,承包人便擅自施工的,除非征得发包人书面同意,否则发生的费用应由承包人承担。

(5)现场签证工作完成后的7天内,承包人应按照现场签证内容计算价款,报送发包人确认后,作为增加合同价款,与进度款同期支付。

(6)在施工过程中,当发现合同工程内容因场地条件、地质水文等与发包人要求不一致时,承包人应提供所需的相关资料,并提交发包人签证认可,作为合同价款调整的依据。

三、索赔的分类

根据合同约定,承包人认为非承包人原因发生的事件造成了承包人的经济损失,承包人应在确认该事件发生后,按合同约定向发包人发出索赔通知。发包人认为由于承包人的原因造成发包人的损失,应参照承包人索赔的程序进行索赔。

施工索赔分类的方法很多,从不同的角度,有不同的分类方法。

(1)按索赔的有关当事人,索赔可分为承包商同业主之间的索赔、承包商同分包商之间的索赔、承包商同供货商之间的索赔、承包商向保险公司索赔。

(2)按索赔的目的,索赔可分为工期索赔和费用索赔。这种分类方法是施工索赔业务中通用的称呼方法。当提出索赔时,要明确提出是工期索赔还是费用索赔,前者是要求得到工期的延长,后者是要求得到经济补偿。二者可以同时提出索赔。

(3)按索赔处理方式和处理时间不同,索赔可分为单项索赔和一揽子索赔

①单项索赔。它是指在工程实施过程中,出现了干扰原合同的索赔事件,承包商为此事件提出的索赔。如业主发出设计变更指令,造成承包商成本增加、工期延长。承包商为变更设计这一事件提出索赔要求,就可能是单项索赔。应当注意,单项索赔往往在合同中规定必须在索赔有效期内完成,即在索赔有效期内提出索赔报告,经监理工程师审核后交业主批准。如果超过规定的索赔有效期,则该索赔无效。因此对于单项索赔,必须有合同管理人员对日常的每一个合同事件跟踪,一旦发现问题即应迅速研究是否对此提出索赔要求。

单项索赔由于涉及的合同事件比较简单,责任分析和索赔值计算不太复杂,金额也不会太大,双方往往容易达成协议,获得成功。

②一揽子索赔,又称总索赔或综合索赔。它是指承包商在工程竣工前后,将施工过程中已提出但未解决的索赔汇总在一起,向业主提出一份总索赔报告的索赔。

这种索赔是在合同实施过程中,一些单项索赔问题比较复杂,不能立即解决,经双方协商同意留待以后解决。有的是业主对索赔迟迟不作答复,采取拖延的办法,使索赔谈判旷日持久,或有的承包商对合同管理的水平差,平时没有注意对索赔的管理,忙于工程施工,当工程快完工时,发现自己亏了本,或业主不付款时,才准备进行索赔,甚至提出仲裁或诉讼。

由于以上原因,在处理一揽子索赔时,因许多干扰事件交织在一起,影响因素比较复杂,有些证据已

事过境迁，责任分析和索赔值的计算发生困难，使索赔处理和谈判很艰难。加上一揽子索赔的金额较大，往往需要承包商作出较大让步才能解决。

四、索赔成立的条件

索赔成立要具备如下三要素：要有正当的索赔理由；要有有效的索赔证据；要在合同约定的时间内提出。

1.正当的索赔理由

(1)索赔的正当理由应当符合如下三个条件：

①与合同相比较已经造成了实际的额外费用增加或工期损失。

②造成费用增加或工期损失的原因不是由于承包商自身的过失所造成。

③这种经济损失或权利损害也不是应由承包商应承担的风险所造成。

(2)引起索赔的原因通常有以下几种：

①不利的自然条件与人为障碍引起的索赔。这类障碍或条件指一个有经验的承包商无法合理预见到的并在施工中发生了的，增加了施工的难度并导致承包商花费更多的时间和费用。主要包括地质条件变化起的索赔和工程中人为障碍引起的索赔。

②工期延长和延误索赔。它包括工期索赔和费用索赔两方面，应分别编制，因为这两方面索赔不一定同时成立。凡纯属业主和工程师方面的原因造成的工期的拖延，不仅应给承包商适当地延长工期，还应给予相应的费用补偿。

③加速施工的索赔。有时业主或工程师会发布加速施工指令(其原因应非承包商的任何责任和原因引起)，会导致施工成本增加，引起索赔，此按 FIDIC 合同条款规定，可采取奖励方法解决施工的费用补偿，激励承包商克服困难，提前(或按时)完工。

④因非承包商的任何责任和原因引起施工临时中断和工效降低引起索赔。

⑤业主不正当地终止工程而引起索赔。

⑥业主风险和特殊风险引起索赔。

⑦物价上涨引起索赔。

⑧拖欠支付工程款引起索赔。

⑨法规、货币及汇率变化引起的索赔。如在投标截止日期前的 28 天以后，由于业主国家或地方的任何法规、法令、政令、规章发生变化，或工程施工所在国政府(或其受权机构)对支付合同的一种或几种货币实行限制或货币汇兑限制，造成承包商损失的，业主应给予补偿。

⑩因合同条文模糊不清、错误引起索赔。

2.有效的索赔证据

任何索赔事件的确立，必须有正当的索赔理由，而对正当的索赔理由的说明必须有有效的证据。因为进行索赔主要靠证据说话，没有证据或证据不足，索赔是难以成功的。

(1)索赔证据应满足以下要求：

①真实性。索赔证据必须是在实施合同过程中确定存在和发生的，必须完全反映实际情况，能经得住推敲。

②全面性。所提供的证据应能说明事件的全过程。索赔报告中涉及的索赔理由、事件过程、影响、索赔数额等都应有相应证据，不能零乱和支离破碎。

③关联性。索赔的证据应当能够相互说明，具有关联性，不能相互矛盾。

④及时性。索赔的证据的取得及提出应当及时，符合合同约定。

⑤具有法律证明效力。一般要求证据必须是书面文件，有关记录、协议、纪要必须是双方签署的；工程中重大事件、特殊情况的纪录、统计必须有合同约定的发包人现场代表或监理工程师签证认可。

(2)索赔证据的种类。

①招标文件、工程合同及附件、业主认可的施工组织设计、工程图纸、技术规范等。

②工程各项有关设计交底记录、变更图纸、变更施工指令等。

③工程各项经业主或监理工程师签认的签证。

④工程各项往来信件、指令、信函、通知、答复等。

⑤工程各项会议纪要。

⑥施工计划及现场实施情况记录。

⑦施工日报及工长工作日志备忘录。

⑧工程送电、送水、道路开通、封闭的日期及数量记录。

⑨工程停电、停水少干扰事件影响的日期及恢复施工的日期。

⑩工程预付款、进度款拨付的数额及日期记录。

⑪工程图纸、图纸变更、交底记录的送达份数及日期记录。

⑫工程有关施工部位的照片及录像等。

⑬工程现场气候记录。有关天气的温度、风力、雨雪等。

⑭工程验收报告及各项技术鉴定报告等。

⑮工程材料采购、订货、运输、进场、验收、使用等方面的凭据。

⑯工程会计核算资料。

⑰国家、省、市有关影响工程造价、工期的文件、规定等。

3. 在合同有效期内提出

合同一方向另一方提出索赔时，应有正当的索赔理由和有效证据，并应符合合同的相关约定。根据合同约定，承包人认为非承包人原因发生的事件造成了承包人的损失，应按以下程序向发包人提出索赔：

(1)承包人应在索赔事件发生后 28 天内，向发包人提交索赔意向通知书，说明发生索赔事件的事由。承包人逾期未发出索赔意向通知书的，丧失索赔的权利。

(2)承包人应在发出索赔意向通知书后 28 天内，向发包人正式提交索赔通知书。索赔通知书应详细说明索赔理由和要求，并附必要的记录和证明材料。

(3)索赔事件具有连续影响的，承包人应继续提交延续索赔通知，说明连续影响的实际情况和记录。

(4)在索赔事件影响结束后的 28 天内，承包人应向发包人提交最终索赔通知书，说明最终索赔要求，并附必要的记录和证明材料。

五、承包人索赔处理的程序

承包人索赔应按下列程序处理：

(1)发包人收到承包人的索赔通知书后，应及时查验承包人的记录和证明材料。

(2)发包人应在收到索赔通知书或有关索赔的进一步证明材料后的 28 天内，将索赔处理结果答复承包人，如果发包人逾期未作出答复，视为承包人索赔要求已经发包人认可。

(3)承包人接受索赔处理结果的，索赔款项应作为增加合同价款，在当期进度款中进行支付；承包人不接受索赔处理结果的，应按合同约定的争议解决方式办理。

六、索赔的获得与计算

1. 索赔的获得方式

(1)承包人索赔的获得。若承包人的费用索赔与工期索赔要求相关联时，发包人在作出费用索赔的批准决定时，应结合工程延期，综合作出费用赔偿和工程延期的决定。承包人要求赔偿时，可以选择以下一项或几项方式获得赔偿：① 延长工期；② 要求发包人支付实际发生的额外费用；③ 要求发包人支付合理的预期利润；④ 要求发包人按合同的约定支付违约金。

若承包人的费用索赔与工期索赔要求相关联时，发包人在作出费用索赔的批准决定时，应结合工程延期，综合作出费用赔偿和工程延期的决定。

发、承包双方在按合同约定办理了竣工结算后，应被认为承包人已无权再提出竣工结算前所发生的任何索赔。承包人在提交的最终结清申请中，只限于提出竣工结算后的索赔，提出索赔的期限自发承包双方最终结清时终止。

(2)发包人索赔的获得。

发包人要求赔偿时，可以选择以下一项或几项方式获得赔偿：① 延长质量缺陷修复期限；② 要求承包人支付实际发生的额外费用；③ 要求承包人按合同的约定支付违约金。

承包人应付给发包人的索赔金额可从拟支付给承包人的合同价款中扣除，或由承包人以其他方式支付给发包人。

2.索赔价款的计算

(1)索赔的费用内容一般可以包括以下几个方面：

①人工费。主要是指完成合同之外的额外工作所花费的人工费用；由于非承包人责任的工效降低所增加的人工费用；超过法定工作时间的加班费用；法定的人工费增长以及非承包人责任造成的工程延误导致的人员窝工费等累计。

②机械费。工程量增加机械台班费；窝工时自有机械的折旧费；窝工时租赁机械的租赁费。③材料费。材料用料增加费；材料单价上涨费。

④保函手续费。工程延期时，保函手续费相应增加，反之，取消部分工程且发包人与承包人达成提前竣工协议时，承包人的保函金额相应折减，则计入合同价内的保函手续费也应扣减。

⑤贷款利息。业主延期付款的利息；由于工程变更和工程延期增加投资的利息；索赔款的利息；错误扣款的利息。

⑥保险费。由业主方面的责任发生工程延误，可索赔保险费。按保险公司保险费率计算。

⑦利润。承包商的利润索赔是其对由发包人或监理人原因导致的利润损失所要求的补偿。在索赔实践中，不同性质的索赔，利润索赔的成功率是不一样的。一般来说，由于工程范围的变更(如计划外的工程，或大规模的工程变更)和施工条件变化引起的索赔，是可以列入利润的，即有权获得利润索赔。对于工程延误，如果该延误(或工程暂时停工)是由业主方面的责任发生的；以及业主自便解除合同，由于是业主从自己的利益出发决定解除合同，承包商在有权获得已完成的工程款以外，还应得到相应的利润。至于如何确定利润的数额，通常是与原报价单中的利润率保持一致。

⑧管理费。此项又可分为现场管理费和公司管理费两部分，由于二者的计算方法不一样，所以在审核过程中应区别对待。

(2)索赔费用的计算方法。

索赔费用的计算方法有：实际费用法、总费用法和修正的总费用法。

①实际费用法。实际费用法是计算工程索赔时最常用的一种方法。这种方法的计算原则是以承包商为某项索赔工作所支付的实际开支为根据，向业主要求费用补偿。

用实际费用法计算时，在直接费的额外费用部分的基础上，再加上应得的间接费和利润，即是承包商应得的索赔金额。由于实际费用法所依据的是实际发生的成本记录或单据，所以，在施工过程中，系统而准确地积累记录资料是非常重要的。

②总费用法。总费用法就是当发生多次索赔事件以后，重新计算该工程的实际总费用，实际总费用减去投标报价时的估算总费用，即为索赔金额，即：

索赔金额＝实际总费用－投标报价估算总费用

不少人对采用该方法计算索赔费用持批评态度，因为实际发生的总费用中可能包括了承包商的原因，如施工组织不善而增加的费用；同时投标报价估算的总费用也可能为了中标而过低。所以这种方法只有在难以采用实际费用法时才应用。

③修正的总费用法。修正的总费用法是对总费用法的改进，即在总费用计算的原则上，去掉一些不合理的因素，对总费用法进行相应的修改和调整，使其更加合理。其具体做法如下：

A.将计算索赔额的时段局限于受到外界影响的时间，而不是整个施工期；

B.只计算受影响时段内某项工作所受影响的损失，而不是计算该时段内所有施工所受的损失；

C.与该项工作无关的费用不列入总费用中；

D. 对投标报价费用重新进行核算，按受影响时段内该项工作的实际单价进行核算，乘以实际完成的该项工作的工程量，得出调整后的报价费用。

修正的总费用法的计算公式为：

索赔金额＝某项工作调整后的实际总费用－该项工作的报价费用

修正的总费用法与总费用法相比，有了实质性的改进，它的准确程度已接近于实际费用法。

3. 工期索赔的计算

工期索赔的计算主要有网络图分析和比例计算法两种。

(1)网络分析法是利用进度计划的网络图，分析其关键线路。如果延误的工作为关键工作，则总延误的时间为批准顺延的工期；如果延误的工作为非关键工作，当该工作由于延误超过时差限制而成为关键工作时，可以批准延误时间与时差的差值；若该工作延误后仍为非关键工作，则不存在工期索赔问题。

(2)比例计算法的公式为：

①对于已知部分工程的延期的时间。

工期索赔值＝受干扰部分工程的合同价/原合同总价×该受干扰部分工期拖延时间

②对于已知额外增加工程量的价格。

工期索赔值＝额外增加的工程量的价格/原合同总价×原合同总工期

比例计算法简单方便，但有时不尽符合实际情况，比例计算法不适用于变更施工顺序、加速施工、删减工程量等事件的索赔。

七、索赔和现场签证的表格使用

1. 索赔与现场签证计价表

索赔与现场签证计价表见表6－1。

表6－1　索赔与现场签证计价汇总表

工程名称：　　　　　　　　标段：　　　　　　　　第　页共　页

序号	签证及索赔项目名称	计量单位	数量	单价(元)	合价(元)	索赔及签证依据
本页小计						—
合　计						—

注：签证及索赔依据是指经双方认可的签证单和索赔依据的编号。

2. 费用索赔申请表

费用索赔申请表见表6－2。

表 6－2 费用索赔申请表

工程名称：　　　　　　　　　　标段：　　　　　　　　　　编号：

<table>
<tr><th colspan="2">费用索赔申请(核准)表</th></tr>
<tr><td colspan="2">致：________________________(发包人全称)
根据施工合同条款第____条的约定，由于________原因，我方要求索赔金额(大写)________元，(小写)________元，请予核准。
附：1. 费用索赔的详细理由和依据：
2. 索赔金额的计算：
3. 证明材料：
承包人(章)
承包人代表________
日　　期________</td></tr>
<tr><td>复核意见：
根据施工合同条款第____条的约定，你方提出的费用索赔申请经复核：
□不同意此项索赔，具体意见见附件。
□同意此项索赔，索赔金额的计算，由造价工程师复核。
监理工程师________
日　　期________</td><td>复核意见：
根据施工合同条款第____条的约定，你方提出的费用索赔申请经复核，索赔金额为(大写)________元，(小写)________元。
造价工程师________
日　　期________</td></tr>
<tr><td colspan="2">审核意见：
□不同意此项索赔。
□同意此项索赔，与本期进度款同期支付。
发包人(章)
发包人代表________
日　　期________</td></tr>
</table>

注：1. 在选择栏中的"□"内作标识"√"。
2. 本表一式四份，由承包人填报，发包人、监理人、造价咨询人、承包人各存一份。

3. 现场签证表

现场签证表，见表 6－3。

表 6－3 现场签证表

工程名称：　　　　　　　　　　标段：　　　　　　　　　　编号：

<table>
<tr><td>施工单位</td><td></td><td>日 期</td><td></td></tr>
<tr><td colspan="4">致：________________________(发包人全称)
根据____(指令人姓名)　年　月　日的口头指令或你方________(或监理人)　年　月　日的书面通知，我方要求完成此项工作应支付价款金额为(大写)________元，(小写)________元，请予核准。
附：1. 签证事由及原因：
2. 附图及计算式：
承包人(章)
承包人代表________
日　　期________</td></tr>
</table>

续表 6－3

<table>
<tr><td>施工单位</td><td></td><td>日 期</td><td></td></tr>
<tr><td colspan="2">复核意见：
你方提出的此项签证申请经复核：
□不同意此项签证，具体意见见附件。
□同意此项签证，签证金额的计算，由造价工程师复核。
监理工程师________
日 期________</td><td colspan="2">复核意见：
□此项签证按承包人中标的计日工单价计算，金额为(大写)________元，(小写)____元。
□此项签证因无计日工单价，金额为(大写)元，(小写)______元。
造价工程师________
日 期________</td></tr>
<tr><td colspan="4">审核意见：
□不同意此项签证赔。
□同意此项签证，价款与本期进度款同期支付。
发包人(章)
发包人代表________
日 期________</td></tr>
</table>

注：1. 在选择栏中的“□”内作标示“√”。

2. 本表一式四份，由承包人在收到发包人(监理人)的口头或书面通知后填写，发包人、监理人、造价咨询人、承包人各存一份。

任务二 工程计量、工程价款调整、中期支付、竣工结算与支付

学习引导

通过学习本任务，掌握工程计量与价款支付、工程价款调整、竣工结算等相关知识。能够根据提供的案例背景对问题进行合理的分析计算。

案例背景

某施工单位承包某工程项目，甲、乙双方签订的关于工程价款的合同内容有：①建筑安装工程造价660万元，主要材料占施工产值的比重为60%；②预付备料款为建筑安装工程造价的20%；③工程进度款逐月结算；④工程保修金为建筑安装工程造价的5%，保修期半年；⑤材料价差调整按规定进行(按有关规定上半年材料价差上调10%，在6月份一次调增)。

工程各月实际完成的产值见表6－4。

表6－4 工程各月实际完成产值表

月 份	2	3	4	5	6
完 成 产 值	55	110	165	220	110

【问题提出】

(1)通常工程竣工结算的前提是什么？工程结算如何进行？

(2)该工程的预付备料款、起扣点为多少？

(3)该工程2月份至5月份，每月拨付工程款为多少？累计工程款为多少？

(4)6月份办理工程竣工结算，该工程结算总造价为多少？甲方应付工程尾款为多少？

(5)该工程在保修期间发生屋面漏水，甲方多次催促乙方修理，乙方一再拖延，最后甲方另请其他施工单位修理，修理费2.5万元，该项费用如何处理？

案例分析

(1)答：

工程竣工结算的前提是竣工验收报告被批准。

在承包人向发包人递交工程竣工验收报告的同时，递交竣工结算报告及完整的结算资料，双方按照协议书约定的合同价款及专用条款约定的合同价款调整内容，进行工程竣工结算。专业监理工程师审核承包人报送的竣工结算报表并与发包人、承包人协商一致后，签发竣工结算文件和最终的工程款支付证书。

(2)答：

预付备料款：660×20%=132(万元)

起扣点：T=P－M/N=660－132/60%=440(万元)

(3)答：

2月份：工程款55万元，累计工程款55万元

3月份：工程款110万元，累计工程款165万元

4月份：工程款165万元，累计工程款330万元

5月份：工程款220－(220+330－440)×60%=154(万元)，累计工程款484万元

(4)答：

工程结算总造价为660+660×60%×10%=699.6(万元)

甲方应付工程尾款为699.6－550－(699.6×5%)－110×60%=48.62(万元)

或：699.6－484－(699.6×5%)－132=48.62(万元)

(5)答：

维修费是因乙方的原因造成的，应由乙方承担。2.5万元的维修费应从乙方(承包方)的保修金中扣除。

知识链接

一、合同价款的约定

1.合同价的概念

(1)签约合同价(合同价款)：发、承包双方在工程合同中约定的工程造价，包括了分部分项工程费、措施项目费、其他项目费、规费和税金的合同总金额。

(2)竣工结算价：发、承包双方依据国家有关法律、法规和标准规定，按照合同约定确定的，包括在履行合同过程中按合同约定进行的合同价款调整，是承包人按合同约定完成了全部承包工作后，发包人应付给承包人的合同总金额。

注释6-1

(1)实行招标的工程合同价款应在中标通知书发出之日起30日内，由发承包双方依据招标文件和中标人的投标文件在书面合同中约定。

(2)合同约定不得违背招、投标文件中关于工期、造价、质量等方面的实质性内容。招标文件与中标人投标文件不一致的地方，以投标文件为准。

(3)不实行招标的工程合同价款，在发承包人双方认可的工程价款基础上，由发承包人双方在合同中约定。

2.合同价款的约定方式

(1)实行工程量清单计价的工程，应当采用单价合同。

(2)合同工期较短、建设规模较小，技术难度较低，且施工图设计已审查完备的建设工程可以采用总

价合同。采用总价合同时，当施工过程中发生设计变更，还是要按照规定予以增减造价的。

(3)紧急抢险、救灾以及施工技术特别复杂的建设工程可以采用成本加酬金合同。

3.合同价款约定的事项

发承包双方应在合同条款中对下列事项进行约定：

(1)预付工程款的数额、支付时间及抵扣方式；

(2)安全文明施工措施的支付计划，使用要求等；

(3)工程计量与支付工程进度款的方式、数额及时间；

(4)工程价款的调整因素、方法、程序、支付及时间；

(5)施工索赔与现场签证的程序、金额确认与支付时间；

(6)承担计价风险的内容、范围以及超出约定内容、范围的调整办法；

(7)工程竣工价款结算编制与核对、支付及时间；

(8)工程质量保证(保修)金的数额、预扣方式及时间；

(9)违约责任以及发生工程价款争议的解决方法及时间；

(10)与履行合同、支付价款有关的其他事项等。

合同中没有上述要求约定或约定不明的，若发承包双方在合同履行中发生争议由双方协商确定；协商不能达成一致的，按《建设工程工程量清单计价规范》(GB50500－2013)第13节“合同价款争议的解决”的相关规定执行。

二、工程计量

1.一般规定

(1)工程量应当按照《房屋建筑与装饰工程计量规范》(GB500854－2013)规定的工程量计算规则计算。

(2)工程计量可选择按月或按工程形象进度分段计量，具体计量周期在合同中约定。

(3)因承包人原因造成的超出合同工程范围施工或返工的工程量，发包人不予计量。

(4)成本加酬金合同应按单价合同的计量规定计量。

2.单价合同的计量

(1)工程量必须以承包人完成合同工程应予计量的工程量确定。

(2)施工中进行工程计量，若发现招标工程量清单中出现缺项、工程量偏差，或因工程变更引起工程量的增减，应按承包人在履行合同义务中完成的工程量计算。

(2)承包人应当按照合同约定的计量周期和时间向发包人提交当期已完工程量报告。发包人应在收到报告后7天内核实，并将核实计量结果通知承包人。发包人未在约定时间内进行核实的，承包人提交的计量报告中所列的工程量视为承包人实际完成的工程量。

(3)发包人认为需要进行现场计量核实时，应在计量前24小时通知承包人，承包人应为计量提供便利条件并派人参加。当双方均同意核实结果时，双方应在上述记录上签字确认。承包人收到通知后不派人参加计量，视为认可发包人的计量核实结果。发包人不按照约定时间通知承包人，致使承包人未能派人参加计量，计量核实结果无效。

(4)当承包人认为发包人核实后的计量结果有误时，应在收到计量结果通知后的7天内向发包人提出书面意见，并附上其认为正确的计量结果和详细的计算资料。发包人收到书面意见后，应在7天内对承包人的计量结果进行复核后通知承包人。承包人对复核计量结果仍有异议的，按照合同约定的争议解决办法处理。

(5)承包人完成已标价工程量清单中每个项目的工程量并经发包人核实无误后，发承包人双方应对每个项目的历次计量报表进行汇总，以核实最终结算工程量。并应在汇总表上签字确认。

3.总价合同的计量

(1)采用工程量清单方式招标形成的总价合同，其工程量应按照单价合同的计量规定计量。

(2)采用经审定批准的施工图纸及其预算方式发包形成的总价合同，除按照工程变更规定的工程量增减外，总价合同各项目的工程量应为承包人用于结算的最终工程量。

(3)总价合同约定的项目计量应以合同工程经审定批准的施工图纸为依据，发承包双方应在合同中约定工程计量的形象目标或时间节点进行计量。

(4)承包人应在合同约定的每个计量周期内对已完成的工程进行计量，并向发包人提交达到工程形象目标完成的工程量和有关计量资料的报告。

(5)发包人应在收到报告后7天内对承包人提交的上述资料进行复核，以确定实际完成的工程量和工程形象目标。对其有异议的，应通知承包人进行共同复核。

(6) 除按照发包人工程变更规定引起的工程量增减外，总价合同各项目的工程量是承包人用于结算的最终工程量。

工程计量申请(核准)见表6-5。

表6-5　工程计量申请(核准)

工程名称：　　　　　　　　　　标段：　　　　　　　　　　　　第　页共　页

序号	项目编码	项目名称	计量单位	承包人申报数量	发包人核实数量	发承包人确定数量	备注
承包人代表： 日期：		监理工程师： 日期：		造价工程师： 日期：		发包人代表： 日期：	

三、合同价款调整

1. 一般规定

(1) 以下事项(但不限于)发生时，发、承包双方应当按照合同约定调整合同价款：

①法律法规变化；

② 工程变更；

③项目特征不符；

④工程量清单缺项；

⑤工程量偏差；

⑥ 计日工；

⑦ 物价变化；

⑧ 暂估价；

⑨ 不可抗力；

⑩提前竣工(赶工补偿)；

⑪误期赔偿；

⑫索赔；

⑬现场签证；

⑭暂列金额；

⑮发承包双方约定的其他调整事项。

(2)出现合同价款调增事项(不含工程量偏差、计日工、现场签证、施工索赔)后的 14 天内,承包人应向发包人提交合同价款调增报告并附上相关资料,承包人在 14 天内未提交合同价款调增报告的,视为承包人对该事项不存在调整价款请求。

(3)出现合同价款调减事项(不含工程量偏差、索赔)后的 14 天内,发包人应向承包人提交合同价款调减报告并附相关资料;发包人在 14 天内未提交合同价款调减报告的,应视为发包人对该事项不存在调整价款请求。

(4)发(承)包人应在收到承(发)包人合同价款调增(减)报告及相关资料之日起 14 天内对其核实,予以确认的应书面通知承(发)包人。当有疑问时,应向承(发)包人提出协商意见。发(承)包人在收到合同价款调增(减)报告之日起 14 天内未确认也未提出协商意见的,应视为承(发)包人提交的合同价款调增(减)报告已被发(承)包人认可。发(承)包人提出协商意见的,承(发)包人应在收到协商意见后的 14 天内对其核实,予以确认的应书面通知发(承)包人。承(发)包人在收到发(承)包人的协商意见后 14 天内既不确认也未提出不同意见的,应视为发(承)包人提出的意见已被承(发)包人认可。

(5)发包人与承包人对合同价款调整的不同意见不能达成一致的,只要对发承包双方履约不产生实质影响,双方应继续履行合同义务,直到其按照合同约定的争议解决方式得到处理。

(6)经发承包双方确认调整的合同价款,作为追加(减)合同价款,应与工程进度款或结算款同期支付。

2. 法律法规变化

(1)招标工程以投标截止日前 28 天,非招标工程以合同签订前 28 天为“基准日”,其后国家的法律、法规、规章和政策发生变化引起工程造价增减变化的,发承包双方应当按照省级或行业建设主管部门或其授权的工程造价管理机构据此发布的规定调整合同价款。

注释 *6-2*

“基准日”(base date)是作为判定某种风险是否属于承包商在投标阶段所应考虑到的分界日,如果事件或情况发生在该日期前,就是承包商应该承担的,即使其导致了承包商施工成本增加,承包商也无法要求业主补偿;如果事件或情况发生在该日期之后,其结果导致承包商施工成本的增加,则业主应该予以补偿。

(2)因承包人原因导致工期延误的,按上述第 1 条规定的调整时间,在合同工程原定竣工时间之后,合同价款调增的不予调整,合同价款调减的予以调整。

3. 工程变更

(1)工程变更引起已标价工程量清单项目或其工程数量发生变化,应按照下列规定调整:

①已标价工程量清单中有适用于变更工程项目的,采用该项目的单价;但当工程变更导致该清单项目的工程数量发生变化,且工程量偏差超过 15%,此时,该项目单价的调整应按照合同价款调整(六)工程偏差第 2 条的规定调整。

②已标价工程量清单中没有适用但有类似于变更工程项目的,可在合理范围内参照类似项目的单价。

③已标价工程量清单中没有适用也没有类似于变更工程项目的,由承包人根据变更工程资料、计量规则和计价办法、工程造价管理机构发布的信息价格和承包人报价浮动率提出变更工程项目的单价,报发包人确认后调整。承包人报价浮动率可按下列公式计算:

招标工程:承包人报价浮动率 $L=(1-\text{中标价}/\text{招标控制价})\times 100\%$

非招标工程:承包人报价浮动率 $L=(1-\text{报价}/\text{施工图预算})\times 100\%$

④已标价工程量清单中没有适用也没有类似于变更工程项目,且工程造价管理机构发布的信息价格缺价的,应由承包人根据变更工程资料、计量规则、计价办法和通过市场调查等取得有合法依据的市场价格提出变更工程项目的单价,报发包人确认后调整。

(2)工程变更引起施工方案改变并使措施项目发生变化时,承包人提出调整措施项目费的,应事先将拟实施的方案提交发包人确认，并应详细说明与原方案措施项目相比的变化情况。拟实施的方案经发承包双方确认后执行。并应按照下列规定调整措施项目费：

①安全文明施工费应按照实际发生变化的措施项目，依据国家或省级、行业建设主管部门的规定计算，不得作为竞争性费用。

②采用单价计算的措施项目费，按照实际发生变化的措施项目按合同价款调整(三)工程变更第1条的规定确定单价。

③按总价(或系数)计算的措施项目费，按照实际发生变化的措施项目调整，但应考虑承包人报价浮动因素，即调整金额按照实际调整金额乘以合同价款调整(三)工程变更第1条规定的承包人报价浮动率计算。

如果承包人未事先将拟实施的方案提交给发包人确认，则视为工程变更不引起措施项目费的调整或承包人放弃调整措施项目费的权利。

(3)当发包人提出的工程变更因非承包人原因删减了合同中的某项原定工作或工程，致使承包人发生的费用或(和)得到的收益不能被包括在其他已支付或应支付的项目中，也未被包含在任何替代的工作或工程中时，承包人有权提出并应得到合理的利润补偿。

4.项目特征描述不符

(1)发包人在招标工程量清单中对项目特征的描述，应被认为是准确的和全面的，并且与实际施工要求相符合。承包人应按照发包人提供的工程量清单，根据其项目特征描述的内容及有关要求实施合同工程，直到项目被改变为止。

(2)承包人应按照发包人提供的设计图纸实施合同工程，若在合同履行期间出现实际施工设计图纸(含设计变更)与招标工程量清单任一项目的特征描述不符，且该变化引起该项目工程造价增减变化的，应按照合同价款调整(三)工程变更的相关条款的规定重新确定相应工程量清单项目的综合单价，并调整合同价款。

5.工程量清单缺项

(1)合同履行期间，由于招标工程量清单中缺项，新增分部分项工程清单项目的，应按照合同价款调整(三)工程变更第1条的规定确定单价，并调整合同价款。

(2)新增分部分项工程清单项目后，引起措施项目发生变化的，应按照合同价款调整(三)工程变更第2条的规定，在承包人提交的实施方案被发包人批准后调整合同价款。

(3)由于招标工程量清单中措施项目缺项，承包人应将新增措施项目实施方案提交发包人批准后，按照合同价款调整(三)工程变更第1条、第2条的规定调整合同价款。

6.工程量偏差

(1)合同履行期间，当应予计算的合同量与招标工程量出现偏差，且符合下列两条规定时，发承包双方应调整合同价款。

(2)对于任一招标工程量清单项目，如果因本节规定的工程量偏差和合同价款调整(三)工程变更规定的工程变更等原因导致工程量偏差超过15%，可进行调整。当工程量增加15%以上时，增加部分的工程量的综合单价应予调低；当工程量减15%以上时，减少后剩余部分的工程量的综合单价应予调高。此时，按下列公式调整结算分部分项工程费：

①当 $Q_1>1.15Q_0$ 时，$S=1.15Q_0\times P_0+(Q_1-1.15Q_0)\times P_1$

②当 $Q_1<0.85Q_0$ 时，$S=Q_1\times P_1$

式中：S——调整后的某一分部分项工程费结算价；

Q_1——最终完成的工程量；

Q_0——招标工程量清单中列出的工程量；

P_1——按照最终完成工程量重新调整后的综合单价；

P_0——承包人在工程量清单中填报的综合单价。

以上两个公式的关键是确定新的综合单价 P_1。P_1 的确定方法有：一是发承包双方协商确定，二是与招标控制价相联系，当工程变更项目出现承包人在工程量清单中填报的综合单价与发包人招标控制价相应清单项目的综合单价偏差超过15%，则工程量偏差项目的综合单价可参考下列公式调整：

①当 $P_0<P_2\times(1-L)\times(1-15\%)$时，$P_1=P_2\times(1-L)\times(1-15\%)$。

②当 $P_0>P_2\times(1+15\%)$时，$P_1=P_2\times(1+15\%)$。

式中：P_0——承包人在工程量清单中填报的综合单价；

P_2——发包人招标控制价或施工预算相应清单项目的综合单价；

L——合同价款调整（三）工程变更第1条定义的承包人报价浮动率。

(3)当工程量出现第2条的变化，且该变化引起相关措施项目相应发生变化，如按系数或单一总价方式计价的，工程量增加的措施项目费调增，工程量减少的措施项目费适当调减。

7. 计日工

(1)发包人通知承包人以计日工方式实施的零星工作，承包人应予执行。

(2)采用计日工计价的任何一项变更工作，承包人应在该项变更的实施过程中，提交下列报表和有关凭证送发包人复核：①工作名称、内容和数量；②投入该工作所有人员的姓名、工种、级别和耗用工时；③投入该工作的材料名称、类别和数量；④投入该工作的施工设备型号、台数和耗用台时；⑤发包人要求提交的其他资料和财务凭证。

(3)任一计日工项目持续进行时，承包人应在该项工作实施结束后的24小时内向发包人提交有计日工记录汇总的现场签证报告一式三份。发包人在收到承包人提交现场签证报告后的2天内予以确认并将其中一份返还给承包人，作为计日工计价和支付的依据。发包人逾期未确认也未提出修改意见的，视为承包人提交的现场签证报告已被发包人认可。

(4)任一计日工项目实施结束。发包人应按照确认的计日工现场签证报告核实该类项目的工程数量，并根据核实的工程数量和承包人已标价工程量清单中的计日工单价计算，提出应付价款；已标价工程量清单中没有该类计日工单价的，由发承包双方按合同价款调整（三）工程变更的规定商定计日工单价计算。

(5)每个支付期末，承包人应按照合同价款中期支付（四）进度款的规定向发包人提交本期间所有计日工记录的签证汇总表，以说明本期间自己认为有权得到的计日工价款，列入进度款支付。

8. 物价变化

(1)合同履行期间，因人工、材料、工程设备、机械台班价格波动影响合同价款时，应根据合同约定，按下列方法之一调整合同价款。

①价格指数调整价格差额法。

A. 价格调整公式。因人工、材料和设备等价格波动影响合同价格时，根据投标函附录中的价格指数和权重表约定的数据，按以下公式计算差额并调整合同价格。

$$\Delta P=P_0\left[A+\left(B_1\times\frac{F_{t1}}{F_{01}}+B_2\times\frac{F_{t2}}{F_{02}}+B_3\times\frac{F_{t3}}{F_{03}}+\cdots+B_n\times\frac{F_{tn}}{F_{0n}}\right)-1\right]$$

式中：ΔP—— 需调整的价格差额；

P_o—— 合同中约定的付款证书中承包人应得到的已完成工程量的金额。此项金额应不包括价格调整、不计质量保证金的扣留和支付、预付款的支付和扣回。另外合同约定的变更及其他金额已按现行价格计价的，不计在内；

A—— 定值权重（即不调部分的权重）；

$B_1,B_2,B_3,\cdots,B_n$ —— 各可调因子的变值权重（即可调部分的权重）为各可调因子在投标函投标总报价中所占的比例；

$F_{t1},F_{t2},F_{t3},\cdots,F_{tn}$ —— 各可调因子的现行价格指数，指合同约定的付款证书相关周期最后一天的前42天的各可调因子的价格指数；

$F_{01},F_{02},F_{03},\cdots,F_{0n}$ —— 各可调因子的基本价格指数，指基准日期的各可调因子的价格指数。

以上价格调整公式中的各可调因子、定值和变值权重，以及基本价格指数及其来源在投标函附录价格指数和权重表中约定。价格指数应首先采用有关部门提供的价格指数，缺乏上述价格指数时，可采用有关部门提供的价格代替。

B. 暂时确定调整差额。在计算调整差额时得不到现行价格指数的，可暂用上一次价格指数计算，并在以后的付款中再按实际价格指数进行调整。

C. 权重的调整。按合同约定的变更导致原定合同中的权重不合理时，由监理人与承包人和发包人协商后进行调整。

D. 承包人工期延误后的价格调整。由于承包人原因未在约定的工期内竣工的，则对原约定竣工日期后继续施工的工程，在使用价格调整公式时，应采用原约定竣工日期与实际竣工日期的两个价格指数中较低的一个作为现行价格指数。

②造价信息调整价格差额法。

A. 施工期内，因人工、材料、设备和机械台班价格波动影响合同价格时，人工、机械使用费按照国家或省、自治区、直辖市建设行政管理部门、行业建设管理部门或其授权的工程造价管理机构发布的人工成本信息、机械台班单价或机械使用费系数进行调整；需要进行价格调整的材料，其单价和采购数应由监理人复核，监理人确认需调整的材料单价及数量，作为调整工程合同价格差额的依据。

B. 人工单价发生变化且符合项目四任务一第四节第2条第2款规定的条件时，发承包双方应按省级或行业建设主管部门或其授权的工程造价管理机构发布的人工成本文件调整工程价款。

C. 材料、工程设备价格变化按照发包人提供招标人提供的《承包人提供主要材料和工程设备一览表》（适用于造价信息差额调整法），由发承包双方约定的风险范围按下列规定调整合同价款：

a. 承包人投标报价中材料单价低于基准单价：施工期间材料单价涨幅以基准单价为基础超过合同约定的风险幅度值，或材料单价跌幅以投标报价为基础超过合同约定的风险幅度值时，超过部分按实调整。

b. 承包人投标报价中材料单价高于基准单价：施工期间材料单价跌幅以基准单价为基础超过合同约定的风险幅度值，或材料单价涨幅以投标报价为基础超过合同约定的风险幅度值时，超过部分按实调整。

c. 承包人投标报价中材料单价等于基准单价：施工期间材料单价涨、跌幅以基准单价为基础超过合同约定的风险幅度值时，其超过部分按实调整。

d. 承包人应在采购材料前将采购数量和新的材料单价报送发包人核对，确认用于本合同工程时，发包人应确认采购材料的数量和单价。发包人在收到承包人报送的确认资料后3个工作日不予答复的视为已经认可，作为调整合同价款的依据。如果承包人未报经发包人核对即自行采购材料，再报发包人确认调整合同价款的，如发包人不同意，则不作调整。

D. 施工机械台班单价或施工机械使用费发生变化超过省级或行业建设主管部门或其授权的工程造价管理机构规定的范围时，按其规定调整合同价款。

（2）承包人采购材料和工程设备的，应在合同中约定主要材料、工程设备价格变化的范围或幅度，当没有约定，且材料、工程设备单价变化超过5%时，超过部分的价格应按照上述的方法计算调整材料、工程设备费。

（3）发生合同工程工期延误的，应按照下列规定确定合同履行期的价格调整：

①因非承包人原因导致工期延误的，计划进度日期后续工程的价格，应采用计划进度日期与实际进度日期两者的较高者。

②因承包人原因导致工期延误的，计划进度日期后续工程的价格，应采用计划进度日期与实际进度日期两者的较低者。

（4）发包人供应材料和工程设备的，不适用本节第1条、第2条规定，应由发包人按照实际变化调整，列入合同工程的工程造价内。

9. 暂估价

（1）发包人在招标工程量清单中给定暂估价的材料、工程设备属于依法必须招标的，应由发承包双方以招标的方式选择供应商，确定价格，并应以此为依据取代暂估价，调整合同价款。

（2）发包人在招标工程量清单中给定暂估价的材料、工程设备不属于依法必须招标的，应由承包人按照合同约定采购，经发包人确认单价后取代暂估价，调整合同价款。

（3）发包人在工程量清单中给定暂估价的专业工程不属于依法必须招标的，应按照合同价款调整（三）工程变更中相应条款的规定确定专业工程价款，并应以此为依据取代专业工程暂估价，调整合同价款。

（4）发包人在招标工程量清单中给定暂估价的专业工程，依法必须招标的，应当由发承包双方依法组织招标选择专业分包人，并接受有管辖权的建设工程招标投标管理机构的监督，还应符合下列要求：

①除合同另有约定外，承包人不参加投标的专业工程发包招标，应由承包人作为招标人，但拟定的招标文件、评标工作、评标结果应报送发包人批准与组织招标工作有关的费用应当被认为已经包括在承包人的签约合同价（投标总报价）中。

②承包人参加投标的专业工程发包招标，应由发包人作为招标人，与组织招标工作有关的费用由发包人承担。同等条件下，应优先逸择承包人中标。

③应以专业工程发包中标价为依据取代专业工程暂估价，调整合同价款。

10. 不可抗力

(1)因不可抗力事件导致的人员伤亡、财产损失及其费用增加，发承包观方应按下列原则分别承担并调整工程价款和工期：

①合同工程本身的损害、因工程损害导致第三方人员伤亡和财产损失以及运至施工场地用于施工的材料和待安装的设备的损害，应由发包人承担；

②发包人、承包人人员伤亡应由其所在单位负责，并应承担相应费用；

③承包人的施工机械设备损坏及停工损失，应由承包人承担；

④停工期间，承包人应发包人要求留在施工场地的必要的管理人员及保卫人员的费用应由发包人承担；

⑤工程所需清理、修复费用，应由发包人承担。

(2)不可抗力解除后复工的，若不能按期竣工，应合理延长工期。发包人要求赶工的，赶工费用应由发包人承担。

(3)因不可抗力解除合同的，应按合同解除的相关条款办理。

11. 提前竣工（赶工补偿）

(1)招标人应依据相关工程的工期定额合理计算工期，压缩的工期天数不得超过定额工期的20%，超过者，应在招标文件中明示增加赶工费用。

(2)发包人要求合同工程提前竣工的，应征得承包人同意后与承包人商定采取加快工程进度的措施，并应修订合同工程进度计划。发包人应承担承包人由此增加的提前竣工（赶工补偿）费用。

(3)发承包双方应在合同中约定提前竣工每日历天应补偿额度，此项费用应作为增加合同价款列入竣工结算文件中，应与结算款一并支付。

12. 误期赔偿

(1)承包人未按照合同约定施工，导致实际进度迟于计划进度的，承包人应加快进度，实现合同工期。

合同工程发生误期，承包人应赔偿发包人由此造成的损失，并应按照合同约定向发包人支付误期赔偿费。即使承包人支付误期赔偿费，也不能免除承包人按照合同约定应承担的任何责任和应履行的任何义务。

(2)发承包双方应在合同中约定误期赔偿费，并应明确每日历天应赔额度。误期赔偿费应列入竣工结算文件中，并应在结算款中扣除。

(3)在工程竣工之前，合同工程内的某单项（位）工程已通过了竣工验收，且该单项（位）工程接收证书中表明的竣工日期并未延误，而是合同工程的其他部分产生了工期延误时，误期赔偿费应按照已颁发工程接收证书的单项（位）工程造价占合同价款的比例幅度予以扣减。

13. 索赔

按本项目“任务一”中的相关内容要求调整。

14. 现场签证

按本项目“任务一”中的相关内容要求调整。

15. 暂列金额

(1)已签约合同价中的暂列金额由发包人掌握使用。

(2)发包人按照合同价款调整中（一）～（十四）节规定所作支付后，暂列金额如有余额归发包人。

四、合同价款中期支付

1. 预付款

(1)承包人应将预付款专用于合同工程。

(2)包工包料工程的预付款的支付比例不得低于签约合同价(扣除暂列金额)的10%,不宜高于签约合同价(扣除暂列金额)的30%。

(3)承包人应在签订合同或向发包人提供与预付款等额的预付款保函后向发包人提交预付款支付申请。

(4)发包人应在收到支付申请的7天内进行核实,向承包人发出预付款支付征书,并在签发支付证书后的7天内向承包人支付预付款。

(5)发包人没有按合同约定按时支付预付款的,承包人可催告发包人支付;发包人在预付款期满后的7天内仍未支付的,承包人可在付款期满后的第8天起暂停施工。发包人应承担由此增加的费用和延误的工期,并应向承包人支付合理利润。

(6)预付款应从每一个支付期应支付给承包人的工程进度款中扣回,直到扣回的金额达到合同约定的预付款金额为止。

(7)承包人的预付款保函的担保金额根据预付款扣回的数额相应递减,但在预付款全部扣回之前一直保持有效。发包人应在预付款扣完后的14天内将预付款保函退还给承包人。

2. 安全文明施工费

(1)安全文明施工费包括的内容和使用范围,应符合国家有关文件和计量规范的规定。

(2)发包人应在工程开工后的28天内预付不低于当年施工进度计划的安全文明施工费总额60%,其余部分应按照提前安排的原则进行分解,并应与进度款同期支付。

(3)发包人没有按时支付安全文明施工费的,承包人可催告发包人支付;发包人在付款期满后的7天内仍未支付的,若发生安全事故,发包人应承担相应责任。

(4)承包人对安全文明施工费应专款专用,在财务账目中应单独列项备查,不得挪作他用,否则发包人有权要求其限期改正;逾期未改正的,造成的损失和延误的工期应由承包人承担。

3. 进度款

(1)发承包双方应按照合同约定的时间、程序和方法,根据工程计量结果,办理期中价款结算,支付进度款。

(2)进度款支付周期应与合同约定的工程计量周期一致。

(3)已标价工程量清单中的单价项目,承包人应按工程计量确认的工程量与综合单价计算;综合单价发生调整的,以发承包双方确认调整的综合单价计算进度款。

(4)已标价工程量清单中的总价项目和采用经审定批准的施工图纸及预算方式发包形成的总价合同,承包人应按合同中约定的进度款支付分解,分别列入进度款支付申请中的安全文明施工费和本周期应支付的总价项目的金额中。

(5)发包人提供的甲供材料金额,应按照发包人签约提供的单价和数量从进度款支付中扣除,列入本周期应扣减的金额中。

(6)承包人现场签证和得到发包人确认的索赔金额应列入本周期应增加的金额中。

(7)进度款的支付比例按照合同约定,按期中结算价款总额计,不低于60%,不高于90%。

(8)承包人应在每个计量周期到期后的7天内向发包人提交已完工程进度款支付申请一式四份,详细说明此周期认为有权得到的款额,包括分包人已完工程的价款。支付申请应包括下列内容:

进度款支付申请表,见表6-6。

表 6-6 工程款支付申请(核准)表

工程名称： 标段： 编号：

致：____________________（发包人全称）

我方于______至______期间已完成了______工作，根据施工合同的约定，现申请支付本期的工程价款为（大写）______元，（小写）______元，请予核准。

序号	名称	金额（元）	备注
1	累计已完成的合同价款		
2	累计已实际支付的合同价款		
3	本周期合计完成的合同价款		
3.1	本周期已完成单价项目的金额		
3.2	本周期应支付的总价项目的金额		
3.3	本周期已完成的计日工价款		
3.4	本周期应支付的安全文明施工费		
3.5	本周期应增加的合同价款		
4	本周期合计应扣减的金额		
4.1	本周期应抵扣的预付款		
4.2	本周期应扣减的金额		
5	本周期应支付的工程价款		

承包人（章）

造价人员______ 承包人代表______ 日 期______

复核意见： □与实际施工情况不相符，修改意见见附件。 □与实际施工情况相符，具体金额由造价工程师复核。 监理工程师______ 日 期______	复核意见： 你方提出的支付申请经复核，本周期已完成工程价款为（大写）______元，（小写）______元，本期间应支付金额为（大写）______元，（小写）______元。 造价工程师______ 日 期______

审核意见：

□不同意。

□同意，支付时间为本表签发后的 15 天内。

发包人（章）

发包人代表______

日 期______

注：1. 在选择栏中的“□”内作标识“√”。

2. 本表一式四份，由承包人填报，发包人、监理人、造价咨询人、承包人各存一份。

(9)发包人应在收到承包人进度款支付申请后的 14 天内，根据计量结果和合同约定对申请内容予以核实，确认后向承包人出具进度款支付证书。若发承包双方对部分清单项目的计量结果出现争议，包人应对无争议部分的工程计量结果向承包人出具进度款支付证书。

(10)发包人应在签发进度款支付证书后的 14 天内，按照支付证书列明的金额向承包人支付进度款。

(11)若发包人逾期未签发进度款支付证书，则视为承包人提交的进度款支付申请已被发包人认可，承包人可向发包人发出催告付款的通知。发包人应在收到通知后的 14 天内，按照承包人支付申请的金额向承包人支付进度款。

(12)发包人未按照合同价款中期支付(四)进度款第 9－11 条的规定支付进度款的，承包人可催告发包人支付，并有权获得延迟支付的利息；发包人在付款期满后的7天内仍未支付的，承包人可在付款期满后的第8天起暂停施工。发包人应承担由此增加的费用和延误的工期，向承包人支付合理利润，并应承担违约责任。

(13)发现已签发的任何支付证书有错、漏或重复的数额，发包人有权予以修正，承包人也有权提出修正申请。经发承包双方复核同意修正的，应在本次到期的进度款中支付或扣除。

五、竣工结算与支付

1.竣工结算与竣工决算

(1)竣工结算。竣工结算是工程施工全部完工交付之后，承包方将所承包的工程按照合同有关付款条件的规定，按照规定的程序，向发包方进行的最终工程价款结算的经济活动。

竣工结算是决定甲乙双方之间的合同价款的文件，是由承包方的预算、造价人员编制，发包方预算造价人员审核的，支付工程款的文件。

工程竣工结算为施工单位确定工程的最终收入，是进行经济核算和考核工程成本的依据。

工程竣工结算是建设单位落实投资完成额的依据，是结算工程价款和施工单位与建设单位从财务方面处理账务往来的依据。

(2)竣工决算。竣工决算是在建设项目或单项工程完工后，由建设单位财务及有关部门，以竣工结算等资料为基础，编制的反映整个建设项目从筹建到工程竣工验收投产全部实际支出费用的文件，包括建筑工程费用、安装工程费用、设备工器具购置费用和工程建设其他费用以及预备费和投资方向调节税支出费用等。按照财政部、国家发改委和建设部的有关文件规定，竣工决算是由竣工财务决算说明书、竣工财务决算报表、工程竣工图和工程竣工造价对比分析四部分组成。前两部分又称建设项目竣工财务决算，是竣工决算的核心内容。

竣工决算是建设单位财会人员编制的，由主管部门或者会计师事务所的权威人士审核的，决定进入固定资产份额的经济文件。

2.竣工结算的办理

(1)竣工结算的办理的一般规定。

①合同工程完工后，发承包双方必须在合同约定的时间内办理工程竣工结算。

②工程竣工结算应由承包人或受其委托具有相应资质的工程造价咨询人编制，并应由发包人或受其委托具有相应资质的工程造价咨询人核对。

③当发承包双方或一方对工程造价咨询人出具的竣工结算文件有异议时，可向工程造价管理机构投诉，申请对其进行执业质量鉴定。

④工程造价管理机构对投诉的竣工结算文件进行质量鉴定，并按《建设工程工程量清单计价规范》第14章的相关规定进行。

⑤竣工结算办理完毕，发包人应将竣工结算文件报送工程所在地或有该工程管辖权的行业管理部门的工程造价管理机构备案，竣工结算文件应作为工程竣工验收备案、交付使用的必备文件。

(2)工程竣工结算编制与复核的依据。

①《建设工程工程量清单计价规范》(GB50500—2013)；

②工程合同；

③发承包双方实施过程中已确认的工程量及其结算的合同价款；

④发承包双方实施过程中已确认调整后追加(减)的合同价款；

⑤建设工程设计文件及相关资料；

⑥投标文件；

⑦其他依据。

(3)工程竣工结算编制与复核的要求。

①分部分项工程和措施项目中的单价项目应依据发承包双方确认的工程量与已标价工程量清单的综合单价计算；发生调整的，应以发承包双方确认调整的综合单价计算。

②措施项目中的总价项目应依据已标价工程量清单的项目和金额计算；发生调整的，应以发承包双方确认调整的金额计算，其中安全文明施工费必须按国家或省级、行业建设主管部门的规定计算，不得作为竞争性费用。

③其他项目应按下列规定计价：

A. 计日工应按发包人实际签证确认的事项计算；

B. 暂估价应按任务二中合同价款调整中的暂估价的规定计算；

C. 总承包服务费应依据已标价工程量清单金额计算；发生调整的，应以发承包双方确认调整的金额计算；

D. 索赔费用应依据发承包双方确认的索赔事项和金额计算；

E. 现场签证费用应依据发承包双方签证资料确认的金额计算；

F. 暂列金额应减去合同价款调整(包括索赔、现场签证)金额计算，如有余额归发包人。

④规费和税金应按建设工程工程量清单计价规范的规定计算。规费中的工程排污费应按工程所在地环境保护部门规定的标准缴纳后按实列入。

⑤发承包双方在合同工程实施过程中已经确认的工程计量结果和合同价款，在竣工结算办理中应直接进入结算。

(4)工程竣工结算的办理流程。

①合同工程完工后，承包人应在经发承包双方确认的合同工程期中价款结算的基础上汇总编制完成竣工结算文件，应在提交竣工验收申请的同时向发包人提交竣工结算文件。

承包人未在合同约定的时间内提交竣工结算文件，经发包人催告后 14 天内仍未提交或没有明确答复的，发包人有权根据已有资料编制竣工结算文件，作为办理竣工结算和支付结算款的依据，承包人应予以认可。

②发包人应在收到承包人提交的竣工结算文件后的 28 天内核对。发包人经核实，认为承包人还应进一步补充资料和修改结算文件，应在上述时限内向承包人提出核实意见，承包人在收到核实意见后 28 天内应按照发包人提出的合理要求补充资料，修改竣工结算文件，并应再次提交给发包人复核后批准。

③发包人应在收到承包人再次提交的竣工结算文件后的 28 天内予以复核，将复核结果通知承人，并应遵守下列规定：

A. 发包人、承包人对复核结果无异议的，应在 7 天内在竣工结算文件上签字确认，竣工结算办理完毕；

B. 发包人或承包人对复核结果认为有误的，无异议部分按照本条第 1 款规定办理不完全竣工结算；有异议部分由发承包双方协商解决；协商不成的，应按照合同约定的争议解决方式处理。

④发包人在收到承包人竣工结算文件后的 28 天内，不核对竣工结算或未提出核对意见的，应视为承包人提交的竣工结算文件已被发包人认可，竣工结算办理完毕。

⑤承包人在收到发包人提出的核实意见后的 28 天内，不确认也未提出异议的，应视为发包人提出的核实意见已被承包人认可，竣工结算办理完毕。

⑥发包人委托工程造价咨询人核对竣工结算的，工程造价咨询人应在 28 天内核对完毕，核对结论与承包人竣工结算文件不一致的，应提交给承包人复核；承包人应在 14 天内将同意核对结论或不同意见的说明提交工程造价咨询人。工程造价咨询人收到承包人提出的异议后，应再次复核，复核无异议的，应上述第 3 条第 1 款的规定办理，复核后仍有异议的，按上述第 3 条第 2 款的规定办理。

承包人逾期未提出书面异议的，应视为工程造价咨询人核对的竣工结算文件已经承包人认可。

⑦对发包人或发包人委托的工程造价咨询人指派的专业人员与承包人指派的专业人员经核对后无异议并签名确认的竣工结算文件，除非发承包人能提出具体、详细的不同意见，发承包人都应在竣工结算文件上签名确认，如其中一方拒不签认的，按下列规定办理：

A. 若发包人拒不签认的，承包人可不提供竣工验收备案资料，并有权拒绝与发包人或其上级部门委托的工程造价咨询人重新核对竣工结算文件。

B. 若承包人拒不签认的，发包人要求办理竣工验收备案的，承包人不得拒绝提供竣工验收资料，否则，由此造成的损失，承包人承担相应责任。

⑧合同工程竣工结算核对完成，发承包双方签字确认后，发包人不得要求承包人与另一个或多个工程造价咨询人重复核对竣工结算。

⑨发包人对工程质量有异议，拒绝办理工程竣工结算的，已竣工验收或已竣工未验收但实际投人使用的工程，其质量争议应按该工程保修合同执行，竣工结算应按合同约定办理；已竣工未验收且未实际投入使用的工程以及停工、停建工程的质量争议，双方应就有争议的部分委托有资质的检测鉴定机构进行检测，并应根据检测结果确定解决方案，或按工程质量监督机构的处理决定执行后办理竣工结算，无争议部分的竣工结算应按合同约定办理。

3.结算款支付

(1)承包人应根据办理的竣工结算文件向发包人提交竣工结算款支付申请。申请应包括下列内容：①竣工结算合同价款总额；②累计已实际支付的合同价款；③应预留的质量保证金；④实际应支付的竣工结算款金额。

(2)发包人应在收到承包人提交竣工结算款支付申请后7天内予以核实，向承包人签发竣工结算支付证书。

(3)发包人签发竣工结算支付证书后的14天内，应按照竣工结算支付证书列明的金额向承包人支付结算款。

(4)发包人在收到承包人提交的竣工结算款支付申请后7天内不予核实，不向承包人签发竣工结算支付证书的，视为承包人的竣工结算款支付申请已被发包人认可；发包人应在收到承包人提交的竣工结算款支付申请7天后的14天内，按照承包人提交的竣工结算款支付申请列明的金额向承包人支付结算款。

(5)发包人未按照本节第3条、第4条规定支付竣工结算款的，承包人可催告发包人支付，并有权获得延迟支付的利息。发包人在竣工结算支付证书签发后或者在收到承包人提交的竣工结算款支付申请7天后的56天内仍未支付的，除法律另有规定外，承包人可与发包人协商将该工程折价，也可直接向人民法院申请将该工程依法拍卖。承包人应就该工程折价或拍卖的价款优先受偿。

4.质量保证金

(1)发包人应按照合同约定的质量保证金比例从结算款中预留质量保证金。

(2)承包人未按照合同约定履行属于自身责任的工程缺陷修复义务的，发包人有权从质量保证金中扣除用于缺陷修复的各项支出。经查验，工程缺陷属于发包人原因造成的，应由发包人承担查验和缺陷修复的费用。

(3)在合同约定的缺陷责任期终止后，发包人应按照本规范第11.6节的规定，将剩余的质量保证金返还给承包人。

5.最终结清

(1)缺陷责任期终止后，承包人应按照合同约定向发包人提交最终结清支付申请。发包人对最终结清支付申请有异议的，有权要求承包人进行修正和提供补充资料。承包人修正后，应再次向发包人提交修正后的最终结清支付申请。

(2)发包人应在收到最终结清支付申请后的14天内予以核实，并应向承包人签发最终结清支付证书。

(3)发包人应在签发最终结清支付证书后的14天内，按照最终结清支付证书列明的金额向承包人支付最终结清款。

(4)发包人未在约定的时间内核实，又未提出具体意见的，应视为承包人提交的最终结清支付申请已被发包人认可。

(5)发包人未按期最终结清支付的，承包人可催告发包人支付，并有权获得延迟支付的利息。

(6)最终结清时，承包人被预留的质量保证金不足以抵减发包人工程缺陷修复费用的，承包人应承担不足部分的补偿责任。

(7)承包人对发包人支付的最终结清款有异议的，应按照合同约定的争议解决方式处理。

六、合同解除的价款结算与支付

(1)发承包双方协商一致解除合同的,应按照达成的协议办理结算和支付合同价款。

(2)由于不可抗力致使合同无法履行解除合同的,发包人应向承包人支付合同解除之日前已完成工程但尚未支付的合同价款,此外,还应支付下列金额:

①价款调整中不可抗力规定由发包人承担的费用;

②已实施或部分实施的措施项目应付价款;

③承包人为合同工程合理订购且已交付的材料和工程设备货款;

④承包人撤离现场所需的合理费用,包括员工遣送费和临时工程拆除、施工设备运离现场的费用;

⑤承包人为完成合同工程而预期开支的任何合理费用,且该项费用未包括在本款其他各项支付之内。发承包双方办理结算合同价款时,应扣除合同解除之日前发包人应向承包人收回的价款。当发包人应扣除的金额超过了应支付的金额,承包人应在合同解除后的 56 天内将其差额退还给发包人。

(3)因承包人违约解除合同的,发包人应暂停向承包人支付任何价款。发包人应在合同解除后 28 天内核实合同解除时承包人已完成的全部合同价款以及按施工进度计划已运至现场的材料和工程设备货款,按合同约定核算承包人应支付的违约金以及造成损失的索赔金额,并将结果通知承包人。发承包双方应在 28 天内予以确认或提出意见,并应办理结算合同价款。如果发包人应扣除的金额超过了应支付的金额,承包人应在合同解除后的 56 天内将其差额退还给发包人。发承包双方不能就解除合同后的结算达成一致的,按照合同约定的争议解决方式处理。

(4)因发包人违约解除合同的,发包人除应按照本款第 2 条的规定向承包人支付各项价款外,应按合同约定核算发包人应支付的违约金以及给承包人造成损失或损害的索赔金额费用。该笔费用应由承包人提出,发包人核实后应与承包人协商确定后的 7 天内向承包人签发支付证书。协商不能达成一致的,应按照合同约定的争议解决方式处理。

任务三 工程计价争议处理

学习引导

通过本任务了解工程计价争议处理方式。

案例背景

1997 年 10 月 17 日,北京市××施工公司(以下简称承包方)与北京××物业发展有限公司(以下简称发包方)签订《北京市建设工程施工合同》。合同约定,由承包方承建发包方的中国××商城基础土方、基坑支护、地下降水工程。同时,合同还对隐蔽工程和中间验收、设计变更、竣工验收、工程款支付、违约责任等作了约定。

工程依约于 1997 年 10 月 19 日开工,1999 年 5 月 31 日竣工。在施工过程中,工程经过设计变更和洽商,工程量在施工合同的基础上进行了增减。发包方委托的监理公司根据施工进度对工程进行了分部分项的验收。工程质量为合格,达到了施工合同对工程质量等级的约定要求。

工程完工后,承包方对工程进行了结算,并于 1999 年 6 月上旬将结算单报送发包方,但发包方一直不予答复。承包方于 2001 年 12 月 10 日再次向发包方报送工程结算书,但发包方仍不予答复,此状态又持续了长达近一年半的时间。承包方为此于 2002 年 4 月向北京仲裁委提出仲裁申请,要求发包方支付所欠的工程款、利息并承担仲裁费用,以上几项费用总计达一千五百万元。

北京仲裁委在受理后,依法组成仲裁庭对此案进行了审理。经过××律师事务所律师的不懈努力,双方协商达成和解,发包方支付工程款,承包方撤回仲裁申请,争议得以圆满解决。

案例评析

本案是××律师事务所在 2002 年办理的一起仲裁案件,涉及垫资、工程量变更及工程款结算等法律问题。因为此争议发生于2002年，而此时最高人民法院《关于审理建设工程施工合同纠纷案件适用法律问题的解释》(2004年10月25日颁布，2005年1月1日起施行)尚未颁布，这给作为承包方仲裁代理人的律师，带来了很大的工作挑战，但××律师事务所律师根据当时的法律并结合法理，细致分析、据理力争，成功地让自己的观点为仲裁庭所认可，使发包方最终同意给付工程款及相应的利息，并在此基础上与承包方达成有效的和解协议，有效地维护了承包方的权益。

目前，建筑工程领域纠纷日渐增多，涉及的法律关系复杂，法律法规欠缺并且由于建设工程纠纷的复杂性，因此解决此方面的纠纷往往需要很强的专业法律知识、娴熟的诉讼技巧和灵活的处事能力。在本仲裁案中，××律师事务所律师依理据法，有礼有节、有进有退，最终取得了令委托人十分满意的仲裁结果。

知识链接

一、合同价款争议的解决

1. 监理或造价工程师暂定

(1)若发包人和承包人之间就工程质量、进度、价款支付与扣除、工期延期、索赔、价款调整等发生任何法律上、经济上或技术上的争议，首先应根据已签约合同的规定，提交合同约定职责范围内的总监理工程师或造价工程师解决，并抄给另一方。总监理工程师或造价工程师在收到此提交文件后14天之内应将暂定结果通知发包人和承包人。发承包双方对暂定结果认可的，应以书面形式予以确认，暂定结果成为最终决定。

(2)发承包双方在收到总监理工程师或造价工程师的暂定结果通知之后的14天内未对暂定结果予以确认也未提出不同意见的，视为发承包双方已认可该暂定结果。

(3)发承包双方或一方不同意暂定结果的，应以书面形式向总监理工程师或造价工程师提出，说明自己认为正确的结果，同时抄送另一方，此时该暂定结果成为争议。在暂定结果对发承包双方当事人履约不产生实质影响的前提下，发承包双方应实施该结果，直到按照发承包双方认可的争议解决办法被改变为止。

2. 管理机构的解释或认定

(1)合同价款争议发生后，发承包双方可就工程计价依据的争议以书面形式提请工程造价管理机构对争议以书面文件进行解释或认定。

(2)工程造价管理机构应在收到申请的10个工作日内就发承包双方提请的争议问题进行解释或认定。

(3)发承包双方或一方在收到工程造价管理机构书面解释或认定后仍可按照合同约定的争议解决方式提请仲裁或诉讼。除工程造价管理机构的上级管理部门作出了不同的解释或认定，或在仲裁裁决或法院判决中不予采信的外，工程造价管理机构作出的书面解释或认定应为最终结果，并应对发承包双方均有约束力。

3. 协商和解

(1)合同价款争议发生后，发承包双方任何时候都可以进行协商。协商达成一致的，双方应签订书面和解协议，和解协议对发承包双方均有约束力。

(2)如果协商不能达成一致协议，发包人或承包人都可以按合同约定的其他方式解决争议。

4. 调解

(1)发承包双方应在合同中约定或在合同签订后共同约定争议调解人，负责双方在合同履行过程中发生争议的调解。

(2)合同履行期间，发承包双方可协议调换或终止任何调解人，但发包人或承包人都不能单独采取行动。除非双方另有协议，在最终结清支付证书生效后，调解人的任期应即终止。

(3)如果发承包双方发生了争议，任何一方可将该争议以书面形式提交调解人，并将副本抄送另一方，委托调解人调解。

(4)发承包双方应按照调解人提出的要求，给调解人提供所需要的资料、现场进入权及相应设施。调解人应被视为不是在进行仲裁人的工作。

(5)调解人应在收到调解委托后28天内或由调解人建议并经发承包双方认可的其他期限内提出调解书，发承包双方接受调解书的，经双方签字后作为合同的补充文件，对发承包双方均具有约束力，双方都应立即遵照执行。

(6)当发承包双方中任一方对调解人的调解书有异议时，应在收到调解书后28天内向另一方发出异议通知，并应说明争议的事项和理由。但除非并直到调解书在协商和解或仲裁裁决、诉讼判决中作出修改，或合同已经解除，承包人应继续按照合同实施工程。

(7)当调解人已就争议事项向发承包双方提交了调解书，而任一方在收到调解书后28天内均未发出表示异议的通知时，调解书对发承包双方应均具有约束力。

5.仲裁、诉讼

(1)发承包双方的协商和解或调解均未达成一致意见，其中的一方已就此争议事项根据合同约定的仲裁协议申请仲裁，应同时通知另一方。

(2)仲裁可在竣工之前或之后进行，但发包人、承包人、调解人各自的义务不得因在工程实施期间进行仲裁而有所改变。当仲裁是在仲裁机构要求停止施工的情况下进行时，承包人应对合同工程采取保护措施，由此增加的费用应由败诉方承担。

(3)在建设工程工程量清单计价规范规定的监理或造价工程师暂定至调解规定的期限之内，暂定或和解协议或调解书已经有约束力的情况下，当发承包中一方未能遵守暂定或和解协议或调解书时，另一方可在不损害他可能具有的任何其他权利的情况下，将未能遵守暂定或不执行和解协议或调解书达成的事项提交仲裁。

(4)发包人、承包人在履行合同时发生争议，双方不愿和解、调解或者和解、调解不成，又没有达成仲裁协议的，可依法向人民法院提起诉讼。

6.工程造价鉴定

(1)工程造价鉴定的概念。

工程造价鉴定，也称工程造价司法鉴定，是指工程造价咨询人接受人民法院、仲裁机关委托，对施工合同纠纷案件中的工程造价争议，运用专门知识进行鉴别、判断和评定，并提供鉴定意见的活动。

(2)工程造价鉴定实施要求。

①在工程合同价款纠纷案件处理中，需做工程造价司法鉴定的，应委托具有相应资质的工程造价咨询人进行。

②工程造价咨询人接受委托时提供工程造价司法鉴定服务，应按仲裁、诉讼程序和要求进行，并应符合国家关于司法鉴定的规定。

③工程造价咨询人进行工程造价司法鉴定时，应指派专业对口、经验丰富的注册造价工程师承担鉴定工作。

④工程造价咨询人应在收到工程造价司法鉴定资料后10天内，根据自身专业能力和证据资料判断能否胜任该项委托，如不能，应辞去该项委托。工程造价咨询人不得在鉴定期满后以上述理由不做出鉴定结论，影响案件处理。

⑤接受工程造价司法鉴定委托的工程造价咨询人或造价工程师如是鉴定项目一方当事人的近亲属或代理人、咨询人以及其他关系可能影响鉴定公正的，应当自行回避；未自行回避的，鉴定项目委托人以该理由强行要求其回避。

⑥工程造价咨询人应当依法出庭接受鉴定项目当事人对工程造价司法鉴定意见书的质询。如确因特殊原因无法出庭的，经审理该鉴定项目的仲裁机关或人民法院准许，可以书面形式答复当事人的质询。

二、工程计价资料与档案

1.计价资料

(1)发承包双方应当在合同中约定各自在合同工程中现场管理人员的职责范围，双方现场管理人员在职责范围内签字确认的书面文件是工程计价的有效凭证，但如有其他有效证据或经实证证明其是虚假的除外。

(2)发承包双方不论在何种场合对与工程计价有关的事项所给予的批准、证明、同意、指令、商定、确定、确认、通知和请求，或表示同意、否定、提出要求和意见等，均应采用书面形式，口头指令不得作为计价凭证。

(3)任何书面文件送达时，应由对方签收，通过邮寄应采用挂号、特快专递传送，或以发承包双方商定的电子传输方式发送，交付、传送或传输至指定的接收人的地址；如接收人通知了另外地址时，随后通信信息应按新地址发送。

(4)发承包双方分别向对方发出的任何书面文件，均应将其抄送现场管理人员，如系复印件应加盖合同工程管理机构印章，证明与原件相同。双方现场管理人员向对方所发任何书面文件，也应将其复印件发送给发承包双方，复印件应加盖合同工程管理机构印章，证明与原件相同。

(5)发承包双方均应当及时签收另一方送达其指定接收地点的来往信函，拒不签收的，送达信函的一方可以采用特快专递或者公证方式送达，所造成的费用增加(包括被迫采用特殊送达方式所发生的费用)和延误的工期由拒绝签收一方承担。

(6)书面文件和通知不得扣压，一方能够提供证据证明另一方拒绝签收或已送达的，应视为对方已签收并应承担相应责任。

2.计价档案

(1)发承包双方以及工程造价咨询人对具有保存价值的各种载体的计价文件，均应收集齐全，整理立卷后归档。

(2)发承包双方和工程造价咨询人应建立完善的工程计价档案管理制度，并应符合国家和有关部门发布的档案管理相关规定。

(3)工程造价咨询人归档的计价文件，保存期不宜少于五年。

(4)归档的工程计价成果文件应包括纸质原件和电子文件，其他归档文件及依据可为纸质原件、复印件或电子文件。

(5)归档文件应经过分类整理，并应组成符合要求的案卷。

(6)归档可以分阶段进行，也可以在项目竣工结算完成后进行

(7)向接受单位移交档案时，应编制移交清单，双方应签字、盖章后方可交接。

项目习题

一、单选题

1.发包人不按约定预付，承包人应在预付时间到期后______天内向发包人发出要求预付的通知，发包人收到通知后仍不按要求预付，承包人可在发出通知______天后停止施工。

A.10　14　　B. 7　7　　C. 14　14　　D. 7　14

2.某工程合同价为100万元，合同约定：采用调值公式进行动态结算，其中固定要素比重为0.3，调价要素A、B、C分别占合同价的比重为0.15、0.25、0.3，结算时指数分别增长了20%、15%、25%，则该工程实际结算款额为______万元。

A. 119.75　　B. 128.75　　C. 114.25　　D. 127.25

3.某项目承包工程价款总额为4000万元，预付备料款额度为20%，主要材料比重为50%，则该工程预付备料款起扣点为______万元。

A. 900　　B. 1000　　C. 2400　　D. 2500

4.下列关于工程变更的说法错误的是______。

A. 工程变更总是由承包商提出的

B. 监理工程师审批工程设计变更时应与业主及设计单位协商

C. 监理工程师的变更指令应以书面的形式发出

D. 发生工程变更，若合同中有适用于变更工程的价格，可以依此计算价款

5. 在承发包双方确认计量结果后__________天内，发包方应向承包方支付工程进度款，并按约定时间发包方扣回工程预付款。

A. 7　　B. 14　　C. 21　　D. 28

6. 工程量清单计价模式要求采用的合同计价方式为__________。

A. 总价合同　　B. 单价合同　　C. 可调价格合同　　D. 固定总合同

7. 施工中发现地下障碍物，需对原工程设计进行变更，变更导致合同价款的增减而造成承包商损失应由__________承担。

A. 建设单位　　B. 建设单位、承包商　　C. 承包商　　D. 工程设计单位

二、多选题

1. 发、承包人在签订合同时对于工程价款的约定，可选用下列一种约定方式________。

A. 固定总价　　B. 固定单价　　C. 可调价格

D. 综合单价　　E. 工料单价

2. 工期索赔的计算主要有__________。

A. 总费用法　　B. 实际费用法　　C. 修正总费用法

D. 网络图分析法　　E. 比例计算法

3. 在________情况下，造成工期延误，经工程师确认后，工期相应顺延。

A. 工程量增加　　B. 设计变更　　C. 质量事故

D. 不可抗力　　E. 发包方不能按时支付工程款引起的停工

4.《建设工程施工合同(示范文本)》条件下，乙方确定工程变更价款时采用的方法有________。

A. 合同中已有适用于变更工程的价格，按合同已有的价格计算变更合同价款

B. 合同中只有类似于变更工程的价格，可以参照类似价格变更合同价款

C. 合同中只有类似于变更工程的价格，必须由工程师确定

D. 合同中没有适用或类似于变更工程的价格，由乙方提出适当变更价格，由工程师确认后执行。

E. 合同中没有适用或类似于变更工程的价格，必须由工程师确定

5. 按照承包工程计价方式，建设工程施工合同可分为________。

A. 目标合同　　B. 单价合同　　C. 总价合同

D. 成本加酬金合同　　E. 工程总包合同

6. 我国现行工程价款结算的主要方式有________。

A. 工程预付款　　B. 按月结算　　C. 竣工后一次结算

D. 分段结算　　E. 目标结算方式

三、案例题

背景：

1. 某工程屋顶梁的配筋图未能及时交付给承包商，原定2003年5月20日交付的图纸一直拖延至6月底。由于图纸交付延误，导致钢筋订货发生困难(订货半个月后交付钢筋)。因此原定6月中旬开始施工的屋顶梁钢筋绑扎拖至8月初，再加上该地区8月份遇到恶劣的气候条件，因气候原因导致工程延误1周。最后承包商向业主提出8周的工期索赔。

2. 某工程因由业主指定的分包商分包的地下连续墙施工出现质量问题，结构倾斜，基坑平面尺寸减小，影响了总包商的正常施工，因而总分包商向业主提出了工期索赔。

3. 某工程施工中，由于持续降雨，雨量是过去20年平均值的两倍，致使承包商的施工延误了34天，承包商要求监理工程师予以顺延工期。监理工程师认为：延误的工程中有一半是一个有经验的承包商无法预料的，另外17天应为承包商承担的正常风险，故只同意延长工期17天。

问题：

(1)上述三例分别是由什么原因造成的工期延误？

(2)除此之外还有哪些导致工期延误的原因？(至少写六个)

(3)列出至少六项工期索赔的依据?

(4)按照索赔发生的原因划分,索赔应包括那几种类型?

项目小结

1.发、承包人在签订合同时对于工程价款的约定,可选用下列一种约定方式:固定总价、固定单价、可调价格。

实行工程量清单计价的工程,宜采用单价合同。通常为固定单价合同。

2.包工包料工程的预付款按合同约定拨付,原则上预付比例不低于合同金额的10%,不高于合同金额的30%,在具备施工条件的前提下,发包人应在双方签订合同后的一个月内或不迟于约定的开工日期前的7天内预付工程款。

3.工程进度款结算方式:①按月结算与支付;②分段结算与支付。

发包人支付工程进度款,应按照合同约定计量和支付,支付周期同计量周期。

4.索赔是指在合同履行过程中,对于非己方的过错所造成的损失应由对方承担责任的,并向对方提出补偿的要求。

索赔成立要具备如下三要素:要有正当的索赔理由;要有有效的索赔证据;要在合同有效期内提出。

按索赔的目的,索赔可分为工期索赔和费用索赔。索赔费用的计算方法有:实际费用法、总费用法和修正的总费用法。工期索赔的计算主要有网络图分析和比例计算法两种。

索赔要在合同有效期内提出,一般为28天。

5.承包人索赔处理的程序

(1)承包人在合同约定的时间内向发包人递交费用索赔意向通知书。

(2)发包人指定专人收集与索赔有关的资料。

(3)承包人在合同约定的时间内向发包人递交费用索赔申请表。

(4)发包人指定的专人初步审查费用索赔申请表,符合《计价规范》第4.6.1条规定的条件时予以受理。

(5)发包人指定的专人进行费用索赔核对,经造价工程师复核索赔金额后,与承包人协商确定并由发包人批准。

(6)发包人指定的专人应在合同约定的时间内签署费用索赔审批表,或发出要求承包人提交有关索赔的进一步详细资料的通知,待收到承包人提交的详细资料后,再按本条中(4)、(5)款的程序进行。

6.因分部分项工程量清单漏项或非承包人原因的工程变更,造成增加新的工程量清单项目,其对应的综合单价按下列方法确定:

(1)合同中已有适用的综合单价,按合同中已有的综合单价确定;

(2)合同中有类似的综合单价,参照类似的综合单价确定;

(3)合同中没有适用或类似的综合单价,由承包人提出综合单价,经发包人确认后执行。

7.工程完工后,发、承包双方应在合同约定时间内办理工程竣工结算。

8.发承包双方发生工程造价合同纠纷时,应通过下列办法解决:监理或造价工程师暂定;协商和解;调解;仲裁、诉讼。

附录 1

某活动中心施工图纸

施工图设计总说明

一、工程概况

1. 建设单位:
2. 建筑名称:
3. 建设地点:
4. 项目等级:四级
5. 建设性质及用途:一层为车库,活动室;二层活动室
6. 建筑结构形式:钢筋砼框架结构
7. 建筑占地面积:402m^2
8. 建筑层数:2层
9. 建筑高度:8.85m
10. 建筑耐火等级:二级
11. 屋面防水等级:III级
12. 抗震设防烈度:7度
13. 设计使用年限:50年
14. 框架抗震等级为:三级
15. 建筑场地类别为:III类

二、施工图设计依据

1. 建设单位提供的任务书,合同及上级部门有关文件
2. 国家及河北省现行有关规范、规定:

《民用建筑设计通则》 GB50352—2005
《建筑设计防火规范》 GB50016—2006
《办公楼建筑设计规范》 JGJ67—2006
《汽车库建筑设计规范》 JGJ100—98
《公共建筑节能设计标准》 GB50189—2005
《屋面工程技术规范》 GB50345—2004
《建筑地面工程施工质量验收规范》 GB50209—2

3. 本施工图选用《河北省工程建设标准设计——05系列建筑标准设计图集》05J13

三、施工图通用说明

1. 本建筑±0.000,现场定。
2. 图中尺寸除总图及标高以米为单位外,
其他标注(注明者除外)均以毫米为单位。
3. 未标注的定位、尺寸、建筑做法等,均参照与之对称或类似部位标注。

四、墙体材料及做法说明

1. 图例:

加气混凝土砌块

2. 墙体工程

(1)墙体的基础部分详见结施。
墙身厚度及定位:外墙为250厚加气混凝土砌块;
内墙为200厚加气混凝土砌块,与轴线位置见平面图。
(2)框架结构采用加气混凝土砌块,详见平面图。
(3)加气混凝土砌块墙构造和技术要求见《加气混凝土砌块墙》05J4-4。
4)外墙厚度详见各层平面图,外墙外贴50厚粘贴式挤塑聚苯板复合墙构造,做法见05J3-1中"A型"相关节点及说明,选用聚苯板应符合规范图集要求。

五、屋面工程

1. 本工程防水等级为II级防水层,合理使用年限为10年,
屋面防水卷材选用4厚的高聚物改性沥青防水卷材。
2. 屋面排水见屋顶平面图,雨水斗、雨水管采用UPVC,除注明外雨水管均为DN110。雨篷均为最薄处20厚1∶2.5水泥砂浆(掺5%防水粉)向雨水口处找1%的坡。
3. 屋面其他技术要求应严格执行《屋面工程技术规范》GB50345—2004有关规定。

六、门窗工程

1. 建筑外门窗为塑钢中空玻璃(6透明+12空气功+6透明),
门窗抗风压性能分级为5级,气密性能分级为4级。
2. 门窗玻璃的选用应遵照《建筑玻璃应用技术规程》(JGJ113)和《建筑安全下降璃管理规范》(发改运行[2003]2116号)的有关规定。
3. 门窗立面均表示洞口尺寸,门窗安装前须校洞口尺寸,加工尺寸应按照装修面厚度有承包商予以调整。
4. 所有预埋木砖均作防腐处理,预埋铁件应先除锈后再作防锈处理。
5. 单扇面积大于1.5m^{2}的门窗玻璃均采用安全玻璃。
6. 所有门窗加工定购前需实际测量洞口尺寸并核对统计数量,核对无误后方可进行加工定购。

七、楼梯工程

1. 楼梯栏杆选用木扶手金属栏杆做法见:05J8-1/36,栏杆间距110mm。
2. 楼梯做法:参见05J1-楼10/27(厚度为30mm,取消找平层,选用防滑地砖)
05J8-楼10/82(踏步防滑条做法)

八、外装修工程

1.外墙为涂料外墙，材料部位及颜色详见立面标注。

2.钢筋混凝土柱、梁等外露面应先作除油处理后，再作相应的外墙装修。

3.外墙线角均作滴水，做法参照05J3-1-A6-A。

4.外装修选用的各项材料其材质、规格、颜色等，均由施工单位提供样板。经建设和设计单位确认后进行封样，并据此验收。

九、内装修工程

1.内装修工程执行《建筑内部装修设计防火规范》GB50222—95，楼地面部分执《建筑地面设计规范》GB50037—96。

2.楼地面构造交接处和地坪高度变化处，除图中特殊注明外均位于齐平门扇开启面处。

3.所有内门洞口高度范围内阳作1∶2水泥砂浆抱角，各边宽50。

4.有洗手盆房间下水管均做防水套管，详见水施。

5.楼梯间窗台为预制大理石窗台，做法参05J7-1-2/66。

6.室内所有阴阳角均抹成小圆角。

7.室内装修见工程做法表。

8.内装修选用的各项材质、规格、颜色等，均由施工单位提供样板。经建设和设计单位确认后进行封样，并据此验收。

十、油漆涂料工程

1.室内装修所采用的油漆涂料见工程做法表。

2.室内木门油漆做法05J1-77-涂1。

3.凡金属铁件露明处均刷防锈漆一道，调和漆两道，油漆做法详见05J1-80-涂12。

4.楼梯木扶手米驼色，做法详见05J1-77-涂1；楼梯栏杆浅灰色，所有未注明的装修颜色三方协商确定。

5.各项油漆工程均由施工单位制作样本经确认进行封样并据此进行验收。

十一、室外工程

室外台阶、坡道、散水做法见装修做法表。

十二、建筑设备、设施工程

1.盥洗洁具、灯具户内配电箱等影响美观的器具需经建设单位与设计，单位确认样品后方可批量加工安装。

装修做法表

		做法	详图索引	使用部位	备注说明
层面	1	不上人屋面	05J1 屋 1/92	层顶	挤塑保温板厚度60mm，防水层材为F1，厚度3.0。
地面	1	特殊骨料耐磨地面	05J1 地 8/12	车库	
	2	石屑混凝土地面	05J1 地 10/27	一层除车库	
楼面	1	陶瓷地砖楼面	05J1 楼 10/27	二层楼面	仿花岗岩瓷砖
外墙	1	涂料外墙面	05J1 外墙 24/50	见立面	颜色见立面
内墙	2	乳胶漆墙面	05J1 内墙 5/39	活动室　车库	外刷白色乳胶漆(盥洗槽背后墙面贴1.8米白瓷砖)
踢脚墙裙	1	水泥砂浆踢脚	05J1 踢 6/59	一层	
	2	面砖踢脚	05J1 踢 24/61	二层	陶瓷地砖
顶棚	1	混合砂浆顶棚	05J1 顶 3/67	活动室　车库	乳胶漆两遍
室外工程	1	混凝土散水	05J1 散 2—B/113		宽1000
	2	花岗石台阶	05J1 台 6/116		室外台阶
	3	水泥砂浆坡道	05J1 坡 6/117		室外坡道

十三、消防设计说明

1.构造措施：建筑内隔墙均砌至梁板底部，且不留缝隙。

2.安全疏散：

(1)有两个疏散楼梯；

(2) 所有疏散楼梯宽度均≥1200mm；

(3)楼梯均为自然通风排烟。

门 窗 表

类型	设计编号	洞口尺寸(mm)	数量	图集名称	页次	选用型号	备注
门	M1528	1500×2800	2	05J4-1	89	1PM-1527 改	平开塑钢门
	M2830	2800×3450	1				铝合金电动卷闸门
	M7530	7550×3450	1				铝合金电动卷闸门
	ML2128	2100×2800	2	见详图			塑钢门
窗	C1218	1200×1800	2	05J4-1	15	2PM-1218	内平开塑钢窗
	C1518	1500×1800	13	05J4-1	15	2PM-1518	内平开塑钢窗
	C1818	1800×1800	14	05J4-1	16	2PM-1818	内平开塑钢窗
	C2118	2100×1800	2	05J4-1	16	2PM-2118	内平开塑钢窗

十四、建筑节能工程

1. 建筑体形系数:0.32;建筑物窗墙比(%):东 0;南 0.19;西 0.34;北 0.32。

2. 屋面保温层采用 60 厚挤塑聚苯乙烯泡沫塑料保温板(120 厚钢筋混凝土屋面),传热系数 0.45w/(m^2·k)。保温层中使用的挤塑聚苯乙烯泡沫塑料板均为:自熄型密度为 33.4kg/m^3,导热系数≤0.03W/mk,压缩强度≥200kPa,吸水率≤1.5%(体积比)。

3. 外墙贴为 50 厚挤塑聚苯板,250 厚加气混凝土砌块墙,传热系数 0.41w/(m^2·k),做法参见 05J3-1-1/A5。

4. 门窗采用塑钢型材,中空玻璃,传热系数2.6,气密性等级为 4 级。

十五、建筑构造工程

楼板留洞的封堵:设备管线,下水管道封堵参 05J12-68-A. C.E.

十六、其他说明及注意事项

1. 施工之前,甲方应组织好技术交底。

2. 各项施工应严格执行有关规范、规定及操作规程。

3. 土建施工应与各专业密切配合,预埋件、预留洞应照图留设,不得事后挖补。

4. 内外装修面层施工之前,施工方均应制出样板,经设计方认可后方能施工。

5. 施工中出现问题应及时与设计单位联系,共同协商解决,不得随意变更原图纸设计。

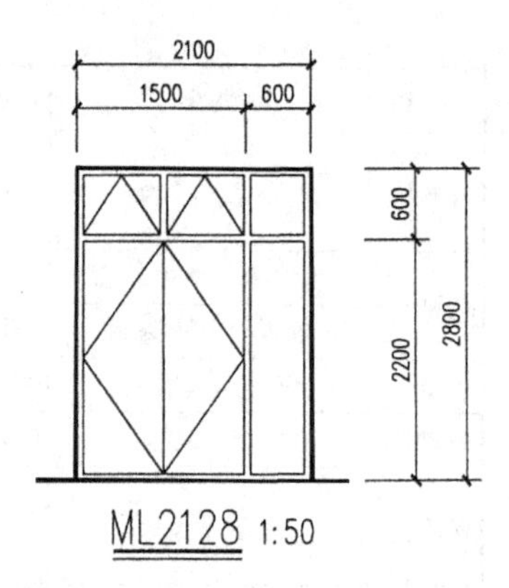

建设单位		图名	施工图设计总说明	图别	建施
工程名称	活动楼			图号	J-1
				日期	2008.10

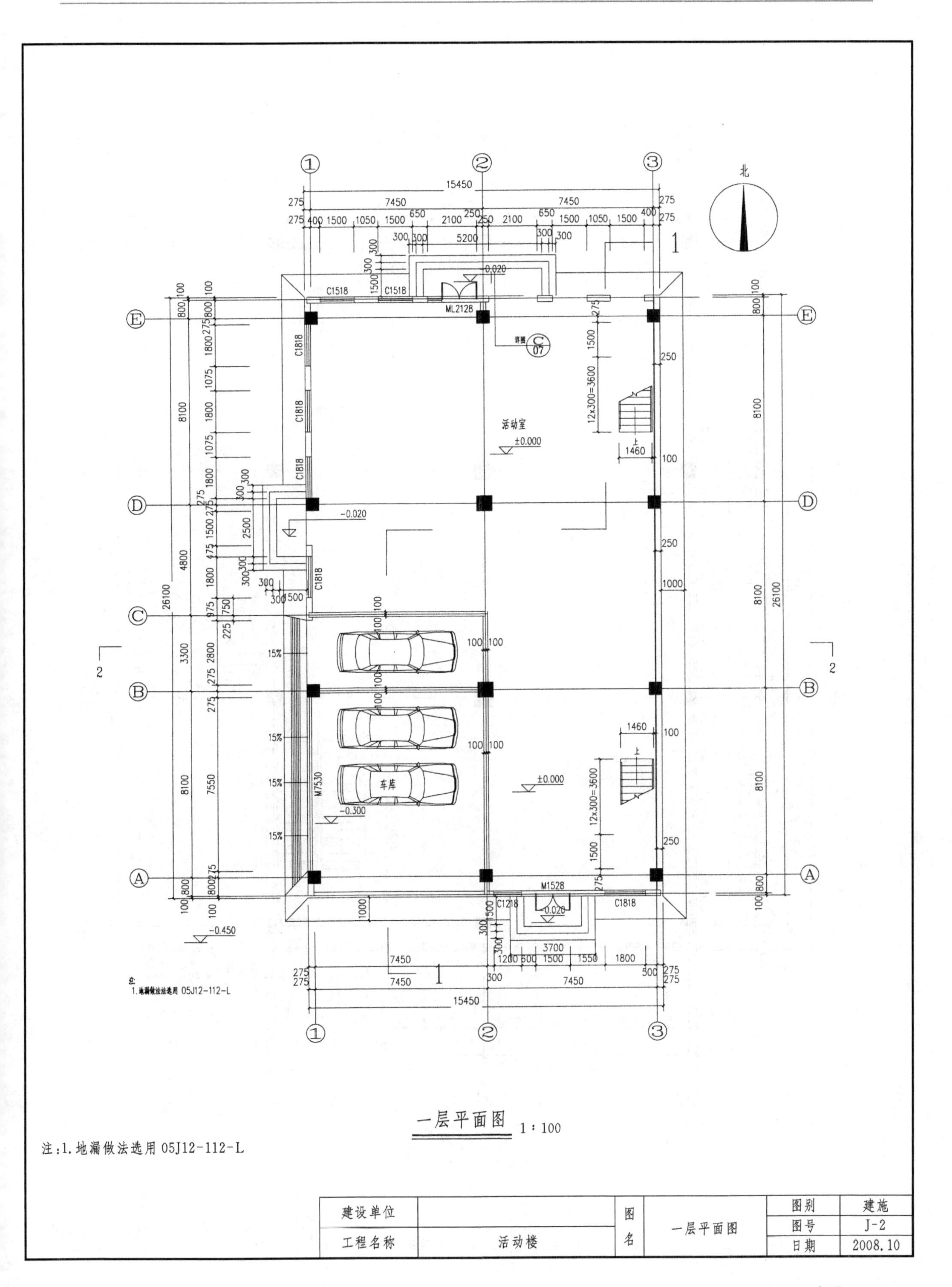
北
15450
7450
7450
C1518
C1518
ML2128
C1818
C1818
C1818
C1818
活动室
±0.000
-0.020
车库
M7530
-0.300
15%
M1528
C1218
C1818
-0.020
-0.450
12x300=3600
1460
26100
8100
4800
3300
注:
1.地漏做法选用 05J12-112-L
一层平面图 1:100
注:1.地漏做法选用05J12-112-L
建设单位
工程名称
活动楼
图名
一层平面图
图别
建施
图号
J-2
日期
2008.10

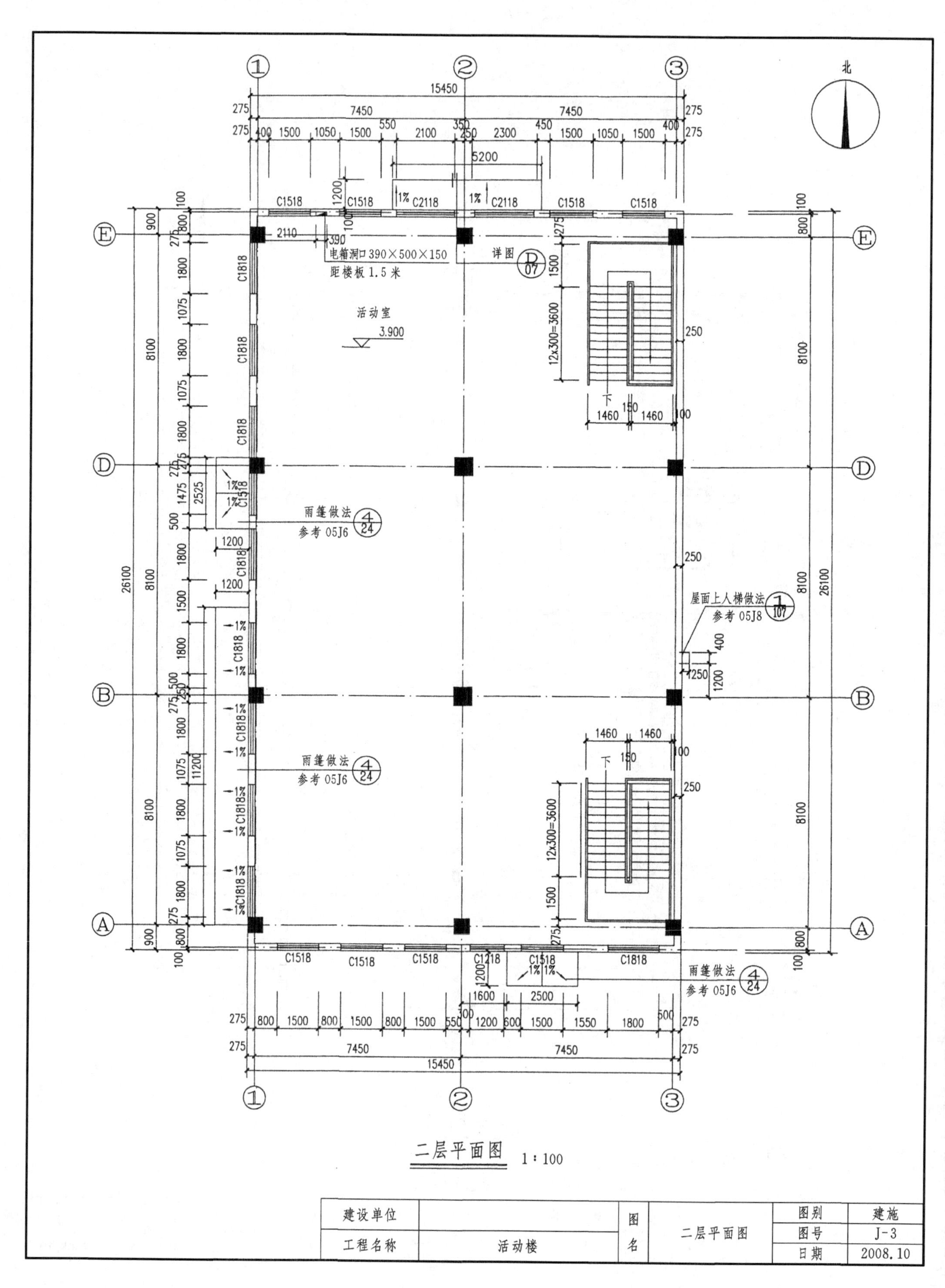
北
15450
7450
7450
C1518
C2118
电箱洞口 390×500×150
距楼板 1.5 米
详图
活动室
3.900
雨篷做法
参考 05J6
屋面上人梯做法
参考 05J8
C1818
C1218
26100
8100
二层平面图 1:100
建设单位
工程名称
活动楼
图名
二层平面图
图别
建施
图号
J-3
日期
2008.10

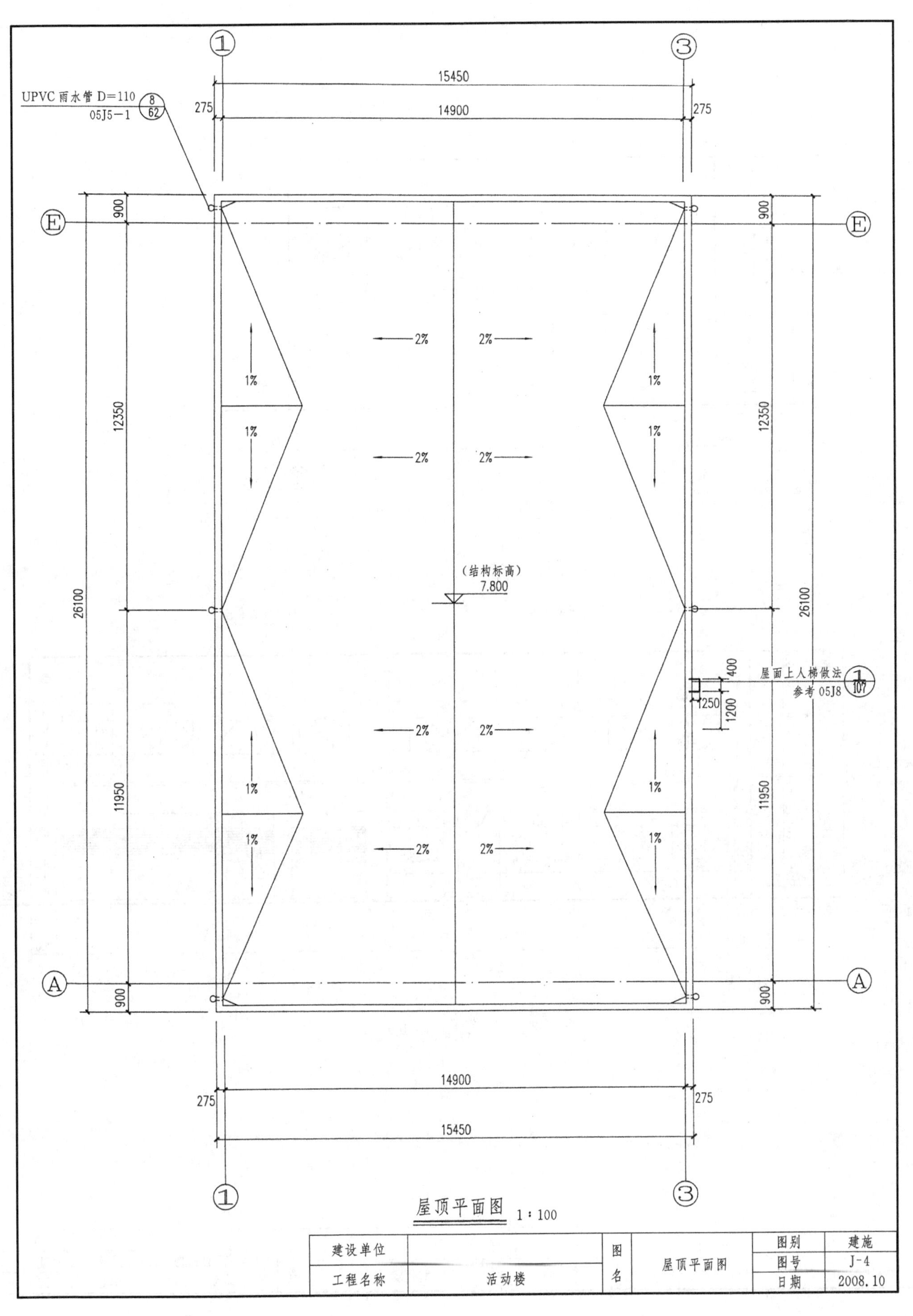

①
③
15450
14900
275
275
UPVC 雨水管 D=110
8
62
05J5－1
Ⓔ
Ⓐ
900
12350
11950
26100
2%
1%
（结构标高）
7.800
屋面上人梯做法
参考 05J8
1
107
400
250
1200
屋顶平面图 1∶100
建设单位
工程名称
活动楼
图名
屋顶平面图
图别
建施
图号
J-4
日期
2008.10

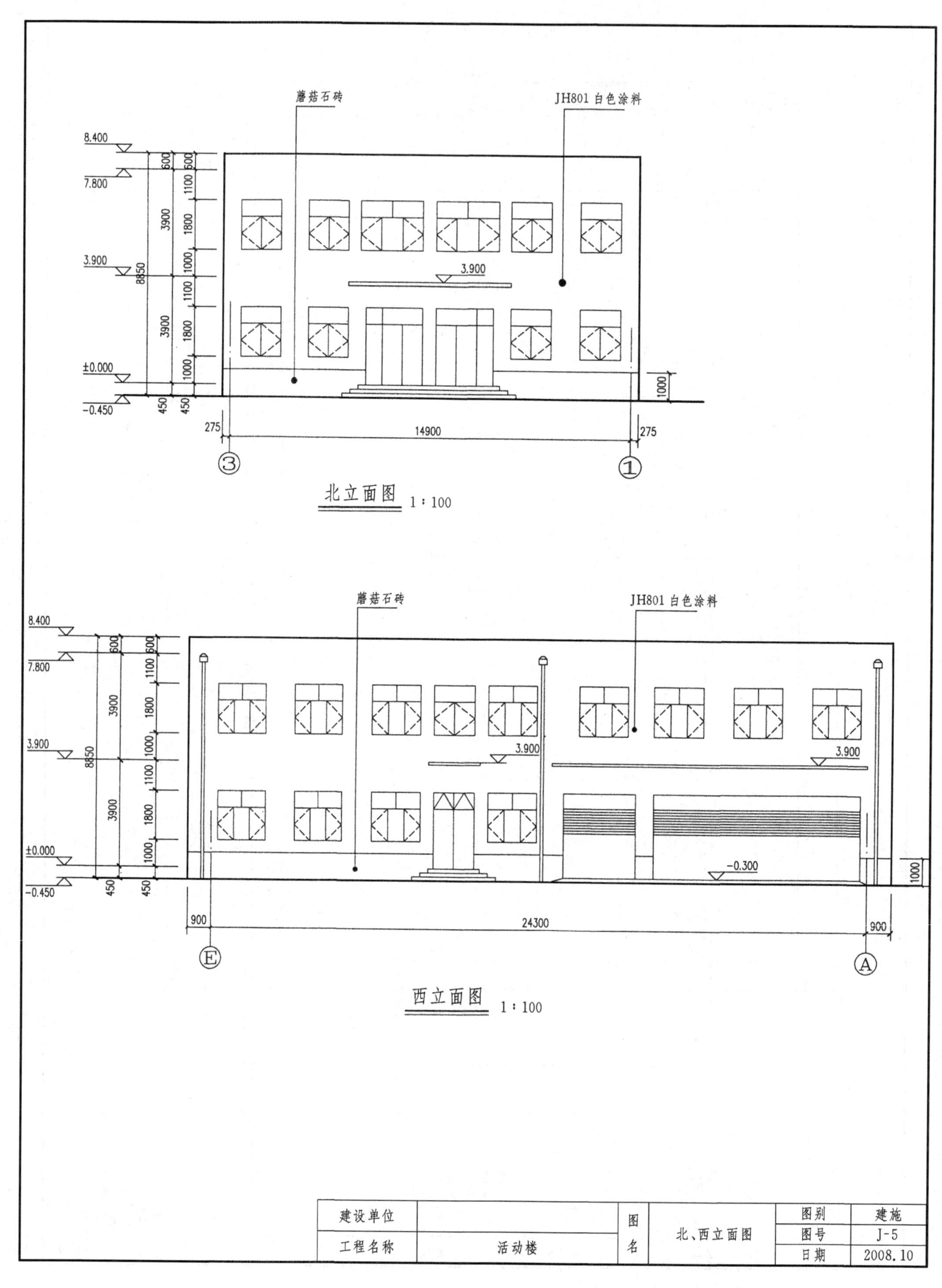

蘑菇石砖
JH801 白色涂料
8.400
7.800
3.900
±0.000
-0.450
600
1100
1800
1000
3900
8850
450
3.900
1000
275
14900
275
③
①
北立面图 1∶100
蘑菇石砖
JH801 白色涂料
8.400
7.800
3.900
±0.000
-0.450
3.900
3.900
-0.300
900
24300
900
Ⓔ
Ⓐ
西立面图 1∶100
建设单位
工程名称
活动楼
图名
北、西立面图
图别
建施
图号
J-5
日期
2008.10

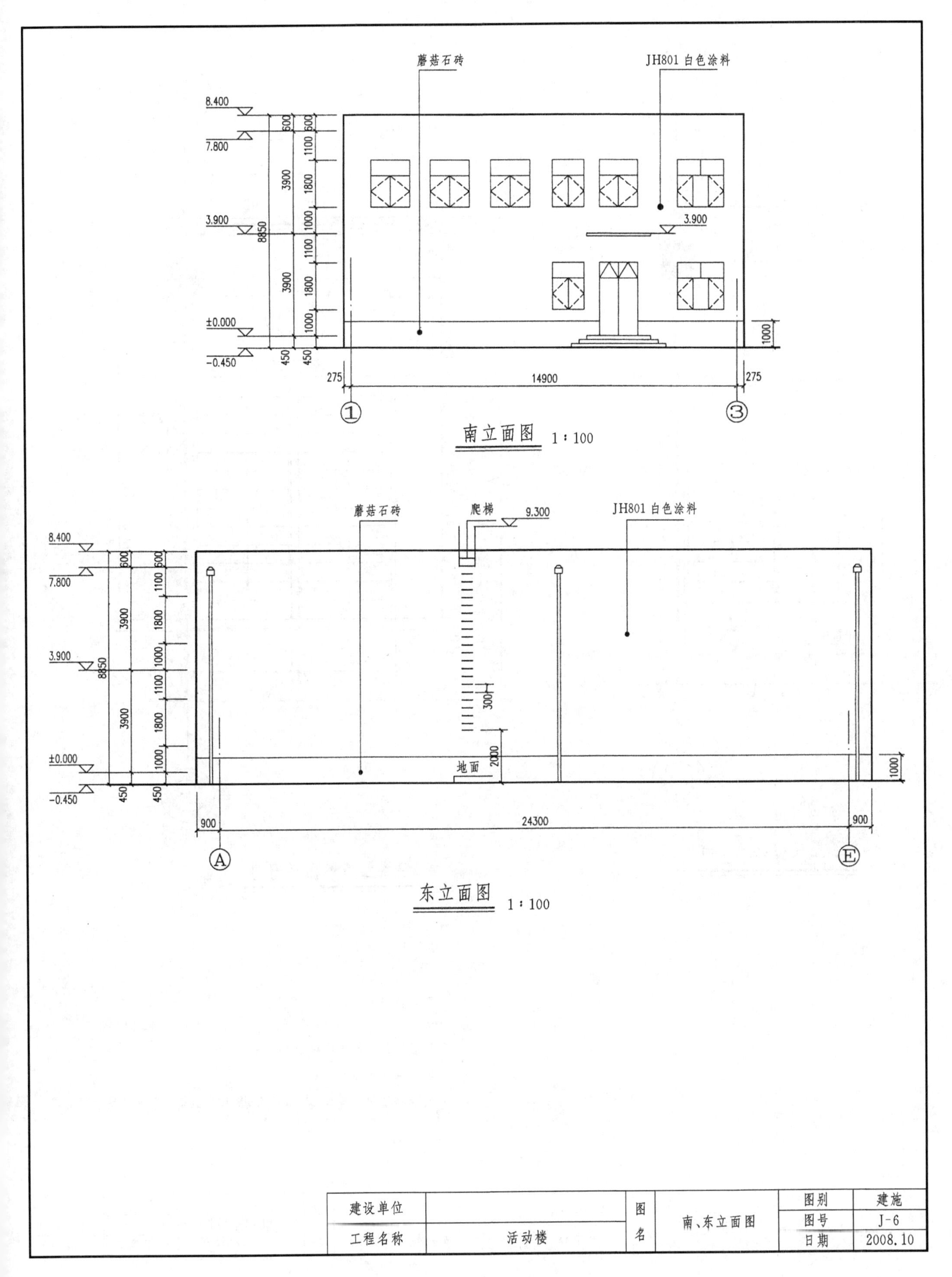
蘑菇石砖
JH801 白色涂料
8.400
7.800
3.900
±0.000
-0.450
8850
3900
600
1100
1800
1000
450
275
14900
①
③
南立面图 1∶100
爬梯
9.300
300
2000
地面
24300
900
Ⓐ
Ⓔ
东立面图 1∶100
建设单位
工程名称
活动楼
图名
南、东立面图
图别
建施
图号
J-6
日期
2008.10

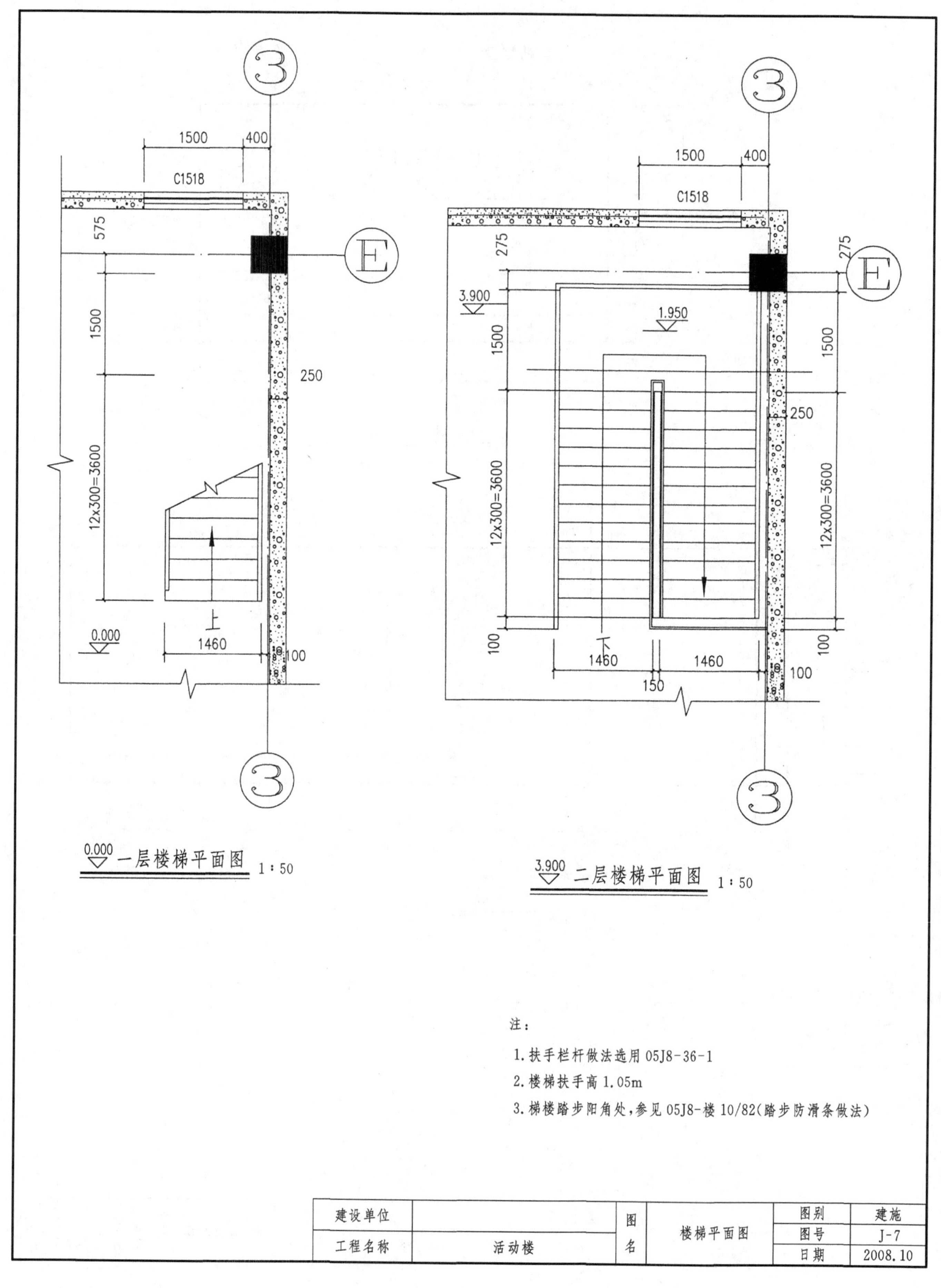
3
E
1500
400
C1518
575
1500
250
12x300=3600
上
0.000
1460
100
275
3.900
1.950
下
150
0.000 一层楼梯平面图 1∶50
3.900 二层楼梯平面图 1∶50
注：
1.扶手栏杆做法选用 05J8-36-1
2.楼梯扶手高 1.05m
3.梯楼踏步阳角处，参见 05J8-楼 10/82(踏步防滑条做法)
建设单位
工程名称
活动楼
图名
楼梯平面图
图别
建施
图号
J-7
日期
2008.10

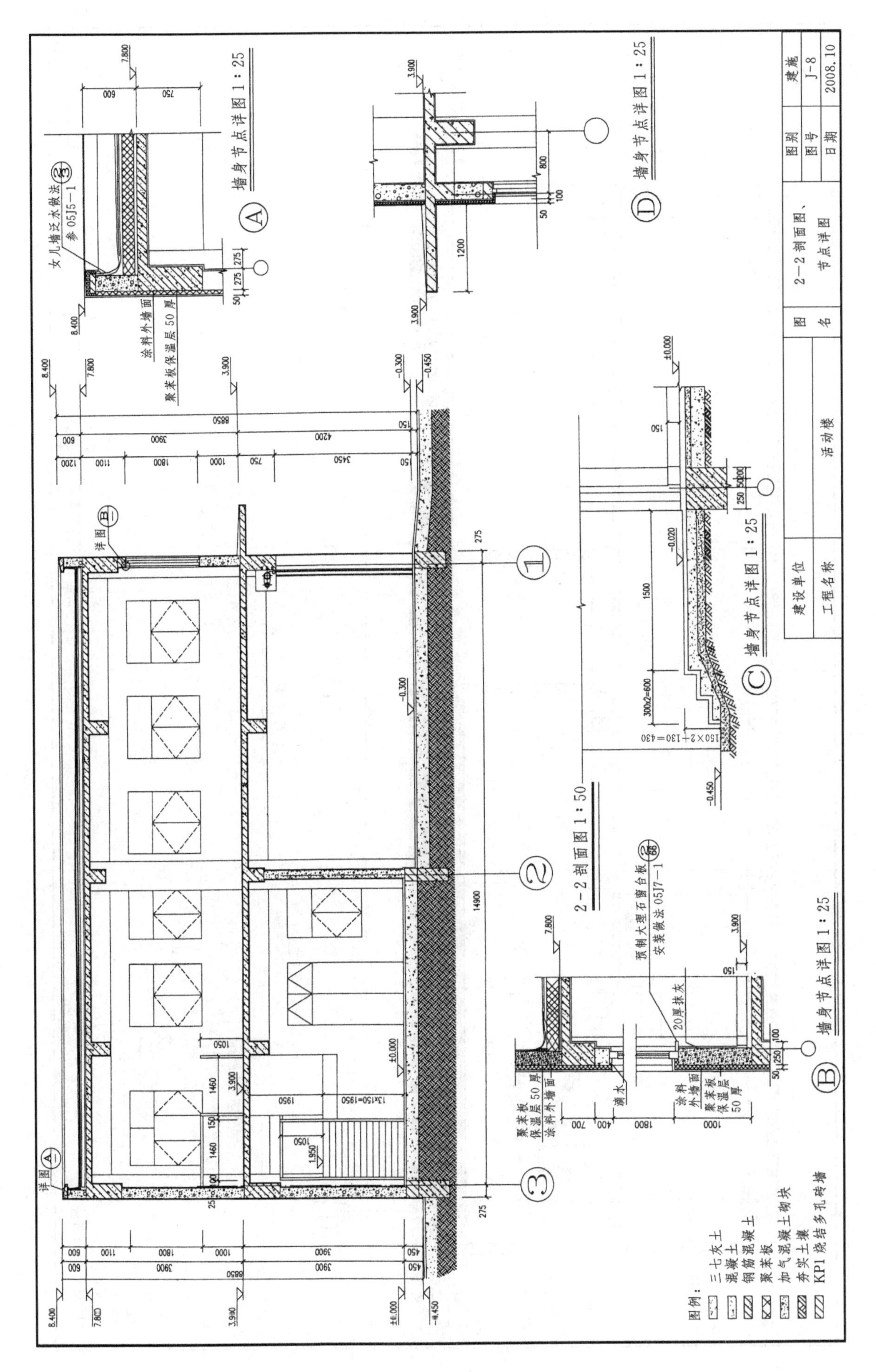
2—2剖面图 1:50
墙身节点详图 1:25
女儿墙泛水做法
参 05J5—1
涂料外墙面
聚苯板保温层 50 厚
预制大理石窗台板
安装做法 05J7—1
20厚抹灰
滴水
图例：
三七灰土
混凝土
钢筋混凝土
聚苯板
加气混凝土砌块
夯实土壤
KP1烧结多孔砖墙
建设单位
工程名称
活动楼
图名
2—2剖面图、
节点详图
图别
建施
图号
J-8
日期
2008.10

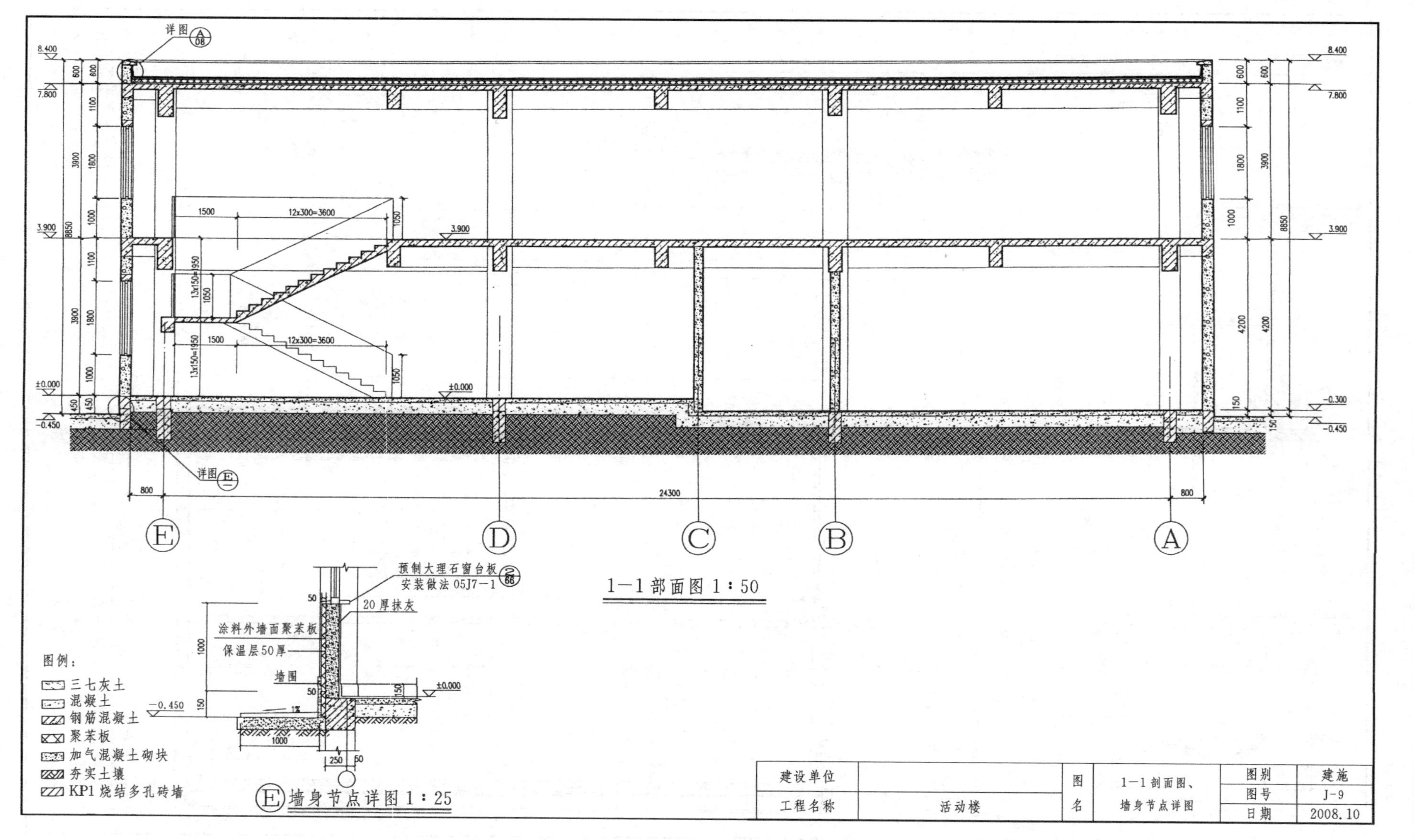

详图 A 08
8.400
7.800
3.900
±0.000
-0.300
-0.450
8850
3900
4200
1100
1800
1000
600
450
150
1500
12x300=3600
13x150=1950
1050
800
24300
详图 E
E
D
C
B
A
1—1部面图 1:50
预制大理石窗台板
安装做法 05J7—1
20厚抹灰
涂料外墙面聚苯板
保温层50厚
墙围
1%
250
50
图例：
三七灰土
混凝土
钢筋混凝土
聚苯板
加气混凝土砌块
夯实土壤
KP1烧结多孔砖墙
E 墙身节点详图 1:25
建设单位
工程名称
活动楼
图名
1—1剖面图、
墙身节点详图
图别 建施
图号 J-9
日期 2008.10

结构设计总说明

1.工程概况

本工程为公共建筑，框架结构，基础形式为柱下独立基础，地上2层，结构总高度为8.25米，室内外高差0.45米。

2.建筑结构安全等级及设计使用年限

结构设计使用年限	50年	建筑结构安全等级	二级
建筑抗震设防类别	重点设防类类(乙类)	框架抗震等级	三级
地基基础设计等级	丙级		

3.本工程设计遵循的标准、规范、规程、图集及其他依据

建筑结构可靠度设计统一标准	(GB50068－2001)
建筑工程抗震设防分类标准	(GB40223－2008)
建筑结构荷载规范(2006年版)	(GB50009－2001)
混凝土结构设计规范	(GB50010－2002)
建筑抗震设计规范(2008年版)	(GB50011－2001)
建筑地基基础设计规范	(GB50007－2002)
建筑地基处理技术规范	(JGJ79－2002)
湿陷性黄土地区建筑规范	(GB50025－2004)
混凝土结构工程施工质量验收规范	(GB50204－2002)
混凝土结构施工图平面整体表示方法制图规则和构造详图	11G101-1、11G101-2 11G101-3
02系列结构标准设计图集	02G02、02G05

4.自然条件

基本风压(kN/m^2)	0.35	地面粗糙度类型	C类
基本雪压(kN/m^2)	0.30	抗震设防烈度	7度(0.1g)
设计地震分组	/	建筑场地类别	/
场地标准冻深	/	地下水	/
湿陷性	/	液化影响	/

5.建筑物室内地面标高±0.000相当于绝对标高待出具勘察报告后确定

6.设计计算程序

采用中国建筑科学研究院编制PKPM2005系列程序(2008年4月11日版)。

6.1 结构整体分析:PKPM-SATWE模块。

6.2 基础计算:PKPM-JCCAD模块。

6.3 部分构件计算采用探索者TSSD2006版。

7.设计采用的均布活荷载标准值

活动室:$3kN/m^2$

楼梯:$3.5kN/m^2$

上人屋面:$2kN/m^2$

施工及使用期间的房间活荷载标准均不得超过以上数值。

施工或检修集中荷载为1.0kN。

楼梯、上人屋面的栏杆顶部水平荷载取1kN/m。

8.主要结构材料(详图中注明者除外)

8.1 混凝土强度等级

(1)独立基础、地梁及其他主体结构混凝土(梁、板、柱、楼梯):C30。

(2)非主体结构构件混凝土(构造柱、过梁、填充墙中水平混凝土带):C20(当图集另有规定时按图集)。

当过梁需要与主体同时浇筑时同主体砼强度。

(3) 垫层:C15。

8.2 钢筋及钢材

(1)钢筋采用

HPB300级(Φ),$f_y=270N/mm^2$;

HRB335级(Φ),$f_y=300N/mm^2$;

HRB400级(Φ),$f_y=360N/mm^2$。

HRB335和HRB400钢筋的外观标记不明显，应严格管理以防混用。

(2)钢板采用Q235-B。

(3)吊钩、吊环及受力预埋件的锚筋严禁采用冷加工钢筋。

(4)钢筋的抗拉强度实测值与屈服强度实测值的比值不应小于1.25，且屈服强度实测值与强度标准值的比值不应大于1.30。

8.3 焊条

HPB300钢筋、Q235钢板采用E43××;HRB335钢筋采用E50××型;HRB400钢筋采用E55××型;与型钢焊接随钢筋定焊条。

8.4 油漆

凡外露钢铁件必须在除锈后涂防锈底漆、面漆各两道，并经常注意维护。

8.5 墙体

非承重墙材见建筑施工图;加气混凝土砌块的容重不应大于$700kg/m^3$。加气混凝土砌块的要求:强度等级为MU5，用M5混合砂浆砌筑。

填充墙与框架柱的拉接应按图集02G02第43页详图施工。

9.地基基础

9.1 开挖基槽时，不应扰动土的原状结构，基底标高以200mm厚的土体需人工清槽。如经扰动，应挖除扰动部分，根据土的压缩性选用级配砂石(或灰土、素砼等)进行回填处理，用级配砂石或灰土时压实系数应大于0.95。

9.2 开挖基槽时应注意边坡稳定，必要时应采取护坡等措施，以确保人员安全和工程质量，定期观测其对周围道路市政设施和建筑物有无不利影响，非自然开挖时，基础护壁应作专门设计。及时做好地面排水，避免地面水流入基坑内浸泡地基。

9.3 基础施工前应进行钎探、验槽，如发现土质与地质勘察报告不符合时，需会同勘察、施工、设计、建筑、监理单位共同协商研究处理。

9.4 混凝土基础底板下(除注明外)设 100 厚 C15 素混凝土垫层，每边宽出基础边 100mm。

9.5 底层内隔墙，非承重墙可直接砌置在混凝土地面上。

9.6 关于地基、基础施工图待出具勘察报告后再行设计。

10. 钢筋混凝土的构造要求

10.1 纵向受力钢筋的混凝土保护层厚度(图中注明者除外)：

单位：mm

环境类别		保护层厚度(C30) 板	梁	柱	基础梁及筏板	保护层厚度(C20) 过梁	构造柱
一		15	25	30	—	20	30
二	a	20	30	30	—	20	30
二	b	25；地下室外墙外侧 35；地下室外墙内侧 25	35	35	下部钢筋底面 40；上部钢筋顶面 25	—	—

注：受力钢筋的混凝土保护层厚度不得小于钢筋的公称直径。分布筋保护层≥上列数值−10mm，且≥10mm。构造钢筋、箍筋的保护层≥15mm。梁、板中预埋管的混凝土保护层厚度应≥30。

上表中各混凝土构件所处的环境类别如下表：

环境类别		条件	构件名称和部位
一		室内正常环境	除以下二类环境构件外的其他构件
二	a	室内潮湿环境	卫生间、水箱间的梁、墙、板
二	b	露天环境、与无侵蚀性的水或土壤直接接触的环境	阳台、雨篷、空调板、筏板、地下室外墙外侧

10.2 结构混凝土耐久性的基本要求见下表：

未注明单位：kg/m³

环境类别		最大水灰比	最小水泥用量	最大氯离子含量	最大碱含量	防水混凝土使用的水泥的强度等级不应低于 32.5MPa。
一		0.65	225	1.0%	不限制	
二	a	0.60	250	0.3%	3.0	
二	b	0.55	275	0.2%	3.0	

10.3 纵向受拉钢筋的最小锚固长度及搭接长度详见 11G101−1 图集第 53、54 页。

10.4 钢筋直径<22 允许绑扎搭接，≥22 采用机械连接或焊接连接(机械连接接头等级为Ⅱ级)。梁、板钢筋搭接和接头允许位置见详图 10-1。同一连接区段钢筋搭接、接头面积百分率见下表：

接头形式	受拉钢筋	受压钢筋
绑扎搭接接头	25%	50%
机械连接或焊接接头	50%	不限

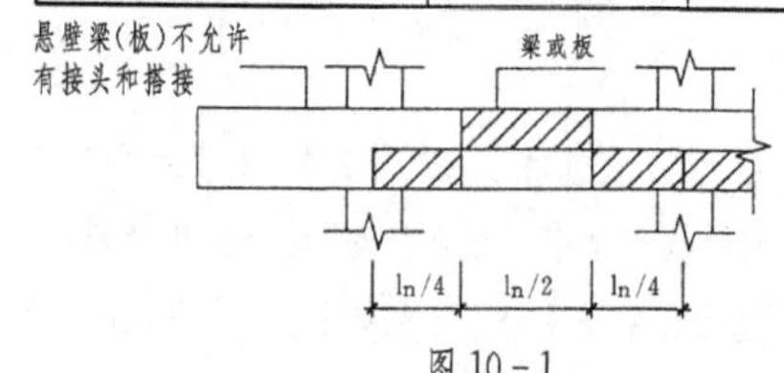

图 10-1

注：有斜线部分为允许有搭接或接头位置

10.5 施工中，不宜以强度等级较高的钢筋代替原设计中的纵向受力钢筋。如必须替换时，应按受拉承载力设计值相等的原则进行替换。并通知设计单位进行正常使用极限状态验算，替换后应满足最小配筋率等构造措施。

10.6 悬挑构件需待混凝土设计强度达到 100%方可拆除底模。

10.7 梁的构造除下面和各施工图列出的要求外详见 11G101−1 图集。

(1)当主、次梁的梁底标高相同时，次梁底筋在主梁底筋之上(详图 10-2)。

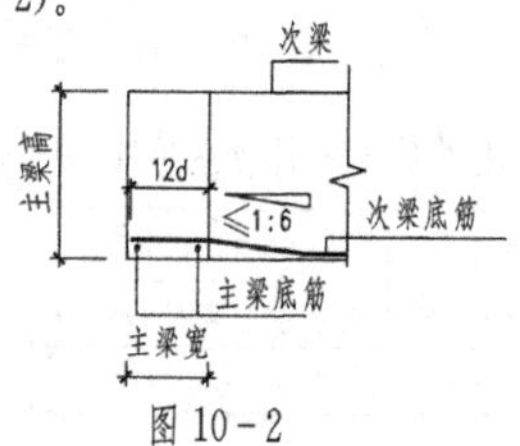

图 10-2

(2)当主、次梁相交时，在主梁中次梁端两侧各加 3 根箍筋，图中未绘出的附加箍筋直径和肢数同主梁箍筋。绘出但未注明的附加吊筋为 2Φ16。

(3)梁、板跨度≥4m 时，按 2‰起拱；悬臂长≥2m 时，按 4‰起拱。

(4)梁顶标高除注明者外均为板顶标高，且梁上预留构造柱插筋，不得遗漏。

10.8 板的构造要求：

(1)双向板(或异形板)底部钢筋的放置：短向钢筋置于下层，长向在上。顶部钢筋：短向在上，长向在下。现浇板施工时，应采用措施保证钢筋位置。跨度≥4m 的板施工时按 2‰起拱。

(2)板分布筋除特别注明者外，当主筋直径为 6、8、10 时：均为Φ6@200。主筋直径为 12、14 时：均为Φ8@200。

(3)凡在板上砌隔墙时，在墙下板内底部增设加强筋(图纸中另有要求者除外)，发板跨 $L \leqslant 1500$ 时为 2Φ14，当板跨 1500<L<2500mm 时为 3Φ14，当板跨 $L \geqslant 2500$mm 时为 3Φ16。并锚固于两端支座内。

(4)楼板受力钢筋的锚固见图 10-3。

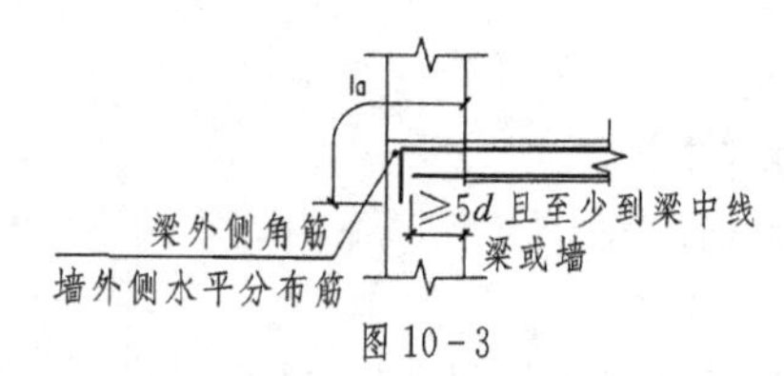

图 10-3

(5)现浇板内设备预埋管线应尽量分散减少交叉，同一部位交叉数应≤1，预埋管在板厚度中部 1/3 高度内设置，叠管厚度不得大于板厚的 1/3。且管线的混凝土保护层应不小于 30mm。

(6)管道井内钢筋在预留洞口处不得切断，待管道安装后用高一级混凝土浇筑。

(7)栏板、挂板、檐口板、挑檐、翻边等薄壁外露构件每 10m 设伸缩缝一道宽 20mm，其钢筋不切断，采用油膏嵌缝。

11.砌体填充墙与柱的连接及水平系梁、过梁、构造柱的要求

11.1 后砌填充墙与构造柱的拉结措施详见《钢筋混凝土结构构造详图》02G02图集第44页。

11.2 构造柱位置详相关结构施工图。构造柱配筋详图11-1、11-2、11-3。应先砌墙后浇柱。

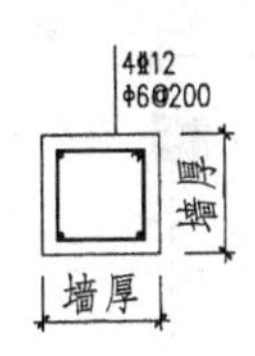

图11-1

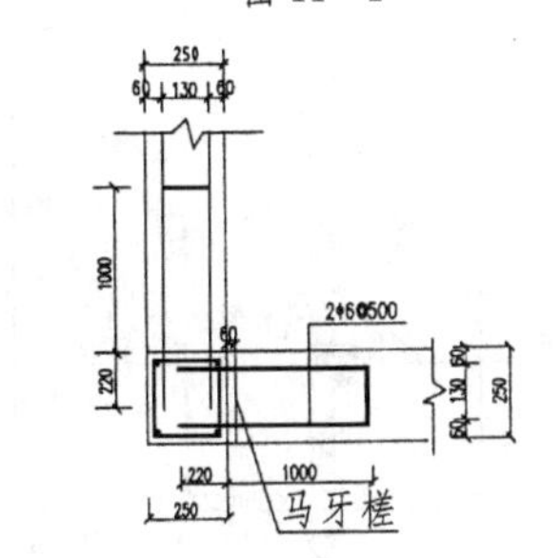

图11-3

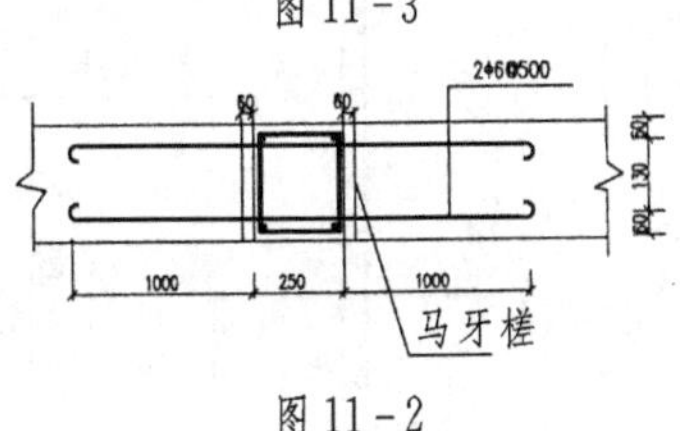

图11-2

11.3 对于高度超过4m的填充墙，在墙半高度处设置沿墙全长贯通的钢筋混凝土水平系梁。做法详见02G02图集第45页。

11.4 女儿墙设钢筋混凝土构造柱(编号GZ)，间距≤2100或相应一个开间，详见02G01－1图集23～25页详图所示。构造柱截面250×250，配筋4Φ12，箍筋Φ6@200。

11.5 门窗过梁选用02G05图集，过梁宽同墙厚，荷载级别采用2级。

12.其他要求

12.1 采用标准图、重复使用图或通用图时，均应按所用图集要求进行施工。

12.2 在施工安装过程中，应采取有效措施保证结构的稳定性，确保施工安全。

12.3 混凝土结构工前应对预留孔、预埋件和栏杆的位置与各专业图纸加以校对，并与设备及各工种应密切配合施工。

12.4 材料代用时应经过详细换算，对承重结构材料的替换，应征得设计单位同意。

12.5 所有的预埋件及预留孔洞应按各专业的图纸预埋、预留，不得遗漏。

12.6 设备基础待业主定货后再设计施工。

12.7 未经技术鉴定或设计许可，不得改变结构的用途和使用环境。

12.8 本套结构施工图纸中除标高为米外，其他尺寸均为毫米。

12.9 本图必须经审图机构审查合格后方可用于施工。

建设单位		图名	结构设计总说明	图别	建施
				图号	结施-1
工程名称	活动楼			日期	2008.10

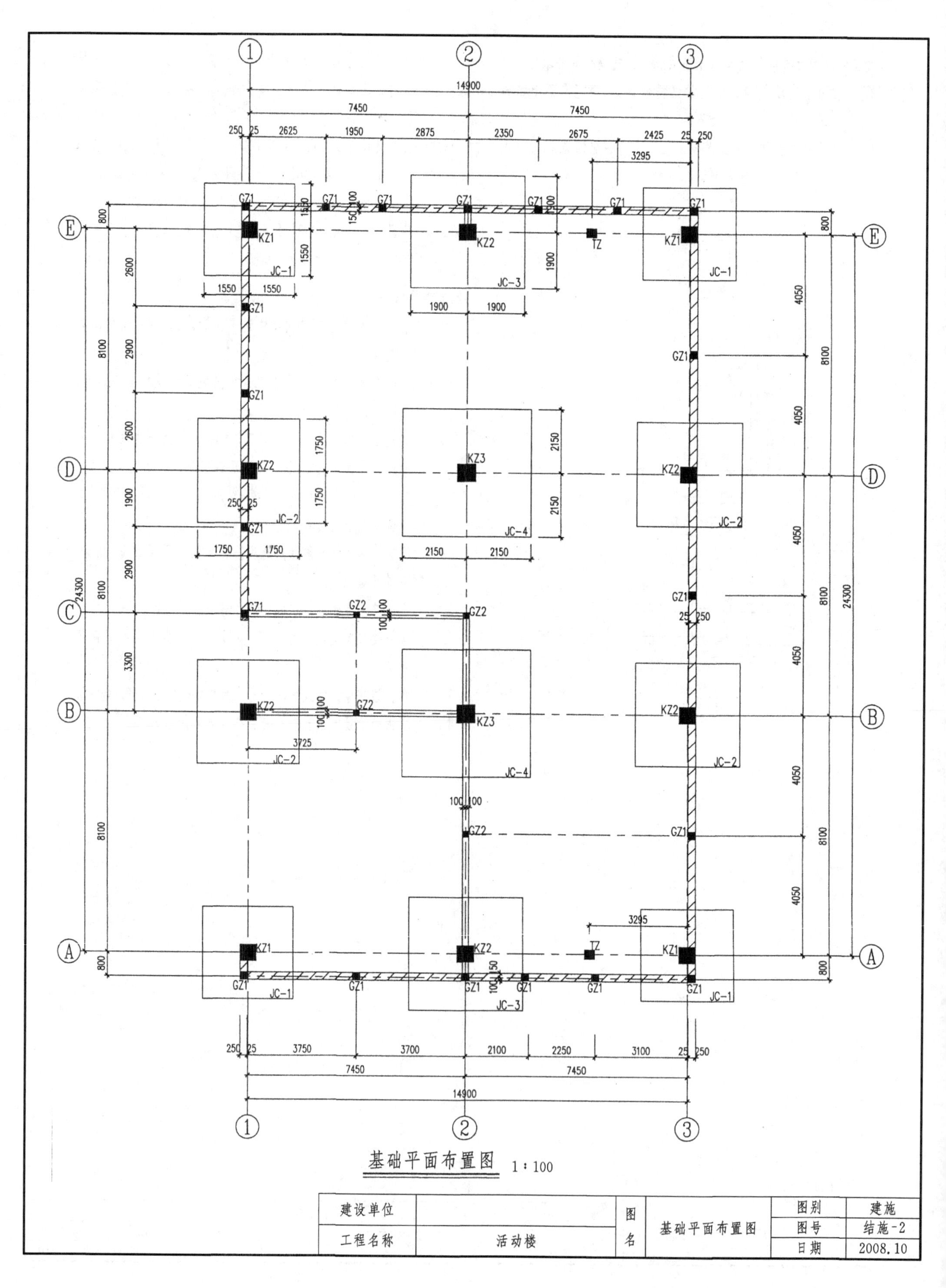

① ② ③
Ⓐ Ⓑ Ⓒ Ⓓ Ⓔ
14900
7450
250 25 2625 1950 2875 2350 2675 2425 25 250
3295
GZ1 GZ2 KZ1 KZ2 KZ3 TZ
JC-1 JC-2 JC-3 JC-4
1550 1900 1750 2150
800 2600 2900 1900 3300 8100 24300 4050
3725
250 25 3750 3700 2100 2250 3100 25 250
基础平面布置图 1：100
建设单位
工程名称
活动楼
图名
基础平面布置图
图别
建施
图号
结施-2
日期
2008.10

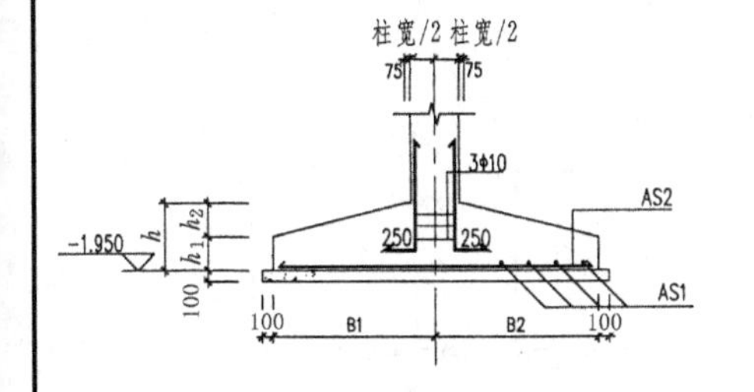

1-1 1∶50

基础表

编号	柱宽(mm)	柱高(mm)	B(mm)	B1(mm)	B2(mm)	A(mm)	A1(mm)	A2(mm)	As1	As2	h_1	h_2	h
JC—1	550	550	3100	1550	1550	3100	1550	1550	Φ14@150	Φ14@150	300	300	600
JC—2	550	550	3500	1750	1750	3500	1750	1750	Φ14@150	Φ14@150	300	300	600
JC—3	550	550	3800	1900	1900	3800	1900	1900	Φ14@100	Φ14@100	300	350	650
JC—4	600	600	4300	2150	2150	4300	2150	2150	Φ14@100	Φ14@100	300	450	750

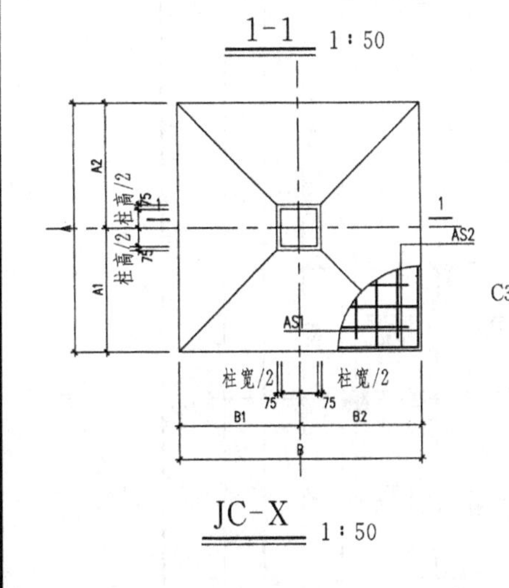

JC-X 1∶50

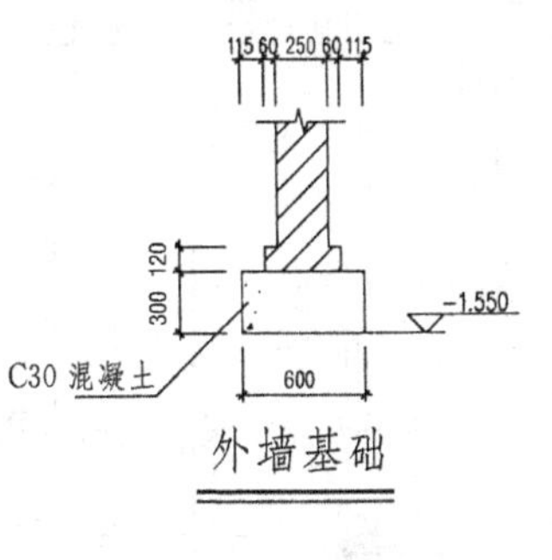

外墙基础

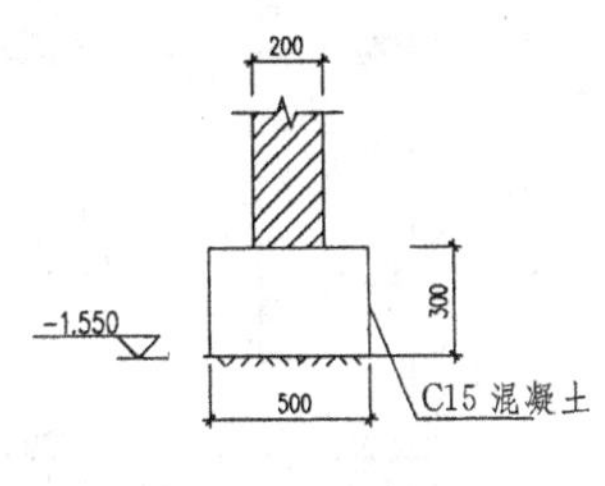

内墙基础

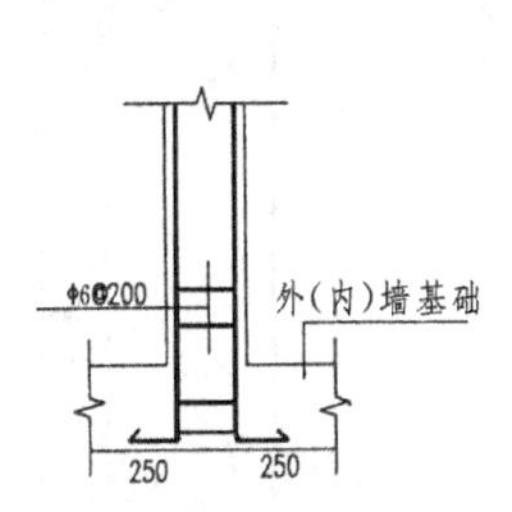

GZ 生根示意图

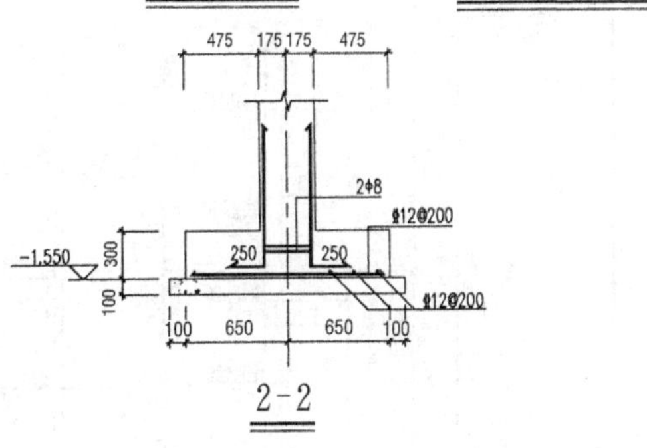

2-2

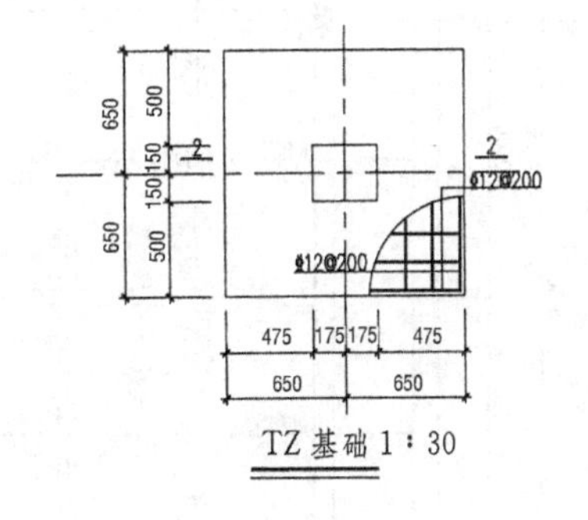

TZ 基础 1∶30

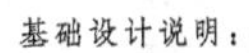

基础设计说明：

1. 基础采用柱下独立基础。
   基础底相对标高为－1.95m，基础埋置深度为室外地面下 1.5m。
2. 采用夯实水泥土桩对地基进行处理，处理后的地基承载力特征值大于等于 1800KPa，处理后相邻柱基的学降差允许值为 14mm，承载力确定采用现场复合地基载荷试验确定。
3. 基坑回填采用素土回填，压实系数大于 0.94。
4. 外墙及 TZ 基础需挖至老土，超挖部分采用素土回填至基底，压实系数大于 0.97。
5. 基础垫层混凝土强度等级为 C15，基础的混凝土强度等级为 C30。
6. 基础钢筋保护层厚度为 40mm。
7. 现浇柱的基础，其插筋的数量、直径以及钢筋种类应与柱内纵向受力钢筋相同。
8. 图中 GZ1 起于外墙基础，止于一层框架梁，截面 250×250 配筋 4Φ12，箍筋 Φ6@200，施工主体时在梁下预留插筋长 45d，先砌墙后浇柱，构造柱高随墙高。GZ2 起于内墙基础，截面 200×200，配筋 4Φ12，箍筋Φ6@200。

9、图中 TZ 配筋详见结施—4。

10、▨ 外墙 ▭ 内墙

建设单位		图名	基础断面图	图别	建施
				图号	结施-3
工程名称	活动楼			日期	2008.10

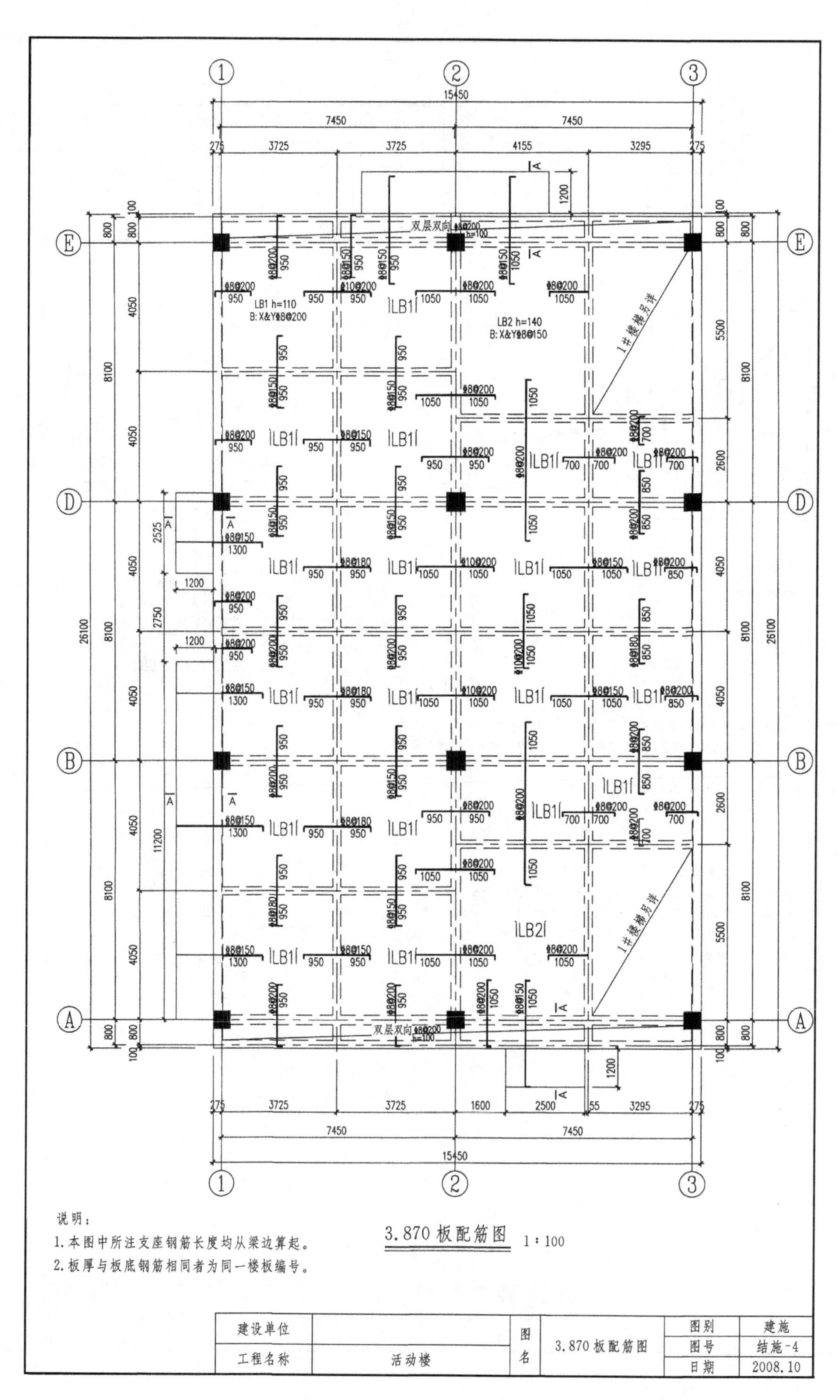

LB1 h=110
B: X&Y⌀8@200
LB2 h=140
B: X&Y⌀8@150
双层双向⌀8@200 h=100
1#楼梯另详
3.870 板配筋图 1∶100
说明：
1.本图中所注支座钢筋长度均从梁边算起。
2.板厚与板底钢筋相同者为同一楼板编号。
建设单位
工程名称
活动楼
图名
3.870 板配筋图
图别
建施
图号
结施-4
日期
2008.10

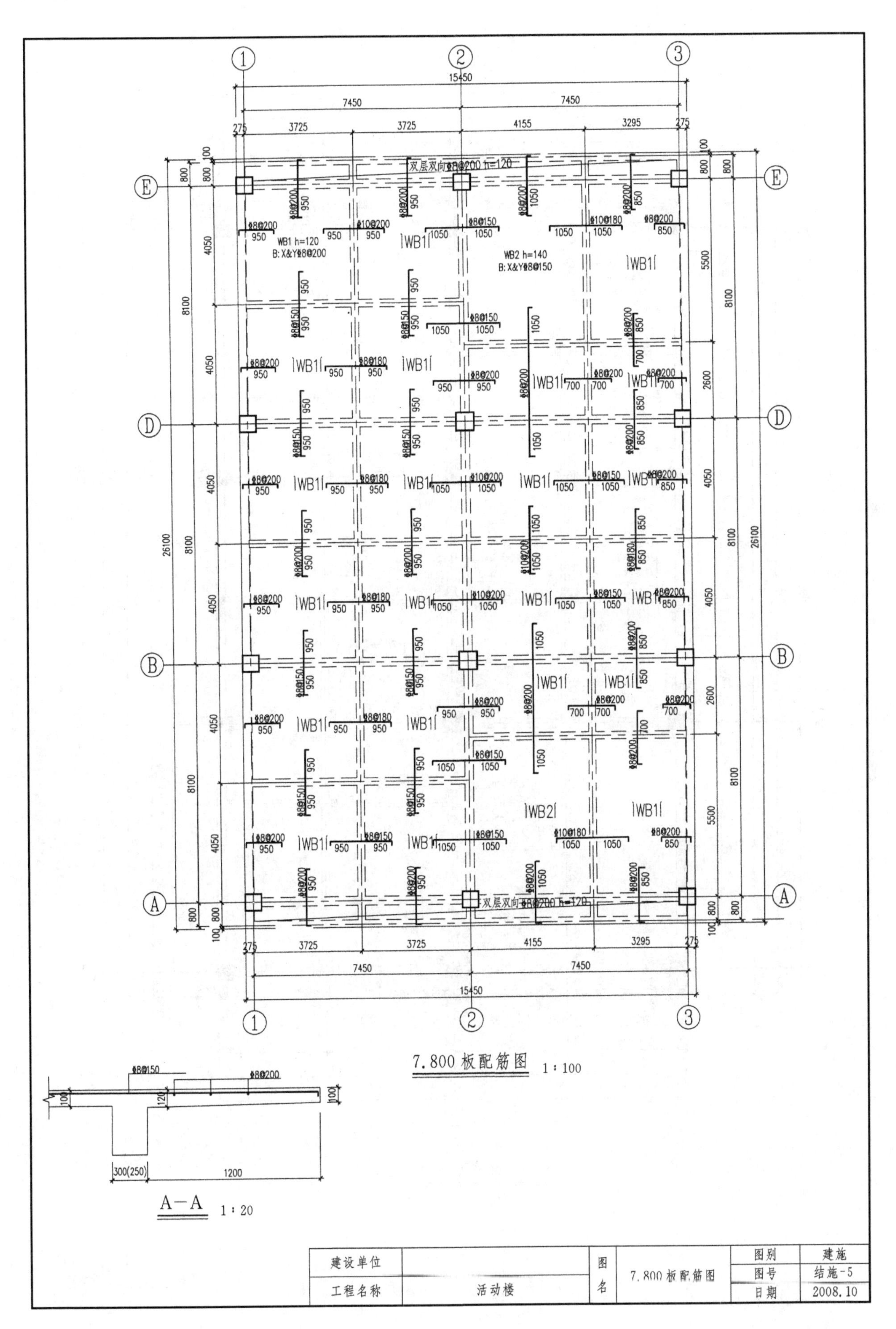
7.800 板配筋图 1:100
A—A 1:20
WB1 h=120
B: X&Y φ8@200
WB2 h=140
B: X&Y φ8@150
双层双向φ8@200 h=120
15450
7450
3725
4155
3295
26100
8100
4050
建设单位
工程名称
活动楼
图名
7.800 板配筋图
图别
建施
图号
结施-5
日期
2008.10

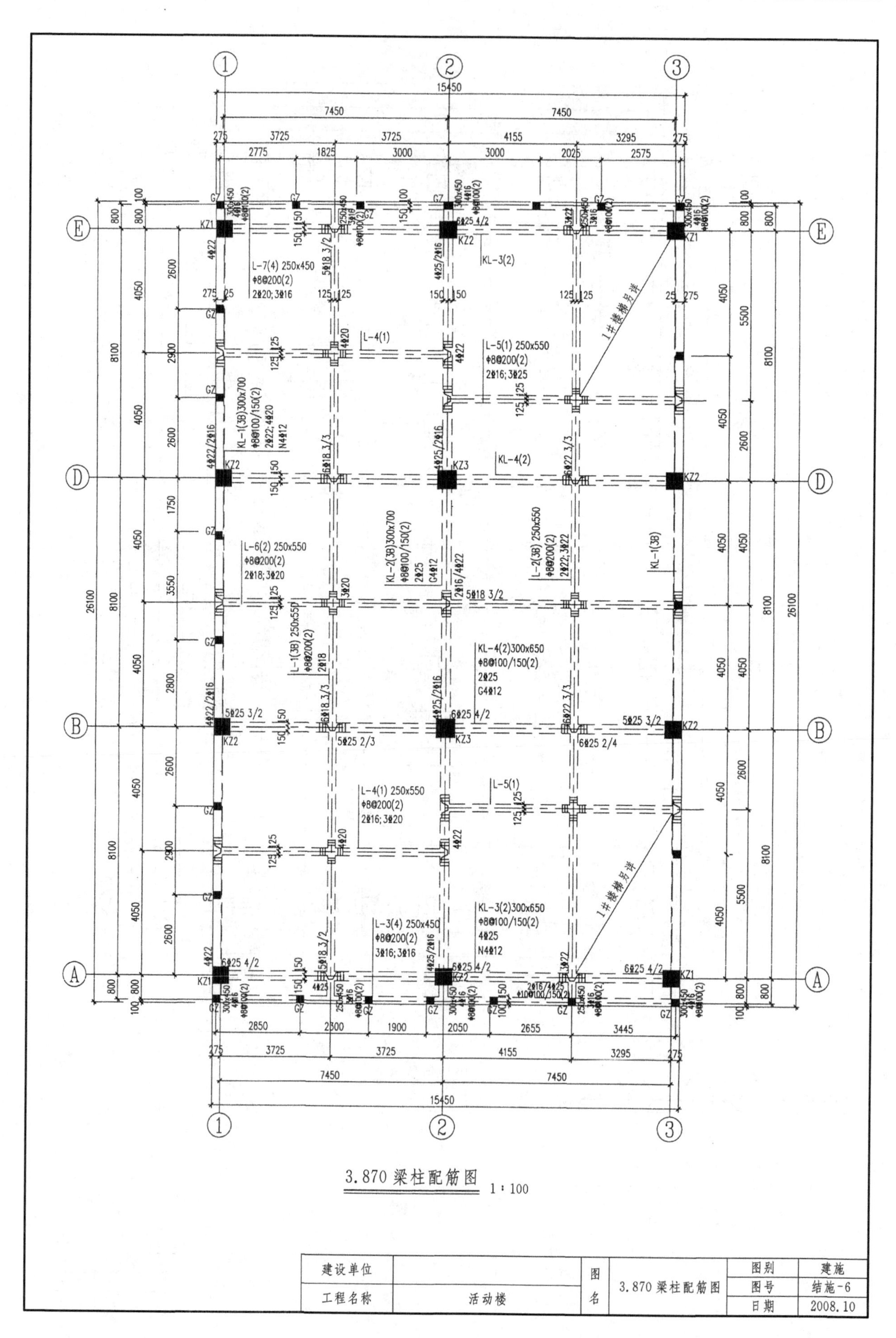

3.870 梁柱配筋图 1∶100
建设单位
工程名称
活动楼
图名
3.870 梁柱配筋图
图别 建施
图号 结施-6
日期 2008.10
15450
7450
7450
KZ1
KZ2
KZ3
GZ
L-7(4) 250x450
Φ8@200(2)
2Φ20;3Φ16
L-4(1)
L-5(1) 250x550
Φ8@200(2)
2Φ16;3Φ25
KL-3(2)
KL-1(3B)300x700
Φ8@100/150(2)
2Φ22;4Φ20
N4Φ12
KL-4(2)
L-6(2) 250x550
Φ8@200(2)
2Φ18;3Φ20
KL-2(3B)300x700
Φ8@100/150(2)
2Φ25
G4Φ12
KL-2(3B) 250x550
Φ8@200(2)
2Φ22;3Φ22
KL-1(3B)
L-1(3B) 250x550
Φ8@200(2)
2Φ18
KL-4(2)300x650
Φ8@100/150(2)
2Φ25
G4Φ12
L-4(1) 250x550
Φ8@200(2)
2Φ16;3Φ20
L-5(1)
L-3(4) 250x450
Φ8@200(2)
3Φ16;3Φ16
KL-3(2)300x650
Φ8@100/150(2)
4Φ25
N4Φ12
1#楼梯另详
26100

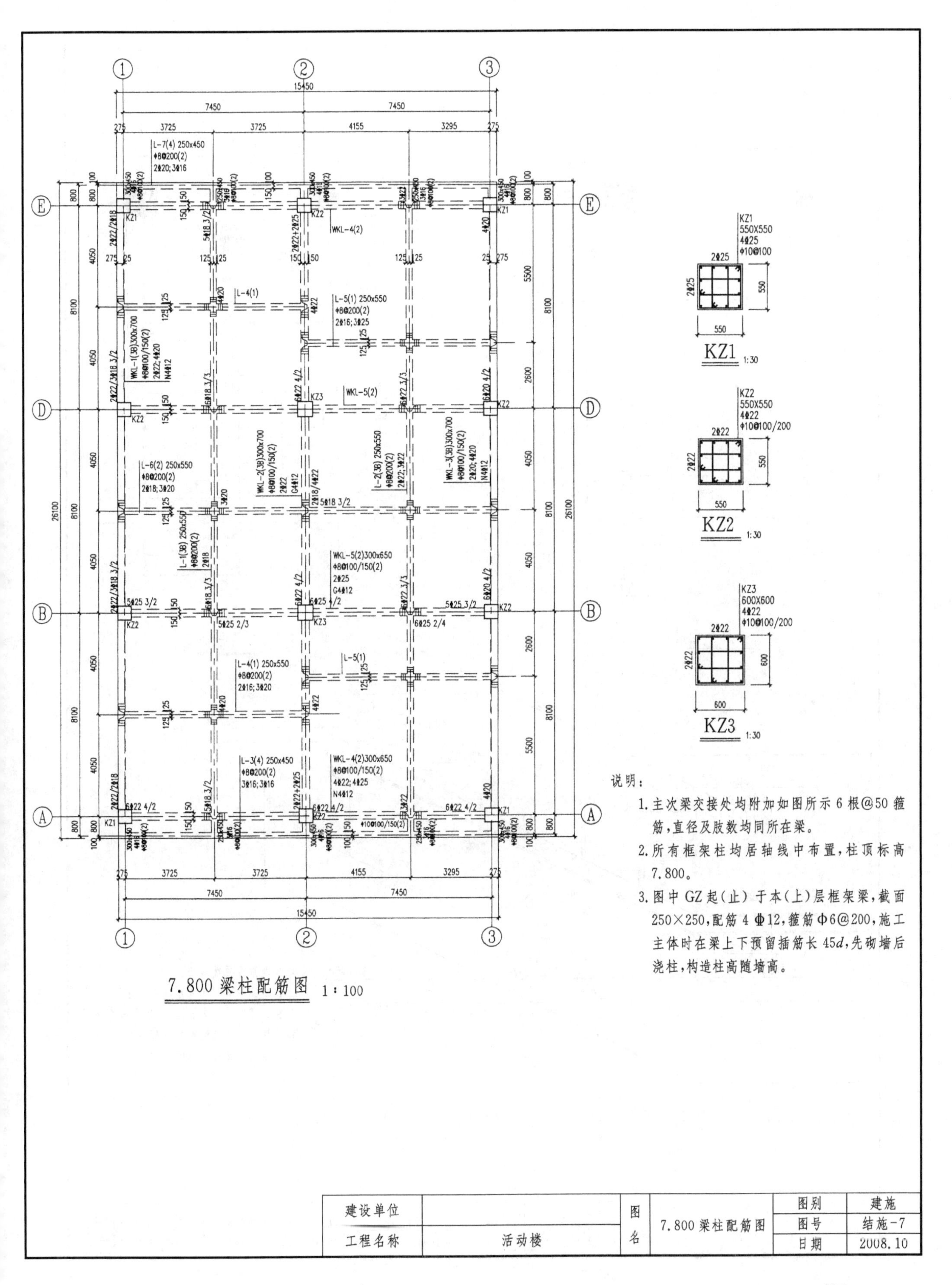
KZ1
550X550
4Φ25
Φ10@100
KZ1 1:30
KZ2
550X550
4Φ22
Φ10@100/200
KZ2 1:30
KZ3
600X600
4Φ22
Φ10@100/200
KZ3 1:30
说明：
1.主次梁交接处均附加如图所示6根@50箍筋，直径及肢数均同所在梁。
2.所有框架柱均居轴线中布置，柱顶标高7.800。
3.图中GZ起(止)于本(上)层框架梁，截面250×250，配筋4Φ12，箍筋Φ6@200，施工主体时在梁上下预留插筋长45d，先砌墙后浇柱，构造柱高随墙高。
7.800梁柱配筋图 1:100
建设单位
工程名称
活动楼
图名
7.800梁柱配筋图
图别
建施
图号
结施-7
日期
2008.10

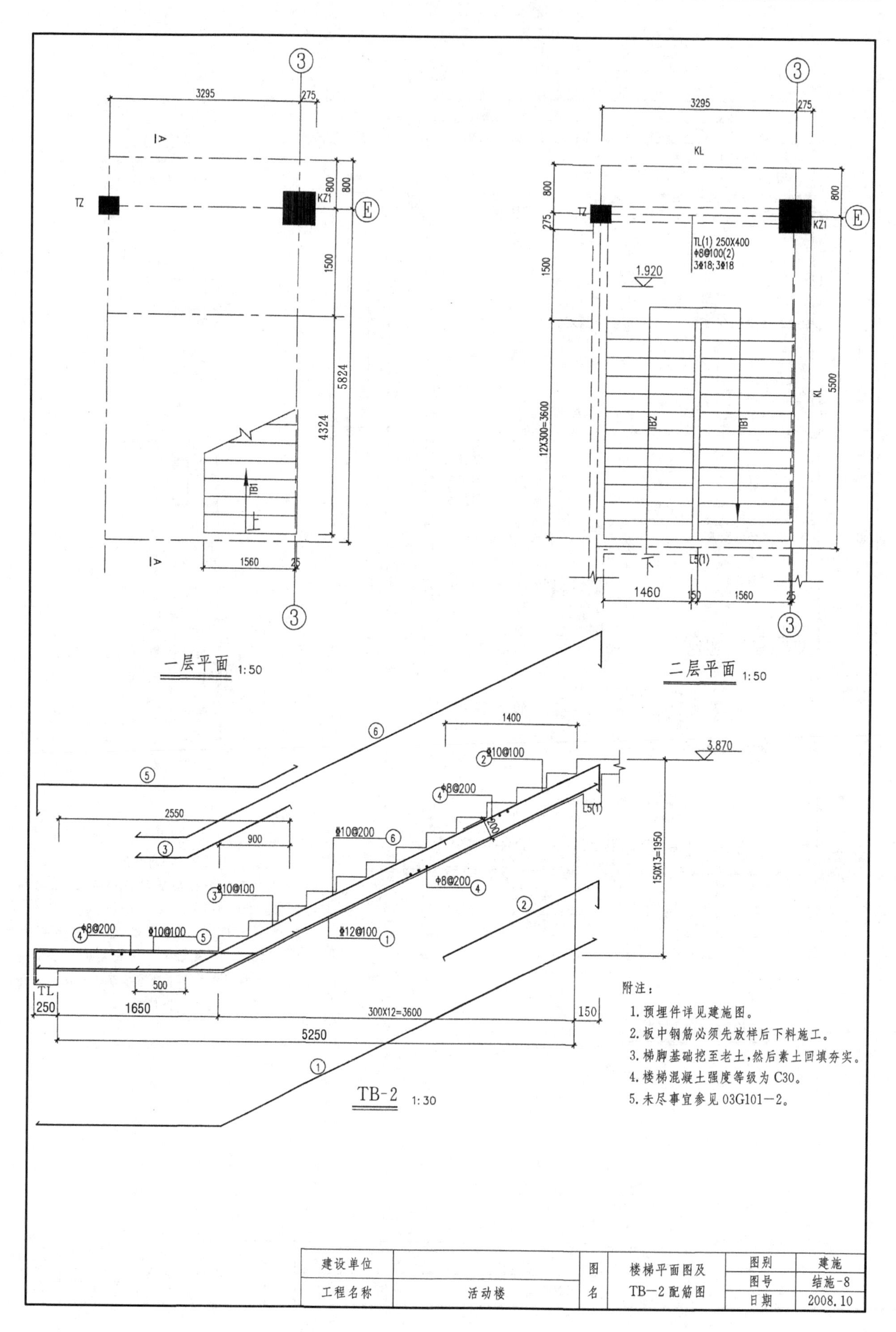

一层平面 1:50
二层平面 1:50
TB-2 1:30
附注：
1. 预埋件详见建施图。
2. 板中钢筋必须先放样后下料施工。
3. 梯脚基础挖至老土，然后素土回填夯实。
4. 楼梯混凝土强度等级为 C30。
5. 未尽事宜参见 03G101—2。
建设单位
工程名称
活动楼
图名
楼梯平面图及
TB—2 配筋图
图别
建施
图号
结施-8
日期
2008.10

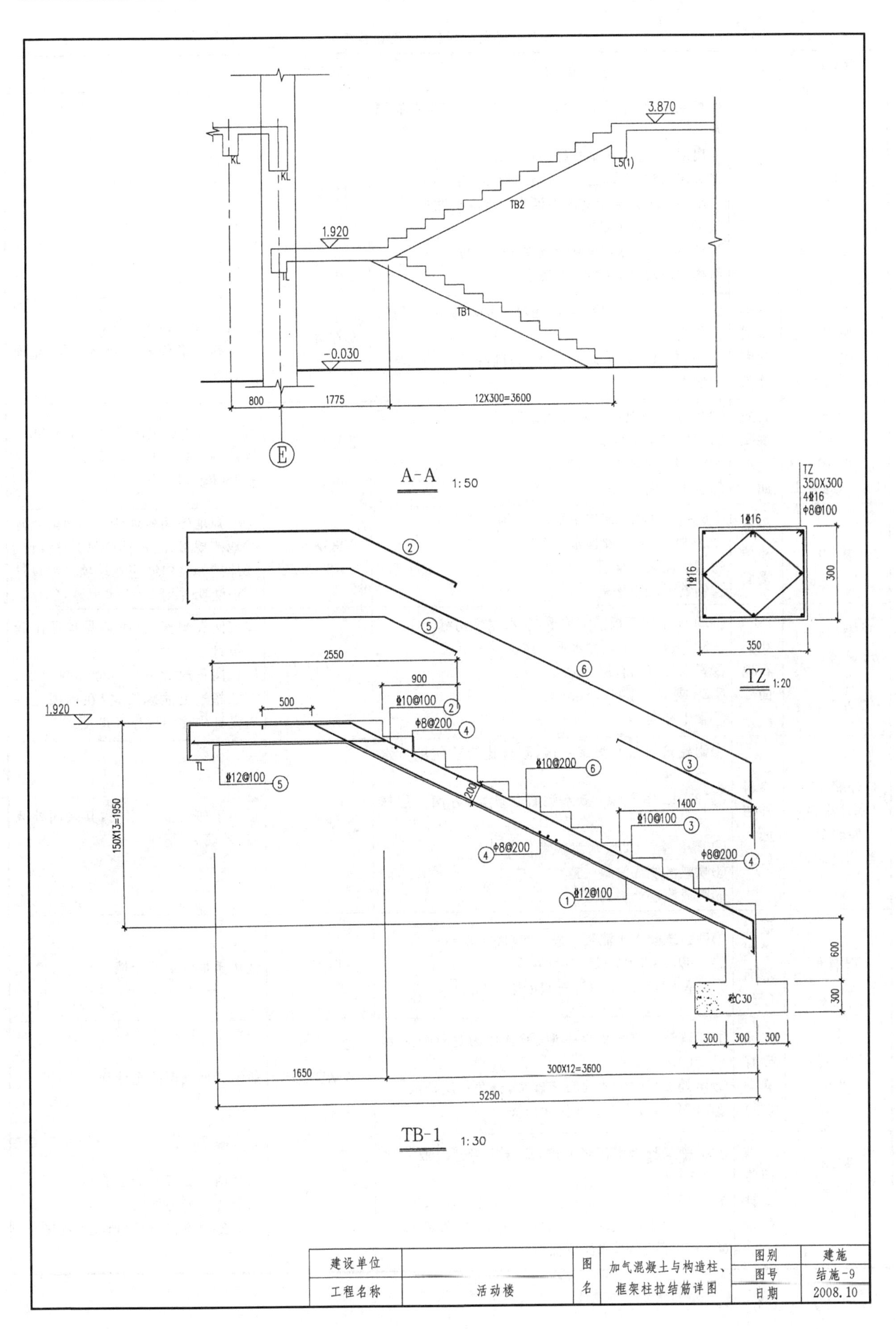

建设单位		图名	加气混凝土与构造柱、框架柱拉结筋详图	图别	建施
				图号	结施-9
工程名称	活动楼			日期	2008.10

05J1 工程做法表(根据图纸摘选)

编号	名称	用料做法	参考指标	附注
屋 1	倒置式屋面，不上人	保护层:C20 混凝土，内配 Φ4@150×150 钢筋网片 隔离层:干铺无纺聚酯纤维布一层 保温层:挤塑聚苯乙烯泡沫板(厚度按设计) 防水层:3.0 厚高聚物改性沥青防水卷材两层 找平层:1∶3 水泥砂浆 找坡层:1∶8 水泥膨胀珍珠岩找 2%坡 结构层:现浇钢筋混凝土楼板	40～20 最薄处 20	
地 7 100 厚混凝土 **地 8** 120 厚混凝土	**特殊骨料耐磨地面**	①1～2 厚特殊耐磨骨料，混凝土即将初凝时均匀敷设 ②100 或 120 厚 C15 混凝土随打随抹平 ③素土夯实	总厚度：102 122	①具有较高的耐磨性， ②特殊耐磨骨料有合金骨料，金属骨料
地 9 80 厚混凝土 **地 10** 100 厚混凝土	**石屑混凝土地面**	①30 厚石屑混凝土随打随抹光 ②素水泥浆结合层一遍 ③80 或 100 厚 C15 混凝土 ④素土夯实	总厚度：100 130	石屑混凝土质量配合比：水泥(42.5 级)：石屑(粒径 5～15)=350kg：120kg
楼 10	**陶瓷地砖楼面**	①8～10 厚地砖铺实拍平，水泥浆勾缝 ②20 厚 1∶4 干硬性水泥砂浆 ③素水泥浆结合层 ④钢筋混凝土楼板	总厚度： 18～30	①陶瓷地砖又名地砖或地面陶瓷砖 ②地砖规格、品种见单项工程设计 ③地砖如需勾缝应在单项工程设计中注明并用 1∶1 水泥砂浆勾缝
地 25 80 厚混凝土 **地 28** 100 厚混凝土	**花岗石地面**	①20 厚花岗石板铺实拍平，素水泥浆勾缝 ②30 厚 1∶4 干硬性水泥砂浆 ③素水泥浆结合层一遍 ④80 或 100 厚 C15 混凝土 ⑤素土夯实	总厚度：120 150	①花岗石规格、品种详见单项工程设计 ②花岗石规格一般(500×500×20，如超过上述规格，应在单项工程设计中注明规格及厚度)
外墙 23 (水性涂料) **外墙 24** (溶剂型涂料)	**涂料外墙面** (二)	①刷建筑胶素水泥浆一遍，配合比为建筑胶：水=1∶4 ②12～15 厚 2∶1∶8 水泥石灰砂浆，分两次层抹灰 ③5～8 厚 1∶2.5 水泥砂浆 ④喷或滚刷底涂料一遍 ⑤喷或滚刷涂料两遍	总厚度：20	适用于加气混凝土墙，其余同外墙 21，外墙 22 附注
内墙 5	**混合砂浆墙面** (三)	①刷建筑胶素水泥浆一遍，建筑胶：水=1∶4 ②15 厚 1∶1∶6 水泥石灰砂浆， ③5 厚 1∶0.5∶3 水泥石灰砂浆	总厚度：20	适用于加气混凝土墙
踢 5 (120 高) **踢 6** (150 高)	**水泥砂浆踢脚** (三)	①刷建筑胶素水泥浆一遍，配合比为建筑胶：水=1∶4 ②15 厚 2∶1∶8 水泥石灰砂浆，分两次层抹灰 ③10 厚 1∶2 水泥砂浆抹面压光	总厚度：25	适用于加气混凝土墙面
踢 23 (120 高) **踢 24** (150 高)	**面砖踢脚** (二)	①刷建筑胶素水泥浆一遍，配合比为建筑胶：水=1∶4 ②17 厚 2∶1∶8 水泥石灰砂浆，分两次层抹灰 ③3～4 厚 1∶1 水泥砂浆加水 20%建筑胶镶贴 ④8～10 厚面砖，水泥浆擦缝	总厚度： 28～31	①适用于加气混凝土墙面 ②面砖又名陶板 ③面砖规格、品种详单项工程设计

编号	名称	用料做法	参考指标	附注
顶 3	混合砂浆顶棚	①钢筋混凝土底楼面清除干净 ②7 厚 1∶1∶4 水泥石灰∶水砂浆 ③5 厚 1∶0.5∶3 水泥石灰∶水砂浆 ④表面喷刷涂料		总厚度：12
涂 1	调和漆	①水基层清理、除污、打磨等 ②刮腻子、磨光 ③底油一遍 ④调和漆两遍		调和漆颜色详见单项工程设计
涂 12	调和漆（一）	①清理金属面除锈 ②防锈漆或红丹一遍 ③刮腻子、磨光 ④调和漆两遍		调和漆颜色详见单项工程设计
散 2	细石混凝土散水	①40 厚细石混凝土，面上加 5 厚 1∶1 水泥沙浆随打随抹光 ②150 厚 3∶7 灰土 ③素土夯实向外坡 4%	总厚度：190	
台 6	花岗岩台阶	①20～25 厚石质板材踏步及踢脚线，水泥浆擦缝 ②30 厚 1∶4 干硬性水泥砂浆 ③素水泥浆结合层一道 ④60 厚 C15 混凝土台阶（厚度不包括踏步三角部分） ⑤300 厚 3∶7 灰土 ⑥素土夯实	总厚度：410	石质板材可选用花岗岩、大理石或预制水磨石制品，品种、规格由设计定。
坡 5 60 厚混凝土 坡 6 100 厚混凝土	水泥砂浆坡道	①25 厚 1∶2 水泥砂浆抹面，做出 6 宽 7 深锯齿 ②素水泥浆结合层一道 ③60 或 100 厚 C15 混凝土 ④300 厚 3∶7 灰土 ⑤素土夯实（坡度按工程设计）	总厚度： 385 425	防滑锯齿也可改成 15 宽水泥金刚砂防滑条（中距 80，高出坡面 3）

预制过梁 TGLA25121～ TGLA25242 材料表

过梁编号	l_n (mm)	l (mm)	混凝土体积 (m^3)	过梁自重 (Kg)	①		②		③		④		⑤		钢筋用量 (kg)
					规格	长度	规格	长度	规格	长度	规格	长度	规格	长度	
TGLA25121	1200	1700	0.043	106.25	2φ8	1770					10φ4	220			1.62
TGLA25122			0.043	106.25	2φ10	1800					10φ4	220			2.44
TGLA25151	1500	2000	0.075	187.50	2φ8	2070			2φ6	2050			12φ6	840	4.78
TGLA25152			0.075	187.50	2φ10	2100			2φ6	2050			12φ6	840	5.74
TGLA25181	1800	2300	0.086	215.63	2φ8	2370			2φ6	2350			14φ6	840	5.53
TGLA25182			0.086	215.63	2φ10	2400	1φ10	2400	2φ6	2350			14φ6	840	8.09
TGLA25211	2100	2600	0.098	243.75	2φ10	2700			2φ6	2550			16φ6	840	7.49
TGLA25212			0.098	243.75	2φ10	2700	1φ10	2700	2φ6	2650			16φ6	840	9.15

附录2

工程量计算书

A. 建筑工程工程量计算书

第一部分 建筑工程实体项目

序号	项目编码（定额编号）	项目名称	计算式	计量单位	工程量
一、A.1 土方工程					
1	010101001001	平整场地	首层建筑面积：26.2×15.55=407.41（加保温面积）	m^2	407.41
	A1-39	（人工）平整场地	建筑物的底面积：26.2×15.55=407.41	m^2	407.41
2	010101004001	JC-1 挖基础土方	$A'\times B'\times H=(3.1+0.1\times2)^2\times(1.95+0.1-0.45)\times4=69.696$	m^3	69.70
	A1-120	JC-1 反铲挖掘机（斗容量 0.6m^3）挖土（三类土）装机	$V_机=ABH+KH^2(A+B+4/3KH)$ $=\{(3.1+0.1\times2+0.3\times2)^2\times1.3+0.67\times1.3^2\times(3.9+3.9+4/3\times0.67\times1.3)\}\times4=119.68$	m^3	119.68
	A1-4	人工挖土方（三类土）深度 2m 以内	$V_人=ABH=3.9^2\times0.3\times4=18.252$	m^3	18.25
	A1-163	自卸汽车（8t）800m 运土	$V_运=119.68+18.252=137.932$	m^3	137.93
3	010101004002	JC-2 挖基础土方	$(3.5+0.1\times2)^2\times1.6\times4=87.616$	m^3	87.62
	A1-120	JC-2 反铲挖掘机（斗容量 0.6m^3）挖土（三类土）装机	$V_机=ABH+KH^2(A+B+4/3KH)$ $=\{(3.5+0.1\times2+0.3\times2)^2\times1.3+0.67\times1.3^2\times(4.3+4.3+4/3\times0.67\times1.3)\}\times4=140.36$	m^3	140.36
	A1-4	人工挖土方（三类土）深度 2m 以内	$V_人=ABH=4.3^2\times0.3\times4=22.188$	m^3	22.19
	A1-163	自卸汽车（8t）800m 运土	$V_运=140.36+22.188=162.548$	m^3	162.55
4	010101004003	JC-3 挖基础土方	$(3.8+0.1\times2)^2\times1.6\times2=51.2$	m^3	51.2
	A1-120	JC-3 反铲挖掘机（斗容量 0.6m^3）挖土（三类土）装车	$V_机=ABH+KH^2(A+B+4/3KH)$ $=\{(3.8+0.1\times2+0.3\times2)^2\times1.3+0.67\times1.3^2\times(4.6+4.6+4/3\times0.67\times1.3)\}\times2=156.96$	m^3	78.48
	A1-4	人工挖土方（三类土）深度 2m 以内	$V_人=ABH=4.6^2\times0.3\times2=12.969$	m^3	12.97
	A1-163	自卸汽车（载重 8t）运土，运距 800m	$V_运=156.96+12.969=169.929$	m^3	169.93
5	010101004004	JC-4 挖基础土方	$(4.3+0.1\times2)^2\times1.6\times2=64.8$	m^3	64.8
	A1-120	JC-4 反铲挖掘机（斗容量 0.6m^3）挖土（三类土）装车	$V_机=ABH+KH^2(A+B+4/3KH)$ $=\{(4.3+0.1\times2+0.3\times2)^2\times1.3+0.67\times1.3^2\times(5.1+5.1+4/3\times0.67\times1.3)\}\times2=93.35$	m^3	93.35
	A1-4	人工挖土方（三类土）深度 2m 以内	$V_人=ABH=5.1^2\times0.3\times2=15.606$	m^3	15.61
	A1-163	自卸汽车（载重 8t）运土，运距 800m	$V_运=93.35+15.606=108.956$	m^3	108.96

6	010101004005	TZ挖基础土方	[(1.3+0.1×2)^2×(1.55+0.1−0.45)]×2=5.4	m^3	5.40
	A1-120	TZ反铲挖掘机(斗容量0.6m^3)挖土(三类土)装车	$V_{机}$=ABH =[(1.3+0.1×2+0.3×2)^2×(1.55+0.1−0.45−0.3)]×2 =7.938	m^3	7.94
	A1-4	TZ人工挖土方(三类土)深度2m以内	$V_{人}$=ABH=2.1^2×0.3×2=2.646	m^3	2.646
	A1-163	自卸汽车(载重8t)运土运距1km以内	$V_{运}$=0.938+2.646=10.584	m^3	10.58
7	010101003001	外墙基槽挖基础土方	0.6×(1.55−0.45)×{[14.9−(1.55+0.1)×2−(3.8+0.1×2)−(1.3+0.1×2)]×2+[24.3−(1.55+0.1)×2−(3.5+0.1×2)×2]+[(8.1×2−3.3+0.225)−(1.55+0.1)−(3.5+0.1×2)]}=22.16	m^3	22.16
	A1-15	人工挖沟槽三类土(2m以内)	(0.6+0.3×2)×(1.55−0.45)×{[14.9−(1.55+0.1+0.3)×2−(3.8+0.1×2+0.3×2)−(1.3+0.1×2+0.3×2)]×2+[24.3−(1.55+0.1+0.3)×2−(3.5+0.1×2+0.3×2)×2]+[(8.1×2−3.3+0.225)−(1.55+0.1+0.3)−(3.5+0.1×2+0.3×2)]} =36.003	m^3	36.00
8	010103001001	基础回填	$V=V_{挖}-V_{设计室外地坪以下埋设的基础}$ [(69.696+87.616+51.2+64.8+5.4)−(65.962+17.332)−0.55×0.55×(1.95−0.6−0.45)×8−0.55×0.55×(1.95−0.65−0.45)×2−0.6×0.6×(1.95−0.7−0.45)×2−0.35×0.3×(1.55−0.3−0.45)×2]+{22.16−12.123−67.35×0.24×(0.066+1.25−0.45)} =188.077	m^3	188.08
	A1-41	回填土,夯填	(137.932+162.548+169.929+108.956+10.584)−(65.962+17.332)−0.55×0.55×(1.95−0.6−0.45)×8−0.55×0.55×(1.95−0.65−0.45)×2−0.6×0.6×(1.95−0.7−0.45)×2−0.35×0.3×(1.55−0.3−0.45)×2=503.241 36.003−12.123−67.35×[0.365×0.12+(1.25−0.12−0.45)×0.24]=9.939 小计:503.241+9.939=513.18	m^3	513.18
	A1-163	自卸汽车(载重8t)运土运距1km以内	441.497	m^3	441.50
9	010103001002	室内回填	V=主墙间净面积×回填土厚度 86.656×(0.45−0.3−0.122)+290.61×(0.45−0.13)=95.422 注:05J1地8总厚度为122mm,地6总厚度为130mm。 注:86.656为装饰1车库地面净面积,290.61为装饰2活动室地面净面积	m^3	95.42
	B1-1	回填土,夯填	同清单95.422	m^3	95.42
	A1-163	自卸汽车(载重8t)运土运距1km以内	95.422−36.003=59.419 注:36.003——第七项人工挖沟槽,不考虑外运土	m^3	59.42
			二、A.3 砌筑工程		
10	010401001001	砖基础	外墙中心线长×基础断面面积−相应构造柱体积 67.35×[0.24×(0.066+1.25)]−(0.25+0.06)×0.25×1.25×20 =19.415	m^3	19.42
	A3-1	砖基础	同清单19.415	m^3	19.42
	A7-214	防水砂浆,墙基	67.35×0.25=16.84	m^2	16.84

11	010402001001	砌块墙(外墙)	一层①轴:[(8.1+4.8−0.125−0.275−0.55−0.31×3)×(3.87−0.7)+(0.375−0.03)×3.42×2]×0.25=9.323 一层③轴:[(24.3−0.55×3−0.31×3)×3.17+(0.375−0.03)×3.42×2]×0.25=17.803 一层Ⓐ、Ⓔ轴之外: [14.95×2−(0.25×9+0.06×11)]×(3.87−0.45)×0.25=22.512 $V_{一层外墙}$=9.323+17.803+22.512−1.119($V_{过梁}$)−49.32×0.25(V门窗)=36.189 二层①轴:[(22.65−0.31×6)×3.23+0.345×3.48×2]×0.25=17.388 注:22.65=(8.1−0.55)×3 二层③轴:[(22.65−0.31×3)×3.23+0.345×3.48×2]×0.25=18.139 二层Ⓐ、Ⓔ轴之外: V=[14.95×2−(0.25+0.06)×10−0.03×4]×3.48×0.25=23.212 $V_{二层外墙}$=17.388+18.139+23.212−1.688($V_{过梁}$)−63.18×0.25($V_{门窗}$)=41.204 外墙合计:36.189+41.204=77.393 注:Ⓒ轴与①轴交角处GZ,根据此施工要求Ⓒ轴以下那一小部分墙体用现浇素混凝土	m^3	77.39
	A3-17	加气混凝土块墙	同清单77.393	m^3	77.39
	A9-4	1类预制混凝土构件	77.393×0.4=31.196(运距10km以内)	m^3	31.20
12	010402001002	砌块墙(内墙)	②轴(梁高700):V=[3.3+8.1+0.1−0.275−0.6−(0.20+0.06)−(0.20+0.03)]×0.2×(3.87−0.7+0.30)+0.375×0.2×(3.87−0.45)+0.375×0.2×(3.87+0.30−0.45)=7.500 Ⓒ轴(LB1板110,L-1250×550): [(7.45+0.025−0.1)−0.03×2−(0.20+0.06)]×0.2×(3.87+0.30)=5.842 Ⓑ轴(梁高650): V=[(7.45−0.275−0.3)−(0.20+0.06)]×0.2×(3.87−0.65+0.3)=4.622 合计内墙体积:7.500+5.842+4.622=17.964	m^3	17.96
	A3-17	加气混凝土块墙	②轴(梁高700):同清单7.500 Ⓒ轴(LB1板110,L-1250×550): [(7.45+0.025−0.1)−0.03×2−(0.25+0.06)]×0.2×(3.87−0.11+0.30)=5.688 Ⓑ轴(梁高650):同清单4.622 合计内墙体积:7.500+5.688+4.622=17.81	m^3	17.81
	A9-4	1类预制混凝土构件	17.81×0.4=7.124(运距10km以内)	m^3	7.12
13	010402001003	砌块墙(女儿墙)	V=墙厚×墙高×墙长−$V_{屋面构造柱}$ =0.25×(0.6−0.07)×82.1−$V_{屋面构造柱}$=10.878−1.725=9.153	m^3	9.15
	A3-17	加气混凝土块墙	同清单9.153	m^3	9.15
	A9-4	1类预制混凝土构件	9.153×0.4=3.661(运距10km以内)	m^3	3.66
14	010515001004	现浇混凝土钢筋	0.243+0.034+0.025=0.362	t	0.362
	A3-30	墙体拉结筋	同清单0.362	t	0.362

三、A.4 混凝土及钢筋混凝土工程					
15	010501002001	外墙素混凝土带形基础	67.35×0.6×0.3=12.123	m³	12.12
	A4-162	现浇无筋混凝土(预拌混凝土)带形基础	同清单 12.123	m³	12.12
	A4-314	混凝土输送泵,檐高(深度)40m 以内	12.123	m³	12.12
16	010501003001	独立基础	$V=a\times b\times h+h/6[a\times b+(a_1+a)(b+b_1)+a_1\times b_1]$ Jc-1($N=4$) $V_1=\{(3.1^2\times 0.3)+\frac{0.3}{6}\times[3.1^2+(3.1+0.55+0.15)^2+(0.55+0.15)^2]\}\times 4=16.44$ Jc-2($N=4$) $V_2=\{3.5^2\times 0.3+\frac{0.3}{6}\times[3.5^2+(3.5+0.55+0.15)^2+(0.55+0.15)^2]\}\times 4=20.776$ Jc-3($N=2$) $V_3=\{3.8^2\times 0.3+\frac{0.35}{6}\times[3.8^2+(3.8+0.55+0.15)^2+(0.55+0.15)^2]\}\times 2=12.182$ Jc-4($N=2$) $V_4=\{4.3^2\times 0.3+\frac{0.45}{6}\times[4.3^2+(4.3+0.6+0.15)^2+(0.6+0.15)^2]\}\times 2=15.550$ Tz($N=2$) $V_5=1.3^2\times 0.3\times 2=1.014$ 小计:$V=16.44+20.776+12.182+15.550+1.014=65.96$	m³	65.96
	A4-165	现浇混凝土(预拌混凝土)独立基础	同清单 65.962	m³	65.96
	A4-314	混凝土输送泵,檐高(深度)40m 以内	65.962	m³	65.96
17	010501002002	楼梯基础(C15 素混凝土)	(0.9×0.3+0.6×0.3)×(1.56+0.025)=0.713	m³	0.71
	A4-162	现浇无筋混凝土(预拌混凝土)带形基础	0.713	m³	0.71
	A4-314	混凝土输送泵,檐高(深度)40m 以内	0.713	m³	0.71
18	010501001001	垫层(柱基)	垫层长×垫层宽×垫层厚×个数 Jc-1($N=4$):$V_1=(3.1+0.1\times 2)\times(3.1+0.1\times 2)\times 0.1\times 4=4.356$ Jc-2($N=4$):$V_2=(3.5+0.1\times 2)\times(3.5+0.1\times 2)\times 0.1\times 4=5.476$ Jc-3($N=2$):$V_3=(3.8+0.1\times 2)\times(3.8+0.1\times 2)\times 0.1\times 2=3.200$ Jc-4($N=2$):$V_4=(4.3+0.1\times 2)\times(4.3+0.1\times 2)\times 0.1\times 2=4.050$ Tz($N=2$):$V_5=(1.3+0.1\times 2)\times(1.3+0.1\times 2)\times 0.1\times 2=0.250$ 独立柱基垫层 C15 小计: $V=V_1+V_2+V_3+V_4+V_5=17.332$	m³	17.33
	B1-25	预拌混凝土垫层	C15:17.332	m³	17.33
	A4-314	混凝土输送泵,檐高(深度)40m 以内	17.332	m³	17.33

	010501001002	内墙 C15 混凝土垫层	0.50×0.3×[(11.0+0.375)+7.375+6.875]=3.844	m^3	3.84
19	B1-25	预拌混凝土垫层	3.844	m^3	3.84
	A4-314	混凝土输送泵，檐高(深度)40m 以内	3.844	m^3	3.84
20	010502001001	矩形柱(框架柱及梯柱)	断面面积×柱高×根数 Kz-1:V_1=0.55×0.55×(7.8+1.95−0.6)×4=11.0716 Kz-2:V_2=0.55×0.55×(7.8+1.95−0.6)×4=11.0716 Kz-2(JC-3 上):V_3=0.55×0.55×(7.8+1.95−0.65)×2=5.506 Kz-3:V_4=0.6×0.6×(7.8+1.95−0.75)×2=6.48 Tz:V_5=0.35×0.3×(1.92+1.55−0.3)×2=0.666 C30 框架柱小计:$V_1+V_2+V_3+V_4+V_5$ 11.0716+11.0716+5.506+6.48+0.666=34.795	m^3	34.80
	A4-172	现浇钢筋混凝土(预拌混凝土)矩形柱	同清单 34.795	m^3	34.80
	A4-314	混凝土输送泵，檐高(深度)40m 以内	34.795	m^3	34.80
21	010502002001	矩形柱(构造柱)	断面面积×柱高×根数 (1)一层　共 24 个 ①与③轴、Ⓐ轴与Ⓔ轴之外上 Gz1(二面有墙):共 17 个(0.25×0.25): 0.25×(0.25+0.06)×(3.87+1.25−0.7)×6+0.25×(0.25+0.06)×(3.87+1.25−0.45)×11=2.055+3.981=6.036 ①与③轴、Ⓐ轴与Ⓔ轴之外上 Gz1(三面有墙):共 3 个 [(0.225+0.125+0.03)×0.25+0.03×0.2]×(3.87+1.25−0.7)+[0.25×(0.25+0.06)+0.2×0.03]×(3.87+1.25−0.45)×2=0.397+0.380+0.369=1.226 故 V_1=6.036+1.226=7.262 Gz2(0.2×0.2):共 4 个: V_2=0.2×(0.2+0.06)×(3.87+0.3−0.7)×2+0.2×(0.2+0.06)×(3.87+0.3−0.65)×1+0.2×(0.2+0.06)×(3.87+0.3−0.55)×1=0.732 小计:$V=V_1+V_2$=7.262+0.732=7.994 (2)二层　共 23 个(0.25×0.25) (0.25+0.06)×0.25×(3.93−0.7)×9+(0.25+0.06)×0.25×(3.93−0.45)×14=6.029 (3)屋面(0.25×0.25) 根数:4 个角柱 Ⓐ轴外:(15.45−0.25)/2.1=7.24　取 7 根 Ⓔ轴:(26.1−0.25)/2.1=12.31　取 12 根 共(7+12)×2+4=42 个 (0.25+0.06)×0.25×(0.6−0.07)×42=1.725 C20 构造柱混凝土合计: 7.994+6.029+1.725=15.748	m^3	15.75
	A4-174	现浇钢筋混凝土(预拌混凝土)矩形柱	同清单 15.748	m^3	15.75
	A4-314	混凝土输送泵，檐高(深度)40m 以内	15.748	m^3	15.75

22	010505001001	有梁板	(1)3.87m 梁Ⓐ、Ⓔ轴之外悬挑梁 250×450) KL-1(N=2):{(8.1－0.55)×3×0.3×0.7＋(0.9－0.275)×0.3×0.45}×2=9.851 KL-2(N=1):{[26.1－0.55×2－0.6×2－(0.9－0.275)×2]×0.3×0.7}＋(0.9－0.275)×0.3×0.45×2=4.904 KL-3(N=2):(14.9－0.55×2)×0.3×0.65×2=5.382 式中:14.9=15.45－0.55 KL-4(N=2):(14.9－0.55－0.6)×0.3×0.65×2=5.363 框梁小计:9.851＋4.904＋5.382＋5.363=25.50 L-1(N=1):[(8.1－0.3)×3]×0.25×0.55＋(0.9－0.15)×0.25×0.45×2=3.396 L-2(N=1)同 L-1:$V_2=V_1$=3.396 L-3(N=1):(15.45－0.25×2－0.3×3)×0.25×0.45=1.581 L-4(N=2):(7.45－0.15－0.025－0.25)×0.25×0.5×2=1.932 L-5(N=2):(4.155－0.15－0.125)×0.25×0.55×2=1.067 (另一半属于楼梯) L-6(N=2)同 L-4:1.932 L-7(N=1)同 L-3:1.581 非框梁小计:3.396×2＋1.581×2＋1.932×2＋1.067=14.885 TL 混凝土:(3.295－0.275－0.175)×0.25×0.4×2=0.569 3.87m 梁混凝土合计:25.50＋14.885=40.385＋0.569 (2)7.8m 梁 同 3.87m:40.385 (3)3.87m 板(算至梁侧) LB-2(N=2,板厚 140):[(4.155－0.15－0.125)×(5.5－0.15－0.125)－(0.275－0.15)2]×0.14×2=5.672 ⒶⒺ轴之外 100 厚板: [(7.45－0.15－0.025－0.25)×(0.9－0.25－0.15)－(0.55－0.3)2/2×2]×2×0.1×2=1.38 LB-1(N=2,板厚 110): {[3.575×3.775×6－(0.55－0.3)2/2×6]＋[3.45×3.775×6－(0.55－0.3)2/2×2－(0.6－0.3)2/2×4]＋[(3.88＋3.145)×(2.325＋3.775)×2－(0.55－0.3)2/2×4－(0.6－0.3)2/2×4]}×0.11=244.086×0.11=26.85 3.87m 板混凝土合计:5.672＋1.38＋26.849=33.901 (4)7.8m 板 WB2(N=2)同 LB-2:5.672 WB1:(244.086＋3.145×5.225×2)×0.12=276.9515×0.12=33.234 Ⓐ、Ⓔ轴之外 120 厚板:13.8×0.12=1.656 7.8m 板混凝土合计:5.672＋1.656＋33.234=40.562 有梁板合计:40.385×2＋0.569＋33.901＋40.562=155.802	m^3	155.80
	A4-177	现浇钢筋混凝土(商品混凝土)单梁连续梁	40.385×2＋0.569=81.339	m^3	81.34
	A4-190	现浇钢筋混凝土(预拌混凝土)平板	33.901＋40.562=74.463	m^3	74.46
	A4-314	混凝土输送泵,檐高(深度)40m 以内	155.802	m^3	155.80

23	010505008001	雨篷	(0.12+0.1)/2×1.2×(11.2+2.525+2.5+5.2)=2.828	m^3	2.83
	A4-197	现浇钢筋混凝土(预拌混凝土)直形雨篷	同清单 2.828	m^3	2.83
	A4-314	混凝土输送泵,檐高(深度)40m 以内	2.828	m^3	2.83
24	010506001001	直形楼梯	$V_{平台}$=1.65×(1.46+0.15+1.56−0.025)×0.2=1.04 $V_{踏步}$=0.15×0.3×0.5×(1.46+1.56−0.025)×12=0.81 $V_{梯段板}$=3.6/cosα(1.46+1.56−0.025)×0.2=2.41 $\cos\alpha=2/\sqrt{5}$ $V_{梯梁}$=0.25×0.4×(3.295−0.35/2−0.275)=0.28 $V_{总}$=1.04+0.81+2.41+0.28=4.54	m^3	4.54
	A4-199	现浇钢筋混凝土(预拌混凝土)整体楼梯	4.54	m^3	4.54
	A4-314	混凝土输送泵,檐高(深度)40m 以内	4.54	m^3	4.54
25	010507004001	其他构件(台阶)	按水平投影面积计算: [0.3×3×3.7+0.3×3×(1.5−0.3)×2]×2+[0.3×3×(5.2+0.6×2)+0.3×3×(1.5−0.3)×2]=10.98+7.92=18.90	m^2	18.90
	A4-218	现浇预拌混凝土台阶基层	同清单 18.90	m^2	18.90
	A4-314	混凝土输送泵,檐高(深度)40m 以内	查定额 A4-218 材料用量计算混凝土量 12.5×0.189=2.36	m^3	2.36
26	010507005001	其他构件(女儿墙压顶)	按延长米计算:(82.1−0.015×8)=81.98	m	81.98
	A4-205	现浇钢筋混凝土(预拌混凝土)压顶	(0.07+0.05)/2×(0.25+0.03+0.06)×(82.1−0.03×8)=1.672	m^3	1.67
	A4-314	泵送混凝土增加费	1.672	m^3	1.67
27	010507007001	其他构件(钢爬梯女儿处)	C20 细石混凝土 0.24×0.24×1.2=0.069	m^3	0.07
	A4-208	现浇钢筋混凝土(预拌混凝土)零星构件	同清单 0.069	m^3	0.07
	A4-314	混凝土输送泵,檐高(深度)40m 以内	0.069	m^3	0.07
28	010507001001	散水	[(83.5+1×4)−3.7×2−(8.1+3.3+0.275)−(5.2+0.3×2×2)]×1=62.025	m^2	62.03
	A4-213	现浇混凝土(预拌混凝土)混凝土一次抹光散水	同清单 62.025	m^2	62.03
	A4-314	混凝土输送泵,檐高(深度)40m 以内	查定额 A4-213 材料用量计算混凝土量 7.233×0.62025=4.36	m^3	4.36

29	010507001002	坡道	$S=[(8.1+3.3+0.8)\times1-\frac{1}{2}\times1^2-\frac{1}{2}\times1\times0.225]\times\sqrt{1^2+0.15^2}$ =11.717	m²	11.72
	A4-215	现浇混凝土(预拌混凝土)抹水泥礓槎面层防滑坡道	同清单 11.717	m²	11.72
	A4-314	混凝土输送泵，檐高(深度)40m 以内	查定额 A4-251 材料用量计算混凝土量 6.169×0.11717=0.73	m³	0.73
30	010510003001	过梁(预制)	查 02G 选用 一层：0.043+0.075×6+0.086×5+0.098×2=1.119 二层：0.043+0.075×9+0.086×9+0.098×2=1.688 合计：1.119+1.688=2.807	m³	2.81
	A4-74	预制钢筋混凝土过梁	同清单 2.807	m³	2.81
	A9-8	二类预制混凝土构件(运距 1km 以内)	=施工图计算净用量×(1+安装损耗率) =2.807×(1+1.5%) =2.85	m³	2.85
	A9-95	预制混凝土构件安装及拼装(过梁)履带式起重机	2.807	m³	2.81
31	010515001001	现浇混凝土钢筋	Φ10 以内：13.432	t	13.432
	A4-330	钢筋制作安装现浇钢筋构件直径 10mm 以内	Φ10 以内：13.432	t	13.432
32	010515001002	现浇混凝土钢筋	Φ 20 以内：7.099	t	7.099
	A4-331	钢筋制作安装现浇钢筋构件直径 20mm 以内	Φ 20 以内：7.099	t	7.099
	A4-345	直螺纹连接接头	48+34+16+86=184	个	184
33	010515001003	现浇混凝土钢筋	Φ 20 以外 12.327		12.327
	A4-332	钢筋制作安装现浇钢筋构件直径 20mm 以外	Φ 20 以外：12.327	t	12.327
	A4-341	电渣压力焊接头	192+96=288	个	288
	A4-346	直螺纹连接接头	88+92=180	个	180
34	010515002001	预制构件钢筋	预制过梁钢筋 Φ10 以内：查 02G 图集 2.44×2+5.74×15+8.09×14+9.15×4=240.84kg 即 0.241	t	0.241
	A4-333	钢筋制作安装预制构件直径 10mm 以内	0.241	t	0.241
35	010515001005	屋面混凝土保护层 Φ4@150×150 钢筋网片	0.099/1000t×5148.81m=0.510	t	0.510
	A4-330	钢筋制作安装现浇钢筋构件直径 10mm 以内	0.510	t	0.510

<table>
<tr><td colspan="6">四、A6 金属结构工程</td></tr>
<tr><td rowspan="4">36</td><td>010606008001</td><td>钢爬梯</td><td>Φ20:(0.07+0.2×2+0.05)×2+0.4=1.44
7.8+0.45−2−0.15=6.1
6.1/3+1=21.3 取 21 根
1.44×21=30.24m
0.6×3=1.8m
0.34×2×2=1.36m
[(0.9−0.17)×2+0.6×2−0.15+3.14×0.17]×2=6.088m
合计:30.24+1.8+1.36+6.088=39.488m
39.488×2.47/1000=0.098</td><td>t</td><td>0.098</td></tr>
<tr><td>A6-8</td><td>爬式梯子制作</td><td>同清单 0.098
梯子安装不用再另计</td><td>t</td><td>0.098</td></tr>
<tr><td>B5-245</td><td>其他金属面防锈漆一遍</td><td>0.098</td><td>t</td><td>0.098</td></tr>
<tr><td>B5-248</td><td>其他金属面调和漆两遍</td><td>0.098</td><td>t</td><td>0.098</td></tr>
<tr><td colspan="6">五、A.7 屋面及防水工程</td></tr>
<tr><td rowspan="7">37</td><td>010902001001</td><td>屋面卷材防水</td><td>屋面净面积+女儿墙弯起部分
(26.1−0.25×2)×(15.45−0.25×2)+(83.1−0.25×8)×0.25
=402.995</td><td>m²</td><td>402.995</td></tr>
<tr><td>A7-52</td><td>SBS 改性沥青防水卷材(热熔)一层</td><td>屋面净面积+女儿墙弯起部分+附加层
(26.1−0.25×2)×(15.45−0.25×2)+(83.1−0.25×8)×0.25
=402.995
S(附加层)=(26.1−0.25×2+15.45−0.25×2)×2×0.25×2
=40.55
$S_{总}$=S+S(附加层)=403.00+40.55=443.55</td><td>m²</td><td>443.55</td></tr>
<tr><td>B1-29</td><td>水泥砂浆找平层在填充材料上(平面)20mm</td><td>(26.1−0.25×2)×(15.45−0.5)=382.72</td><td>m²</td><td>382.72</td></tr>
<tr><td>B1-28</td><td>水泥砂浆找平层在硬基层上(立面)20mm</td><td>(83.1−0.25×8)×0.25=20.275</td><td>m²</td><td>20.28</td></tr>
<tr><td>A7-38</td><td>隔离层,干铺无纺聚酯纤维布</td><td>382.72</td><td>m²</td><td>382.72</td></tr>
<tr><td>B1-31</td><td>30 厚 C20 细混凝土找平层</td><td>保护层:40 厚 C20 细混凝土 Φ4@150×150 钢筋网片
S=382.72
(钢筋另算)
在河北定额中屋面保温层中的 Φ4@150×150 的钢筋网片,计算出钢筋用量,套用钢筋项目中 10 以内钢筋,混凝土保护层再套一项找平层项目</td><td>m²</td><td>382.72</td></tr>
<tr><td>B1-32</td><td>每增减 5mm</td><td>S=382.72×2=765.44</td><td>m²</td><td>765.44</td></tr>
</table>

38	010902004001	屋面排水管	(7.8+0.45)×6=49.5	m	49.5
	A7-97	塑料排水，塑料水落管 Φ110	(7.8+0.45−0.15)×6=48.6	m	48.6
	A7-101	塑料排水，塑料水斗 Φ110	6	个	6
	A7-103	塑料排水，塑料弯头落水口（含篦子板）	6	套	6
39	010904003001	砂浆防水	(11.2+2.525+2.5)×1.2+5.2×1.2=19.47+6.24=25.94	m²	25.94
	A7-215	雨篷上抹防水砂浆，刚性防水，平面	S=25.94	m²	25.94
六、A.8 防腐、隔热、保温工程（屋面 05J1-屋 1）					
40	011001001001	保温隔热屋面（水泥炉渣）兼找坡层作用 2%，最薄处 20 厚	(26.1−0.25×2)×(15.45−0.5)=382.72	m²	382.72
	A8-230	现浇水泥炉渣屋面保温	382.72×(0.02+14.95/2×0.02/2)=36.263	m³	36.26
41	011001001002	保温隔热屋面（挤塑板）	(26.1−0.25×2)×(15.45−0.25×2)=382.72	m²	382.72
	A8-213	挤塑板黏贴屋面保温	382.72	m²	382.72
42	011001003001	保温隔热墙	(1)墙立面 [83.1×(8.4+0.45)]−(5.8+3.1×2)×0.45−[(11.2+2.525+2.5+5.2)×0.12+6×0.1+(0.6−0.1)×0.2×2]−(8.1+3.3−0.275−0.225)×0.15−49.32−63.18−35.71=579.39 (2)门窗洞口侧面： [(1.2+1.8)×2×2+(1.5+1.8)×2×13+1.8×4×14+(1.5+2.8×2)×2+(2.1+2.8×2)×2+(2.1+1.8)×2×2]×(0.25−0.06)+[(2.8+3.45×2)+(7.55+3.45×2)]×0.25=29.199 合计：579.39+29.199=608.59	m²	608.59
	A8-266	墙体保温，外墙粘贴，挤塑板	608.59	m²	608.59
	A8-299	墙体保温，玻纤网格布两层抹面三遍，厚 5mm	579.39	m²	579.39

第二部分 建筑工程措施项目

序号	项目编码（定额编号）	项目名称	计算式	计量单位	工程量
可竞争措施项目					
一、混凝土、钢筋混凝土模板及支架					
1	011702001001	现浇无筋混凝土带形基础模板	67.35×0.3×2=40.41	m²	41.41
	A12-2	现浇无筋混凝土带形基础模板	40.41	m²	41.41
2	011702001002	现浇混凝土独立基础模板	Jc-1:S_1=3.1×4×0.3×4=14.88 Jc-2:S_2=3.5×4×0.3×4=16.8 Jc-3:S_3=3.8×4×0.3×2=9.12 Jc-4:S_4=4.3×4×0.3×2=10.32 Tz:S_5=1.3×4×0.3×2=3.12 基础合计:54.24 独立垫层模板:S=垫层长×垫层高×个数 JC-1:3.3×4×0.1×4=5.28 JC-2:3.7×4×0.1×4=5.92 JC-3:4.0×4×0.1×2=3.2 JC-2:4.5×4×0.1×2=3.6 Tz:1.5×4×0.1×2=1.2 垫层合计:18 合计:54.24+18=72.24	m²	72.24
	A12-6	现浇混凝土独立基础模板	54.24	m²	54.24
	A12-77	现浇混凝土基础垫层模板	18	m²	18
3	011702002001	现浇矩形柱模板	1.框架柱模板 (1)一层框架柱 KZ-1①轴: {0.55×4×(3.87+1.95−0.6)−(0.3×0.7+0.3×0.45+0.3×0.65)−[(0.55−0.3)×(0.1+0.11)+(0.55−0.3)/2×(0.1+0.11)]}×2=21.731 KZ-1③轴: {0.55×4×(3.87+1.95−0.6)−(0.3×0.7+0.3×0.45+0.3×0.65)−(0.55−0.3)×1.5×0.1−0.25×0.4−[(0.55−0.25)+0.15]×0.15(楼梯休息平台板厚)}×2=21 KZ-2①、③轴即JC-2上: [0.55×4×(3.87+1.95−0.6)−(0.3×0.7×2+0.3×0.65)−(0.55−0.3)×3×0.11]×4=43.146 KZ-2②轴即JC-3上: {0.55×4×(3.87+1.95−0.65)−(0.3×0.65×2+0.3×0.7+0.3×0.45)−[(0.55−0.3)×2×0.1+(0.55−0.3)×(0.11+0.14)]}×2=21.053 KZ-3(②轴JC-4): [0.6×4×(3.87+1.95−0.75)−(0.3×0.7×2+0.3×0.65×2)−(0.6−0.3)×4×0.11]×2=22.452 一层框架柱模板小计: 21.731+21.478+43.146+21.053+22.452=129.86	m²	234.24

			(2)二层框架柱 KZ-1:{0.55×4×(7.8−3.87)−(0.3×0.7+0.3×0.45+0.3×0.65)−(0.55−0.3)×0.12×3}×2×2=16.032×2=32.064 KZ-2①、③轴即 JC-2 上: [0.55×4×(7.8−3.87)−(0.3×0.7×2+0.3×0.65)−(0.55−0.3)×3×0.12]×4=31.764 KZ-2②轴即 JC-3 上: {0.55×4×(7.8−3.87)−(0.3×0.65×2+0.3×0.7+0.3×0.45)−[(0.55−0.3)×0.12×3+(0.55−0.3)×0.14]}×2=15.572 KZ-3(②轴 JC-4): [0.6×4×(7.8−3.87)−(0.3×0.7×2+0.3×0.65×2)−(0.6−0.3)×4×0.12]×2=16.956 二层框架柱模板小计: 32.064+31.764+15.572+16.956=96.356 框架柱模板合计: 129.86+96.356=226.216 2.楼梯柱 Tz: [(0.3+0.35)×2×(1.92+1.55−0.3)−(0.3−0.25+0.35−0.25)/2×0.15−0.25×0.4]×2=8.02 合计:226.216+8.02=234.236		
	A12-17	现浇矩形柱模板	234.24	m^2	234.24
	A12-19	现浇柱支撑高度超过 3.6m 每增加 1m 模板	一层框架柱模板:129.86×2=259.72	m^2	259.72
	A12-19	现浇柱支撑高度超过 3.6m 每增加 1m 模板	二层框架柱模板:96.356	m^2	96.36
4	011702003001	构造柱模板	一层:(0.25+0.06×2)×2×(3.87+1.25−0.7)×6+(0.25+0.06×2)×2×(3.87+1.25−0.45)×11+[(0.25+0.06×2)+[(0.225+0.125−0.06)×2)−0.2+0.06×2]×(3.87+1.25−0.7)+[(0.25+0.06×2)+(0.25−0.2+0.06×2)+0.06×2]×(3.87+1.25−0.45)×2+(0.20+0.06×2)×2×(3.87+1.25−0.55)+(0.20+0.06×2)×2×(3.87+1.25−0.65)+(0.20+0.06×2)×2×(3.87+1.25−0.7)×2=74.627 二层:(0.25+0.06×2)×2×(3.93−0.7)×9+(0.25+0.06×2)×2×(3.93−0.45)×14=57.545 屋面:(0.25+0.06×2)×2×(0.6−0.07)×42=16.472 构造柱模板合计:74.627+57.545+16.472=148.644	m^2	148.64
	A12-17	现浇矩形柱模板	148.644	m^2	148.64
	A12-19	现浇柱支撑高度超过 3.6m 每增加 1m 模板	一层:74.627	m^2	74.63
			(1)3.87m 梁 KL-1:2×{[26.1−0.55×4−(0.9−0.275)×2]×(0.59+0.7+0.3)+(0.9−0.275)×2×(0.45+0.35+0.3)−(0.25×0.35×2+0.25×0.44×3)}=73.767 KL-2:[26.1−0.55×2−0.6×2−(0.9−0.275)×2]×(0.59×2+0.3)+(0.9−0.275−0.25)×(0.35×2+0.3)×2−(5.5−0.15−0.125)×0.03×2−0.25×0.44×3×2=32.901 KL-3:[(14.9−0.55×2)×(0.55+0.54+0.3)−(4.155−0.275−0.125)×0.03−0.25×(0.35+0.44)×2+(3.295−0.275−0.125)×0.11]×2=37.986		

4	011702006001	现浇矩形梁模板	KL-4:[(14.9－0.55－0.6)×(0.54×2+0.3)－0.25×0.44×2×2]×2=37.07 3.87m框梁模板小计: 73.767+32.901+37.986+37.07=181.724 L-1:[26.1－(0.9+0.15)×2－0.3×2]×(0.44×2+0.25)+(0.9－0.15－0.25)×(0.35×2+0.25)×2－0.25×0.44×2×3=26.732 L-2:[26.1－(0.9+0.15)×2－0.3×2]×(0.44×2+0.25)+(0.9－0.15－0.25)×(0.35×2+0.25)×2－0.25×0.44×2×3+(5.5－0.15－0.125)×(0.11－0.03)×2=27.568 L-3:(15.45－0.25×2－0.3×3)×(0.45+0.35+0.25)+0.25×0.45×2+0.3×0.45×3=15.383 L-4:(7.45－0.15－0.025－0.25)×(0.44×2+0.25)×2=15.877 L-5:(4.155－0.15－0.125)×(0.44+0.41+0.25)×2=8.536 L-6:(14.9－0.025×2－0.3－0.25×2)×(0.44×2+0.25)=15.877 L-7:同L-3,15.383 3.87m非框梁模板小计: 26.732+27.568+15.383×2+15.877×2+8.536=125.356 TL模板: [0.4+0.25+(0.4－0.15)]×(3.295－0.275－0.175)×2=5.121 (2)屋面 WKL-1:[26.1－0.55×4－(0.9－0.275)×2]×(0.7+0.58+0.3)+(0.9－0.275)×(0.45+0.33+0.3)×2－(0.25×0.33×2+0.25×0.43×3)=36.687 WKL-2:[26.1－0.55×2－0.6×2－(0.9－0.275)×2]×(0.58×2+0.3)+(0.9－0.275－0.25)×(0.33×2+0.3)×2－(5.5－0.15－0.125)×2×0.02－0.25×0.43×3×2=33.434 WKL-3同WKL-1:36.687 WKL-4:[(14.9－0.55×2)×(0.53×2+0.3)－(4.155－0.275－0.125)×0.02－0.25×(0.33+0.43)×2]×2=36.626 WKL-5:[(14.9－0.55－0.6)×(0.53×2+0.3)－0.25×0.43×2×2]×2=36.54 屋面框梁模板小计: 36.687×2+33.434+36.626+36.54=179.974 L-1:[26.1－(0.9+0.15)×2－0.3×2]×(0.43×2+0.25)+(0.9－0.25－0.15)×(0.33×2+0.25)×2－0.25×0.43×2×3=26.239 L-2:[26.1－(0.9+0.15)×2－0.3×2]×(0.43×2+0.25)+(0.9－0.25－0.15)×(0.33×2+0.25)×2－0.25×0.43×2×3－(5.5－0.15－0.125)×2×0.02=26.03 L-3:(15.45－0.25×2－0.3×2)×(0.45+0.33+0.25)+0.25×0.45×2+0.3×0.45×3=15.102 L-4:S=(7.45－0.15－0.025－0.25)×(0.43×2+0.25)×2=15.596 L-5:[(4.155－0.15－0.125)×(0.43+0.41+0.25)+(3.295－0.125－0.025)×(0.43×2+0.25)]×2=15.44 L-6:(14.9－0.025×2－0.3－0.25×2)×(0.43×2+0.25)=15.596 L-7同L-3:15.102 屋面非框梁模板小计: 26.239+26.03+15.102×2+15.596+15.44+15.596=129.105 梁模板合计: (181.724+125.356)+(179.974+129.105)+5.121=621.280	m^2	621.28
	A12-21	现浇单梁连续梁模板	621.280	m^2	621.28

	A12-25	现浇梁支撑高度超过 3.6m 每增加 1m 模板	621.280	m²	621.28
5	011702016001	现浇平板模板	板模板＝S 板混凝土 （可用板的混凝土量÷板厚） 3.87m 板模板:40.514＋13.8＋244.086＝298.4 7.80m 板模板:40.514＋13.8＋244.086＋32.865＝331.265 合计板模板:298.4＋331.265＝629.665	m²	629.67
	A12-32	现浇平板模板	629.665	m²	629.67
	A12-34	现浇板支撑高度超过 3.6m 每增加 1m 模板	629.665	m²	629.67
6	011702024001	现浇整体楼梯模板	按水平投影面积计算: (3.295－0.125＋0.025)×(5.5－0.125＋0.125)×2＝35.145	m²	35.15
	A12-94	现浇整体楼梯模板	踢面模板:0.15×1.46×13＋0.15×(1.56－0.025)×13＝5.84 休息平台模板:1.65×(3.295－0.025－0.125)＝5.148 TL 模板:(0.4＋0.25＋0.2)×(3.295－0.275－0.175)＝2.42 TB 底模:3.6/$\cos\alpha$(1.46＋1.56－0.025)＝12.05 $\cos\alpha=2/\sqrt{5}$ 梯段侧模:(3.6/$\cos\alpha$×0.2＋0.3×0.15×0.5×12)×2＝2.15 $S_{总}$＝5.84＋12.05＋5.148＋2.42＋2.15＝27.608	m²	27.61
7	011702023001	现浇直形雨篷模板	(11.2＋2.525＋2.5)×1.2＋5.2×1.2＝19.47＋6.24＝25.94	m²	25.94
	A12-38	现浇直形雨篷模板	25.94	m²	25.94
8	011702027001	现浇台阶模板	同混凝土 18.90(按水平投影面积计算)	m²	18.90
	A12-100	现浇台阶模板	S_1＝0.06×(6.4＋2.1×2)＋0.15×(5.2＋5.8＋6.4＋1.5×2＋1.8×2＋2.1×2)＝4.866 S_2＝0.06×(3.7＋2.1×2)＋0.15×(3.7＋3.1＋2.5＋1.5×2＋1.8×2＋2.1×2)＝3.489 S_3＝3.489 $S=S_1+S_2+S_3$＝4.866＋3.489＋3.489＝11.864	m²	11.864
9	011702025002	现浇压顶模板	(0.05＋0.07＋0.06)×(82.1－0.03×8)＝14.74	m²	14.74
	A12-103	现浇压顶模板	14.74	m²	14.74
10	011702001003	现浇无筋混凝土带形基础模板	1.46×(0.3×2＋0.6×2)＝2.628	m²	2.63
	A12-2	现浇无筋混凝土带形基础模板	2.628	m²	2.63
11	011702009001	预制过梁模板	S＝(1.7＋0.25)×2×0.1＋(2.0＋0.25)×2×0.15×6＋(2.3＋0.25)×2×0.15×5＋(2.6＋0.25)×2×0.15×2＝13.485	m²	13.485
	A12-111	预制过梁模板	13.485	m²	13.485
二、脚手架					
13	011701001001	外墙脚手架	外墙脚手架 S＝(15.45＋0.05×2＋26.1＋0.05×2)×2×(8.4＋0.45)＝738.975	m²	738.975
	A11-4	双排外墙脚手架(外墙高度在 9m 以内)	738.975	m²	738.975
	A11-32	依附斜道,搭设高度在(9m 以内)	1	座	1

<table>
<tr><td rowspan="2">14</td><td>011701003001</td><td>内墙脚手架
(3.6m以内)</td><td>内墙脚手架
S_1=(0.8+8.1+3.3−0.15+0.1)×(3.87−0.7+0.3)+(7.45−0.3−0.275)×(3.87−0.65+0.3)=62.45</td><td>m^2</td><td>62.45</td></tr>
<tr><td>A11-20</td><td>内墙砌筑脚手架
(3.6m以内)</td><td>62.45</td><td>m^2</td><td>62.45</td></tr>
<tr><td rowspan="2">15</td><td>011701003002</td><td>砖基础脚手架</td><td>内外墙条形基础脚手架
S_2=[(15.45+26.1)×2−8.1−3.3]×(1.55−0.3)+[(0.8+8.1+3.3−0.15+0.1)+(7.45+0.275−0.25−0.1)+(7.45−0.3−0.275)]×(1.55−0.3)=122.669</td><td>m^2</td><td>122.669</td></tr>
<tr><td>A11-20</td><td>内墙砌筑脚手架
(3.6m以内)</td><td>122.669</td><td>m^2</td><td>122.669</td></tr>
<tr><td rowspan="2">16</td><td>011701001003</td><td>内墙脚手架
(3.6m以外)</td><td>(7.45+0.275−0.25−0.1)×(3.87−0.55+0.3)=26.59</td><td>m^2</td><td>26.59</td></tr>
<tr><td>A11-1</td><td>单排外墙脚手架(外墙高度在5m以内)</td><td>26.59</td><td>m^2</td><td>26.59</td></tr>
<tr><td colspan="6">三、垂直运输机械</td></tr>
<tr><td rowspan="2">14</td><td>011703001001</td><td>垂直运输</td><td>S=建筑面积=814.82</td><td>m^2</td><td>814.82</td></tr>
<tr><td>A13-7</td><td>±0.00m以上,20m(6层)以内,现浇框架垂直</td><td>814.82</td><td>m^2</td><td>814.82</td></tr>
<tr><td colspan="6">四、其他可竞争措施项目</td></tr>
<tr><td rowspan="3">15</td><td>011707005001</td><td>冬雨季施工增加费</td><td></td><td></td><td></td></tr>
<tr><td>A15-59</td><td>冬季施工增加费</td><td></td><td></td><td></td></tr>
<tr><td>A15-60</td><td>雨季施工增加费</td><td></td><td></td><td></td></tr>
<tr><td rowspan="2">16</td><td>011707002001</td><td>夜间施工增加费</td><td></td><td></td><td></td></tr>
<tr><td>A15-61</td><td>夜间施工增加费</td><td></td><td></td><td></td></tr>
<tr><td rowspan="2">17</td><td>01B001</td><td>生产工具用具使用费</td><td></td><td></td><td></td></tr>
<tr><td></td><td>A15-62</td><td>生产工具用具使用费</td><td></td><td></td></tr>
<tr><td rowspan="2">18</td><td>01B002</td><td>检验试验配合费</td><td></td><td></td><td></td></tr>
<tr><td>A15-63</td><td>检验试验配合费</td><td></td><td></td><td></td></tr>
<tr><td rowspan="2">19</td><td>01B003</td><td>工程定位复测场地清理费</td><td></td><td></td><td></td></tr>
<tr><td>A15-64</td><td>工程定位复测场地清理费</td><td></td><td></td><td></td></tr>
<tr><td rowspan="2">20</td><td>011707007001</td><td>成品保护费</td><td></td><td></td><td></td></tr>
<tr><td>A15-65</td><td>成品保护费</td><td></td><td></td><td></td></tr>
<tr><td rowspan="2">21</td><td>011707004001</td><td>二次搬运费</td><td></td><td></td><td></td></tr>
<tr><td>A15-66</td><td>二次搬运费</td><td></td><td></td><td></td></tr>
<tr><td rowspan="2">22</td><td>01B004</td><td>临时停水停电费</td><td></td><td></td><td></td></tr>
<tr><td>A15-67</td><td>临时停水停电费</td><td></td><td></td><td></td></tr>
</table>

不可竞争措施项目					
23	011707001001	安全防护、文明施工费			
	A16-1	安全防护、文明施工基本费			
	A16-2	安全防护、文明施工增加费			

B. 装饰装修工程工程量计算书

第一部分　装饰装修工程实体项目

序号	项目编码（定额编号）	项目名称	计算式	计量单位	工程量
一、B.1 楼地面工程					
1	011101003001	细石混凝土地面（特殊骨料耐磨地面）一楼车库	(8.1＋3.3＋0.9－0.25－0.1－0.2)×(7.45－0.1＋0.025)＝86.656	m^2	86.66
	B1-25	预拌混凝土垫层	86.656×0.12＝10.399	m^3	10.40
2	011101003002	细石混凝土地面（石屑混凝土地面）一楼活动室	(26.1－0.5)×(15.45－0.5)－(8.1＋3.3＋0.9－0.25＋0.1)×(7.45＋0.1＋0.025)－(0.9－0.275－0.25)×0.2＝290.61	m^2	290.61
	B1-25	预拌混凝土垫层	290.61×0.1＝29.06	m^3	29.06
	B1-57	预拌混凝土地面（厚40mm）	30厚石屑混凝土随打抹光 290.61	m^2	290.61
	B1-58	预拌混凝土地面（厚40mm） 每增减5mm	290.61×2＝581.22	m^2	581.22
3	011102001001	石材台阶面	(2.5－0.6)×(1.5－0.3)×2＋(5.2－0.6)×(1.5－0.3)＝10.08	m^2	10.08
	B1-83	花岗岩地面周长3200mm以内单色	10.08 注：入口处台阶的平台部分，按图集做法计算(05J1 地 26)	m^2	10.08
	B1-25	100厚C15混凝土垫层	V＝10.08×0.1＝1.008	m^3	1.008
4	011106002001	陶瓷地砖楼面（二楼活动室楼面）	(26.1－0.5)×(15.45－0.5)－[0.62×2＋0.552×2＋(0.55－0.25)×0.55×8]－(5.5－0.15＋0.125)×(3.295＋0.025－0.125)×2＝345.090	m^2	345.09
	B1-104	陶瓷地砖楼地面（水泥砂浆）每块周长3200mm以内	345.090	m^2	345.09
5	011105001001	水泥砂浆踢脚线（一层）	(1)车库（踢 6）水泥砂浆踢脚： [(7.45－0.1＋0.025)×4＋(12.3－0.1－0.25－0.2)＋(0.9＋0.275－0.25)＋(0.55－0.25)×2＋(0.55－0.2)＋(0.55－0.2)/2×2＋(0.225－0.1)]×0.15＝6.54 (2)一层活动室水泥砂浆踢： [(83.1－0.25×8)＋(0.55－0.25)×2×6＋0.6×4＋0.2×2＋(0.55－0.2)/2×2＋0.55×4－0.2×2＋(0.9－0.25－0.275)×2]×0.15＝13.56 合计：6.54＋13.56＝20.10	m^2	20.10

	B1-199	水泥砂浆踢脚线	20.10	m²	20.10
6	011105003001	块料(瓷砖)踢脚线(二层)	[(83.1－0.25×8)＋0.6×2×4＋0.55×4×2＋(0.55－0.25)×2×7－5.1×2]×0.15＝11.205	m²	11.21
	B1-220	陶瓷地砖踢脚线(水泥砂浆)	11.205	m²	11.21
7	011106002001	块料(瓷砖)楼梯面层	$S_{楼梯}$＝(3.295－0.125＋0.025)×(5.5－0.125＋0.125)×2＝35.145	m²	35.15
	B1-253	陶瓷地砖楼梯面层(水泥砂浆)	35.145	m²	35.15
	B1-423	楼梯踏步防滑条(缸砖)	3.295＋0.025－0.125－0.15＝3.045 3.045×13×2＝79.17	m	79.17
8	011503002001	硬木扶手带栏杆	$\sqrt{1.95\times1.95+3.9\times3.9}$＝4.36 L＝4.36×4＋1.5×2＋(3.295－0.275－0.125)＋(1.56＋0.25)＋0.15×2＋0.1×4＝25.845 $L_{总}$＝25.845×2＝51.69	m	51.69
	B1-315	硬木扶手(直形 150×60)	51.69	m	51.69
	B1-339	弯头(硬木)	3×2＝6	个	6
	B5-7	木扶手(不带托板)底油一遍,调和漆两遍	51.69	m	51.69
	B1-274	不锈钢管栏杆(直线形其他)	无缝钢管镀铬 51.69	m	51.69
9	011107001001	花岗岩台阶面	同混凝土台阶:18.90	m²	18.90
	B1-368	花岗岩台阶(水泥砂浆)	18.90	m²	18.90
二、B.2 墙柱面工程					
10	011108004001	水泥砂浆零星项目	$\sqrt{1.95\times1.95+3.9\times3.9}$＝4.36m S＝[4.36×0.2＋(0.3×0.15)/2×13]×3＋(1.5－0.15)×0.15＝3.696 $S_{总}$＝3.696×2＝7.392	m²	7.39
	B2-94	普通腰线一般抹灰(水泥砂浆,混凝土)	7.392	m²	7.39
11	011201001001	(内墙)墙面一般抹灰	(墙上梁:梁底面算到天棚里,梁立面算到墙里) (1)一层外墙内面抹灰: S＝[15.45＋(0.8－0.15)×2＋(0.55－0.25)×2－0.2]×(3.87－0.1)×2＋[24.3＋8.1＋4.8＋0.225－0.2＋(0.55－0.2)×8]×(3.87－0.11)＋(5.5－0.275－0.125)×0.11×2－49.3＝280.927 (2)一层内墙抹灰: Ⓒ轴与②轴: S＝(7.45＋0.025＋8.1＋3.3＋(0.6－0.2)＋(0.55－0.2)/2)×[(3.87－0.11)×2＋0.3]－0.2×(3.87－0.11＋0.3)＝151.287 Ⓑ轴: (7.45＋0.275－(0.6－0.2/2)×(3.87－0.11＋0.3)×2＝61.103	m²	758.62

			(3)二层： $S=(L_{外中}+L_{柱侧面})\times h-S_{洞口面积}$ S=[82.1+(0.55−0.25)×2×8]×(3.9−0.12)−63.18=265.302 合计:280.927+151.287+61.103+265.302=758.619 注:附墙柱的抹灰不分开,并到墙面抹灰中。		
	B2-21	混合砂浆(轻质砌块墙面)	758.619	m²	758.62
	B2-681	建筑胶素水泥浆一道	758.619	m²	758.62
12	011201001002	(女儿墙内侧)墙面一般抹灰	(83.1−0.25×8)×(0.6−0.07−0.25)=22.708 (注:0.25为屋面防水层上翻部分)(还要选图集)	m²	22.71
	B2-21	水泥砂浆(轻质砌块墙面)	22.708	m²	22.71
	B2-681	建筑胶素水泥浆一道	22.708(定额中注明要套)	m²	22.71
13	011202001001	柱面一般抹灰	(1)一层独立柱:S=0.6×4×(3.87−0.11)=9.024 (2)二层独立柱:S_1=0.6×4×(3.9−0.12)×2=18.144 S_2=0.55×4×(3.9−0.12)×2=16.632 合计:9.024+18.144+16.632=43.8	m²	43.8
	B2-79	混合砂浆,柱面,混凝土	43.8	m²	43.8
	B2-681	建筑胶素水泥浆一道	43.8	m²	43.8
14	011203001001	零星项目一般抹灰(压顶)	S=(0.25+0.03+0.06+0.05+0.07+0.03+0.06)×(82.1−0.015×8)=45.089	m²	45.09
	B2-94	普通腰线一般抹灰(水泥砂浆,混凝土)	S=45.089	m²	45.09
15	011203001002	零星项目一般抹灰(雨篷周边)	(11.2+2.525+2.5+5.2)×0.1+1.2×0.11×2×4=3.199	m²	3.20
	B2-94	普通腰线一般抹灰(水泥砂浆,混凝土)	3.199	m²	3.20
	B2-681	建筑胶素水泥浆一道	3.199	m²	3.20
16	011204001001	块料墙面(外墙下部1m高)	防石瓷砖: 83.5×1−(2.1×2+2.8+7.55+1.5×2)×0.55−(2.8+7.55)×0.3−(8.1+3.3−0.225−0.275)×0.15−(5.2+2.5×2)×0.45−(0.3×0.3+0.3×0.15)×2×3=63.708	m²	63.71
	B2-124	干粉性粘接剂粘贴外墙蘑菇石砖(10mm缝)	63.708	m²	63.71

三、B.3 天棚工程					
17	011301001001	天棚抹灰	(梁与梁交接处,梁与柱交接处,抹灰均不扣除) (下面无墙的梁:梁底面与侧面都算到天棚抹灰里) (1)二层顶:S=25.5×14.95=381.225 (2)屋面梁侧面: WKL-2:[26.1−0.55×2−0.6×2−(0.9−0.275)×2]×0.58×2+0.375×0.33×2×2−(5.5−0.15−0.125)×0.02×2=26.444 WKL-4 侧面:[(14.9−0.55×2)×0.53×2−(4.155−0.275−0.125)×0.02]×2=29.106 WKL-5:(14.9−0.55−0.6)×0.53×2×2=29.15 L-1:[26.1−(0.9+0.15)×2]×0.43×2+(0.9−0.15−0.25)×0.33×2=20.97 L-2:[26.1−(0.9+0.15)×2]×0.43×2+(0.9−0.15−0.25)×0.33×2−(5.5−0.15−0.125)×0.02×2=20.761 L-4:(7.45−0.15−0.15−0.025)×0.43×2×2=12.255 L-5:[(4.155−0.15−0.125)×(0.43+0.41)+(3.295−0.125−0.025)×0.43×2]×2=11.928 L-6:(14.9−0.025×2)×0.43×2=12.771 小计:26.444+29.106+29.15+20.97+20.761+12.255+11.928+12.771=163.385 (3)一层顶板: 25.5×14.95−L 内墙中×0.2−(5.5−0.15+0.125)×(3.295+0.025−0.125)=25.5×14.95−26×0.2−17.493=358.532 (4)一层顶梁侧面: KL-1①轴梁下无墙部分: (8.1+3.3−0.275−0.225−0.55)×0.59=6.107 KL-2 梁下无墙部分: (8.1×2−0.275−3.3−0.1−0.6)×0.59×2−(5.5−0.275−0.125)×0.03=13.919 KL-3:[(14.9−0.55×2)×(0.55+0.54)−(4.155−0.275−0.125)×0.03+(3.295−0.275−0.125)×0.11]×2=30.496 KL-4:(14.9−0.55−0.6)×0.54×2+(7.45−0.3−0.275)×0.54×2=22.275 L-1:[26.1−(0.9+0.15)×2]×0.44×2+(0.9−0.15−0.25)×0.35×2×2=21.82 L-2:S_{L-1}+(5.5−0.15−0.125)×(0.11−0.03)×2=22.656 L-4:(7.45−0.15−0.025)×0.44×2×2=12.804 L-5:(4.155−0.15−0.125)×(0.41+0.44)×2=6.596 L-6:(14.9−0.025×2)×0.44×2=13.068 小计:6.107+13.919+30.496+22.275+21.82+22.656+12.804+6.596+13.068=149.741 合计:381.225+163.385+358.532+149.741=1052.883 TL:[0.4+0.25+(0.4−0.15)]×(3.295−0.275−0.175)×2=5.121 合计:1052.883+5.121=1058.004	m^2	1058.00
	B3-7	混合砂浆,混凝土	1058.004	m^2	1058.00
18	011301001002	天棚抹灰(雨篷下抹灰)	$S=S_{模板}$=25.71	m^2	25.71
	B3-7	混合砂浆,混凝土	25.71	m^2	25.71

19	011301001003	天棚抹灰（楼梯底面）	板式楼梯底面抹灰按斜面积计算 [(3.295－0.125＋0.025)×(5.5＋0.125－0.125－3.6)＋ $\sqrt{3.6^2+(0.15\times12)^2}$×(3.295－0.125＋0.025)]×2＝37.861	m²	37.86
	B3-7	混合砂浆，混凝土	$S=1.3\times S_{水平投影}\times2=1.3\times17.573\times2=46.690$	m²	46.69
四、B.4 门窗工程					
20	010802001001	塑钢门	洞口面积×数量＝1.5×2.8×2＋2.1×2.8×2＝20.16	m²	20.16
	B4-127	塑钢门安装，带亮	20.16	m²	20.16
21	010803001001	金属卷闸门	洞口面积：(2.8＋7.55)×3.45＝35.71	m²	35.71
	B4-134	铝合金卷闸门安装	(外平或内平：洞高加 60mm，洞宽加 100mm) (居中：洞宽不加)7.55 的按居中，2.8 的一端居中一端内平 S＝(2.8＋0.05)×(3.45＋0.6)＋7.55×(3.45＋0.6)＝42.12	m²	42.12
	B4-135	电动装置卷闸门安装	2	套	2
22	010807001001	塑钢窗	洞口面积×数量 1.2×1.8×2＋1.5×1.8×13＋1.8×1.8×14＋2.1×1.8×2＝92.34	m²	92.34
	B4-257	单层平开塑钢窗安装	92.34	m²	92.34
23	010809004001	石材窗台板（大理石）	按洞宽度加 10cm (1.2＋0.1)×2＋(1.5＋0.1)×13＋(1.8＋0.1)×14＋(2.1＋0.1)×2＝54.4	m	54.4
	B4-295	大理石窗台板	按窗框居中，铝合金平开窗框为 60 系列，图集 05J7-1-2/66 宽度：(0.25－0.06)/2＋0.04＝0.095＋0.04＝0.135m S＝54.4×0.135＝7.344	m²	7.34
五、B.5 油漆、涂料、裱糊工程					
24	011406001001	抹灰面油漆	同内墙抹灰 623.278＋93.056＝716.334	m²	716.33
	B5-296	抹灰面乳胶漆两遍	716.334	m²	716.33
25	011406001002	抹灰面油漆	同楼梯底面抹灰 39.49	m²	39.49
	B5-296	抹灰面乳胶漆两遍	同楼梯底面抹灰 47.73	m²	47.73
26	011406001003	抹灰面油漆	天棚 1049.996	m²	1050.00
	B5-296	抹灰面乳胶漆两遍	1049.996	m²	1050.00
27	011406001004	抹灰面油漆	雨篷底面 25.71	m²	25.71
	B5-302	雨篷等小面积乳胶漆两遍	25.71	m²	25.71
28	011407001001	刷喷涂料(外墙)	576.864	m²	576.86
	B5-285	抹灰面满刮水泥腻子二遍	576.864	m²	576.86
	B5-348	外墙涂料抹灰面		m²	576.86

第二部分 装饰装修工程措施项目

<table>
<tr><th>序号</th><th>项目编码（定额编号）</th><th>项目名称</th><th>计算式</th><th>计量单位</th><th>工程量</th></tr>
<tr><td colspan="6">可竞争措施项目</td></tr>
<tr><td colspan="6">一、脚手架工程</td></tr>
<tr><td rowspan="2">1</td><td>011701002002</td><td>外墙装饰脚手架</td><td>S=(15.45+0.05×2+26.1+0.05×2)×2×(8.4+0.45)=738.975</td><td>m²</td><td>738.975</td></tr>
<tr><td>B7-2</td><td>外墙面装饰脚手架，外墙高度在9m以内</td><td>738.975</td><td>m²</td><td>738.975</td></tr>
<tr><td rowspan="2">3</td><td>011701006001</td><td>满堂脚手架</td><td>(15.45−0.5)×(26.1−0.5)×2=765.44</td><td>m²</td><td>765.44</td></tr>
<tr><td>B7-15</td><td>满堂脚手架(高度在5.2m以内)</td><td>765.44</td><td>m²</td><td>765.44</td></tr>
<tr><td colspan="6">二、垂直运输机械</td></tr>
<tr><td rowspan="2">1</td><td>011703001002</td><td>垂直运输</td><td>施工工期日历天数</td><td>工日</td><td></td></tr>
<tr><td>B8-5</td><td>垂运费±0.00以上，建筑物檐高(20m以内)6层以内</td><td>装修实体项目和脚手架的人工工日</td><td>工日</td><td></td></tr>
<tr><td colspan="6">三、室内空气污染测试</td></tr>
<tr><td colspan="6">四、其他可竞争措施项目</td></tr>
<tr><td rowspan="2">1</td><td>011707007002</td><td>已完工程及设备保护</td><td></td><td></td><td></td></tr>
<tr><td>B9-6</td><td>成品保护费</td><td></td><td></td><td></td></tr>
<tr><td rowspan="2">2</td><td>01B001</td><td>生产工具用具使用费</td><td></td><td></td><td></td></tr>
<tr><td>B9-4</td><td>生产工具用具使用费</td><td></td><td></td><td></td></tr>
<tr><td rowspan="2">3</td><td>01B002</td><td>检验试验配合费</td><td></td><td></td><td></td></tr>
<tr><td>B9-5</td><td>检验试验配合费</td><td></td><td></td><td></td></tr>
<tr><td rowspan="3">4</td><td>011707005001</td><td>冬雨季施工增加费</td><td></td><td></td><td></td></tr>
<tr><td>B9-1</td><td>冬季施工增加费</td><td></td><td></td><td></td></tr>
<tr><td>B9-2</td><td>雨季施工增加费</td><td></td><td></td><td></td></tr>
<tr><td rowspan="2">5</td><td>011707002001</td><td>夜间施工增加费</td><td></td><td></td><td></td></tr>
<tr><td>B9-3</td><td>夜间施工增加费</td><td></td><td></td><td></td></tr>
<tr><td rowspan="2">6</td><td>011707004001</td><td>二次搬运费</td><td></td><td></td><td></td></tr>
<tr><td>B9-7</td><td>二次搬运费</td><td></td><td></td><td></td></tr>
<tr><td rowspan="2">7</td><td>01B003</td><td>场地清理费</td><td></td><td></td><td></td></tr>
<tr><td>B9-9</td><td>场地清理费</td><td></td><td></td><td></td></tr>
<tr><td colspan="6">不可竞争措施项目</td></tr>
<tr><td rowspan="3">9</td><td>011707001001</td><td>安全防护、文明施工费</td><td></td><td></td><td></td></tr>
<tr><td>B10-1</td><td>安全防护、文明施工基本费</td><td></td><td></td><td></td></tr>
<tr><td>B10-2</td><td>安全防护、文明施工增加费</td><td></td><td></td><td></td></tr>
</table>

附录 3

钢筋工程量计算书

钢筋汇总表

序号	构件名称＼钢筋规格	Φ6	Φ8	Φ10	Φ12	Φ14	Φ16	Φ18	Φ20	Φ22	Φ25
1-5	基础钢筋				34.16	2272.2					
6-10	结构柱		158.38	5402.37			61.95			986.63	504.2
11-18	构造柱	1129.41			1307.03						
	一层梁板(3.87m)										
20	KL-1	140.71	844.72		201.2		79.42		214.48	184.68	
21	KL-2	70.36	446.95		94.52		79.66			108.47	92.42
22	KL-3	86.55	234.45	242.12	123.28		53.38				299.6
23	KL-4	86.59	468.96		122		21.50				320.03
24	L-1		253.67				5.50	109.2	91.08		
25	L-2		253.67				5.50			172.92	
26	L-3		110.50				92.51				
27	L-4		145.55				32.86		46.53		
28	L-5		145.55				32.86				47.25
29	L-6		145.55					13.03	45.99		
30	L-7		110.50				45.14		32.06		
31	①～②轴 LB1		1832.4								
32	Ⓐ、Ⓔ 轴外侧挑板		239								
33	Ⓑ～Ⓓ,②～③轴 LB1		602.7								
	本页合计	1513.62	4989.24	5644.49	1882.19	2272.2	510.28	122.23	430.14	1452.70	1263.50

续表-1

序号	钢筋规格 构件名称	Φ6	Φ8	Φ10	Φ12	Φ14	Φ16	Φ18	Φ20	Φ22	Φ25
34	Ⓐ～Ⓑ轴,Ⓓ～Ⓔ轴 ②～③轴 LB1		389.35								
35	Ⓐ～Ⓑ轴,Ⓓ ～Ⓔ轴 ②～③轴 LB2		596.16								
36	①轴板扣筋	206.68	334.54								
37	L-1 轴板扣筋	163.80	261.03	46.8							
38	②轴板扣筋	163.8	191.32								
39	L-2 轴板扣筋	129.9	244.236								
40	③轴板扣筋	36.5	77.48								
41	Ⓐ轴外板扣筋	35.28	220.03								
42	Ⓔ轴外板扣筋	35.28	264.486								
43	Ⓑ轴板扣筋	106.8	193.388								
44	Ⓓ轴板扣筋	111.38	207.548								
45	L-4 上板扣筋	60	212.52								
46	L-6 上板扣筋	77.16	116.52	50.8							
	二层顶板(7.80m)梁板										
47	WKL-1	70.36	422.37		100.60		22.44	40.12	107.24	53.7	
48	WKL-2	70.36	446.95		94.52		33.19	17.66		202.24	15.30
49	WKL-3	70.36	422.37		100.60		22.44	40.12	216.9		
50	WKL-4	86.55	234.45	242.12	123.28		21.50			171.2	137.12
	本页合计	1480.23	5023.16	339.72	419.00	0.00	99.57	97.90	324.14	427.14	152.42

续表-2

序号	钢筋规格 构件名称	Φ6	Φ8	Φ10	Φ12	Φ14	Φ16	Φ18	Φ20	Φ22	Φ25
51	WKL-5	86.59	468.96		122		21.50				327.09
52	L-1		253.67				5.50	109.2	91.08		
	L-2		253.67				5.50			172.92	
	L-3		110.50				92.51				
	L-4		145.55				32.86		46.53		
	L-5		145.55				32.86				47.25
	L-6		145.55					13.03	45.99		
	L-7		110.50				45.14		32.06		
53	①～②轴 WLB1		1832.4								
	Ⓐ、Ⓔ轴外侧挑板		239								
	Ⓑ～ Ⓓ,②～③轴 WLB1		602.7								
	Ⓐ～Ⓑ轴,Ⓓ～Ⓔ轴 ②～③轴 WLB1		389.35								
	Ⓐ～Ⓑ轴,Ⓓ～Ⓔ轴 ②～③轴 WLB2		596.16								
54	Ⓐ～Ⓑ轴Ⓓ～Ⓔ轴 ②～③轴 WLB1		371.68								
55	①轴板扣筋	81.9	160								
56	L-1 轴板扣筋	163.80	276.12	46.8							
57	②轴板扣筋	163.8	250.78	103.6							
	本页合计	496.09	6348.83	150.40	122.00	0.00	235.87	122.23	215.66	172.92	374.34
58	L-2 轴板扣筋	172.2	334.12								
59	③轴板扣筋	77.25	144.6								
60	Ⓐ、Ⓔ轴外板扣筋	86.76	446.83								

续表-3

序号	钢筋规格 构件名称	Φ6	Φ8	Φ10	Φ12	Φ14	Φ16	Φ18	Φ20	Φ22	Φ25
61	Ⓑ轴板扣筋	122.7	206.45								
	Ⓓ轴板扣筋	122.7	220.79								
	L-4 上板扣筋	76.8	224.64								
	L-6 上板扣筋	89.16	162.86	50.8							
62	TB-1		145.64	273.68	280.71						
63	TB-2		246.06	320.05	194.24						
64	TL		81.24						46.86		
65	女儿墙压顶	78.96	171.56								
68-71	马蹬筋			719							
	本页合计	755.97	2456.14	1340.06	475.73	0.00	0.00	46.86	0.00	0.00	0.00
	总计长度(m)	4316.95	19737.49	7474.71	2898.92	2272.2	845.72	389.22	969.94	2052.76	1790.26
	单位重量(kg/m)	0.222	0.395	0.617	0.888	1.21	1.58	2.00	2.47	2.98	3.85
	总计重量(t)	0.954	7.796	4.612	2.574	2.749	1.336	0.778	2.396	6.117	6.893
19	墙体加固筋	0.22/1000t×1632.59m=0.362t									
66	预制过梁	≤10 钢筋:2.44×2+5.74×15+8.09×14+9.15×4=240.84kg=0.241t									
67	屋面混凝土保护层 Φ4@150×150 钢筋网片	0.099/1000t×5148.81m=0.510t									
	现浇钢筋净量合计	≤10	0.954+7.862+4.702=13.518t								
		≤20	2.574+2.749+1.336+0.778+2.396=9.833t								
		>20	6.117+6.893=13.010t								

钢筋接头汇总表

序号	构件名称 \ 钢筋规格	Φ12	Φ16	Φ18	Φ20	Φ22	Φ25
6-10	结构柱					192	96
20	KL-1	24			24	12	
21	KL-2					12	6
22	KL-3						24
23	KL-4						26
24	L-1			6	11		
25	L-2					15	
26	L-3		6				
27	L-4		4				
28	L-5		4				
29	L-6			2	3		
30	L-7		3		2		
47	WKL-1	12			12	6	
48	WKL-2					12	6
49	WKL-3	12			18		
50	WKL-4					16	
51	WKL-5						30
52	L-1			6	11		
	L-2					15	
	L-3		6				
	L-4		4				
	L-5		4				
	L-6			2	3		
	L-7		3		2		
	合计	48	34	16	86	柱 192 其他 88	柱 96 其他 92

注：结构柱采用电渣压力焊，其他采用直螺纹连接。

钢筋工程量计算书

序号	构件名称	钢筋位置	钢筋规格	单根长度(m)	单个构件钢筋根数(根)	构件数量	总长度(m)
1	柱基础 JC-1	四周底筋	Φ14	3.1−0.04×2=3.02	4	4	2.718×19×2×4=413.136
		中间底筋		3.02×0.9=2.718	3.02/0.15−1=19.13≈19 双向:19×2		3.02×4×4=48.32
2	柱基础 JC-2	四周底筋	Φ14	3.5−0.04×2=3.42	4	4	3.42×4×4=54.72
		中间底筋		3.42×0.9=3.078	3.42/0.15−1=21.8≈22 双向:22×2		3.078×22×2×4=541.728
3	柱基础 JC-3	四周底筋	Φ14	3.8−0.04×2=3.72	4	2	3.72×4×2=29.76
		中间底筋		3.72×0.9=3.348	3.72/0.10−1=36.2≈36 双向:36×2		3.348×36×2×2=482.112
4	柱基础 JC-4	四周底筋	Φ14	4.3−0.04×2=4.22	4	2	4.22×4×2=33.76
		中间底筋		4.22×0.9=3.798	4.22/0.10−1=41.2≈41 双向:41×2		3.798×41×2×2=622.872
5	楼梯基础 TZ	底筋	Φ12	1.3−0.04×2=1.22	1.22/0.20+1=7.1≈7 双向:7×2	2	1.22×7×2×2=34.16
		基础钢筋合计:Φ14:413.136+541.728+482.112+622.872=2059.85 m　Φ12:34.16 m					
6	框架柱 KZ_1	外侧纵筋	Φ25	1.5 L_{aE}=1.3875 m 7.8−0.65+1.3875+1.95−0.04+0.25=10.7	7	4	10.7×6×4=246.8
		内侧纵筋		7.8−0.03+12d+1.95−0.04+0.25=10.23	5		10.23×6×4=245.52
		大箍筋	Φ10	构件断面周长−8c+8d+2×11.9d=0.55×4−8×0.03+31.8×0.01=2.278 m	(7.8+1.95−0.6)/0.1+1=93 加基础内3根:93+3=96		2.278×96×4=874.75
		小箍筋		[(0.55−0.03×2−0.025)/3+0.025)+(0.55−0.03×2)]×2+8d+2×11.9d=1.658 m	是大箍筋的2倍:93×2		1.658×2×93×4=1233.55
		角部附加筋	Φ10	0.3+0.3=0.6	3		3×0.6×4=7.2
		钢筋接头	Φ25	2个	12		12×2×4=96个

续表-1

序号	构件名称	钢筋位置	钢筋规格	单根长度(m)	单个构件钢筋根数(根)	构件数量	总长度(m)
7	框架柱 KZ_2 (JC-2 上)	外侧纵筋	Φ22	1.5 L_{abE}=1.221 m 7.8−0.65+1.221+1.95−0.04+0.25=10.53	4	4	10.53×4×4=168.48
		内侧纵筋		7.8−0.03+12d+1.95−0.04+0.25=10.19	8		10.19×8×4=326.21
		大箍筋	Φ10	构件断面周长−8c+2×11.9d =0.55×4−8×0.03+31.8×0.01=2.278 m	一层 Hn/6=1.51/2=0.76 二层 Hn/6=(7.8−3.87−0.7)/2=0.54 底层柱根加密区: Hn/3=(3.87−0.7+1.95−0.6)/3=1.51 1.51/0.1+1=16.1≈16(根) 一层楼板加密区: 梁下:Max(Hn/6、b、500) =Max(0.76、0.55、0.50)=0.76 梁上:Max(Hn/6、b、500) =Max(0.54、0.55、0.50)=0.55 (0.76+0.7+0.55)/0.1=20.1≈20(根) 屋面柱顶加密区: (0.55+0.7)/0.1=12.5≈13(根) 一层非加密区:(4.52−1.51−0.76)/0.2=11.25≈11(根) 二层非加密区:(3.23−0.55×2)/0.2=10.65≈11(根) 加基础内 3 根共计:16+20+13+11+11+3=74(根)		2.278×77×4=674.29
		小箍筋		[(0.55−0.03×2−0.025)/3+0.025)+(0.55−0.03×2)]×2+8d+2×11.9d=1.658 m	是大箍筋的 2 倍:74×2		1.658×2×74×4=981.54
		角部附加筋	Φ10	0.3+0.3=0.6	3		3×0.6×4=7.2
		钢筋接头	Φ22	2 个	12		12×2×4=96 个

续表-2

序号	构件名称	钢筋位置	钢筋规格	单根长度(m)	单个构件钢筋根数(根)	构件数量	总长度(m)
8	框架柱(JC-3 上)	外侧纵筋	ф 22	1.5 L_{aE}=1.221 7.8−0.65+1.221+1.95−0.04+0.25=10.53	4	2	10.53×4×2=84.24
		内侧纵筋		7.8−0.03+12d+1.95−0.04+0.25=10.19	8		10.19×8×2=163.04
		大箍筋	Φ10	构件断面周长−8c+8d+2×11.9d =0.55×4−8×0.03+31.8×0.01=2.278m	仅比 JC-2 上的柱短 50mm,故近似取 74 根		2.278×74×2=337.15
		小箍筋		[(0.55−0.03×2−2×0.01−0.025)/3+2×0.01+0.025)+(0.55−0.03×2)]×2+2×11.9d=1.658	是大箍筋的 2 倍:74×2		1.658×2×74×2=490.77
		角部附加筋	Φ10	0.3+0.3=0.6	3		3×0.6×4=7.2
		钢筋接头	ф 22	2 个	12		12×2×2=48 个
9	框架柱 KZ_3	纵筋	ф 22	7.8−0.03+12d+1.95−0.04+0.25=10.19	12	2	10.19×12×2=244.66
		大箍筋	Φ10	构件断面周长−8c+2×11.9d =0.6×4−8×0.03+23.8×0.01=2.478	仅比 JC-2 上的柱短 150mm,故近似取 73 根		2.478×73×2=361.79
		小箍筋		[(0.6−0.03×2−2×0.01−0.025)/3+2×0.01+0.025)+(0.6−0.03×2)]×2+2×11.9d=1.791	是大箍筋的 2 倍:73×2		1.791×2×73×2=522.97
		角部附加筋	Φ10	0.3+0.3=0.6	3		3×0.6×4=7.2
		钢筋接头	ф 22	2 个	12		12×2×2=48 个
10	楼梯柱 TZ	纵筋	ф 16	L_{abE}=37×0.016=0.592m 1.92+1.55−0.04+0.25−0.4+L_{aE}=3.872m	8	2	3.872×8×2=61.952
		大箍筋	Φ8	构件断面周长−8c+2×11.9d =(0.3+0.35)×2−8×0.03+23.8d=1.314	(1.92+1.55−0.3)/0.1+1=32.7≈33(根) 加基础内 2 根共计:33+2=35(根)		1.314×35×2=91.98
		斜箍筋		$\sqrt{(0.15-0.03)^2+(0.175-0.03)^2}$=0.188m 0.188×4+8$d$+2×11.9$d$=1.006	33 根		1.006×33×2=66.40
		角部附加筋	Φ10	0.3+0.3=0.6	3		3×0.6×4=7.2

结构柱钢筋合计:ф 25:长度 299.6+204.6=504.2m;接头数量 96 个。 ф 22:长度 168.48+326.21+84.24+163.04+244.66=986.63m;接头数量 96+48+48=192 个。
ф 16:长度 61.95m。 Φ10:长度 874.75+1233.55+674.28+981.54+337.15+490.77+361.79+522.97+7.2×4=5476.81m。
Φ8:长度 91.98+66.40=158.38m。

续表-3

序号	构件名称	钢筋位置	钢筋规格	单根长度(m)	单个构件钢筋根数(根)	构件数量	总长度(m)
11	构造柱 GZ_1（一层外墙①、③轴上，KL_1 下）	纵筋	Φ 12	锚固长度 0.45m 搭接长度 0.6m(12G614-1 第 15 页) 3.87+1.55−0.04+0.25−0.7+0.6+0.54=6.454m	4	7	6.454×4×7=180.71
		箍筋	Φ6	构件断面周长−8c+2×11.9d =0.25×4−8×0.03+23.8×0.006=0.951m	(3.87+1.55−0.3−0.7)/0.2+1=23.1≈23 加基础内 2 根共计:23+2=25 根		0.951×25×7=166.43
12	构造柱 GZ_1（一层外墙Ⓐ、Ⓔ轴外 L_3 下）	纵筋	Φ 12	3.87+1.55−0.04+0.25−0.45+0.6+0.6+0.54=6.704m	4	13	6.704×4×13=348.61
		箍筋	Φ6	构件断面周长−8c+2×11.9d=0.25×4−8×0.03+23.8×0.006=0.951m	(3.87+1.55−0.3−0.45)/0.2+1=24.35≈24 加基础内 2 根共计:24+2=26 根		0.951×26×13=321.44
13	构造柱 GZ_2（一层内墙②轴 KL_2 下）	纵筋	Φ 12	3.87+0.3−0.04+0.25−0.7+0.6+0.6+45=5.204m	4	2	5.204×4×2=41.63
		箍筋	Φ6	构件断面周长−8c+2×11.9d =0.2×4−8×0.03+23.8d=0.751m	(3.87+0.3−0.7)/0.1+1=18.35≈18 加基础内 2 根共计:18+2=20 根		0.751×20×2=30.04
14	构造柱 GZ_2（一层内墙Ⓑ轴 KL_4 下）	纵筋	Φ 12	3.87+0.3−0.04+0.25−0.65+0.6+0.6+45=5.254m	4	1	5.254×4×1=21.02
		箍筋	Φ6	构件断面周长−8c+2×11.9d =0.2×4−8×0.03+23.8d=0.751	(3.87+0.3−0.65)/0.1+1=18.6≈19 加基础内 2 根共计:19+2=21 根		0.751×21×1=15.77
15	构造柱 GZ_2（一层内墙Ⓒ轴 KL_4 下）	纵筋	Φ 12	3.87+0.3−0.04+0.25−0.55+0.6+0.6+45=5.354m	4	1	5.354×4×1=21.42
		箍筋	Φ6	构件断面周长−8c+2×11.9d =0.2×4−8×0.03+23.8d=0.751m	(3.87+0.3−0.55)/0.1+1=19.1≈19 加基础内 2 根共计:19+2=21 根		0.751×21×1=15.77

续表-4

序号	构件名称	钢筋位置	钢筋规格	单根长度(m)	单个构件钢筋根数(根)	构件数量	总长度(m)
16	构造柱 GZ（二层内墙①③轴上）	纵筋	Φ12	3.93−0.7+0.45×2+0.6×2=5.198	4	9	5.198×4×9=187.13
		箍筋	Φ6	构件断面周长−8c+2×11.9d =0.25×4−8×0.03+23.8×0.006=0.951m	(3.93−0.7)/0.2+1=17.15≈17		0.951×17×9=145.5
17	构造柱 GZ（二层外墙Ⓐ、Ⓔ轴外 L_3L_7 下）	纵筋	Φ12	3.93−0.45+0.45×2+0.6×2=5.448	4	14	5.448×4×14=305.09
		箍筋	Φ6	构件断面周长−8c+2×11.9d =0.25×4−8×0.03+23.8×0.006=0.951m	(3.93−0.45)/0.2+1=18.4≈18		0.951×18×14=239.65
18	女儿墙构造柱 GZ	纵筋	Φ12	0.6−0.025+0.444+15d=1.199	4	42	1.199×4×42=201.43
		箍筋	Φ6	构件断面周长−8c+2×11.9d =0.25×4−8×0.03+23.8×0.006=0.951m	0.6/0.2+1=4		0.951×4×42=159.77
		墙构造柱钢筋合计：Φ12：长度 180.71+348.61+41.63+21.02+21.42+187.13+305.09+201.43=1307.03m Φ6：长度 166.43+321.44+30.04+15.77+15.77+145.5+239.65+159.77=1094.37m					
19	墙体加固筋（部分近似）	外墙四角 GZ 处	Φ6	(0.375+0.22)×2+0.2+12.5d=1.425 [(0.425+1)/2+0.2]×2+0.2+12.5d=2.1	一层(3.87+1.25−0.45)/0.5−1=8.34≈8 道 二层(3.93−0.45)/0.5−1=5.96≈6 道	4	(1.425+2.1)×(8+6)×4=197.4
		Ⓔ轴外墙外侧		(1.05+2.25)/2+12.5d=1.725 (0.65+2.25)/2+12.5d=1.525 (0.375+0.22)×2+0.2+12.5d=1.425(仅 1 层 1 处) (0.25+2.25)/2+12.5d=1.325(1 处)	一层(3.87+1.25−0.45)/0.5−1=8.34≈8 道 二层(3.93−0.45)/0.5−1=5.96≈6 道 每道 2 根共：(8+6)×2=28 根	2(1)	(1.725+1.525)×(9+6)×2+1.325×(8+6)+1.425×8=120.95
		一层Ⓐ轴外墙外侧		1×2+0.25+12.5d=2.325 (0.375+0.2)×2+0.2+12.5d=1.425 (1.25+2.25)/2+12.5d=1.825 (0.6+2.25)/2+12.5d=1.5 (1.55+2.25)/2+12.5d=1.975	(3.87+1.25−0.45)/0.5−1=8.34≈8 道 每道 2 根共：8×2=16 根	1	(2.325+1.425+1.825+1.975+1.5)×16=82.8

续表-5

序号	构件名称	钢筋位置	钢筋规格	单根长度(m)	单个构件钢筋根数(根)	构件数量	总长度(m)
19	墙体加固筋(部分近似)	二层Ⓐ轴外墙外侧	Φ6	(0.8+2.25)/2+12.5d=1.6 (0.8+2.25)/2+12.5d=1.6 (0.55+2.25)/2+12.5d=1.457 (0.6+2.25)/2+12.5d=1.5 (1.55+2.25) /2+12.5d=1.975	(3.93−0.45)/0.5−1=5.96≈6 道 每道 2 根共:6×2=12 根	1	(1.6+0.9+1.5+1.975+1.825) ×12=82.8
		一层①轴外墙4 根 GZ		(1.075+2.25) /2+12.5d=1.738 (1.075+2.25) /2+12.5d=1.738 (0.475+2.25) /2+12.5d=1.438 (0.975+2.25) /2+12.5d=1.688 (1+0.2) ×2+0.2+12.5d=2.675(每道 1 根)	(3.87+1.25−0.7)/0.5−1=7.84≈8 道 每道 2 根共:8×2=16 根	1	(1.738+1.738+1.438+1.688)×16+2.675×8=127.03
		一层①轴外墙2 根 KZ		[(1+0.22) ×2+0.2+12.5d]/2=1.338 [(1+0.22) ×2+0.2+12.5d]/2=1.338 [(1+0.22) ×2+0.2+12.5d]/3=0.892	(3.87+1.25−0.7)/0.5−1=7.84≈8 道	1	(1.338+1.338+0.892)×8=28.54
		一层③轴外墙3 根 GZ		2.25+12.5d=2.325	(3.87+1.25−0.7)/0.5−1=7.84≈8 道 每道 2 根共:8×2=16 根	3	2.325×16×3=111.60
		一层③轴外墙4 根 KZ		(1+0.22) ×2+0.2+12.5d=2.675	(3.87+1.25−0.7)/0.5−1=7.84≈8 道	6	2.675×8×6=128.40
		二层①轴外墙6 根 GZ		(1.075+2.25) /2+12.5d=1.738(5 根) (0.5+2.25)/2+12.5d=1.45(1 根)	(3.93−0.7)/0.5−1=5.5≈6 道 每道 2 根共:6×2=12 根	5+1	1.738×12×5+1.45×12=121.68
		二层①轴外墙4 根 KZ		[(1+0.22) ×2+0.2+12.5d]/2=1.338	(3.93−0.7)/0.5−1=5.5≈6 道 每道 2 根共:6×2=12 根	6	1.323×12×6=96.34
		二层③轴外墙3 根 GZ		2.25+12.5d=2.325	(3.93−0.7)/0.5−1=5.5≈6 道 每道 2 根共:6×2=12 根	3	2.325×12×3=83.70
		二层③轴外墙4 根 KZ		(1+0.22) ×2+0.2+12.5d=2.675	(3.93−0.7)/0.5−1=5.5≈6 道	6	2.675×6×6=96.30
		女儿墙		2.25+12.5d=2.325	2	42	2.325×2×42=195.30

续表-6

序号	构件名称	钢筋位置	钢筋规格	单根长度(m)	单个构件钢筋根数(根)	构件数量	总长度(m)
19	墙体加固筋（部分近似）	一层内墙4根GZ	Φ6	2.25+12.5d=2.325	(3.87+0.3−0.7)/0.5−1=5.94≈6道 每道2根共:6×2=12根	4	2.325×12×4=111.6
		一层内墙2根KZ		(1+0.22)×2+0.2+12.5d=2.675	(3.87+0.3−0.7)/0.5−1=5.94≈6道	3	2.675×6×3=48.15
		墙体加固筋合计:197.4+120.95+82.8+82.8+127.03+28.54+111.60+128.40+121.68+96.34+83.70+96.30+195.30+111.6+48.15=1632.59m					
	一层顶板(3.87m)梁板						
20	KL-1	Ⓐ轴端支座上部纵筋	Φ22	0.9−0.025+0.275+($\sqrt{2}$−1)×(0.45−0.025×2)+L_n/3=1.316+2.52=3.836m L_n=8.1−0.55=7.55　L_n/3=2.52	2	2	3.836×2×2=15.34m
		Ⓔ轴端支座上部纵筋	Φ22	同Ⓐ支座上部纵筋	2	2	3.836×2×2=15.34m
		中间支座上部纵筋	Φ22	L_n/3×2+h_c=2.52×2+0.55=5.59m	2	2	5.59×2×2=22.36×2=44.72
			Φ16	K_n/3×2+h_c=1.89×2+0.55=4.33	2	2	4.33×2×2=17.32×2=34.64
		上部贯通筋	Φ22	26.1−0.025×2+12d×2=26.578	2	2	26.578×2×2=106.31
			Φ22接头	3	2	2	3×2×2=12个
		Ⓐ～Ⓑ轴间 Ⓓ～Ⓔ轴间 底部通筋	Φ20	L_{abE}=37d=37×20=0.74,0.4L_{abE}=0.296; 15d=0.3 8.1−0.55+L_{aE}+(0.4L_{aE}+15d)=8.89	4×2	2	8.89×4×2×2=142.24
			Φ20接头	1	4×2	2	4×2×2=16个
		Ⓑ～Ⓓ轴间底部通筋	Φ20	8.1−0.55+2L_{aE}=9.03	4	2	9.03×4×2=72.24
			Φ20接头	1	4	2	4×2=8个
		悬挑底筋	Φ16	0.9−0.275−0.03+12d=0.79	4×2	2	0.79×4×2×2=12.54

续表-7

序号	构件名称	钢筋位置	钢筋规格	单根长度(m)	单个构件钢筋根数(根)	构件数量	总长度(m)
20	KL-1	Ⓐ～Ⓑ轴间 Ⓓ～Ⓔ轴间 梁侧受扭筋	⏀12	$L_{aE}=37d=0.444$，$0.4L_{abE}=0.178$，$15d=0.18$，$8.1-0.55+L_{aE}+(0.4L_{abE}+15d)=8.355$	4×2	2	8.355×4×2×2=133.68
			⏀12 接头	1	4×2	2	4×2×2=16 个
		Ⓑ～Ⓓ轴间 梁侧受扭筋	⏀12	$8.1-0.55+2L_{aE}=8.44$	4	2	8.44×4×2=67.52
			⏀12 接头	1	4	2	4×2=8 个
		梁侧受扭筋的拉筋	Φ6	$0.3-0.025\times2+1.9d\times2+0.075\times2=0.71$	2 层 3 段 (8.1−0.55)/(0.15×2)+1=26.2 =26 个	2	0.71×2×26×3×2 =221.52
		箍筋	Φ8	$(0.7+0.3)\times2-8\times0.025+2\times11.9d=2.054$	加密区：6 段 $1.5h_b=1.05$m；1.05/0.1+1=11.5≈12 非加密区：3 段 (8.1−1.05×2−0.55)/0.15−1=35.33=35 次梁支座处增加箍筋： 6×3=18	2	2.054×(12×6+35×3+18)×2=801.21
		悬挑部分箍筋	Φ8	$(0.3+0.45)\times2-8\times0.025+2\times11.9d$ =1.554	2 段 (0.9−0.275)/0.1+1=7.25=7 个	2	1.554×7×2×2=43.51
		次梁处吊筋	⏀16	$2\times20\times0.016+2\times\sqrt{2}(0.7-2\times0.025)+0.25+2\times0.05=2.687$m	2×3	2	2.687×2×3×2=32.24
		KL-1 小计：⏀22：30.688+44.72+106.312=181.72m　接头 12 个 ⏀20：142.24+72.24=214.48m　接头 16+8=24 个 ⏀16：34.64+12.54+32.24=79.42m ⏀12：133.68+67.52=201.2m　接头 16+8=24 个 Φ8：801.38+43.51=844.72m Φ6：221.52m					

续表-8

序号	构件名称	钢筋位置	钢筋规格	单根长度(m)	单个构件钢筋根数(根)	构件数量	总长度(m)
21	KL-2	Ⓐ、Ⓔ轴端支座上部纵筋	Φ16	L_n/3=(8.1−0.275−0.3)/3=2.51 L_n/4=(8.1−0.275−0.3)/4=1.885 0.75×(0.9−0.275)+0.55+1.885=2.904	2×2	1	2.904×2×2×1=11.62
			Φ25	1.316+L_n/3=1.3165+2.51=3.826	2×2	1	3.826×2×2×1=15.30m
		中间支座上部纵筋	Φ25	2.51×2+0.6=5.62	2×2	1	5.62×2×2=22.48
			Φ16	1.885×2+0.6=4.37	2×2	1	4.37×2×2=17.48
		上部贯通筋	Φ25	26.1−0.025×2+12d×2=26.85	2	1	26.65×2=53.3
			Φ25接头	3	2	1	3×2=6个
		Ⓐ～Ⓑ轴间 Ⓓ～Ⓔ轴间 底部通筋	Φ22	L_{aE}=37d=0.814　0.4L_{abE}=0.326 15d=0.33 7.525+L_{aE}+(0.4L_{abE}+15d)=8.995	4×2	1	8.995×4×2=71.96
			Φ22接头	1	4×2	1	4×2=8个
		Ⓑ～Ⓓ轴间底部通筋	Φ22	7.525+2L_{aE}=9.155	4	1	9.155×4=36.62
			Φ22接头	1	4	1	4个
			Φ16	8.1−0.6+2 L_{aE}=7.5+2×37d=8.684	2	1	8.684×2=17.37
		悬挑部分底筋	Φ16	0.9−0.275−0.03+12d=0.79	4×2	1	0.79×4×2=6.32
		箍筋	Φ8	(0.7+0.3)×2−8×0.025+2×11.9d=2.054	加密区:同 KL-1 非加密区:同 KL-1 次梁支座处增加箍筋:6×5=30	1	2.054×(12×6+35×3+30)=425.18

续表-9

序号	构件名称	钢筋位置	钢筋规格	单根长度(m)	单个构件钢筋根数(根)	构件数量	总长度(m)
21	KL-3	悬挑部分箍筋	Φ8	(0.3+0.45)×2−8×0.025+2×11.9d=1.554	2段:(0.9−0.275)/0.1+1=7.25≈7个	1	1.554×7×2=21.77
		次梁处吊筋	Ф16	2×20×0.016+2×$\sqrt{2}$(0.7−2×0.025)+0.25+2×0.05=2.687m	2×5	1	2.687×2×5=26.87
		端跨梁侧筋	Ф12	8.1−0.275−0.3+15d×2=7.885	4×2	1	7.885×4×2=63.08
		中跨梁侧筋	Ф12	8.1−0.6+15d×2=7.86	4	1	7.86×4=31.44
		梁侧受扭筋的拉筋	Φ6	0.3−0.025×2+1.9d×2+0.075×2=0.71	2层3段:(8.1−0.55)/(0.15×2)+1=26.2≈26个	1	0.71×2×26×3=110.76
		KL-2小计:Ф22:71.96+36.62=108.58m 接头8+4=12 Ф25:15.30+22.48+53.3=91.08m 接头6 Ф16:11.62+17.48+17.37+6.32+26.87=79.66m Ф12:63.08+31.44=94.52m Φ8:425.18+21.77=446.95m Φ6:110.76m					
22	KL-3	端支座负二层筋	Ф25	L_n/4=(7.45−0.55)/4=1.725 0.4L_{abE}=0.4×37d=0.37 0.4L_{abE}+15d+L_n/4=0.37+0.375+1.725=2.47	2×2	2	2.47×2×2×2=19.76
		中间支座	Ф25	L_n/4×2+h_c=1.725×2+0.55=4	2	2	4×2×2=16
		上部贯通筋	Ф25	7.45×2−0.55+(0.4L_{abE}+15d)×2=15.84	4	2	15.84×4×2=126.72
			Ф25接头	1	4	2	8个
		底部筋	Ф25	L_n+(0.4L_{abE}+15d)+L_{aE}=6.9+0.745+0.925=8.57	4×2	2	8.57×4×2×2=137.12
			Ф25接头	1	4×2	2	4×2×2=16个
			Ф16	L_n+(0.4L_{abE}+15d)+L_{aE}=6.9+0.477+0.592=7.97	2	2	7.97×2×2=31.88

续表-10

序号	构件名称	钢筋位置	钢筋规格	单根长度(m)	单个构件钢筋根数(根)	构件数量	总长度(m)
22	KL-3	①～②箍筋	Φ8	(0.3+0.65)×2−8c+8d+2×11.9d=1.954	加密区:1.5h_b=0.975,共2段 0.975/0.1+1=10.75≈11 非加密区:共1段 (6.9−0.975×2)/0.15−1=32 次梁支座处增加箍筋:6	2	1.954×(11×2+32+6)×2 =234.45
		②～③箍筋	Φ10	(0.3+0.65)×2−8c+8d+2×11.9d=2.018	加密区:1.5h_b=0.975,共2段 0.975/0.1+1=10.75≈11 非加密区:共1段 (6.9−0.975×2)/0.15−1=32 次梁支座处增加箍筋:6	2	2.018×(11×2+32+6)×2 =242.12
		梁侧受扭钢筋	Φ12	L_n+(0.4L_{abE}+15d)+L_{aE}=6.9+0.358+0.444=7.705	4	2	7.705×4×2×2=123.28
		拉筋	Φ6	0.3−0.025×2+1.9d×2+0.075×2=0.71	共2层2段: 6.9/(0.15×2)+1=24	2	0.71×2×24×2×2=136.32
		吊筋	Φ16	2×20×0.016+2×$\sqrt{2}$×(0.65−2×0.025)+0.25+2×0.05=2.687m	2×2	2	2.687×2×2×2=21.50
		KL-3小计:Φ25:19.76+16+126.72+137.12=299.6m Φ16:31.88+21.50=53.38m Φ12:123.28m Φ10:242.12m Φ8:234.45m Φ6:86.55m			接头8+16=24		

续表-11

序号	构件名称	钢筋位置	钢筋规格	单根长度(m)	单个构件钢筋根数(根)	构件数量	总长度(m)
23	KL-4	端支座负二层筋	Φ25	$0.4L_{aE}+15d+L_n/4=2.465$	2×2	2	2.465×2×2×2=19.72
		端支座负一层筋	Φ25	$0.4L_{aE}+15d+L_n/3=3.04$	1×2	2	3.04×2×2=12.16
		中间支座负二层筋	Φ25	$L_n/4\times2+h_c=4.04$	2	2	4.04×2×2=16.16
		中间支座负一层筋	Φ25	$L_n/3\times2+h_c=5.185$	2	2	5.185×2×2=20.74
		上部贯通筋	Φ25	$7.45\times2-0.275-0.3+(0.4L_{aE}+15d)\times2=15.815$	2	2	15.815×2×2=63.26
			Φ25接头	1	2	2	4个
		底部筋	Φ25	$L_n+(0.4L_{aE}+15d)+L_{aE}=8.545$	5+6	2	8.545×(5+6)×2=187.99
			Φ25接头	1	5+6	2	22个
		箍筋	Φ8	$(0.3+0.65)\times2-8c+2\times11.9d=1.954$	共两跨，每跨： 加密区：$1.5h_b=0.975$，共2段 0.975/0.1+1=10.75≈11 非加密区：共1段 (6.9−0.975×2)/0.15−1=32 次梁支座处增加箍筋：6	2	1.954×(11×2+32+6)×2×2=468.96
		吊筋	Φ16	$2\times20\times0.016+2\times\sqrt{2}\times(0.65-2\times0.025)+0.25+2\times0.05=2.687$m	2×2	2	2.687×2×2×2=21.50
		梁侧构造筋	Φ12	$L_n+15d\times2=7.625$	4×2	2	7.625×4×2×2=122

续表-12

序号	构件名称	钢筋位置	钢筋规格	单根长度(m)	单个构件钢筋根数(根)	构件数量	总长度(m)
23	KL-4	拉筋	Φ6	0.3－0.025×2＋1.9d×2＋0.075×2＝0.71	共2层2段： 6.9/(0.15×2)＋1＝24	2	0.71×2×24×2×2＝136.32
		KL-4小计：Ф25：19.72＋12.16＋16.16＋20.74＋63.26＋187.99＝320.03m Ф12：122m Ф16：21.50m Φ8：468.96m Φ6：136.32m			接头4＋22＝26		
24	L-1	端支座一层负筋	Ф18	L_n/3＝(8.1－0.3)/3＝2.6 0.9－0.025＋0.15＋($\sqrt{2}$－1)×(0.45－0.025×2)＋L_n/3＝1.191＋2.6＝3.791	1×2	1	3.791×2＝7.582
		端支座二层负筋	Ф18	L_n/4＝(8.1－0.3)/4＝1.95 0.75×(0.9－0.15)＋0.3＋L_n/4＝2.813	2×2	1	2.813×2×2＝11.25
		中间支座一层负筋	Ф18	L_n/3×2＋0.3＝5.5	1×2	1	5.5×2＝11
		中间支座二层负筋	Ф18	L_n/4×2＋0.3＝4.2	3×2	1	4.2×3×2＝25.2
		上部贯通筋	Ф18	26.1－0.025×2＋12d×2＝26.266	2	1	26.266×2＝52.53
			Ф18接头	3	2	1	6个
		底部筋	Ф20	8.1－0.3＋2×12d＝8.28	4×2＋3＝11	1	8.28×11＝91.08
			Ф20接头	1	11	1	11
		悬挑底筋	Ф16	0.9－0.15－0.025＋12d＝0.917	3×2	1	0.917×3×2＝5.50

续表-13

序号	构件名称	钢筋位置	钢筋规格	单根长度(m)	单个构件钢筋根数(根)	构件数量	总长度(m)
24	L-1	箍筋	Φ8	(0.25+0.55)×2−8×0.025+2×11.9d =1.654	一般箍筋: [(8.1−0.3)/0.2+1]×3=120 附加箍: 6×3=18	1	1.654×(120+18)=228.25
		悬挑箍筋	Φ8	(0.25+0.45)×2−8×0.025+2×11.9d =1.454	[(0.9−0.15)/0.1+1]×2=8.5×2 ≈18	1	1.412×18=25.42
		L-1 小计:Φ 20:91.08m 接头 11 个 Φ 18:7.58+11.25+11+25.2+53.7=107.57m 接头 6 个 Φ 16:5.50m Φ8:228.25+25.42=253.67m					
25	L-2	端支座一层负筋	Φ 22	1.191+L_n/3=3.791	1×2	1	3.791×2=7.58
		中间支座一层负筋	Φ 22	L_n/3×2+0.3=5.5	1×2	1	5.5×1×2=11
		中间支座二层负筋	Φ 22	L_n/4×2+0.3=4.2	3×2	1	4.2×3×2=25.2
		上部贯通筋	Φ 22	26.1−0.025×2+12d×2=26.578	2	1	26.578×2=53.16
			Φ 22 接头	3	2	1	6 个
		底部筋	Φ 22	7.8+2×12d=8.33	3×3	1	8.33×3×3=74.97
			Φ 22 接头	1	9	1	9
		悬挑底筋	Φ 16	0.9−0.15−0.025+12d=0.917	3×2	1	0.917×3×2=5.50
		悬挑箍筋	Φ8	(0.25+0.45)×2−8×0.025+2×11.9d =1.454	[(0.9−0.15)/0.1+1]×2=8.5×2 ≈18	1	1.412×18=25.42

续表-14

序号	构件名称	钢筋位置	钢筋规格	单根长度(m)	单个构件钢筋根数(根)	构件数量	总长度(m)
25	L-2	箍筋	Φ8	(0.25+0.55)×2−8×0.025+2×11.9d =1.654	一般箍筋: [(8.1−0.3)/0.2+1]×3=120 附加箍: 6×3=18	1	1.654×(120+18)=228.25
		L-2 小计:Ф22:7.58+11+25.2+53.7+74.97=171.91m Ф16:5.50m Φ8:228.25+25.42=253.67m			接头 6+9=15		
26	L-3	上部贯通筋	Ф16	0.6L_{ab}=0.23　15d=0.24　12d=0.192 (0.4L_{ab}+15d)×2+(15.45−0.6)=15.79	3	1	15.79×3=47.37
			Ф16 接头	1	3	1	3
		底部筋	Ф16	12d×2+(15.45−0.6)=15.045	3	1	15.045×3=45.14
			Ф16 接头	1	3	1	3
		箍筋	Φ8	(0.25+0.45)×2−8×0.025+2×11.9d =1.454	[(3.725−0.025−0.125)/0.2+1]× 4=18.9×4≈19×4	1	1.454×19×4=110.50
		L-3 小计:Ф16:47.37+45.14=92.51m Φ8:110.50m		接头 6 个			
27	L-4	上部贯通筋	Ф16	(0.4L_{ab}+15d)×2+(7.45−0.15−0.025) =8.215	2	2	8.215×2×2=32.86
			Ф16 接头	1	2	2	4
		底部筋	Ф20	12d×2+7.275=7.755	3	2	7.755×3×2=46.53
		箍筋	Φ8	(0.25+0.55)×2−8×0.025+2×11.9d =1.654	7.275/0.20+1=37.4≈37	2	1.654×37×2=122.40

续表-15

序号	构件名称	钢筋位置	钢筋规格	单根长度(m)	单个构件钢筋根数(根)	构件数量	总长度(m)
28	L-5	上部贯通筋	⌽16	$(0.4L_{ab}+15d)\times2+(7.45-0.15-0.025)$ =8.215	2	2	8.215×2×2=32.86
			⌽16接头	1	2	2	4
		底部筋	⌽25	$12d\times2+7.275=7.875$	3	2	7.875×3×2=47.25
		箍筋	Φ8	$(0.25+0.55)\times2-8\times0.025+2\times11.9d$ =1.654	7.275/0.20+1=37.4≈37	2	1.654×37×2=122.40
29	L-6	上部贯通筋	⌽18	$(0.4L_{ab}+15d)\times2+(15.45-0.6)=15.91$	2	1	15.91×2=31.82
			⌽18接头	1	2	1	1
		中间支座一层负筋	⌽18	$L_n/3\times2+0.3=5.15$	1	1	5.15
		中间支座二层负筋	⌽18	$L_n/4\times2+0.3=3.94$	2	1	3.94×2=7.88
		底部筋	⌽20	$12d\times2+14.85=15.33$	3	1	15.33×3=45.99
			⌽20接头	1	3	1	3
		箍筋	Φ8	$(0.25+0.55)\times2-8\times0.025+2\times11.9d$ =1.654	一般箍筋： [7.275/0.20+1] ×2=37.4×2≈74 附加箍筋： 6×2=12	1	1.654×(74+12)=142.24
		L-6 小计：⌽18：5.15+7.88=13.03m ⌽20：45.99m Φ8：142.24m　　接头 3 个					

续表-16

序号	构件名称	钢筋位置	钢筋规格	单根长度(m)	单个构件钢筋根数(根)	构件数量	总长度(m)
30	L-7	上部贯通筋	Φ20	$(0.4L_{ab}+15d)\times2+(15.45-0.6)=16.026$	2	1	16.03×2=32.06
			Φ20接头	1	2	1	2
		底部筋	Φ16	$12d\times2+(15.45-0.6)=15.045$	3	1	15.045×3=45.14
			Φ16接头	1	3	1	3
		箍筋	Φ8	$(0.25+0.45)\times2-8\times0.025+2\times11.9d=1.454$	[(3.725−0.025−0.125)/0.2+1]×4=18.9×4≈19×4	1	1.454×76=110.50
31	①～②轴LB1	净跨及不同间距钢筋根数		$L_{n1}=3.725-0.125-0.025=3.575$ $L_{n2}=4.05-0.15-0.125=3.775$ $L_{n3}=3.725-0.15-0.125=3.45$	(3.575−0.15)/0.15+1=23.8≈24 (3.575−0.18)/0.18+1=19.86≈20 (3.775−0.15)/0.15+1=25.2≈25 (3.775−0.18)/0.18+1=21 (3.45−0.2)/0.2+1)=17.25≈17 (3.45−0.15)/0.15+1=23		
		①轴侧底筋X方向	Φ8	3.725−0.025+0.15=3.85	(3.775−0.2)/0.2+1=18.875≈19	6	3.85×19×6=438.9
		②轴侧底筋X方向	Φ8	3.45+0.125+0.15=3.725	(3.775−0.2)/0.2+1=18.875≈19	6	3.725×19×6=424.65
		底筋Y方向	Φ8	3.775+0.125+0.15=4.05	(3.575−0.2)/0.2+1=17.875≈18	6×2	4.05×18×6×2=874.8
		小计	Φ8	438.9+424.65+874.8=1738.35			
32	Ⓐ、Ⓔ轴外侧挑板(近似)	底筋X方向	Φ8	3.575+0.15+0.125=3.85	0.8−0.15−0.15=0.5 (0.5−0.2)/0.2+1=2.5≈3	4×2	3.85×3×4×2=92.4
		底筋Y方向	Φ8	0.8+0.15+0.15+0.125=0.775	18	4×2	0.775×18×4×2=116.6
		小计	Φ8	92.4+116.6=209			

续表-17

序号	构件名称	钢筋位置	钢筋规格	单根长度(m)	单个构件钢筋根数(根)	构件数量	总长度(m)
33	Ⓑ～Ⓓ，②～③轴 LB1	②轴侧底筋 X方向	Φ8	4.155－0.15－0.125＋0.15＋0.125＝4.155	(3.775－0.2)/0.2＋1＝18.875≈19	2	4.155×19×2＝157.89
		②轴侧底筋 Y方向	Φ8	4.05－0.15－0.125＋0.15＋0.125＝4.05	4.155－0.15－0.125＝3.88 (3.88－0.2)/0.2＋1＝19.4≈20	2	4.05×20×2＝162
		③轴侧底筋 X方向	Φ8	3.295－0.025－0.125＋0.15＋0.125＝3.42	(3.775－0.2)/0.2＋1＝18.875≈19	2	3.42×19×2＝129.96
		③轴侧底筋 Y方向	Φ8	4.05－0.15－0.125＋0.15＋0.125＝4.05	3.295－0.125－0.025＝3.145 (3.145－0.2)/0.2＋1＝15.7≈16	2	4.05×16×2＝129.6
		小计	Φ8	157.87＋162＋129.96＋129.6＝579.45			
34	Ⓐ～Ⓑ轴 Ⓓ～Ⓔ轴 ②～③轴 LB1	②轴侧底筋 X方向	Φ8	4.155－0.15－0.125＋0.15＋0.125＝4.155	2.6－0.15－0.125＝2.325 (2.325－0.2)/0.2＋1＝11.6≈12	2	4.155×12×2＝99.72
		②轴侧底筋 Y方向	Φ8	2.6－0.15－0.125＋0.15＋0.125＝2.6	4.155－0.15－0.125＝3.88 (3.88－0.2)/0.2＋1＝19.4≈20	2	2.6×20×2＝104
		③轴侧底筋 X方向	Φ8	3.295－0.025－0.125＋0.15＋0.125＝3.42	2.6－0.15－0.125＝2.325 (2.325－0.2)/0.2＋1＝11.6≈12	2	3.42×12×2＝82.08
		③轴侧底筋 Y方向	Φ8	2.6－0.15－0.125＋0.15＋0.125＝2.6	3.295－0.125－0.025＝3.145 (3.145－0.2)/0.2＋1＝15.7≈16	2	2.6×16×2＝83.2
		小计	Φ8	99.72＋104＋82.08＋83.2＝369			
35	Ⓐ～Ⓑ轴 Ⓓ～Ⓔ轴 ②～③轴 LB2	底筋 X方向	Φ8	4.155－0.15－0.125＋0.15＋0.125＝4.155	5.5－0.15－0.125＝5.225 (5.225－0.15)/0.15＋1＝34.8≈35	2	4.155×35×2＝290.85
		底筋 Y方向	Φ8	5.5－0.15－0.125＋0.15＋0.125＝5.5	4.155－0.15－0.125＝3.88 (3.88－0.15)/0.15＋1＝25.9≈26	2	5.5×26×2＝286
		小计	Φ8	290.85＋286＝576.85			

续表-18

序号	构件名称	钢筋位置	钢筋规格	单根长度(m)	单个构件钢筋根数(根)	构件数量	总长度(m)
36	①轴板扣筋	Ⓓ～Ⓔ轴间	Φ8	L_a=36d=0.288 0.95+0.288+0.11−0.015×2=1.318	(3.775−0.2)/0.2+1=18.9≈19	2	1.318×19×2=50.084
		Ⓐ～Ⓓ轴间雨篷	Φ8	1.3+(1.2−0.015×2)+0.3+(0.10−0.015×2)+(0.11−0.015×2)=2.92	(2.525−0.15)/0.15+1=16.8≈17 (11.2−0.15)/0.15+1=74.7≈75	1	2.92×(17+75)=268.64
		Ⓑ～Ⓓ轴间无雨篷段	Φ8	L_a=36d=0.288 0.95+0.288+0.11−0.015×2=1.318	(2.75−0.2)/0.2−1=11.75≈12	1	1.318×12=15.816
		分布筋	Φ6	L_{n2}=4.05−0.15−0.125=3.775 板内:3.775−0.95×2+0.15×2=2.175 雨篷:2.525　11.2+0.15(一个搭接头)=11.35	板内:(1.3−0.1)/0.2+1=7 雨篷内:(1.2−0.1)/0.2+1=7	6	2.175×7×6+(2.525+11.4)×7=188.405
		小计	Φ8	50.084+268.6+15.816=334.54			
37	L-1轴板扣筋	Ⓓ～Ⓔ轴间	Φ10	0.95×2+0.25+(0.11−0.015×2)×2=2.31	(3.775−0.2)/0.2+1=18.875≈19	1	2.31×19=43.89
		其余	Φ8	0.95×2+0.25+(0.11−0.015×2)×2=2.31	@150两跨: 每跨(3.775−0.15)/0.15+1=25.2≈25 @180三跨: 每跨(3.775−0.18)/0.18+1)=21	1	2.31×(25×2+21×3)=261.03
		分布筋	Φ6	3.775−0.95×2+0.15×2=2.175	(0.95−0.1)/0.2+1=5.25≈5;两侧5×2	6	2.175×10×6=130.5
38	②轴板扣筋	Ⓑ～Ⓓ轴间	Φ10	1.05×2+0.3+(0.11−0.015×2)×2=2.56	(3.775−0.2)/0.2+1=18.9≈19	2	2.59×19×2=97.28
		Ⓐ～Ⓑ轴间 Ⓓ～Ⓔ轴间	Φ8	1.05×2+0.3+(0.11−0.015×2)+(0.14−0.015×2)=2.59	(5.5−0.15−0.125−0.2)/0.2+1=26	2	2.59×26×2=134.64
		Ⓐ～Ⓑ轴间 Ⓓ～Ⓔ轴间	Φ8	0.95×2+0.3+(0.11−0.015×2)×2=2.36	(2.6−0.15−0.125−0.2)/0.2+1=11.6≈12	2	2.36×12×2=56.64
		分布筋(近似)	Φ6	3.775−0.95×2+0.15×2=2.175 5.5−0.15−0.125−0.95×2+0.15×2=3.625 2.6−0.15−0.125−0.95×2+0.15×2=0.725	(0.95−0.1)/0.2+1=5.25≈5 两侧5×2	各2	(2.175+3.625+0.725)×5×2×2=130.5
		小计	Φ8	134.68+56.64=191.32			

续表-19

序号	构件名称	钢筋位置	钢筋规格	单根长度(m)	单个构件钢筋根数(根)	构件数量	总长度(m)
39	L-2 轴板扣筋	Ⓐ～Ⓑ轴间 Ⓓ～Ⓔ轴间	Φ8	1.05+0.288+(0.14−0.015×2)=1.448	(5.5−0.15−0.125−0.2)/0.2+1=26	2	1.448×26×2=75.296
		Ⓐ～Ⓑ轴间 Ⓓ～Ⓔ轴间	Φ8	0.7×2+0.25+(0.11−0.015×2)×2=1.81	2.6−0.15−0.125=2.325 (2.325−0.2)/0.2+1=11.6≈12	2	1.81×12×2=43.44
		Ⓑ～Ⓓ轴间	Φ8	1.05×2+0.25+(0.11−0.015×)×2=2.51	(3.775−0.15)/0.15+1)=25.2≈25	2	2.51×25×2=125.5
		分布筋	Φ6	5.225−1.05×2+0.15×2=3.425(单侧) 2.325−0.85−0.7+0.15×2=1.075(两侧) 3.775−0.85×2+0.15×2=2.375(两侧)	单侧:(1.05−0.1)/0.2+1=6 两侧:6×2	各2	[3.425+(1.075+2.375)×2]×6×2=123.9
		小计	Φ8	75.296+43.44+125.5=244.236			
40	③轴板扣筋	Ⓐ～Ⓑ轴间 Ⓓ～Ⓔ轴间	Φ8	$L_a=36d$=0.288 0.7+(0.11−0.015×2)+0.288=1.068	2.6−0.15−0.125=2.325 (2.325−0.2)/0.2+1=11.6≈12	2	1.068×12×2=25.632
		Ⓑ～Ⓓ轴间	Φ8	0.85+0.288+(0.11−0.015×2)=1.218	(3.775−0.2)/0.2+1=18.9≈19	2	1.218×19×2=46.284
		分布筋	Φ6	2.325−0.85−0.7+0.15×2=1.075 3.775−0.85×2+0.15×2=2.375	(0.85−0.1)/0.2+1=4.75≈5	各2	(1.075+2.375)×5×2=34.5
		小计	Φ8	25.632+46.284=77.48(m)			
41	Ⓐ轴外板扣筋	有雨棚段	Φ8	1.05+(1.2−0.015×2)+0.9+0.15+(0.10−0.015×)+(0.11−0.015×)=3.42	(2.5−0.2)/0.2+1=12.5≈13	1	3.42×13=44.46
		无雨篷段①～②	Φ8	0.288+0.9−0.25+0.15+0.95+(0.11−0.015×2)=2.133	(3.45−0.2)/0.2+1=17.25≈17	2	2.133×17×2=72.522
		无雨篷段②～③	Φ8	0.288+0.9−0.25+0.15+1.05+(0.11−0.015×2)=2.218	17−13=4	1	2.218×4=8.872
		无雨篷段②～③	Φ8	0.288×2+0.8−0.15×2=1.076	3.295−0.125−0.025=3.145 (3.145−0.2)/0.2+1)=15.7≈16	1	1.076×16=17.216
		两端挑梁处	Φ8	0.95+0.288+0.11−0.015×2=1.318	(0.8−0.15×2−0.2)/0.2+1=3	2	1.318×3×2=7.908
		中间挑梁处	Φ8	0.95×2+0.25+(0.10−0.015×2)×2=2.29	(0.8−0.15×2−0.2)/0.2+1=3	3	2.29×3×3=20.61

续表-20

序号	构件名称	钢筋位置	钢筋规格	单根长度(m)	单个构件钢筋根数(根)	构件数量	总长度(m)
41	Ⓐ轴外板扣筋	X方向通常扣筋	ф8	15.45−0.3×2+0.288×2+2×45d=16.146	(0.8−0.15×2−0.2)/2+1=3	1	16.146×3=48.438
		①~②轴分布筋(近似)	Φ6	3.45−1.05−0.95+0.15×2=1.75	(0.95−0.1)/0.2+1=5.25≈5	2	1.75×5×2=17.5
		③~②轴分布筋(近似)	Φ6	3.88−1.05×2+0.15×2=2.08	(1.05−0.1)/0.2+1=5.75≈6	1	2.08×6=12.48
		雨篷分布筋	ф8	2.5−0.03=2.47	(1.2−0.1)/0.2+1=7	1	2.47×7=17.29
		小计	ф8	44.46+72.522+8.872+17.216+7.908+10.61+48.438=220.026			
			Φ6	17.5+12.48+17.29=47.27			
42	Ⓔ轴外板扣筋(近似)	有雨篷段	ф8	1.05+(1.2−0.015×2)+0.9+0.15+(0.10−0.015×2)+(0.11−0.015×2)=3.42	(5.2−0.2)/0.2+1=26	1	3.42×26=88.92
		雨篷分布筋	Φ6	5.2−0.03=5.17	(1.2−0.1)/0.2+1=7	1	5.17×7=36.19
		其余近似同Ⓐ轴外板扣筋					
		小计	ф8	88.92+72.522+8.872+17.216+7.908+20.61+48.438=264.486			
			Φ6	17.5+12.48+36.19=66.17			
43	Ⓑ轴板扣筋(部分近似)	①~②轴间筋	ф8	0.95×2+0.3+(0.11−0.015×2)×2=2.36	(3.45−0.2)/0.2+1=17.25≈17 (3.45−0.15)/0.15+1=23	1	2.36×(17+23)=94.4
		③~②轴间筋②轴侧	ф8	1.05×2+0.15+0.125+(0.11−0.015×2)×2=2.535	4.155−0.15−0.125=3.88 (3.88−0.2)/0.2+1=19.4≈19	1	2.535×19=48.156
		③~②轴间筋③轴侧	ф8	0.85×2+0.3+(0.11−0.015×2)×2=2.109 0.7+0.288+0.11−0.015×2=1.068	3.295−0.125−0.025=3.145 (3.145−0.2)/0.2+1=15.7≈16	1	(1.068+2.109)×16=50.832
		①~②轴间分布筋	Φ6	3.45−1.3−0.95+0.15×2=1.5	单侧:(0.95−0.1)/0.2+1=5.25≈5 两侧:5×2	2	1.5×5×2×2=30
		③~②轴分布筋②轴侧	Φ6	3.88−1.05×2+0.15×2=2.08	[(1.05−0.1)/0.2+1]×2=5.75×2≈12 (2.6−0.15−0.125−0.1)/0.2+1=12	1	2.08×(12+12)=49.92

续表-21

序号	构件名称	钢筋位置	钢筋规格	单根长度(m)	单个构件钢筋根数(根)	构件数量	总长度(m)
43	Ⓑ轴板扣筋（部分近似）	③～②轴分布筋③轴侧	Φ6	3.02－0.7×2＋0.2×15＝1.92	[(0.85－0.1)/0.2＋1]×2＝4.75×2≈10 (0.7－0.1)/0.2＋1＝4	1	1.92×14＝26.88
		小计	Φ8	94.4＋48.156＋50.832＝193.388			
			Φ6	30＋49.92＋26.88＝106.8			
44	Ⓓ轴板扣筋（部分近似）	①～②轴间筋	Φ8	0.95×2＋0.3＋(0.11－0.015×2)×2＝2.36	(3.45－0.15)/0.15＋1＝23	2	2.36×23×2＝108.56
		其余同Ⓑ轴板扣筋（部分近似）					
		小计	Φ8	108.56＋48.156＋50.832＝207.548			
			Φ6	30＋54.5＋26.88＝111.38			
45	L-4上板扣筋（部分近似）	扣筋	Φ8	0.95×2＋0.25＋(0.11－0.015×2)×2＝2.31	(3.45－0.15)/0.15＋1＝23 两跨 23×2＝46	2	2.31×46×2＝212.52
		分布筋	Φ6	3.45－1.3－0.95＋0.15×2＝1.5	(0.95－0.1)/0.2＋1＝5.25≈5 两跨两侧:5×2×2＝20	2	1.5×20×2＝60
46	L-6上板扣筋（部分近似）	①～②轴间扣筋	Φ8	0.95×2＋0.25＋(0.11－0.015×2)×2＝2.31	(3.45－0.1)/0.2＋1＝17 两跨 17×2＝34	1	2.31×34＝78.54
		②～③轴间扣筋	Φ8	0.85×2＋0.25＋(0.11－0.015×2)×2＝2.14	(3.145－0.18)/0.18＋1＝17.5≈18	1	2.11×18＝37.98
		②～③轴间扣筋	Φ10	1.05×2＋0.25＋(0.11－0.015×2)×2＝2.51	(3.88－0.2)/0.2＋1＝19	1	2.51×19＝47.69
		①～②轴间分布筋	Φ6	3.45－0.95×2＋0.15×2＝1.85	(0.95－0.1)/0.2＋1＝5.25≈5 两跨两侧:5×2×2＝20	1	1.85×20＝37
		②～③轴间分布筋	Φ6	3.88－1.05×2＋0.15×2＝2.18	(1.05－0.1)/0.2＋1＝6 两侧:6×2＝12	1	2.08×12＝24.96
		②～③轴间分布筋	Φ6	3.12－0.85－1.05＋0.15×2＝1.52	[(0.85－0.1)/0.2＋1]×2＝4.75×2≈10	1	1.52×10＝15.2

续表-22

序号	构件名称	钢筋位置	钢筋规格	单根长度(m)	单个构件钢筋根数(根)	构件数量	总长度(m)
46	L-6 上板扣筋	小计	⏀8	78.54+37.98=116.52			
			Φ6	37+24.96+15.2=77.16			
	二层顶板(7.80)梁板						
47	WKL-1	端支座二层负筋	⏀18	0.75×(0.9−0.275)+0.55+L_n/4=2.906	2×2	1	2.906×4=11.62
		中间支座二层负筋	⏀18	L_n/4×2+h_c=4.33	2×2	1	4.33×2×2=17.32
		中间支座一层负筋	⏀18	L_n/3×2+h_c=5.59	1×2	1	5.59×2=11.18
		上部通筋	⏀22	26.1−0.025×2+12d×2=26.578	2	1	26.578×2=53.16
			⏀22 接头	3	2	1	6个
		Ⓐ～Ⓑ轴间 Ⓓ～Ⓔ轴间 底部通筋	⏀20	L_{aE}=37d=37×20=0.74，0.4L_{abE}=0.296，15d=0.3，8.1−0.55+L_{aE}+(0.4L_{abE}+15d)=8.89	4×2	1	8.89×4×2=71.12
			⏀20 接头	1	4×2	1	4×2=8个
		Ⓑ～Ⓓ轴间 底部通筋	⏀20	8.1−0.55+2L_{aE}=9.03	4	1	9.03×4=36.12
			⏀20 接头	1	4	1	4个
		悬挑部分底筋	⏀16	0.9−0.275−0.03+12d=0.79	4×2	1	0.79×4×2=6.32
		Ⓐ～Ⓑ轴间 Ⓓ～Ⓔ轴间 梁侧受扭筋	⏀12	L_{aE}=37d=0.444，0.4L_{abE}=0.178，15d=0.18，8.1−0.55+L_{aE}+(0.4L_{abE}+15d)=8.355	4×2	1	8.355×4×2=66.84
			⏀12 接头	1	4×2	1	4×2=8个

续表-23

序号	构件名称	钢筋位置	钢筋规格	单根长度(m)	单个构件钢筋根数(根)	构件数量	总长度(m)
47	WKL-1	Ⓑ～Ⓓ轴间梁侧受扭筋	Φ12	8.1−0.55+2L_{aE}=8.44	4	1	8.44×4=33.76
			Φ12接头	1	4	1	4
		梁侧受扭筋的拉筋	Φ6	0.3−0.025×2+1.9d×2+0.075×2=0.71	2层3段 (8.1−0.55)/(0.15×2)+1=26.2≈26	1	0.71×2×26×3=110.76
		箍筋	Φ8	(0.7+0.3)×2−8×0.025+2×11.9d=2.054	加密区:6段 1.5h_b=1.05m;1.05/0.1+1=11.5≈12 非加密区:3段 (8.1−1.05×2−0.55)/0.15−1=35.33≈35 次梁支座处增加箍筋: 6×3=18	1	2.054×(12×6+35×3+18)=400.61
		悬挑部分箍筋	Φ8	(0.3+0.45)×2−8×0.025+2×11.9d=1.554	2段 (0.9−0.275)/0.1+1=7.25≈7个	1	1.554×7×2=21.76
		次梁处吊筋	Φ16	2×20×0.016+2×$\sqrt{2}$×(0.7−2×0.025)+0.25+2×0.05=2.687m	2×3	1	2.687×2×3=16.12
		WKL-1小计:Φ22:53.7m　　接头6 Φ20:71.12+36.12=107.24m　　接头4+8=12 Φ18:11.62+17.32+11.18=40.12m Φ16:6.32+16.12=22.44m Φ12:66.84+33.76=100.60m　　接头4+8=12个 Φ8:400.61+21.76=422.37m Φ6:110.76m					

续表-24

序号	构件名称	钢筋位置	钢筋规格	单根长度(m)	单个构件钢筋根数(根)	构件数量	总长度(m)
48	WKL-2	Ⓐ、Ⓔ轴端支座上部纵筋	Φ 25	$1.316+L_n/3=1.316+2.51=3.826$	2×2	1	3.826×2×2×1=15.30m
		中间支座上部纵筋	Φ 22	一层负筋：$L_n/3\times2+h_c=5.62$ 二层负筋：$L_n/4\times2+h_c=4.37$	各 2×2	1	(5.62+4.37)×2×2=39.96
		上部贯通筋	Φ 22	$26.1-0.025\times2+12d\times2=26.65$	2	1	26.65×2=53.3
			Φ 22 接头	3	2	1	3×2=6 个
		Ⓐ～Ⓑ轴间 Ⓓ～Ⓔ轴间 底部通筋	Φ 22	$L_{aE}=37d=0.814$　$0.4L_{abE}=0.326$ $15d=0.33$ $7.525+L_{aE}+(0.4L_{abE}+15d)=8.995$	4×2	1	8.995×4×2=71.96
			Φ 22 接头	1	4×2	1	4×2=8 个
		Ⓑ～Ⓓ轴间底部通筋	Φ 22	$7.525+2L_{aE}=9.155$	4	1	9.155×4=36.62
			Φ 22 接头	1	4	1	4 个
			Φ 18	$8.1-0.6+2L_{aE}=7.5+2\times37d=8.832$	2	1	8.832×2=17.66
		悬挑部分底筋	Φ 16	$0.9-0.275-0.03+12d=0.79$	4×2	1	0.79×4×2=6.32
		箍筋	Φ8	$(0.7+0.3)\times2-8\times0.025+2\times11.9d=2.054$	加密区：同 KL-1 非加密区：同 KL-1 次梁支座处增加箍筋：6×5=30	1	2.054×(12×6+35×3+30)=425.18

续表-25

序号	构件名称	钢筋位置	钢筋规格	单根长度(m)	单个构件钢筋根数(根)	构件数量	总长度(m)
48	WKL-2	悬挑部分箍筋	Φ8	(0.3+0.45)×2−8×0.025+2×11.9d =1.554	2段 (0.9−0.275)/0.1+1=7.25≈7个	1	1.554×7×2=21.77
		次梁处吊筋	ф16	2×20×0.016+2×$\sqrt{2}$(0.7−2×0.025)+ 0.25+2×0.05=2.687m	2×5	1	2.687×2×5=26.87
		端跨梁侧筋	ф12	8.1−0.275−0.3+15d×2=7.885	4×2	1	7.885×4×2=63.08
		中跨梁侧筋	ф12	8.1−0.6+15d×2=7.86	4	1	7.86×4=31.44
		梁侧受扭筋的拉筋	Φ6	0.3−0.025×2+1.9d×2+0.075×2=0.71	2层3段 (8.1−0.55)/(0.15×2)+1=26.2 ≈26个	1	0.71×2×26×3=110.76
		WKL-2小计:ф25:15.30m　　接头6 ф22:39.96+53.7+71.96+36.62=202.24m　　接头4+8=12 ф18:17.66m ф16:6.32+26.87=33.19m ф12:63.08+31.44=94.52m Φ8:425.18+21.77=446.95m Φ6:110.76m					
49	WKL-3	端支座二层负筋	ф20	1.316+L_n/3=3.836	2×2	1	3.836×2×2=15.34
		中间支座二层负筋	ф20	一层负筋:L_n/3×2+h_c=5.59 二层负筋:L_n/4×2+h_c=4.33	2×2	1	(5.59+4.33)×2×2=39.68
		上部通筋	ф20	(26.1−0.025×2+12d×2)=26.53	2	1	26.53×2=53.06
			ф20接头	3	2	1	6个
		其余均同WKL-1					

续表-26

序号	构件名称	钢筋位置	钢筋规格	单根长度(m)	单个构件钢筋根数(根)	构件数量	总长度(m)
49	WKL-3	WKL-3 小计：Φ 20：15.34+39.68+53.06+71.12+36.12=215.32m　接头 6+4+8=18 个 Φ 18：11.62+17.32+11.18=40.12m Φ 16：6.32+16.12=22.44m Φ 12：66.84+33.76=100.60m　接头 4+8=12 个 Φ8：400.61+21.76=422.37m Φ6：119.76m					
50	WKL-4	端支座负二层筋	Φ 22	(0.55−0.03−0.022−0.025)+(0.65−0.03−0.022−0.025)+L_n/4=2.77	2×2	2	2.77×2×2×2=22.16
		中间支座	Φ 22	L_n/4×2+h_c=1.725×2+0.55=4	2	2	4×2×2=16
		上部贯通筋	Φ 22	[(0.55−0.03)+(0.65−0.03)]×2+(7.45×2−0.55)=16.63	4	2	16.63×4×2=133.04
			Φ 22 接头	2	4	2	16 个
		底部筋	Φ 25	L_n+(0.4L_{abE}+15d)+L_{aE}=6.9+0.745+0.925=8.57	4×2	2	8.57×4×2×2=137.12
			Φ 25 接头	1	4×2	2	4×2×2=16 个
		其余均同 KL-3					
		WKL-4 小计：Φ 25：137.12m　接头 16 Φ 22：22.16+16+133.04=171.2m Φ 16：21.50m Φ 12：123.28m Φ10：242.12m Φ8：234.45m Φ6：136.32m					
51	WKL-5	端支座负筋	Φ 25	二层负筋：2.77	2×2	2	2.77×2×2×2=22.16
			Φ 25	一层负筋：(0.55−0.03)+(0.65−0.03)+L_n/3=3.44	1×2	2	3.44×2×2=13.76

续表-27

序号	构件名称	钢筋位置	钢筋规格	单根长度(m)	单个构件钢筋根数(根)	构件数量	总长度(m)
51	WKL-5	上部贯通筋	Φ 25	[(0.55−0.03)+(0.65−0.03)]×2+(7.45×2−0.55)=16.63	2	2	16.63×2×2=66.52
			Φ 25 接头	2	2	2	8
		中间支座负筋	Φ 25	一层负筋:$L_n/3×2+h_c$=5.125 二层负筋:$L_n/4×2+h_c$=4.04	2	2	(5.125+4.04)×2×2=36.66
		底部筋	Φ 25	$L_n+(0.4L_{abE}+15d)+L_{aE}$=8.545	5+6	2	8.545×(5+6)×2=187.99
			Φ 25 接头	1	5+6	2	22 个
		其余均同 KL-4					
		WKL-5 小计:Φ 25:22.16+13.76+66.52+36.66+187.99=327.09m 接头 8+22=30 Φ 12:122m Φ 16:21.50m Φ8:468.96m Φ6:136.32m					
52	L-1~L-7 均与一层顶板对应的梁一致,可查 24~30 项,不再重复						
53	楼板底筋除楼梯除外,均与一层顶板对应的楼板一致,可查 31~35 项,不再重复						
54	Ⓐ~Ⓑ轴 Ⓓ~Ⓔ轴 ②~③轴 WLB1	底筋 X 方向	Φ 8	3.295−0.025+0.15=3.42	5.5−0.15−0.125=5.225 (5.225/0.2+1)=27	2	3.42×27×2=184.68
		底筋 Y 方向	Φ 8	5.5	3.295−0.155−0.025=3.145 (3.145/0.2+1)=17	2	5.5×17×2=187
		小计	Φ 8	184.68+187=371.68			
55	①轴板扣筋	扣筋	Φ 8	0.95+0.288+0.11−0.015=1.333	(3.775/0.2+1)=19.9≈20	6	1.333×20×6=160
		分布筋	Φ6	L_{n2}=4.05−0.15−0.125=3.775 3.775−0.95×2+0.2×2=2.275	(0.95/0.2+1)=5.8≈6	6	2.275×6×6=81.9

续表-28

序号	构件名称	钢筋位置	钢筋规格	单根长度(m)	单个构件钢筋根数(根)	构件数量	总长度(m)
56	L-1 轴板扣筋近似相同一层顶板 L-1 轴板扣筋,可查 37 项,不再重复						
57	②轴板扣筋	Ⓑ～Ⓓ轴间	Φ10	1.05×2+0.3+(0.11−0.015)×2=2.59	(3.775/0.2+1)=20	2	2.59×20×2=103.6
		Ⓐ～Ⓑ轴间 Ⓓ～Ⓔ轴间	Φ8	1.05×2+0.3+(0.11−0.015)+(0.14−0.015×2)=2.62	(5.5−0.15−0.125)/0.15+1=36	2	2.62×36×2=188.64
		Ⓐ～Ⓑ轴间 Ⓓ～Ⓔ轴间	Φ8	0.95×2+0.3+(0.11−0.015)×2=2.39	(2.6−0.15−0.125) /0.2+1=13	2	2.39×13×2=62.14
		分布筋	Φ6	同一层 38 项			(2.275+3.725+0.825)×6×2×2=163.8
		小计	Φ8	188.64+62.14=250.78			
58	L-2 轴板扣筋	Ⓐ～Ⓑ轴间 Ⓓ～Ⓔ轴间	Φ8	1.05×2+0.25+(0.11−0.015)+(0.14−0.015×2)=2.57	(5.5−0.15−0.125)/0.18+1=30	2	2.57×30×2=154.2
		分布筋	Φ6	5.225−1.05×2+0.2×2=3.525 2.325−0.85−0.7+0.2×2=1.175 3.775−0.85×2+0.2×2=2.475	单侧:(1.05/0.2+1)=6 两侧:6×2	各 2	(3.525+1.175+2.475)×2×6×2=172.2
		其余扣筋	Φ8	同一层 39 项相应位置处扣筋。			
		小计	Φ8	154.2+47.84+132.08=334.12m			
59	③轴板扣筋	Ⓐ～Ⓑ轴间 Ⓓ～Ⓔ轴间	Φ8	0.85+0.288+0.12−0.015=1.243	5.5−0.15−0.125=5.225 (5.225/0.2+1)=27	2	1.243×27×2=67.12
		分布筋	Φ6	5.225−0.85−0.7+0.2×2=4.075	0.85/0.2+1=5	2	4.075×10=40.75
		其余扣筋	Φ8	同一层 40 项			77.48
		其余分布筋	Φ6	同一层 40 项			36.5
		小计	Φ8	67.12+77.48=144.6			
			Φ6	40.75+36.5=77.25			
60	Ⓐ、Ⓔ轴外板扣筋	①～②间	Φ8	0.288+0.9−0.25+0.15+0.95+(0.11−0.015×2)=2.133	(3.45/0.2+1)=18.25≈18 两跨:36	2	2.133×36×2=153.58

续表-29

序号	构件名称	钢筋位置	钢筋规格	单根长度(m)	单个构件钢筋根数(根)	构件数量	总长度(m)
60	Ⓐ、Ⓔ轴外板扣筋	②~③间②侧扣筋	Φ8	0.288+0.9−0.25+0.15+1.05+(0.11−0.015×2)=2.233	3.88/0.2+1=20	2	2.233×20×2=89.32
		②~③间③侧扣筋	Φ8	0.288+0.9−0.25+0.15+0.85+(0.11−0.015×2)=2.033	3.12/0.2+1=17	2	2.033×17×2=69.12
		②~③间③侧分布筋	Φ6	3.12−1.05−0.85+0.2×2=1.62	0.85/0.2+1=5	2	1.62×10=16.2
		其余扣筋	Φ8	同41项对应位置钢筋		2	(10.66+27.84+64.58)×2=206.16
		小计	Φ8	153.58+89.32+59.12+206.16=518.18			
61	Ⓓ轴、Ⓑ轴、L-4、L-6近似相同一层顶板相应位置的扣筋和分布筋,可查43~46项,不再重复						
	楼梯钢筋:通用数据 $\tan\theta=150/300=0.5$ $\theta=29.5167°$ $1/\cos\theta=1.118$ TB-1板宽:1.56+0.025=1.585						
62	TB-1	①	Φ12	(3.6−0.3×2+0.015×2)×1.118+0.5=5.162	1.585/0.1+1=16.85≈17	2	5.162×17×2=175.51
		②	Φ10	(0.4−0.015×2)+(1.9−0.3−0.015)+1.2×1.118+(0.2−0.015×2)=3.47	1.585/0.1+1=16.85≈17	2	3.47×17×2=117.98
		③	Φ10	0.32−0.015+(1.4−0.015)×1.118+0.2−0.015×2=2.025	1.585/0.1+1=16.85≈17	2	2.025×17×2=68.85
		④	Φ8	1.585−0.015×2+12.5d=1.555+12.5×0.008=1.655	3.6×1.118=4.025 4.025/0.2+1=22 上下双层:22×2	2	1.655×22×2×2=145.64
		⑤	Φ12	(1.9−0.025)+0.9×1.118+(0.2−0.015×2)=3.05	1.585/0.1+1=16.85≈17	2	3.05×17×2=103.74
		⑥	Φ10	(0.4×0.015×2)+(1.9−0.3−0.015)+(3.9−0.015)×1.118+(0.32−0.015)=6.60	1.585/0.1+1=16.85≈17	2	6.60×17×2=224.50
63	TB-2	①	Φ12	(1.9−0.025−0.015)+3.85×1.118+0.025=6.14	1.46/0.1+1=16	2	6.14×16×2=194.48
		②	Φ10	同TB-1中③	1.46/0.1+1=16	2	2.025×16×2=64.85
		③	Φ10	0.5+1.2×1.118+0.2−0.015=2.03	1.46/0.1+1=16	2	2.03×16×2=64.96

续表 30

序号	构件名称	钢筋位置	钢筋规格	单根长度(m)	单个构件钢筋根数(根)	构件数量	总长度(m)
63	TB-2	④	Φ8	1.46+0.15+1.56+0.025−0.015×2+12.5d=3.265	1.65/0.2+1=9.25≈9 上下双层:9×2	2	3.265×9×2×2=117.54
			Φ8	1.46−0.015×2+12.5d=1.53	(3.6×1.118)/0.2+1=21 上下双层:21×2	2	1.53×21×2×2=128.52
		⑤	Φ10	(0.4−0.015×2)+(1.9−0.015+0.3)+0.6×1.118 =3.23	1.46/0.1+1=16	2	3.23×16×2=103.36
		⑥	Φ10	0.5+(3.9+0.25−0.015)×1.118+(0.32−0.015) =5.43	(1.46/0.2+1)=8	2	5.43×8×2=86.88
64	TL	纵筋	Φ18	(0.4L_a+15d)×2+L_n=(0.26+0.27)×2+(3.295−0.275−0.175)=3.905	3×2	2	3.905×3×2×2=46.86
		箍筋	Φ8	(0.25+0.4)×2−8×0.025+31.8d=1.354	(2.845/0.1+1)=30	2	1.354×30×2=81.24
65	女儿墙压顶	纵筋	Φ8	26.1−0.03×2=26.16;15.45−0.03×2=15.51 26.16−0.015×2+3×40d=27.09 15.51−0.015×2+40d=15.8	2×2	1	(27.09+15.8)×2×2 =171.56
		箍筋	Φ6	0.25+0.09−0.015×2=0.31	26.1/0.3+1=88 15.45/0.3+1=53 (88+53)×2	1	0.31×(88+53)×2=87.42
66	预制过梁		≤10	2.44×2+5.74×15+8.09×14+9.15×4=240.84kg			
67	屋面混凝土保护层	@150×150 钢筋网片	Φ4	25.6−0.03 14.95−0.03	14.95/0.15+1=101 根 25.6/0.15+1=172 根	1	(25.6−0.03)×101+ (14.95−0.03)×172 =5148.81
68	雨篷马蹬筋(部分近似)	双向@800 l_1 l_2 l_3	Φ10	0.2×3+(0.12−0.015−0.008)×2=0.794	25.94/0.64=401 个	1	0.794×41=32.55

续表-31

序号	构件名称	钢筋位置	钢筋规格	单根长度(m)	单个构件钢筋根数(根)	构件数量	总长度(m)
69	楼梯马蹬筋	休息平台板	Φ10	0.15×3+(0.2−0.015×2−0.01−0.012−0.008)×2=0.73	(3.295−0.125+0.025)×1.5/0.64=7.5≈8	2	0.73×16=11.68
		TB-1、TB-2	Φ10	0.15×3+(0.2−0.015×2−0.01−0.012−0.008)×2=0.73	3.6×1.118×1.46/0.64=9	4	0.73×36=26.28
70	一层顶板(3.87m)板中的马蹬筋(部分近似)	110厚板 双向@800 l_1 l_2 l_3	Φ10	$L_1=L_3=200+50=250$(马凳的上部能放置二根钢筋，平直段为板筋间距+50mm，为简化计算本例题平直段取为250mm) $L_2=0.11-0.015×2-0.008-0.008×2=0.056$ (马凳高度=板厚−2×保护层−Σ(上部板筋与板最下排钢筋直径之和)) 110板单根长： 0.25+0.25×2+0.056×2=0.862	[3.575×3.775−(3.575−0.95×2)×(3.775−0.95×2)]/0.64=16个，16×6=96 [3.45×3.775−(3.45−0.95−1.05)×(3.775−0.95×2)]/0.64=16个，16×6=96 3.88×2.325/0.64=14个，14×2=28 [3.145×2.325−(3.145−0.7×2)×(2.325−0.7−0.85)]/0.64=9个，9×2=18 [3.88×3.775−(3.88−1.05×2)×(3.775−1.05×2)]/0.64=18个，18×2=36 [3.145×3.775−(3.145−1.05−0.85)×(3.775−0.85×2)]/0.64=15个，15×2=30 共计：96×2+28+18+36+30=304个	1	0.862×304=262.05
		140厚板 双向@800	Φ10	0.922	[3.88×5.225−(3.88−1.05×2)×(5.225−1.05×2)]/0.64=23	2	0.922×23×2=42.41
71	屋面板(7.8m)板中的马蹬筋(部分近似)	120厚板 双向@800	Φ10	0.882	楼梯处： [3.145×5.225−(3.145−1.05−0.85)×(5.225−0.85×2)]/0.64=18.8取19个，19×2=38 其他同一层顶板：304 共计：304+38	1	0.882×(304+38)=301.64
		140厚板 双向@800	Φ10	0.922	[3.88×5.225−(3.88−1.05×2)×(5.225−1.05×2)]/0.64=23	2	0.922×23×2=42.41
		马蹬筋合计：32.55+11.68+26.28+262.05+42.41+301.64+42.41=719m					

附录 4

定额计价模式下建设工程施工图预算的编制

建设工程预算书

工程名称：活 动 楼

建筑面积：814.82 平方米

工程造价：1048465.70 元

单方造价：1286.75 元/平方米

建设单位：×××职业技术学院

施工单位：×××建筑工程有限责任公司

造价工程师：××× （签字盖章）

校 对 人：××× （签字盖章）

审 定 人：××× （签字盖章）

编制单位：×××建筑工程有限责任公司 （签字盖章）

编制日期：2013年08月01日

编制说明

一、工程概况及预算总价值

1. 工程名称:活动楼

2. 建设地点:石家庄市四水厂路××号

3. 建设面积:814.82 平米

4. 工程开、竣工日期:2013 年 12 月 1 日—2014 年 7 月 31 日

5. 工程总造价:1048465.70 元

6. 单方造价:1286.75 元/平米

二、编制依据

1. 本预算按照某单位的活动楼施工图纸编制

2. 河北省建设工程计价标准《全国统一建筑工程基础定额河北省消耗量定额》(HEBGYD-A-2012、HEBGYD-2013、HEB GFB-1-2012)

三、其他

1. 未考虑材料价格调

2. 项目按总承包考虑,未考虑甲方供应材料等问题

单位工程造价汇总表

工程名称：活动楼 第1页，共1页

单位工程名称	工程造价（元）	其中：			
		人工费（元）	材料费（元）	机械费（元）	主材设备（元）
一般建筑工程、三类工程	703166.99	124117.58	418611.22	29307.57	
建筑工程土石方、建筑物超高、垂直运输、特大型机械场外运输及一次安拆	56950.01	11234.80	1265.20	33570.39	
桩基础工程、一类工程					
装饰装修工程	288348.70	83151.47	132828.37	7179.82	
合　计	1048465.70	218503.85	552704.79	70057.78	

单位工程费汇总表

工程名称:活动楼　　　　　　　　　　　　　　　　　　　　　　　　　　第1页,共2页

序号	编码	项目名称	计算基础	费率(%)	费用金额(元)
一般建筑工程、三类工程					
1	ZJF	直接费	RGF+CLF+JXF+WCF	100.000	572036.37
2	RGF	其中:人工费	STRGF+CSRGF	100.000	124117.58
3	CLF	其中:材料费	STCLF+CSCLF	100.000	418611.22
4	JXF	其中:机械费	STJXF+CSJXF	100.000	29307.57
5	WCF	其中:未计价材料费	STWCF+CSWCF	100.000	
6	QFJS	直接费中的人工费+机械费	RGF+JXF	100.000	153425.15
7	GLF	企业管理费	QFJS	17.00	26082.28
8	LR	利润	QFJS	10.00	15342.52
9	GF	规费	QFJS	25.00	38356.29
10	JKTZ	价款调整	JC+DLF	100.000	
11	JC	其中:价差	STJC+CSJC	100.000	
12	DLF	其中:独立费	DLFHJ	100.000	
13	AQWM	安全生产、文明施工费	AQWMJB+AQWMZJ	100.000	27702.24
14	AQWMJ	其中:基本费	ZJF+GLF+LR+GF+JKTZ	3.550	23139.52
15	AQWMZ	其中:增加费	ZJF+GLF+LR+GF+JKTZ	0.700	4562.72
16	SJ	税金	ZJF+GLF+LR+GF+JKTZ+AQWM	3.480	23647.29
17	HJ	工程造价	ZJF+GLF+LR+GF+JKTZ+AQWM+SJ	100.000	703166.99
建筑工程土石方、建筑物超高、垂直运输、特大型机械场外运输及一次安拆					
1	ZJF	直接费	RGF+CLF+JXF+WCF	100.000	46070.39
2	RGF	其中:人工费	STRGF+CSRGF	100.000	11234.80
3	CLF	其中:材料费	STCLF+CSCLF	100.000	1265.20
4	JXF	其中:机械费	STJXF+CSJXF	100.000	33570.39
5	WCF	其中:未计价材料费	STWCF+CSWCF	100.000	
6	QFJS	直接费中的人工费+机械费	RGF+JXF	100.000	44805.19
7	GLF	企业管理费	QFJS	4.000	1792.21
8	LR	利润	QFJS	4.000	1792.21
9	GF	规费	QFJS	7.000	3136.36
10	JKTZ	价款调整	JC+DLF	100.000	
11	JC	其中:价差	STJC+CSJC	100.000	
12	DLF	其中:独立费	LFHJ	100.000	
13	AQWM	安全生产、文明施工费	AQWMJB+AQWMZJ	100.000	2243.63

单位工程费汇总表

工程名称:活动楼　　　　第2页,共2页

序号	编码	项目名称	计算基础	费率(%)	费用金额(元)
14	AQWMJ	其中:基本费	ZJF+GLF+LR+GF+JKTZ	3.550	1874.09
15	AQWMZ	其中:增加费	ZJF+GLF+LR+GF+JKTZ	0.700	369.54
16	SJ	税金	ZJF+GLF+LR+GF+JKTZ+AQWM	3.480	1915.21
17	HJ	工程造价	ZJF+GLF+LR+GF+JKTZ+AQWM+SJ	100.000	56950.01
装饰装修工程					
1	ZJF	直接费	RGF+CLF+JXF+WCF	100.000	223159.66
2	RGF	其中:人工费	STRGF+CSRGF	100.000	83151.47
3	CLF	其中:材料费	STCLF+CSCLF	100.000	132828.37
4	JXF	其中:机械费	STJXF+CSJXF	100.000	7179.82
5	WCF	其中:未计价材料费	STWCF+CSWCF	100.000	
6	QFJS	直接费中的人工费+机械费	RGF+JXF	100.000	90331.29
7	GLF	企业管理费	QFJS	18.00	16259.63
8	LR	利润	QFJS	13.00	11743.07
9	GF	规费	QFJS	20.00	18066.26
10	JKTZ	价款调整	JC+DLF	100.000	
11	JC	其中:价差	STJC+CSJC	100.000	
12	DLF	其中:独立费	DLFHJ	100.000	
13	AQWM	安全生产、文明施工费	AQWMJB+AQWMZJ	100.000	9423.00
14	AQWMJ	其中:基本费	ZJF+GLF+LR+GF+JKTZ	3.000	8076.86
15	AQWMZ	其中:增加费	ZJF+GLF+LR+GF+JKTZ	0.500	1346.14
16	SJ	税金	ZJF+GLF+LR+GF+JKTZ+AQWM	3.480	9697.08
17	HJ	工程造价	ZJF+GLF+LR+GF+JKTZ+AQWM+SJ	100.000	288348.70
		合　计			1048465.7

实体项目预算表

工程名称：活动楼

第1页，共6页

序号	定额编号	项目名称	单位	数量	单价	合价	其中：(元)		
							人工费	材料费	机械费
		A 建筑工程				458951.16	83168.33	343739.37	32043.46
		A.1 土、石方工程				24924.89	12086.75	95.42	12742.72
1	A1-39	人工平整场地	100m^2	4.074	142.88	582.09	582.09		
2	A1-120	“反铲挖掘机挖土(斗容量0.6m^3)装车，三类土”	1000m^3	0.120	4982.66	597.92	32.54		565.38
3	A1-4换	人工挖土方三类土(深度2m以内)[机械挖土中需人工辅助开挖部分]	100m^3	0.183	2430.14	444.72	444.72		
4	A1-163换	自卸汽车运土(载重8t)运距1km以内[自卸汽车运土使用反铲挖掘机装车]	1000m^3	0.138	8691.57	1199.44			1199.44
5	A1-120	“反铲挖掘机挖土(斗容量0.6m^3)装车，三类土”	1000m^3	0.140	4982.66	697.58	37.97		659.61
6	A1-4换	人工挖土方三类土(深度2m以内)[机械挖土中需人工辅助开挖部分]	100m^3	0.222	2430.14	539.49	539.49		
7	A1-163换	自卸汽车运土(载重8t)运距1km以内[自卸汽车运土使用反铲挖掘机装车]	1000m^3	0.163	8691.57		1416.73		1416.73
8	A1-120	“反铲挖掘机挖土(斗容量0.6m^3)装车，三类土”	1000m^3	0.078	4982.66	388.64	21.15		367.49
9	A1-4换	人工挖土方三类土(深度2m以内)[机械挖土中需人工辅助开挖部分]	100m^3	0.130	2430.14	315.92	315.92		
10	A1-163换	自卸汽车运土(载重8t)运距1km以内[自卸汽车运土使用反铲挖掘机装车]	1000m^3	0.170	8691.57	1477.57			1477.57
11	A1-120	“反铲挖掘机挖土(斗容量0.6m^3)装车，三类土”	1000m^3	0.093	4982.66	463.39	25.22		438.17
12	A1-4换	人工挖土方三类土(深度2m以内)[机械挖土中需人工辅助开挖部分]	100m^3	0.156	2430.14	379.10	379.10		
13	A1-163换	自卸汽车运土(载重8t)运距1km以内[自卸汽车运土使用反铲挖掘机装车]	1000m^3	0.109	8691.57		947.38		947.38
14	A1-120	“反铲挖掘机挖土(斗容量0.6m^3)装车，三类土”	1000m^3	0.008	4982.66	39.86	2.17		37.69
15	A1-4换	人工挖土方三类土(深度2m以内)[机械挖土中需人工辅助开挖部分]	100m^3	0.026	2430.14	63.18	63.18		
16	A1-163换	自卸汽车运土(载重8t)运距1km以内[自卸汽车运土使用反铲挖掘机装车]	1000m^3	0.011	8691.57	95.61			95.61
17	A1-15	人工挖沟槽三类土(深度2m以内)	100m^3	0.360	2435.07	876.63	876.63		
18	A1-41	“人工回填土，夯填”	100m^3	5.132	1582.46	8121.18	6838.13		1283.05
19	A1-163	自卸汽车运土(载重8t)运距1km以内	1000m^3	0.442	7901.43	3492.43			3492.43
20	[52]B1-1	素土垫层	10m^3	9.542	243.12	2319.85	1928.44	95.42	295.99
21	A1-163	自卸汽车运土(载重8t)运距1km以内	1000m^3	0.059	7901.43	466.18			466.18
		A.3 砌筑工程				45165.18	10328.97	25663.40	9172.81
22	A3-1	砖基础[水泥砂浆M5(中砂)]	10m^3	1.942	2918.52	5667.76	1134.90	4454.50	78.36

实体项目预算表

工程名称：活动楼　　　　第2页，共6页

序号	定额编号	项目名称	单位	数量	单价	合价	其中：(元)		
							人工费	材料费	机械费
23	A7-214	墙基防水砂浆［防水砂浆(防水粉5%)1∶2(中砂)］	100m²	0.168	1619.72	272.11	136.38	130.17	5.56
24	A3-17换	加气混凝土砌块墙［水泥石灰砂浆M5(中砂)］	10m³	7.739	2573.09	19913.14	5479.21	14329.84	104.09
25	A9-4	1类混凝土构件运输(运距10km以内)	10m³	3.120	2414.45	7533.09	791.86	100.68	6640.55
26	A3-17换	加气混凝土砌块墙［水泥石灰砂浆M5(中砂)］	10m³	1.781	2573.09	4582.67	1260.95	3297.77	23.95
27	A9-4	1类混凝土构件运输(运距10km以内)	10m³	0.712	2414.45	1719.10	180.71	22.98	1515.41
28	A3-17换	加气混凝土砌块墙［水泥石灰砂浆M5(中砂)］	10m³	0.915	2573.09	2354.38	647.82	1694.25	12.31
29	A9-4	1类混凝土构件运输(运距10km以内)	10m³	0.366	2414.45	883.69	92.89	11.81	778.99
30	A3-30	砌体内钢筋加固	t	0.362	6185.74	2239.24	604.25	1621.40	13.59
		A.4 混凝土及钢筋混凝土工程				295526.36	40568.46	246445.52	8512.38
31	A4-162换	现浇预拌无筋混凝土带形基础［预拌商品混凝土C30］	10m³	1.212	3029.19	3671.38	385.42	3271.53	14.43
32	A4-314	“混凝土输送泵，檐高(深度)40m以内”	10m³	1.212	154.24	186.94	15.27	55.56	116.11
33	A4-165换	现浇预拌混凝土独立基础［预拌商品混凝土C30］	10m³	6.596	3075.36	20285.07	2433.92	17772.59	78.56
34	A4-314	“混凝土输送泵，檐高(深度)40m以内”	10m³	6.596	154.24	1017.37	83.11	302.36	631.90
35	A4-162换	现浇预拌无筋混凝土带形基础［预拌商品混凝土C15］	10m³	0.071	2719.23	193.07	22.58	169.64	0.85
36	A4-314	“混凝土输送泵，檐高(深度)40m以内”	10m³	0.071	154.24	10.94	0.89	3.25	6.80
37	［52］B1-25	预拌混凝土垫层［预拌商品混凝土C15］	10m³	1.733	2812.36	4873.82	725.78	4124.12	23.92
38	A4-314	“混凝土输送泵，檐高(深度)40m以内”	10m³	1.733	154.24	267.30	21.84	79.44	166.02
39	［52］B1-25	预拌混凝土垫层［预拌商品混凝土C15］	10m³	0.384	2812.36	1079.95	160.82	913.83	5.30
40	A4-314	“混凝土输送泵，檐高(深度)40m以内”	10m³	0.384	154.24	59.23	4.84	17.60	36.79
41	A4-172换	“现浇预拌混凝土矩形柱［预拌商品混凝土C30，水泥砂浆1∶2(中砂)］”	10m³	3.480	3498.43	12174.54	2854.30	9239.61	80.63
42	A4-314	“混凝土输送泵，檐高(深度)40m以内”	10m³	3.480	154.24	536.75	43.85	159.52	333.38
43	A4-174换	“现浇预拌混凝土构造柱异形柱［预拌商品混凝土C30，水泥砂浆1∶2(中砂)］”	10m³	1.575	3727.27	5870.45	1653.75	4180.21	36.49
44	A4-314	“混凝土输送泵，檐高(深度)40m以内”	10m³	1.575	154.24	242.94	19.85	72.20	150.89
45	A4-177换	现浇预拌混凝土单梁连续梁［预拌商品混凝土C30］	10m³	8.134	3186.91	25922.32	3962.88	21804.65	154.79
46	A4-190换	现浇预拌混凝土平板［预拌商品混凝土C30］	10m³	7.446	3089.84	23006.95	2591.21	20258.26	157.48
47	A4-314	“混凝土输送泵，檐高(深度)40m以内”	10m³	15.580	154.24	2403.06	196.31	714.19	1492.56

实体项目预算表

工程名称:活动楼　　　　第3页,共6页

序号	定额编号	项目名称	单位	数量	单价	合价	其中:(元)		
							人工费	材料费	机械费
48	A4-197	现浇预拌混凝土直形雨篷[预拌商品混凝土 C20]	10m³	0.283	3526.40	997.97	261.83	728.61	7.53
49	A4-314	“混凝土输送泵,檐高(深度)40m 以内”	10m³	0.283	154.24	43.65	3.57	12.97	27.11
50	A4-199 换	现浇预拌混凝土整体楼梯[预拌商品混凝土 C30]	10m³	0.454	3888.49	1765.37	527.64	1223.74	13.99
51	A4-314	“混凝土输送泵,檐高(深度)40m 以内”	10m³	0.454	154.24	70.02	5.72	20.81	43.49
52	A4-218	“现浇预拌混凝土台阶基层[预拌商品混凝土 C15,普通沥青砂浆 1:2:7(中砂),灰土 3:7]	100m² 水平投影面积	0.189	9321.65	1761.80	667.36	1080.48	13.96
53	A4-314	“混凝土输送泵,檐高(深度)40m 以内”	10m³	0.236	154.24	36.40	2.97	10.82	22.61
54	A4-205	现浇预拌混凝土压顶垫块墩块[预拌商品混凝土 C20]	10m³	0.167	3716.20	620.60	183.97	432.32	4.31
55	A4-314	“混凝土输送泵,檐高(深度)40m 以内”	10m³	0.167	154.24	25.76	2.10	7.66	16.00
56	A4-208	现浇预拌混凝土零星构件[预拌商品混凝土 C20]	10m³	0.007	4974.27	34.82	16.54	18.10	0.18
57	A4-314	“混凝土输送泵,檐高(深度)40m 以内”	10m³	0.007	154.24	1.08	0.09	0.32	0.67
58	A4-213 换	“现浇预拌混凝土散水,混凝土一次抹光水泥砂浆[预拌商品混凝土 C15,水泥砂浆1:1(中砂),灰土3:7,普通沥青砂浆 1:2:7(中砂)]”	100m²	0.620	6920.81	4290.90	1909.85	2358.81	22.24
59	A4-314	“混凝土输送泵,檐高(深度)40m 以内”	10m³	0.436	154.24	67.25	5.49	19.99	41.77
60	A4-215	“现浇预拌混凝土防滑坡道,抹水泥礓搓面层[预拌商品混凝土 C20,水泥砂浆1:2(中砂),普通沥青砂浆 1:2:7(中砂),灰土 3:7,素水泥浆]”	100m² 斜面积	0.117	9925.28	1161.26	582.80	567.69	10.77
61	A4-314	“混凝土输送泵,檐高(深度)40m 以内”	10m³	0.073	154.24	11.26	0.92	3.35	6.99
62	A4-74	预制钢筋混凝土过梁[预制混凝土(中砂碎石)C30-40]	10m³	0.281	3253.63	914.28	220.87	603.52	89.89
63	A9-8	2 类混凝土构件运输(运距 1km 以内)	10m³	0.285	1035.72	295.18	28.93	11.57	254.68
64	A9-95	“混凝土构件安装及拼装,过梁,塔式起重机[水泥砂浆1:3(中砂)]”	10m³	0.281	2791.56	784.43	712.17	66.50	5.76
65	A4-330	“钢筋制作、安装,现浇构件(钢筋直径 10mm 以内)”	t	13.432	5299.97	71189.20	10743.72	59697.05	748.43
66	A4-331	“钢筋制作、安装,现浇构件(钢筋直径 20mm 以内)”	t	7.099	5357.47	38032.68	3433.08	33564.07	1035.53
67	A4-345	直螺纹钢筋接头(钢筋直径 20mm 以内)	10个	18.400	88.02	1619.57	524.40	775.38	319.79
68	A4-332	“钢筋制作、安装,现浇构件(钢筋直径 20mm 以外)”	t	12.327	5109.22	62981.36	4092.32	57602.47	1286.57

实体项目预算表

工程名称:活动楼　　　　第4页,共6页

序号	定额编号	项目名称	单位	数量	单价	合价	其中:(元)		
							人工费	材料费	机械费
69	A4-341	电渣压力焊钢筋接头	10个	28.800	36.52	1051.78	276.48	173.38	601.92
70	A4-346	直螺纹钢筋接头(钢筋直径30mm以内)	10个	18.000	111.39	2005.02	599.40	994.86	410.76
71	A4-333	"钢筋制作、安装,预制构件(钢筋直径10mm以内)"	t	0.241	5226.78	1259.65	181.69	1065.85	12.11
72	A4-330	"钢筋制作、安装,现浇构件(钢筋直径10mm以内)"	t	0.510	5299.97	2702.99	407.93	2266.64	28.42
		A.6 金属结构工程				808.43	173.09	515.18	120.16
73	A6-8	爬式钢梯子制作	t	0.098	7898.48	774.05	153.12	500.77	120.16
74	[52]B5-245	其他金属面防锈漆一遍	t	0.098	144.14	14.13	7.07	7.06	
75	[52]B5-248	其他金属面调和漆二遍	t	0.098	206.63	20.25	12.90	7.35	
		A.7 屋面及防水工程				23849.76	6820.09	16723.62	306.05
76	A7-52	"SBS改性沥青防水卷材防水层,热熔一层"	100m²	4.436	2208.56	9797.17	1170.04	8627.13	
77	[52]B1-29	水泥砂浆在填充材料上找平层(平面20mm)[水泥砂浆1:3(中砂)]	100m²	3.827	1000.50	3828.91	1802.52	1899.72	126.67
78	[52]B1-28	"水泥砂浆在硬基层上找平层(立面20mm)[水泥砂浆1:3(中砂),素水泥浆]"	100m²	0.203	1089.92	221.26	124.36	91.65	5.25
79	A7-38	"隔离层,干铺无纺聚酯纤维布"	100m²	3.827	257.20	984.31	225.03	759.28	
80	[52]B1-31	"细石混凝土在硬基层上找平层30mm[细石混凝土C20-10,素水泥浆]"	100m²	3.827	1215.70	4652.48	1830.07	2695.39	127.02
81	[52]B1-32	细石混凝土在硬基层上找平层每增减5mm[细石混凝土C20-10]	100m²	7.654	199.05	1523.52	633.75	849.36	40.41
82	A7-97	塑料水落管Φ110安装	100m	0.486	4225.65	2053.66	644.14	1409.52	
83	A7-101	塑料水斗(落水口直径Φ110)安装	10个	0.600	432.13	259.28	106.20	153.08	
84	A7-103	塑料弯头落水口(含箅子板)安装	10套	0.600	364.58	218.75	141.48	77.27	
85	A7-215	平面防水砂浆[防水砂浆(防水粉5%)1:2(中砂)]	100m²	0.259	1198.52	310.42	142.50	161.22	6.70
		A.8 防腐、隔热、保温工程				68676.54	13190.97	54296.23	1189.34
86	A8-230	屋面保温[水泥炉渣1:6]	10m³	3.626	2550.76	9249.05	1411.09	7564.02	273.94
87	A8-213	"屋面保温,挤塑板,粘贴"	100m²	3.827	4871.26	18642.31	2815.14	15827.17	
88	A8-266	"墙体保温,外墙粘贴挤塑板"	100m²	6.086	6219.37	37851.09	7734.09	29201.60	915.40
89	A8-299	"墙体保温,玻纤网格布两层"	100m²	5.794	506.40	2934.09	1230.65	1703.44	
		B 装饰装修工程							
		B.1 楼地面工程				71688.44	16089.35	54726.52	872.57
90	[52]B1-25	预拌混凝土垫层[预拌商品混凝土C15]	10m³	1.040	2812.36	2924.85	435.55	2474.95	14.35

实体项目预算表

工程名称:活动楼

序号	定额编号	项目名称	单位	数量	单价	合价	其中:(元)		
							人工费	材料费	机械费
91	[52]B1-25	预拌混凝土垫层[预拌商品混凝土C15]	10m³	2.906	2812.36	8172.71	1217.03	6915.58	40.10
92	[52]B1-57	预拌混凝土地面厚40mm[预拌商品混凝土C20]	100m²	2.906	1600.57	4651.26	1501.24	3127.79	22.23
93	[52]B1-58	预拌混凝土地面每增减5mm[预拌商品混凝土C20]	100m²	5.812	140.85	818.63	85.09	728.13	5.41
94	[52]B1-83	"花岗岩楼地面(水泥砂浆)周长3200mm以内单色[水泥砂浆1:4(中砂),素水泥浆]"	100m²	0.101	13150.86	1328.24	227.09	1088.51	12.64
95	[52]B1-25	预拌混凝土垫层[预拌商品混凝土C15]	10m³	0.101	2812.36	284.05	42.30	240.36	1.39
96	[52]B1-104	"陶瓷地砖楼地面(水泥砂浆)每块周长(3200mm以内)[水泥砂浆1:4(中砂),素水泥浆]"	100m²	3.451	7900.48	27264.56	6884.75	20068.05	311.76
97	[52]B1-199	"水泥砂浆踢脚线[水泥砂浆1:2(中砂),水泥砂浆1:3(中砂)]"	100m²	0.201	2616.30	525.88	395.45	123.15	7.28
98	[52]B1-220	"水泥砂浆陶瓷地砖踢脚线[水泥砂浆1:1(中砂),水泥砂浆1:3(中砂)]"	100m²	0.112	6323.22	708.20	349.90	349.03	9.27
99	[52]B1-253	"陶瓷地砖楼梯面层,水泥砂浆[水泥砂浆1:4(中砂),素水泥浆]"	100m²	0.352	8403.63	2958.08	1439.47	1480.31	38.30
100	[52]B1-423	"楼梯、台阶踏步防滑条,缸砖[水泥砂浆1:2(中砂),素水泥浆]"	100m	0.792	368.40	291.77	189.13	102.64	
101	[52]B1-315	硬木扶手直形150×60	10m	5.169	1141.85	5902.22	640.44	5261.78	
102	[52]B1-339	硬木弯头	10个	0.600	959.86	575.92	90.72	485.20	
103	[52]B5-7	木扶手(不带托板)底油一遍、调和漆二遍	100m	0.517	431.91	223.30	190.00	33.30	
104	[52]B1-274	"不锈钢管栏杆,直线型,竖条式"	10m	5.169	2088.36	10794.73	1653.56	8820.28	320.89
105	[52]B1-368	"花岗岩台阶,水泥砂浆[水泥砂浆1:4(中砂),素水泥浆]"	100m²	0.189	22561.07	4264.04	747.63	3427.46	88.95
		B.2 墙柱面工程				29534.66	16489.57	12654.89	390.20
106	[52]B2-94	"混凝土普通腰线水泥砂浆一般抹灰[水泥砂浆1:2(中砂),水泥砂浆1:3(中砂)]"	100m²	0.074	3729.42	275.97	232.94	40.66	2.37
107	[52]B2-21	"轻质砌块墙面混合砂浆抹灰[水泥砂浆1:2(中砂),水泥石灰砂浆1:1:6(中砂),水泥石灰砂浆1:0.5:3(中砂)]"	100m²	7.586	1806.00	13700.31	10418.61	3054.12	227.58
108	[52]B2-681	建筑胶素水泥浆一道	100m²	7.586	160.48	1217.40	600.05	617.35	
109	[52]B2-21	"轻质砌块墙面混合砂浆抹灰[水泥砂浆1:2(中砂),水泥石灰砂浆1:1:6(中砂),水泥石灰砂浆1:0.5:3(中砂)]"	100m²	0.227	1806.00	409.96	311.76	91.39	6.81

实体项目预算表

工程名称:活动楼　　　　第6页,共6页

序号	定额编号	项目名称	单位	数量	单价	合价	其中:(元)		
							人工费	材料费	机械费
110	[52]B2-681	建筑胶素水泥浆一道	100m²	0.227	160.48	36.43	17.96	18.47	
111	[52]B2-79	“柱(梁)面混凝土混合砂浆抹灰[水泥砂浆1:2(中砂),水泥石灰砂浆1:1:6(中砂),水泥石灰砂浆1:0.5:3(中砂)]”	100m²	0.438	2439.34	1068.43	869.21	186.08	13.14
112	[52]B2-681	建筑胶素水泥浆一道	100m²	0.438	160.48	70.29	34.65	35.64	
113	[52]B2-94	“混凝土普通腰线水泥砂浆一般抹灰[水泥砂浆1:2(中砂),水泥砂浆1:3(中砂)]”	100m²	0.451	3729.42	1681.96	1419.70	247.80	14.46
114	[52]B2-94	“混凝土普通腰线水泥砂浆一般抹灰[水泥砂浆1:2(中砂),水泥砂浆1:3(中砂)]”	100m²	0.032	3729.42	119.34	100.73	17.58	1.03
115	[52]B2-681	建筑胶素水泥浆一道	100m²	0.032	160.48	5.13	2.53	2.60	
116	[52]B2-124	“石材墙面,干粉型粘结剂粘贴花岗岩[水泥砂浆1:3(中砂)]”	100m²	0.637	17189.09	10949.44	2481.43	8343.20	124.81
		B.3 天棚工程				18598.93	14765.29	3599.76	233.88
117	[52]B3-7	“天棚抹灰,混合砂浆,混凝土[水泥石灰砂浆1:1:4(中砂),水泥石灰砂浆1:0.5:3(中砂)]”	100m²	10.580	1645.34	17407.70	13819.60	3369.20	218.90
118	[52]B3-7	“天棚抹灰,混合砂浆,混凝土[水泥石灰砂浆1:1:4(中砂),水泥石灰砂浆1:0.5:3(中砂)]”	100m²	0.257	1645.34	422.85	335.69	81.84	5.32
119	[52]B3-7	“天棚抹灰,混合砂浆,混凝土[水泥石灰砂浆1:1:4(中砂),水泥石灰砂浆1:0.5:3(中砂)]”	100m²	0.467	1645.34	768.38	610.00	148.72	9.66
		B.4 门窗工程				39995.55	4960.40	34523.15	512.00
120	[52]B4-127	“塑钢门安装,带亮”	100m²	0.202	28737.11	5804.89	581.76	5194.73	28.40
121	[52]B4-134	铝合金卷闸门安装	100m²	0.421	16378.27	6895.25	1897.53	4639.71	358.01
122	[52]B4-135	卷闸门电动装置安装	套	2.000	2506.40	5012.80	112.80	4900.00	
123	[52]B4-257	单层平开塑钢窗安装	100m²	0.923	22781.72	21027.52	2046.84	18860.33	120.35
124	[52]B4-295	大理石窗台板[水泥砂浆1:2.5(中砂)]	100m²	0.073	17193.02	1255.09	321.47	928.38	5.24
		B.5 油漆、涂料、裱糊工程				19057.28	13117.65	5939.63	
125	[52]B5-296	乳胶漆二遍 100m²	7.163	780.80	5592.87	4018.30	1574.57		
126	[52]B5-296	乳胶漆二遍 100m²	0.477	780.80	372.44	267.59	104.85		
127	[52]B5-296	乳胶漆二遍 100m²	10.500	780.80	8198.40	5890.29	2308.11		
128	[52]B5-302	阳台、雨篷、窗间墙、隔板等小面积乳胶漆二遍	100m²	0.257	604.13	155.26	67.82	87.44	
129	[52]B5-285	抹灰面满刮水泥腻子二遍	100m²	5.769	821.34	4738.31	2873.65	1864.66	
		合　计				637826.02	148590.59	455183.32	34052.11

措施项目预算表

工程名称:活动楼

第1页,共2页

项目编号	项目名称	单位	数量	单价(元)	合价(元)	其中:(元)		
						人工费	材料费	机械费
1	定额组价措施项目				183847.20	62393.64	89219.46	32234.10
1.1	混凝土、钢筋混凝土模板及支架	项	1.000	129435.59	129435.59	50806.95	72045.81	6582.83
A12-2	现浇无筋混凝土带形基础组合式钢模板[水泥砂浆1:2(中砂)]	$100m^2$	0.414	3410.88	1412.11	571.82	762.86	77.43
A12-6	现浇混凝土独立基础组合式钢模板[水泥砂浆1:2(中砂)]	$100m^2$	0.542	4218.87	2286.63	727.15	1463.53	95.95
A12-77	现浇混凝土基础垫层木模板[水泥砂浆1:2(中砂)]	$100m^2$	0.180	4155.02	747.90	117.29	620.29	10.32
A12-17	现浇矩形柱组合式钢模板	$100m^2$	3.829	4401.96	16855.10	8275.23	7704.37	875.50
A12-25	现浇梁支撑高度超过3.6m每超过1m组合式钢模板	$100m^2$	2.597	545.30	1416.14	838.31	475.56	102.27
A12-25	现浇梁支撑高度超过3.6m每超过1m组合式钢模板	$100m^2$	0.964	545.30	525.67	311.18	176.53	37.96
A12-21	现浇单梁连续梁组合式钢模板[水泥砂浆1:2(中砂)]	$100m^2$	6.213	5398.45	33540.56	14501.14	17410.25	1629.17
A12-37	现浇直形阳台组合式钢模板	$100m^2$	6.213	5606.58	34833.68	11656.83	21486.17	1690.68
A12-32	现浇平板组合式钢模板[水泥砂浆1:2(中砂)]	$100m^2$	6.297	4612.40	29044.28	9834.65	17518.63	1691.00
A12-34	“现浇板支撑高度超过3.6m(板厚在400mm以内),每增加1m组合式钢模板”	$100m^2$	6.297	618.35	3893.75	2093.12	1615.31	185.32
A12-94	现浇整体楼梯木模板	$100m^2$	0.276	7090.30	1956.92	731.27	1172.19	53.46
A12-38	现浇直形雨篷组合式钢模板	$100m^2$	0.259	5308.04	1374.79	412.90	854.47	107.42
A12-100	现浇台阶木模板	$100m^2$	0.119	6372.28	758.29	311.30	434.18	12.81
A12-103	现浇压顶垫块墩块木模板	$100m^2$	0.147	3571.01	524.94	317.52	199.02	8.40
A12-2	现浇无筋混凝土带形基础组合式钢模板[水泥砂浆1:2(中砂)]	$100m^2$	0.026	3410.88	88.68	35.91	47.91	4.86
A12-111	预制混凝土木模板过梁[水泥砂浆1:2(中砂)]	$100m^2$	0.135	1304.85	176.15	71.33	104.54	0.28
1.2	脚手架	项	1.000	29992.50	29992.50	11586.69	17173.65	1232.16
A11-4	双排外墙脚手架(外墙高度在9m以内)	$100m^2$	7.390	1488.78	11002.09	3121.54	7141.77	738.78
A11-32	“依附斜道,搭设高度在(9m以内)”	座	1.000	2201.84	2201.84	299.40	1802.47	99.97
A11-20	内墙砌筑脚手架3.6m以内	$100m^2$	0.625	257.78	161.12	124.88	30.29	5.95
A11-20	内墙砌筑脚手架3.6m以内	$100m^2$	1.227	257.78	316.29	245.15	59.46	11.68
A11-1	单排外墙脚手架(外墙高度在5m以内)	$100m^2$	0.266	791.16	210.45	49.16	143.56	17.73
[52]B7-2	“外墙面装饰脚手架,外墙高度在9m以内”	$100m^2$	7.390	1112.84	8223.89	3236.82	4811.19	175.88
[52]B7-15	满堂脚手架(高度在5.2m以内)	$100m^2$	7.654	1029.11	7876.82	4509.74	3184.91	182.17
1.6	垂直运输工程	项	1.000	24419.11	24419.11			24419.11
A13-7	“±0.00m以上,20m(6层)以内,现浇框架垂直运输”	$100m^2$	8.148	2489.33	20283.06			20283.06

措施项目预算表

工程名称:活动楼 第2页,共2页

项目编号	项目名称	单位	数量	单价(元)	合价(元)	其中:(元)		
						人工费	材料费	机械费
[52]B8-5	“垂运费±0.00以上,建筑物檐高(20m以内)6层以内”	100工日	10.839	381.59	4136.05			4136.05
1.7	其他可竞争措施项目	项	1.000					
2	费率组价措施项目				19593.20	7519.62	8302.01	3771.57
2.1	冬季施工增加费	项	1.000	1459.44	1459.44	377.95	834.82	246.67
A15-59	冬季施工增加费(一般土建)	项	1.000	939.91	939.91	190.92	558.07	190.92
A15-59	冬季施工增加费(土石方)	项	1.000	274.47	274.47	55.75	162.97	55.75
B9-1	冬季施工增加费(装饰装修工程)	项	1.000	245.06	245.06	131.28	113.78	
2.2	雨季施工增加费	项	1.000	3368.41	3368.41	875.57	1923.60	569.24
A15-60	雨季施工增加费(一般土建)	项	1.000	2173.53	2173.53	440.58	1292.37	440.58
A15-60	雨季施工增加费(土石方)	项	1.000	634.74	634.74	128.66	377.42	128.66
B9-2	雨季施工增加费(装饰装修工程)	项	1.000	560.14	560.14	306.33	253.81	
2.3	夜间施工增加费	项	1.000	1948.24	1948.24	1247.72	415.90	284.62
A15-61	夜间施工增加费(一般土建)	项	1.000	1101.45	1101.45	660.87	220.29	220.29
A15-61	夜间施工增加费(土石方)	项	1.000	321.66	321.66	193.00	64.33	64.33
B9-3	夜间施工增加费(装饰装修工程)	项	1.000	525.13	525.13	393.85	131.28	
2.4	生产工具用具使用费	项	1.000	3638.20	3638.20	796.94	2309.96	531.30
A15-62	生产工具用具使用费(一般土建)	项	1.000	2070.73	2070.73	616.81	1042.71	411.21
A15-62	生产工具用具使用费(土石方)	项	1.000	604.73	604.73	180.13	304.51	120.09
B9-4	生产工具用具使用费(装饰装修工程)	项	1.000	962.74	962.74		962.74	
2.5	检验试验配合费	项	1.000	1519.18	1519.18	478.64	850.79	189.75
A15-63	检验试验配合费(一般土建)	项	1.000	837.11	837.11	234.98	455.27	146.86
A15-63	检验试验配合费(土石方)	项	1.000	244.46	244.46	68.62	132.95	42.89
B9-5	检验试验配合费(装饰装修工程)	项	1.000	437.61	437.61	175.04	262.57	
2.6	工程定位、复测、场地清理费	项	1.000	2108.58	2108.58	1351.13	567.70	189.75
A15-64	工程定位复测场地清理费(一般土建)	项	1.000	954.59	954.59	469.95	337.78	146.86
A15-64	工程定位复测场地清理费(土石方)	项	1.000	278.77	278.77	137.24	98.64	42.89
B9-9	工程定位复测场地清理费(装饰装修工程)	项	1.000	875.22	875.22	743.94	131.28	
2.7	已完工程及设备保护费	项	1.000	1952.59	1952.59	980.67	786.59	185.33
A15-65	成品保护费(一般土建)	项	1.000	1057.40	1057.40	528.70	425.90	102.80
A15-65	成品保护费(土石方)	项	1.000	308.80	308.80	154.40	124.38	30.02
B9-6	成品保护费(装饰装修工程)	项	1.000	586.39	586.39	297.57	236.31	52.51
2.8	二次搬运费	项	1.000	3598.56	3598.56	1411.00	612.65	1574.91
A15-66	二次搬运费(一般土建)	项	1.000	1762.32	1762.32	543.38		1218.94
A15-66	二次搬运费(土石方)	项	1.000	514.66	514.66	158.69		355.97
B9-7	二次搬运费(装饰装修工程)	项	1.000	1321.58	1321.58	708.93	612.65	
	合计				203440.4	69913.26	97521.47	36005.67

人工、材料、机械台班(用量、单价)汇总表

工程名称:活动楼　　第1页,共5页

编　码	名称及型号规格	单位	数 量	预算价（元）	市场价（元）	市场价合计（元）	价差合计（元）
			人工				
10000001	综合用工一类	工日	813.3928	70.00	70.00	56937.496	
10000002	综合用工二类	工日	2324.2412	60.00	60.00	139454.472	
10000003	综合用工三类	工日	310.4731	47.00	47.00	14592.2357	
CSRGF	措施费中的人工费	元	7519.6281	1.00	1.00	7519.6281	
			材料				
AA1C0001	钢筋 Φ10 以内	t	14.8383	4290.00	4290.00	63656.307	
AA1C0002	钢筋 Φ20 以内	t	7.3830	4500.00	4500.00	33223.5	
AA1C0003	钢筋 Φ20 以外	t	12.8201	4450.00	4450.00	57049.445	
AA1C0009	圆钢 Φ20	kg	23.0400	4.34	4.34	99.9936	
AB1C0001	钢板	t	0.0556	4475.00	4475.00	248.81	
AC1C0007	圆钢	t	0.0290	4290.00	4290.00	124.41	
AC9C0001	型钢	t	0.0193	4450.00	4450.00	85.885	
AE2-0007	钢丝绳 Φ8	kg	1.9214	7.86	7.86	15.102204	
AE2C0050	钢丝绳	kg	1.3926	12.15	12.15	16.92009	
BA2-1040	锯屑	m^3	2.6501	14.50	14.50	38.42645	
BA2C1013	二等方木	m^3	0.0626	2100.00	2100.00	131.46	
BA2C1016	木模板	m^3	2.6089	2300.00	2300.00	6000.47	
BA2C1018	木脚手板	m^3	2.3398	2200.00	2200.00	5147.56	
BA2C1021	二等板方材	m^3	0.0042	2100.00	2100.00	8.82	
BA2C1023	支撑方木	m^3	4.8935	2300.00	2300.00	11255.05	
BA2C1027	木材	m^3	0.1623	1800.00	1800.00	292.14	
BA4-0753	硬木扶手(直形) 150×60	m	54.7914	96.00	96.00	5259.9744	
BB1-0101	水泥 32.5	t	41.2462	360.00	360.00	14848.632	
BB1-0102	水泥 42.5	t	0.8908	390.00	390.00	347.412	
BB3-0001	白水泥	t	0.9634	660.00	660.00	635.844	
BB3-0129	白水泥	kg	55.8846	0.66	0.66	36.883836	
BB9-0002	预拌商品混凝土 C15	m^3	71.2673	230.00	230.00	16391.479	
BB9-0003	预拌商品混凝土 C20	m^3	20.4450	240.00	240.00	4906.8	
BB9-0005	预拌商品混凝土 C30	m^3	294.0093	260.00	260.00	76442.418	
BC1-0002	生石灰	t	10.3051	290.00	290.00	2988.479	
BC3-0030	碎石	t	22.9834	42.00	42.00	965.3028	
BC4-0013	中砂	t	131.0654	30.00	30.00	3931.962	
BD1-0001	标准砖 240×115×53	千块	13.0484	380.00	380.00	4958.392	
BD1-0203	混凝土地模	m^2	0.1226	123.94	123.94	15.195044	
BD8-0420	加气混凝土砌块	m^3	99.4664	170.00	170.00	16909.288	
BG1-0159	陶瓷地砖	m^2	50.9309	25.00	25.00	1273.2725	
BG1-0209	陶瓷地面砖 800×800	m^2	372.7080	50.00	50.00	18635.4	
BK1-0005	塑料薄膜	m^2	1075.7362	0.80	0.80	860.58896	

人工、材料、机械台班(用量、单价)汇总表

工程名称:活动楼　　　　第2页,共5页

编　码	名称及型号规格	单位	数 量	预算价（元）	市场价（元）	市场价合计(元)	价差合计（元）
CA1C0007	电焊条 结 422	kg	154.7689	4.14	4.14	640.743246	
CC1-0001	焊剂	kg	5.7600	3.00	3.00	17.28	
CSCLF	措施费中的材料费	元	8302.0089	1.00	1.00	8302.0089	
CZB11-001	钢管 Φ48.3×3.6	百米·天	4557.2958	1.60	1.60	7291.67328	
CZB11-002	直角扣件 ≥1.1kg/套	百套·天	8659.5853	1.00	1.00	8659.5853	
CZB11-003	对接扣件 ≥1.25kg/套	百套·天	1258.1575	1.00	1.00	1258.1575	
CZB11-004	旋转扣件 ≥1.25kg/套	百套·天	148.1250	1.00	1.00	148.125	
CZB12-002	组合钢模板	t·天	2126.2069	11.00	11.00	23388.2759	
CZB12-004	零星卡具	t·天	364.5181	11.00	11.00	4009.6991	
CZB12-005	梁卡具	t·天	91.1199	11.00	11.00	1002.3189	
CZB12-007	底座	百套·天	116.2284	1.50	1.50	174.3426	
CZB12-011	支撑钢管(碗扣式) Φ48×3.5	百米·天	2315.2747	3.00	3.00	6945.8241	
CZB12-111	支撑钢管 Φ48.3×3.6	百米·天	5550.9064	1.60	1.60	8881.45024	
czb-4001	直螺纹连接套 Φ≤20	套	185.8400	2.50	2.50	464.6	
czb-4002	直螺纹连接套 Φ≤30	套	181.8000	3.80	3.80	690.84	
DA1-0027	清油 Y00-1	kg	0.4255	17.00	17.00	7.2335	
DA1-0028	油漆溶剂油	kg	0.5230	7.00	7.00	3.661	
DA1-0029	乳胶漆	kg	525.6362	7.60	7.60	3994.83512	
DA1-0035	熟桐油	kg	0.2120	13.60	13.60	2.8832	
DA1-0088	氯丁腻子 JN-10	kg	1.6160	9.50	9.50	15.352	
DA1-0091	SBS 弹性沥青防水胶	kg	128.2891	8.70	8.70	1116.11517	
DA1-0103	聚合物粘结砂浆	kg	4610.2100	1.50	1.50	6915.315	
DQ1C0005	调和漆	kg	2.9459	10.50	10.50	30.93195	
DQ1C0008	防锈漆	kg	1.5925	13.70	13.70	21.81725	
DR1-0014	滑石粉	kg	176.7590	0.50	0.50	88.3795	
DR1-0032	松节油	kg	0.3822	7.40	7.40	2.82828	
EA1-0039	煤油	kg	2.5480	11.90	11.90	30.3212	
EB1-0010	草酸	kg	0.6370	6.00	6.00	3.822	
EB1-0045	环氧树脂	kg	7.7535	27.00	27.00	209.3445	
EB1-0105	氩气	m^3	18.4533	16.00	16.00	295.2528	
EB1-0109	氧气	m^3	0.3018	4.67	4.67	1.409406	
EB1-0112	乙炔气	m^3	0.1313	42.00	42.00	5.5146	

人工、材料、机械台班(用量、单价)汇总表

工程名称:活动楼 第3页,共5页

编　码	名称及型号规格	单位	数 量	预算价(元)	市场价(元)	市场价合计(元)	价差合计(元)
ED1-0014	TG胶	kg	486.8360	2.50	2.50	1217.09	
ED1-0041	干粉型粘结剂	kg	435.8354	2.00	2.00	871.6708	
ED1-0178	密封胶	支	85.8211	10.00	10.00	858.211	
ED1-0187	密封胶	kg	6.0264	12.00	12.00	72.3168	
EF1-0009	隔离剂	kg	180.3175	0.98	0.98	176.71115	
EF1-0022	润滑冷却液	kg	3.6400	7.28	7.28	26.4992	
FA1-0003	石油沥青 30#	t	0.0924	4900.00	4900.00	452.76	
FB3-0001	SBS改性沥青防水卷材 3mm	m^2	530.0133	12.00	12.00	6360.1596	
FF1-0001	防水粉	kg	26.170	2.00	2.00	52.3414	
GA1-0001	石膏粉	kg	0.2482	0.80	0.80	0.19856	
GB1-0001	不锈钢焊丝	kg	6.5646	40.00	40.00	262.584	
GB1-0021	石灰棉	kg	2.8800	0.75	0.75	2.16	
GZ1-0009	炉渣	m^3	46.5216	90.00	90.00	4186.944	
HSB-0003	无纺聚酯纤维布 50g/m^2	m^2	421.8119	1.80	1.80	759.26142	
HSB-0012	石油液化气	kg	119.7365	7.84	7.84	938.73416	
HSB-0035	改性沥青嵌缝油膏	kg	26.5140	8.00	8.00	212.112	
IA1-0016	卡箍膨胀螺栓 110	个	49.8000	2.00	2.00	99.6	
IA1-0106	木螺丝	百个	0.5686	3.20	3.20	1.81952	
IA2-0044	螺钉	百个	7.3341	3.90	3.90	28.60299	
IA2C0071	铁钉	kg	254.8173	5.50	5.50	1401.49515	
ID1-0024	合金钢钻头 Φ10	个	3.4609	8.50	8.50	29.41765	
IE1-0202	铁件	kg	10.7316	7.00	7.00	75.1212	
IE2-0016	砂纸	张	56.2550	0.50	0.50	28.1275	
IE2-0026	砂布	张	0.7840	0.80	0.80	0.6272	
IE2-0027	钍钨棒	kg	2.9463	380.00	380.00	1119.594	
IF2-0101	镀锌铁丝 8#	kg	202.2419	5.00	5.00	1011.2095	
IF2-0108	镀锌铁丝 22#	kg	190.0138	6.70	6.70	1273.09246	
IF2-0121	镀锌铁丝	kg	26.3190	5.20	5.20	136.8588	
JA1C0089	钢连杆	kg	11.4630	5.49	5.49	62.93187	
JNB-0037	塑料膨胀锚栓	套	4260.2000	0.35	0.35	1491.07	
KC3-0313	平开单层塑钢窗(含玻璃)	m^2	87.6850	200.00	200.00	17537	
KC4-0403	铝合金卷闸门	m^2	42.1000	110.00	110.00	4631	
KC9-0004	卷闸门电动装置	套	2.0000	2450.00	2450.00	4900	
KC9-0007	塑钢门(带亮)	m^2	19.3920	250.00	250.00	4848	
KZ9-0001	耐碱涂塑玻纤网格布 5×5(160g/m^2)	m^2	1419.5300	1.20	1.20	1703.436	
KZ9-0013	挤塑板 厚60mm 容重30kg/m^3	m^2	1037.0380	35.00	35.00	36296.33	
OD6D0005	不锈钢管 Φ32×1.5	m	294.2712	16.05	16.05	4723.05276	
OG1-0012	UPVC排水管 Φ110	m	51.0300	24.40	24.40	1245.132	

人工、材料、机械台班(用量、单价)汇总表

工程名称:活动楼 第4页,共5页

编　码	名称及型号规格	单位	数 量	预算价(元)	市场价(元)	市场价合计(元)	价差合计(元)
OP1-0031	UPVC水斗 Φ110	个	6.0600	23.26	23.26	140.9556	
OP1-0134	UPVC弯头落水口(含箅子板)	套	6.0600	12.75	12.75	77.265	
OZ2-0053	不锈钢法兰盘 Φ59	只	298.3030	7.41	7.41	2210.42523	
TSZ040	膨胀螺栓 Φ8	个	705.9949	0.85	0.85	600.095665	
TSZ065	陶瓷地砖踢脚线	m^2	11.4240	25.00	25.00	285.6	
TSZ074	木垫板(木方)	m^3	0.0296	2250.00	2250.00	66.6	
ZA1-0002	水	m^3	216.3071	5.00	5.00	1081.5355	
ZC1-0002	烟煤	t	0.0727	750.00	750.00	54.525	
ZC1-0009	白布 0.9m	m	3.2755	2.00	2.00	6.551	
ZD1-0009	棉纱头	kg	5.1882	5.83	5.83	30.247206	
ZD1-0011	尼龙帽	个	1021.9210	0.80	0.80	817.5368	
ZE1-0003	缸砖防滑条 65mm	m	83.9520	1.00	1.00	83.952	
ZE1-0018	石料切割锯片	片	3.7425	18.89	18.89	70.695825	
ZE1-0636	泵管 Φ150	m	4.1974	100.00	100.00	419.74	
ZE1-0637	软管 Φ150	根	0.5166 1	200.00	1200.00	619.92	
ZE1-0638	混凝土输送卡 Φ150	套	14.3676	15.00	15.00	215.514	
ZG1-0001	其他材料费	元	1869.4136	1.00	1.00	1869.4136	
ZS1-0196	建筑胶	kg	23.9378	7.50	7.50	179.5335	
ZS1-0202	合金钻头	个	21.3010	15.00	15.00	319.515	
ZS1-0219	硬木弯头	个	6.0600	80.00	80.00	484.8	
ZS1-0223	成品腻子粉	kg	91.9850	0.70	0.70	64.3895	
ZS1-0230	花岗岩板 800×800	m^2	10.3020	100.00	100.00	1030.2	
ZS2-0016	大理石板	m^2	7.4460	120.00	120.00	893.52	
ZS2-0017	花岗岩板(综合)	m^2	94.6281	110.00	110.00	10409.091	
ZS2-0023	硬白蜡	kg	1.6881	12.07	12.07	20.375367	
ZSC00002	聚氨酯发泡胶 750mL	支	6.4365	21.50	21.50	138.38475	
			机械				
00001002	履带式推土机 75kW	台班	0.3732	1013.90	1013.90	378.38748	
00001068	夯实机(电动)夯击能力 20～62 N·m	台班	51.2680	31.33	31.33	1606.22644	
00003017	汽车式起重机 5t	台班	4.5422	519.40	519.40	2359.21868	
00003018	汽车式起重机 8t	台班	5.8212	805.54	805.54	4689.209448	
00003037	塔式起重机(起重力矩 600kN·m)	台班	20.9536	488.38	488.38	10233.31917	
00004005	载货汽车 5t	台班	11.2189	476.04	476.04	5340.645156	
00004007	载货汽车 8t	台班	0.2309	566.20	566.20	130.73558	
00004015	自卸汽车 8t	台班	12.9269	703.60	703.60	9095.36684	
00004030	机动翻斗车 1t	台班	0.1742	164.36	164.36	28.631512	
00005010	电动卷扬机(单筒慢速 50kN)	台班	37.8983	130.68	130.68	4952.549844	

人工、材料、机械台班(用量、单价)汇总表

工程名称:活动楼　　　　第5页,共5页

编　码	名称及型号规格	单位	数 量	预算价(元)	市场价(元)	市场价合计(元)	价差合计(元)
00005020	皮带运输机 15m×0.5m	台班	0.0703	202.10	202.10	14.20763	
00006016-1	灰浆搅拌机 200L	台班	9.9816	103.45	103.45	1032.59652	
00006053	滚筒式混凝土搅拌机 500L 以内	台班	2.8400	151.10	151.10	429.124	
00006059	混凝土振捣器(平板式)	台班	12.4940	18.65	18.65	233.0131	
00006060	混凝土振捣器(插入式)	台班	28.7253	15.47	15.47	444.380391	
00007001	钢筋调直机(直径 40mm)	台班	0.1520	39.54	39.54	6.01008	
00007002	钢筋切断机(直径 40mm)	台班	3.6348	49.84	49.84	181.158432	
00007003	钢筋弯曲机(直径 40mm)	台班	7.0386	27.09	27.09	190.675674	
00007012	木工圆锯机 Φ500	台班	3.6885	31.19	31.19	115.044315	
00007018	木工压刨床(单面 600mm)	台班	0.0038	44.19	44.19	0.167922	
00007055	剪板机 40×3100	台班	0.0010	747.17	747.17	0.74717	
00007061	多辊板料校平机 16×2000	台班	0.0010	1718.00	1718.00	1.718	
00007070	刨边机(加工长度 12000mm)	台班	0.0020	701.05	701.05	1.4021	
00007071	管子切断机 直径(60mm) 小	台班	4.9106	18.74	18.74	92.024644	
00007093	型钢校正机	台班	0.0059	327.52	327.52	1.932368	
00009002	交流弧焊机 32kV·A	台班	0.5047	210.82	210.82	106.400854	
00009003	交流弧焊机 42kV·A	台班	1.3935	256.91	256.91	358.004085	
00009008	直流弧焊机 32kW	台班	7.1443	219.98	219.98	1571.603114	
00009010	对焊机 75kV·A	台班	1.4439	248.34	248.34	358.578126	
00009013	氩弧焊机 电流(500A) 中	台班	0.7754	273.85	273.85	212.34329	
00009022	电渣焊机 1000A	台班	1.8720	321.50	321.50	601.848	
00012044	电焊条烘干箱 550×450×550	台班	0.0510	21.83	21.83	1.11333	
00013135	电锤(功率 520W)	台班	61.9059	17.19	17.19	1064.162421	
00013150	对讲机	台班	1.2914	17.37	17.37	22.431618	
00013152	抛光机	台班	0.7754	21.34	21.34	16.547036	
00013155	石料切割机	台班	10.7065	42.70	42.70	457.16755	
00013170	反铲挖掘机 0.6m^3	台班	1.8658	905.80	905.80	1690.04164	
00014011	载货汽车(综合)	台班	8.5332	512.76	512.76	4375.483632	
00014014	慢速卷扬机(带塔 综合)	台班	43.8933	229.74	229.74	10084.04674	
00014015	剪断机(综合)	台班	0.0059	205.26	205.26	1.211034	
00014029	电动空气压缩机 9m^3/min	台班	0.0039	555.27	555.27	2.165553	
90000001	其他机械费	元	3.5491	1.00	1.00	3.5491	
bc-0001	混凝土输送泵 输送量 60m^3/h 泵送高度 50m	台班	2.4215	1268.07	1268.07	3070.631505	
CSJXF	措施费中的机械费	元	3771.5859	1.00	1.00	3771.5859	
czb-4004	直螺纹套丝机 Φ45 以内	台班	6.7240	108.65	108.65	730.5626	

三材汇总表

工程名称:活动楼　　　　第1页,共1页

编码	材料名称	单位	数量	备注
	钢材用量			
AB1C0001	钢板	t	0.0556	
AC1C0007	圆钢	t	0.0290	
AC9C0001	型钢	t	0.0193	
	钢材用量　小计		0.1039	
	钢筋用量			
AA1C0001	钢筋 Φ10 以内	t	14.8383	
AA1C0002	钢筋 Φ20 以内	t	7.3830	
AA1C0003	钢筋 Φ20 以外	t	12.8201	
AA1C0009	圆钢 Φ20	t	0.0230	
AE2-0007	钢丝绳 Φ8	t	0.0019	
AE2C0050	钢丝绳	t	0.0014	
	钢筋用量　小计		35.0678	
	木材用量			
BA2C1013	二等方木	m^3	0.0626	
BA2C1016	木模板	m^3	2.6089	
BA2C1018	木脚手板	m^3	2.3398	
BA2C1021	二等板方材	m^3	0.0042	
BA2C1023	支撑方木	m^3	4.8935	
BA2C1027	木材	m^3	0.1623	
	木材用量　小计		10.0713	
	水泥用量			
BB1-0101	水泥 32.5	t	41.2462	
BB1-0102	水泥 42.5	t	0.8908	
BB3-0001	白水泥	t	0.9634	
BB3-0129	白水泥	t	0.0559	
	水泥用量　小计		43.1563	

附录5

工程量清单的编制

活 动 楼　　　　　　　　　　　　工程

招 标 工 程 量 清 单

招 标 人：×××职业技术学院

（单位盖章）

造价咨询人：×××工程咨询公司

（单位盖章）

2013年8月2日

活 动 楼 工程

招 标 工 程 量 清 单

招 标 人：×××职业技术学院
(单位盖章)

造价咨询人：×××工程咨询公司
(单位资质专用章)

法定代表人
或其授权人：×××
(签字或盖章)

法定代表人
或其授权人：×××
(签字或盖章)

编 制 人：×××
(造价人员签字盖专用章)

复 核 人：×××
(造价工程师签字盖专用章)

编制时间：2013年8月2日

复核时间：

总说明

工程名称：活动楼

1. 工程概况

本工程为×××职业技术学院活动楼，建筑面积 814.82m^2，层高为 3.9m，层数为 2 层，其中一层为车库和活动室；建筑高度 8.85m，屋面防水等级为三级；结构形式为钢筋混凝土框架结构，基础为独立基础。计划工期为 244 天。

2.工程发包范围

施工图范围内的建筑工程和装饰装修工程。

3.工程量清单编制依据

（1）建设工程工程量清单计价规范（GB 50500—2013）；

（2）房屋建设与装饰工程工程量计算规范（GB50854—2013）；

（3）活动楼施工图。

4.使用的材料均由承包商自行采购

分部分项和单价措施项目清单与计价表

工程名称：活 动 楼　　　　标段：　　　　第1页 共8页

序号	项目编码	项目名称	项目特征描述	计量单位	工程数量	金额(元)		
						综合单价	合价	其中 暂估价
A 建筑工程								
1	010101001001	平整场地	1.土壤类别：三类土	m^2	407.410			
2	010101004001	挖基坑土方JC-1	1.土壤类别：三类土 2.挖土深度：2m 内 3.弃土运距：800m	m^3	69.700			
3	010101004002	挖基坑土方JC-2	1.土壤类别：三类土 2.挖土深度：2m 内 3.弃土运距：800m	m^3	87.620			
4	010101004003	挖基坑土方JC-3	1.土壤类别：三类土 2.挖土深度：2m 内 3.弃土运距：800m	m^3	51.200			
5	010101004004	挖基坑土方JC-4	1.土壤类别：三类土 2.挖土深度：2Mm内 3.弃土运距：800m	m^3	64.800			
6	010101004005	挖基坑土方TZ	1.土壤类别：三类土 2.挖土深度：2m内 3.弃土运距：800m	m^3	5.400			
7	010101003001	挖沟槽土方	1.土壤类别：三类土 2.挖土深度：2m内 3.弃土运距：800m	m^3	22.160			
8	010103001001	基础回填方	1.密实度要求：夯填 2.填方来源、运距：800m	m^3	188.080			
9	010103001002	房心回填方	1.密实度要求：夯填 2.填方来源、运距：800m	m^3	95.420			
10	010401001001	砖基础	1.砖品种、规格、强度等级：黏土砖 2.基础类型：条形 3.砂浆强度等级：水泥M5.0	m^3	1.000			
11	010402001001	砌块墙（外墙）	1.砌块品种、规格、强度等级：250厚加气混凝土砌块 2.墙体类型：隔墙 3.砂浆强度等级：M5水泥石灰砂浆	m^3	1.000			
12	010402001002	砌块墙（内墙）	1.砌块品种、规格、强度等级：加气混凝土块墙 2.墙体类型：200厚 3.砂浆强度等级：M5水泥石灰砂浆	m^3	1.000			
本页小计								
合　计								

工程名称：活 动 楼　　　　标段：　　　　第2页 共8页

序号	项目编码	项目名称	项目特征描述	计量单位	工程数量	金额(元)		
						综合单价	合价	其中 暂估价
13	010402001003	砌块墙（女儿墙）	1.砌块品种、规格、强度等级：加气混凝土砌块 2.墙体类型：250厚女儿墙 3.砂浆强度等级：M5水泥石灰砂浆	m^3	1.000			
14	010515001004	现浇构件钢筋	1.钢筋种类、规格：6.5	t	1.000			
15	010501002001	外墙素混凝土带形基础	1.混凝土种类：素混凝土 2.混凝土强度等级：C30	m^3	12.120			
16	010501003001	独立基础	1.混凝土种类：预拌混凝土 2.混凝土强度等级：C30	m^3	65.960			
17	010501002002	带形基础	1.混凝土种类：预拌混凝土 2.混凝土强度等级：C15	m^3	0.710			
18	010501001001	柱基垫层	1.混凝土种类：预拌混凝土 2.混凝土强度等级：C15	m^3	17.330			
19	010501001002	内墙基础垫层	1.混凝土种类：预拌混凝土 2.混凝土强度等级：C15	m^3	3.840			
20	010502001001	矩形柱（框架柱）	1.混凝土种类：预拌混凝土 2.混凝土强度等级：C30	m^3	34.800			
21	010502002001	构造柱	1.混凝土种类：预拌混凝土 2.混凝土强度等级：C30	m^3	15.750			
22	010505001001	有梁板	1.混凝土种类：预拌混凝土 2.混凝土强度等级：C30	m^3	155.800			
23	010505008001	雨篷、悬挑板、阳台板	1.混凝土种类：预拌混凝土 2.混凝土强度等级：C20	m^3	2.830			
本页小计								
合　计								

工程名称：活 动 楼　　　　标段：　　　　第3页 共8页

序号	项目编码	项目名称	项目特征描述	计量单位	工程数量	金额(元)		
						综合单价	合价	其中 暂估价
24	010506001001	直形楼梯	1.混凝土种类：预拌混凝土 2.混凝土强度等级：C30	m^3	4.540			
25	010507004001	台阶	1.踏步高、宽：300×150 2.混凝土种类：预拌混凝土 3.混凝土强度等级：C15	m^2	18.900			
26	010507005001	压顶	1.混凝土种类：预拌混凝土 2.混凝土强度等级：C20	m	81.980			
27	010507007001	其他构件（钢爬梯处）	1.部位：钢爬梯处 2.混凝土种类：预拌混凝土 3.混凝土强度等级：C20	m^3	0.070			
28	010507001001	散水	1.垫层材料种类、厚度：3：7灰土 2.面层厚度：150厚 3.混凝土种类：预拌混凝土 4.混凝土强度等级：C15	m^2	62.030			
29	010507001002	散水、坡道	1.垫层材料种类、厚度：3：7 灰土 2.面层厚度：300厚 3.混凝土种类：预拌混凝土 4.混凝土强度等级：C20	m^2	11.720			
30	010510003001	过梁	1.图代号：02G05 2.混凝土强度等级：C30	m^3	2.810			
31	010515001001	现浇构件钢筋	1.钢筋种类、规格：10内	t	13.432			
32	010515001002	现浇构件钢筋	1.钢筋种类、规格：20内	t	7.099			
33	010515001003	现浇构件钢筋	1.钢筋种类、规格：20外	t	12.327			
34	010515002001	预制构件钢筋	1.钢筋种类、规格：10内	t	0.241			
35	010515001005	现浇构件钢筋	1.钢筋种类、规格：10内	t	0.510			
本页小计								
合　计								

工程名称：活 动 楼　　　　标段：　　　　第4页 共8页

序号	项目编码	项目名称	项目特征描述	计量单位	工程数量	金额(元)		
						综合单价	合价	其中
								暂估价
36	010606008001	钢梯	1.钢材品种、规格：低碳钢 2.钢梯形式：爬式	t	0.098			
37	010902001001	屋面卷材防水	1.卷材品种、规格、厚度：SBS改性沥青防水卷材 2.防水层做法：热熔一层	m^2	402.995			
38	010902004001	屋面排水管	1.排水管品种、规格：塑料(PVC)	m	49.500			
39	010904003001	楼（地）面砂浆防水（防潮）	1.防水层做法：雨篷 2.砂浆厚度、配合比：1：2水泥砂浆	m^2	25.940			
40	011001001001	保温隔热屋面	1.保温隔热材料品种、规格、厚度：挤塑板	m^2	382.720			
41	011001003001	保温隔热墙面	1.保温隔热部位：墙体 2.保温隔热方式：外保温 3.保温隔热材料品种、规格及厚度：挤塑板	m^2	608.590			
		分部小计						
		B 装饰装修工程						
42	011101003001	细石混凝土楼地面（特殊骨料耐磨地面）一楼车库	1.05J1地8／12	m^2	86.660			
43	011101003002	细石混凝土楼地面（石屑混凝土地面）一楼活动室	1.05J1地10／27	m^2	290.610			
44	011102001001	石材楼地面	1.1.05J1地26	m^2	10.080			
45	011102003001	块料楼地面	1.05J1楼10／27	m^2	345.090			
46	011105001001	水泥砂浆踢脚线	1.05J1踢6／59	m^2	20.100			
47	011105003001	块料踢脚线	1.05J1踢24／61	m^2	11.210			
48	011106002001	块料楼梯面层	1.05J1楼10／27	m^2	35.150			
49	011503002001	硬木扶手、栏杆、栏板	1.扶手材料种类、规格：硬木 65×105 2.栏杆材料种类、规格：不锈钢管栏杆	m	51.690			
50	011107001001	石材台阶面	1.1.05J1台6／116	m^2	18.900			
本页小计								
合　计								

工程名称：活 动 楼　　标段：　　第5页 共8页

序号	项目编码	项目名称	项目特征描述	计量单位	工程数量	金额(元)		
						综合单价	合价	其中 暂估价
51	011108004001	水泥砂浆零星项目	1.工程部位 2.找平层厚度、砂浆配合比 3.面层厚度、砂浆厚度	m^2	7.390			
52	011201001001	墙面一般抹灰	1.墙体类型：内墙 2.底层厚度、砂浆配合比：15mm 1：1：6水泥石灰砂浆 3.面层厚度、砂浆配合比：5mm 1：0.5：3水泥石灰砂浆	m^2	758.620			
53	011201001002	墙面一般抹灰（女儿墙内侧）	1.墙体类型：女儿墙内侧 2.底层厚度、砂浆配合比：15mm 1∶1∶6水泥石灰砂浆 3.面层厚度、砂浆配合比：5mm 1∶0.5∶3水泥石灰砂浆	m^2	22.710			
54	011202001001	柱、梁面一般抹灰	1.柱(梁)体类型：混凝土 2.底层厚度、砂浆配合比：15厚1∶1∶6水泥石灰砂浆 3.面层厚度、砂浆配合比：5mm 1∶0.5∶3水泥石灰砂浆	m^2	43.800			
55	011203001001	零星项目一般抹灰	1.基层类型、部位 2.底层厚度、砂浆配合比 3.面层厚度、砂浆配合比 4.装饰面材料种类 5.分格缝宽度、材料种类	m^2	45.090			
56	011203001002	零星项目一般抹灰	1.基层类型、部位：外墙 2.底层厚度、砂浆配合比：1∶3水泥砂浆 3.面层厚度、砂浆配合比：1∶2水泥砂浆	m^2	3.200			
本页小计								
合　　计								

工程名称：活 动 楼　　　　标段：　　　　第6页 共8页

序号	项目编码	项目名称	项目特征描述	计量单位	工程数量	金额(元)		
						综合单价	合价	其中 暂估价
57	011204001001	石材墙面	1.墙体材料：加气混凝土砌块 2.安装方式：干粉剂黏贴 3.面层材料品种、规格、颜色：蘑菇石	m^2	63.710			
58	011301001001	天棚抹灰	1.基层类型：混凝土 2.抹灰厚度、材料种类：水泥石灰砂浆	m^2	1058.000			
59	011301001002	天棚抹灰（雨篷下抹灰）	1.基层类型：混凝土 2.抹灰厚度、材料种类：水泥石灰砂浆	m^2	25.710			
60	011301001003	天棚抹灰（楼梯底面）	1.基层类型：混凝土 2.抹灰厚度、材料种类：12厚水泥石灰砂浆	m^2	37.860			
61	010802001001	金属（塑钢）门	1.门框、扇材质：塑钢	m^2	20.160			
62	010803001001	金属卷帘（闸）门	1.门材质：铝合金 2.启动装置品种、规格：电动	m^2	35.710			
63	010807001001	金属（塑钢、断桥）窗	1.框、扇材质：塑钢	m^2	92.340			
64	010809004001	石材窗台板	1.窗台板材质、规格、颜色：花岗石	m^2	54.400			
65	011406001001	抹灰面油漆（内墙）	1.基层类型：一般抹灰面 2.油漆品种、刷漆遍数：乳胶漆两遍 3.部位：内墙	m^2	716.330			
66	011406001002	抹灰面油漆（楼梯底面）	1.基层类型：一般抹灰 2.油漆品种、刷漆遍数：乳胶漆两遍 3.部位：楼梯底面	m^2	39.490			
67	011406001003	抹灰面油漆（天棚）	1.基层类型：一般抹灰 2.腻子种类 3.油漆品种、刷漆遍数：乳胶漆两遍 4.部位：天棚	m^2	1050.000			
68	011406001004	抹灰面油漆（雨篷）	1.基层类型：一般抹灰面 2.油漆品种、刷漆遍数：乳胶漆两遍 3.部位：雨篷	m^2	25.710			
本页小计								
合　计								

工程名称：活 动 楼　　　　标段：　　　　第7页 共8页

序号	项目编码	项目名称	项目特征描述	计量单位	工程数量	金额(元)		
						综合单价	合价	其中 暂估价
69	011407001001	墙面喷刷涂料（外墙）	1.基层类型：一般抹灰 2.喷刷涂料部位：外墙 3.腻子种类：水泥腻子 4.刮腻子要求：两遍 5.涂料品种、喷刷遍数：外墙涂料	m^2	576.860			
		分部小计						
		0117 措施项目						
70	011701002001	外脚手架	1.2.搭设高度：8.85m 2.3.脚手架材质：钢管脚手架	m^2	738.975			
71	011701003001	里脚手架（内墙脚手架）	1.2.搭设高度：3.6m以内 2.3.脚手架材质：钢管脚手架	m^2	62.450			
72	011701003002	里脚手架（基础脚手架）	1.2.搭设高度：3.6m以内 2.3.脚手架材质：钢管脚手架	m^2	122.669			
73	011701003003	里脚手架	1.2.搭设高度：3.6m以外 2.3.脚手架材质：钢管脚手架	m^2	26.590			
74	011701006001	满堂脚手架	1.2.搭设高度：3.6m以外，5.2m以内 2.3.脚手架材质：钢管脚手架	m^2	765.440			
75	011701002002	外脚手架	1.2.搭设高度：8.85m 2.3.脚手架材质：钢管脚手架	m^2	738.975			
76	011702001001	现浇无筋混凝土带形基础模板	1.1.基础类型	m^2	41.410			
77	011702001002	现浇混凝土独立基础模板	1.1.基础类型	m^2	72.240			
78	011702002001	现浇矩形柱模板		m^2	234.240			
79	011702003001	构造柱模板		m^2	148.640			
80	011702006001	矩形梁模板	1.1.支撑高度	m^2	621.280			
81	011702016001	平板模板	1.1.支撑高度	m^2	629.670			
82	011702024001	楼梯模板	1.1.类型	m^2	35.150			
本页小计								
合　计								

工程名称：活 动 楼　　　　　　　　　　　　　　　　　　　标段：　　　　　　第8页 共8页

序号	项目编码	项目名称	项目特征描述	计量单位	工程数量	金额(元)		
						综合单价	合价	其中 暂估价
83	011702023001	雨篷、悬挑板、阳台板模板	1.1.构件类型 2.2.板厚度	m^2	25.940			
84	011702027001	台阶模板	1.1.台阶踏步宽	m^2	18.900			
85	011702025001	其他现浇构件模板	1.1.构件类型	m^2	14.740			
86	011702001003	基础模板	1.1.基础类型	m^2	2.630			
87	011702009001	过梁模板		m^2	13.485			
88	011703001001	垂直运输	1.1.建筑物建筑类型及结构形式 2.2.地下室建筑面积 3.3.建筑物檐口高度、层数	m^2	814.820			
89	011703001002	垂直运输	1.1.建筑物建筑类型及结构形式 2.2.地下室建筑面积 3.3.建筑物檐口高度、层数	工日	243.000			
		分部小计						
本页小计								
合　　计								

总价措施项目清单与计价表

工程名称：活 动 楼　　　　标段：　　　　第1页 共1页

序号	项目编码	项目名称	计算基础	费率(%)	金额(元)	调整费率(%)	调整后金额(元)	备注
1	011707001001	安全文明施工	直接费(含人、材、机费，不含安全生产、文明施工费)+管理费+利润+规费+价款调整					
2	01B001	生产工具用具使用费	定额人工费+定额机械费					
3	01B002	检验试验配合费	定额人工费+定额机械费					
4	011707005001	冬雨季施工	定额人工费+定额机械费					
5	011707002001	夜间施工	定额人工费+定额机械费					
6	011707004001	二次搬运	定额人工费+定额机械费					
7	01B003	工程定位复测配合费及场地清理费	定额人工费+定额机械费					
8	01B004	停水停电增加费	定额人工费+定额机械费					
9	011707007001	已完工程及设备保护	定额人工费+定额机械费					
合计								

编制人(造价人员)：×××　　　　复核人(造价工程师)：×××

其他项目清单与计价汇总表

工程名称：活 动 楼　　　　标段：　　　　第1页 共1页

序号	项目名称	金额(元)	结算金额(元)	备注
1	暂列金额			明细详见 暂列金额明细表
2	暂估价			
2.1	材料(工程设备)暂估价			明细详见 材料（工程设备）暂列单价表及调整表
2.2	专业工程暂估价			明细详见 专业工程暂估价及结算价表
3	计日工			明细详见 计日工表
4	总承包服务费			明细详见 总承包服务费计价表
合 计				—

暂列金额明细表

工程名称：活 动 楼　　　　标段：　　　　第1页 共1页

序号	项目名称	计量单位	暂定金额(元)	备注
1				
2				
3				
合　计				—

材料（工程设备）暂估单价表及调整表

工程名称：活 动 楼　　　　标段：　　　　第1页 共1页

序号	材料（工程设备）名称、规格、型号	计量单位	数量		暂估(元)		确认(元)		差额±(元)		备注
			暂估	确认	单价	合价	单价	合价	单价	合价	
1											
2											
3											
4											
5											
合　　计											

专业工程暂估价及结算价表

工程名称：活 动 楼　　　　　　　　　　　　标段：　　　　　　　　　　　　第1页 共1页

序号	工程名称	工程内容	暂估金额(元)	结算金额(元)	差额±(元)	备注
1						
2						
3						
4						
5						
合 计						

计 日 工 表

工程名称：活 动 楼　　　　标段：　　　　第1页 共1页

<table>
<tr><th rowspan="2">编号</th><th rowspan="2">项 目 名 称</th><th rowspan="2">单位</th><th rowspan="2">暂定数量</th><th rowspan="2">实际数量</th><th rowspan="2">综合单价(元)</th><th colspan="2">合价(元)</th></tr>
<tr><th>暂定</th><th>实际</th></tr>
<tr><td>一</td><td>人工</td><td></td><td></td><td></td><td></td><td></td><td></td></tr>
<tr><td></td><td></td><td></td><td></td><td></td><td></td><td></td><td></td></tr>
<tr><td colspan="6">人工小计</td><td></td><td></td></tr>
<tr><td>二</td><td>材料</td><td></td><td></td><td></td><td></td><td></td><td></td></tr>
<tr><td></td><td></td><td></td><td></td><td></td><td></td><td></td><td></td></tr>
<tr><td colspan="6">材料小计</td><td></td><td></td></tr>
<tr><td>三</td><td>机械</td><td></td><td></td><td></td><td></td><td></td><td></td></tr>
<tr><td></td><td></td><td></td><td></td><td></td><td></td><td></td><td></td></tr>
<tr><td colspan="6">机械小计</td><td></td><td></td></tr>
<tr><td>四</td><td colspan="5">企业管理费和利润（按人工+机械0%计）</td><td></td><td></td></tr>
<tr><td colspan="6">总 计</td><td></td><td></td></tr>
</table>

总承包服务费计价表

工程名称：活 动 楼　　　　标段：　　　　第1页 共1页

序号	项目名称	项目价值(元)	服务内容	计算基础	费率(%)	金额(元)
1	发包人发包专业工程					
2	发包人供应材料					
	合　计	–	–		–	

规费、税金项目计价表

工程名称：活 动 楼　　　　标段：　　　　第1页 共1页

序号	项目名称	计算基础	计算基数	费率(%)	金额(元)
1	规费	定额人工费+定额机械费			
1.1	养老保险费	定额人工费+定额机械费			
1.2	医疗保险费	定额人工费+定额机械费			
1.3	失业保险费	定额人工费+定额机械费			
1.4	生育保险	定额人工费+定额机械费			
1.5	工伤保险	定额人工费+定额机械费			
1.6	住房公积金	定额人工费+定额机械费			
1.7	职工教育经费	定额人工费+定额机械费			
2	税金	分部分项工程费+措施项目费+其他项目费+规费-按规定不计税的工程设备金额			
合　计					

编制人(造价人员)：×××　　　　复核人(造价工程师)：×××

发包人提供材料和工程设备一览表

工程名称：活 动 楼

第1页 共1页

序号	材料(工程设备)名称、规格、型号	单位	数量	单价(元)	交货方式	送达地点	备注
1							
2							
3							
4							
5							

承包人提供主要材料和工程设备一览表

(适用于造价信息差额调整法)

工程名称：活 动 楼　　　　　　　　　　标段：　　　　　　　　　　第1页 共1页

序号	名称、规格、型号	单位	数量	风险系数(%)	基准单价(元)	投标单价(元)	发承包人确认单价(元)	备注
1								
2								
3								
4								
5								

附录6

工程量清单计价的编制

活 动 楼 ______ 工程

投 标 总 价

投 标 人: ______________________

(单位盖章)

2013年08月02日

投 标 总 价

招　　标　　人：×××职业技术学院

工　程　名　称：活 动 楼

投标总价（小写）：1035604.19元

（大写）：壹佰零叁万伍仟陆佰零肆元壹角玖分

投　　标　　人：______________________

（单位盖章）

法 定 代 表 人
或 其 授 权 人：______________________

（签字或盖章）

编　　制　　人：______________________

（造价人员签字盖专用章）

时　　　　间：　　年　　月　　日

总说明

工程名称：活动楼

1. 工程概况

本工程为×××职业技术学院活动楼，建筑面积 814.82m^2，层高为 3.9m，层数为 2 层，其中一层为车库和活动室；建筑高度 8.85m，屋面防水等级为三级；结构形式为钢筋混凝土框架结构，基础为独立基础。计划工期为 244 天。

2.工程发包范围

施工图范围内的建筑工程和装饰装修工程。

3.工程量清单编制依据

（1）建设工程工程量清单计价规范（GB 50500—2013）；

（2）房屋建设与装饰工程工程量计算规范（GB50854—2013）；

（3）活动楼施工图。

4.使用的材料均由承包商自行采购

单位工程投标报价汇总表

工程名称：活 动 楼　　　　标段：　　　　第1页 共1页

序号	汇总内容	金额(元)	其中：暂估价(元)
1	分部分项工程	692583.94	
A	建筑工程	486075.35	
B	装饰装修工程	206508.59	
2	措施项目	249866.78	
2.1	安全生产、文明施工	47796.04	
3	其他项目清单		
3.1	暂列金额		
3.2	专业工程暂估价		
3.3	计日工		
3.4	总承包服务费		
4	规费	58326.43	
5	税金	34827.04	
投标报价合计=1+2+3+4+5		1035604.19	

分部分项和单价措施项目清单与计价表

工程名称：活 动 楼　　　　标段：　　　　第1页 共8页

序号	项目编码	项目名称	项目特征描述	计量单位	工程数量	金额(元)		
						综合单价	合价	其中 暂估价
		A 建筑工程						
1	010101001001	平整场地	1.土壤类别：三类土	m^2	407.410	1.54	627.41	
2	010101004001	挖基坑土方JC-1	1.土壤类别：三类土 2.挖土深度：2m 内 3.弃土运距：800m	m^3	69.700	34.74	2421.38	
3	010101004002	挖基坑土方JC-2	1.土壤类别：三类土 2.挖土深度：2m 内 3.弃土运距：800m	m^3	87.620	32.71	2866.05	
4	010101004003	挖基坑土方JC-3	1.土壤类别：三类土 2.挖土深度：2m 内 3.弃土运距：800m	m^3	51.200	46.03	2356.74	
5	010101004004	挖基坑土方JC-4	1.土壤类别：三类土 2.挖土深度：2m 内 3.弃土运距：800m	m^3	64.800	29.83	1932.98	
6	010101004005	挖基坑土方TZ	1.土壤类别：三类土 2.挖土深度：2m 内 3.弃土运距：800m	m^3	5.400	39.73	214.54	
7	010101003001	挖沟槽土方	1.土壤类别：三类土 2.挖土深度：2m 内 3.弃土运距：800m	m^3	22.160	42.72	946.68	
8	010103001001	基础回填方	1.密实度要求：夯填 2.填方来源、运距：800m	m^3	188.080	66.69	12543.06	
9	010103001002	房心回填方	1.密实度要求：夯填 2.填方来源、运距：800m	m^3	95.420	36.82	3513.36	
10	010401001001	砖基础	1.砖品种、规格、强度等级：粘土砖 2.基础类型：条形 3.砂浆强度等级：水泥M5.0	m^3	1.000	6305.80	6305.80	
11	010402001001	砌块墙（外墙）	1.砌块品种、规格、强度等级： 250厚加气混凝土砌块 2.墙体类型：隔墙 3.砂浆强度等级：M5水泥石灰砂浆	m^3	1.000	30960.54	30960.54	
12	010402001002	砌块墙（内墙）	1.砌块品种、规格、强度等级：加气混凝土块墙 2.墙体类型：200厚 3.砂浆强度等级：M5水泥石灰砂浆	m^3	1.000	7106.65	7106.65	
本页小计							71795.19	
合　计							71795.19	

工程名称：活 动 楼　　　　标段：　　　　第2页 共8页

序号	项目编码	项目名称	项目特征描述	计量单位	工程数量	金额(元)		
						综合单价	合价	其中 暂估价
13	010402001003	砌块墙（女儿墙）	1. 砌块品种、规格、强度等级：加气混凝土砌块 2. 墙体类型：250厚女儿墙 3. 砂浆强度等级：M5水泥石灰砂浆	m^3	1.000	3651.72	3651.72	
14	010515001004	现浇构件钢筋	1. 钢筋种类、规格：6.5	t	1.000	2406.05	2406.05	
15	010501002001	外墙素混凝土带形基础	1. 混凝土种类：素混凝土 2. 混凝土强度等级：C30	m^3	12.120	330.18	4001.78	
16	010501003001	独立基础	1. 混凝土种类：预拌混凝土 2. 混凝土强度等级：C30	m^3	65.960	336.17	22173.77	
17	010501002002	带形基础	1. 混凝土种类：预拌混凝土 2. 混凝土强度等级：C15	m^3	0.710	299.18	212.42	
18	010501001001	柱基垫层	1. 混凝土种类：预拌混凝土 2. 混凝土强度等级：C15	m^3	17.330	313.00	5424.29	
19	010501001002	内墙基础垫层	1. 混凝土种类：预拌混凝土 2. 混凝土强度等级：C15	m^3	3.840	313.00	1201.92	
20	010502001001	矩形柱（框架柱）	1. 混凝土种类：预拌混凝土 2. 混凝土强度等级：C30	m^3	34.800	390.96	13605.41	
21	010502002001	构造柱	1. 混凝土种类：预拌混凝土 2. 混凝土强度等级：C30	m^3	15.750	420.05	6615.79	
22	010505001001	有梁板	1. 混凝土种类：预拌混凝土 2. 混凝土强度等级：C30	m^3	155.800	344.30	53641.94	
23	010505008001	雨篷、悬挑板、阳台板	1. 混凝土种类：预拌混凝土 2. 混凝土强度等级：C20	m^3	2.830	396.69	1122.63	
本页小计							114057.72	
合　计							185852.91	

工程名称：活 动 楼　　　　标段：　　　　第3页 共8页

序号	项目编码	项目名称	项目特征描述	计量单位	工程数量	金额(元)		
						综合单价	合价	其中 暂估价
24	010506001001	直形楼梯	1. 混凝土种类：预拌混凝土 2. 混凝土强度等级：C30	m^3	4.540	439.41	1994.92	
25	010507004001	台阶	1. 踏步高、宽：300×150 2. 混凝土种类：预拌混凝土 3. 混凝土强度等级：C15	m^2	18.900	105.24	1989.04	
26	010507005001	压顶	1. 混凝土种类：预拌混凝土 2. 混凝土强度等级：C20	m	81.980	8.56	701.75	
27	010507007001	其他构件（钢爬梯处）	1. 部位：钢爬梯处 2. 混凝土种类：预拌混凝土 3. 混凝土强度等级：C20	m^3	0.070	580.14	40.61	
28	010507001001	散水	1. 垫层材料种类、厚度：3∶7灰土 2. 面层厚度：150厚 3. 混凝土种类：预拌混凝土 4. 混凝土强度等级：C15	m^2	62.030	78.87	4892.31	
29	010507001002	散水、坡道	1. 垫层材料种类、厚度：3∶7 灰土 2. 面层厚度：300厚 3. 混凝土种类：预拌混凝土 4. 混凝土强度等级：C20	m^1	11.720	113.90	1334.91	
30	010510003001	过梁	1. 图代号：02G05 2. 混凝土强度等级：C30	m^3	2.810	835.65	2348.18	
31	010515001001	现浇构件钢筋	1. 钢筋种类、规格：10内	t	13.432	5530.98	74292.12	
32	010515001002	现浇构件钢筋	1. 钢筋种类、规格：20内	t	7.099	5787.68	41086.74	
33	010515001003	现浇构件钢筋	1. 钢筋种类、规格：20外	t	12.327	5516.39	68000.54	
34	010515002001	预制构件钢筋	1. 钢筋种类、规格：10内	t	0.241	5443.90	1311.98	
35	010515001005	现浇构件钢筋	1. 钢筋种类、规格：10内	t	0.510	5530.98	2820.80	
本页小计							200813.90	
合　计							386666.81	

工程名称：活 动 楼　　标段：　　第4页 共8页

序号	项目编码	项目名称	项目特征描述	计量单位	工程数量	金额(元)		
						综合单价	合价	其中 暂估价
36	010606008001	钢梯	1.钢材品种、规格：低碳钢 2.钢梯形式：爬式	t	0.098			
37	010902001001	屋面卷材防水	1.卷材品种、规格、厚度：SBS改性沥青防水卷材 2.防水层做法：热熔一层	m^2	402.995	56.67	22837.73	
38	010902004001	屋面排水管	1.排水管品种、规格：塑料(PVC)	m	49.500	56.01	2772.50	
39	010904003001	楼（地）面砂浆防水（防潮）	1.防水层做法：雨篷 2.砂浆厚度、配合比：1：2水泥砂浆	m^2	25.940	13.52	350.71	
40	011001001001	保温隔热屋面	1.保温隔热材料品种、规格、厚度：挤塑板	m^2	382.720	76.05	29105.86	
41	011001003001	保温隔热墙面	1.保温隔热部位：墙体 2.保温隔热方式：外保温 3.保温隔热材料品种、规格及厚度：挤塑板	m^2	608.590	71.40	43453.33	
		分部小计		m^2			485186.94	
		B　装饰装修工程		m^2				
42	011101003001	细石混凝土楼地面（特殊骨料耐磨地面）一楼车库	1.05J1地8/12	m^2	86.660	35.36	3064.30	
43	011101003002	细石混凝土楼地面（石屑混凝土地面）一楼活动室	1.05J1地10/27	m^2	290.610	50.01	14533.41	
44	011102001001	石材楼地面	1.1.05J1地26	m^2	10.080	168.66	1700.09	
45	011102003001	块料楼地面	1.05J1楼10/27	m^2	345.090	85.47	29494.84	
46	011105001001	水泥砂浆踢脚线	1.05J1踢6/59	m^2	20.100	32.37	650.64	
47	011105003001	块料踢脚线	1.05J1踢24/61	m^2	11.210	73.11	819.56	
48	011106002001	块料楼梯面层	1.05J1楼10/27	m^2	35.150	107.16	3766.67	
49	011503002001	硬木扶手、栏杆、栏板	1.扶手材料种类、规格：硬木 65×105 2.栏杆材料种类、规格：不锈钢管栏杆	m	51.690	355.85	18393.89	
50	011107001001	石材台阶面	1.1.05J1台6/116	m^2	18.900	239.33	4523.34	
本页小计							175466.87	
合　计							562133.68	

工程名称：活 动 楼　　　　标段：　　　　第5页 共8页

序号	项目编码	项目名称	项目特征描述	计量单位	工程数量	金额(元)		
						综合单价	合价	其中 暂估价
51	011108004001	水泥砂浆零星项目	1. 工程部位 2. 找平层厚度、砂浆配合比 3. 面层厚度、砂浆厚度	m^2	7.390	47.22	348.96	
52	011201001001	墙面一般抹灰	1. 墙体类型：内墙 2. 底层厚度、砂浆配合比：15mm 1∶1∶6水泥石灰砂浆 3. 面层厚度、砂浆配合比：5mm 1∶0.5∶3水泥石灰砂浆	m^2	758.620	24.26	18404.12	
53	011201001002	墙面一般抹灰（女儿墙内侧）	1. 墙体类型：女儿墙内侧 2. 底层厚度、砂浆配合比：15mm 1∶1∶6水泥石灰砂浆 3. 面层厚度、砂浆配合比：5mm 1∶0.5∶3水泥石灰砂浆	m^2	22.710	24.25	550.72	
54	011202001001	柱、梁面一般抹灰	1. 柱(梁)体类型：混凝土 2. 底层厚度、砂浆配合比：15厚1∶1∶6水泥石灰砂浆 3. 面层厚度、砂浆配合比：5mm 1∶0.5∶3水泥石灰砂浆	m^2	43.800	32.49	1423.06	
55	011203001001	零星项目一般抹灰	1. 基层类型、部位 2. 底层厚度、砂浆配合比 3. 面层厚度、砂浆配合比 4. 装饰面材料种类 5. 分格缝宽度、材料种类	m^2	45.090	47.16	2126.44	
56	011203001002	零星项目一般抹灰	1. 基层类型、部位：外墙 2. 底层厚度、砂浆配合比：1∶3水泥砂浆 3. 面层厚度、砂浆配合比：1∶2水泥砂浆	m^2	3.200	49.00	156.80	
本页小计							23010.10	
合　计							585143.78	

工程名称：活 动 楼　　　　标段：　　　　第6页 共8页

序号	项目编码	项目名称	项目特征描述	计量单位	工程数量	金额(元)		
						综合单价	合价	其中 暂估价
57	011204001001	石材墙面	1. 墙体材料：加气混凝土砌块 2. 安装方式：干粉剂黏贴 3. 面层材料品种、规格、颜色：蘑菇石	m^2	63.710	184.55	11757.68	
58	011301001001	天棚抹灰	1. 基层类型：混凝土 2. 抹灰厚度、材料种类：水泥石灰砂浆	m^2	1058.000	20.57	21763.06	
59	011301001002	天棚抹灰（雨篷下抹灰）	1. 基层类型：混凝土 2. 抹灰厚度、材料种类：水泥石灰砂浆	m^2	25.710	20.56	528.60	
60	011301001003	天棚抹灰（楼梯底面）	1. 基层类型：混凝土 2. 抹灰厚度、材料种类：12厚水泥石灰砂浆	m^2	37.860	25.37	960.51	
61	010802001001	金属（塑钢）门	1. 门框、扇材质：塑钢	m^2	20.160	297.32	5993.97	
62	010803001001	金属卷帘（闸）门	1. 门材质：铝合金 2. 启动装置品种、规格：电动	m^2	35.710	354.02	12642.05	
63	010807001001	金属（塑钢、断桥）窗	1. 框、扇材质：塑钢	m^2	92.340	234.99	21698.98	
64	010809004001	石材窗台板	1. 窗台板材质、规格、颜色：花岗石	m^2	54.400	24.93	1356.19	
65	011406001001	抹灰面油漆（内墙）	1. 基层类型：一般抹灰面 2. 油漆品种、刷漆遍数：乳胶漆两遍 3. 部位：内墙	m^2	716.330	9.55	6840.95	
66	011406001002	抹灰面油漆（楼梯底面）	1. 基层类型：一般抹灰 2. 油漆品种、刷漆遍数：乳胶漆两遍 3. 部位：楼梯底面	m^2	39.490	11.53	455.32	
67	011406001003	抹灰面油漆（天棚）	1. 基层类型：一般抹灰 2. 腻子种类 3. 油漆品种、刷漆遍数：乳胶漆两遍 4. 部位：天棚	m^2	1050.000	9.55	10027.50	
68	011406001004	抹灰面油漆（雨篷）	1. 基层类型：一般抹灰面 2. 油漆品种、刷漆遍数：乳胶漆两遍 3. 部位：雨篷	m^2	25.710	6.86	176.37	
本页小计							94201.18	
合　　计							679344.96	

工程名称：活 动 楼　　　　标段：　　　　第7页 共8页

序号	项目编码	项目名称	项目特征描述	计量单位	工程数量	金额(元)		
						综合单价	合价	其中 暂估价
69	011407001001	墙面喷刷涂料（外墙）	1.基层类型：一般抹灰 2.喷刷涂料部位：外墙 3.腻子种类：水泥腻子 4.刮腻子要求：两遍 5.涂料品种、喷刷遍数：外墙涂料	m^2	576.860	21.41	12350.57	
		分部小计					206508.59	
		0117 措施项目						
70	011701002001	外脚手架	1.2.搭设高度：8.85m 2.3.脚手架材质：钢管脚手架	m^2	738.975	19.42	14350.89	
71	011701003001	里脚手架（内墙脚手架）	1.2.搭设高度：3.6m以内 2.3.脚手架材质：钢管脚手架	m^2	62.450	3.15	196.72	
72	011701003002	里脚手架（基础脚手架）	1.2.搭设高度：3.6m以内 2.3.脚手架材质：钢管脚手架	m^2	122.669	3.14	385.18	
73	011701003003	里脚手架	1.2.搭设高度：3.6m以外 2.3.脚手架材质：钢管脚手架	m^2	26.590	8.59	228.41	
74	011701006001	满堂脚手架	1.2.搭设高度：3.6m以外，5.2m以内 2.3.脚手架材质：钢管脚手架	m^2	765.440	12.19	9330.71	
75	011701002002	外脚手架	1.2.搭设高度：8.85m 2.3.脚手架材质：钢管脚手架	m^2	738.975	12.56	9281.53	
76	011702001001	现浇无筋混凝土带形基础模板	1.1.基础类型	m^2	41.410	38.33	1587.25	
77	011702001002	现浇混凝土独立基础模板	1.1.基础类型	m^2	72.240	45.56	3291.25	
78	011702002001	现浇矩形柱模板		m^2	234.240	55.47	12993.29	
79	011702003001	构造柱模板		m^2	148.640	52.11	7745.63	
80	011702006001	矩形梁模板	1.1.支撑高度	m^2	621.280	67.43	41892.91	
81	011702016001	平板模板	1.1.支撑高度	m^2	629.670	58.23	36665.68	
82	011702024001	楼梯模板	1.1.类型	m^2	35.150	61.70	2168.76	
本页小计							152468.78	
合　计							831813.74	

工程名称：活 动 楼　　　　标段：　　　　第8页 共8页

序号	项目编码	项目名称	项目特征描述	计量单位	工程数量	金额(元)		
						综合单价	合价	其中 暂估价
83	011702023001	雨篷、悬挑板、阳台板模板	1. 1. 构件类型 2. 2. 板厚度	m^2	25. 940	58. 41	1515. 16	
84	011702027001	台阶模板	1. 1. 台阶踏步宽	m^2	18. 900	44. 75	845. 78	
85	011702025001	其他现浇构件模板	1. 1. 构件类型	m^2	14. 740	41. 58	612. 89	
86	011702001003	基础模板	1. 1. 基础类型	m^2	2. 630	37. 90	99. 68	
87	011702009001	过梁模板		m^2	13. 485	14. 50	195. 53	
88	011703001001	垂直运输	1. 1. 建筑物建筑类型及结构形式 2. 2. 地下室建筑面积 3. 3. 建筑物檐口高度、层数	m^2	814. 820	26. 88	21902. 36	
89	011703001002	垂直运输	1. 1. 建筑物建筑类型及结构形式 2. 2. 地下室建筑面积 3. 3. 建筑物檐口高度、层数	工日	243. 000	22. 30	5418. 90	
		分部小计					170708. 51	
本页小计							30590. 30	
合　计							862404. 04	

综合单价分析表

工程名称：活 动 楼　　　　　　　　　　　　　　　　　　标段：　　　　　　　　　　　　　　　　　　1

	010101001001	项目名称		平整场地				计量单位	m^2	工程量	407.41
清单综合单价组成明细											
定额编号	定额名称	定额单位	数量	单　价				合价			
				人工费	材料费	机械费	管理费和利润	人工费	材料费	机械费	管理费和利润
A1-39	人工平整场地	100m²	0.010	142.88			11.44	1.43			0.11
人工单价		小计						1.43			0.12
综合用工三类47.00元/工日		未计价材料费									
清单项目综合单价								1.54			
	主要材料名称、规格、型号			单位		数量	单价(元)	合价(元)	暂估单价(元)		暂估合价(元)

工程名称：活 动 楼　　　　　　　　　　　　　　　　　　标段：　　　　　　　　　　　　　　　　　　2

项目编码	010101004001	项目名称		挖基坑土方JC-1				计量单位	m^3	工程量	69.7
清单综合单价组成明细											
定额编号	定额名称	定额单位	数量	单　价				合价			
				人工费	材料费	机械费	管理费和利润	人工费	材料费	机械费	管理费和利润
A1-120	反铲挖掘机挖土(斗容量0.6m3)装车,三类土	1000m³	0.002	271.19		4711.47	398.62	0.47		8.11	0.69
A1-4换	人工挖土方三类土(深度2m以内)［机械挖土中需人工辅助开挖部分］	100m³	0.003	2430.14			194.42	6.38			0.51
A1-163换	自卸汽车运土(载重8t)运距1km以内［自卸汽车运土使用反铲挖掘机装车］	1000m³	0.002			8691.57	695.32			17.21	1.38
人工单价		小计						6.85		25.32	2.58
综合用工三类47.00元/工日		未计价材料费									
清单项目综合单价								34.74			
	主要材料名称、规格、型号			单位		数量	单价(元)	合价(元)	暂估单价(元)		暂估合价(元)

工程名称：活 动 楼　　　　标段：　　　　3

<table>
<tr><td>项目编码</td><td>010101004002</td><td>项目名称</td><td colspan="4">挖基坑土方JC-2</td><td>计量单位</td><td>m^3</td><td>工程量</td><td colspan="2">87.62</td></tr>
<tr><td colspan="12">清单综合单价组成明细</td></tr>
<tr><td rowspan="2">定额编号</td><td rowspan="2">定额名称</td><td rowspan="2">定额单位</td><td rowspan="2">数量</td><td colspan="4">单　价</td><td colspan="4">合价</td></tr>
<tr><td>人工费</td><td>材料费</td><td>机械费</td><td>管理费和利润</td><td>人工费</td><td>材料费</td><td>机械费</td><td>管理费和利润</td></tr>
<tr><td>A1-120</td><td>反铲挖掘机挖土(斗容量0.6m³)装车,三类土</td><td>1000m³</td><td>0.002</td><td>271.19</td><td></td><td>4711.47</td><td>398.62</td><td>0.43</td><td></td><td>7.53</td><td>0.64</td></tr>
<tr><td>A1-4换</td><td>人工挖土方三类土(深度2m以内)[机械挖土中需人工辅助开挖部分]</td><td>100m³</td><td>0.003</td><td>2430.14</td><td></td><td></td><td>194.42</td><td>6.16</td><td></td><td></td><td>0.49</td></tr>
<tr><td>A1-163换</td><td>自卸汽车运土(载重8t)运距1km以内[自卸汽车运土使用反铲挖掘机装车]</td><td>1000m³</td><td>0.002</td><td></td><td></td><td>8691.57</td><td>695.32</td><td></td><td></td><td>16.17</td><td>1.29</td></tr>
<tr><td colspan="2">人工单价</td><td colspan="6">小计</td><td>6.59</td><td></td><td>23.7</td><td>2.42</td></tr>
<tr><td colspan="2">综合用工三类47.00元/工日</td><td colspan="6">未计价材料费</td><td colspan="4"></td></tr>
<tr><td colspan="8">清单项目综合单价</td><td colspan="4">32.71</td></tr>
<tr><td></td><td colspan="3">主要材料名称、规格、型号</td><td colspan="2">单位</td><td>数量</td><td>单价(元)</td><td>合价(元)</td><td colspan="2">暂估单价(元)</td><td>暂估合价(元)</td></tr>
<tr><td></td><td></td><td></td><td></td><td></td><td></td><td></td><td></td><td></td><td></td><td></td><td></td></tr>
</table>

工程名称：活 动 楼　　　　标段：　　　　4

<table>
<tr><td>项目编码</td><td>010101004003</td><td>项目名称</td><td colspan="4">挖基坑土方JC-3</td><td>计量单位</td><td>m^3</td><td>工程量</td><td colspan="2">51.2</td></tr>
<tr><td colspan="12">清单综合单价组成明细</td></tr>
<tr><td rowspan="2">定额编号</td><td rowspan="2">定额名称</td><td rowspan="2">定额单位</td><td rowspan="2">数量</td><td colspan="4">单　价</td><td colspan="4">合价</td></tr>
<tr><td>人工费</td><td>材料费</td><td>机械费</td><td>管理费和利润</td><td>人工费</td><td>材料费</td><td>机械费</td><td>管理费和利润</td></tr>
<tr><td>A1-120</td><td>反铲挖掘机挖土(斗容量0.6m3)装车,三类土</td><td>1000m³</td><td>0.002</td><td>271.19</td><td></td><td>4711.47</td><td>398.62</td><td>0.41</td><td></td><td>7.18</td><td>0.61</td></tr>
<tr><td>A1-4换</td><td>人工挖土方三类土(深度2m以内)[机械挖土中需人工辅助开挖部分]</td><td>100m³</td><td>0.003</td><td>2430.14</td><td></td><td></td><td>194.42</td><td>6.17</td><td></td><td></td><td>0.49</td></tr>
<tr><td>A1-163换</td><td>自卸汽车运土(载重8t)运距1km以内[自卸汽车运土使用反铲挖掘机装车]</td><td>1000m³</td><td>0.003</td><td></td><td></td><td>8691.57</td><td>695.32</td><td></td><td></td><td>28.86</td><td>2.31</td></tr>
<tr><td colspan="2">人工单价</td><td colspan="6">小计</td><td>6.58</td><td></td><td>36.04</td><td>3.40</td></tr>
<tr><td colspan="2">综合用工三类47.00元/工日</td><td colspan="6">未计价材料费</td><td colspan="4"></td></tr>
<tr><td colspan="8">清单项目综合单价</td><td colspan="4">46.03</td></tr>
<tr><td></td><td colspan="3">主要材料名称、规格、型号</td><td colspan="2">单位</td><td>数量</td><td>单价(元)</td><td>合价(元)</td><td colspan="2">暂估单价(元)</td><td>暂估合价(元)</td></tr>
<tr><td></td><td></td><td></td><td></td><td></td><td></td><td></td><td></td><td></td><td></td><td></td><td></td></tr>
</table>

工程名称：活 动 楼　　　　　　　　　　　　标段：　　　　　　　　　　5

项目编码	010101004004		项目名称	挖基坑土方JC-4				计量单位	m^3	工程量	64.8
清单综合单价组成明细											
定额编号	定额名称	定额单位	数量	单价				合价			
				人工费	材料费	机械费	管理费和利润	人工费	材料费	机械费	管理费和利润
A1-120	反铲挖掘机挖土(斗容量0.6m3)装车，三类土	$1000m^3$	0.001	271.19		4711.47	398.62	0.39		6.76	0.57
A1-4换	人工挖土方三类土(深度2m以内)［机械挖土中需人工辅助开挖部分］	$100m^3$	0.002	2430.14			194.42	5.85			0.47
A1-163换	自卸汽车运土(载重8t)运距1km以内［自卸汽车运土使用反铲挖掘机装车］	$1000m^3$	0.002			8691.57	695.32			14.62	1.17
人工单价		小计						6.24		21.38	2.20
综合用工三类47.00元/工日		未计价材料费									
清单项目综合单价								29.83			
	主要材料名称、规格、型号			单位		数量	单价(元)	合价(元)	暂估单价(元)		暂估合价(元)

工程名称：活 动 楼　　　　　　　　　　　　标段：　　　　　　　　　　6

项目编码	010101004005		项目名称	挖基坑土方TZ				计量单位	m^3	工程量	5.4
清单综合单价组成明细											
定额编号	定额名称	定额单位	数量	单价				合价			
				人工费	材料费	机械费	管理费和利润	人工费	材料费	机械费	管理费和利润
A1-120	反铲挖掘机挖土(斗容量0.6m3)装车，三类土	$1000m^3$	0.001	271.19		4711.47	398.62	0.40		6.98	0.59
A1-4换	人工挖土方三类土(深度2m以内)［机械挖土中需人工辅助开挖部分］	$100m^3$	0.005	2430.14			194.42	11.70			0.94
A1-163换	自卸汽车运土(载重8t)运距1km以内［自卸汽车运土使用反铲挖掘机装车］	$1000m^3$	0.002			8691.57	695.32			17.71	1.42
人工单价		小计						12.1		24.69	2.94
综合用工三类47.00元/工日		未计价材料费									
清单项目综合单价								39.73			
	主要材料名称、规格、型号			单位		数量	单价(元)	合价(元)	暂估单价(元)		暂估合价(元)

工程名称：活 动 楼　　　　　　　　　　　　　　　　标段：　　　　　　　　　　　　　　　　7

	010101003001	项目名称		挖沟槽土方				计量单位	m^3	工程量	22.16
清单综合单价组成明细											
定额编号	定额名称	定额单位	数量	单价				合价			
				人工费	材料费	机械费	管理费和利润	人工费	材料费	机械费	管理费和利润
A1-15	人工挖沟槽三类土(深度2m以内)	$100m^3$	0.016	2435.07			194.80	39.56			3.16
	人工单价	小计						39.56			3.16
综合用工三类47.00元/工日		未计价材料费									
清单项目综合单价								42.72			
	主要材料名称、规格、型号			单位		数量	单价(元)	合价(元)	暂估单价(元)		暂估合价(元)

工程名称：活 动 楼　　　　　　　　　　　　　　　　标段：　　　　　　　　　　　　　　　　8

项目编码	010103001001	项目名称		基础回填方				计量单位	m^3	工程量	188.08
清单综合单价组成明细											
定额编号	定额名称	定额单位	数量	单价				合价			
				人工费	材料费	机械费	管理费和利润	人工费	材料费	机械费	管理费和利润
A1-41	人工回填土，夯填	$100m^3$	0.027	1332.45		250.01	126.60	36.36		6.82	3.45
A1-163	自卸汽车运土(载重8t)运距1km以内	$1000m^3$	0.002			7901.43	632.12			18.57	1.49
	人工单价	小计						36.36		25.39	4.94
综合用工三类47.00元/工日		未计价材料费									
清单项目综合单价								66.69			
	主要材料名称、规格、型号			单位		数量	单价(元)	合价(元)	暂估单价(元)		暂估合价(元)

工程名称：活 动 楼　　　　标段：　　　　9

项目编码	010103001002	项目名称		房心回填方				计量单位	m^3	工程量	95.42
清单综合单价组成明细											
定额编号	定额名称	定额单位	数量	单　价				合价			
				人工费	材料费	机械费	管理费和利润	人工费	材料费	机械费	管理费和利润
[52]B1-1	素土垫层	$10m^3$	0.100	202.10	10.00	31.02	72.27	20.21	1.00	3.10	7.23
A1-163	自卸汽车运土(载重8t)运距1km以内	$1000m^3$	0.001			7901.43	632.12			4.89	0.39
人工单价		小计						20.21	1.00	7.99	7.62
综合用工三类47.00元/工日		未计价材料费									
清单项目综合单价								36.82			
	主要材料名称、规格、型号			单位		数量	单价(元)	合价(元)	暂估单价(元)		暂估合价(元)

工程名称：活 动 楼　　　　标段：　　　　10

项目编码	010401001001	项目名称		砖基础				计量单位	m3	工程量	1
清单综合单价组成明细											
定额编号	定额名称	定额单位	数量	单　价				合价			
				人工费	材料费	机械费	管理费和利润	人工费	材料费	机械费	管理费和利润
A3-1	砖基础［水泥砂浆M5(中砂)］	$10m^3$	1.942	584.40	2293.77	40.35	168.69	1134.90	4454.50	78.36	327.60
A7-214	墙基防水砂浆［防水砂浆(防水粉5%) 1：2（中砂）］	$100m^2$	0.168	811.80	774.82	33.10	228.12	136.38	130.17	5.56	38.32
人工单价		小计						1271.28	4584.67	83.92	365.92
综合用工三类47.00元/工日 综合用工二类60.00元/工日		未计价材料费									
清单项目综合单价								6305.8			
	主要材料名称、规格、型号			单位		数量	单价(元)	合价(元)	暂估单价(元)		暂估合价(元)

工程名称：活 动 楼　　　　　　　　　　　　　　标段：　　　　　　　　　　　　11

项目编码	010402001001	项目名称		砌块墙（外墙）				计量单位	m^3	工程量	1
清单综合单价组成明细											
定额编号	定额名称	定额单位	数量	单价				合价			
				人工费	材料费	机械费	管理费和利润	人工费	材料费	机械费	管理费和利润
A3-17换	加气混凝土砌块墙[水泥石灰砂浆M5(中砂)]	$10m^3$	7.739	708.00	1851.64	13.45	194.80	5479.21	14329.84	104.09	1507.56
A9-4	1类混凝土构件运输(运距10km以内)	$10m^3$	3.120	253.80	32.27	2128.38	643.19	791.86	100.68	6640.55	2006.75
人工单价		小计						6271.07	14430.52	6744.64	3514.32
综合用工三类47.00元/工日 综合用工二类60.00元/工日		未计价材料费									
清单项目综合单价								30960.54			
	主要材料名称、规格、型号			单位		数量	单价(元)	合价(元)	暂估单价(元)		暂估合价(元)

工程名称：活 动 楼　　　　　　　　　　　　　　标段：　　　　　　　　　　　　12

项目编码	010402001002	项目名称		砌块墙（内墙）				计量单位	m^3	工程量	1
清单综合单价组成明细											
定额编号	定额名称	定额单位	数量	单价				合价			
				人工费	材料费	机械费	管理费和利润	人工费	材料费	机械费	管理费和利润
A3-17换	加气混凝土砌块墙[水泥石灰砂浆M5(中砂)]	$10m^3$	1.781	708.00	1851.64	13.45	194.80	1260.95	3297.77	23.95	346.94
A9-4	1类混凝土构件运输(运距10km以内)	$10m^3$	0.712	253.80	32.27	2128.38	643.19	180.71	22.98	1515.41	457.95
人工单价		小计						1441.66	3320.75	1539.36	804.89
综合用工三类47.00元/工日 综合用工二类60.00元/工日		未计价材料费									
清单项目综合单价								7106.65			
	主要材料名称、规格、型号			单位		数量	单价(元)	合价(元)	暂估单价(元)		暂估合价(元)

工程名称：活 动 楼　　　　　　　　　　　　标段：　　　　　　　　　　　　13

项目编码	010402001003	项目名称		砌块墙（女儿墙）				计量单位	m^3	工程量	1
清单综合单价组成明细											
定额编号	定额名称	定额单位	数量	单价				合价			
				人工费	材料费	机械费	管理费和利润	人工费	材料费	机械费	管理费和利润
A3-17换	加气混凝土砌块墙[水泥石灰砂浆M5(中砂)]	$10m^3$	0.915	708.00	1851.64	13.45	194.80	647.82	1694.25	12.31	178.24
A9-4	1类混凝土构件运输(运距10km以内)	$10m^3$	0.366	253.80	32.27	2128.38	643.19	92.89	11.81	778.99	235.41
人工单价		小计						740.71	1706.06	791.3	413.65
综合用工三类47.00元/工日 综合用工二类60.00元/工日		未计价材料费									
清单项目综合单价								3651.72			
	主要材料名称、规格、型号			单位		数量	单价(元)	合价(元)	暂估单价(元)		暂估合价(元)

工程名称：活 动 楼　　　　　　　　　　　　标段：　　　　　　　　　　　　14

	010515001004	项目名称		现浇构件钢筋				计量单位	t	工程量	1
清单综合单价组成明细											
定额编号	定额名称	定额单位	数量	单价				合价			
				人工费	材料费	机械费	管理费和利润	人工费	材料费	机械费	管理费和利润
A3-30	砌体内钢筋加固	t	0.362	1669.20	4479.00	37.54	460.82	604.25	1621.40	13.59	166.82
人工单价		小计						604.25	1621.40	13.59	166.81
综合用工三类47.00元/工日 综合用工二类60.00元/工日		未计价材料费									
清单项目综合单价								2406.05			
	主要材料名称、规格、型号			单位		数量	单价(元)	合价(元)	暂估单价(元)		暂估合价(元)

工程名称：活 动 楼　　　　　　　　　　　　　　标段：　　　　　　　　　　15

项目编码	010501002001	项目名称		外墙素混凝土带形基础			计量单位	m^3		工程量	12.12
清单综合单价组成明细											
定额编号	定额名称	定额单位	数量	单价				合价			
				人工费	材料费	机械费	管理费和利润	人工费	材料费	机械费	管理费和利润
A4-162换	现浇预拌无筋混凝土带形基础［预拌商品混凝土 C30］	$10m^3$	0.100	318.00	2699.28	11.91	89.07	31.80	269.93	1.19	8.91
A4-314	混凝土输送泵，檐高（深度）40m以内	$10m^3$	0.100	12.60	45.84	95.80	29.27	1.26	4.58	9.58	2.93
人工单价		小计						33.06	274.51	10.77	11.83
综合用工三类47.00元/工日 综合用工二类60.00元/工日		未计价材料费									
清单项目综合单价								330.18			
	主要材料名称、规格、型号			单位		数量	单价（元）	合价（元）	暂估单价（元）		暂估合价（元）

工程名称：活 动 楼　　　　　　　　　　　　　　标段：　　　　　　　　　　16

项目编码	010501003001	项目名称		独立基础			计量单位	m^3		工程量	65.96
清单综合单价组成明细											
定额编号	定额名称	定额单位	数量	单价				合价			
				人工费	材料费	机械费	管理费和利润	人工费	材料费	机械费	管理费和利润
A4-165换	现浇预拌混凝土独立基础［预拌商品混凝土 C30］	$10m^3$	0.100	369.00	2694.45	11.91	102.84	36.90	269.45	1.19	10.28
A4-314	混凝土输送泵，檐高（深度）40m以内	$10m^3$	0.100	12.60	45.84	95.80	29.27	1.26	4.58	9.58	2.93
人工单价		小计						38.16	274.03	10.77	13.21
综合用工三类47.00元/工日 综合用工二类60.00元/工日		未计价材料费									
清单项目综合单价								336.17			
	主要材料名称、规格、型号			单位		数量	单价（元）	合价（元）	暂估单价（元）		暂估合价（元）

工程名称：活 动 楼　　　　　　　　　　标段：　　　　　　　　　　17

项目编码	010501002002	项目名称		带形基础			计量单位	m^3		工程量	0.71
清单综合单价组成明细											
定额编号	定额名称	定额单位	数量	单价				合价			
				人工费	材料费	机械费	管理费和利润	人工费	材料费	机械费	管理费和利润
A4-162换	现浇预拌无筋混凝土带形基础［预拌商品混凝土 C15］	$10m^3$	0.100	318.00	2389.32	11.91	89.07	31.80	238.93	1.19	8.91
A4-314	混凝土输送泵，檐高(深度)40m以内	$10m^3$	0.100	12.60	45.84	95.80	29.27	1.26	4.58	9.58	2.93
人工单价		小计						33.06	243.51	10.77	11.83
类47.00元/工日综合用工二类6		未计价材料费									
清单项目综合单价								299.18			
	主要材料名称、规格、型号			单位		数量	单价(元)	合价(元)	暂估单价(元)		暂估合价(元)

工程名称：活 动 楼　　　　　　　　　　标段：　　　　　　　　　　18

项目编码	010501001001	项目名称		柱基垫层			计量单位	m^3		工程量	17.33
清单综合单价组成明细											
定额编号	定额名称	定额单位	数量	单价				合价			
				人工费	材料费	机械费	管理费和利润	人工费	材料费	机械费	管理费和利润
[52]B1-25	预拌混凝土垫层［预拌商品混凝土 C15］	$10m^3$	0.100	418.80	2379.76	13.80	134.11	41.88	237.98	1.38	13.41
A4-314	混凝土输送泵，檐高(深度)40m以内	$10m^3$	0.100	12.60	45.84	95.80	29.27	1.26	4.58	9.58	2.93
人工单价		小计						43.14	242.56	10.96	16.34
综合用工三类47.00元/工日 综合用工二类60.00元/工日		未计价材料费									
清单项目综合单价								313			
	主要材料名称、规格、型号			单位		数量	单价(元)	合价(元)	暂估单价(元)		暂估合价(元)

工程名称：活 动 楼　　　　　　　　　　　　　　标段：　　　　　　　　　　19

项目编码	010501001002	项目名称		内墙基础垫层				计量单位	m^3	工程量	3.84
清单综合单价组成明细											
定额编号	定额名称	定额单位	数量	单价				合价			
				人工费	材料费	机械费	管理费和利润	人工费	材料费	机械费	管理费和利润
[52]B1-25	预拌混凝土垫层[预拌商品混凝土C15]	$10m^3$	0.100	418.80	2379.76	13.80	134.11	41.88	237.98	1.38	13.41
A4-314	混凝土输送泵，檐高(深度)40m以内	$10m^3$	0.100	12.60	45.84	95.80	29.27	1.26	4.58	9.58	2.93
人工单价		小计						43.14	242.56	10.96	16.34
综合用工三类47.00元/工日 综合用工二类60.00元/工日		未计价材料费									
清单项目综合单价								313			
	主要材料名称、规格、型号			单位		数量	单价(元)	合价(元)	暂估单价(元)		暂估合价(元)

工程名称：活 动 楼　　　　　　　　　　　　　　标段：　　　　　　　　　　20

项目编码	010502001001	项目名称		矩形柱（框架柱）				计量单位	m^3	工程量	34.8
清单综合单价组成明细											
定额编号	定额名称	定额单位	数量	单价				合价			
				人工费	材料费	机械费	管理费和利润	人工费	材料费	机械费	管理费和利润
A4-172换	现浇预拌混凝土矩形柱［预拌商品混凝土 C30，水泥砂浆1：2(中砂)］	$10m^3$	0.100	820.20	2655.06	23.17	227.71	82.02	265.51	2.32	22.77
A4-314	混凝土输送泵，檐高(深度)40m以内	$10m^3$	0.100	12.60	45.84	95.80	29.27	1.26	4.58	9.58	2.93
人工单价		小计						83.28	270.09	11.9	25.70
综合用工三类47.00元/工日 综合用工二类60.00元/工日		未计价材料费									
清单项目综合单价								390.96			
	主要材料名称、规格、型号			单位		数量	单价(元)	合价(元)	暂估单价(元)		暂估合价(元)

工程名称：活 动 楼　　　　标段：　　　　21

项目编码	010502002001	项目名称		构造柱				计量单位	m^3	工程量	15.75
清单综合单价组成明细											
定额编号	定额名称	定额单位	数量	单　价				合价			
				人工费	材料费	机械费	管理费和利润	人工费	材料费	机械费	管理费和利润
A4-174换	现浇预拌混凝土构造柱异形柱［预拌商品混凝土 C30，水泥砂浆1：2(中砂)］	$10m^3$	0.100	1050.00	2654.10	23.17	289.76	105.00	265.41	2.32	28.98
A4-314	混凝土输送泵，檐高(深度)40m以内	$10m^3$	0.100	12.60	45.84	95.80	29.27	1.26	4.58	9.58	2.93
人工单价		小计						106.26	269.99	11.9	31.91
综合用工三类47.00元/工日 综合用工二类60.00元/工日		未计价材料费									
清单项目综合单价								420.05			
	主要材料名称、规格、型号			单位		数量	单价(元)	合价(元)	暂估单价(元)		暂估合价(元)

工程名称：活 动 楼　　　　标段：　　　　22

项目编码	010505001001	项目名称		有梁板				计量单位	m^3	工程量	155.8
清单综合单价组成明细											
定额编号	定额名称	定额单位	数量	单　价				合价			
				人工费	材料费	机械费	管理费和利润	人工费	材料费	机械费	管理费和利润
A4-177换	现浇预拌混凝土单梁连续梁［预拌商品混凝土 C30］	$10m^3$	0.052	487.20	2680.68	19.03	136.68	25.44	139.95	0.99	7.14
A4-190换	现浇预拌混凝土平板［预拌商品混凝土 C30］	$10m^3$	0.048	348.00	2720.69	21.15	99.68	16.63	130.03	1.01	4.76
A4-314	混凝土输送泵，檐高(深度)40m以内	$10m^3$	0.100	12.60	45.84	95.80	29.27	1.26	4.58	9.58	2.93
人工单价		小计						43.33	274.56	11.58	14.83
类47.00元/工日综合用工二类6		未计价材料费									
清单项目综合单价								344.3			
	主要材料名称、规格、型号			单位		数量	单价(元)	合价(元)	暂估单价(元)		暂估合价(元)

工程名称：活 动 楼　　　　　　　　　　　　　　　　　　标段：　　　　　　　　　　　　23

项目编码	010505008001	项目名称		雨篷、悬挑板、阳台板			计量单位	m^3		工程量	2.83
清单综合单价组成明细											
定额编号	定额名称	定额单位	数量	单价				合价			
				人工费	材料费	机械费	管理费和利润	人工费	材料费	机械费	管理费和利润
A4-197	现浇预拌混凝土直形雨篷［预拌商品混凝土 C20］	10m^3	0.100	925.20	2574.59	26.61	256.99	92.52	257.46	2.66	25.70
A4-314	混凝土输送泵，檐高(深度)40m以内	10m^3	0.100	12.60	45.84	95.80	29.27	1.26	4.58	9.58	2.93
人工单价		小计						93.78	262.04	12.24	28.62
综合用工三类47.00元/工日 综合用工二类60.00元/工日		未计价材料费									
清单项目综合单价								396.69			
	主要材料名称、规格、型号			单位		数量	单价(元)	合价(元)	暂估单价(元)		暂估合价(元)

工程名称：活 动 楼　　　　　　　　　　　　　　　　　　标段：　　　　　　　　　　　　24

项目编码	010506001001	项目名称		直形楼梯			计量单位	m^3		工程量	4.54
清单综合单价组成明细											
定额编号	定额名称	定额单位	数量	单价				合价			
				人工费	材料费	机械费	管理费和利润	人工费	材料费	机械费	管理费和利润
A4-199换	现浇预拌混凝土整体楼梯［预拌商品混凝土 C30］	10m^3	0.100	1162.20	2695.47	30.82	322.11	116.22	269.55	3.08	32.21
A4-314	混凝土输送泵，檐高(深度)40m以内	10m^3	0.100	12.60	45.84	95.80	29.27	1.26	4.58	9.58	2.93
人工单价		小计						117.48	274.13	12.66	35.14
综合用工三类47.00元/工日 综合用工二类60.00元/工日		未计价材料费									
清单项目综合单价								439.41			
	主要材料名称、规格、型号			单位		数量	单价(元)	合价(元)	暂估单价(元)		暂估合价(元)

工程名称：活 动 楼　　　　　　　　　　标段：　　　　　　　　　　25

项目编码	010507004001	项目名称		台阶				计量单位	m^2	工程量	18.9
清单综合单价组成明细											
定额编号	定额名称	定额单位	数量	单　价				合价			
				人工费	材料费	机械费	管理费和利润	人工费	材料费	机械费	管理费和利润
A4-218	现浇预拌混凝土台阶基层［预拌商品混凝土 C15,普通沥青砂浆 1∶2∶7(中砂),灰土 3∶7］	100m²水平投影面积	0.010	3531.00	5716.81	73.84	973.30	35.31	57.17	0.74	9.73
A4-314	混凝土输送泵,檐高(深度)40m以内	$10m^3$	0.012	12.60	45.84	95.80	29.27	0.16	0.57	1.20	0.37
人工单价		小计						35.47	57.74	1.93	10.10
类47.00元/工日综合用工二类6		未计价材料费									
清单项目综合单价								105.24			
	主要材料名称、规格、型号			单位		数量	单价(元)	合价(元)	暂估单价(元)		暂估合价(元)

工程名称：活 动 楼　　　　　　　　　　标段：　　　　　　　　　　26

项目编码	010507005001	项目名称		压顶				计量单位	m	工程量	81.98
清单综合单价组成明细											
定额编号	定额名称	定额单位	数量	单　价				合价			
				人工费	材料费	机械费	管理费和利润	人工费	材料费	机械费	管理费和利润
A4-205	现浇预拌混凝土压顶垫块墩块［预拌商品混凝土 C20］	$10m^3$	0.002	1101.60	2588.77	25.83	304.40	2.24	5.27	0.05	0.62
A4-314	混凝土输送泵,檐高(深度)40m以内	$10m^3$	0.002	12.60	45.84	95.80	29.27	0.03	0.09	0.20	0.06
人工单价		小计						2.27	5.37	0.25	0.68
综合用工三类47.00元/工日 综合用工二类60.00元/工日		未计价材料费									
清单项目综合单价								8.56			
	主要材料名称、规格、型号			单位		数量	单价(元)	合价(元)	暂估单价(元)		暂估合价(元)

工程名称：活 动 楼　　　　　　　　　　　　　　标段：　　　　　　　　　　　　　　27

项目编码	010507007001	项目名称		其他构件（钢爬梯处）				计量单位	m^3	工程量	0.07
清单综合单价组成明细											
定额编号	定额名称	定额单位	数量	单价				合价			
				人工费	材料费	机械费	管理费和利润	人工费	材料费	机械费	管理费和利润
A4-208	现浇预拌混凝土零星构件 [预拌商品混凝土 C20]	$10m^3$	0.100	2362.20	2586.24	25.83	644.77	236.22	258.62	2.58	64.48
A4-314	混凝土输送泵，檐高(深度)40m以内	$10m^3$	0.100	12.60	45.84	95.80	29.27	1.26	4.58	9.58	2.93
人工单价		小计						237.57	263.14	12.14	67.43
综合用工三类47.00元/工日 综合用工二类60.00元/工日		未计价材料费									
清单项目综合单价								580.14			
	主要材料名称、规格、型号			单位		数量	单价(元)	合价(元)	暂估单价(元)		暂估合价(元)

工程名称：活 动 楼　　　　　　　　　　　　　　标段：　　　　　　　　　　　　　　28

项目编码	010507001001	项目名称		散水				计量单位	m^2	工程量	62.03
清单综合单价组成明细											
定额编号	定额名称	定额单位	数量	单价				合价			
				人工费	材料费	机械费	管理费和利润	人工费	材料费	机械费	管理费和利润
A4-213换	现浇预拌混凝土散水，混凝土一次抹光水泥砂浆 [预拌商品混凝土 C15，水泥砂浆1：1(中砂)，灰土 3：7，普通沥青砂浆 1：2：7(中砂)]	$100m^2$	0.010	3080.40	3804.54	35.87	841.40	30.79	38.03	0.36	8.41
A4-314	混凝土输送泵，檐高(深度)40m以内	$10m^3$	0.007	12.60	45.84	95.80	29.27	0.09	0.32	0.67	0.21
人工单价		小计						30.88	38.35	1.03	8.61
综合用工三类47.00元/工日 综合用工二类60.00元/工日		未计价材料费									
清单项目综合单价								78.87			
	主要材料名称、规格、型号			单位		数量	单价(元)	合价(元)	暂估单价(元)		暂估合价(元)

工程名称：活 动 楼　　　　　　　　　　　　　标段：　　　　　　　　　　　　　29

项目编码	010507001002	项目名称	散水、坡道					计量单位	m^2	工程量	11.72
清单综合单价组成明细											
定额编号	定额名称	定额单位	数量	单价				合价			
				人工费	材料费	机械费	管理费和利润	人工费	材料费	机械费	管理费和利润
A4-215	现浇预拌混凝土防滑坡道,抹水泥礓搓面层［预拌商品混凝土 C20,水泥砂浆1：2(中砂),普通沥青砂浆 1：2：7(中砂),灰土3：7,素水泥浆］	100m²斜面积	0.010	4981.20	4852.03	92.05	1369.78	49.73	48.44	0.92	13.67
A4-314	混凝土输送泵,檐高(深度)40m以内	$10m^3$	0.006	12.60	45.84	95.80	29.27	0.08	0.29	0.60	0.18
人工单价		小计						49.81	48.72	1.52	13.86
综合用工三类47.00元/工日 综合用工二类60.00元/工日		未计价材料费									
清单项目综合单价								113.9			
	主要材料名称、规格、型号			单位		数量	单价(元)	合价(元)	暂估单价(元)		暂估合价(元)

工程名称：活 动 楼　　　　　　　　　　　　　标段：　　　　　　　　　　　　　30

项目编码	010510003001	项目名称	过梁					计量单位	m^3	工程量	2.81
清单综合单价组成明细											
定额编号	定额名称	定额单位	数量	单价				合价			
				人工费	材料费	机械费	管理费和利润	人工费	材料费	机械费	管理费和利润
A4-74	预制钢筋混凝土过梁［预制混凝土(中砂碎石)C30-40］	$10m^3$	0.100	786.00	2147.75	319.88	298.59	78.60	214.78	31.99	29.86
A9-8	2类混凝土构件运输(运距1km以内)	$10m^3$	0.101	101.52	40.59	893.61	268.68	10.30	4.12	90.63	27.25
A9-95	混凝土构件安装及拼装,过梁,塔式起重机［水泥砂浆1：3(中砂)］	$10m^3$	0.100	2534.40	236.65	20.51	689.82	253.44	23.67	2.05	68.98
人工单价		小计						342.34	242.56	124.67	126.09
综合用工三类47.00元/工日 综合用工二类60.00元/工日		未计价材料费									
清单项目综合单价								835.65			
	主要材料名称、规格、型号			单位		数量	单价(元)	合价(元)	暂估单价(元)		暂估合价(元)

工程名称：活 动 楼　　　　　　　　　　　　　　标段：　　　　　　　　　　　　31

	010515001001	项目名称		现浇构件钢筋				计量单位	t	工程量	13.432
清单综合单价组成明细											
定额编号	定额名称	定额单位	数量	单价				合价			
				人工费	材料费	机械费	管理费和利润	人工费	材料费	机械费	管理费和利润
A4-330	钢筋制作、安装，现浇构件(钢筋直径10mm以内)	t	1.000	799.86	4444.39	55.72	231.01	799.86	4444.39	55.72	231.01
人工单价		小计						799.86	4444.39	55.72	231.01
综合用工三类47.00元/工日 综合用工二类60.00元/工日		未计价材料费									
清单项目综合单价								5530.98			
	主要材料名称、规格、型号			单位		数量	单价(元)	合价(元)	暂估单价(元)		暂估合价(元)

工程名称：活 动 楼　　　　　　　　　　　　　　标段：　　　　　　　　　　　　32

项目编码	010515001002	项目名称		现浇构件钢筋				计量单位	t	工程量	7.099
清单综合单价组成明细											
定额编号	定额名称	定额单位	数量	单价				合价			
				人工费	材料费	机械费	管理费和利润	人工费	材料费	机械费	管理费和利润
A4-331	钢筋制作、安装，现浇构件(钢筋直径20mm以内)	t	1.000	483.60	4728.00	145.87	169.96	483.60	4728.00	145.87	169.96
A4-345	直螺纹钢筋接头(钢筋直径20mm以内)	10个	2.592	28.50	42.14	17.38	12.39	73.87	109.22	45.05	32.11
人工单价		小计						557.47	4837.22	190.92	202.08
综合用工三类47.00元/工日 综合用工二类60.00元/工日		未计价材料费									
清单项目综合单价								5787.68			
	主要材料名称、规格、型号			单位		数量	单价(元)	合价(元)	暂估单价(元)		暂估合价(元)

工程名称：活 动 楼　　　　　　　　　　　　　　　标段：　　　　　　　　　　　　　　　33

项目编码	010515001003	项目名称		现浇构件钢筋				计量单位	t	工程量	12.327
清单综合单价组成明细											
定额编号	定额名称	定额单位	数量	单　价				合价			
				人工费	材料费	机械费	管理费和利润	人工费	材料费	机械费	管理费和利润
A4-332	钢筋制作、安装,现浇构件(钢筋直径20mm以外)	t	1.000	331.98	4672.87	104.37	117.82	331.98	4672.87	104.37	117.82
A4-341	电渣压力焊钢筋接头	10个	2.336	9.60	6.02	20.90	8.24	22.43	14.06	48.83	19.25
A4-346	直螺纹钢筋接头(钢筋直径30mm以内)	10个	1.460	33.30	55.27	22.82	15.15	48.62	80.71	33.32	22.12
人工单价		小计						403.03	4767.64	186.52	159.20
综合用工三类47.00元/工日 综合用工二类60.00元/工日		未计价材料费									
清单项目综合单价								5516.39			
	主要材料名称、规格、型号			单位		数量	单价(元)	合价(元)	暂估单价(元)		暂估合价(元)

工程名称：活 动 楼　　　　　　　　　　　　　　　标段：　　　　　　　　　　　　　　　34

	010515002001	项目名称		预制构件钢筋				计量单位	t	工程量	0.241
清单综合单价组成明细											
定额编号	定额名称	定额单位	数量	单　价				合价			
				人工费	材料费	机械费	管理费和利润	人工费	材料费	机械费	管理费和利润
A4-333	钢筋制作、安装,预制构件(钢筋直径10mm以内)	t	1.000	753.90	4422.62	50.26	217.13	753.90	4422.62	50.26	217.13
人工单价		小计						753.9	4422.61	50.25	217.13
综合用工三类47.00元/工日 综合用工二类60.00元/工日		未计价材料费									
清单项目综合单价								5443.9			
	主要材料名称、规格、型号			单位		数量	单价(元)	合价(元)	暂估单价(元)		暂估合价(元)

工程名称：活 动 楼　　　　标段：　　　　35

	010515001005	项目名称		现浇构件钢筋				计量单位	t	工程量	0.51
清单综合单价组成明细											
定额编号	定额名称	定额单位	数量	单价				合价			
				人工费	材料费	机械费	管理费和利润	人工费	材料费	机械费	管理费和利润
A4-330	钢筋制作、安装，现浇构件(钢筋直径10mm以内)	t	1.000	799.86	4444.39	55.72	231.01	799.86	4444.39	55.72	231.01
人工单价		小计						799.86	4444.39	55.73	231.02
综合用工三类47.00元/工日 综合用工二类60.00元/工日		未计价材料费									
清单项目综合单价								5530.98			
	主要材料名称、规格、型号			单位		数量	单价(元)	合价(元)	暂估单价(元)		暂估合价(元)

工程名称：活 动 楼　　　　标段：　　　　36

	010902001001	项目名称		屋面卷材防水				计量单位	m^2	工程量	402.995
清单综合单价组成明细											
定额编号	定额名称	定额单位	数量	单价				合价			
				人工费	材料费	机械费	管理费和利润	人工费	材料费	机械费	管理费和利润
A7-52	SBS改性沥青防水卷材防水层，热熔一层	100㎡	0.011	263.76	1944.80		71.22	2.90	21.41		0.78
[52]B1-29	水泥砂浆在填充材料上找平层(平面20mm)［水泥砂浆1：3(中砂)］	100㎡	0.009	471.00	496.40	33.10	156.27	4.47	4.71	0.31	1.48
[52]B1-28	水泥砂浆在硬基层上找平层(立面20mm)［水泥砂浆1：3(中砂)，素水泥浆］	100㎡	0.001	612.60	451.46	25.86	197.92	0.31	0.23	0.01	0.10
A7-38	隔离层，干铺无纺聚酯纤维布	100㎡	0.009	58.80	198.40		15.88	0.56	1.88		0.15
[52]B1-31	细石混凝土在硬基层上找平层30mm［细石混凝土 C20-10，素水泥浆］	100㎡	0.009	478.20	704.31	33.19	158.53	4.54	6.69	0.32	1.51
[52]B1-32	细石混凝土在硬基层上找平层每增减5mm［细石混凝土C20-10］	100㎡	0.019	82.80	110.97	5.28	27.30	1.57	2.11	0.10	0.52
人工单价		小计						14.36	37.03	0.74	4.54
综合用工三类47.00元/工日 综合用工二类60.00元/工日		未计价材料费									
清单项目综合单价								56.67			
	主要材料名称、规格、型号			单位		数量	单价(元)	合价(元)	暂估单价(元)		暂估合价(元)

工程名称：活 动 楼　　　　　　　　　　　　　　标段：　　　　　　　　　　　　37

项目编码	010902004001	项目名称		屋面排水管				计量单位	m	工程量	49.5
清单综合单价组成明细											
定额编号	定额名称	定额单位	数量	单价				合价			
				人工费	材料费	机械费	管理费和利润	人工费	材料费	机械费	管理费和利润
A7-97	塑料水落管Φ110安装	100m	0.010	1325.40	2900.25		357.86	13.01	28.48		3.51
A7-101	塑料水斗(落水口直径Φ110)安装	10个	0.012	177.00	255.13		47.79	2.15	3.09		0.58
A7-103	塑料弯头落水口(含箅子板)安装	10套	0.012	235.80	128.78		63.67	2.86	1.56		0.77
人工单价		小计						18.02	33.13		4.86
综合用工三类47.00元/工日 综合用工二类60.00元/工日		未计价材料费									
清单项目综合单价								56.01			
	主要材料名称、规格、型号			单位		数量	单价(元)	合价(元)	暂估单价(元)		暂估合价(元)

工程名称：活 动 楼　　　　　　　　　　　　　　标段：　　　　　　　　　　　　38

	010904003001	项目名称		楼（地）面砂浆防水（防潮）				计量单位	m^2	工程量	25.94
清单综合单价组成明细											
定额编号	定额名称	定额单位	数量	单价				合价			
				人工费	材料费	机械费	管理费和利润	人工费	材料费	机械费	管理费和利润
A7-215	平面防水砂浆［防水砂浆(防水粉5%)1∶2（中砂）］	100m²	0.010	550.20	622.46	25.86	155.54	5.49	6.22	0.26	1.55
人工单价		小计						5.49	6.22	0.26	1.56
综合用工三类47.00元/工日 综合用工二类60.00元/工日		未计价材料费									
清单项目综合单价								13.52			
	主要材料名称、规格、型号			单位		数量	单价(元)	合价(元)	暂估单价(元)		暂估合价(元)

工程名称：活 动 楼　　　　标段：　　　　39

<table>
<tr><td>项目编码</td><td colspan="2">011001001001</td><td>项目名称</td><td colspan="4">保温隔热屋面</td><td>计量单位</td><td>m²</td><td>工程量</td><td>382.72</td></tr>
<tr><td colspan="12">清单综合单价组成明细</td></tr>
<tr><td rowspan="2">定额编号</td><td rowspan="2">定额名称</td><td rowspan="2">定额单位</td><td rowspan="2">数量</td><td colspan="4">单　价</td><td colspan="4">合价</td></tr>
<tr><td>人工费</td><td>材料费</td><td>机械费</td><td>管理费和利润</td><td>人工费</td><td>材料费</td><td>机械费</td><td>管理费和利润</td></tr>
<tr><td>A8-230</td><td>屋面保温［水泥炉渣 1∶6］</td><td>10m³</td><td>0.009</td><td>389.16</td><td>2086.05</td><td>75.55</td><td>125.47</td><td>3.69</td><td>19.76</td><td>0.72</td><td>1.19</td></tr>
<tr><td>A8-213</td><td>屋面保温，挤塑板，粘贴</td><td>100m²</td><td>0.010</td><td>735.60</td><td>4135.66</td><td></td><td>198.61</td><td>7.36</td><td>41.35</td><td></td><td>1.99</td></tr>
<tr><td colspan="2">人工单价</td><td colspan="6">小计</td><td>11.04</td><td>61.12</td><td>0.72</td><td>3.18</td></tr>
<tr><td colspan="2">类47.00元/工日综合用工二类6</td><td colspan="6">未计价材料费</td><td colspan="4"></td></tr>
<tr><td colspan="8">清单项目综合单价</td><td colspan="4">76.05</td></tr>
<tr><td></td><td colspan="3">主要材料名称、规格、型号</td><td colspan="2">单位</td><td>数量</td><td>单价(元)</td><td>合价(元)</td><td colspan="2">暂估单价(元)</td><td>暂估合价(元)</td></tr>
<tr><td></td><td></td><td></td><td></td><td></td><td></td><td></td><td></td><td></td><td></td><td></td><td></td></tr>
</table>

工程名称：活 动 楼　　　　标段：　　　　40

<table>
<tr><td>项目编码</td><td colspan="2">011001003001</td><td>项目名称</td><td colspan="4">保温隔热墙面</td><td>计量单位</td><td>m²</td><td>工程量</td><td>608.59</td></tr>
<tr><td colspan="12">清单综合单价组成明细</td></tr>
<tr><td rowspan="2">定额编号</td><td rowspan="2">定额名称</td><td rowspan="2">定额单位</td><td rowspan="2">数量</td><td colspan="4">单　价</td><td colspan="4">合价</td></tr>
<tr><td>人工费</td><td>材料费</td><td>机械费</td><td>管理费和利润</td><td>人工费</td><td>材料费</td><td>机械费</td><td>管理费和利润</td></tr>
<tr><td>A8-266</td><td>墙体保温，外墙粘贴挤塑板</td><td>100m²</td><td>0.010</td><td>1270.80</td><td>4798.16</td><td>150.41</td><td>383.73</td><td>12.71</td><td>47.98</td><td>1.50</td><td>3.84</td></tr>
<tr><td>A8-299</td><td>墙体保温，玻纤网格布两层</td><td>100m²</td><td>0.010</td><td>212.40</td><td>294.00</td><td></td><td>57.35</td><td>2.02</td><td>2.80</td><td></td><td>0.55</td></tr>
<tr><td colspan="2">人工单价</td><td colspan="6">小计</td><td>14.73</td><td>50.78</td><td>1.5</td><td>4.38</td></tr>
<tr><td colspan="2">综合用工三类47.00元/工日
综合用工二类60.00元/工日</td><td colspan="6">未计价材料费</td><td colspan="4"></td></tr>
<tr><td colspan="8">清单项目综合单价</td><td colspan="4">71.4</td></tr>
<tr><td></td><td colspan="3">主要材料名称、规格、型号</td><td colspan="2">单位</td><td>数量</td><td>单价(元)</td><td>合价(元)</td><td colspan="2">暂估单价(元)</td><td>暂估合价(元)</td></tr>
<tr><td></td><td></td><td></td><td></td><td></td><td></td><td></td><td></td><td></td><td></td><td></td><td></td></tr>
</table>

工程名称：活 动 楼　　　　　　　　　　　　标段：　　　　　　　　　　　　41

	011101003001	项目名称	细石混凝土楼地面（特殊骨料耐磨地面）一楼车库					计量单位	m^2	工程量	86.66
清单综合单价组成明细											
定额编号	定额名称	定额单位	数量	单　价				合价			
				人工费	材料费	机械费	管理费和利润	人工费	材料费	机械费	管理费和利润
[52]B1-25	预拌混凝土垫层[预拌商品混凝土C15]	$10m^3$	0.012	418.80	2379.76	13.80	134.11	5.03	28.56	0.17	1.61
人工单价		小计						5.03	28.56	0.17	1.60
综合用工三类47.00元/工日 综合用工二类60.00元/工日		未计价材料费									
清单项目综合单价								35.36			
	主要材料名称、规格、型号			单位		数量	单价(元)	合价(元)	暂估单价(元)		暂估合价(元)

工程名称：活 动 楼　　　　　　　　　　　　标段：　　　　　　　　　　　　42

项目编码	011101003002	项目名称	细石混凝土楼地面（石屑混凝土地面）一楼活动室					计量单位	m^2	工程量	290.61
清单综合单价组成明细											
定额编号	定额名称	定额单位	数量	单　价				合价			
				人工费	材料费	机械费	管理费和利润	人工费	材料费	机械费	管理费和利润
[52]B1-25	预拌混凝土垫层[预拌商品混凝土C15]	$10m^3$	0.010	418.80	2379.76	13.80	134.11	4.19	23.80	0.14	1.34
[52]B1-57	预拌混凝土地面厚40mm [预拌商品混凝土 C20]	$100m^2$	0.010	516.60	1076.32	7.65	162.52	5.17	10.76	0.08	1.63
[52]B1-58	预拌混凝土地面每增减5mm [预拌商品混凝土 C20]	$100m^2$	0.020	14.64	125.28	0.93	4.82	0.29	2.51	0.02	0.10
人工单价		小计						9.65	37.07	0.23	3.06
综合用工三类47.00元/工日 综合用工二类60.00元/工日		未计价材料费									
清单项目综合单价								50.01			
	主要材料名称、规格、型号			单位		数量	单价(元)	合价(元)	暂估单价(元)		暂估合价(元)

工程名称：活 动 楼　　　　　　　　　　　　　　　　　　　　标段：

43

项目编码	011102001001	项目名称		石材楼地面				计量单位	m²	工程量	10.08
清单综合单价组成明细											
定额编号	定额名称	定额单位	数量	单　价				合价			
				人工费	材料费	机械费	管理费和利润	人工费	材料费	机械费	管理费和利润
[52]B1-83	花岗岩楼地面(水泥砂浆)周长3200mm以内单色[水泥砂浆1∶4(中砂),素水泥浆]	100m²	0.010	2248.40	10777.32	125.14	735.80	22.53	107.99	1.25	7.37
[52]B1-25	预拌混凝土垫层[预拌商品混凝土C15]	10m³	0.010	418.80	2379.76	13.80	134.11	4.20	23.84	0.14	1.34
人工单价		小计						26.73	131.83	1.39	8.71
综合用工三类47.00元/工日 综合用工二类60.00元/工日 综合用工一类70.00元/工日		未计价材料费									
清单项目综合单价								168.66			
	主要材料名称、规格、型号			单位		数量	单价(元)	合价(元)	暂估单价(元)		暂估合价(元)

工程名称：活 动 楼　　　　　　　　　　　　　　　　　　　　标段：

44

	011102003001	项目名称		块料楼地面				计量单位	m²	工程量	345.09
清单综合单价组成明细											
定额编号	定额名称	定额单位	数量	单　价				合价			
				人工费	材料费	机械费	管理费和利润	人工费	材料费	机械费	管理费和利润
[52]B1-104	陶瓷地砖楼地面(水泥砂浆)每块周长(3200mm以内)[水泥砂浆1∶4(中砂),素水泥浆]	100m²	0.010	1995.00	5815.14	90.34	646.45	19.95	58.15	0.90	6.46
人工单价		小计						19.95	58.15	0.9	6.46
综合用工三类47.00元/工日 综合用工二类60.00元/工日 综合用工一类70.00元/工日		未计价材料费									
清单项目综合单价								85.47			
	主要材料名称、规格、型号			单位		数量	单价(元)	合价(元)	暂估单价(元)		暂估合价(元)

工程名称：活 动 楼　　　　标段：　　　　45

	011105001001	项目名称	水泥砂浆踢脚线				计量单位	m²		工程量	20.1
清单综合单价组成明细											
定额编号	定额名称	定额单位	数量	单价				合价			
				人工费	材料费	机械费	管理费和利润	人工费	材料费	机械费	管理费和利润
[52]B1-199	水泥砂浆踢脚线[水泥砂浆1：2(中砂)，水泥砂浆1：3(中砂)]	100m²	0.010	1967.40	612.69	36.21	621.12	19.67	6.13	0.36	6.21
人工单价		小计						19.67	6.13	0.36	6.21
综合用工三类47.00元/工日 综合用工二类60.00元/工日 综合用工一类70.00元/工日		未计价材料费									
清单项目综合单价								32.37			
	主要材料名称、规格、型号			单位		数量	单价(元)	合价(元)	暂估单价(元)		暂估合价(元)

工程名称：活 动 楼　　　　标段：　　　　46

	011105003001	项目名称	块料踢脚线				计量单位	m²		工程量	11.21
清单综合单价组成明细											
定额编号	定额名称	定额单位	数量	单价				合价			
				人工费	材料费	机械费	管理费和利润	人工费	材料费	机械费	管理费和利润
[52]B1-220	水泥砂浆陶瓷地砖踢脚线［水泥砂浆1：1(中砂)，水泥砂浆1：3(中砂)］	100m²	0.010	3124.10	3116.35	82.77	994.13	31.21	31.14	0.83	9.93
人工单价		小计						31.21	31.14	0.83	9.94
综合用工三类47.00元/工日 综合用工二类60.00元/工日 综合用工一类70.00元/工日		未计价材料费									
清单项目综合单价								73.11			
	主要材料名称、规格、型号			单位		数量	单价(元)	合价(元)	暂估单价(元)		暂估合价(元)

工程名称：活 动 楼　　　　标段：　　　　47

项目编码	011106002001	项目名称		块料楼梯面层				计量单位	m²	工程量	35.15
清单综合单价组成明细											
定额编号	定额名称	定额单位	数量	单价				合价			
				人工费	材料费	机械费	管理费和利润	人工费	材料费	机械费	管理费和利润
[52]B1-253	陶瓷地砖楼梯面层，水泥砂浆［水泥砂浆1：4(中砂)，素水泥浆］	100m²	0.010	4089.40	4205.43	108.80	1301.45	40.95	42.11	1.09	13.03
[52]B1-423	楼梯、台阶踏步防滑条，缸砖［水泥砂浆1：2(中砂)，素水泥浆］	100m	0.023	238.80	129.60		74.02	5.38	2.92		1.67
人工单价		小计						46.33	45.03	1.09	14.70
综合用工三类47.00元/工日 综合用工二类60.00元/工日 综合用工一类70.00元/工日		未计价材料费									
清单项目综合单价								107.16			
	主要材料名称、规格、型号			单位		数量	单价(元)	合价(元)	暂估单价(元)		暂估合价(元)

工程名称：活 动 楼　　　　标段：　　　　48

项目编码	011503002001	项目名称		硬木扶手、栏杆、栏板				计量单位	m	工程量	51.69
清单综合单价组成明细											
定额编号	定额名称	定额单位	数量	单价				合价			
				人工费	材料费	机械费	管理费和利润	人工费	材料费	机械费	管理费和利润
[52]B1-315	硬木扶手直形150×60	10m	0.100	123.90	1017.95		38.41	12.39	101.80		3.84
[52]B1-339	硬木弯头	10个	0.012	151.20	808.66		46.88	1.76	9.39		0.54
[52]B5-7	木扶手(不带托板)底油一遍、调和漆二遍	100m	0.010	367.50	64.41		113.93	3.68	0.64		1.14
[52]B1-274	不锈钢管栏杆，直线型，竖条式	10m	0.100	319.90	1706.38	62.08	118.42	31.99	170.64	6.21	11.84
人工单价		小计						49.81	282.46	6.21	17.36
综合用工三类47.00元/工日 综合用工二类60.00元/工日 综合用工一类70.00元/工日		未计价材料费									
清单项目综合单价								355.85			
	主要材料名称、规格、型号			单位		数量	单价(元)	合价(元)	暂估单价(元)		暂估合价(元)

工程名称：活 动 楼　　　　　　　　　　　　　　　　标段：　　　　　　　　　　　　　　　　49

	011107001001	项目名称		石材台阶面				计量单位	m^2	工程量	18.9
清单综合单价组成明细											
定额编号	定额名称	定额单位	数量	单　价				合价			
				人工费	材料费	机械费	管理费和利润	人工费	材料费	机械费	管理费和利润
[52]B1-368	花岗岩台阶，水泥砂浆［水泥砂浆1：4(中砂)，素水泥浆］	100m²	0.010	3955.70	18134.71	470.66	1372.17	39.56	181.35	4.71	13.72
人工单价		小计						39.56	181.35	4.71	13.72
日综合用工二类60.00元/工日		未计价材料费									
清单项目综合单价								239.33			
	主要材料名称、规格、型号			单位		数量	单价(元)	合价(元)	暂估单价(元)		暂估合价(元)

工程名称：活 动 楼　　　　　　　　　　　　　　　　标段：　　　　　　　　　　　　　　　　50

	011108004001	项目名称		水泥砂浆零星项目				计量单位	m^2	工程量	7.39
清单综合单价组成明细											
定额编号	定额名称	定额单位	数量	单　价				合价			
				人工费	材料费	机械费	管理费和利润	人工费	材料费	机械费	管理费和利润
[52]B2-94	混凝土普通腰线水泥砂浆一般抹灰［水泥砂浆1：2(中砂)，水泥砂浆1：3(中砂)］	100m²	0.010	3147.90	549.45	32.07	985.79	31.52	5.50	0.32	9.87
人工单价		小计						31.52	5.50	0.32	9.87
综合用工三类47.00元/工日 综合用工二类60.00元/工日 综合用工一类70.00元/工日		未计价材料费									
清单项目综合单价								47.22			
	主要材料名称、规格、型号			单位		数量	单价(元)	合价(元)	暂估单价(元)		暂估合价(元)

工程名称：活 动 楼　　　　　　　　　　　　标段：　　　　　　　　　　51

项目编码	011201001001	项目名称		墙面一般抹灰				计量单位	m^2	工程量	758.62
清单综合单价组成明细											
定额编号	定额名称	定额单位	数量	单价				合价			
				人工费	材料费	机械费	管理费和利润	人工费	材料费	机械费	管理费和利润
[52]B2-21	轻质砌块墙面混合砂浆抹灰［水泥砂浆1∶2(中砂)，水泥石灰砂浆1∶1∶6(中砂)，水泥石灰砂浆1∶0.5∶3(中砂)］	100m²	0.010	1373.40	402.60	30.00	435.05	13.73	4.03	0.30	4.35
[52]B2-681	建筑胶素水泥浆一道	100m²	0.010	79.10	81.38		24.52	0.79	0.81		0.25
人工单价		小计						14.52	4.84	0.3	4.60
综合用工三类47.00元/工日 综合用工二类60.00元/工日 综合用工一类70.00元/工日		未计价材料费									
清单项目综合单价								24.26			
	主要材料名称、规格、型号			单位		数量	单价(元)	合价(元)	暂估单价(元)		暂估合价(元)

工程名称：活 动 楼　　　　　　　　　　　　标段：　　　　　　　　　　52

项目编码	011201001002	项目名称		墙面一般抹灰（女儿墙内侧）				计量单位	m^2	工程量	22.71
清单综合单价组成明细											
定额编号	定额名称	定额单位	数量	单价				合价			
				人工费	材料费	机械费	管理费和利润	人工费	材料费	机械费	管理费和利润
[52]B2-21	轻质砌块墙面混合砂浆抹灰［水泥砂浆1∶2(中砂)，水泥石灰砂浆1∶1∶6(中砂)，水泥石灰砂浆1∶0.5∶3(中砂)］	100m²	0.010	1373.40	402.60	30.00	435.05	13.73	4.02	0.30	4.35
[52]B2-681	建筑胶素水泥浆一道	100m²	0.010	79.10	81.38		24.52	0.79	0.81		0.25
人工单价		小计						14.52	4.84	0.3	4.60
综合用工三类47.00元/工日 综合用工二类60.00元/工日 综合用工一类70.00元/工日		未计价材料费									
清单项目综合单价								24.25			
	主要材料名称、规格、型号			单位		数量	单价(元)	合价(元)	暂估单价(元)		暂估合价(元)

工程名称：活 动 楼　　　　标段：　　　　53

项目编码	011202001001	项目名称		柱、梁面一般抹灰				计量单位	m²	工程量	43.8
清单综合单价组成明细											
定额编号	定额名称	定额单位	数量	单价				合价			
				人工费	材料费	机械费	管理费和利润	人工费	材料费	机械费	管理费和利润
[52]B2-79	柱(梁)面混凝土混合砂浆抹灰［水泥砂浆1∶2(中砂)，水泥石灰砂浆1∶1∶6(中砂)，水泥石灰砂浆1∶0.5∶3(中砂)］	100m²	0.010	1984.50	424.84	30.00	624.50	19.85	4.25	0.30	6.25
[52]B2-681	建筑胶素水泥浆一道	100m²	0.010	79.10	81.38		24.52	0.79	0.81		0.25
人工单价		小计						20.64	5.06	0.3	6.49
综合用工三类47.00元/工日 综合用工二类60.00元/工日 综合用工一类70.00元/工日		未计价材料费									
清单项目综合单价								32.49			
	主要材料名称、规格、型号			单位		数量	单价(元)	合价(元)	暂估单价(元)		暂估合价(元)

工程名称：活 动 楼　　　　标段：　　　　54

	011203001001	项目名称		零星项目一般抹灰				计量单位	m²	工程量	45.09
清单综合单价组成明细											
定额编号	定额名称	定额单位	数量	单价				合价			
				人工费	材料费	机械费	管理费和利润	人工费	材料费	机械费	管理费和利润
[52]B2-94	混凝土普通腰线水泥砂浆一般抹灰［水泥砂浆1∶2(中砂)，水泥砂浆1∶3(中砂)］	100m²	0.010	3147.90	549.45	32.07	985.79	31.49	5.50	0.32	9.86
人工单价		小计						31.49	5.50	0.32	9.86
综合用工三类47.00元/工日 综合用工二类60.00元/工日 综合用工一类70.00元/工日		未计价材料费									
清单项目综合单价								47.16			
	主要材料名称、规格、型号			单位		数量	单价(元)	合价(元)	暂估单价(元)		暂估合价(元)

工程名称：活 动 楼　　　　　　　　　　　　　　　　标段：　　　　　　　　　　　　55

项目编码	011203001002	项目名称		零星项目一般抹灰				计量单位	m^2	工程量	3.2
清单综合单价组成明细											
定额编号	定额名称	定额单位	数量	单 价				合价			
				人工费	材料费	机械费	管理费和利润	人工费	材料费	机械费	管理费和利润
[52]B2-94	混凝土普通腰线水泥砂浆一般抹灰[水泥砂浆1：2(中砂)，水泥砂浆1：3(中砂)]	100m²	0.010	3147.90	549.45	32.07	985.79	31.48	5.49	0.32	9.86
[52]B2-681	建筑胶素水泥浆一道	100m²	0.010	79.10	81.38		24.52	0.79	0.81		0.25
人工单价		小计						32.27	6.31	0.32	10.11
综合用工三类47.00元/工日 综合用工二类60.00元/工日 综合用工一类70.00元/工日		未计价材料费									
清单项目综合单价								49			
	主要材料名称、规格、型号			单位		数量	单价(元)	合价(元)	暂估单价(元)		暂估合价(元)

工程名称：活 动 楼　　　　　　　　　　　　　　　　标段：　　　　　　　　　　　　56

	011204001001	项目名称		石材墙面				计量单位	m^2	工程量	63.71
清单综合单价组成明细											
定额编号	定额名称	定额单位	数量	单 价				合价			
				人工费	材料费	机械费	管理费和利润	人工费	材料费	机械费	管理费和利润
[52]B2-124	石材墙面，干粉型粘结剂粘贴花岗岩[水泥砂浆1：3(中砂)]	100m²	0.010	3895.50	13097.65	195.94	1268.35	38.95	130.96	1.96	12.68
人工单价		小计						38.95	130.96	1.96	12.68
综合用工三类47.00元/工日 综合用工二类60.00元/工日 综合用工一类70.00元/工日		未计价材料费									
清单项目综合单价								184.55			
	主要材料名称、规格、型号			单位		数量	单价(元)	合价(元)	暂估单价(元)		暂估合价(元)

工程名称：活 动 楼　　　　标段：　　　　57

	011301001001	项目名称		天棚抹灰				计量单位	m^2	工程量	1058
清单综合单价组成明细											
定额编号	定额名称	定额单位	数量	单　价				合价			
				人工费	材料费	机械费	管理费和利润	人工费	材料费	机械费	管理费和利润
[52]B3-7	天棚抹灰，混合砂浆，混凝土［水泥石灰砂浆1：1：4(中砂)，水泥石灰砂浆1：0.5：3(中砂)］	100m²	0.010	1306.20	318.45	20.69	411.34	13.06	3.18	0.21	4.11
人工单价		小计						13.06	3.18	0.21	4.12
综合用工三类47.00元/工日 综合用工二类60.00元/工日 综合用工一类70.00元/工日		未计价材料费									
清单项目综合单价								20.57			
	主要材料名称、规格、型号			单位		数量	单价(元)	合价(元)	暂估单价(元)		暂估合价(元)

工程名称：活 动 楼　　　　标段：　　　　58

	011301001002	项目名称		天棚抹灰（雨篷下抹灰）				计量单位	m^2	工程量	25.71
清单综合单价组成明细											
定额编号	定额名称	定额单位	数量	单　价				合价			
				人工费	材料费	机械费	管理费和利润	人工费	材料费	机械费	管理费和利润
[52]B3-7	天棚抹灰，混合砂浆，混凝土［水泥石灰砂浆1：1：4(中砂)，水泥石灰砂浆1：0.5：3(中砂)］	100m²	0.010	1306.20	318.45	20.69	411.34	13.06	3.18	0.21	4.11
人工单价		小计						13.06	3.18	0.21	4.11
综合用工三类47.00元/工日 综合用工二类60.00元/工日 综合用工一类70.00元/工日		未计价材料费									
清单项目综合单价								20.56			
	主要材料名称、规格、型号			单位		数量	单价(元)	合价(元)	暂估单价(元)		暂估合价(元)

工程名称：活 动 楼　　　　标段：　　　　59

<table>
<tr><td></td><td>011301001003</td><td colspan="2">项目名称</td><td colspan="4">天棚抹灰（楼梯底面）</td><td>计量单位</td><td>m²</td><td>工程量</td><td>37.86</td></tr>
<tr><td colspan="12">清单综合单价组成明细</td></tr>
<tr><td rowspan="2">定额编号</td><td rowspan="2">定额名称</td><td rowspan="2">定额单位</td><td rowspan="2">数量</td><td colspan="4">单　价</td><td colspan="4">合价</td></tr>
<tr><td>人工费</td><td>材料费</td><td>机械费</td><td>管理费和利润</td><td>人工费</td><td>材料费</td><td>机械费</td><td>管理费和利润</td></tr>
<tr><td>[52]B3-7</td><td>天棚抹灰,混合砂浆,混凝土［水泥石灰砂浆1：1：4(中砂),水泥石灰砂浆1：0.5：3(中砂)］</td><td>100m²</td><td>0.012</td><td>1306.20</td><td>318.45</td><td>20.69</td><td>411.34</td><td>16.11</td><td>3.93</td><td>0.26</td><td>5.07</td></tr>
<tr><td colspan="2">人工单价</td><td colspan="6">小计</td><td>16.11</td><td>3.93</td><td>0.26</td><td>5.08</td></tr>
<tr><td colspan="2">综合用工三类47.00元/工日
综合用工二类60.00元/工日
综合用工一类70.00元/工日</td><td colspan="6">未计价材料费</td><td colspan="4"></td></tr>
<tr><td colspan="8">清单项目综合单价</td><td colspan="4">25.37</td></tr>
<tr><td></td><td colspan="3">主要材料名称、规格、型号</td><td colspan="2">单位</td><td>数量</td><td>单价(元)</td><td>合价(元)</td><td colspan="2">暂估单价(元)</td><td>暂估合价(元)</td></tr>
<tr><td></td><td></td><td></td><td></td><td></td><td></td><td></td><td></td><td></td><td></td><td></td><td></td></tr>
</table>

工程名称：活 动 楼　　　　标段：　　　　60

<table>
<tr><td></td><td>010802001001</td><td colspan="2">项目名称</td><td colspan="4">金属（塑钢）门</td><td>计量单位</td><td>m²</td><td>工程量</td><td>20.16</td></tr>
<tr><td colspan="12">清单综合单价组成明细</td></tr>
<tr><td rowspan="2">定额编号</td><td rowspan="2">定额名称</td><td rowspan="2">定额单位</td><td rowspan="2">数量</td><td colspan="4">单　价</td><td colspan="4">合价</td></tr>
<tr><td>人工费</td><td>材料费</td><td>机械费</td><td>管理费和利润</td><td>人工费</td><td>材料费</td><td>机械费</td><td>管理费和利润</td></tr>
<tr><td>[52]B4-127</td><td>塑钢门安装,带亮</td><td>100m²</td><td>0.010</td><td>2880.00</td><td>25716.50</td><td>140.61</td><td>936.39</td><td>28.86</td><td>257.68</td><td>1.41</td><td>9.38</td></tr>
<tr><td colspan="2">人工单价</td><td colspan="6">小计</td><td>28.86</td><td>257.68</td><td>1.41</td><td>9.38</td></tr>
<tr><td colspan="2">综合用工三类47.00元/工日
综合用工二类60.00元/工日
综合用工一类70.00元/工日</td><td colspan="6">未计价材料费</td><td colspan="4"></td></tr>
<tr><td colspan="8">清单项目综合单价</td><td colspan="4">297.32</td></tr>
<tr><td></td><td colspan="3">主要材料名称、规格、型号</td><td colspan="2">单位</td><td>数量</td><td>单价(元)</td><td>合价(元)</td><td colspan="2">暂估单价(元)</td><td>暂估合价(元)</td></tr>
<tr><td></td><td></td><td></td><td></td><td></td><td></td><td></td><td></td><td></td><td></td><td></td><td></td></tr>
</table>

工程名称：活 动 楼　　　　标段：　　　　61

项目编码	010803001001	项目名称		金属卷帘（闸）门				计量单位	m²	工程量	35.71
清单综合单价组成明细											
定额编号	定额名称	定额单位	数量	单价				合价			
				人工费	材料费	机械费	管理费和利润	人工费	材料费	机械费	管理费和利润
[52]B4-134	铝合金卷闸门安装	100m²	0.012	4507.20	11020.70	850.37	1660.84	53.14	129.93	10.03	19.58
[52]B4-135	卷闸门电动装置安装	套	0.056	56.40	2450.00		17.48	3.16	137.22		0.98
人工单价		小计						56.3	267.14	10.03	20.56
综合用工三类47.00元/工日 综合用工二类60.00元/工日 综合用工一类70.00元/工日		未计价材料费									
清单项目综合单价								354.02			
	主要材料名称、规格、型号			单位		数量	单价(元)	合价(元)	暂估单价(元)		暂估合价(元)

工程名称：活 动 楼　　　　标段：　　　　62

	010807001001	项目名称		金属（塑钢、断桥）窗				计量单位	m²	工程量	92.34
清单综合单价组成明细											
定额编号	定额名称	定额单位	数量	单价				合价			
				人工费	材料费	机械费	管理费和利润	人工费	材料费	机械费	管理费和利润
[52]B4-257	单层平开塑钢窗安装	100m²	0.010	2217.60	20433.73	130.39	727.88	22.17	204.25	1.30	7.28
人工单价		小计						22.17	204.25	1.3	7.27
综合用工三类47.00元/工日 综合用工二类60.00元/工日 综合用工一类70.00元/工日		未计价材料费									
清单项目综合单价								234.99			
	主要材料名称、规格、型号			单位		数量	单价(元)	合价(元)	暂估单价(元)		暂估合价(元)

工程名称：活 动 楼　　　　　　　　　　　　标段：　　　　　　　　63

	010809004001	项目名称		石材窗台板				计量单位	m^2	工程量	54.4
清单综合单价组成明细											
定额编号	定额名称	定额单位	数量	单价				合价			
				人工费	材料费	机械费	管理费和利润	人工费	材料费	机械费	管理费和利润
[52]B4-295	大理石窗台板［水泥砂浆1：2.5(中砂)］	100m²	0.001	4403.70	12717.58	71.74	1387.39	5.91	17.07	0.10	1.86
人工单价		小计						5.91	17.07	0.1	1.86
综合用工三类47.00元/工日 综合用工二类60.00元/工日 综合用工一类70.00元/工日		未计价材料费									
清单项目综合单价								24.93			
	主要材料名称、规格、型号			单位		数量	单价(元)	合价(元)	暂估单价(元)		暂估合价(元)

工程名称：活 动 楼　　　　　　　　　　　　标段：　　　　　　　　64

	011406001001	项目名称		抹灰面油漆（内墙）				计量单位	m^2	工程量	716.33
清单综合单价组成明细											
定额编号	定额名称	定额单位	数量	单价				合价			
				人工费	材料费	机械费	管理费和利润	人工费	材料费	机械费	管理费和利润
[52]B5-296	乳胶漆两遍	100m²	0.010	560.98	219.82		173.91	5.61	2.20		1.74
人工单价		小计						5.61	2.20		1.74
综合用工三类47.00元/工日 综合用工二类60.00元/工日 综合用工一类70.00元/工日		未计价材料费									
清单项目综合单价								9.55			
	主要材料名称、规格、型号			单位		数量	单价(元)	合价(元)	暂估单价(元)		暂估合价(元)

工程名称：活 动 楼　　　　　　　　　　　　标段：　　　　　　　　　　　　65

	011406001002	项目名称		抹灰面油漆（楼梯底面）				计量单位	m²	工程量	39.49
清单综合单价组成明细											
定额编号	定额名称	定额单位	数量	单价				合价			
				人工费	材料费	机械费	管理费和利润	人工费	材料费	机械费	管理费和利润
[52]B5-296	乳胶漆两遍	100m²	0.012	560.98	219.82		173.91	6.78	2.66		2.10
人工单价		小计						6.78	2.66		2.10
综合用工三类47.00元/工日 综合用工二类60.00元/工日 综合用工一类70.00元/工日		未计价材料费									
清单项目综合单价								11.53			
	主要材料名称、规格、型号			单位		数量	单价(元)	合价(元)	暂估单价(元)		暂估合价(元)

工程名称：活 动 楼　　　　　　　　　　　　标段：　　　　　　　　　　　　66

	011406001003	项目名称		抹灰面油漆（天棚）				计量单位	m²	工程量	1050
清单综合单价组成明细											
定额编号	定额名称	定额单位	数量	单价				合价			
				人工费	材料费	机械费	管理费和利润	人工费	材料费	机械费	管理费和利润
[52]B5-296	乳胶漆两遍	100m²	0.010	560.98	219.82		173.91	5.61	2.20		1.74
人工单价		小计						5.61	2.20		1.74
综合用工三类47.00元/工日 综合用工二类60.00元/工日 综合用工一类70.00元/工日		未计价材料费									
清单项目综合单价								9.55			
	主要材料名称、规格、型号			单位		数量	单价(元)	合价(元)	暂估单价(元)		暂估合价(元)

工程名称：活 动 楼　　　　　　　　　　　　标段：　　　　　　　　　　　　67

	011406001004	项目名称		抹灰面油漆（雨篷）				计量单位	m²	工程量	25.71
清单综合单价组成明细											
定额编号	定额名称	定额单位	数量	单价				合价			
				人工费	材料费	机械费	管理费和利润	人工费	材料费	机械费	管理费和利润
[52]B5-302	阳台、雨篷、窗间墙、隔板等小面积乳胶漆两遍	100m²	0.010	263.90	340.23		81.81	2.64	3.40		0.82
人工单价		小计						2.64	3.40		0.81
综合用工三类47.00元/工日 综合用工二类60.00元/工日 综合用工一类70.00元/工日		未计价材料费									
清单项目综合单价								6.86			
	主要材料名称、规格、型号			单位		数量	单价（元）	合价（元）	暂估单价（元）		暂估合价（元）

工程名称：活 动 楼　　　　　　　　　　　　标段：　　　　　　　　　　　　68

项目编码	011407001001	项目名称		墙面喷刷涂料（外墙）				计量单位	m²	工程量	576.86
清单综合单价组成明细											
定额编号	定额名称	定额单位	数量	单价				合价			
				人工费	材料费	机械费	管理费和利润	人工费	材料费	机械费	管理费和利润
[52]B5-285	抹灰面满刮水泥腻子两遍	100m²	0.010	498.12	323.22		154.42	4.98	3.23		1.54
[52]B5-348	外墙涂料，抹灰面	100m²	0.010	482.30	411.31	93.18	178.40	4.82	4.11	0.93	1.78
人工单价		小计						9.8	7.35	0.93	3.33
综合用工三类47.00元/工日 综合用工二类60.00元/工日 综合用工一类70.00元/工日		未计价材料费									
清单项目综合单价								21.41			
	主要材料名称、规格、型号			单位		数量	单价（元）	合价（元）	暂估单价（元）		暂估合价（元）

工程名称：活 动 楼　　　　　　　　　　　　标段：　　　　　　　　　　　　69

项目编码	011701002001	项目名称		外脚手架				计量单位	m^2	工程量	738.975
清单综合单价组成明细											
定额编号	定额名称	定额单位	数量	单　价				合价			
				人工费	材料费	机械费	管理费和利润	人工费	材料费	机械费	管理费和利润
A11-4	双排外墙脚手架(外墙高度在9m以内)	100m²	0.010	422.40	966.41	99.97	141.04	4.22	9.66	1.00	1.41
A11-32	依附斜道,搭设高度在(9m以内)	座	0.001	299.40	1802.47	99.97	107.83	0.41	2.44	0.14	0.15
人工单价		小计						4.63	12.10	1.14	1.56
综合用工三类47.00元/工日 综合用工二类60.00元/工日 综合用工一类70.00元/工日		未计价材料费									
清单项目综合单价								19.42			
	主要材料名称、规格、型号			单位		数量	单价(元)	合价(元)	暂估单价(元)		暂估合价(元)

工程名称：活 动 楼　　　　　　　　　　　　标段：　　　　　　　　　　　　70

	011701003001	项目名称		里脚手架（内墙脚手架）				计量单位	m^2	工程量	62.45
清单综合单价组成明细											
定额编号	定额名称	定额单位	数量	单　价				合价			
				人工费	材料费	机械费	管理费和利润	人工费	材料费	机械费	管理费和利润
A11-20	内墙砌筑脚手架3.6m以内	100m²	0.010	199.80	48.46	9.52	56.51	2.00	0.48	0.10	0.57
人工单价		小计						2	0.49	0.1	0.57
综合用工三类47.00元/工日 综合用工二类60.00元/工日 综合用工一类70.00元/工日		未计价材料费									
清单项目综合单价								3.15			
	主要材料名称、规格、型号			单位		数量	单价(元)	合价(元)	暂估单价(元)		暂估合价(元)

工程名称：活 动 楼　　　　标段：　　　　71

	011701003002	项目名称	里脚手架（基础脚手架）				计量单位	m²	工程量	122.669
清单综合单价组成明细										
定额编号	定额名称	定额单位	数量	单价				合价		
				人工费	材料费	机械费	管理费和利润	人工费	材料费	机械费	管理费和利润
A11-20	内墙砌筑脚手架3.6m以内	100m²	0.010	199.80	48.46	9.52	56.51	2.00	0.48	0.10	0.57
人工单价		小计						2	0.48	0.1	0.57
综合用工三类47.00元/工日 综合用工二类60.00元/工日 综合用工一类70.00元/工日		未计价材料费									
清单项目综合单价								3.14			
	主要材料名称、规格、型号			单位		数量	单价(元)	合价(元)	暂估单价(元)		暂估合价(元)

工程名称：活 动 楼　　　　标段：　　　　72

	011701003003	项目名称	里脚手架				计量单位	m²	工程量	26.59
清单综合单价组成明细										
定额编号	定额名称	定额单位	数量	单价				合价		
				人工费	材料费	机械费	管理费和利润	人工费	材料费	机械费	管理费和利润
A11-1	单排外墙脚手架(外墙高度在5m以内)	100m²	0.010	184.80	539.71	66.65	67.90	1.85	5.40	0.67	0.68
人工单价		小计						1.85	5.40	0.67	0.68
综合用工三类47.00元/工日 综合用工二类60.00元/工日 综合用工一类70.00元/工日		未计价材料费									
清单项目综合单价								8.59			
	主要材料名称、规格、型号			单位		数量	单价(元)	合价(元)	暂估单价(元)		暂估合价(元)

工程名称：活 动 楼 　　　　标段： 　　　　73

<table>
<tr><td></td><td>011701006001</td><td>项目名称</td><td colspan="5">满堂脚手架</td><td>计量单位</td><td>m²</td><td>工程量</td><td>765.44</td></tr>
<tr><td colspan="12">清单综合单价组成明细</td></tr>
<tr><td rowspan="2">定额编号</td><td rowspan="2">定额名称</td><td rowspan="2">定额单位</td><td rowspan="2">数量</td><td colspan="4">单 价</td><td colspan="4">合价</td></tr>
<tr><td>人工费</td><td>材料费</td><td>机械费</td><td>管理费和利润</td><td>人工费</td><td>材料费</td><td>机械费</td><td>管理费和利润</td></tr>
<tr><td>[52]B7-15</td><td>满堂脚手架(高度在5.2m以内)</td><td>100m²</td><td>0.010</td><td>589.20</td><td>416.11</td><td>23.80</td><td>190.03</td><td>5.89</td><td>4.16</td><td>0.24</td><td>1.90</td></tr>
<tr><td colspan="2">人工单价</td><td colspan="6">小计</td><td>5.89</td><td>4.16</td><td>0.24</td><td>1.90</td></tr>
<tr><td colspan="2">综合用工三类47.00元/工日
综合用工二类60.00元/工日
综合用工一类70.00元/工日</td><td colspan="6">未计价材料费</td><td colspan="4"></td></tr>
<tr><td colspan="8">清单项目综合单价</td><td colspan="4">12.19</td></tr>
<tr><td></td><td colspan="3">主要材料名称、规格、型号</td><td colspan="2">单位</td><td>数量</td><td>单价(元)</td><td>合价(元)</td><td colspan="2">暂估单价(元)</td><td>暂估合价(元)</td></tr>
<tr><td></td><td></td><td></td><td></td><td></td><td></td><td></td><td></td><td></td><td></td><td></td><td></td></tr>
</table>

工程名称：活 动 楼 　　　　标段： 　　　　74

<table>
<tr><td></td><td>011701002002</td><td>项目名称</td><td colspan="5">外脚手架</td><td>计量单位</td><td>m²</td><td>工程量</td><td>738.975</td></tr>
<tr><td colspan="12">清单综合单价组成明细</td></tr>
<tr><td rowspan="2">定额编号</td><td rowspan="2">定额名称</td><td rowspan="2">定额单位</td><td rowspan="2">数量</td><td colspan="4">单 价</td><td colspan="4">合价</td></tr>
<tr><td>人工费</td><td>材料费</td><td>机械费</td><td>管理费和利润</td><td>人工费</td><td>材料费</td><td>机械费</td><td>管理费和利润</td></tr>
<tr><td>[52]B7-2</td><td>外墙面装饰脚手架，外墙高度在9m以内</td><td>100m²</td><td>0.010</td><td>438.00</td><td>651.04</td><td>23.80</td><td>143.15</td><td>4.38</td><td>6.51</td><td>0.24</td><td>1.43</td></tr>
<tr><td colspan="2">人工单价</td><td colspan="6">小计</td><td>4.38</td><td>6.51</td><td>0.24</td><td>1.43</td></tr>
<tr><td colspan="2">综合用工三类47.00元/工日
综合用工二类60.00元/工日
综合用工一类70.00元/工日</td><td colspan="6">未计价材料费</td><td colspan="4"></td></tr>
<tr><td colspan="8">清单项目综合单价</td><td colspan="4">12.56</td></tr>
<tr><td></td><td colspan="3">主要材料名称、规格、型号</td><td colspan="2">单位</td><td>数量</td><td>单价(元)</td><td>合价(元)</td><td colspan="2">暂估单价(元)</td><td>暂估合价(元)</td></tr>
<tr><td></td><td></td><td></td><td></td><td></td><td></td><td></td><td></td><td></td><td></td><td></td><td></td></tr>
</table>

工程名称：活 动 楼　　　　标段：　　　　75

	011702001001	项目名称		现浇无筋混凝土带形基础模板				计量单位	m²	工程量	41.41
清单综合单价组成明细											
定额编号	定额名称	定额单位	数量	单价				合价			
				人工费	材料费	机械费	管理费和利润	人工费	材料费	机械费	管理费和利润
A12-2	现浇无筋混凝土带形基础组合式钢模板［水泥砂浆1：2(中砂)］	100m²	0.010	1381.20	1842.65	187.03	423.42	13.81	18.42	1.87	4.23
人工单价		小计						13.81	18.42	1.87	4.24
综合用工三类47.00元/工日 综合用工二类60.00元/工日 综合用工一类70.00元/工日		未计价材料费									
清单项目综合单价								38.33			
	主要材料名称、规格、型号			单位		数量	单价(元)	合价(元)	暂估单价(元)		暂估合价(元)

工程名称：活 动 楼　　　　标段：　　　　76

项目编码	011702001002	项目名称		现浇混凝土独立基础模板				计量单位	m²	工程量	72.24
清单综合单价组成明细											
定额编号	定额名称	定额单位	数量	单价				合价			
				人工费	材料费	机械费	管理费和利润	人工费	材料费	机械费	管理费和利润
A12-6	现浇混凝土独立基础组合式钢模板［水泥砂浆1：2(中砂)］	100m²	0.008	1341.60	2700.24	177.03	410.03	10.07	20.26	1.33	3.08
A12-77	现浇混凝土基础垫层木模板［水泥砂浆1：2(中砂)］	100m²	0.002	651.60	3446.07	57.35	191.42	1.62	8.59	0.14	0.48
人工单价		小计						11.69	28.85	1.47	3.56
综合用工三类47.00元/工日 综合用工二类60.00元/工日 综合用工一类70.00元/工日		未计价材料费									
清单项目综合单价								45.56			
	主要材料名称、规格、型号			单位		数量	单价(元)	合价(元)	暂估单价(元)		暂估合价(元)

工程名称：活 动 楼　　　　　　　　　　　　　标段：　　　　　　　　　　　　　77

项目编码	011702002001	项目名称		现浇矩形柱模板				计量单位	m²	工程量	234.24
清单综合单价组成明细											
定额编号	定额名称	定额单位	数量	单价				合价			
				人工费	材料费	机械费	管理费和利润	人工费	材料费	机械费	管理费和利润
A12-17	现浇矩形柱组合式钢模板	100m²	0.010	2161.20	2012.11	228.65	645.26	21.61	20.12	2.29	6.45
A12-19	现浇柱支撑高度超过3.6m每增加1m组合式钢模板	100m²	0.011	182.40	84.98	9.95	51.94	2.02	0.94	0.11	0.58
A12-19	现浇柱支撑高度超过3.6m每增加1m组合式钢模板	100m²	0.004	182.40	84.98	9.95	51.94	0.75	0.35	0.04	0.21
人工单价		小计						24.38	21.41	2.44	7.24
综合用工三类47.00元/工日 综合用工二类60.00元/工日 综合用工一类70.00元/工日		未计价材料费									
清单项目综合单价								55.47			
	主要材料名称、规格、型号			单位		数量	单价(元)	合价(元)	暂估单价(元)		暂估合价(元)

工程名称：活 动 楼　　　　　　　　　　　　　标段：　　　　　　　　　　　　　78

项目编码	011702003001	项目名称		构造柱模板				计量单位	m²	工程量	148.64
清单综合单价组成明细											
定额编号	定额名称	定额单位	数量	单价				合价			
				人工费	材料费	机械费	管理费和利润	人工费	材料费	机械费	管理费和利润
A12-17	现浇矩形柱组合式钢模板	100m²	0.010	2161.20	2012.11	228.65	645.26	21.61	20.12	2.29	6.45
A12-19	现浇柱支撑高度超过3.6m每增加1m组合式钢模板	100m²	0.005	182.40	84.98	9.95	51.94	0.92	0.43	0.05	0.26
人工单价		小计						22.52	20.54	2.34	6.72
综合用工三类47.00元/工日 综合用工二类60.00元/工日 综合用工一类70.00元/工日		未计价材料费									
清单项目综合单价								52.11			
	主要材料名称、规格、型号			单位		数量	单价(元)	合价(元)	暂估单价(元)		暂估合价(元)

工程名称：活 动 楼　　　　标段：

79

项目编码	011702006001	项目名称		矩形梁模板				计量单位	m^2	工程量	621.28
清单综合单价组成明细											
定额编号	定额名称	定额单位	数量	单价				合价			
				人工费	材料费	机械费	管理费和利润	人工费	材料费	机械费	管理费和利润
A12-21	现浇单梁连续梁组合式钢模板［水泥砂浆1：2(中砂)］	100m²	0.010	2334.00	2802.23	262.22	700.98	23.34	28.02	2.62	7.01
A12-25	现浇梁支撑高度超过3.6m每超过1m组合式钢模板	100m²	0.010	322.80	183.12	39.38	97.79	3.23	1.83	0.39	0.98
人工单价		小计						26.57	29.85	3.02	7.99
综合用工三类47.00元/工日 综合用工二类60.00元/工日 综合用工一类70.00元/工日		未计价材料费									
清单项目综合单价								67.43			
	主要材料名称、规格、型号			单位		数量	单价(元)	合价(元)	暂估单价(元)		暂估合价(元)

工程名称：活 动 楼　　　　标段：

80

项目编码	011702016001	项目名称		平板模板				计量单位	m^2	工程量	629.67
清单综合单价组成明细											
定额编号	定额名称	定额单位	数量	单价				合价			
				人工费	材料费	机械费	管理费和利润	人工费	材料费	机械费	管理费和利润
A12-32	现浇平板组合式钢模板［水泥砂浆1：2(中砂)］	100m²	0.010	1561.80	2782.06	268.54	494.19	15.62	27.82	2.69	4.94
A12-34	现浇板支撑高度超过3.6m(板厚在400mm以内)，每增加1m组合式钢模板	100m²	0.010	332.40	256.52	29.43	97.69	3.32	2.57	0.29	0.98
人工单价		小计						18.94	30.39	2.98	5.92
综合用工三类47.00元/工日 综合用工二类60.00元/工日 综合用工一类70.00元/工日		未计价材料费									
清单项目综合单价								58.23			
	主要材料名称、规格、型号			单位		数量	单价(元)	合价(元)	暂估单价(元)		暂估合价(元)

工程名称：活 动 楼　　　　标段：　　　　81

	011702024001	项目名称		楼梯模板				计量单位	m2	工程量	35.15
清单综合单价组成明细											
定额编号	定额名称	定额单位	数量	单价				合价			
				人工费	材料费	机械费	管理费和利润	人工费	材料费	机械费	管理费和利润
A12-94	现浇整体楼梯木模板	100m²	0.008	2649.54	4247.05	193.71	767.68	20.80	33.35	1.52	6.03
人工单价		小计						20.8	33.35	1.52	6.03
综合用工三类47.00元/工日 综合用工二类60.00元/工日 综合用工一类70.00元/工日		未计价材料费									
清单项目综合单价								61.7			
	主要材料名称、规格、型号			单位		数量	单价(元)	合价(元)	暂估单价(元)		暂估合价(元)

工程名称：活 动 楼　　　　标段：　　　　82

	011702023001	项目名称		雨篷、悬挑板、阳台板模板				计量单位	m^2	工程量	25.94
清单综合单价组成明细											
定额编号	定额名称	定额单位	数量	单价				合价			
				人工费	材料费	机械费	管理费和利润	人工费	材料费	机械费	管理费和利润
A12-38	现浇直形雨篷组合式钢模板	100m²	0.010	1594.20	3299.10	414.74	542.41	15.92	32.94	4.14	5.42
人工单价		小计						15.92	32.94	4.14	5.42
综合用工三类47.00元/工日 综合用工二类60.00元/工日 综合用工一类70.00元/工日		未计价材料费									
清单项目综合单价								58.41			
	主要材料名称、规格、型号			单位		数量	单价(元)	合价(元)	暂估单价(元)		暂估合价(元)

工程名称：活 动 楼　　　　　　　　　　　　　　标段：　　　　　　　　　　　　83

	011702027001	项目名称		台阶模板				计量单位	m^2	工程量	18.9
清单综合单价组成明细											
定额编号	定额名称	定额单位	数量	单　价				合价			
				人工费	材料费	机械费	管理费和利润	人工费	材料费	机械费	管理费和利润
A12-100	现浇台阶木模板	100m²	0.006	2616.00	3648.60	107.68	735.40	16.47	22.97	0.68	4.63
人工单价		小计						16.47	22.97	0.68	4.63
综合用工三类47.00元/工日 综合用工二类60.00元/工日 综合用工一类70.00元/工日		未计价材料费									
清单项目综合单价								44.75			
	主要材料名称、规格、型号			单位		数量	单价(元)	合价(元)	暂估单价(元)		暂估合价(元)

工程名称：活 动 楼　　　　　　　　　　　　　　标段：　　　　　　　　　　　　84

	011702025001	项目名称		其他现浇构件模板				计量单位	m^2	工程量	14.74
清单综合单价组成明细											
定额编号	定额名称	定额单位	数量	单　价				合价			
				人工费	材料费	机械费	管理费和利润	人工费	材料费	机械费	管理费和利润
A12-103	现浇压顶垫块墩块木模板	100m²	0.010	2160.00	1353.85	57.16	598.64	21.54	13.50	0.57	5.97
人工单价		小计						21.54	13.50	0.57	5.97
综合用工三类47.00元/工日 综合用工二类60.00元/工日 综合用工一类70.00元/工日		未计价材料费									
清单项目综合单价								41.58			
	主要材料名称、规格、型号			单位		数量	单价(元)	合价(元)	暂估单价(元)		暂估合价(元)

工程名称：活 动 楼　　　　标段：　　　　85

	011702001003	项目名称		基础模板				计量单位	m²	工程量	2.63
清单综合单价组成明细											
定额编号	定额名称	定额单位	数量	单价				合价			
				人工费	材料费	机械费	管理费和利润	人工费	材料费	机械费	管理费和利润
A12-2	现浇无筋混凝土带形基础组合式钢模板［水泥砂浆1：2(中砂)］	100m²	0.010	1381.20	1842.65	187.03	423.42	13.65	18.22	1.85	4.19
人工单价		小计						13.65	18.22	1.85	4.18
综合用工三类47.00元/工日 综合用工二类60.00元/工日 综合用工一类70.00元/工日		未计价材料费									
清单项目综合单价								37.9			
	主要材料名称、规格、型号			单位		数量	单价(元)	合价(元)	暂估单价(元)		暂估合价(元)

工程名称：活 动 楼　　　　标段：　　　　86

	011702009001	项目名称		过梁模板				计量单位	m²	工程量	13.485
清单综合单价组成明细											
定额编号	定额名称	定额单位	数量	单价				合价			
				人工费	材料费	机械费	管理费和利润	人工费	材料费	机械费	管理费和利润
A12-111	预制混凝土木模板过梁［水泥砂浆1：2(中砂)］	100m²	0.010	528.36	774.38	2.11	143.23	5.29	7.75	0.02	1.43
人工单价		小计						5.29	7.75	0.02	1.43
综合用工三类47.00元/工日 综合用工二类60.00元/工日 综合用工一类70.00元/工日		未计价材料费									
清单项目综合单价								14.5			
	主要材料名称、规格、型号			单位		数量	单价(元)	合价(元)	暂估单价(元)		暂估合价(元)

工程名称：活 动 楼　　　　标段：　　　　87

	011703001001	项目名称		垂直运输				计量单位	m^2	工程量	814.82
清单综合单价组成明细											
定额编号	定额名称	定额单位	数量	单价				合价			
				人工费	材料费	机械费	管理费和利润	人工费	材料费	机械费	管理费和利润
A13-7	±0.00m以上,20m(6层)以内,现浇框架垂直运输	100m^2	0.010			2489.33	199.14			24.89	1.99
人工单价		小计								24.89	2.00
综合用工三类47.00元/工日 综合用工二类60.00元/工日 综合用工一类70.00元/工日		未计价材料费									
清单项目综合单价								26.88			
	主要材料名称、规格、型号			单位		数量	单价(元)	合价(元)	暂估单价(元)		暂估合价(元)

工程名称：活 动 楼　　　　标段：　　　　88

	011703001002	项目名称		垂直运输				计量单位	工日	工程量	243
清单综合单价组成明细											
定额编号	定额名称	定额单位	数量	单价				合价			
				人工费	材料费	机械费	管理费和利润	人工费	材料费	机械费	管理费和利润
[52]B8-5	垂运费±0.00以上,建筑物檐高(20m以内)6层以内	100工日	0.045			381.59	118.30			17.02	5.28
人工单价		小计								17.02	5.27
综合用工三类47.00元/工日 综合用工二类60.00元/工日 综合用工一类70.00元/工日		未计价材料费									
清单项目综合单价								22.3			
	主要材料名称、规格、型号			单位		数量	单价(元)	合价(元)	暂估单价(元)		暂估合价(元)

总价措施项目清单与计价表

工程名称：活 动 楼　　　　标段：　　　　第1页 共2页

序号	项目编码	项目名称	计算基础	费率(%)	金额(元)	调整费率(%)	调整后金额(元)	备注
1	011707001001	安全文明施工	直接费(含人、材、机费，不含安全生产、文明施工费)+管理费+利润+规费+价款调整	一般建筑工程.三类工程：4.25 建筑工程土石方：4.25 桩基础工程.二类工程：3.35 装饰装修工程：3.5	47796.04			
2	01B001	生产工具用具使用费	定额人工费+定额机械费	一般建筑工程.三类工程：1.41 建筑工程土石方：1.41 桩基础工程.二类工程：1.11 装饰装修工程：1.1	5219.93			
3	01B002	检验试验配合费	定额人工费+定额机械费	一般建筑工程.三类工程：0.57 建筑工程土石方：0.57 桩基础工程.二类工程：0.44 装饰装修工程：0.5	2217.69			
4	011707005001	冬雨季施工	定额人工费+定额机械费	一般建筑工程.三类工程：0.64 一般建筑工程.三类工程：1.48 建筑工程土石方：0.64 建筑工程土石方：1.48 桩基础工程.二类工程：0.5 桩基础工程.二类工程：1.15 装饰装修工程：0.28 装饰装修工程：0.64	7139.19			
5	011707002001	夜间施工	定额人工费+定额机械费	一般建筑工程.三类工程：0.75 建筑工程土石方：0.75 桩基础工程.二类工程：0.6 装饰装修工程：0.6	3068.68			

编制人(造价人员)：×××　　　　复核人(造价工程师)：×××

工程名称：活 动 楼　　　　标段：　　　　第2页 共2页

序号	项目编码	项目名称	计算基础	费率(%)	金额(元)	调整费率(%)	调整后金额(元)	备注
6	011707004001	二次搬运	定额人工费+定额机械费	一般建筑工程.三类工程：1.2 建筑工程土石方：1.2 桩基础工程.二类工程：0.94 装饰装修工程：1.51	5645.78			
7	01B003	工程定位复测配合费及场地清理费	定额人工费+定额机械费	一般建筑工程.三类工程：0.65 建筑工程土石方：0.65 桩基础工程.二类工程：0.51 装饰装修工程：1	3242.90			
8	01B004	停水停电增加费	定额人工费+定额机械费	一般建筑工程.三类工程：0.44 建筑工程土石方：0.44 桩基础工程.二类工程：0.32 装饰装修工程：0.4	1880.72			
9	011707007001	已完工程及设备保护	定额人工费+定额机械费	一般建筑工程.三类工程：0.72 建筑工程土石方：0.72 桩基础工程.二类工程：0.55 装饰装修工程：0.67	2947.34			
合计					79158.27			

编制人(造价人员)：×××　　　　复核人(造价工程师)：×××

其他项目清单与计价汇总表

工程名称：活 动 楼　　　　　　　　　　标段：　　　　　　　　　　第1页 共1页

序号	项目名称	金额(元)	结算金额(元)	备注
1	暂列金额			明细详见 暂列金额明细表
2	暂估价			
2.1	材料(工程设备)暂估价			明细详见 材料（工程设备）暂估单价表及调整表
2.2	专业工程暂估价			明细详见 专业工程暂估价及结算价表
3	计日工			明细详见 计日工表
4	总承包服务费			明细详见 总承包服务费计价表
合 计				—

暂列金额明细表

工程名称：活 动 楼　　　　标段：　　　　第1页 共1页

序号	项目名称	计量单位	暂定金额(元)	备注
1				
2				
3				
4				
5				
合 计				—

材料（工程设备）暂估单价表及调整表

工程名称：活 动 楼　　　　标段：　　　　第1页 共1页

<table>
<tr><th rowspan="2">序号</th><th rowspan="2">材料（工程设备）名称、规格、型号</th><th rowspan="2">计量单位</th><th colspan="2">数量</th><th colspan="2">暂估(元)</th><th colspan="2">确认(元)</th><th colspan="2">差额±(元)</th><th rowspan="2">备注</th></tr>
<tr><th>暂估</th><th>确认</th><th>单价</th><th>合价</th><th>单价</th><th>合价</th><th>单价</th><th>合价</th></tr>
<tr><td>1</td><td></td><td></td><td></td><td></td><td></td><td></td><td></td><td></td><td></td><td></td><td></td></tr>
<tr><td>2</td><td></td><td></td><td></td><td></td><td></td><td></td><td></td><td></td><td></td><td></td><td></td></tr>
<tr><td>3</td><td></td><td></td><td></td><td></td><td></td><td></td><td></td><td></td><td></td><td></td><td></td></tr>
<tr><td>4</td><td></td><td></td><td></td><td></td><td></td><td></td><td></td><td></td><td></td><td></td><td></td></tr>
<tr><td>5</td><td></td><td></td><td></td><td></td><td></td><td></td><td></td><td></td><td></td><td></td><td></td></tr>
<tr><td></td><td></td><td></td><td></td><td></td><td></td><td></td><td></td><td></td><td></td><td></td><td></td></tr>
<tr><td colspan="3">合　　计</td><td></td><td></td><td></td><td></td><td></td><td></td><td></td><td></td><td></td></tr>
</table>

专业工程暂估价及结算价表

工程名称：活 动 楼　　　　　　　　　　标段：　　　　　　　　　　第1页 共1页

序号	工程名称	工程内容	暂估金额(元)	结算金额(元)	差额±(元)	备注
1						
2						
3						
4						
5						
合 计						

计 日 工 表

工程名称：活 动 楼　　　　标段：　　　　第1页 共1页

<table>
<tr><th rowspan="2">编号</th><th rowspan="2">项 目 名 称</th><th rowspan="2">单位</th><th rowspan="2">暂定数量</th><th rowspan="2">实际数量</th><th rowspan="2">综合单价(元)</th><th colspan="2">合价(元)</th></tr>
<tr><th>暂定</th><th>实际</th></tr>
<tr><td>一</td><td>人工</td><td></td><td></td><td></td><td></td><td></td><td></td></tr>
<tr><td></td><td></td><td></td><td></td><td></td><td></td><td></td><td></td></tr>
<tr><td colspan="6">人工小计</td><td></td><td></td></tr>
<tr><td>二</td><td>材料</td><td></td><td></td><td></td><td></td><td></td><td></td></tr>
<tr><td></td><td></td><td></td><td></td><td></td><td></td><td></td><td></td></tr>
<tr><td colspan="6">材料小计</td><td></td><td></td></tr>
<tr><td>三</td><td>机械</td><td></td><td></td><td></td><td></td><td></td><td></td></tr>
<tr><td></td><td></td><td></td><td></td><td></td><td></td><td></td><td></td></tr>
<tr><td colspan="6">机械小计</td><td></td><td></td></tr>
<tr><td>四</td><td colspan="5">企业管理费和利润（按人工+机械0%计）</td><td></td><td></td></tr>
<tr><td colspan="6">总 计</td><td></td><td></td></tr>
</table>

总承包服务费计价表

工程名称：活 动 楼　　　　标段：　　　　第1页 共1页

序号	项目名称	项目价值(元)	服务内容	计算基础	费率(%)	金额(元)
1	发包人发包专业工程					
2	发包人供应材料					
3						
4						
5						
	合　计	–	–		–	

规费、税金项目计价表

第1页 共1页

工程名称：活 动 楼　　　　　　　　　　　　　标段：

序号	项目名称	计算基础	计算基数	费率(%)	金额(元)
1	规费	定额人工费+定额机械费		100.000	58326.43
1.1	养老保险费	定额人工费+定额机械费		100.000	
1.2	医疗保险费	定额人工费+定额机械费		100.000	
1.3	失业保险费	定额人工费+定额机械费		100.000	
1.4	生育保险	定额人工费+定额机械费		100.000	
1.5	工伤保险	定额人工费+定额机械费		100.000	
1.6	住房公积金	定额人工费+定额机械费		100.000	
1.7	职工教育经费	定额人工费+定额机械费		100.000	
2	税金	分部分项工程费+措施项目费+其他项目费+规费-按规定不计税的工程设备金额		3.480	34827.04
合　计					93153.47

编制人(造价人员)：×××　　　　　　　　　　复核人(造价工程师)：×××

总价项目进度款支付分解表

工程名称：活 动 楼　　　　标段：　　　　第1页 共1页

序号	项目名称	总价金额	首次支付	二次支付	三次支付	四次支付	五次支付
1							
2							
3							
4							
5							
合　计							

发包人提供材料和工程设备一览表

工程名称：活 动 楼　　　　　　　　　　　　　　　　　　　　　　　　　　第1页 共1页

序号	材料(工程设备)名称、规格、型号	单位	数量	单价(元)	交货方式	送达地点	备注
1							
2							
3							
4							
5							

承包人提供主要材料和工程设备一览表

(适用于造价信息差额调整法)

工程名称：活 动 楼　　　　标段：　　　　第1页 共1页

序号	名称、规格、型号	单位	数量	风险系数(%)	基准单价(元)	投标单价(元)	发承包人确认单价(元)	备注
1								
2								
3								
4								
5								
6								
7								

承包人提供主要材料和工程设备一览表

(适用于价格指数差额调整法)

工程名称：活 动 楼　　　　标段：　　　　第1页 共1页

序号	名称、规格、型号	变值权重B	基本价格指数F0	现行价格指数Ft	备注
1		0			
2					
3					
4					
5					
	定值权重A	1	-	-	
合　　计		1	-	-	

附录 7

《房屋建筑与装饰工程计量规范》(GB50854—2013)摘录

附录A　土石方工程

A.1　土方工程

土方工程工程量清单项目设置、项目特征描述的内容、计量单位及工程量计算规则，应按表A.1的规定执行。

表A.1　土方工程(编号:010101)

项目编码	项目名称	项目特征	计量单位	工程量计算规则	工作内容
010101001	平整场地	1.土壤类别 2.弃土运距 3.取土运距	m^2	按设计图示尺寸以建筑物首层建筑面积计算。	1.土方挖填 2.场地找平 3.运输
010101002	挖一般土方	1.土壤类别 2.挖土深度 3.弃土运距		按设计图示尺寸以体积计算。	1.排地表水 2.土方开挖 3.围护(挡土板)、及拆除 4.基底钎探 5.运输
010101003	挖沟槽土方			按设计图示尺寸以基础垫层底面积乘以挖土深度计算。	
010101004	挖基坑土方				

注.①挖土应按自然地面测量标高至设计地坪标高的平均厚度确定。竖向土方、山坡切土开挖深度应按基础垫层底表面标高至交付施工现场地标高确定，无交付施工场地标高时，应按自然地面标高确定。

②建筑物场地厚度≤±300mm的挖、填、运、找平，应按本表中平整场地项目编码列项。厚度>±300mm的竖向布置挖土或山坡切土应按本表中挖一般土方项目编码列项。

③沟槽、基坑、一般土方的划分为:底宽≤7m，底长>3倍底宽为沟槽;底长≤3倍底宽、底面积≤150m^2为基坑;超出上述范围则为一般土方。

④挖土方如需截桩头时，应按桩基工程相关项目编码列项。

⑤弃、取土运距可以不描述，但应注明由投标人根据施工现场实际情况自行考虑，决定报价。

⑥土壤的分类应按表A.1-1确定，如土壤类别不能准确划分时，招标人可注明为综合，由投标人根据地勘报告决定报价。

⑦土方体积应按挖掘前的天然密实体积计算。如需按天然密实体积折算时，应按表A.1-2系数计算。

⑧挖沟槽、基坑、一般土方因工作面和放坡增加的工程量(管沟工作面增加的工程量)，是否并入各土方工程量中，按各省、自治区、直辖市或行业建设主管部门的规定实施，如并入各土方工程量中，办理工程结算时，按经发包人认可的施工组织设计规定计算，编制工程量清单时，可按表A.1-3、A.1-4、A.1-5规定计算。

表 A.1-1　土壤分类表

土壤分类	土壤名称	开挖方法
一、二类土	粉土、砂土(粉砂、细砂、中砂、粗砂、砾砂)、粉质粘土、弱中盐渍土、软土(淤泥质土、泥炭、泥炭质土)、软塑红粘土、冲填土	用锹、少许用镐、条锄开挖。机械能全部直接铲挖满载者
三类土	粘土、碎石土(圆砾、角砾)混合土、可塑红粘土、硬塑红粘土、强盐渍土、素填土、压实填土	主要用镐、条锄、少许用锹开挖。机械需部分刨松方能铲挖满载者或可直接铲挖但不能满载者
四类土	碎石土(卵石、碎石、漂石、块石)、坚硬红粘土、超盐渍土、杂填土	全部用镐、条锄挖掘、少许用撬棍挖掘。机械须普遍刨松方能铲挖满载者
注:本表土的名称及其含义按国家标准《岩土工程勘察规范》GB50021—2001(2009 年版)定义。		

表 A.1-2　土方体积折算系数表

天然密实度体积	虚方体积	夯实后体积	松填体积
0.77	1.00	0.67	0.83
1.00	1.30	0.87	1.08
1.15	1.50	1.00	1.25
0.92	1.20	0.80	1.00

注:①虚方指未经碾压、堆积时间≤1 年的土壤。
②本表按《全国统一建筑工程预算工程量计算规则》GJDGZ-101—95 整理。
③设计密实度超过规定的,填方体积按工程设计要求执行;无设计要求按各省、自治区、直辖市或行业建设行政主管部门规定的系数执行。

表 A.1-3　放坡系数表

土类别	放坡起点(m)	人工挖土	机械挖土		
			在坑内作业	在坑上作业	顺沟槽在坑上作业
一、二类土	1.20	1∶0.5	1∶0.33	1∶0.75	1∶0.5
三类土	1.50	1∶0.33	1∶0.25	1∶0.67	1∶0.33
四类土	2.00	1∶0.25	1∶0.10	1∶0.33	1∶0.25

注:①沟槽、基坑中土类别不同时,分别按其放坡起点、放坡系数、依不同土类别厚度加权平均计算。
②计算放坡时,在交接处的重复工程量不予扣除,原槽、坑作基础垫层时,放坡自垫层上表面开始计算。

表 A.1-4　基础施工所需工作面宽度计算表

基础材料	每边各增加工作面宽度(mm)
砖基础	200
浆砌毛石、条石基础	150
混凝土基础垫层支模板	300
混凝土基础支模板	300
基础垂直面做防水层	1000(防水层面)

注:本表按《全国统一建筑工程预算工程量计算规则》GJDGZ-101—95 整理。

A.3 回填

回填工程量清单项目设置、项目特征描述的内容、计量单位及工程量计算规则,应按表 A.3 的规定执行。

表 A.3 回填(编号:010103)

项目编码	项目名称	项目特征	计量单位	工程量计算规则	工作内容
010103001	回填方	1.密实度要求 2.填方材料品种 3.填方粒径要求 4.填方来源、运距	m^3	按设计图示尺寸以体积计算。 1.场地回填:回填面积乘平均回填厚度。 2.室内回填:主墙间面积乘回填厚度,不扣除间隔墙。 3.基础回填:挖方体积减去自然地坪以下埋设的基础体积(包括基础垫层及其他构筑物)。	1.运输 2.回填 3.压实
010103002	余方弃置	1.废弃料品种 2.运距	m^3	按挖方清单项目工程量减利用回填方体积(正数)计算	余方点装料运输至弃置点

注:1.填方密实度要求,在无特殊要求情况下,项目特征可描述为满足设计和规范的要求。
2.填方材料品种可以不描述,但应注明由投标人根据设计要求验方后方可填入,并符合相关工程的质量规范要求。
3.填方粒径要求,在无特殊要求情况下,项目特征可以不描述。
4.如需买土回填应在项目特征来源中描述,并注明买土方数量。

附录C　桩基工程

C.1　打桩

打桩工程量清单项目设置、项目特征描述的内容、计量单位及工程量计算规则,应按表C.1的规定执行。

表C.1　打桩(编号:010301)

<table>
<tr><th>项目编码</th><th>项目名称</th><th>项目特征</th><th>计量单位</th><th>工程量计算规则</th><th>工作内容</th></tr>
<tr><td>010301001</td><td>预制钢筋混凝土方桩</td><td>1.地层情况
2.送桩深度、桩长
3.桩截面
4.桩倾斜度
5.沉桩方式
6.接桩方式
7.混凝土强度等级</td><td rowspan="2">1.m
2.m³
3.根</td><td rowspan="2">1.以米计量,按设计图示尺寸以桩长(包括桩尖)计算
2.以立方米米计量,按设计图示尺寸截面积乘以桩长(包括桩尖)以实体积计算
3.以根计量,按设计图示数量计算</td><td>1.工作平台搭拆
2.桩机竖拆、移位
3.沉桩
4.接桩
5.送桩</td></tr>
<tr><td>010301002</td><td>预制钢筋混凝土管桩</td><td>1.地层情况
2.送桩深度、桩长
3.桩外径、壁厚
4.桩倾斜度
5.沉桩方法
6.桩尖类型
7.混凝土强度等级
8.填充材料种类
9.防护材料种类</td><td>1.工作平台搭拆
2.桩机竖拆、移位
3.沉桩
4.接桩
5.送桩
6.桩尖制作、安装
7.填充材料、刷防护材料</td></tr>
<tr><td>010301004</td><td>截(凿)桩头</td><td>1.桩类型
2.桩头截面、高度
3.混凝土强度等级
4.有无钢筋</td><td>1.m²
2.根</td><td>1.以立方米计量,按设计桩截面乘以桩头长度以体积计算
2.以根计量,按设计图示数量计算</td><td>1.截桩头
2.凿平
3.废料外运</td></tr>
<tr><td colspan="6">注:①地层情况按表A.1-1和表A.2-1的规定,并根据岩土工程勘察报告按单位工程各地层所占比例(包括范围值)进行描述。对无法准确描述的地层情况,可注明由投标人根据岩土工程勘察报告自行决定报价。
②项目特征中的桩截面、混凝土强度等级、桩类型等可直接用标准图代号或设计桩型进行描述。
③预制钢筋混凝土方桩、预制钢筋混凝土管桩打桩项目以成品桩编制,应包括成品桩购置费,如果用现场预制,应包括现场预制的所有费用。
④打试验桩和打斜桩应按相应项目编码单独列项,并应在项目特征中注明试验桩或斜桩(斜率)。
⑤截(凿)桩头项目适用于本规范附录B、附录C所列的截(凿)桩头。</td></tr>
</table>

C.2 灌注桩

灌注桩工程量清单项目设置、项目特征描述的内容、计量单位及工程量计算规则,应按表C.2的规定执行。

表 C.2 灌注桩(编号:010302)

项目编码	项目名称	项目特征	计量单位	工程量计算规则	工作内容
010302001	泥浆护壁成孔灌注桩	1.地层情况 2.空桩长度、桩长 3.桩径 4.成孔方法 5.护筒类型、长度 6.混凝土类别、强度等级	1.m 2.m^3 3.根	1.以米计量,按设计图示尺寸以桩长(包括桩尖)计算 2.以立方米计量,按不同截面在桩上范围内以体积计算 3.以根计量,按设计图示数量计算	1.护筒埋设 2.成孔、固壁 3.混凝土制作、运输、灌注、养护 4.土方、废泥浆外运 5.打桩场地硬化及泥浆池、泥浆沟
010302002	沉管灌注桩	1.地层情况 2.空桩长度、桩长 3.复打长度 4.桩径 5.沉管方法 6.桩尖类型 7.混凝土类别、强度等级			1.打(沉)拔钢管 2.桩尖制作、安装 3.混凝土制作、运输、灌注、养护
010302004	挖孔桩土(石)方	1.土(石)类别 2.挖孔深度 3.弃土(石)运距	m^3	按设计图示尺寸(含护壁)截面积乘以挖孔深度以立方米计算	1.排地表水 2.挖土、凿石 3.基底钎探 4.运输
010302005	人工挖孔灌注桩	1.桩芯长度 2.桩芯直径、扩底直径、扩底高度 3.护壁厚度、高度 4.护壁混凝土类别、强度等级 5.桩芯混凝土类别、强度等级	1.m^3 2.根	1.以立方米米计量,按桩芯混凝土体积计算 2.以根计量,按设计图示数量计算	1.护壁制作 2.混凝土制作、运输、灌注、振捣、养护

注:①地层情况按表A.1-1和表A.2-1的规定,并根据岩土工程勘察报告按单位工程各地层所占比例(包括范围值)进行描述。对无法准确描述的地层情况,可注明由投标人根据岩土工程勘察报告自行决定报价。
②项目特征中的桩长应包括桩尖,空桩长度=孔深一桩长,孔深为自然地面至设计桩底的深度。
③项目特征中的桩截面(桩径)、混凝土强度等级、桩类型等可直接用标准图代号或设计桩型进行描述。
④泥浆护壁成孔灌注桩是指在泥浆护壁条件下成孔,采用水下灌注混凝土的桩。其成孔方法包括冲击钻成孔、冲抓锥成孔、回旋钻成孔、潜水钻成孔、泥浆护壁的旋挖成孔等。
⑤沉管灌注桩的沉管方法包括捶击沉管法、振动沉管法、振动冲击沉管法、内夯沉管法等。
⑥混凝土灌注桩的钢筋笼制作、安装,按附录E中相关项目编码列项。

附录 D　砌筑工程

D.1　砖砌体

砖砌体工程量清单项目设置、项目特征描述的内容、计量单位及工程量计算规则，应按表 D.1 的规定执行。

表 D.1　砌块砌体(编号:010401)

项目编码	项目名称	项目特征	计量单位	工程量计算规则	工作内容
010401001	砖基础	1. 砖品种、规格、强度等级 2. 基础类型 3. 砂浆强度等级 4. 防潮层材料种类	m^3	按设计图示尺寸以体积计算。 包括附墙垛基础宽出部分体积，扣除地梁(圈梁)、构造柱所占体积，不扣除基础大放脚 T 形接头处的重叠部分及嵌入基础内的钢筋、铁件、管道、基础砂浆防潮层和单个面积≤0.3m² 的孔洞所占体积，靠墙暖气沟的挑檐不增加。 基础长度：外墙按外墙中心线，内墙按内墙净长线计算。	1. 砂浆制作、运输 2. 砌砖 3. 防潮层铺设 4. 材料运输
010401003	实心砖墙	1. 砖品种、规格、强度等级 2. 墙体类型 3. 砂浆强度等级、配合比	m^3	按设计图示尺寸以体积计算。 扣除门窗洞口、过人洞、空圈、嵌入墙内的钢筋混凝土柱、梁、圈梁、挑梁、过梁及凹进墙内的壁龛、管槽、暖气槽、消火栓箱所占体积，不扣除梁头、板头、檩头、垫木、木楞头、沿缘木、木砖、窗走头、砖墙内加固钢筋、木筋、铁件、钢管及单个面积≤0.3m² 的孔洞所占的体积。凸出墙面的腰线、挑檐、压顶、窗台线、虎头砖、门窗套的体积亦不增加。凸出墙面的砖垛并入墙体体积内计算。 1. 墙长度：外墙按中心线、内墙按净长计算； 2. 墙高度： (1)外墙：斜(坡)屋面无檐口天棚者算至屋面板底；有屋架且室内外均有天棚者算至屋架下弦底另加 200mm；无天棚者算至屋架下弦底另加 300mm，出檐宽度超过 600mm 时按实砌高度计算；与钢筋混凝土楼板隔层者算至板顶。平屋顶算至钢筋混凝土板底。 (2)内墙：位于屋架下弦者，算至屋架下弦底；无屋架者算至天棚底另加 100mm；有钢筋混凝土楼板隔层者算至楼板顶；有框架梁时算至梁底。 (3)女儿墙：从屋面板上表面算至女儿墙顶面(如有混凝土压顶时算至压顶下表面)。 (4)内、外山墙：按其平均高度计算。 3. 框架间墙：不分内外墙按墙体净尺寸以体积计算。 4. 围墙：高度算至压顶上表面(如有混凝土压顶时算至压顶下表面)，围墙柱并入围墙体积内。	1. 砂浆制作、运输 2. 砌砖 3. 刮缝 4. 砖压顶砌筑 5. 材料运输
010401004	多孔砖墙				
010401005	空心砖墙				

续表

项目编码	项目名称	项目特征	计量单位	工程量计算规则	工作内容
010404012	零星砌砖	1. 零星砌砖名称、部位 2. 砖品种、规格、强度等级 3. 砂浆强度等级、配合比	1. m^3 2. m^2 3. m 4. 个	1. 以立方米计量,按设计图示尺寸截面积乘以长度计算。 2. 以平方米计量,按设计图示尺寸水平投影面积计算。 3. 以米计量,按设计图示尺寸长度计算。 4. 以个计量,按设计图示数量计算。	1. 砂浆制作、运输 2. 砌砖 3. 刮缝 4. 材料运输
010404014	砖散水、地坪	1. 砖品种、规格、强度等级 2. 垫层材料种类、厚度 3. 散水、地坪厚度 4. 面层种类、厚度 5. 砂浆强度等级	m^2	按设计图示尺寸以面积计算。	1. 土方挖、运、填 2. 地基找平、夯实 3. 铺设垫层 4. 砌砖散水、地坪 5. 抹砂浆面层

注:①“砖基础”项目适用于各种类型砖基础:柱基础、墙基础、管道基础等。

②基础与墙(柱)身使用同一种材料时,以设计室内地面为界(有地下室者,以地下室室内设计地面为界),以下为基础,以上为墙(柱)身。基础与墙身使用不同材料时,位于设计室内地面高度≤±300mm时,以不同材料为分界线,高度>±300mm时,以设计室内地面为分界线。

③砖围墙以设计室外地坪为界,以下为基础,以上为墙身。

④框架外表面的镶贴砖部分,按零星项目编码列项。

⑤附墙烟囱、通风道、垃圾道、应按设计图示尺寸以体积(扣除孔洞所占体积)计算并入所依附的墙体体积内。当设计规定孔洞内需抹灰时,应按本规范附录M中零星抹灰项目编码列项。

⑥台阶、台阶挡墙、梯带、锅台、炉灶、蹲台、池槽、池槽腿、砖胎模、花台、花池、楼梯栏板、阳台栏板、地垄墙、≤0.3m^2的孔洞填塞等,应按零星砌砖项目编码列项。砖砌锅台与炉灶可按外形尺寸以个计算,砖砌台阶可按水平投影面积以平方米计算,小便槽、地垄墙可按长度计算、其他工程按立方米计算。

⑦砖砌体内钢筋加固,应按本规范附录E中相关项目编码列项。

⑧砖砌体勾缝按本规范附录M中相关项目编码列项。

D.2 砌块砌体

砌块砌体工程量清单项目设置、项目特征描述的内容、计量单位及工程量计算规则,应按表D.2的规定执行。

表 D.2　砌块砌体(编号:010402)

项目编码	项目名称	项目特征	计量单位	工程量计算规则	工作内容
010402001	砌块墙	1. 砌块品种、规格、强度等级 2. 墙体类型 3. 砂浆强度等级	m^3	按设计图示尺寸以体积计算。 扣除门窗洞口、过人洞、空圈、嵌入墙内的钢筋混凝土柱、梁、圈梁、挑梁、过梁及凹进墙内的壁龛、管槽、暖气槽、消火栓箱所占体积,不扣除梁头、板头、檩头、垫木、木楞头、沿缘木、木砖、门窗走头、砌块墙内加固钢筋、木筋、铁件、钢管及单个面积≤0.3m^2的孔洞所占的体积。凸出墙面的腰线、挑檐、压顶、窗台线、虎头砖、门窗套的体积亦不增加。凸出墙面的砖垛并入墙体体积内计算。 1. 墙长度:外墙按中心线、内墙按净长计算; 2. 墙高度: (1)外墙:斜(坡)屋面无檐口天棚者算至屋面板底;有屋架且室内外均有天棚者算至屋架下弦底另加 200mm;无天棚者算至屋架下弦底另加 300mm,出檐宽度超过 600mm 时按实砌高度计算;与钢筋混凝土楼板隔层者算至板顶;平屋面算至钢筋砼板底。 (2)内墙:位于屋架下弦者,算至屋架下弦底;无屋架者算至天棚底另加 100mm;有钢筋砼楼板隔层者算至楼板顶;有框架梁时算至梁底。 (3)女儿墙:从屋面板上表面算至女儿墙顶面(如有砼压顶时算至压顶下表面)。 (4)内、外山墙:按其平均高度计算。 3. 框架间墙:不分内外墙按墙体净尺寸以体积计算。 4. 围墙:高度算至压顶上表面(如有砼压顶时算至压顶下表面),围墙柱并入围墙体积内。	1. 砂浆制作、运输 2. 砌砖、砌块 3. 勾缝 4. 材料运输

注:①砌体内加筋、墙体拉结的制作、安装,应按附录 E 中相关项目编码列项。

②砌块排列应上、下错缝搭砌,如果搭错缝长度满足不了规定的压搭要求,应采取压砌钢筋网片的措施,具体构造要求按设计规定。若设计无规定时,应注明由投标人根据工程实际情况自行考虑;钢筋网片按本规范附录 F 中相应编码列项。

③砌体垂直灰缝宽>30mm 时,采用 C20 细石混凝土灌实。灌注的混凝土应按附录 E 相关项目编码列项。

D.5　其他相关问题及说明

D.5.1　标准砖尺寸应为 240mm×115mm×53mm

D.5.2　标准砖墙厚度应按 D.5.2 计算。

表 D.5.2　标准墙计算厚度表

砖数(厚度)	1/4	1/2	3/4	1	1.5	2	2.5	3
计算厚度(mm)	53	115	180	240	365	490	615	740

附录E 混凝土及钢筋混凝土工程

E.1 现浇混凝土基础

现浇混凝土基础工程量清单项目设置、项目特征描述的内容、计量单位、工程量计算规则应按表E.1的规定执行

表E.1 现浇混凝土基础(编号:010501)

项目编码	项目名称	项目特征	计量单位	工程量计算规则	工作内容
010501001	垫层	1.混凝土类别 2.混凝土强度等级	m³	按设计图示尺寸以体积计算。不扣除伸入承台基础的桩头所占体积	1.模板及支撑制作、安装、拆除、堆放、运输及清理模内杂物、刷隔离剂等 2.混凝土制作、运输、浇筑、振捣、养护
010501002	带形基础				
010501003	独立基础				
010501004	满堂基础				
010501005	桩承台基础				
010501006	设备基础	1.混凝土类别 2.混凝土强度等级 3.灌浆材料、灌浆材料强度等级			

注:①有肋带形基础、无肋带形基础应按E.1中相关项目列项,并注明肋高。
②箱式满堂基础中柱、梁、墙、板按E.2、E.3、E.4、E.5相关项目分别编码列项;箱式满堂基础底板按E.1的满堂基础项目列项。
③框架式设备基础中柱、梁、墙、板分别按E.2、E.3、E.4、E.5相关项目编码列项;基础部分按本表相关项目编码列项。
④如为毛石混凝土基础,项目特征应描述毛石所占比例。

E.2 现浇混凝土柱

现浇混凝土柱工程量清单项目设置、项目特征描述的内容、计量单位、工程量计算规则应按表E.2的规定执行。

表E.2 现浇混凝土柱(编号:010502)

项目编码	项目名称	项目特征	计量单位	工程量计算规则	工作内容
010502001	矩形柱	1.混凝土类别 2.混凝土强度等级	m³	按设计图示尺寸以体积计算。不扣除构件内钢筋,预埋铁件所占体积。型钢混凝土柱扣除构件内型钢所占体积。 柱高: 1.有梁板的柱高,应自柱基上表面(或楼板上表面)至上一层楼板上表面之间的高度计算。 2.无梁板的柱高,应自柱基上表面(或楼板上表面)至柱帽下表面之间的高度计算。 3.框架柱的柱高:应自柱基上表面至柱顶高度计算。 4.构造柱按全高计算,嵌接墙体部分(马牙槎)并入柱身体积。 5.依附柱上的牛腿和升板的柱帽,并入柱身体积计算。	1.模板及支架(撑)制作、安装、拆除、堆放、运输及清理模内杂物、刷隔离剂等 2.混凝土制作、运输、浇筑、振捣、养护
010502002	构造柱				
010502003	异形柱	1.柱形状 2.混凝土类别 3.混凝土强度等级			

注:混凝土种类指清水混凝土、彩色混凝土等,如在同一地区既使用预拌(商品)混凝土、又允许现场搅拌混凝土时,也应注明(下同)。

E.3 现浇混凝土梁

现浇混凝土梁工程量清单项目设置、项目特征描述的内容、计量单位、工程量计算规则应按表E.3的规定执行。

表E.3 现浇混凝土梁(编号:010503)

项目编码	项目名称	项目特征	计量单位	工程量计算规则	工作内容
010503001	基础梁	1.混凝土类别 2.混凝土强度等级	m^3	按设计图示尺寸以体积计算。不扣除构件内钢筋、预埋铁件所占体积,伸入墙内的梁头、梁垫并入梁体积内。 型钢混凝土梁扣除构件内型钢所占体积。 梁长: 1.梁与柱连接时,梁长算至柱侧面 2.主梁与次梁连接时,次梁长算至主梁侧面	1.模板及支架(撑)制作、安装、拆除、堆放、运输及清理模内杂物、刷隔离剂等 2.混凝土制作、运输、浇筑、振捣、养护
010503002	矩形梁				
010503003	异形梁				
010503004	圈梁				
010503005	过梁				
010503006	弧形、拱形梁	1.混凝土类别 2.混凝土强度等级	m^3	按设计图示尺寸以体积计算。不扣除构件内钢筋、预埋铁件所占体积,伸入墙内的梁头、梁垫并入梁体积内。 梁长: 1.梁与柱连接时,梁长算至柱侧面 2.主梁与次梁连接时,次梁长算至主梁侧面。	1.模板及支架(撑)制作、安装、拆除、堆放、运输及清理模内杂物、刷隔离剂等 2.混凝土制作、运输、浇筑、振捣、养护

E.4 现浇混凝土墙

现浇混凝土墙工程量清单项目设置、项目特征描述的内容、计量单位、工程量计算规则应按表E.4的规定执行。

表E.4 现浇混凝土墙(编号:010504)

项目编码	项目名称	项目特征	计量单位	工程量计算规则	工作内容
010504001	直形墙	1.混凝土类别 2.混凝土强度等级	m^3	按设计图示尺寸以体积计算。 扣除门窗洞口及单个面积>0.3m^2的孔洞所占体积,墙垛及突出墙面部分并入墙体体积计算内。	1.模板及支架(撑)制作、安装、拆除、堆放、运输及清理模内杂物、刷隔离剂等 2.混凝土制作、运输、浇筑、振捣、养护
010504002	弧形墙				
010504003	短肢剪力墙				
010504004	挡土墙				

注:①墙肢剪力墙是指截面厚度不大于300mm、各肢截面高度与厚度之比的最大值大于4但不大于8的剪力墙;按短肢剪力墙项目列项。
②各肢截面高度与厚度之比的最大值不大于4按柱项目列项。

E.5 现浇混凝土板

现浇混凝土板工程量清单项目设置、项目特征描述的内容、计量单位、工程量计算规则应按表E.5的规定执行。

表E.5 现浇混凝土板(编号:010505)

<table>
<tr><th>项目编码</th><th>项目名称</th><th>项目特征</th><th>计量单位</th><th>工程量计算规则</th><th>工作内容</th></tr>
<tr><td>010505001</td><td>有梁板</td><td rowspan="6">1.混凝土类别
2.混凝土强度等级</td><td rowspan="9">m^3</td><td rowspan="6">按设计图示尺寸以体积计算,不扣除构件内钢筋、预埋铁件及单个面积≤0.3m^2的柱、垛以及孔洞所占体积。
压形钢板混凝土楼板扣除构件内压形钢板所占体积。
有梁板(包括主、次梁与板)按梁、板体积之和计算,无梁板按板和柱帽体积之和计算,各类板伸入墙内的板头并入板体积内,薄壳板的肋、基梁并入薄壳体积内计算。</td><td rowspan="9">1.模板及支架(撑)制作、安装、拆除、堆放、运输及清理模内杂物、刷隔离剂等
2.混凝土制作、运输、浇筑、振捣、养护</td></tr>
<tr><td>010505002</td><td>无梁板</td></tr>
<tr><td>010505003</td><td>平板</td></tr>
<tr><td>010505004</td><td>拱板</td></tr>
<tr><td>010505005</td><td>薄壳板</td></tr>
<tr><td>010505006</td><td>栏板</td></tr>
<tr><td>010505007</td><td>天沟(檐沟)、挑檐板</td><td rowspan="3">1.混凝土类别
2.混凝土强度等级</td><td>按设计图示尺寸以体积计算。</td></tr>
<tr><td>010505008</td><td>雨篷、悬挑板、阳台板</td><td>按设计图示尺寸以墙外部分体积计算。包括伸出墙外的牛腿和雨蓬反挑檐的体积。</td></tr>
<tr><td>010505010</td><td>其他板</td><td>按设计图示尺寸以体积计算。</td></tr>
<tr><td colspan="6">注:现浇挑檐、天沟板、雨篷、阳台与板(包括屋面板、楼板)连接时,以外墙外边线为分界线;与圈梁(包括其他梁)连接时,以梁外边线为分界线。外边线以外为挑檐、天沟、雨篷或阳台。</td></tr>
</table>

E.6 现浇混凝土楼梯

现浇混凝土楼梯工程量清单项目设置、项目特征描述的内容、计量单位、工程量计算规则应按表 E.6 的规定执行。

表 E.6 现浇混凝土楼梯(编号:010506)

项目编码	项目名称	项目特征	计量单位	工程量计算规则	工作内容
010506001	直形楼梯	1. 混凝土类别 2. 混凝土强度等级	1. m^2 2. m^3	1. 以平方米计量,按设计图示尺寸以水平投影面积计算。不扣除宽度≤500mm 的楼梯井,伸入墙内部分不计算。 2. 以立方米计量,按设计图示尺寸以体积计算。	1. 模板及支架(撑)制作、安装、拆除、堆放、运输及清理模内杂物、刷隔离剂等 2. 混凝土制作、运输、浇筑、振捣、养护
010506002	弧形楼梯				
注:整体楼梯(包括直形楼梯、弧形楼梯)水平投影面积包括休息平台、平台梁、斜梁和楼梯的连接梁。当整体楼梯与现浇楼板无梯梁连接时,以楼梯的最后一个踏步边缘加 300mm 为界。					

E.7 现浇混凝土其他构件

现浇混凝土其他构件工程量清单项目设置、项目特征描述的内容、计量单位、工程量计算规则应按表 E.7 的规定执行。

表 E.7 现浇混凝土其他构件(编号:010507)

项目编码	项目名称	项目特征	计量单位	工程量计算规则	工作内容
010507001	散水、坡道	1. 垫层材料种类、厚度 2. 面层厚度 3. 混凝土类别 4. 混凝土强度等级 5. 变形缝填塞材料种类	m^2	以平方米计量,按设计图示尺寸以面积计算。不扣除单个≤0.3m^2 的孔洞所占面积。	1. 地基夯实 2. 铺设垫层 3. 模板及支撑制作、安装、拆除、堆放、运输及清理模内杂物、刷隔离剂等 4. 混凝土制作、运输、浇筑、振捣、养护 5. 变形缝填塞
010507004	台阶	1. 踏步高宽比 2. 混凝土类别 3. 混凝土强度等级	1. m^2 2. m^3	1. 以平方米计量,按设计图示尺寸水平投影面积计算。 2. 以立方米计量,按设计图示尺寸以体积计算。	1. 模板及支撑制作、安装、拆除、堆放、运输及清理模内杂物、刷隔离剂等 2. 混凝土制作、运输、浇筑、振捣、养护
010507005	扶手、压顶	1. 断面尺寸 2. 混凝土类别 3. 混凝土强度等级	1. m 2. m^3	1. 以米计量,按设计图示的延长米计算。 2. 以立方米计量,按设计图示尺寸以体积计算。	1. 模板及支架(撑)制作、安装、拆除、堆放、运输及清理模内杂物、刷隔离剂等 2. 混凝土制作、运输、浇筑、振捣、养护

E.10 预制混凝土梁

预制混凝土梁工程量清单项目设置、项目特征描述的内容、计量单位、工程量计算规则应按表E.10的规定执行。

表E.10 预制混凝土梁(编号:010510)

项目编码	项目名称	项目特征	计量单位	工程量计算规则	工作内容
010510001	矩形梁	1.图代号 2.单件体积 3.安装高度 4.混凝土强度等级 5.砂浆强度等级、配合比	1.m^3 2.根	1.以立方米计量,按设计图示尺寸以体积计算。不扣除构件内钢筋、预埋铁件所占体积。 2.以根计量,按设计图示尺寸以数量计算。	1.模板支座、安装、拆除、堆放、运输及清理模内杂物、刷隔离剂等 2.混凝土制作、运输、浇筑、振捣、养护 3.构件运输、安装 4.砂浆制作、运输 5.接头灌缝、养护
010510002	异形梁				
010510003	过梁				
注:以根计量,必须描述单件体积。					

E.12 预制混凝土板

预制混凝土板工程量清单项目设置、项目特征描述的内容、计量单位、工程量计算规则应按表E.12的规定执行。

表E.12 预制混凝土板(编号:010512)

项目编码	项目名称	项目特征	计量单位	工程量计算规则	工作内容
010512001	平板	1.图代号 2.单件体积 3.安装高度 4.混凝土强度等级 5.砂浆强度等级、配合比	1.m^3 2.块	1.以立方米计量,按设计图示尺寸以体积计算。不扣除构件内钢筋、预埋铁件及单个尺寸≤300mm×300mm的孔洞所占体积,扣除空心板空洞体积。 2.以块计量,按设计图示尺寸以“数量”计算。	1.模板支座、安装、拆除、堆放、运输及清理模内杂物、刷隔离剂等 2.混凝土制作、运输、浇筑、振捣、养护 3.构件运输、安装 4.砂浆制作、运输 5.接头灌缝、养护
010512002	空心板				

E.15 钢筋工程

钢筋工程工程量清单项目设置、项目特征描述的内容、计量单位、工程量计算规则应按表E.15的规定执行。

表 E.15 钢筋工程(编号:010515)

项目编码	项目名称	项目特征	计量单位	工程量计算规则	工作内容
010515001	现浇构件钢筋	钢筋种类、规格	t	按设计图示钢筋(网)长度(面积)乘单位理论质量计算。	1.钢筋制作、运输 2.钢筋安装 3.焊接(绑扎)
010515003	钢筋网片				1.钢筋网制作、运输 2.钢筋网安装 3.焊接(绑扎)
010515004	钢筋笼				1.钢筋笼制作、运输 2.钢筋笼安装 3.焊接(绑扎)
010515009	支撑钢筋(铁马)	1.钢筋种类 2.规格		按钢筋长度乘单位理论质量计算	钢筋制作、焊接、安装
注:①现浇构件中伸出构件的锚固钢筋应并入钢筋工程量内。除设计(包括规范规定)标明的搭接外,其他施工搭接不计算工程量,在综合单价中综合考虑。 ②现浇构件中固定位置的支撑钢筋、双层钢筋用的“铁马”在编制工程量清单时,如果设计未注明,其工程数量可为暂估量,结算时按现场签证数量计算。					

E.16 螺栓、铁件

螺栓、铁件工程量清单项目设置、项目特征描述的内容、计量单位、工程量计算规则应按表 E.16 的规定执行。

表 E.16 螺栓、铁件(编号:010516)

项目编码	项目名称	项目特征	计量单位	工程量计算规则	工作内容
010516001	螺栓	1.螺栓种类 2.规格	t	按设计图示尺寸以质量计算	1.螺栓、铁件制作、运输 2.螺栓、铁件安装
010516002	预埋铁件	1.钢材种类 2 规格 3.铁件尺寸	t		
010516003	机械连接	1.连接方式 2.螺纹套筒种类 3.规格	个	按数量计算	1.钢筋套丝 2.套筒连接
注:编制工程量清单时,如果设计未明确,其工程数量可为暂估量,实际工程量按现场签证数量计算。					

附录H 门窗工程

H.1 木门

木门工程量清单项目设置、项目特征描述、计量单位及工程量计算规则应按表H.1的规定执行。

表H.1 木门(编码:010801)

项目编码	项目名称	项目特征	计量单位	工程量计算规则	工作内容
010801001	木质门	1.门代号及洞口尺寸 2.镶嵌玻璃品种、厚度	1.樘 2.m^2	1.以樘计量,按设计图示数量计算。 2.以平方米计量,按设计图示洞口尺寸以面积计算。	1.门安装 2.玻璃安装 3.五金安装
010801002	木质门带套				
010801003	木质连窗门				
010801004	木质防火门	1.门代号及洞口尺寸 2.镶嵌玻璃品种、厚度			
010801005	木门框	1.门代号及洞口尺寸 2.框截面尺寸 3.防护材料种类	1.樘 2.m	1.以樘计量,按设计图示数量计算。 2.以米计量,按设计图示框的中心线以延长米计算。	1.木门框制作、安装 2.运输 3.刷防护材料

注:①木质门应区分镶板木门、企口木板门、实木装饰门、胶合板门、夹板装饰门、木纱门、全玻门(带木质扇框)、木质半玻门(带木质扇框)等项目,分别编码列项。

②木门五金应包括:折页、插销、门碰珠、弓背拉手、搭机、木螺丝、弹簧折页(自动门)、管子拉手(自由门、地弹门)、地弹簧(地弹门)、角铁、门轧头(地弹门、自由门)等。

③木质门带套计量按洞口尺寸以面积计算,不包括门套的面积,但门套应计算在综合单价中。

④以樘计量,项目特征必须描述洞口尺寸,以平方米计量,项目特征可不描述洞口尺寸。

H.2 金属门

金属门工程量清单项目设置、项目特征描述、计量单位及工程量计算规则应按表H.2的规定执行。

表H.2 金属门(编码:010802)

项目编码	项目名称	项目特征	计量单位	工程量计算规则	工作内容
010802001	金属(塑钢)门	1.门代号及洞口尺寸 2.门框或扇外围尺寸 3.门框、扇材质 4.玻璃品种、厚度	1.樘 2.m^2	1.以樘计量,按设计图示数量计算。 2.以平方米计量,按设计图示洞口尺寸以面积计算。	1.门安装 2.五金安装 3.玻璃安装
010702004	防盗门	1.门代号及洞口尺寸 2.门框或扇外围尺寸 3.门框、扇材质			1.门安装 2.五金安装

H.6 木窗

木窗工程量清单项目设置、项目特征描述、计量单位及工程量计算规则应按表H.6的规定执行。

表 H.6　木窗(编码:010806)

项目编码	项目名称	项目特征	计量单位	工程量计算规则	工作内容
010806001	木质窗	1.窗代号及洞口尺寸 3.玻璃品种、厚度 4.防护材料种类	1.樘 2.m^2	1.以樘计量,按设计图示数量计算。 2.以平方米计量,按设计图示洞口尺寸以面积计算。	1.窗安装 2.五金、玻璃安装

H.7　金属窗

金属窗工程量清单项目设置、项目特征描述、计量单位及工程量计算规则应按表 H.7 的规定执行。

表 H.7　金属窗(编码:010807)

<table>
<tr><th>项目编码</th><th>项目名称</th><th>项目特征</th><th>计量单位</th><th>工程量计算规则</th><th>工作内容</th></tr>
<tr><td>010807001</td><td>金属(塑钢、断桥)窗</td><td rowspan="3">1.窗代号及洞口尺寸
2.框、扇材质
3.玻璃品种、厚度</td><td rowspan="3">1.樘
2.m^2</td><td rowspan="3">1.以樘计量,按设计图示数量计算。
2.以平方米计量,按设计图示洞口尺寸以面积计算。</td><td rowspan="2">1.窗安装
2.五金、玻璃安装</td></tr>
<tr><td>010807002</td><td>金属防火窗</td></tr>
<tr><td>010807003</td><td>金属百叶窗</td><td>1.窗安装
2.五金安装</td></tr>
<tr><td colspan="6">注:①金属窗应区分金属组合窗、防盗窗等项目,分别编码列项。
②以樘计量,项目特征必须描述洞口尺寸,没有洞口尺寸必须描述窗框外围尺寸,以平方米计量,项目特征可不描述洞口尺寸及框的外围尺寸。
③以平方米计量,无设计图示洞口尺寸,按窗框外围以面积计算。
④金属窗五金包括:折页、螺丝、执手、卡锁、铰拉、风撑、滑轮、滑轨、拉把、拉手、角码、牛角制等。</td></tr>
</table>

H.9　窗台板

窗台板工程量清单项目设置、项目特征描述、计量单位及工程量计算规则应按表 H.9 的规定执行。

表 H.9　窗台板(编码:010809)

<table>
<tr><th>项目编码</th><th>项目名称</th><th>项目特征</th><th>计量单位</th><th>工程量计算规则</th><th>工作内容</th></tr>
<tr><td>010809001</td><td>木窗台板</td><td>1.基层材料种类
2.窗台面板材质、规格、颜色
3.防护材料种类</td><td rowspan="2">m^2</td><td rowspan="2">按设计图示尺寸以展开面积计算。</td><td>1.基层清理
2.基层制作、安装
3.窗台板制作、安装
4.刷防护材料</td></tr>
<tr><td>010809004</td><td>石材窗台板</td><td>1.粘结层厚度、砂浆配合比
2.窗台板材质、规格、颜色</td><td>1.基层清理
2.抹找平层
3.窗台板制作、安装</td></tr>
</table>

附录J　屋面及防水工程

J.2　屋面防水及其他

屋面及防水工程工程量清单项目设置、项目特征描述、计量单位及工程量计算规则应按表J.2的规定执行。

表J.2　屋面防水及其他(编码:010902)

项目编码	项目名称	项目特征	计量单位	工程量计算规则	工作内容
010902001	屋面卷材防水	1.卷材品种、规格、厚度 2.防水层数 3.防水层做法	m^2	按设计图示尺寸以面积计算。 1.斜屋顶(不包括平屋顶找坡)按斜面积计算,平屋顶按水平投影面积计算。 2.不扣除房上烟囱、风帽底座、风道、屋面小气窗和斜沟所占面积。 3.屋面的女儿墙、伸缩缝和天窗等处的弯起部分,并入屋面工程量内。	1.基层处理 2.刷底油 3.铺油毡卷材、接缝
010902002	屋面涂膜防水	1.防水膜品种 2.涂膜厚度、遍数 3.增强材料种类			1.基层处理 2.刷基层处理剂 3.铺布、喷涂防水层
010902003	屋面刚性层	1.刚性层厚度 2.混凝土种类 3.混凝土强度等级 4.嵌缝材料种类 5.钢筋规格、型号		按设计图示尺寸以面积计算。不扣除房上烟囱、风帽底座、风道等所占面积。	1.基层处理 2.混凝土制作、运输、铺筑、养护 3.钢筋制安
010902004	屋面排水管	1.排水管品种、规格 2.雨水斗、山墙出水口品种、规格 3.接缝、嵌缝材料种类 4.油漆品种、刷漆遍数	m	按设计图示尺寸以长度计算。如设计未标注尺寸,以檐口至设计室外散水上表面垂直距离计算。	1.排水管及配件安装、固定 2.雨水斗、山墙出水口、雨水篦子安装 3.接缝、嵌缝 4.刷漆
010902007	屋面天沟、檐沟	1.材料品种、规格 2.接缝、嵌缝材料种类	m^2	按设计图示尺寸以展开面积计算。	1.天沟材料铺设 2.天沟配件安装 3.接缝、嵌缝 4.刷防护材料
010902008	屋面变形缝	1.嵌缝材料种类 2.止水带材料种类 3.盖缝材料 4.防护材料种类	m	按设计图示以长度计算。	1.清缝 2.填塞防水材料 3.止水带安装 4.盖缝制作、安装 5.刷防护材料

注:①屋面刚性层防水,按屋面卷材防水、屋面涂膜防水项目编码列项;屋面刚性层无钢筋,其钢筋项目特征不必描述。
②屋面找平层按本规范附录K楼地面装饰工程"平面砂浆找平层"项目编码列项。
③屋面防水搭接及附加层用量不另行计算,在综合单价中考虑。
④屋面保温找坡层按木规范附录K保温、隔热、防腐工程"保温隔热屋面"项目编码列项。

J.3 墙面防水、防潮

墙面防水、防潮工程量清单项目设置、项目特征描述、计量单位及工程量计算规则应按表J.3的规定执行。

表J.3 墙面防水、防潮(编码:010903)

项目编码	项目名称	项目特征	计量单位	工程量计算规则	工作内容
010903001	墙面卷材防水	1.卷材品种、规格、厚度 2.防水层数 3.防水层做法	m^2	按设计图示尺寸以面积计算	1.基层处理 2.刷粘结剂 3.铺防水卷材 4.接缝、嵌缝
010903002	墙面涂膜防水	1.防水膜品种 2.涂膜厚度、遍数 3.增强材料种类			1.基层处理 2.刷基层处理剂 3.铺布、喷涂防水层
010903003	墙面砂浆防水(防潮)	1.防水层做法 2.砂浆厚度、配合比 3.钢丝网规格			1.基层处理 2.挂钢丝网片 3.设置分格缝 4.砂浆制作、运输、摊铺、养护
010903004	墙面变形缝	1.嵌缝材料种类 2.止水带材料种类 3.盖缝材料 4.防护材料种类	m	按设计图示以长度计算	1.清缝 2.填塞防水材料 3.止水带安装 4.盖缝制作、安装 5.刷防护材料

注:①墙面防水搭接及附加层用量不另行计算,在综合单价中考虑。
②墙面变形缝,若做双面,工程量乘系数2。
③墙面找平层按本规范附录M墙、柱面装饰与隔断、幕墙工程“立面砂浆找平层”项目编码列项。

附录K 保温、隔热、防腐工程

K.1 保温、隔热

保温、隔热工程量清单项目设置、项目特征描述、计量单位及工程量计算规则应按表K.3的规定执行。

表K.1 保温、隔热(编码:011001)

项目编码	项目名称	项目特征	计量单位	工程量计算规则	工作内容
011001001	保温隔热屋面	1.保温隔热材料品种、规格、厚度 2.隔气层材料品种、厚度 3.粘结材料种类、做法 4.防护材料种类、做法	m^2	按设计图示尺寸以面积计算。扣除面积＞0.3平方米孔洞及占位面积。	1.基层清理 2.刷粘结材料 3.铺粘保温层 4.铺、刷(喷)防护材料
011001003	保温隔热墙面	1.保温隔热部位 2.保温隔热方式 3.踢脚线、勒脚线保温做法 4.龙骨材料品种、规格 5.保温隔热面层材料品种、规格、性能 6.保温隔热材料品种、规格及厚度 7.增强网及抗裂防水砂浆种类 8.粘结材料种类及做法 9.防护材料种类及做法		按设计图示尺寸以面积计算。扣除门窗洞口以及面积＞0.3平方米梁、孔洞所占面积；门窗洞口侧壁需作保温时,并入保温墙体工程量内。	1.基层清理 2.刷界面剂 3.安装龙骨 4.填贴保温材料 5.保温板安装 6.粘贴面层 7.铺设增强格网、抹抗裂、防水砂浆面层 8.嵌缝 9.铺、刷(喷)防护材料
011001005	保温隔热楼地面	1.保温隔热部位 2.保温隔热材料品种、规格、厚度 3.隔气层材料品种、厚度 4.粘结材料种类、做法 5.防护材料种类、做法	m^2	按设计图示尺寸以面积计算。扣除面积＞0.3平方米柱、垛、孔洞所占面积。	1.基层清理 2.刷粘结材料 3.铺粘保温层 4.铺、刷(喷)防护材料

注:①保温隔热装饰面层,按本规范附录K、L、M、N、O中相关项目编码列项;仅做找平层按本规范附录K中“平面砂浆找平层”或附录L“立面砂浆找平层”项目编码列项

②保温隔热方式:指内保温、外保温、夹心保温

附录L 楼地面装饰工程

L.1 整体面层及找平层

整体面层及找平层工程量清单项目的设置、项目特征描述的内容、计量单位、工程量计算规则应按表L.1执行。

表L.1 楼地面抹灰(编码:011101)

项目编码	项目名称	项目特征	计量单位	工程量计算规则	工作内容
011101001	水泥砂浆楼地面	1.找平层厚度、砂浆配合比 2.素水泥浆遍数 3.面层厚度、砂浆配合比 4.面层做法要求	m^2	按设计图示尺寸以面积计算。扣除凸出地面构筑物、设备基础、室内管道、地沟等所占面积,不扣除间壁墙及≤0.3m^2柱、垛、附墙烟囱及孔洞所占面积。门洞、空圈、暖气包槽、壁龛的开口部分不增加面积。	1.基层清理 2.抹找平层 3.抹面层 4.材料运输
011101003	细石混凝土楼地面	1.找平层厚度、砂浆配合比 2.面层厚度、混凝土强度等级			1.基层清理 2.抹找平层 3.面层铺设 4.材料运输

注:①水泥砂浆面层处理是拉毛还是提浆压光应在面层做法要求中描述。
②平面砂浆找平层只适用于仅做找平层的平面抹灰。
③间壁墙指墙厚≤120mm的墙。

L.2 块料面层

块料面层工程量清单项目的设置、项目特征描述的内容、计量单位、工程量计算规则应按表L.2执行。

表L.2 楼地面镶贴(编码:011102)

项目编码	项目名称	项目特征	计量单位	工程量计算规则	工作内容
011102001	石材楼地面	1.找平层厚度、砂浆配合比 2.结合层厚度、砂浆配合比 3.面层材料品种、规格、颜色 4.嵌缝材料种类 5.防护层材料种类 6.酸洗、打蜡要求	m^2	按设计图示尺寸以面积计算。门洞、空圈、暖气包槽、壁龛的开口部分并入相应的工程量内。	1.基层清理 2.抹找平层 3.面层铺设、磨边 4.嵌缝 5.刷防护材料 6.酸洗、打蜡 7.材料运输
011102003	块料楼地面				

注:①在描述碎石材项目的面层材料特征时可不用描述规格、品牌、颜色。
②石材、块料与粘接材料的结合面刷防渗材料的种类在防护层材料种类中描述。
③本表工作内容中的磨边指施工现场磨边,后面章节工作内容中涉及到的磨边含义同。

L.5 踢脚线

踢脚线工程量清单项目的设置、项目特征描述的内容、计量单位、工程量计算规则应按表 L.5 执行。

表 L.5 踢脚线(编码:011105)

项目编码	项目名称	项目特征	计量单位	工程量计算规则	工作内容
011105001	水泥砂浆踢脚线	1.踢脚线高度 2.底层厚度、砂浆配合比 3.面层厚度、砂浆配合比	1. m^2 2. m	1.以平方米计量,按设计图示长度乘高度以面积计算。 2.以米计量,按延长米计算。	1.基层清理 2.底层和面层抹灰 3.材料运输
011105002	石材踢脚线	1.踢脚线高度 2.粘贴层厚度、材料种类 3.面层材料品种、规格、颜色 4.防护材料种类			1.基层清理 2.底层抹灰 3.面层铺贴、磨边 4.擦缝 5.磨光、酸洗、打蜡 6.刷防护材料 7.材料运输
011105003	块料踢脚线				
注:石材、块料与粘接材料的结合面刷防渗材料的种类在防护层材料种类中描述。					

L.6 楼梯面层

楼梯面层工程量清单项目的设置、项目特征描述的内容、计量单位、工程量计算规则应按表 L.6 执行。

表 L.6 楼梯面层(编码:011106)

项目编码	项目名称	项目特征	计量单位	工程量计算规则	工作内容
011106001	石材楼梯面层	1.找平层厚度、砂浆配合比 2.贴结层厚度、材料种类 3.面层材料品种、规格、颜色 4.防滑条材料种类、规格 5.勾缝材料种类 6.防护层材料种类 7.酸洗、打蜡要求	m^2	按设计图示尺寸以楼梯(包括踏步、休息平台及≤500mm 的楼梯井)水平投影面积计算。楼梯与楼地面相连时,算至梯口梁内侧边沿;无梯口梁者,算至最上一层踏步边沿加300mm。	1.基层清理 2.抹找平层 3.面层铺贴、磨边 4.贴嵌防滑条 5.勾缝 6.刷防护材料 7.酸洗、打蜡 8.材料运输
011106002	块料楼梯面层				
011106004	水泥砂浆楼梯面层	1.找平层厚度、砂浆配合比 2.面层厚度、砂浆配合比 3.防滑条材料种类、规格			1.基层清理 2.抹找平层 3.抹面层 4.抹防滑条 5.材料运输
注:①在描述碎石材项目的面层材料特征时可不用描述规格、品牌、颜色。 ②石材、块料与粘接材料的结合面刷防渗材料的种类在防护层材料种类中描述。					

L.7 台阶装饰

台阶装饰工程量清单项目的设置、项目特征描述的内容、计量单位、工程量计算规则应按表 L.7 执行。

表 L.7 台阶装饰(编码:011107)

<table>
<tr><th>项目编码</th><th>项目名称</th><th>项目特征</th><th>计量单位</th><th>工程量计算规则</th><th>工作内容</th></tr>
<tr><td>011107001</td><td>石材台阶面</td><td rowspan="2">1. 找平层厚度、砂浆配合比
2. 粘结层材料种类
3. 面层材料品种、规格、颜色
4. 勾缝材料种类
5. 防滑条材料种类、规格
6. 防护材料种类</td><td rowspan="2">m^2</td><td rowspan="2">按设计图示尺寸以台阶(包括最上层踏步边沿加 300mm)水平投影面积计算。</td><td rowspan="2">1. 基层清理
2. 抹找平层
3. 面层铺贴
4. 贴嵌防滑条
5. 勾缝
6. 刷防护材料
7. 材料运输</td></tr>
<tr><td>011107002</td><td>块料台阶面</td></tr>
<tr><td colspan="6">注:①在描述碎石材项目的面层材料特征时可不用描述规格、品牌、颜色。
②石材、块料与粘接材料的结合面刷防渗材料的种类在防护层材料种类中描述。</td></tr>
</table>

L.8 零星装饰项目

零星装饰项目工程量清单项目的设置、项目特征描述的内容、计量单位、工程量计算规则应按表 L.8 执行。

表 L.8 零星装饰项目(编码:011108)

<table>
<tr><th>项目编码</th><th>项目名称</th><th>项目特征</th><th>计量单位</th><th>工程量计算规则</th><th>工作内容</th></tr>
<tr><td>011108001</td><td>石材零星项目</td><td rowspan="2">1. 工程部位
2. 找平层厚度、砂浆配合比
3. 贴结合层厚度、材料种类
4. 面层材料品种、规格、颜色
5. 勾缝材料种类
6. 防护材料种类
7. 酸洗、打蜡要求</td><td rowspan="2">m^2</td><td rowspan="2">按设计图示尺寸以面积计算。</td><td rowspan="2">1. 清理基层
2. 抹找平层
3. 面层铺贴、磨边
4. 勾缝
5. 刷防护材料
6. 酸洗、打蜡
7. 材料运输</td></tr>
<tr><td>011108003</td><td>块料零星项目</td></tr>
<tr><td>011108004</td><td>水泥砂浆零星项目</td><td>1. 工程部位
2. 找平层厚度、砂浆配合比
3. 面层厚度、砂浆厚度</td><td>m^2</td><td>按设计图示尺寸以面积计算。</td><td>1. 清理基层
2. 抹找平层
3. 抹面层
4. 材料运输</td></tr>
<tr><td colspan="6">注:①楼梯、台阶牵边和侧面镶贴块料面层,$\leqslant 0.5m^2$ 的少量分散的楼地面镶贴块料面层,应按表本表目执行。
②石材、块料与粘接材料的结合面刷防渗材料的种类在防护层材料种类中描述。</td></tr>
</table>

附录 M 墙、柱面装饰与隔断、幕墙工程

M.1 墙面抹灰

墙面抹灰工程量清单项目的设置、项目特征描述的内容、计量单位、工程量计算规则应按表 M.1 执行。

表 M.1 墙面抹灰(编码:011201)

<table>
<tr><th>项目编码</th><th>项目名称</th><th>项目特征</th><th>计量单位</th><th>工程量计算规则</th><th>工作内容</th></tr>
<tr><td>011201001</td><td>墙面一般抹灰</td><td rowspan="2">1.墙体类型
2.底层厚度、砂浆配合比
3.面层厚度、砂浆配合比
4.装饰面材料种类
5.分格缝宽度、材料种类</td><td rowspan="3">m²</td><td rowspan="3">按设计图示尺寸以面积计算。扣除墙裙、门窗洞口及单个＞0.3m² 的孔洞面积，不扣除踢脚线、挂镜线和墙与构件交接处的面积，门窗洞口和孔洞的侧壁及顶面不增加面积。附墙柱、梁、垛、烟囱侧壁并入相应的墙面面积内。
1.外墙抹灰面积按外墙垂直投影面积计算
2.外墙裙抹灰面积按其长度乘以高度计算
3.内墙抹灰面积按主墙间的净长乘以高度计算
(1)无墙裙的，高度按室内楼地面至天棚底面计算
(2)有墙裙的，高度按墙裙顶至天棚底面计算
4.内墙裙抹灰面按内墙净长乘以高度计算。</td><td rowspan="2">1.基层清理
2.砂浆制作、运输
3.底层抹灰
4.抹面层
5.抹装饰面
6.勾分格缝</td></tr>
<tr><td>011201002</td><td>墙面装饰抹灰</td></tr>
<tr><td>011201003</td><td>墙面勾缝</td><td>1.墙体类型
2.找平的砂浆厚度、配合比</td><td>1.基层清理
2.砂浆制作、运输
3.勾缝</td></tr>
<tr><td colspan="6">注:①墙面抹石灰砂浆、水泥砂浆、混合砂浆、聚合物水泥砂浆、麻刀石灰浆、石膏灰浆等按墙面一般抹灰列项，水刷石、斩假石、干粘石、假面砖等按墙面装饰抹灰列项。
②飘窗凸出外墙面增加的抹灰并入外墙工程量内。</td></tr>
</table>

M.2 柱(梁)面抹灰

柱(梁)面抹灰程量清单项目的设置、项目特征描述的内容、计量单位、工程量计算规则应按表 M.2 执行。

表 M.2 柱(梁)面抹灰(编码:011202)

<table>
<tr><th>项目编码</th><th>项目名称</th><th>项目特征</th><th>计量单位</th><th>工程量计算规则</th><th>工作内容</th></tr>
<tr><td>011202001</td><td>柱、梁面一般抹灰</td><td rowspan="2">1.柱体类型
2.底层厚度、砂浆配合比
3.面层厚度、砂浆配合比
4.装饰面材料种类
5.分格缝宽度、材料种类</td><td rowspan="2">m²</td><td rowspan="2">1.柱面抹灰:按设计图示柱断面周长乘高度以面积计算。
2.梁面抹灰:按设计图示梁断面周长乘长度以面积计算。</td><td rowspan="2">1.基层清理
2.砂浆制作、运输
3.底层抹灰
4.抹面层
5.勾分格缝</td></tr>
<tr><td>011202002</td><td>柱、梁面装饰抹灰</td></tr>
<tr><td colspan="6">注:抹石灰砂浆、水泥砂浆、混合砂浆、聚合物水泥砂浆、麻刀石灰浆、石膏灰浆等按柱(梁)面一般抹灰编码列项，水刷石、斩假石、干粘石、假面砖等按柱(梁)面装饰抹灰编码列项。</td></tr>
</table>

M.3　零星抹灰

零星抹灰工程量清单项目的设置、项目特征描述的内容、计量单位、工程量计算规则应按表M.3执行。

表M.3　零星抹灰(编码:011203)

<table>
<tr><th>项目编码</th><th>项目名称</th><th>项目特征</th><th>计量单位</th><th>工程量计算规则</th><th>工作内容</th></tr>
<tr><td>011203001</td><td>零星项目一般抹灰</td><td>1.墙体类型
2.底层厚度、砂浆配合比
3.面层厚度、砂浆配合比
4.装饰面材料种类
5.分格缝宽度、材料种类</td><td rowspan="2">m^2</td><td rowspan="2">按设计图示尺寸以面积计算。</td><td rowspan="2">1.基层清理
2.砂浆制作、运输
3.底层抹灰
4.抹面层
5.抹装饰面
6.勾分格缝</td></tr>
<tr><td>011203002</td><td>零星项目装饰抹灰</td><td>1.墙体类型
2.底层厚度、砂浆配合比
3.面层厚度、砂浆配合比
4.装饰面材料种类
5.分格缝宽度、材料种类</td></tr>
<tr><td colspan="6">注:①抹石灰砂浆、水泥砂浆、混合砂浆、聚合物水泥砂浆、麻刀石灰浆、石膏灰浆等按零星项目一般抹灰编码列项,水刷石、斩假石、干粘石、假面砖等按零星项目装饰抹灰编码列项。
②墙、柱(梁)面≤0.5m^2的少量分散的抹灰按表中零星抹灰项目编码列项。</td></tr>
</table>

M.4　墙面块料面层

墙面块料面层工程量清单项目的设置、项目特征描述的内容、计量单位、工程量计算规则应按表M.4执行。

表M.4　墙面块料面层(编码:011204)

<table>
<tr><th>项目编码</th><th>项目名称</th><th>项目特征</th><th>计量单位</th><th>工程量计算规则</th><th>工作内容</th></tr>
<tr><td>011204001</td><td>石材墙面</td><td rowspan="2">1.墙体类型
2.安装方式
3.面层材料品种、规格、颜色
4.缝宽、嵌缝材料种类
5.防护材料种类
6.磨光、酸洗、打蜡要求</td><td rowspan="2">m^2</td><td rowspan="2">按镶贴表面积计算。</td><td rowspan="2">1.基层清理
2.砂浆制作、运输
3.粘结层铺贴
4.面层安装
5.嵌缝
6.刷防护材料
7.磨光、酸洗、打蜡</td></tr>
<tr><td>011204003</td><td>块料墙面</td></tr>
<tr><td>011204004</td><td>干挂石材钢骨架</td><td>1.骨架种类、规格
2.防锈漆品种遍数</td><td>t</td><td>按设计图示以质量计算。</td><td>1.骨架制作、运输、安装
2.刷漆</td></tr>
<tr><td colspan="6">注:①石材、块料与粘接材料的结合面刷防渗材料的种类在防护层材料种类中描述。
②安装方式可描述为砂浆或粘接剂粘贴、挂贴、干挂等,不论哪种安装方式,都要详细描述与组价相关的内容。</td></tr>
</table>

附录N　天棚工程

N.1　天棚抹灰

天棚抹灰工程量清单项目的设置、项目特征描述的内容、计量单位、工程量计算规则应按表N.1执行。

表N.1　天棚抹灰(编码:011301)

项目编码	项目名称	项目特征	计量单位	工程量计算规则	工作内容
011301001	天棚抹灰	1.基层类型 2.抹灰厚度、材料种类 3.砂浆配合比	m^2	按设计图示尺寸以水平投影面积计算。不扣除间壁墙、垛、柱、附墙烟囱、检查口和管道所占的面积，带梁天棚、梁两侧抹灰面积并入天棚面积内，板式楼梯底面抹灰按斜面积计算，锯齿形楼梯底板抹灰按展开面积计算。	1.基层清理 2.底层抹灰 3.抹面层

N.2　天棚吊顶

天棚吊顶工程量清单项目的设置、项目特征描述的内容、计量单位、工程量计算规则应按表N.2执行。

表N.2　天棚吊顶(编码:011302)

项目编码	项目名称	项目特征	计量单位	工程量计算规则	工作内容
011302001	吊顶天棚	1.吊顶形式、吊杆规格、高度 2.龙骨材料种类、规格、中距 3.基层材料种类、规格 4.面层材料品种、规格、 5.压条材料种类、规格 6.嵌缝材料种类 7.防护材料种类	m^2	按设计图示尺寸以水平投影面积计算。天棚面中的灯槽及跌级、锯齿形、吊挂式、藻井式天棚面积不展开计算。不扣除间壁墙、检查口、附墙烟囱、柱垛和管道所占面积，扣除单个>0.3m^2的孔洞、独立柱及与天棚相连的窗帘盒所占的面积。	1.基层清理、吊杆安装 2.龙骨安装 3.基层板铺贴 4.面层铺贴 5.嵌缝 6.刷防护材料

附录P 油漆、涂料、裱糊工程

P.1 门油漆

门油漆工程量清单项目设置、项目特征描述的内容、计量单位、工程量计算规则应按表 P.1 的规定执行。

表 P.1 门油漆(编号:011401)

项目编码	项目名称	项目特征	计量单位	工程量计算规则	工作内容
011401001	木门油漆	1.门类型 2.门代号及洞口尺寸 3.腻子种类 4.刮腻子遍数 5.防护材料种类 6.油漆品种、刷漆遍数	1.樘 2.m^2	1.以樘计量,按设计图示数量计量。 2.以平方米计量,按设计图示洞口尺寸以面积计算。	1.基层清理 2.刮腻子 3.刷防护材料、油漆
011401002	金属门油漆				1.除锈、基层清理 2.刮腻子 3.刷防护材料、油漆

注:①木门油漆应区分木大门、单层木门、双层(一玻一纱)木门、双层(单裁口)木门、全玻自由门、半玻自由门、装饰门及有框门或无框门等项目,分别编码列项。
②金属门油漆应区分平开门、推拉门、钢制防火门等项目,分别编码列项。
③以平方米计量,项目特征可不必描述洞口尺寸。

P.2 窗油漆

窗油漆工程量清单项目设置、项目特征描述的内容、计量单位、工程量计算规则应按表 P.2 的规定执行。

表 P.2 窗油漆(编号:011402)

项目编码	项目名称	项目特征	计量单位	工程量计算规则	工作内容
011402001	木窗油漆	1.窗类型 2.窗代号及洞口尺寸 3.腻子种类 4.刮腻子遍数 5.防护材料种类 6.油漆品种、刷漆遍数	1.樘 2.m^2	1.以樘计量,按设计图示数量计量。 2.以平方米计量,按设计图示洞口尺寸以面积计算。	1.基层清理 2.刮腻子 3.刷防护材料、油漆
011402002	金属窗油漆				1.除锈、基层清理 2.刮腻子 3.刷防护材料、油漆

注:①木窗油漆应区分单层木门、双层(一玻一纱)木窗、双层框扇(单裁口)木窗、双层框三层(二玻一纱)木窗、单层组合窗、双层组合窗、木百叶窗、木推拉窗等项目,分别编码列项。
②金属窗油漆应区分平开窗、推拉窗、固定窗、组合窗、金属隔栅窗等项目,分别编码列项。
③以平方米计量,项目特征可不必描述洞口尺寸。

P.3 木扶手及其他板条、线条油漆

木扶手及其他板条、线条油漆工程量清单项目设置、项目特征描述的内容、计量单位、工程量计算规则应按表 P.3 的规定执行。

表 P.3 木扶手及其他板条、线条油漆(编号:011403)

项目编码	项目名称	项目特征	计量单位	工程量计算规则	工作内容
011403001	木扶手油漆	1. 断面尺寸 2. 腻子种类 3. 刮腻子遍数 4. 防护材料种类 5. 油漆品种、刷漆遍数	m	按设计图示尺寸以长度计算。	1. 基层清理 2. 刮腻子 3. 刷防护材料、油漆
011403002	窗帘盒油漆				
注:木扶手应区分带托板与不带托板,分别编码列项,若是木栏杆代扶手,木扶手不应单独列项,应包含在木栏杆油漆中。					

P.5 金属面油漆

金属面油漆工程量清单项目设置、项目特征描述的内容、计量单位、工程量计算规则应按表 P.5 的规定执行。

表 P.5 金属面油漆(编号:011405)

项目编码	项目名称	项目特征	计量单位	工程量计算规则	工作内容
011405001	金属面油漆	1. 构件名称 2. 腻子种类 3. 刮腻子要求 4. 防护材料种类 5. 油漆品种、刷漆遍数	1. t 2. m^2	1. 以 t 计量,按设计图示尺寸以质量计算。 2. 以 m^2 计量,按设计展开面积计算。	1. 基层清理 2. 刮腻子 3. 刷防护材料、油漆

P.6 抹灰面油漆

抹灰面油漆工程量清单项目设置、项目特征描述的内容、计量单位、工程量计算规则应按表 P.6 的规定执行。

表 P.6 抹灰面油漆(编号:011406)

项目编码	项目名称	项目特征	计量单位	工程量计算规则	工作内容
011406001	抹灰面油漆	1. 基层类型 2. 腻子种类 3. 刮腻子遍数 4. 防护材料种类 5. 油漆品种、刷漆遍数 6. 部位	m^2	按设计图示尺寸以面积计算。	1. 基层清理 2. 刮腻子 3. 刷防护材料、油漆
011406002	抹灰线条油漆	1. 线条宽度、道数 2. 腻子种类 3. 刮腻子遍数 4. 防护材料种类 5. 油漆品种、刷漆遍数	m	按设计图示尺寸以长度计算。	

附录Q　其他装饰工程

Q.3　扶手、栏杆、栏板装饰

扶手、栏杆、栏板装饰工程量清单项目的设置、项目特征描述的内容、计量单位、工程量计算规则应按表Q.3执行。

表Q.3　扶手、栏杆、栏板装饰(编码:011503)

<table>
<tr><th>项目编码</th><th>项目名称</th><th>项目特征</th><th>计量单位</th><th>工程量计算规则</th><th>工作内容</th></tr>
<tr><td>011503001</td><td>金属扶手、栏杆、栏板</td><td rowspan="3">1.扶手材料种类、规格、品牌
2.栏杆材料种类、规格、品牌
3.栏板材料种类、规格、品牌、颜色
4.固定配件种类
5.防护材料种类</td><td rowspan="3">m</td><td rowspan="3">按设计图示以扶手中心线长度(包括弯头长度)计算。</td><td rowspan="3">1.制作
2.运输
3.安装
4.刷防护材料</td></tr>
<tr><td>011503002</td><td>硬木扶手、栏杆、栏板</td></tr>
<tr><td>011503003</td><td>塑料扶手、栏杆、栏板</td></tr>
<tr><td>011503008</td><td>玻璃栏板</td><td>1.栏杆玻璃的种类、规格、颜色、品牌
2.固定方式
3.固定配件种类</td><td>m</td><td>按设计图示以扶手中心线长度(包括弯头长度)计算。</td><td>1.制作
2.运输
3.安装
4.刷防护材料</td></tr>
</table>

附录S　措施项目

S.1　脚手架工程

脚手架工程工程量清单项目设置、项目特征描述的内容、计量单位及工程量计算规则，应按表S.1的规定执行。

表S.1　脚手架工程(编码:011701)

<table>
<tr><th>项目编码</th><th>项目名称</th><th>项目特征</th><th>计量单位</th><th>工程量计算规则</th><th>工作内容</th></tr>
<tr><td>011701001</td><td>综合脚手架</td><td>1.建筑结构形式
2.檐口高度</td><td>m²</td><td>按建筑面积计算</td><td>1.场内、场外材料搬运
2.搭、拆脚手架、斜道、上料平台
3.安全网的铺设
4.选择附墙点与主体连接
5.测试电动装置、安全锁等
6.拆除脚手架后材料的堆放</td></tr>
<tr><td>011701002</td><td>外脚手架</td><td rowspan="2">1.搭设方式
2.搭设高度
3.脚手架材质</td><td rowspan="2">m²</td><td rowspan="2">按所服务对象的垂直投影面积计算</td><td rowspan="3">1.场内、场外材料搬运
2.搭、拆脚手架、斜道、上料平台
3.安全网的铺设
4.拆除脚手架后材料的堆放</td></tr>
<tr><td>011701003</td><td>里脚手架</td></tr>
<tr><td>011701006</td><td>满堂脚手架</td><td>1.搭设方式
2.搭设高度
3.脚手架材质</td><td>m²</td><td>按搭设的水平投影面积计算</td></tr>
<tr><td>011701008</td><td>外装饰吊篮</td><td>1.升降方式及启动装置
2.搭设高度及吊篮型号</td><td>m²</td><td>按所服务对象的垂直投影面积计算</td><td>1.场内、场外材料搬运。
2.吊篮的安装。
3.测试电动装置、安全锁、平衡控制器等。
4.吊篮的拆卸。</td></tr>
<tr><td colspan="6">注:①使用综合脚手架时,不再使用外脚手架、里脚手架等单项脚手架;综合脚手架适用于能够按“建筑面积计算规则”计算建筑面积的建筑工程脚手架,不适用于房屋加层、构筑物及附属工程脚手架。
②同一建筑物有不同檐高时,按建筑物竖向切面分别按不同檐高编列清单项目。
③建筑面积计算按《建筑面积计算规范》(GB/T50353－2005)。
④脚手架材质可以不描述,但应注明由投标人根据工程实际情况按照《建筑施工扣件式钢管脚手架安全技术规范》、《建筑施工附着升降脚手架管理规定》等规范自行确定。</td></tr>
</table>

S.2 混凝土模板及支架(撑)

混凝土模板及支架(撑)工程量清单项目设置、项目特征描述的内容、计量单位、工程量计算规则及工作内容,应按表S.2的规定执行。

表S.2 混凝土模板及支架(撑)(编码:011702)

项目编码	项目名称	项目特征	计量单位	工程量计算规则	工作内容
011702001	基础	基础类型	m^2	按模板与现浇混凝土构件的接触面积计算。 ①现浇钢筋砼墙、板单孔面积≤0.3m^2的孔洞不予扣除,洞侧壁模板亦不增加;单孔面积>0.3m时应予扣除,洞侧壁模板面积并入墙、板工程量内计算。 ②现浇框架分别按梁、板、柱有关规定计算;附墙柱、暗梁、暗柱并入墙内工程量内计算。 ③柱、梁、墙、板相互连接的重迭部分,均不计算模板面积。 ④构造柱按图示外露部分计算模板面积。	1.模板制作 2.模板安装、拆除、整理堆放及场内外运输 3.清理模板粘结物及模内杂物、刷隔离剂等
011702002	矩形柱				
011702003	构造柱				
011702004	异形柱	柱截面形状			
011702006	矩形梁	支撑高度			
011702007	异形梁	1.梁截面形状 2.支撑高度			
011702008	圈梁				
011702009	过梁				
011702010	弧形、拱形梁	1.梁截面形状 2.支撑高度			
011702011	直形墙				
011702012	弧形墙				
011702013	短肢剪力墙、电梯井壁				
011702014	有梁板	支撑高度			
011702015	无梁板				
011702016	平板				
011702017	拱板				
011702019	空心板				
011702020	其它板				
011702021	栏板				
011702022	天沟、檐沟	构件类型	m^2	按模板与现浇混凝土构件的接触面积计算按图示外挑部分尺寸的水平投影面积计算,挑出墙外的悬臂梁及板边不另计算。	1.模板制作 2.模板安装、拆除、整理堆放及场内外运输 3.清理模板粘结物及模内杂物、刷隔离剂等
011702023	雨篷、悬挑板、阳台板	1.构件类型 2.板厚度			
011702024	楼梯	形状	m^2	按楼梯(包括休息平台、平台梁、斜梁和楼层板的连接梁)的水平投影面积计算,不扣除宽度≤500mm的楼梯井所占面积,楼梯踏步、踏步板、平台梁等侧面模板不另计算,伸入墙内部分亦不增加。	
011702025	其它现浇构件	构件类型	m^2	按模板与现浇混凝土构件的接触面积计算。	
011702027	台阶	台阶踏步宽	m^2	按图示台阶水平投影面积计算,台阶端头两侧不另计算模板面积。架空式混凝土台阶,按现浇楼梯计算。	
011702028	扶手	扶手断面尺寸	m^2	按模板与扶手的接触面积计算。	

续表

项目编码	项目名称	项目特征	计量单位	工程量计算规则	工作内容
011702029	散水		m^2	按模板与散水的接触面积计算	1.模板制作 2.模板安装、拆除、整理堆放及场内外运输 3.清理模板粘结物及模内杂物、刷隔离剂等
011702030	后浇带	后浇带部位	m^2	按模板与后浇带的接触面积计算	

注:①原槽浇灌的混凝土基础、垫层,不计算模板。

②此混凝土模板及支撑(架)项目,只适用于以平方米计量,按模板与混凝土构件的接触面积计算,以"立方米"计量,模板及支撑(支架)不再单列,按混凝土及钢筋混凝土实体项目执行,综合单价中应包含模板及支架。

③采用清水模板时,应在特征中注明。

④若现浇混凝土梁板支撑高度超过3.6m,项目特征应描述支撑高度。

S.3 垂直运输

垂直运输工程量清单项目设置、项目特征描述的内容、计量单位、工程量计算规则应按表S.3的规定执行。

表S.3 垂直运输(011702)

项目编码	项目名称	项目特征	计量单位	工程量计算规则	工作内容
011703001	垂直运输	1.建筑物建筑类型及结构形式 2.地下室建筑面积 3.建筑物檐口高度、层数	1.m^2 2.天	1.按建筑面积计算 2.按施工工期日历天数	1.垂直运输机械的固定装置、基础制作、安装 2.行走式垂直运输机械轨道的铺设、拆除、摊销

注:①建筑物的檐口高度是指设计室外地坪至檐口滴水的高度(平屋顶系指屋面板底高度),突出主体建筑物屋顶的电梯机房、楼梯出口间、水箱间、瞭望塔、排烟机房等不计入檐口高度。

②垂直运输机械指施工工程在合理工期内所需垂直运输机械。

③同一建筑物有不同檐高时,按建筑物的不同檐高作纵向分割,分别计算建筑面积,以不同檐高分别编码列项。

S.4 超高施工增加

超高施工增加工程量清单项目设置、项目特征描述的内容、计量单位、工程量计算规则应按表S.4的规定执行。

表S.4 超高施工增加(011703)

项目编码	项目名称	项目特征	计量单位	工程量计算规则	工作内容
011704001	超高施工增加	1.建筑物建筑类型及结构形式 2.建筑物檐口高度、层数 3.单层建筑物檐口高度超过20m,多层建筑物超过6层部分的建筑面积	m^2	按建筑物超高部分的建筑面积计算	1.建筑物超高引起的人工工效降低以及由于人工工效降低引起的机械降效 2.高层施工用水加压水泵的安装、拆除及工作台班 3.通讯联络设备的使用及摊销

注:①单层建筑物檐口高度超过20m,多层建筑物超过6层时,可按超高部分的建筑面积计算超高施工增加。计算层数时,地下室不计入层数。

②同一建筑物有不同檐高时,可按不同高度的建筑面积分别计算建筑面积,以不同檐高分别编码列项。

S.5 大型机械设备进出场及安拆

大型机械设备进出场及安拆工程量清单项目设置、项目特征描述的内容、计量单位、工程量计算规则应按表 S.5 的规定执行。

表 S.5 大型机械设备进出场及安拆(011705)

项目编码	项目名称	项目特征	计量单位	工程量计算规则	工作内容
011705001	大型机械设备进出场及安拆	1. 机械设备名称 2. 机械设备规格型号	台次	按使用机械设备的数量计算	1. 大型机械设备进出场包括施工机械整体或分体自停放场地运至施工现场,或由一个施工地点运至另一个施工地点,所发生的施工机械进出场运输及转移费用,由机械设备的装卸、运输及辅助材料费等构成。 2. 大型机械设备安拆费包括施工机械在施工现场进行安装、拆卸所需的人工费、材料费、机械费、试运转费和安装所需的辅助设施的费用。

S.6 施工排水、降水

施工排水、降水工程量清单项目设置、项目特征描述的内容、计量单位、工程量计算规则应按表 S.6 的规定执行。

表 S.6 施工排水、降水(011706)

项目编码	项目名称	项目特征	计量单位	工程量计算规则	工作内容
011706001	成井	1. 成井方式 2. 底层情况 3. 成井直径 4. 井(滤)管类型、直径	m	按设计图示尺寸以钻孔深度计算	1. 准备钻孔机械、埋设护筒、钻机就位;泥浆制作、固壁;成孔、出渣、清孔等。 2. 对接上下井管(滤管),焊接,安放、下滤料,洗井,连接试抽等。
011706002	排水、降水	1. 机械规格型号 2. 降排水管规格	昼夜	按排、降水日历天数计算	1. 管道安装、拆除、场内搬运等 2. 排水、值班、降水设备维修等
注:相应专项设计不具备时,可按暂估量计算。					

S.7 安全文明施工及其他措施项目

安全文明施工及其他措施项目工程量清单项目设置、计量单位、工作内容及包含范围应按表S.7的规定执行。

表S.7 安全文明施工及其他措施项目(011707)

项目编码	项目名称	工作内容及包含范围
011707001	安全文明施工	1.环境保护包含范围:现场施工机械设备降低噪音、防扰民措施;水泥和其他易飞扬细颗粒建筑材料密闭存放或采取覆盖措施等;工程防扬尘洒水;土石方、建渣外运车辆冲洗、防洒漏等;现场污染源的控制、生活垃圾清理外运、场地排水排污措施;其他环境保护措施。 2.文明施工包含范围:"五牌一图";现场围挡的墙面美化(包括内外粉刷、刷白、标语等)、压顶装饰;现场厕所便槽刷白、贴面砖,水泥砂浆地面或地砖,建筑物内临时便溺设施;其他施工现场临时设施的装饰装修、美化措施;现场生活卫生设施;符合卫生要求的饮水设备、淋浴、消毒等设施;生活用洁净燃料用;防煤气中毒、防蚊虫叮咬等措施;施工现场操作场地的硬化用;现场绿化、治安综合治理;现场配备医药保健器材、物品费用和急救人员培训;用于现场工人的防暑降温费、电风扇、空调等设备及用电费;其他文明施工措施。 3.安全施工包含范围:安全资料、特殊作业专项方案的编制,安全施工标志的购置及安全宣传;"三宝"(安全帽、安全带、安全网)、"四口"(楼梯口、电梯井口、通道口、预留洞口),"五临边"(阳台围边、楼板围边、屋面围边、槽坑围边、卸料平台两侧),水平防护架、垂直防护架、外架封闭等防护;施工安全用电,包括配电箱三级配电、两级保护装置要求、外电防护措施;起重机、塔吊等起重设备(含井架、门架)及外用电梯的安全防护措施(含警示标志)及卸料平台的临边防护、层间安全门、防护棚等设施;建筑工地起重机械的检验检测;施工机具防护棚及其围栏的安全保护设施;施工安全防护通道;工人的安全防护用品、用具购置;消防设施与消防器材的配置;电气保护、安全照明设施;其他安全防护措施。 4.临时设施包含范围:施工现场采用彩色、定型钢板,砖、砼砌块等围挡的安砌、维修、拆除;施工现场临时建筑物、构筑物的搭设、维修、拆除,如临时宿舍、办公室,食堂、厨房、厕所、诊疗所、临时文化福利用房、临时仓库、加工场、搅拌台、临时简易水塔、水池等。施工现场临时设施的搭设、维修、拆除。如临时供水管道、临时供电管线、小型临时设施等;施工现场规定范围内临时简易道路铺设,临时排水沟、排水设施安砌、维修、拆除;其他临时设施费搭设、维修、拆除。
011707002	夜间施工	1.夜间固定照明灯具和临时可移动照明灯具的设置、拆除。 2.夜间施工时,施工现场交通标志、安全标牌、警示灯等的设置、移动、拆除。 3.包括夜间照明设备摊销及照明用电、施工人员夜班补助、夜间施工劳动效率降低等费用。
011707003	非夜间施工照明	为保证工程施工正常进行,在如地下室等特殊施工部位施工时所采用的照明设备的安拆、维护、摊销及照明用电等费用等。
011707004	二次搬运	包括由于施工场地条件限制而发生的材料、成品、半成品等一次运输不能到达堆放地点,必须进行二次或多次搬运。

续表

项目编码	项目名称	工作内容及包含范围
011707005	冬雨季施工	1.冬雨(风)季施工时增加的临时设施(防寒保温、防雨、防风设施)的搭设、拆除。 2.冬雨(风)季施工时,对砌体、混凝土等采用的特殊加温、保温和养护措施。 3.冬雨(风)季施工时,施工现场的防滑处理、对影响施工的雨雪的清除。 4.包括冬雨(风)季施工时增加的临时设施、施工人员的劳动保护用品、冬雨(风)季施工劳动效率降低等。
011707006	地上、地下设施、建筑物的临时保护设施	在工程施工过程中,对已建成的地上、地下设施和建筑物进行的遮盖、封闭、隔离等必要保护措施所发生的费用
011707007	已完工程及设备保护	对已完工程及设备采取的覆盖、包裹、封闭、隔离等必要保护措施
注:本表所列项目应根据工程实际情况计算措施项目费用,需分摊的应合理计算摊销费用。		

本规范用词说明

1.为便于在执行本规范条文时区别对待,对要求严格程度不同的用词说明如下:

(1)表示很严格,非这样做不可的用词:

正面词采用“必须”,反面词采用“严禁”。

(2)表示严格,在正常情况下均应这样做的用词:

正面词采用“应”,反面词采用“不应”或“不得”。

(3)表示允许稍有选择,在条件许可时首先应这样做的用词:

正面词采用“宜”,反面词采用“不宜”;

表示有选择,在一条条件下可以这样做的用词,采用“可”。

2.本规范中指明应按其他有关标准、规范执行的写法为“应符合……的规定”或“应按……执行”。